普通高等教育"十三五"规划教材

山东省精品课程教材

化工原理

第二版

● 王晓红　田文德　主编

化学工业出版社

·北京·

《化工原理》(第 2 版)以流体流动、传热及传质分离为重点,论述了化工、石油、轻工、食品、冶金工业等典型过程原理及应用。除绪论和附录外,内容共分 7 章,包括流体流动原理及应用、传热及传热设备、蒸发、固体颗粒流体力学基础与机械分离、传质原理及应用、固体干燥、其他单元(膜分离、吸附、结晶、混合),每章章末均配有工程案例分析及习题、思考题。

《化工原理》(第 2 版)力求在关注学科最新发展动态,并结合科研的基础上,对单元操作基本概念及原理进行深入浅出的论述,同时着力突出培养工程能力的方法论,可作为高等院校化工、石油、轻工、食品、冶金工业等专业的教材,也可供从事科研、设计和生产的技术人员参考。

图书在版编目(CIP)数据

化工原理/王晓红,田文德主编.—2 版.—北京:化学工业出版社,2019.11 (2022.11重印)
普通高等教育"十三五"规划教材
ISBN 978-7-122-35227-9

Ⅰ.①化… Ⅱ.①王…②田… Ⅲ.①化工原理-高等学校-教材 Ⅳ.①TQ02

中国版本图书馆 CIP 数据核字(2019)第 212218 号

责任编辑:刘俊之   装帧设计:韩 飞
责任校对:杜杏然

出版发行:化学工业出版社(北京市东城区青年湖南街 13 号   邮政编码 100011)
印   装:三河市延风印装有限公司
787mm×1092mm 1/16 印张 24½ 字数 642 千字   2022 年 11 月北京第 2 版第 3 次印刷

购书咨询:010-64518888   售后服务:010-64518899
网   址:http://www.cip.com.cn
凡购买本书,如有缺损质量问题,本社销售中心负责调换。

定   价:56.00 元

前　言

化工原理是过程工业中多个专业的重要基础课程，是从基础课程过渡到专业课程的一个桥梁，它的教学目的是初步建立起学生的工程观念。1999 年，青岛科技大学化工原理课程被确定为山东省首批教学改革试点课程，经过积极建设，2004 年又被确定为山东省精品课程，2018 年获批为山东省高等学校在线开放课程，本教材就是精品课程建设的配套教材。

在多所院校教学学时数不断减少的教改背景下，如何利用有限的 40～60 学时来让学生初步掌握典型单元操作的基本知识和基本技能，并突出我校的教学特色，是作者编写本书的焦点所在。本次再版是在 2009 年第 1 版的基础上，继续依据厚基础、重实践、勤思考的基本思路，适当增减了一些内容，注意吸收过程工业领域不断更新的新理论、新技术、新设备等最新成果，介绍学科的发展动态，并结合我校取得的最新科研成果，以期让读者了解如何利用传统基本理论推动日新月异的工业发展。

《化工原理》（第 2 版）以三种传递理论为基本脉络，以流体流动原理及应用（流体流动及输送机械）、传热原理及应用（传热理论及设备）、传质原理及应用（吸收、蒸馏、萃取及相应设备）为讲述重点，深入浅出地介绍了过程工业常用单元的基本原理及应用，研究了固体颗粒流体力学的基础理论与机械分离方法，并对干燥、蒸发、结晶、吸附、混合、膜分离等单元过程作了简要介绍。同时，每章末均配有典型工程案例分析，通过日常生活和工业生产中一些与所学知识有关的问题，介绍求解思路，激发学习兴趣，让读者深切体会到"学有所用"的认同感。

本教材可作为高等学校化工类及相关专业（石油、制药、生物、环境、材料、自动化、食品、冶金等）的教材，也可供从事科研、设计和实际生产的科技人员参考。

参加本书编写工作的有王晓红（绪论、第 1～4 章）、田文德（第 5～7 章、附录）。另外，青岛科技大学化工原理教研室的王许云、丁军委、李红海、王立新、王英龙、张俊梅、王志萍、屈树国、肖盟等教师参与了本书核定工作，对此，一并致以诚挚的谢意。

由于水平有限，书中不妥之处在所难免，恳请读者提出宝贵意见。

编者

2019 年 6 月

第一版前言

化工原理课程是过程工业中多个专业的一门重要技术基础课程，是从基础课程过渡到专业课程的一个桥梁，它的教学目的是初步建立起学生的工程观念。1999 年，青岛科技大学化工原理课程被确定为山东省首批教学改革试点课程，经过积极的建设，2004 年又被确定为山东省精品课程，本书就是精品课程建设的配套教材。

在多所院校教学学时数不断减少的教改背景下，如何利用有限的 40～60 学时来让学生初步掌握典型单元操作的基本知识和基本技能，并突出我校的教学特色，是我们编写本书的焦点所在。我们依据厚基础、重实践、勤思考的基本思路，在删改了许多陈旧的教学内容及简化了一些过于繁杂的计算方法后，注意吸收过程工业领域不断更新的新理论、新技术、新设备等最新成果，介绍学科的发展动态，并结合我校取得的最新科研成果，以期让读者了解如何利用传统基本理论推动日新月异的工业发展。

本教材以三种传递理论为基本脉络，以流体流动原理及应用（流体流动及输送机械）、传热原理及应用（传热理论及设备）、传质原理及应用（蒸馏、吸收、萃取及相应设备）为讲述重点，深入浅出地讨论了过程工业常用单元的基本原理及应用，研究了固体颗粒流体力学的基础理论与机械分离方法，并对干燥、蒸发、结晶、吸附、混合、膜分离等单元过程作了简要介绍。同时，重点章末均配有典型工程案例分析，通过日常生活和工业生产中一些与所学知识有关的问题，介绍求解思路，激发学习兴趣，让读者深切体会到"学有所用"的认同感。

参加本书编写工作的有王晓红（绪论、第 1～3 章）、田文德（第 4～6 章、附录），王英龙编辑校核了习题，另外，化工原理教研室的多位教师参与了本书编写方案拟订工作，对此，一并致以诚挚的谢意。

由于水平有限，书中欠妥之处在所难免，恳请读者提出宝贵意见。

编者

2009 年 1 月

目　录

绪　　论

0.1　化工原理课程基本内容及特点

化工原理是化工、生物、冶金、食品等多个专业的一门重要的技术基础课，其主要任务是研究化工类型生产中各种物理操作问题的基本原理、典型设备的结构原理、操作性能和设计计算。化工原理是工程类专业学生在大学学习中的一个转折点，是从基础课程过渡到专业课程的一个桥梁，它的教学目的是初步建立起学生的工程观念。

为了清晰介绍化工原理课程的任务及特点，首先需要了解以下基本概念。

(1) 化工过程

化工过程是指对原料进行大规模加工处理，使其不仅在状态与物理性质上发生变化，而且在化学性质上也发生变化，最终得到具有特定物理化学性质产品的工业。化工过程涉及的范围相当广泛，如石油炼制、化工、冶金、制药等，在国民经济中占有十分重要的地位。

概括地说，化工过程包括发生化学反应的过程和发生物理变化的过程。然而，即使在现代化大型生产中，反应器的数量并不是很多，绝大多数的设备都是用于反应前后工序的预处理、后处理，即物理过程。这种物理过程改变了物料的状态和物性，占有化工过程的大部分设备投资和操作费用，与产品的产量和质量密切相关，其地位是相当重要的。

(2) 单元操作

通常，一种产品的生产过程往往需要几个或几十个物理加工过程，而且各种生产过程工艺路线千差万别，但所发生的各种物理变化过程及操作原理基本相同，所用设备也是大同小异。例如聚氯乙烯和纯碱生产中最后工序都要脱水、干燥；酿酒和乙烯生产中都要将液体混合物分开；制糖和制盐生产中都要将水溶液中的水分蒸发；等等。这些操作工序是过程工业中共有的，像物料的加热与冷却，即传热操作几乎在所有的工业领域，甚至在日常生活中都是离不开的。正是这些共有的操作工序，引起了人们的研究兴趣。20 世纪 20 年代提出了"单元操作"（unit operations）的概念。

单元操作在国内较多的时候称为"化工原理"（principles of chemical engineering），20 世纪 50～60 年代曾称为"化工过程及设备"，80 年代也曾称为"化学工程""化学工程基础"。常用的单元操作已有几十种之多。主要包括：流体流动、流体输送机械、沉降、过滤、蒸发、传热、蒸馏、吸收、萃取、塔设备、干燥、吸附、膜分离、搅拌、冷冻、流态化、结晶、升华等，见表 0-1。

动量传递是研究动量在运动的介质中所发生的变化规律，如流体流动、沉降和混合等操作中的动量传递；热量传递是研究热量由一种载体到另一种载体的传递，如传热、干燥、蒸发、蒸馏等操作中存在这种传递；质量传递涉及物质由一相转移到另一不同的相，在气相、液相和固相中，其传递机理都是一样的，如蒸馏、吸收、萃取等操作中存在这种传递。

(3) 化工原理课程的任务及特点

化工原理课程的主要任务是培养学生运用本学科的基础理论及基本技能，来分析解决化工生产实际问题的能力，包括：

① 选型，即根据生产工艺要求、物料特性及技术要求，能合理选择恰当的单元操作及

设备；

　　② 设计，对已选的单元操作进行设备设计和工艺计算；

　　③ 操作，熟悉该单元的操作原理、操作方法，具备初步的分析及解决操作故障的能力。

表 0-1　化工常用单元操作

单元操作名称	原理与目的	基本理论基础
流体输送	输入机械能，将一定量的流体由一处送到另一处	流体动力过程（动量传递）
沉降	利用密度差，从气体或液体中分离悬浮的固体颗粒、液滴或气泡	
过滤	根据尺寸不同的截留，从气体或液体中分离悬浮的固体颗粒	
搅拌	输入机械能，使流体间或与其他物质均匀混合	
流态化	输入机械能，使固体颗粒悬浮得到具有流体状态的特性，用于燃烧、反应、干燥等过程	
换热	利用温差输入或移出热量，使物料升温、降温或改变相态	传热过程（热量传递）
蒸发	加热以气化物料，使之浓缩	
蒸馏	利用各组分间挥发度不同，使液体混合物分离	传质过程（质量传递）
吸收	利用各组分在溶剂中的溶解度不同，分离气体混合物	
萃取	利用各组分在萃取剂中的溶解度不同，分离液体混合物	
吸附	利用各组分在吸附剂中的吸附能力不同，分离气、液混合物	
膜分离	利用各组分对膜渗透能力的差异，分离气体或液体混合物	
干燥	加热湿固体物料，使之干燥	热、质同时传递过程
增减湿	利用加热或冷却来调节或控制空气或其他气体中的水汽含量	
结晶	利用不同温度下溶质溶解度不同，使溶液中溶质变成晶体析出	
压缩	利用外力做功，提高气体压力	热力过程
冷冻	加入功，使热量从低温物体向高温物体转移	
粉碎	用外力使固体物体破碎	机械过程
颗粒分级	将固体颗粒分成大小不同的部分	

　　化工原理课程突出特点是符号多、公式多、单位换算多。尤其是刚开始学习的时候总觉得没有头绪。尽管如此，只要下点功夫仍然可以把课本学好。然而，要强调指出的是，化工原理面临着真实的、复杂的生产问题，即特定的物料，在特定的设备内，进行特定的过程，这就使问题的复杂性不完全在于过程本身，而首先在于过程工业设备复杂的几何形状和多变的物性。所以，研究工程问题的方法论和解决生产实际问题的能力，在化工原理的学习中上升到了显著的地位。

　　（4）化工原理与化学工程

　　虽然化工原理有时也叫作化学工程，实际上前者仅是后者的基础。就化学工程的发展来看，包括如下几个分支。

　　① 化工传递过程　在许多单元操作的发展过程中，人们逐渐认识到它们之间存在共同的原则，可进一步归纳为动量传递、热量传递和质量传递，总称为化工传递过程。

　　② 化工热力学　是在化学热力学和工程热力学的基础上形成的，主要研究多组分系统的温度、压力、各相组成和各种热力学性质间相互关系的数学模型以及能量（包括低品位能量）的有效利用问题。

　　③ 化学反应工程　从化学反应设备的实际出发，深入分析其中的过程规律性，找出其共同点逐渐形成了化学反应工程，其研究的核心问题是反应器中化学反应速率的快慢及其影响因素，从而能够正确选择反应器的类型和操作条件，使化学反应实现工业化。

　　④ 化工系统工程　主要研究化工过程模拟分析、综合和最优化等。过程综合指已知过程的输入和输出，确定过程的结构，即选择适宜的设备类型、流程结构和操作条件等；最优化指要求过程的性能指标达到某些最优数值，包含了过程最优设计、最优控制和最优管理等意义。

化学工程是直接支撑化学工业的主要工程技术，是重要的学科支持。化学工程经过近一个世纪的发展，其应用领域不但覆盖了几乎所有的过程工业，而且新的生长点正不断产生，如"生化工程""环境工程"等，其研究对象广泛而复杂，已远远地超出了化学工程的范畴，遍布于能源、资源、环境、运输、医药卫生、材料、农业以及生物等诸多领域。

0.2 化工原理的研究基础与方法

要做一个合格的工程师是不容易的，过程工业的复杂性和影响过程的众多因素，使得问题的解决十分困难，一般的处理方法是：理论分析，实验研究，经验估计，权衡调整。要运用以上各类方法处理问题，首先从掌握以下概念入手。

(1) 平衡关系

在化学工业的许多单元操作中，例如吸收、蒸馏等，平衡关系具有重要的意义。平衡关系是一种动态平衡，平衡条件可以用热力学法则来描述，而过程进行的方向和所能达到的极限都可以由平衡关系推知。因此，物理化学是化工原理的一个重要基础。

(2) 过程速率

任何一个物系如果不是处在平衡状态，则必然会发生趋向平衡的过程，而过程变化的速率总是和它所处状态与平衡状态的差距（推动力）成正比，而与阻力成反比，即过程速率＝过程推动力/过程阻力。推动力的性质取决于过程的内容，如传热的推动力是温度差，流体流动的推动力是压力差；与推动力相对应的阻力则与操作条件和物性有关。过程速率指明了过程进行的快慢程度，属于动力学在工程问题中的应用，动力学特征主要取决于过程的机理，而大部分过程的机理与动量、热量和质量传递密切相关，所以，传递过程是化工原理的另一个重要基础。

(3) 三种衡算

质量衡算、能量衡算和动量衡算是化工原理课程中分析问题采用的基本方法。衡算的一般步骤是：首先确定衡算范围，具体包括微分衡算和总衡算，微分衡算取微元体为衡算范围，而总衡算的衡算范围可以是单个装置，也可以是一段流程、一个车间或一个工厂；其次是确定衡算对象和衡算基准；最后按衡算的通式进行计算，即：

$$输入的量＝输出的量＋累积的量$$

当过程为稳态时，在衡算范围内累积的量等于零，即：

$$输入的量＝输出的量$$

上述三种衡算中，质量衡算和能量衡算最为常用。在过程的开发设计、模拟优化、操作控制等工作中，质量衡算和能量衡算是必不可少的依据。

【例 0-1】 在硝酸钾的生产过程中，20%（质量分数，下同）的硝酸钾水溶液以 1000kg/h 的流量送入蒸发器，在 422K 下蒸发出部分水而得到 50% 的浓硝酸钾溶液，然后送入冷却结晶器，在 311K 下结晶，

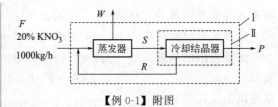

【例 0-1】附图

得到含水 4% 的硝酸钾结晶和含硝酸钾 37.5% 的饱和溶液。前者作为产品取出，后者循环回到蒸发器。过程为稳态操作，试计算硝酸钾结晶产品量、水蒸发量和循环的饱和溶液量。

解：根据题意画出过程的物料流程图（见本例附图）。

（1）求硝酸钾结晶产品量 P　取包括蒸发器和冷却器的整个过程为衡算系统（虚线框 Ⅰ），取 1h 为衡算基准，以硝酸钾为衡算对象，因系统稳态操作，输入系统的硝酸钾量应等于输出系统的硝酸钾量。则

$$1000 \times 0.2 = 0.96P$$

即

$$P = 1000 \times 0.2/0.96 = 208.3 \text{kg/h}$$

（2）求水蒸发量 W　仍取系统 Ⅰ，衡算基准为 1h，以总物料为衡算对象，则

$$1000 = W + P$$

$$W = 1000 - P = 1000 - 208.3 = 791.7 \text{kg/h}$$

（3）求循环的饱和溶液量 R　取冷却结晶器为系统 Ⅱ，衡算基准为 1h，以总物料为衡算对象，作总物料衡算，可得

$$S = 208.3 + R$$

以硝酸钾为衡算对象，作硝酸钾的物料衡算，得

$$S \times 0.5 = 208.3 \times 0.96 + R \times 0.375$$

上两式联立，可得

$$R = 766.6 \text{kg/h}$$

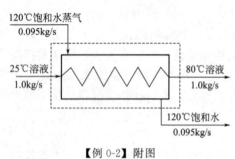

【例 0-2】　在换热器里将平均比热容为 3.56kJ/(kg·℃) 的某种溶液自 25℃ 加热到 80℃，溶液流量为 1.0kg/s。加热介质为 120℃ 的饱和水蒸气，其消耗量为 0.095kg/s，蒸汽冷凝成同温度的饱和水后排出。试计算此换热器的热损失占水蒸气所提供热量的百分数。

【例 0-2】附图

解：首先根据题意画出过程示意图（见本例附图）。选 1s 作为基准。

从附录 12 查出 120℃ 饱和水蒸气的焓值为 2708.9kJ/kg，120℃ 饱和水的焓值为 503.67kJ/kg。

在图中虚线范围内作热量衡算。

随流股带入换热器的总热量　　$\sum Q_{\text{I}} = Q_1 + Q_2$，其中：

蒸汽带入的热量　　$Q_1 = 0.095 \times 2708.9 = 257.3 \text{kW}$

溶液带入的热量　　$Q_2 = 1 \times 3.56 \times (25 - 0) = 89 \text{kW}$

所以　　$\sum Q_{\text{I}} = 257.3 + 89 = 346.3 \text{kW}$

随流股带出换热器的总热量　　$\sum Q_{\text{o}} = Q_3 + Q_4$，其中：

冷凝水带出的热量　　$Q_3 = 0.095 \times 503.67 = 47.8 \text{kW}$

溶液带出的热量　　$Q_4 = 1 \times 3.56 \times (80 - 0) = 284.8 \text{kW}$

所以　　$\sum Q_{\text{o}} = 47.8 + 284.8 = 332.6 \text{kW}$

整理以上几式得到

$$346.3 = 332.6 + Q_{\text{L}}$$

热损失 $Q_{\text{L}} = 13.7 \text{kW}$

$$\text{热损失百分数} = \frac{Q_{\text{L}}}{Q_1 - Q_3} = \frac{13.7}{257.3 - 47.8} = 0.0654 = 6.54\%$$

（4）研究方法

如何将基础理论研究成果应用到现代大型工业设备中，主要采用数学模型法，其实质是通过数学模型来放大和设计工业过程和设备。该方法的关键在于所建立的数学模型是否能够描述过程的本质问题，而对过程本质的认识又来源于实践，因此，实验仍然是数学模型法的主要依据。

数学模型大体可分为四类，即：理论模型、经验模型、半经验半理论模型和人工智能模型。

① 理论模型　　是指模型方程完全是在理论分析的基础上建立起来的数学表达式。尽管这类模型严格可靠，但面对复杂的工程问题常常是难以做到的，只有那些过程十分简单，关系极其明确的少数操作才有可能采用此类模型。

② 经验模型　　是指模型方程完全是靠回归实验数据得到的数学表达式，没有任何理论依据。这类模型的主要缺点是，从模型方程的形式上看不出所研究问题的内在规律，且受实验范围所限，外推性很差。但是，若其他类型的数学模型难以得到时，使用经验模型仍不失为一种补偿的方法。

③ 半经验半理论模型　　半经验半理论模型介于上述两种模型之间，是处理复杂工程问题的最有效、最常用的模型。这种模型的建立是理论与实验的结合，即：通过对所研究对象的过程机理进行理论分析，建立模型方程的表达式，进而通过实验确定模型参数。这样，可减少盲目性，增加可信度，外推性也有较大改善。

④ 人工智能模型　　模拟或部分模拟人类智能的数学模型称为人工智能模型。人工神经网络模型是典型的智能模型，它是由大量的神经元互连而成的网络，模拟人脑神经系统的学习和记忆功能是人工神经网络的核心任务。近些年来，人工智能模型的理论研究已取得了突破性进展并在解决某些复杂的工程问题中获得了成功。相信随着计算机技术的发展和非经典数学方法的研究，人工智能模型必将广泛地应用到各种工程系统和生产系统中去。

本书主要介绍和应用经验模型、半经验半理论模型。

0.3　单位制与单位换算

（1）基本单位和导出单位

凡是物理量均有单位，可分为基本单位和导出单位两类。在描述单元操作的众多物理量中，独立的物理量叫基本量，其单位叫基本单位，如时间、长度、质量等。不独立的物理量叫导出量，其单位叫导出单位，如速度、加速度、密度等。基本单位仅有几个，而导出单位由基本单位组成，数量很多。

（2）单位制度

基本单位加上导出单位称为单位制度。由于历史和地区的原因，出现了对基本单位的不同选择，因而产生了不同的单位制度。常用的单位制有绝对单位制（包括物理单位制和米制）、重力单位制（工程单位制）、国际单位制（SI 制）和英制。

长期以来，科技领域存在多种单位制度并用的局面。同一个物理量，有时在不同的单位制中具有不同的单位和数值，给计算和交流带来了麻烦，且很容易出错。为了改变这一局面，1960 年 10 月，第十一届国际计量大会通过了一种新的单位制，叫国际单位制。该单位制共有七个基本单位，分别为长度、时间、质量、热力学温度、电磁强度、光强度和物质的量，外加平面角和立体角两个辅助单位。其优点是，所有的物理量都可以用上述七个基本单位导出（有时要借助辅助单位），且任何一个导出量由上述七个基本单位导出时，都不需要引入比例系数。

1984 年，国内确定了统一实行以 SI 制为基础，包括由我国指定的若干非 SI 制在内的法定单位制，并规定，自 1991 年起除个别领域外不允许使用非法定单位制。本课程主要采用法定单位制，兼顾各单位制之间的换算。

(3) 单位换算

单位换算虽然简单，但即使是一个经验丰富的工程师，稍一马虎也会出错，所以必须认真对待。如 SI 制与工程单位制的换算如下。

① 质量与重力 在 SI 制中，1kg 质量的物体，若用工程单位制表示，该物体的重力为 1kgf。即同一物体用 SI 制表示的质量与用工程单位制表示的重力在数值上相等。所以在有关手册中查得工程单位制的重力，SI 制的质量可直接取其数值。但应注意，两者数值相等，但概念不同。质量是物体所含物质的多少，而重力是物体受地球引力的大小，一般认为地球上某一区域内的引力大小近似不变。

② 重力 在工程单位中重力是基本单位，但在 SI 制中重力是导出单位。因此，在工程单位制中重力为 1kgf 的物体，若用 SI 制表示，该物体的重力为 9.81N。

【例 0-3】 实验测得空气垂直流过管子外侧时，管壁对流传热系数计算公式为：

$$\alpha = 0.37G^{0.37}[\text{Btu}/(\text{ft}^2 \cdot \text{h} \cdot \text{℉})]$$

式中　G——空气的质量流速，$\text{lb}/(\text{ft}^2 \cdot \text{h})$。

试把空气质量流速的单位换算为 $\text{kg}/(\text{m}^2 \cdot \text{s})$，对流传热系数的单位为 $\text{J}/(\text{m}^2 \cdot \text{s} \cdot \text{℃})$，写出相应的计算式。

解：
$$1\text{lb}/(\text{ft}^2 \cdot \text{h}) = 0.4536\text{kg}/(0.3048^2\text{m}^2 \cdot 3600\text{s})$$
$$= 1.356 \times 10^{-3}\text{kg}/(\text{m}^2 \cdot \text{s})$$

$$1\text{Btu}/(\text{ft}^2 \cdot \text{h} \cdot \text{℉}) = 1.055 \times 10^3\text{J}/(0.3048^2\text{m}^2 \cdot 3600\text{s} \cdot \frac{1}{1.8}\text{℃})$$

$$= 5.678\text{J}/(\text{m}^2 \cdot \text{s} \cdot \text{℃})$$

则
$$\alpha'\left(\frac{1}{5.678}\right) = 0.37\left[\left(G' \cdot \frac{1}{1.356 \times 10^{-3}}\right)\right]$$

处理得到：
$$\alpha' = 24.18(G')^{0.37}\text{J}/(\text{m}^2 \cdot \text{s} \cdot \text{℃})$$

式中，G' 的单位是 $\text{kg}/(\text{m}^2 \cdot \text{s})$。

(4) 量纲分析

量纲与单位不是一个概念。如长度的单位有米、厘米、毫米、英尺和英寸等，为了明确长度的特性，可用量纲 L 表示。人们规定，用一个符号表示一个基本量，这个符号连同它的指数叫基本量纲。而基本量纲的组合叫导出量纲。基本量纲和导出量纲统称量纲。各物理量均可以用量纲表示，如长度用 L，质量用 M，时间用 θ，温度用 T，密度用 M/L^3 等。

在过程工业中，由于一些物理过程十分复杂，建立理论模型颇为困难。如果过程的影响因素已经明了，作为影响因素的物理量的相互关系，可进行某种程度的预测，这种预测方法称为量纲分析。量纲分析的依据是量纲一致性原则或 π 定理。所谓量纲一致性原则，是指一个物理量方程的各项量纲必相同。所谓 π 定理，是指量纲一致性的方程都可以化为无量纲数群的形式，方法是将方程中的各项同除以其中的任何一项即可，且有：

无量纲数群的个数＝变量数－基本量纲的个数

若能找出过程的影响因素，使用量纲分析的方法将其归纳为无量纲数群表示的经验模型，用实验确定模型的系数和指数，这在化工原理上是可行的。这样的经验模型不仅关联式简单，而且可减少实验的工作量。

第 1 章　流体流动原理及应用

1.1　流体基本概念

1.1.1　流体特征

气体和液体总称为流体，流体具有流动性且无固定形状。过程工业中所处理的物料，包括原料、半成品及产品等，大多数是流体。流体的输送、传热、传质或化学反应，大多是在流体流动的情况下进行的，因而流体流动状态对这些过程有很大影响，它是过程工业的基础。

1.1.2　流体力学基本概念

流体力学是研究流体在相对静止和运动时所遵循的宏观基本规律，同时研究流体与固体相互作用的学科，流体力学有许多分支，例如"水力学"及"空气动力学"等。"流体流动"是为"化工原理"课程的需要而编写的流体力学最基础的内容，主要是研究流体的宏观运动规律，其介绍范围主要局限在流体静力学、流体在管道内流动的基本规律及流量测量等方面。

运用流体流动的基本知识，可以解决管径的选择及管路的布置；估算输送流体所需的能量、确定流体输送机械的型式及其所需的功率；测量流体的流速、流量及压强等；为强化设备操作及设计高效能设备提供最适宜的流体流动条件。

由于讨论流体流动问题时，着眼点不在于研究流体复杂的分子运动，因此本章采用连续性假设，即把流体看成是由大量质点（又称分子集团）组成的连续介质，因为质点的大小与管道或设备的尺寸相比是微不足道的，可认为质点间是没有间隙的，可用连续函数描述。但是，高真空下的气体，连续性假定不能成立。

1.1.3　流体密度
1.1.3.1　密度ρ

单位体积流体所具有的质量，称为流体的密度。通常以ρ 表示，单位为 kg/m³。

$$\rho = \frac{m}{V} \tag{1-1}$$

式中　m——流体的质量，kg；

　　　V——流体的体积，m³。

不同流体的密度是不同的。对任何一种流体，其密度是压力与温度的函数，即 $\rho = f(P,T)$。其中，压力对液体的密度影响很小，可忽略不计，故液体可视为不可压缩流体；而气体是可压缩性流体，其密度随系统压力明显变化。

温度对气体及液体的密度均有一定的影响，故在平时查取流体密度时应注明温度条件。

(1) 气体密度计算

因为气体具有可压缩性及膨胀性，其密度随温度、压力的变化而变化较大。当温度不太低，压力不太高时，气体可按理想气体处理，根据理想气体状态方程

$$pV = nRT = \frac{m}{M}RT \tag{1-2}$$

则

$$\rho = \frac{pM}{RT} \tag{1-2a}$$

式中　n——气体的物质的量，kmol；

　　　p——气体的绝对压力，kPa；

　　　T——气体的热力学温度，K；

　　　M——气体的千摩尔质量，kg/kmol；

　　　R——气体常数，$R = 8.314 kJ/(kmol \cdot K)$。

　　理想气体操作状况（压力 p，温度 T）下的密度 ρ 与标准状况（压力 $p_0 = 1atm$，温度 $T_0 = 273K$）下的密度 ρ_0 之间的换算可由下式进行：

$$\rho = \rho_0 \cdot \frac{p}{p_0} \cdot \frac{T_0}{T} \qquad (1\text{-}3)$$

若气体按真实气体计算，则需引入压缩系数进行校正。

　　当计算气体混合物密度时，可假设混合物各组分在混合前后质量不变，取 $1m^3$ 混合气体为基准，则气体混合物密度可由下式计算。

$$\rho_m = \rho_1 y_1 + \rho_2 y_2 + \rho_3 y_3 + \cdots + \rho_n y_n \qquad (1\text{-}4)$$

式中　　　　ρ_m——气体混合物密度，kg/m^3；

$\rho_1, \rho_2, \cdots, \rho_n$——气体中各组分的密度，$kg/m^3$；

$y_1, y_2, \cdots, y_n$——各组分的体积分数，由于理想气体遵守道尔顿分压定律，所以混合气体中各组分的体积分数同时等于摩尔分数或分压比。

　　气体混合物的密度也可由式(1-2a)计算，此时式中的千摩尔质量 M 应由混合气体的平均千摩尔质量 M_m 代替。

$$M_m = M_1 y_1 + M_2 y_2 + \cdots + M_n y_n \qquad (1\text{-}5)$$

式中　$M_1, M_2, \cdots, M_n$——气体混合物中各组分的千摩尔质量，kg/kmol。

（2）液体密度计算

　　对于纯组分液体密度，可查取附录或有关的工艺及物化手册。

　　液体混合物密度的计算，可取 1kg 混合物为基准，并假定混合前、后总体积不变。液体混合物组成常用组分的质量分数表示，故液体混合物密度 ρ_m 可表示为

$$\frac{1}{\rho_m} = \frac{x_1}{\rho_1} + \frac{x_2}{\rho_2} + \cdots + \frac{x_n}{\rho_n} \qquad (1\text{-}6)$$

式中　$x_1, x_2, \cdots, x_n$——液体混合物中各组分的质量分数；

　　　$\rho_1, \rho_2, \cdots, \rho_n$——液体混合物中各组分的密度，$kg/m^3$。

【例 1-1】　在盐酸制造过程中，氯化氢气体混合物（其中含 25% HCl、75% 空气，均为体积分数），在 50℃ 及 743mmHg（绝对压强）的条件下进入吸收塔，试计算气体混合物的密度。

　　解：已知：HCl 的千摩尔质量为 36.5kg/kmol，空气的千摩尔质量为 29kg/kmol，混合气体中各组分的体积分数为：HCl=0.25，空气=0.75。$T = 50 + 273 = 323K$，$p = 743mmHg$。

$$M_m = M_1 y_1 + M_2 y_2 = 36.5 \times 0.25 + 29 \times 0.75$$
$$= 9.125 + 21.75 = 30.875 kg/kmol$$

气体混合物的密度，由式(1-3)求得：

$$\rho_m = \rho_0 \cdot \frac{p}{p_0} \cdot \frac{T_0}{T} = \frac{30.875}{22.4} \times \frac{743}{760} \times \frac{273}{323}$$
$$= 1.377 \times 0.979 \times 0.845 = 1.14 kg/m^3$$

【例 1-2】　计算 293K 时 60％（质量分数）的醋酸水溶液的密度。

解： 293K 时 $\rho_{水}=998\text{kg/m}^3$，$\rho_{醋酸}=1049\text{kg/m}^3$。

在 293K 时醋酸水溶液的密度为：

$$\frac{1}{\rho_m}=\frac{x_{水}}{\rho_{水}}+\frac{x_{醋酸}}{\rho_{醋酸}}=\frac{0.40}{998}+\frac{0.60}{1049}$$

所以

$$\rho_m=1028\text{kg/m}^3$$

1.1.3.2　比容 v

比容是密度的倒数，单位为 m^3/kg，即

$$v=\frac{1}{\rho} \tag{1-7}$$

1.2　流体静力学

1.2.1　压强

流体单位面积上所承受的垂直作用力，称为流体的静压强，简称压强，以符号 p 表示，而流体的压力 P 称为总压力。

$$p=\frac{P}{A} \tag{1-8}$$

式中　p——流体压强，N/m^2 或 Pa；

　　　P——垂直作用于面积 A 上的总压力，N；

　　　A——作用面的表面积，m^2。

压强的单位除用 Pa 表示外，还可用大气压（atm）、米水柱（mH_2O）、毫米汞柱（mmHg）、巴（bar）等表示，所以熟练掌握压强不同单位间的换算十分重要。

1atm(物理大气压)＝760mmHg＝$10.33\text{mH}_2\text{O}$＝1.033kgf/cm^2（工程大气压，at）＝$1.013\times10^5\text{Pa}$＝1.0133bar

工程上为计算方便，还引入工程大气压换算系统。

1at(工程大气压)＝735.6mmHg＝$10\text{mH}_2\text{O}$＝1kgf/cm^2＝$9.807\times10^4\text{Pa}$＝0.9807bar

此处需要指出：1kgf 指 1kg 物体在 $g=9.81\text{m/s}^2$ 重力场中受到的重力，称为"千克力"，则 1kgf/cm^2 作为压强单位有时在有些文献或工程现场中用到。

流体的压强除用不同的单位来表示外，还可以用不同的方法来表示。

设备内流体的真实压强称为绝对压强，简称绝压。

当设备内流体的绝对压强高于外界大气压时，常在设备上安装压力表，压力表上的读数称为表压强（也称表压），它反映流体绝压高于外界大气压的数值，即可表示为：

　　　　表压强＝绝对压强－外界大气压（当时当地）

当设备内流体的真实压强低于外界大气压时，工程上视为负压操作，常在设备上安装真空表，真空表上的读数称为真空度，它反映流体绝压低于外界大气压的数值，即可表示为：

　　　　真空度＝外界大气压（当时当地）－绝对压强

绝对压强、外界大气压、表压强和真空度之间的关系如图 1-1所示。不难看出，真空度实际上是流体表压的负值。例如，体系的真空度为 $3.3\times10^3\text{Pa}$，则其表压为 $-3.3\times10^3\text{Pa}$。

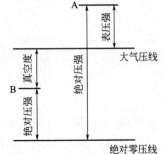

图 1-1　绝对压强、表压强和真空度的关系

为了避免不必要的错误，在工程计算中，必须在压强的单位后加括号或加注脚注明压强的不同表示方法。例如：$p = 2.0 \text{kgf/cm}^2$（表压），$p_{真空度} = 300 \text{mmHg}$，$p = 4.9 \times 10^5 \text{Pa}$（绝对压强）等。

【例 1-3】 已知当地大气压（绝对压强）p_0 为 750mmHg，某容器内气体的真空度为 0.86kgf/cm^2，试求该气体的绝对压强及表压强分别是多少，单位用 Pa 表示。

解：

$$p_0 = 750 \text{mmHg} = 750 \times \frac{1.013 \times 10^5}{760} = 9.997 \times 10^4 \text{Pa}$$

$$p_{真空度} = 0.86 \text{kgf/cm}^2 = 0.86 \times 9.81 \times 10^4 = 8.437 \times 10^4 \text{Pa}$$

所以

$$p_{绝对压强} = p_0 - p_{真空度} = (9.997 - 8.437) \times 10^4 = 1.56 \times 10^4 \text{Pa}$$

$$p_{表压强} = p - p_0 = -p_{真空度} = -8.437 \times 10^4 \text{Pa}$$

1.2.2 流体静力学基本方程

流体的静止状态是流体运动的一种特殊形式，它之所以能在设备内维持相对静止状态，是它在重力与压力作用下达到平衡的结果。所以，静止流体的规律就是流体在重力场的作用下流体内部压力变化的规律。该变化规律的数学描述，称为流体静力学基本方程，简称静力学方程。

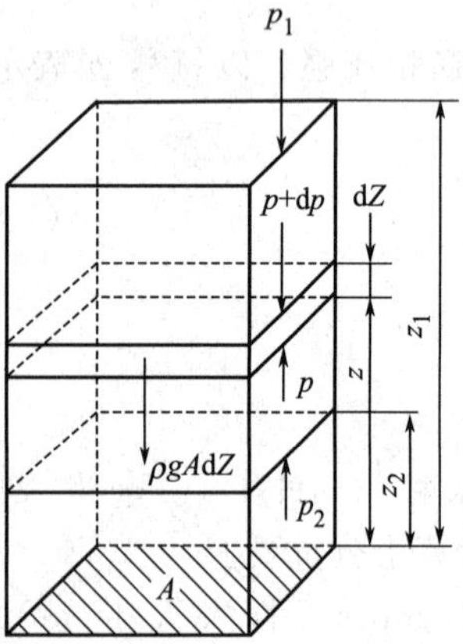

图 1-2 静止流体内部力的平衡

静力学方程导出的思路是，在静止的流体中取微元体作受力分析，建立微分方程，然后在一定的边界条件下积分。

如图 1-2 所示，在面积为 A 的液柱（方形、矩形、圆形均可）上取微元高度 dZ，对微元体 $A dZ$ 作受力分析：

下底面总压力　　　　$-pA$

上底面总压力　　　　$(p+dp)A$

本身重力　　　　　　$\rho g A dZ$

流体静止时，上述三力之和等于零，即

$$dp + \rho g dZ = 0 \tag{1-9}$$

对于不可压缩流体（即 $\rho =$ 常数），则上式不定积分求得

$$\frac{p}{\rho} + gZ = 常数 \tag{1-9a}$$

若取边界条件为：$Z = Z_1$，$p = p_1$；$Z = Z_2$，$p = p_2$，则式(1-9)定积分得

$$\frac{p_1}{\rho} + gZ_1 = \frac{p_2}{\rho} + gZ_2 \tag{1-10}$$

对式(1-10)整理变形还可以得到以下几式：

$$\frac{p_2 - p_1}{\rho} = g(z_1 - z_2) = gh \tag{1-10a}$$

$$p_2 = p_1 + \rho gh \tag{1-10b}$$

$$\frac{p_2 - p_1}{\rho g} = z_1 - z_2 = h \text{（m 流体柱高）} \tag{1-10c}$$

式(1-10)和式(1-10a)、式(1-10b)、式(1-10c)均称为流体静力学基本方程式，说明了在重力场中，静止流体内部压强的变化规律。

[讨论]：

① 静力学基本方程成立的前提条件：在重力场中，流体是静止的、连续的同一种流体，

且流体的密度为常数。若流体的密度不能作为常数处理时，则式(1-10) 和式(1-10a)、式(1-10b)、式(1-10c) 表示的静力学基本方程式不成立。

② 由式(1-10b) 可知，液体中任一点的压强大小与液面上方压强 p_1 及液体密度 ρ 和该点所处深度 h 有关，所在位置愈低、密度愈大，则其压力愈大。而且，液面上方压力有任何数量的改变，液体内部任一点的压力也将有同样大小和方向的改变，即压力可以同样大小传至液体内各点处。

③ 液体中任意水平面上各点的压强相同，称为等压面。等压面可用"静止、连续、均一、水平"八个字来体现，等压面的正确选取是流体静力学基本方程应用的关键所在。

④ 因各类常见工业容器中气体密度变化不大，所以上述静力学基本方程式也适用于气体。

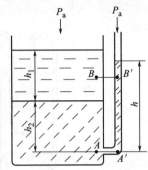

【例 1-4】附图

【**例 1-4**】 本题附图所示的开口容器内盛有油和水。油层高度 $h_1 = 0.8m$，密度 $\rho_1 = 800kg/m^3$，水层高度 $h_2 = 0.6m$、密度 $\rho_2 = 1000kg/m^3$。（1）判断下列关系是否成立，即：$p_A = p_A'$，$p_B = p_B'$；（2）计算水在玻璃管内的高度 h。

解：本题是静力学基本方程的应用，解题要点是找恰当的等压面：

（1）判断题给两关系式是否成立 $p_A = p_A'$ 的关系成立，因 A 及 A' 两点在静止的连通着的同一种流体内，并在同一水平面上，所以截面 $A\text{-}A'$ 称为等压面。

$p_B = p_B'$ 的关系不成立。因 B 及 B' 两点虽在静止流体的同一水平面上，但不是连通着的同一种流体，即截面 $B\text{-}B'$ 不是等压面。

（2）计算玻璃管内水的高度 h 由上面讨论知，$p_A = p_A'$，而 p_A 与 p_A' 都可以用流体静力学方程式计算，即 $p_A = p_a + \rho_1 g h_1 + \rho_2 g h_2$ 及 $p_A' = p_A + \rho_2 g h$

得到：
$$h = h_2 + \frac{\rho_1}{\rho_2} h_1 = 0.6 + \frac{800}{1000} \times 0.8 = 1.24m$$

1.2.3 流体静力学基本方程应用

静力学方程的应用十分广泛，如流体在设备或管道内压力变化的测量，液体在储罐内液位的测量，设备的液封高度的确定等，均以静力学方程为依据，以下举例说明。

1.2.3.1 压差计的应用

图 1-3 所示为 U 形管压差计。U 形管内装有指示液 A，U 形管两端连接被测的流体 B，且指示液密度 ρ_A 要大于被测流体的密度 ρ_B。

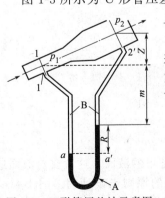

图 1-3 U 形管压差计示意图

U 形管两端的流体压力是不相等的（$p_1 > p_2$），两端的压差值（$\Delta p = p_1 - p_2$）可通过静力学方程的应用来得到。如图 1-3 所示，a、a' 两点的静压力是相等的。而且，由此向下，在 U 形管内的任意水平线都为等压面。按静力学方程可得到：

$$p_a = p_1 + (m + R) g \rho_B$$
$$p_{a'} = p_2 + \rho_B g (Z + m) + \rho_A g R$$

因为 $p_a = p_{a'}$，故

$$\Delta p = p_1 - p_2 = R g (\rho_A - \rho_B) + \rho_B g Z \qquad (1\text{-}11)$$

当流体输送管段水平放置时，$Z = 0$，则上式可化成

$$\Delta p = p_1 - p_2 = Rg(\rho_A - \rho_B) \tag{1-11a}$$

常用的指示液有汞、乙醇水溶液、四氯化碳及矿物油等。

当被测流体是气体时，由于气体密度远小于指示液密度，即 $\rho_A \gg \rho_B$，此时上式可简化写成：

$$\Delta p \approx Rg\rho_A \tag{1-11b}$$

【例 1-5】 如本题附图（a）所示，在某输送管路上装一复式 U 形管压差计以测量 A、B 两点间的压差，指示剂为水银，两指示剂之间的流体与管内流体相同。已知管内流体密度 $\rho = 900\text{kg/m}^3$，压差计读数 $R_1 = 0.35\text{m}$，$R_2 = 0.45\text{m}$，试求：A、B 两点间的压差。

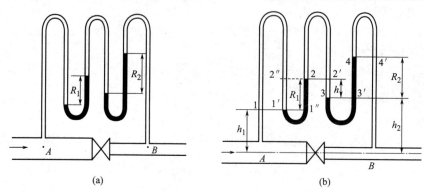

（a）　　　　　　　　　（b）

【例 1-5】附图

解： 本题目的是应用静力学方程，而其关键是正确选取等压面。

如附图（b）所示，取水平面 $1\text{-}1'\text{-}1''$、$2\text{-}2'$、$3\text{-}3'$ 和 $4\text{-}4'$，则以上 4 个水平面均为等压面，于是

$$p_1 = p_1' = p_1'', p_2 = p_2', p_3 = p_3', p_4 = p_4'$$

又由静力学方程可知

$$p_A = p_1 + h_1\rho g \tag{I}$$
$$p_1 = p_1'' = p_2 + R_1\rho_0 g \tag{II}$$
$$p_2 = p_2' = p_3 - h\rho g \tag{III}$$
$$p_3 = p_3' = p_4 + R_2\rho_0 g \tag{IV}$$
$$p_4 = p_4' = p_B - (h_2 + R_2)\rho g \tag{V}$$

将式（I）～（V）相加，得

$$p_A = p_B + (R_1 + R_2)\rho_0 g - (h_2 + R_2 + h - h_1)\rho g \tag{VI}$$

又由几何关系可知

$$h_2 + R_2 - (R_1 + h_1) = R_2 - h$$

即

$$h_2 + h - h_1 = R_1 \tag{VII}$$

将式（VII）代入式（VI），整理得

$$\begin{aligned}
p_A - p_B &= (R_1 + R_2)(\rho_0 - \rho)g \\
&= (0.35 + 0.45) \times (13600 - 900) \times 9.81 \\
&= 99670\text{Pa}
\end{aligned}$$

1.2.3.2　液面测定

过程工业中经常需要了解各类容器的储存量，或要控制设备里的液面，这就要对液面进行测定，液面测定是依据同一流体在同一水平面上的压力相等的原则来设计的。图 1-4(a) 为液柱压差计测定液面的示意图，将 U 形管压差计的两端分别接在储槽的顶端和底端，利

用 U 形管压差计上 R 的数值，即可得出容器内液面的高度，所测液面高度与液面计玻璃管粗细无关；当容器或设备的位置离操作室较远时，可采用远距离液位测量装置，如图 1-4（b）所示，压缩氮气经调节阀 1 调节后进入鼓泡观察器 2。管路中氮气的流速控制得很小，只要在鼓泡观察器 2 内看出有气泡缓慢逸出即可。因此气体通过吹气管 4 的流动阻力可以忽略不计。吹气管某截面处的压力用 U 形管压差计 3 来计量。压差计读数 R 的大小，即反映储罐 5 内液面的高度。

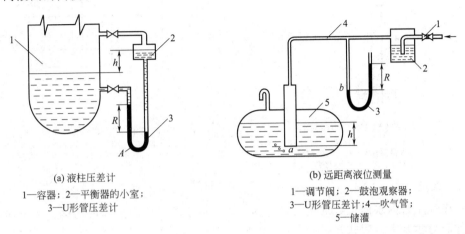

(a) 液柱压差计
1—容器；2—平衡器的小室；
3—U 形管压差计

(b) 远距离液位测量
1—调节阀；2—鼓泡观察器；
3—U 形管压差计；4—吹气管；
5—储罐

图 1-4　压差法测量液位

【例 1-6】　如图 1-4（b）所示装置，现已知 U 形管压差计的指示液为水银，其读数 $R=130\text{mm}$，罐内有机液体的密度 $\rho=1250\text{kg/m}^3$，储罐上方与大气相通。试求储罐中液面离吹气管出口的距离 h 为多少？

解： 由于吹气管内氮气的流速很低，且管内不能存有液体，故可认为管出口 a 处与 U 形管压差计 b 处的压力近似相等，即 $p_a \approx p_b$。若 p_a 与 p_b 均用表压强表示，根据流体静力学平衡方程，得

$$p_a = \rho g h, \ p_b = \rho_{\text{Hg}} g R$$

故
$$h = R \frac{\rho_{\text{Hg}}}{\rho} = 0.13 \times \frac{13600}{1250} = 1.41\text{m}$$

1.2.3.3　液封

液封在化工生产中应用非常广泛。为了防止设备中气体的泄漏，往往将带有压力的气体管路插入液体中，让足够的液层高度阻止气体外泄。这个液层高度可用流体静力学基本方程加以计算而确定。例如真空蒸发操作中产生的水蒸气，往往送入如图 1-5（a）所示的混合冷凝器中与冷水直接接触而冷凝。为了维持操作的真空度，冷凝器上方与真空泵相通，随时将器内的不凝气体（空气）抽走。同时为了防止外界空气由气压管 4 漏入，致使设备内真空度降低，因此，气压管必须插入液封槽 5 中，水即在管内上升一定的高度 h，这种措施即为液封。

图 1-5（b）为乙炔发生炉的液封示意图。若炉内的表压为 p，则水封高度 Z 可由下式确定：

$$Z \geqslant \frac{p}{\rho_{\text{水}} g} \tag{1-12}$$

【例 1-7】　对于图 1-5（a）所示装置，若真空表的读数为 $86 \times 10^3 \text{Pa}$，试求气压管中水上升的高度 h。

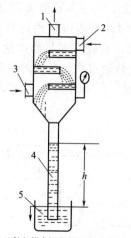
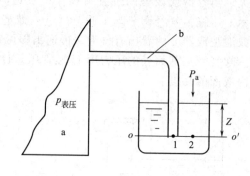

(a) 真空蒸发操作的液封示意图
1—与真空泵相通的不凝性气体出口；
2—冷水进口；3—水蒸气进口；
4—气压管；5—液封槽

(b) 乙炔发生炉的液封示意图
a—乙炔发生炉；b—液封管

图 1-5　液封举例

解： 设气压管内水面上方的绝对压强为 p，作用于液封槽内水面的压强为大气压强 p_a，根据流体静力学基本方程式知：

$$p_a = p + \rho g h$$

于是：

$$h = \frac{p_a - p}{\rho g} = \frac{86 \times 10^3}{1000 \times 9.81} = 8.77\text{m}$$

1.3　流体流动的质量与能量衡算

过程工业中，流体往往在密闭的管路中流动。流体在管内流动的规律，可用其流动的基本方程来描述，基本方程包括连续性方程和伯努利方程。流体在管内宏观上的流动是轴向流动，所以，本节所研究的对象为一维流动。

1.3.1　流量与流速

（1）流量

流体在单位时间内流经管道任一截面的量称为流量，流量常分为体积流量和质量流量两种。

① 体积流量 V_s（m^3/s）

$$V_s = \frac{V}{\theta} \tag{1-13}$$

② 质量流量 m_s（kg/s）

$$m_s = \frac{m}{\theta} \tag{1-14}$$

③ 体积流量与质量流量的关系

$$m_s = V_s \rho \tag{1-15}$$

（2）流速

流体在单位时间内流经管道单位截面的量称为流速。

① 平均流速（简称流速）u（m/s）

$$u = \frac{V_s}{A} \tag{1-16}$$

② 质量流速（又称质量通量）G（kg/m² · s）

$$G = \frac{m_s}{A} \tag{1-17}$$

③ 平均流速与质量流速的关系

$$G = \frac{m_s}{A} = \frac{V_s \rho}{A} = u\rho \tag{1-18}$$

式中　A——管道截面积，m²。

某些流体在管道中的常用流速范围列于表 1-1 中。

表 1-1　某些流体在管道中的常用流速范围

流体及其流动类别	流速范围/(m/s)	流体及其流动类别	流速范围/(m/s)
自来水(3×10⁵Pa 左右)	1~1.5	一般气体(常压)	10~20
水及低黏度液体[(1×10⁵)~(1×10⁶)Pa]	1.5~3.0	鼓风机吸入管	10~20
高黏度液体	0.5~1.0	鼓风机排出管	15~20
工业供水(8×10⁵Pa 以下)	1.5~3.0	离心泵吸入管(水类液体)	1.5~2.0
锅炉供水(8×10⁵Pa 以下)	>3.0	离心泵排出管(水类液体)	2.5~3.0
饱和蒸汽	20~40	往复泵吸入管(水类液体)	0.75~1.0
过热蒸汽	30~50	往复泵排出管(水类液体)	1.0~2.0
蛇管、螺旋管内的冷却水	<1.0	液体自流速度(冷凝水等)	0.5
低压空气	12~15	真空操作下气体流速	<10
高压空气	15~25		

1.3.2　稳态流动及非稳态流动

流体在流动过程中，任一截面处的流速、流量和压力等有关物理参数都不随时间变化，只随空间位置而变化，这种流动称为稳态流动。

若各流动参数不仅随空间位置变化，还是时间的函数，则称为非稳态流动。

如图 1-6 所示，（a）为稳态流动，（b）为非稳态流动。在图 1-6（a）中的水槽有进水管补充水，又有溢流装置，使水槽液面维持恒定，则排水管任一截

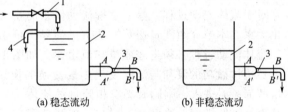

(a) 稳态流动　　(b) 非稳态流动

图 1-6　稳态流动和非稳态流动
1—进水管；2—水槽；3—排水管；4—溢流管

面处的流速、压力等参数均不随时间变化，只随位置而变，即属于稳态流动；而图 1-6（b）中，由于水槽中的液位不断下降，使得各流动参数都随时间和空间而不断变化，所以属于非稳态流动。

连续化生产的过程工业中，正常情况下多数为稳态流动，但开车、停车阶段及间歇操作属于非稳态流动，本章主要介绍稳态流动。

1.3.3　质量衡算——连续性方程

对于一个稳态流动系统，系统内任意空间位置上均无物料积累，所以物料衡算关系为，流入系统的质量流量等于离开系统的质量流量。如图 1-7 所示的管路系统，流体从截面 1-1′

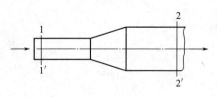

图 1-7　管路系统

进入系统的质量流量 m_{s_1} 应等于离开系统的质量流量 m_{s_2}，即

$$m_{s_1} = m_{s_2} \tag{1-19}$$

或

$$u_1 \rho_1 A_1 = u_2 \rho_2 A_2 \tag{1-19a}$$

对于不可压缩流体，ρ 可取常数，则

$$u_1 A_1 = u_2 A_2 \tag{1-19b}$$

即单位时间内，通过管路各截面的体积流量也相等，式（1-19）和式（1-19a）称为流体在管道内流动时的连续性方程式。在圆形管道中，对于不可压缩流体稳态流动的连续性方程可以写为：

$$\frac{u_1}{u_2} = \left(\frac{d_2}{d_1}\right)^2 \tag{1-19c}$$

式（1-19c）说明，当流体的体积流量一定时，流速与管径平方成反比。此流动规律与管道的放置方式、管道上是否装有管件、阀门及输送机械的布置情况无关，它只是描述不可压缩流体在圆形管道中的物料衡算关系。

【例 1-8】 水连续由粗管流入细管作稳态流动，粗管的内径为 80mm，细管的内径为 40mm。水在细管内的流速为 3m/s，求水在粗管内的流速。

解： 可按式（1-19c）计算

因为

$$\frac{u_1}{u_2} = \left(\frac{d_2}{d_1}\right)^2$$

推出

$$\frac{u_1}{3} = \left(\frac{40}{80}\right)^2$$

所以粗管内流速：

$$u_1 = 0.75 \text{m/s}$$

1.3.4　总能量衡算

对于流体流动过程，除了掌握流动体系的物料衡算外，还要了解流动体系能量间的相互转化关系。本节介绍能量衡算方法，进而导出可用于解决工程实际问题的伯努利方程。

流体流动过程必须遵守能量守恒定律。如图 1-8 所示，流体在系统内作稳态流动，管路中有对流体做功的泵和与流体发生热量交换的换热器。在单位时间内，有质量为 m kg 的流体从截面 1-1′ 进入，则同时必有相同量的流体从截面 2-2′ 处排出。这里对 1-1′ 与 2-2′ 两截面间及管路和设备的内表面所共同构成的系统进行能量衡算，并以 0-0′ 为基准水平面。

流体由 1-1′ 截面所输入的能量有以下几方面。

（1）内能 U

内能是储存于物质内部的能量，它是由分子运动、分子间作用力及分子振动等而产生的。从宏观来看，内能是状态函数，它与温度有关，而压力对其影响较小。以 U 表示单位质量流体的内能，对于质量 m kg 的流体由 1-1′ 截面带入的内能为

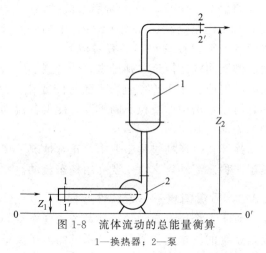

图 1-8　流体流动的总能量衡算

1—换热器；2—泵

$$U_1 m,[\text{J/kg} \cdot \text{kg} = \text{J}]$$

（2）位能 gZ

位能是流体在重力作用下，因高出某基准水平面而具有的能量，相当于将质量为 m kg 的流体，由基准水平面提高到某一高度克服重力所需的功。位能是个相对值。输入 1-1′ 截面流体的位能为

$$mgZ_1,[\text{kg} \cdot \text{m/s} \cdot \text{m} = \text{J}]$$

（3）静压能

静压能是将流体推进流动体系所需的功或能量。如图 1-8 所示，1-1′ 截面处的压强为 p_1，则作用于该截面上的总压力为 $p_1 A_1$。现有质量为 m kg，体积为 V_1 的流体，要流过 1-1′ 截面进入体系，必须对其做一定量的功，以克服该截面处的总压力 $p_1 A_1$。换言之，通过 1-1′ 截面的流体必定携带与所需功相当的能量进入系统，则把这部分能量称为静压能。因为静压能是在流动过程中表现出来的，所以也可叫作流动功。

在 $p_1 A_1$ 总压力的作用下，m kg 流体流经的距离为 $L = V_1/A_1$，则 m kg 流体的静压能为

$$p_1 A_1 L = p_1 A_1 \frac{V_1}{A_1} = p_1 V_1,[\text{N/m}^2 \cdot \text{m}^3 = \text{J}]$$

（4）动能

流体因运动而具有的能量称为动能，它等于将流体由静止状态加速到速度为 u 时所需的功，所以，m kg 流体在 1-1′ 截面的动能为

$$\frac{mu_1^2}{2},[\text{kg} \cdot \text{m/s}^2 = \text{J}]$$

以上四种能量的总和为 m kg 流体输入 1-1′ 截面的总能量，即

$$mU_1 + mgZ_1 + \frac{mu_1^2}{2} + p_1 V_1$$

同理，m kg 流体离开系统 2-2′ 截面的总能量为

$$mU_2 + mgZ_2 + \frac{mu_2^2}{2} + p_2 V_2$$

若系统中有泵或风机等输送机械的外加功输入，其单位质量流体所获得的能量用 W_e（J/kg）表示，并规定系统接受外加功为正，反之为负；若利用加热器或冷却器与系统交换能量，其单位质量流体所获得能量用 Q_e（J/kg）表示，并规定系统吸热为正，反之为负。则根据能量守恒定律有：

$$mU_1 + mgZ_1 + \frac{mu_1^2}{2} + p_1 V_1 + mW_e + mQ_e = mU_2 + mgZ_2 + \frac{mu_2^2}{2} + p_2 V_2 \tag{1-20}$$

若等式两边均除以 m，则表示以单位质量流体为基准的能量衡算式如下：

$$U_1 + gZ_1 + \frac{u_1^2}{2} + p_1 v_1 + W_e + Q_e = U_2 + gZ_2 + \frac{u_2^2}{2} + p_2 v_2 \tag{1-21}$$

式（1-21）称为单位质量流体稳态流动过程的总能量衡算式，各项的单位均为 J/kg。

1.3.5　流体流动的机械能衡算式——伯努利方程式

1.3.5.1　伯努利方程式推导

上述的总能量衡算式中，各项能量可分成机械能和非机械能两类。其中，动能、位能、静压能及外加功属于机械能；内能和热是非机械能。机械能和非机械能的区别是，前者在流动过程中可以相互转化，既可用于流体输送，也可转变成热和内能；而后者不能直接转变成

机械能用于流体的输送。因此，为了工程应用的方便，需将总能量衡算式转变为机械能衡算式。

根据热力学第一定律，流体内能的变化仅涉及流体获得的热量与流体在该过程的有用功，即

$$U_1 - U_2 = Q_e - W = Q_e - \left(\int_1^2 p\,\mathrm{d}v - \sum h_f \right) \tag{1-22}$$

式中，W 为每千克流体的可逆功，它等于流体的膨胀功 $\int_1^2 p\,\mathrm{d}v$ 与流体因克服流动阻力而损耗的能量 $\sum h_f$ 之差。

此外　　　　$$p_2 v_2 - p_1 v_1 = \int_1^2 \mathrm{d}(pv) = \int_1^2 p\,\mathrm{d}v + \int_1^2 v\,\mathrm{d}p \tag{1-23}$$

将式（1-22）和式（1-23）代入式（1-21）可得

$$gZ_1 + \frac{u_1^2}{2} + W_e = gZ_2 + \frac{u_2^2}{2} + \int_1^2 v\,\mathrm{d}p + \sum h_f \tag{1-24}$$

根据 $v = \dfrac{1}{\rho}$ 的关系，对于不可压缩流体，ρ 等于常数，则式（1-24）可简化为

$$gZ_1 + \frac{u_1^2}{2} + \frac{p_1}{\rho} + W_e = gZ_2 + \frac{u_2^2}{2} + \frac{p_2}{\rho} + \sum h_f \tag{1-25}$$

式（1-25）称为不可压缩流体作稳态流动时的机械能衡算式——伯努利（Bernoulli）方程式。

1.3.5.2　伯努利方程的讨论

①　对于理想流体（黏度为零的流体），又无外加功的情况下，伯努利方程可写成：

$$gZ_1 + \frac{u_1^2}{2} + \frac{p_1}{\rho} = gZ_2 + \frac{u_2^2}{2} + \frac{p_2}{\rho} = 常数$$

由此可以看出，流体流动过程中，任一截面的总机械能保持不变，而每项机械能不一定相等，能量的形式可相互转化，但必须保证机械能之和为一常数值。

②　伯努利方程通常还采用以单位重量流体为衡算基准，即以压头形式表示，就是将式（1-25）各项均除以重力加速度 g，可得：

$$Z_1 + \frac{u_1^2}{2g} + \frac{p_1}{\rho g} + H_e = Z_2 + \frac{u_2^2}{2g} + \frac{p_2}{\rho g} + H_f \tag{1-25a}$$

式中　　Z——位压头，m 流体柱；

$\dfrac{u^2}{2g}$——动压头，m 流体柱；

$\dfrac{p}{\rho g}$——静压能以压头形式表示，称为静压头，m 流体柱；

H_e——外加功以压头形式表示，称为有效压头，$H_e = \dfrac{W_e}{g}$，m 流体柱；

H_f——压头损失，$H_f = \dfrac{\sum h_f}{g}$，m 流体柱。

③　对于气体流动过程，若 $\dfrac{p_1 - p_2}{p_1} < 20\%$ 时，也可用式（1-25）进行计算，此时式中的密度 ρ 须用气体平均密度 ρ_m 代替，即 $\rho_m = \dfrac{\rho_1 + \rho_2}{2}$。

④ 当速度 u 为零时，则摩擦损失 $\sum h_f$ 不存在，此时体系无需外功加入，则伯努利方程演变为流体静力学方程。因而，流体静力学方程可视为伯努利方程的一种特例。

⑤ 输送单位质量流体所需外加功，是选择输送设备的重要依据，若输送流体的质量流量为 m_s（kg/s），则输送流体所需供给的功率（即输送设备有效功率）为：

$$Ne = W_e \cdot m_s \tag{1-26}$$

⑥ 摩擦阻力损失 $\sum h_f$ 是流体流动过程的能量消耗，一旦损失能量不可挽回，其值永远为正值。

1.3.5.3　伯努利方程式应用

伯努利方程的应用极为广泛，在应用中必须注意下面几个问题。

① 根据题意绘出流程示意图，选择两个截面构成机械能的衡算范围。选截面时，应考虑流体在衡算范围内必须是连续的，所选截面要与流体流动方向垂直，同时要便于有关物理量的求取。

② 基准水平面可以任意选定，只要求与地面平行即可。但为了计算方便，通常选取基准水平面通过两个截面中相对位置较低的一个，如果该截面与地面平行，则基准水平面与该截面重合。尤其对于水平管道，应使基准水平面与管道的中心线重合。

③ 方程中各项的单位应是同一单位制，尤其是应注意流体的压力，方程两边都用绝对压力或都用表压。

④ 衡算范围内所含的外加功及阻力损失不能遗漏。以下是伯努利方程的应用示例。

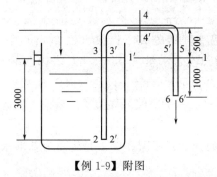

【例 1-9】附图

(1) 计算管道内流体的流速及压强

【例 1-9】　如本题附图所示，水在直径均一的虹吸管内稳态流动，设管路的能量损失可忽略不计。试求：(1) 管内水的流速；(2) 管内截面 2-2′、3-3′、4-4′ 和 5-5′ 处的流体压强。已知大气压为 1.0133×10^5 Pa，图中所注尺寸单位均为 mm。

解：(1) 在截面 1-1′ 与管子出口内侧截面 6-6′ 之间列伯努利方程式，并以 6-6′ 为基准水平面。由于管路的能量损失忽略不计，即 $\sum h_f = 0$，故有：

$$gZ_1 + \frac{u_1^2}{2} + \frac{p_1}{\rho} = gZ_6 + \frac{u_6^2}{2} + \frac{p_6}{\rho} \tag{I}$$

式中，$Z_1 = 1$ m；$Z_6 = 0$；$p_1 = 0$（表压）；$p_6 = 0$（表压）；$u_1 = 0$。

将以上各值代入式（I）中，得

$$9.81 \times 1 = \frac{u_6^2}{2} \Rightarrow u_6 = 4.43 \text{ m/s}$$

由于管径不变，故水在管内各截面上的流速均为 4.43 m/s。

(2) 由于该系统内无输送泵，能量损失又可不计，故任一截面上的总机械能相等。按截面 1-1′ 算出其值为（以 2-2′ 为基准水平面）

$$E = gZ_1 + \frac{u_1^2}{2} + \frac{p_1}{\rho} = 9.81 \times 3 + \frac{101330}{1000} = 130.8 \text{ J/kg}$$

因此，可得截面 2-2′ 的压强为

$$p_2 = \left(E - \frac{u_2^2}{2} - gZ_2 \right) \rho = (130.8 - 9.81) \times 1000 = 120990 \text{ Pa}$$

截面 3-3′ 的压强为

$$p_3 = \left(E - \frac{u_3^2}{2} - gZ_3\right)\rho = (130.8 - 9.81 - 9.81 \times 3) \times 1000 = 91560\text{Pa}$$

截面 4-4′ 的压强为

$$p_4 = \left(E - \frac{u_4^2}{2} - gZ_4\right)\rho = (130.8 - 9.81 - 9.81 \times 3.5) \times 1000 = 86660\text{Pa}$$

截面 5-5′ 的压强为

$$p_5 = \left(E - \frac{u_5^2}{2} - gZ_5\right)\rho = (130.8 - 9.81 - 9.81 \times 3) \times 1000 = 91560\text{Pa}$$

由以上计算可知，$p_2 > p_3 > p_4$，而 $p_4 < p_5 < p_6$，这是由于流体在管内流动时，位能与静压能相互转换的结果。

（2）计算输送机械的有效功及功率

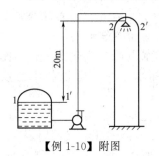

【例 1-10】附图

【例 1-10】 如本题附图所示为 CO_2 水洗塔的供水系统。水洗塔内绝对压强为 2100kN/m^2，储槽水面绝对压强为 300kN/m^2，塔内水管与喷头连接处高于储槽水面 20m，管路为 $\Phi57\text{mm} \times 2.5\text{mm}$ 钢管，送水量为 $15\text{m}^3/\text{h}$。塔内水管与喷头连接处的绝对压强为 2250kN/m^2。设能量损失为 49J/kg，水的密度取 1000kg/m^3，求水泵的有效功率是多少？

解： 取水槽水面为 1-1′ 截面，塔内水管与喷头连接处为 2-2′ 截面。以 1-1′ 截面为基准水平面，列出 1-1′、2-2′ 截面间的伯努利方程式：

$$gZ_1 + \frac{u_1^2}{2} + \frac{p_1}{\rho} + W_e = gZ_2 + \frac{u_2^2}{2} + \frac{p_2}{\rho} + \sum h_f$$

已知 $Z_1 = 0$ $Z_2 = 20\text{m}$

$p_1 = 300 \times 10^3 \text{N/m}^2$（绝压） $p_2 = 2250 \times 10^3 \text{N/m}^2$（绝压）

$u_1 = 0$ $\sum h_f = 49\text{J/kg}$

将各已知值代入伯努利方程式，可得：

$$W_e = (20 - 0) \times 9.81 + \frac{2250 \times 10^3 - 300 \times 10^3}{1000} + \frac{1.97^2 - 0}{2} + 49$$

$$= 196.2 + 1950 + 1.93 + 49$$

$$= 2197\text{J/kg}$$

则水泵的有效功率 Ne

$$Ne = W_e \cdot m_s = 2197 \times 15 \times 10^3 / 3600 = 9160\text{W} = 9.16\text{kW}$$

（3）计算管道及设备间的相对位置

【例 1-11】 如图所示的流程中，容器 B 液面上方的静压力 p_B 为 $1.47 \times 10^5 \text{Pa}$（绝对压力），储槽 A 液面上方通大气，静压力 p_A 为 $9.81 \times 10^4 \text{Pa}$（绝对压力）。若要求流体以 $7.20\text{m}^3/\text{h}$ 的流量由 A 流入 B，则储槽 A 的液面应比容器 B 的液面高出多少米？已知该流体的密度为 900kg/m^3，管道直径为 100mm，可忽略阻力损失。

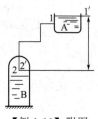

【例 1-11】附图

解：根据式(1-25)可知，在 1-1′、2-2′截面间列伯努利方程：

$$\frac{\Delta u^2}{2g}+\frac{\Delta p}{\rho g}+\Delta Z=0$$

因为

$$u_1=0 \text{ 且 } u_2=\frac{V}{\frac{\pi}{4}d^2}=\frac{7.20/3600}{0.785\times0.1^2}=0.255\text{m/s}$$

所以

$$Z_1-Z_2=\frac{u_2^2-u_1^2}{2g}+\frac{p_2-p_1}{\rho g}=\frac{0.255^2-0}{2\times9.81}+\frac{(14.7-9.81)\times10^4}{900\times9.81}$$

$$=3.3\times10^{-3}+5.55=5.55\text{m}$$

综上所述，应用伯努利方程的解题要点可归纳如下：

> 伯努利方程式，　能量衡算是实质；
> 两个截面划系统，系统以外不考虑；
> 截面垂直流动向，基准平面选合适；
> 输入输出两本账，各项单位要统一；
> 外功加在输入端，损失总是算输出。

另外，有时还要结合静力学方程、连续性方程及阻力公式求解。

1.4　流体流动阻力计算

1.4.1　牛顿黏性定律

1.4.1.1　流体流动中的内摩擦

两个固体之间作相对运动时，必须施加一定的外力以克服接触表面的摩擦力（外摩擦）。与固体间的相对运动类似，假定流动流体可分成许多流体层，由于流体流经固体壁面时存在附着力，所以壁面上黏附一层静止的流体层，其速度 $u_w=0$，该流体层对相邻的流体层有一个向后的曳力，类似地逐个流体层相互作用，且曳力的作用也逐渐减弱，其结果是，与流体流动方向垂直的同一截面上出现了点速度分布。

上述发生在流体层之间的作用力，称为剪切力（黏性力），因为在流体内部产生，故叫作内摩擦力。

1.4.1.2　黏性

流体流动时，不同速度的流体层之间产生内摩擦，内摩擦力可看作是一层流体抵抗另一层流体引起形变的力。运动一旦停止，这种抵抗力随即消失。通常，这种表明流体受剪切力作用时，本身抵抗形变的物理特性叫黏性。实际流体都有黏性，但各种流体的黏性差别很大，如空气、水等流体的黏性较小，而蜂蜜、油类等流体的黏性较大。应该注意，黏性是流体在运动中表现出来的一种物理属性。

1.4.1.3　牛顿黏性定律

假设相距很近的两平行大平板间充满黏稠液体，如图 1-9 所示。若下面平板保持不动，上板施加一平行于平板的外力，使其以速度 u 沿 x 方向运动，此时，两板间的液体就分成许许多多的流体层而运动，附在上平板的流体层随上板以速度 u 运动，以下各层流体流速逐渐

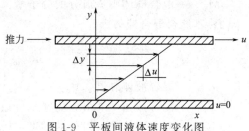

图 1-9　平板间液体速度变化图

降低，附在下平板表面上的流体层速度为零。

在流体层之间有速度分布（速度差异），相邻流体层以大小相等、方向相反的剪切力 F 相互作用。实验证明，对全部气体与大部分液体而言，剪应力 τ 服从牛顿黏性定律。

$$\tau = \frac{F}{A} = \mu\,\frac{\mathrm{d}u}{\mathrm{d}y} \tag{1-27}$$

式中　τ——剪应力，N/m^2；

　　A——相邻的两流体层的作用面积，m^2；

　　$\dfrac{\mathrm{d}u}{\mathrm{d}y}$——流体速度沿法线方向上的变化率，称为速度梯度，$1/s$；

　　μ——比例系数，称为黏性系数或动力黏度，简称黏度，$N \cdot s/m^2$（$Pa \cdot s$）。

1.4.1.4　黏度

黏度是用来度量流体黏性大小的物理量。由式(1-27) 可以看出，当流体的速度梯度 $\dfrac{\mathrm{d}u}{\mathrm{d}y}$ 为 1 时，流体的黏度 μ 在数值上即等于单位面积上的黏性力（内摩擦力）。因此，在相同的流速下，黏度愈大的流体，所产生的黏性力也愈大，即流体因克服阻力而损耗的能量愈大，所以，对于黏度较大的流体，应选用较小的流速。流体的黏度愈大，表示其流动性愈差，如油的黏度比水大，则油比水的流动性差，在相同流速下，输送油所消耗的能量要比输送水大得多。

黏度的单位可由式(1-27) 导出：

$$[\mu] = \frac{F}{A \cdot \dfrac{\mathrm{d}u}{\mathrm{d}y}} = \frac{N}{m^2\,\dfrac{m/s}{m}} = \frac{N \cdot s}{m^2} = Pa \cdot s$$

黏度值一般由实验测定，通过手册可查取流体在某一温度下的黏度，手册查得的黏度单位多为物理制单位泊（P）或厘泊（cP），与法定单位（$Pa \cdot s$）之间的换算如下：

$$1\ 厘泊(cP) = 10^{-2}\ 泊(P) = 10^{-3}\,Pa \cdot s$$

液体黏度随温度升高而减小，气体黏度则随温度升高而升高；液体黏度随压力变化而基本不变，气体黏度只有当压力较高时（如 $4 \times 10^6\,Pa$ 以上）才略有增大。

混合物的黏度一般用实验测定，当缺乏实验数据时，可由如下经验式求算。

（1）低压混合气体

$$\mu_{\mathrm{m}} = \frac{\sum y_i \mu_i M_i^{\frac{1}{2}}}{\sum y_i M_i^{\frac{1}{2}}} \tag{1-28}$$

式中　μ_{m}——混合气体黏度，$Pa \cdot s$；

　　y_i——混合气体中 i 组分的摩尔分数；

　　μ_i——混合气体中 i 组分的黏度，$Pa \cdot s$；

　　M_i——混合气体中 i 组分的分子量。

（2）不缔合混合液体

$$\lg\mu_{\mathrm{m}} = \sum_{i=1}^{n} x_i \lg\mu_i \tag{1-29}$$

式中　μ_{m}——混合液体黏度，$Pa \cdot s$；

　　x_i——混合液体中 i 组分的摩尔分数；

　　μ_i——混合液体中 i 组分的黏度，$Pa \cdot s$。

【例 1-12】　甲烷与丙烷组成混合气体，其摩尔分数分别为 0.4 和 0.6，求在常压下及 293K 时混合气的黏度。

解：由附录 15 查得常压下 293K 时纯组分的黏度

$$\mu_{甲烷}=0.0107\text{mPa·s}; \quad \mu_{丙烷}=0.0077\text{mPa·s}$$

各组分的分子量：$M_{甲烷}=16, \quad M_{丙烷}=44$

将各数值代入式(1-28)，可计算出混合气黏度

$$\mu_{\text{m}}=\frac{0.4\times0.0107\times16^{\frac{1}{2}}+0.6\times0.0077\times44^{\frac{1}{2}}}{0.4\times16^{\frac{1}{2}}+0.6\times44^{\frac{1}{2}}}$$

$$=\frac{0.0171+0.0306}{1.6+3.97}=0.00857\text{mPa·s}$$

1.4.2　流动型态

1.4.2.1　雷诺实验及流动型态

1883 年英国科学家雷诺（Reynolds）按图 1-10 所示的装置进行实验。透明储水槽中的液位由溢流装置维持恒定，水槽的下部插入一带有喇叭口的水平玻璃管，管内水的流速由出口阀门调节。水槽上方设置一个盛有色液体的吊瓶，有色液体通过导管及针形细嘴由玻璃管的轴线引入。

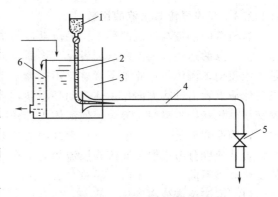

图 1-10　雷诺实验演示图
1—小瓶；2—细管；3—水箱；4—水平
玻璃管；5—阀门；6—溢流装置

从实验观察到，当水的流速很小时，有色液体沿管轴线作直线运动，与相邻的流体质点无宏观上的混合，如图 1-11（a）所示，这种流动型态称为层流或滞流；随着水的流速增大至某个值后，有色液体流动的细线开始抖动、弯曲，呈现波浪形，如图 1-11（b）所示；当流速再增大时，波形起伏加剧，出现强烈的骚扰滑动，全管内水的颜色均匀一致，如图 1-11（c）所示，这种流动型态称为湍流或紊流。

(a) 层流　　　　　　　　　　(b) 过渡流　　　　　　　　　　(c) 湍流

图 1-11　流型变化

流体的流动型态只有层流和湍流两种。

1.4.2.2　雷诺数

雷诺采用不同的流体和不同的管径多次进行了上述实验，所得结果表明：流体的流动型态除了与流速 u 有关外，还与管径 d、密度 ρ、黏度 μ 这三个因素有关。雷诺将这四个因素组成一个复合数群，以符号 Re 表示，即

$$Re=\frac{du\rho}{\mu} \tag{1-30}$$

该数群称为雷诺数，是一个无量纲的数值。例如用 SI 制表示：

$$[Re]=\left[\frac{du\rho}{\mu}\right]=\frac{(\text{m})(\text{m/s})(\text{kg/m}^3)}{\text{N·s/m}^2}=\text{m}^0\text{kg}^0\text{s}^0$$

　　不论采用哪种单位制，雷诺数的数值都是一样的。实验结果表明，对于流体在圆管内流动，当 $Re<2000$ 时，流动型态为层流；当 $Re>4000$ 时，流动型态为湍流；当 $Re=2000\sim4000$ 时，称为过渡流，但它不是一种流型，实际上是流动的过渡状态，即流动可能是层流，也可能是湍流，受外界条件的干扰而变化（例如在管道入口处，流道弯曲或直径改变，管壁粗糙或有外来震动都易造成湍流发生）。所以，可用雷诺数的数值大小来判断流体的流动型态，雷诺数愈大说明流体的湍动程度愈剧烈，产生的流体流动阻力愈大。

【例 1-13】　某油品在管内径为 100mm 的管中流动，油的密度为 900kg/m³，黏度为 0.072Pa·s，流速为 1.57m/s，求 Re 并判断流动型态。

　　解：由 $d=0.1$m，$u=1.57$m/s，$\rho=900$kg/m³ 和 $\mu=0.072$Pa·s，可得：

$$Re=\frac{du\rho}{\mu}=\frac{0.1\times1.57\times900}{0.072}=1963<2000 \quad 为层流$$

1.4.2.3　管内层流与湍流的比较

　　若将管内层流与湍流两种不同的流动型态进行比较，简单地说，两者的本质区别在于流体内部质点的运动方式不同。前者是流体质点沿着与管轴平行的方向作有规则的直线运动，是一维流动，流体质点互不干扰，互不碰撞，没有位置交换，是很有规律的分层运动；后者是流体质点除沿轴线方向作主体流动外，还在径向方向上作随机的脉动，湍流质点间发生位置交换，相互剧烈碰撞与混合，使流体内部任一位置上流体质点的速度大小及方向都会随机改变，因而湍流是一个杂乱无章、无规则的运动。

　　若从速度分布来看，层流与湍流的区别在于与流体流动方向垂直的同一截面上各点速度的变化规律不同。

　　（1）层流速度分布

　　层流时的点速度沿管径按抛物线的规律分布，如图 1-12 所示，其速度分布式为：

$$u_r=u_{\max}\left[1-\left(\frac{r}{R}\right)^2\right] \tag{1-31}$$

式中　　u_r——与管中轴线垂直距离为 r 处的点速度，m/s；

　　　　$u_{\max}$——管中轴线上的最大速度，m/s；

　　　　r——与管中轴线的垂直距离，m；

　　　　R——管半径，m。

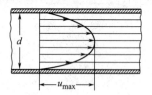　　　　　　　　　　　　　　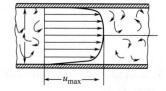

图 1-12　层流时圆管内的速度分布　　　　　图 1-13　湍流时圆管内的速度分布

其中：① 当 $r=0$ 时，管中轴线处流速最大；

　　　② 当 $r=R$ 时，管壁处流体流速为零；

　　　③ 理论和实验结果都表明，层流时各点速度的平均值 u 等于管中心处最大速度 $u_{\max}$ 的 0.5 倍。

　　（2）湍流速度分布

　　湍流时，流体质点运动比较复杂，其速度分布曲线一般由实验测定，如图 1-13 所示。由于流体质点强烈碰撞混合，使截面上靠管中心部分彼此拉平，速度分布比较均匀。管内流

体 Re 值愈大，湍动程度愈高，曲线顶端愈平坦，其速度分布式为：

$$u_r = u_{\max} \left(\frac{R-r}{R} \right)^{\frac{1}{7}} \qquad (1-32)$$

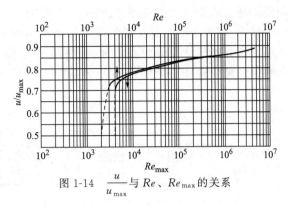

图 1-14　$\dfrac{u}{u_{\max}}$ 与 Re、$Re_{\max}$ 的关系

同样：① 当 $r=0$ 时，管中轴线处流速最大；
② 当 $r=R$ 时，管壁处流体流速为零。

通常，湍流时的平均速度 u 与管内最大速度 $u_{\max}$ 的比值随雷诺数变化，如图 1-14所示，图中 Re 和 $Re_{\max}$ 是分别以平均速度 u 与管内最大速度 $u_{\max}$ 计算的雷诺数。

层流与湍流的区别也可以从动量传递的角度更深入地理解。根据牛顿第二定律

$$F = m\frac{\mathrm{d}u}{\mathrm{d}\theta} = \frac{\mathrm{d}(mu)}{\mathrm{d}\theta} \qquad (1-33)$$

则

$$\tau = \frac{F}{A} = \frac{1}{A}\frac{\mathrm{d}(mu)}{\mathrm{d}\theta} \qquad (1-33a)$$

式中　θ——时间，s；

mu——动量，kg·m/s。

因此，剪应力意味着相邻的两流体层之间，单位时间单位面积所传递的动量，即动量通量。对于层流流动，两流体层间的动量传递是分子交换；对于湍流流动，两流体层间的动量传递是分子交换加质点交换，而且是以质点交换为主。

1.4.2.4　边界层概念

早期的流体力学研究，理论与实验结果差异很大。例如，对于黏度很小的流体，一般的理解是产生的摩擦力也很小，可按理想流体处理，但理论推断结果与实验数据不符。类似的

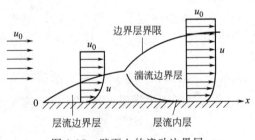

图 1-15　壁面上的流动边界层

问题一直没能得到圆满的解释。直到 20 世纪初，普兰特（Plandt）提出了边界层概念，深刻地揭示了理论与实验的差异所在，从此，流体力学得到了迅速的发展。

（1）边界层及其形成

如图 1-15 所示，当流体以速度 u_0 流经固体壁面时，流体与壁面接触，紧贴壁面处的流体速度变为零，受其影响，在垂直于流动方向的截面上，出现了速度分布，且随着离开壁面前缘的距离的增加，流速受影响的区域相应增大。则定义，$u \leqslant 99\% u_0$ 的区域叫流动边界层。或者说，流动边界层是固体壁面对流体流动的影响所波及的区域。边界层厚度用 δ 表示，注意 $\delta = f(x)$。

（2）层流边界层与湍流边界层

边界层内也有层流与湍流之分。流体流经固体壁面的前段，若边界层内的流型为层流，叫层流边界层；当流体离开前沿若干距离后，边界层内的流型转变为湍流，叫湍流边界层。

湍流边界层发生处，边界层突然加厚，且其厚度较快地扩展。即使在湍流边界层内，壁面附近仍有一层薄薄的流体层呈层流流动，把这个薄层称为层流内层或滞流底层。层流内层到湍流主体间还存在过渡层。层流内层的厚度随 Re 值增加而减小，但不论流体湍动得如何

剧烈，层流内层的厚度都不会为零。层流内层的厚度对传热和传质过程有很大的影响。

如图 1-16 所示，对管道而言，仅在流体的进口段，边界层有内外之分，经过某一段距离后，边界层扩展至管中心汇合，边界层厚度即为管道的半径且不再变化，即管壁对流体的影响波及整个管内的流体，把这种流动称为充分发展的流动。

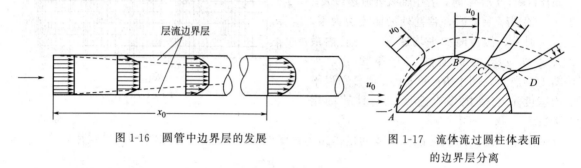

图 1-16　圆管中边界层的发展　　　　图 1-17　流体流过圆柱体表面的边界层分离

（3）边界层分离

边界层的一个重要的特点是，在某些情况下，其内部的流体会发生倒流，引起边界层与固体壁面的分离现象，并同时产生大量的旋涡，造成流体的能量损失（形体阻力），这种现象称为边界层分离，如图 1-17 所示。边界层分离是黏性流体产生能量损失的重要原因之一，这种现象通常在流体绕流物体（流线型物体除外）或流道截面突然扩大时发生。

讨论机械能衡算式时指出，实际流体流动会产生阻力损失。那么，流体阻力是如何产生的？受哪些因数影响呢？这些问题与流体流动的内部结构密切相关，而流体流动的内部是极其复杂的问题，涉及的知识面较广，因此，本节仅作简要介绍。

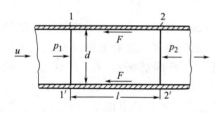

图 1-18　直管阻力通式的推导

流体在管路中流动时的阻力损失可分为直管阻力和局部阻力两部分。

1.4.3　直管阻力计算

直管阻力是流体流经一定管径的直管时，由于流体内摩擦力的作用而产生的阻力，通常也称为沿程阻力。

如图 1-18 所示，流体在直管内以一定的速度流动时，同时受到静压力的推动和摩擦阻力的阻碍，当两个力达到力平衡时，流体的流动速度才能维持不变，即达到稳态流动。

可在 1-1′ 和 2-2′ 截面间列伯努利方程：

$$gZ_1+\frac{u_1^2}{2}+\frac{p_1}{\rho}+W_e=gZ_2+\frac{u_2^2}{2}+\frac{p_2}{\rho}+\sum h_f$$

这里将 $Z_1=Z_2$、$u_1=u_2$、$W_e=0$ 代入上式中，可得到：

$$\sum h_f=\frac{p_1-p_2}{\rho}=\frac{-\Delta p}{\rho} \tag{1-34}$$

通过实验可测定流体流过 l 管长后的压降 Δp，进而可得出直管阻力 $\sum h_f$。利用流体在圆管中流动时力的平衡原理，可推导出直管阻力的一般计算式，现分析流体在直径为 d，管长为 l 的水平管内的受力情况：

$$推动力=(p_1-p_2)A=-\Delta p\times\frac{\pi d^2}{4},$$

流体流动阻力 $=\tau\pi dl$，τ 为剪应力。

由于流体在圆管内是稳态等速流动，故以上两个力必达到大小相等、方向相反，则平衡方程为：

$$-\Delta p \cdot \frac{\pi d^2}{4}=\tau\pi dl \tag{1-35}$$

经处理得到

$$-\Delta p=\frac{8\tau}{\rho u^2}\cdot\frac{l}{d}\cdot\frac{\rho u^2}{2} \tag{1-35a}$$

令：

$$\lambda=\frac{8\tau}{\rho u^2} \tag{1-36}$$

则上式可得：

$$-\Delta p=\lambda\frac{l}{d}\frac{\rho u^2}{2} \tag{1-37}$$

或

$$\sum h_{\mathrm{f}}=\frac{-\Delta p}{\rho}=\lambda\frac{l}{d}\frac{u^2}{2} \tag{1-38}$$

上式称为直管阻力计算通式，也称范宁（Fanning）公式，此式对于层流与湍流，管道水平、垂直、倾斜放置的情况均适用。式中 λ 称为摩擦系数，无量纲，它与 Re 及管壁粗糙度 ε 有关，可通过实验测定，也可由相应的关联式计算得到。

1.4.4　摩擦系数 λ 的确定

1.4.4.1　层流时摩擦系数计算

根据牛顿黏性定律式(1-27) 和层流速度分布式(1-31)，可以导出 $\tau=-8u\mu/d$，代入式(1-36) 中可得：

$$\lambda=\frac{64}{Re} \tag{1-39}$$

【例 1-14】　甘油在 20℃下以 $5\times10^{-4}\mathrm{m^3/s}$ 的流量在内径为 27mm 的钢管内流动，试计算通过每米管长所产生的压降。

解：由附录 4 可查表得 20℃甘油的密度为 $1261\mathrm{kg/m^3}$，黏度为 $1499\mathrm{mPa\cdot s}$，

则管内流速为

$$u=\frac{V_{\mathrm{S}}}{A}=\frac{5\times10^{-4}}{0.785\times0.027^2}=0.874\mathrm{m/s}$$

雷诺数为

$$Re=\frac{du\rho}{\mu}=\frac{0.027\times0.874\times1261}{1499\times10^{-3}}=19.85<2000$$

故流动为层流，摩擦系数为

$$\lambda=\frac{64}{Re}=\frac{64}{19.85}=3.224$$

则每米管长所产生的压降为：

$$-\Delta p=\rho\sum h_{\mathrm{f}}=\lambda\frac{l}{d}\frac{\rho u^2}{2}=3.224\times\frac{1}{0.027}\times\frac{1261\times0.874^2}{2}=57.5\mathrm{kPa}$$

1.4.4.2　湍流时摩擦系数计算

对于湍流的 λ，还无法从理论上导出。目前，采用的方法是通过量纲分析和实验确定计算 λ 的关联式。所谓量纲分析法，是指当所研究的过程涉及变量较多，且用理论依据或数学模型求解很困难时，要用实验方法进行经验关联。利用量纲分析的方法，可将几个变量组合成一个无量纲数群，用无量纲数群代替个别变量做实验，这样因无量纲数群数量必小于变量数，所以实验简化，准确性提高。

量纲分析法的理论基础是量纲一致性原则和 π 定理，其中，量纲一致性原则表明，凡是根据基本物理规律导出的物理方程，其中各项的量纲必然相同；π 定理指出：任何物理量方程都可转化为无量纲的形式，以无量纲数群的关系式代替原物理量方程，且无量纲数群的个数等于原方程中的变量总数减去所有变量涉及的基本量纲个数。

（1）量纲分析的基本步骤

① 找出影响湍流直管阻力的影响因数

$$h_f = f(d, l, u, \rho, \mu, \varepsilon)$$

式中　ε——粗糙度，指固体表面凹凸不平的平均高度，m。

② 写出各变量的量纲

$[h_f] = L^2\theta^{-2}$，$[d] = L$，$[l] = L$，$[u] = L\theta^{-1}$，$[\rho] = ML^{-3}$，$[\mu] = ML^{-1}\theta^{-1}$，$[\varepsilon] = L$

所有变量涉及的基本量纲是 3 个，即 M，θ，L。

③ 选择核心物理量　选择核心物理量的依据是：a. 核心物理量不能是待定的物理量（本例是 h_f）；b. 核心物理量要涉及全部的基本量纲，且不能形成无量纲数群。

本例选择 d，u，ρ 为核心物理量符合要求。

④ 将非核心物理量分别与核心物理量组合成无量纲特征数 π_i

本例的非核心物理量是 μ，l，ε，h_f，分别与核心物理量 d，u，ρ 组合得

$$\pi_1 = d^a u^b \rho^c \mu$$
$$\pi_2 = d^i u^f \rho^g l$$
$$\pi_3 = d^h u^o \rho^p \varepsilon$$
$$\pi_4 = d^r u^s \rho^t h_f$$

以 π_1 为例，按量纲一致性原则，对其展开得

$$M^0 \theta^0 L^0 = [L]^a [L\theta^{-1}]^b [ML^{-3}]^c [ML^{-1}\theta^{-1}]$$

即

$$M：0 = c + 1$$
$$\theta：0 = -b - 1$$
$$L：0 = a + b - 3c - 1$$

解得

$$a = -1, \ b = -1, \ c = -1$$

故

$$\pi_1 = \frac{\mu}{du\rho} = \frac{1}{Re}$$

同理

$$\pi_2 = \frac{l}{d}, \ \pi_3 = \frac{\varepsilon}{d}, \ \pi_4 = \frac{h_f}{u^2}$$

那么，湍流阻力式可写为

$$F(\pi_1, \pi_2, \pi_3, \pi_4) = F\left(\frac{\mu}{du\rho}, \frac{l}{d}, \frac{\varepsilon}{d}, \frac{h_f}{u^2}\right) = 0$$

以上说明，由过程函数式变成无量纲数群式时，变量数减少了 3 个，使得变量数目明显降低，实验研究更有针对性。

（2）湍流 λ 的关联式

将上式变化形式

$$\frac{h_f}{u^2} = f\left(Re, \frac{l}{d}, \frac{\varepsilon}{d}\right)$$

将上式与范宁公式(1-38)比较，可知

$$\lambda = f\left(Re, \frac{\varepsilon}{d}\right)$$

上式的具体函数关系，可由实验确定。

　　过程工业中的管道可分为光滑管与粗糙管。通常把玻璃管、铝管、铜管、塑料管等称为光滑管；把钢管和铸铁管等称为粗糙管。各种管材，在经过一段时间使用后，其粗糙程度都会产生很大差异。管壁粗糙面凸出部分的平均高度，称为管壁绝对粗糙度，以 ε 表示。绝对粗糙度 ε 与管径 d 之比 ε/d 称为管壁相对粗糙度。表 1-2 列出了某些工业管道的绝对粗糙度。

表 1-2　某些工业管道的绝对粗糙度

绝对粗糙度 ε/mm		管道类别	绝对粗糙度 ε/mm		管道类别
金属管	无缝黄铜管、铜管及铝管	0.01～0.05	非金属管	干净玻璃管	0.0015～0.01
	新的无缝钢管或镀锌铁管	0.1～0.2		橡皮软管	0.01～0.03
	新的铸铁管	0.3		木管道	0.25～1.25
	具有轻度腐蚀的无缝钢管	0.2～0.3		陶土排水管	0.45～6.0
	具有显著腐蚀的无缝钢管	0.5 以上		很好整平的水泥管	0.33
	旧的铸铁管	0.85 以上		石棉水泥管	0.03～0.8

　　典型的几个计算湍流 λ 的关联式如下：

　　① 光滑管

　　a. 柏拉修斯式

$$\lambda = \frac{0.3164}{Re^{0.25}} \tag{1-40}$$

该式适用于 $Re = 3000 \sim 1 \times 10^5$ 的光滑管内流动的情况。

　　b. 顾毓珍式

$$\lambda = 0.0056 + \frac{0.5}{Re^{0.32}} \tag{1-41}$$

该式适用于 $Re = 3000 \sim 3 \times 10^6$ 的情况。

　　② 粗糙管

　　a. 顾毓珍式

$$\lambda = 0.01227 + \frac{0.7543}{Re^{0.38}} \tag{1-42}$$

　　此式适用于 $Re = 3000 \sim 3 \times 10^6$ 范围内，此式所指的粗糙管为内径 50～200mm 的新钢管和铁管。

　　b. 尼库拉则与卡门式

$$\frac{1}{\sqrt{\lambda}} = 2\lg\frac{d}{\varepsilon} + 1.14 \tag{1-43}$$

该式适用于 $\dfrac{\frac{d}{\varepsilon}}{Re\sqrt{\lambda}} > 0.005$ 的情况。

　　③ 摩擦因子图　为了计算方便，用实验结果将 λ、Re、$\dfrac{\varepsilon}{d}$ 之间的相互关系绘于双对数坐标内，这就是图 1-19 所示的摩擦系数图。图中有以下四个不同区域。

　　a. 层流区　$Re \leqslant 2000$ 时，因有 $\lambda = 64/Re$，则 $\lg\lambda$ 随 $\lg Re$ 的增大呈线性下降，此时 λ 只与 Re 有关，与相对粗糙度 ε 无关。

　　b. 过渡区　当 $2000 < Re < 4000$ 时，管内流动属过渡状态且受外界条件影响，使 λ 值波动较大，为安全起见，工程上一般都按湍流处理，即用湍流时的曲线延伸至过渡区来查取 λ 值。

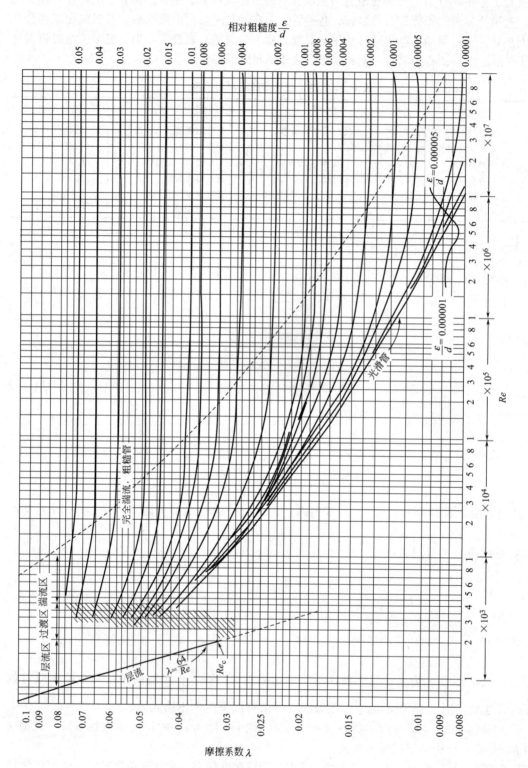

图 1-19 λ 与 Re、$\frac{\varepsilon}{d}$ 之间关系图

c. 湍流区　当 $Re > 4000$ 且在图 1-19 中虚线以下区域时，流体流动进入湍流区。对于一定的管型$\left(即 \dfrac{\varepsilon}{d} = 常数\right)$，$\lambda$ 随 Re 的增大而减小；而当 Re 保持恒定时，λ 随 $\dfrac{\varepsilon}{d}$ 的增大而增大。

d. 完全湍流区　图 1-19 中虚线以上区域，λ 与 Re 的关系曲线几乎成水平线，说明当 $\dfrac{\varepsilon}{d}$ 一定时，λ 为一定值，与 Re 几乎无关。根据阻力计算式(1-39)可知，此时流体流动产生的阻力与速度平方成正比，故称该区域为阻力平方区，或称完全湍流区。

当查图不便时，层流区采用式(1-39)计算；在湍流及过渡区内，一般工程计算建议采用 Colebrook 公式：

$$\frac{1}{\sqrt{\lambda}} = 1.74 - 2\lg\left(\frac{2\varepsilon}{d} + \frac{18.7}{Re\sqrt{\lambda}}\right) \tag{1-44}$$

图 1-19 也是按式(1-44)绘制而成的。

【**例 1-15**】　某液体以 4.5m/s 的流速流经内径为 0.05m 的水平钢管，液体的黏度为 $4.46 \times 10^{-3} Pa \cdot s$，密度为 $800 kg/m^3$，钢管的绝对粗糙度为 $4.6 \times 10^{-5} m$，试计算流体流经 40m 管道的阻力损失。

解：雷诺数

$$Re = \frac{du\rho}{\mu} = \frac{0.05 \times 4.5 \times 800}{4.46 \times 10^{-3}} = 40359 > 4000，故属于湍流$$

$$又 \quad \frac{\varepsilon}{d} = \frac{4.6 \times 10^{-5}}{0.05} = 0.00092$$

根据 Re 及 $\dfrac{\varepsilon}{d}$ 值，查图 1-19 得：$\lambda = 0.024$

故阻力损失

$$\sum h_f = \lambda \frac{l}{d} \frac{u^2}{2} = 0.024 \times \frac{40}{0.05} \times \frac{4.5^2}{2} = 194.4 J/kg$$

④ 非圆形管内的摩擦损失

a. 当量直径 d_e　当流体通过的管道截面是非圆形（例如套管环隙、列管的壳程、长方形气体通道等），Re 数的计算式中的 d 应采用当量直径 d_e 代替，即：

$$Re = \frac{d_e u\rho}{\mu}$$

式中

$$d_e = 4r_{水力} = 4 \times \frac{流体流通截面积}{流体湿润周边长} \tag{1-45}$$

即水力半径 $r_{水力}$ 可看成流体流通截面积与流体湿润周边长之比。

（a）直径为 d 的圆管：

$$d_e = 4r_{水力} = 4 \times \frac{\frac{\pi}{4}d^2}{\pi d} = d$$

（b）套管环隙：

$$d_e = 4r_{水力} = 4 \times \frac{\frac{\pi}{4}d_1^2 - \frac{\pi}{4}d_2^2}{\pi(d_1 + d_2)} = d_1 - d_2$$

其中，d_1 表示大圆管的内直径；d_2 表示小圆管的外直径。

必须指出，当量直径的计算方法完全是经验性的，只能用以计算非圆管的当量直径，绝不能用来计算非圆管的管道截面积，且式(1-45)中的流速指流体的真实流速。

b. 非圆形管内摩擦损失的计算方法　流体在非圆形管内流动时，所产生的阻力，仍可用式(1-38)进行计算，但计算时应以当量直径 d_e 代替管径 d。对于层流流动，除管径用当量直径取代外，摩擦系数应采用下式予以修正：

$$\lambda = \frac{C}{Re} \tag{1-46}$$

式中 C 值，根据管道截面的形状而定，其值列于表 1-3 中。

表 1-3　某些非圆形管的常数 C 值

非圆形管的截面形状	正方形	等边三角形	环形	长方形	
				长∶宽＝2∶1	长∶宽＝4∶1
常数 C	57	53	96	62	73

1.4.5　局部阻力计算

局部阻力又称形体阻力，是指流体通过管路中的管件（如三通、弯头、大小头等）、阀门、管子出入口及流量计等局部障碍处而发生的阻力。由于在局部障碍处，流体流动方向或流速发生突然变化，产生大量旋涡，加剧了流体质点间的内摩擦，因此，局部障碍造成的流体阻力比等长的直管阻力大得多。

局部阻力损失计算一般采用两种方法：阻力系数法和当量长度法。

1.4.5.1　阻力系数法

将局部阻力损失表示为动能 $\dfrac{u^2}{2}$ 的倍数，即

$$h'_f = \xi \frac{u^2}{2} \tag{1-47}$$

式中，ξ 为局部阻力系数，无量纲，由实验测定。当部件发生截面变化时，例如图 1-20 所示的截面突然扩大和突然缩小时，式(1-47)中的流速均应取小截面处的流速。其中，流体自大容器进入管内，可看作流体的流道由很大截面突然进入很小的截面，此时局部阻力系数 $\xi_c = 0.5$，称为进口损失；相反，流体自管子进入大容器或直接排放到管外空间，可看作流体的流道突然扩大，此时局部阻力系数 $\xi_e = 1.0$，称为出口损失。

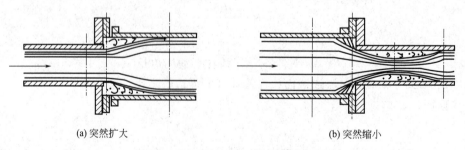

(a) 突然扩大　　　　　　　　　　　　　　(b) 突然缩小

图 1-20　截面突然扩大和突然缩小示意图

1.4.5.2　当量长度法

若将流体局部阻力折合成相当于流体流经同直径管长为 l_e 的直管时所产生的阻力，则局部阻力可表示为

$$h'_f = \lambda \frac{l_e}{d} \frac{u^2}{2} \qquad (1\text{-}48)$$

式中，l_e 为管件的当量长度，其值由实验测定。

常见的管件和阀门局部阻力系数及当量长度数值见表 1-4。

表 1-4　管件和阀门局部阻力系数 ξ 及当量长度与管径的比值

名　称	阻力系数 ξ	当量长度与管径之比 $\dfrac{l_e}{d}$	名　称	阻力系数 ξ	当量长度与管径之比 $\dfrac{l_e}{d}$
弯头,45°	0.35	17	标准阀		
弯头,90°	0.75	35	全开	6.0	300
三通	1	50	半开	9.5	475
回弯头	1.5	75	角阀,全开	2.0	100
管接头	0.04	2	止逆阀		
活接头	0.04	2	球阀	70.0	3500
闸阀			摇板式	2.0	100
全开	0.17	9	水表,盘式	7.0	350
半开	4.5	225			

管路的总阻力损失计算为流体流经直管阻力损失与各局部阻力损失之和，其表达式可写成

$$\sum h_f = h_f + \sum h'_f = \lambda \frac{l}{d} \frac{u^2}{2} + \xi_1 \frac{u^2}{2} + \xi_2 \frac{u^2}{2} + \cdots + \xi_n \frac{u^2}{2} = \left(\lambda \frac{l}{d} + \sum \xi \right) \frac{u^2}{2} \qquad (1\text{-}49)$$

也可写成

$$\sum h_f = h_f + \sum h'_f = \lambda \frac{l}{d} \frac{u^2}{2} + \lambda \frac{l_{e1}}{d} \frac{u^2}{2} + \lambda \frac{l_{e2}}{d} \frac{u^2}{2} + \cdots + \lambda \frac{l_{en}}{d} \frac{u^2}{2} = \lambda \frac{l + \sum l_e}{d} \frac{u^2}{2} \qquad (1\text{-}50)$$

式中，$l + \sum l_e$ 为直管长度与各种局部阻力当量长度之和。

任何管件、阀门等局部的局部阻力可采用局部阻力系数法，或可采用当量长度法计算，但只采用上述两种方法中的一种计算一次即可，不要重复计算。

1.5　管路计算

管路计算是流体流动连续性方程、伯努利方程和流体流动阻力计算式的综合应用，其中管路的安装配置可以分为简单管路和复杂管路两类。

1.5.1　管路组成

1.5.1.1　管子材料和用途

(1) 铸铁管

铸铁管常用作埋入地下的给水总管、煤气管及污水管等，也可用来输送碱液及浓硫酸。铸铁管价廉、耐腐蚀性强，但管壁厚较笨重，强度差，故不宜输送蒸汽及在压力下输送爆炸性或毒性气体。

(2) 有缝钢管

有缝钢管一般用于压力小于 1.6MPa 的低压管路。小直径的有缝钢管（公称直径 D_g 为 10~150mm）又称水煤气管，系用低碳钢焊制而成，分镀锌管（白铁管）、不镀锌管（黑铁管）两种，常用于水、煤气、空气、低压蒸汽和冷凝液及无腐蚀性的物料管路，其工作温度范围为 0~200℃。

（3）无缝钢管

无缝钢管分为热轧和冷拔两种，其特点是品质均匀和强度高，可用于输送有压力的物料，如蒸汽、高压水、过热水以及有燃烧性、爆炸性和毒性的物料。

（4）紫铜管和黄铜管

铜管质量较轻，导热性能好，低温下冲击韧性高。适宜作热交换器用管及低温输送管，黄铜管可用于海水处理，紫铜管常用于压力输送，适用温度小于250℃。

（5）铅管

铅管性软，易于锻制和焊接，但机械强度差，不能承受管子自重，必须铺设在支承托架上，能抗硫酸、60%的氢氟酸、浓度小于80%的醋酸等。多用于耐酸管道，但硝酸、次氯酸盐和高锰酸盐等类介质不宜使用。最高使用温度为200℃。

（6）铝管

铝管能耐酸腐蚀，但不耐碱、盐水及盐酸等含氯离子的化合物，多用于输送浓硝酸、醋酸等，使用温度小于200℃。

（7）陶瓷管及玻璃管

耐腐蚀性好，但性脆，强度低，不耐压。陶瓷管多用于排除腐蚀性污水，而玻璃管由于透明，可用于某些特殊介质的输送。

（8）塑料管

常用的塑料管有聚氯乙烯管、聚乙烯管、玻璃钢管等，其特点是质轻、抗腐蚀性好，易加工，但耐热耐寒性差，强度低，不耐压。一般用于常压、常温下酸、碱液的输送。

（9）橡胶管

能耐酸、碱，抗腐蚀，有弹性，能任意弯曲，但易老化，只能用于临时管路。

（10）铝塑复合管

抗腐蚀性强，可任意弯曲，与管件连接方便，使用寿命较长。

1.5.1.2　管路连接

（1）承插式连接

铸铁管、耐酸管、水泥管常用承插式连接。管子的一头扩大成钟形，使另一根管子的平头插入钟形口内，环隙先用麻绳、石棉绳填塞，然后用水泥、沥青等胶合剂涂抹。该连接安装方便，对管子中心线的对接允许有较大的偏差，但缺点是难以拆卸，高压时不便使用。

（2）螺纹连接

管子两端有螺纹，可用现成的螺纹管件连接而成。通常在小于100mm的管道中使用。

（3）法兰连接

法兰连接拆装方便，密封可靠，可适用的压强、温度、管径的范围很大。缺点是费用较高。法兰连接分普通钢管的平焊法兰和高压用的凹凸面对焊法兰两种型式。两法兰间放置垫片，垫片起密封作用，垫片的材料有橡胶石棉板、橡胶、塑料、软金属等，视介质的性质、温度、压力而定。

（4）焊接

焊接法比上述任何方法都便宜、方便、严密，无论钢管、有色金属管、聚氯乙烯管均可焊接，应用十分广泛。但对经常拆卸的管路和对焊缝有腐蚀性的物料管路，以及不宜动火的车间管路，不便采用焊接。

1.5.1.3　管件与阀门

（1）常用管件

常用管件如图1-21所示。用以改变流体流向的管件有90°弯头、45°弯头、180°回弯头等；用以堵截管路的管件有堵头（丝堵）、管帽、盲板等；用以连接支管的管件有三通、四通；用以改变管径的管件有异径弯头（大小头）以及内、外螺纹接头等；用以延长管路的管件有管箍（束节）、外丝接头、活接头、法兰等。

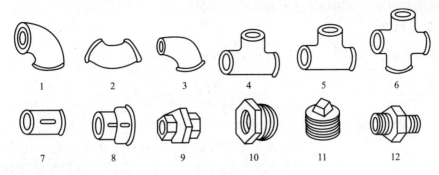

图 1-21　常用管件

1—90°弯头；2—45°弯头；3—异径弯头；4—等径三通；5—异径三通；6—四通；7—管箍；
8—异径管箍；9—活接头；10—补心；11—丝堵；12—外丝接头

(2) 常用阀门

① 闸阀〔图 1-22(a)〕　阀体内装有一块闸板，使用时由螺旋升降，其移动方向与管道轴线垂直。它密封性好，流动阻力小，应用广泛，多用于管路作切断或全开之用。这种阀门结构比较复杂，密封面易擦伤，不适用于控制流量的大小及有悬浮物的介质，常用于上水管道和热水供暖管道，但通常不用在蒸汽管道上，因为压力较高时，闸阀会因单面承受压力而难于开启。

② 截止阀〔图 1-22(b)〕　截止阀是利用圆形阀盘在阀体内的升降来改变阀盘与阀座间的距离，以开关管路和调节流量。该阀门的流体阻力大于闸阀，但较严密可靠，可用于流量调节，不适用于有悬浮物的流体管道。

③ 止回阀　止回阀又称单向阀或止

(a) 闸阀　　　　(b) 截止阀

图 1-22　常用阀门

逆阀，它只允许流体朝一个方向流动，靠流体的压力自动开启，可防止管道或设备中的介质倒流。离心泵吸入管端的底阀就属于此类，另外，止回阀多用于给水管路，安装时有严格的方向性，一定不可装反。

④ 旋塞　旋塞亦称考克，是依靠阀体内带中心孔的锥形体来控制启闭的阀门。其特点是结构简单，开闭迅速，流体阻力小，适用于含有固相的液体，但不适用于高温、高压的场合，制造维修费工时。

⑤ 球阀　球阀有一个中间开孔的球体作阀芯，靠旋转球体来开关管路。它的特点是结构简单，体积小，开关迅速，操作方便，流动阻力小，但制造精度要求高。

旋塞和球阀均是快开式阀门，阻力小、流量大。但它的密封面易磨损，开关力较大，容易卡住，故不适用于高温高压的情况。旋塞用于开关管路中的介质也可作节流阀门；球阀只用于开关管道介质，不宜作节流阀用，以免阀门长时间受介质冲刷而失去严密性。

⑥ 减压阀　减压阀用以降低管道内介质压力，使介质压力符合生产的需要，常用的减

压阀有活塞式、波纹管式、鼓膜式及弹簧式等。减压阀应直立安装在水平管道上，阀盖要与水平管道垂直，安装时应注意阀体的箭头方向。减压阀两侧应装置阀门。高、低压管上都设有压力表，同时低压系统还要设置安全阀。这些装置的目的是为了调节和控制压力方便可靠，对低压系统保证安全运行尤其重要。

1.5.1.4　管径的确定

对于圆形管道，$A = \dfrac{\pi d^2}{4}$，代入式(1-16) 可得

$$d = \sqrt{\frac{4V_s}{\pi u}} \tag{1-51}$$

当 V_s＝常数时，随着流速 u 增加，管道直径 d 减小，反之亦然。由于流速 u 的大小体现了操作费用的高低，而管径 d 的大小则体现了设备投资费用的多少。所以，对于较长的管道，两者要权衡考虑，以总费用最低为目标，确定最优流速，如图 1-23 所示。一般情况下，管道的流速可由经验确定，某些流体在管道内的常用流速范围如表 1-1 所列。

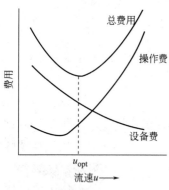

图 1-23　最优流速的确定

由式(1-51) 计算的管径是管子的内径，当管子材料确定后，可查取管子规格。其中，水煤气管（英制）的规格以公称直径表示，公称直径既不是管子外径，也不是管子内径，而是与其相近的整数；无缝钢管（公制）的规格是采用外径×壁厚来表示的。各种常用管子的规格见附录 22。

已知流体的体积流量来确定管径的基本方法是，先查表 1-1 初选流速，以此来计算管道直径，然后按管子的规格圆整管径，最后用圆整后的管径重新核算流速。

【例 1-16】　某厂精馏塔进料量为 10000kg/h，料液的密度为 960kg/m³，其他性质与水接近，试选择进料管的管径。

解：由题给条件得出

$$V_s = \frac{m_s}{\rho} = \frac{10000}{3600 \times 960} = 0.00289 \, \text{m}^3/\text{s}$$

因料液性质与水相近，参照表 1-1 的经验数据，选取料液在管内流速 u＝1.8m/s。再由流体的体积流量 V 和选定的流速 u 按下式求出管道直径 d。

$$d = \sqrt{\frac{4V_s}{\pi u}} = \sqrt{\frac{4 \times 0.00289}{3.14 \times 1.8}} = 0.0452 \text{m} = 45.2 \text{mm}$$

查附录 22 水管规格，确定选用 Φ57mm×3mm 的无缝钢管，其内径为

$$d = 57 - 3 \times 2 = 51 \text{mm} = 0.051 \text{m}$$

重新核算流速，即料液在管内的实际流速为

$$u = \frac{4 \times 0.00289}{\pi \times 0.051^2} = 1.42 \text{m/s}$$

通过本例计算，应初步熟悉工程上管路流体输送的流速范围以及管路尺寸的表示方法。

1.5.1.5　管子壁厚的选择

管径决定以后，管子的壁厚应按其承受的压力及管材在操作温度下的许用压力来确定。一般铸铁管的每种内径只有一个厚度，故定出内径，壁厚也就决定了。有缝钢管一般有两种

壁厚，可根据操作压强先决定选用普通管还是加强管，然后根据算出的内径找出合适的规格。无缝钢管同一种管径有许多壁厚，壁厚是按公称压力 P_g 分级的，即可按 P_g 决定壁厚。

1.5.1.6　管路布置的一般原则

布置管路时，应对车间所有管路（生产系统管路、辅助系统管路、电缆、照明、仪表管路、采暖通风管路等）全盘规划，各安其位，这项工作的一般原则如下。

① 管路应成列平行铺设，尽量走直线，少拐弯，少交叉，力求整齐美观。

② 房内的管路应尽量沿墙或柱子铺设，以便设置支架；各管路之间与建筑物间的距离应能符合检修要求；管路通过人行道时，最低点离地面应在 $2m$ 以上。

③ 并列管路上加管件与阀件应错开安装，阀门安装的位置应便于操作，温度计、压力表的位置应便于观察，同时不易损坏。

④ 输送有毒或腐蚀性介质的管路，不得在人行道上设置阀件、伸缩器、法兰等，以免管路泄漏发生事故。输送易燃易爆介质的管路，一般应设有防火安全装置和防爆安全装置。

⑤ 长管路要有支承，以免弯曲存液及受震，并要保持适当的坡度。

⑥ 平行管路的排列要遵守一定的原则，如垂直排列时，热介质管路在上，冷介质管路在下；高压管路在上，低压管路在下；走无腐蚀性介质的管路在上，走有腐蚀性介质的管路在下。水平排列时，低压管路在外，高压管路靠近墙柱；检修频繁的在外，不常检修的靠近墙柱；质量大的管路要靠近管件支柱或墙。

⑦ 输送必须保持使温度稳定的热流体或冷流体的管路保温或保冷。

⑧ 管路安装完毕后，应按规定进行强度及密度试验。未经试验合格，焊缝及连接处不得涂漆及保温。管路在开工前需要压缩空气或惰性气体吹扫。

对于各种非金属管路及特殊介质管路的布置与安装，还应考虑一些特殊性问题，如聚氯乙烯管应避开热的管路，氧气管安装前应脱油等。

1.5.2　简单管路计算

管路计算按配管情况可分为简单管路和复杂管路，后者又可分为分支管路和并联管路。

简单管路是指流体从入口至出口是在一条管路（管径可以相同，也可以不同）中流动，中间没有出现分支或汇总情况。

简单管路计算常用三个方程联立求解，即

连续性方程
$$\frac{u_1}{u_2} = \left(\frac{d_2}{d_1}\right)^2$$

伯努利方程
$$gZ_1 + \frac{u_1^2}{2} + \frac{p_1}{\rho} + W_e = gZ_2 + \frac{u_2^2}{2} + \frac{p_2}{\rho} + \left(\lambda \frac{\sum l + \sum l_e}{d} + \sum \xi\right)\frac{u^2}{2}$$

摩擦阻力系数计算式 $\lambda = f\left(Re, \dfrac{\varepsilon}{d}\right)$

当输送流体确定后，即流体的物性已知时，上述三个方程中仍含有许多变量，用三个方程联立求解，由于给出的已知变量不同，就构成了不同类型的计算问题。例如，求流体输送所需提供的有效压头、设备内的压力、两设备间的相对位置、流体输送的阻力损失、流速及管路直径等。

当进行以下两种计算时，即一种是已知管径 d、管长 l 和允许压降 Δp，求所输送流量 V_s；另一种是已知管长 l、流量 V_s 及允许压降 Δp，求管路直径 d。由于管径或流速均为未知，无法求取 Re 数，这样既无法判断流体流动类型，又不能计算摩擦系数 λ。而 λ 与 Re 的关系又是十分复杂的非线性关系，所以计算时需采用试差法。

试差法是化工计算中经常采用的方法。试差过程既可采用流速为试差变量，也可选摩擦系数为试差变量。选取流速时，应在适宜流速范围内（见表 1-1）选取中间值，采用对等分布方法进行；若选取 λ 为试差变量，由于 λ 值变化不大（通常范围为 $0.02\sim0.03$），其值选取可采用流动已进入阻力平方区的 λ 值为初值。

【例 1-17】 10℃的水以 $10m^3/h$ 的流量流经 25m 长的水平管，设管两端的压强差为 $5mH_2O$，求管子的适宜直径。

解： 这里需采用试差法来求解。

由附录 10 查得水在 10℃时的物性：$\rho=999.7kg/m^3$，$\mu=1.3077\times10^{-3}Pa\cdot s$

设 $u=2.0m/s \Rightarrow d=\sqrt{\dfrac{4V_s}{\pi u}}=\sqrt{\dfrac{4\times10}{\pi\times2\times3600}}=\sqrt{0.00177}=0.0421m$

查附录 22 选 $1\dfrac{1}{2}''$ 钢管 $\Phi48mm\times3.5mm$，即 $d_内=41mm$，查表 1-2 得到新钢管的粗糙度为 0.1mm。

校核：$\quad u=\dfrac{V_s}{0.785\times d^2\times3600}=\dfrac{10}{0.785\times0.041^2\times3600}=2.11m/s$

$$Re=\dfrac{du\rho}{\mu}=\dfrac{0.041\times2.11\times999.7}{1.3077\times10^{-3}}=6.6\times10^4，\quad\dfrac{\varepsilon}{d}=\dfrac{0.1}{41}=0.00244$$

查图 1-19 得到：$\lambda=0.023$

所需压头　　　　$H_f=\lambda\dfrac{l}{d}\dfrac{u^2}{2g}=0.023\times\dfrac{25}{0.041}\times\dfrac{2.11^2}{2\times9.81}=3.18m$

因为所给 $H_{f_0}=5m>H_f=3.18m$，故所选管径符合要求。

1.5.3　复杂管路计算

（1）分支或汇合管路

如图 1-24(a) 所示，流体分流后不再汇合称为分支管路，同理也可有汇合管路，如图 1-24(b) 所示。分支（或汇合）管路的计算遵循以下两条流动规律。

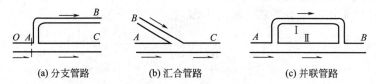

(a) 分支管路　　　　(b) 汇合管路　　　　(c) 并联管路

图 1-24　复杂管路示意图

① 总流量等于各支管流量之和，即：$V_s=\sum V_{si}$。

② 分支点处的总压头为恒定值，即：

$$Z_A+\dfrac{u_A^2}{2g}+\dfrac{p_A}{\rho g}=Z_B+\dfrac{u_B^2}{2g}+\dfrac{p_B}{\rho g}+H_{f,A\text{-}B}$$

$$=Z_C+\dfrac{u_C^2}{2g}+\dfrac{p_C}{\rho g}+H_{f,A\text{-}C}$$

（2）并联管路

如图 1-24(c) 所示，流体分流后又汇合称为并联管路。分支管路计算的两条流动规律对并联管路同样适用，由第②条规律可导出：$H_{f,A\text{-}B}=H_{f,i}$，即各支管的能量损失相等，而 AB 间的总阻力损失应等于其中任意一条支路的阻力，而不是各支管的阻力加和。

1.6　流速与流量测量

流量或流速是工业生产和科学研究中进行调节、控制的重要参数之一，其测量方法很多，本节仅介绍几种常用的测量仪表。

1.6.1　变压差恒截面型流量计

变压差恒截面型流量计的基本测量原理是，流体流经测量元件时，动压头发生变化转化为静压头，将静压头的变化通过压差计反映出来。即把流速 u 与压差计读数 R 联系起来，由 R 确定 u。

（1）测速管（又称毕托管）

如图 1-25 所示，毕托管是测定点速度的流量计，由与流动方向平行位置的两根同心管构成。内管的开口端测定停滞点的冲压头，该冲压头由两部分组成：一是停滞点截面上的静压头，二是停滞点消耗掉的动压头。而外部同心管的一端封死，其曲面上开有许多小孔，用以测定流体的静压头。两根同心管的内管和环隙分别连通 U 形压差计，停滞点的冲压头与外部同心管上小孔处静压头之差由压差计读数 R 反映出来。可以导出，停滞点处的点速度为

$$u_A = \sqrt{\frac{2R(\rho' - \rho)g}{\rho}} \tag{1-52}$$

式中　ρ'——指示液的密度，kg/m^3；

　　　ρ——被测流体的密度，kg/m^3（下同）。

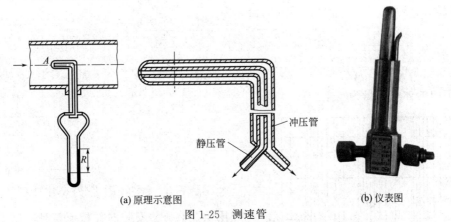

(a) 原理示意图　　　　　　　　　　　　　(b) 仪表图

图 1-25　测速管

（2）孔板流量计

孔板流量计的结构如图 1-26 所示。在管道里插入一片带有圆孔的金属板，其圆孔的中心应位于管道中心线上。流体流经孔口，不是马上扩大到整个管截面，而是在惯性作用下，继续收缩到一定距离后，才逐渐扩大到整个管截面。流体流动截面最小处称为缩脉。流体经孔板前后，流速的变化引起压强的变化，将压强的变化与压差计读数 R 联系起来，可测定流量。

在孔口上游不受孔板影响处 1-1' 截面，缩脉处取 2-2' 截面，两截面间列伯努利方程，若忽略阻力损失，可得

$$\frac{p_1}{\rho} + \frac{u_1^2}{2} = \frac{p_2}{\rho} + \frac{u_2^2}{2}$$

设管道截面积为 A_1，直径为 d_1，孔口截面积为 A_0，直径为 d_0。由于缩脉处的截面积

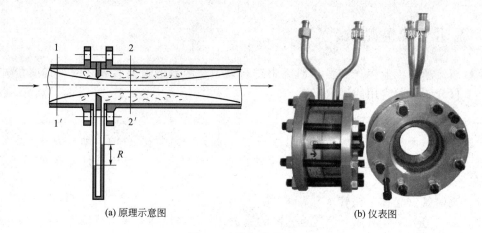

(a) 原理示意图　　　　　　　　　　(b) 仪表图

图 1-26　孔板流量计

无法测取，所以可用孔口处流速 u_0 代替缩脉处的流速 u_2。再考虑到忽略了阻力损失以及 U 形压差计的测压位置与所选截面的差异，引进校正系数 C，故有

$$\sqrt{u_0^2 - u_1^2} = C\sqrt{\frac{2(p_1 - p_2)}{\rho}} \tag{1-53}$$

根据连续性方程

$$u_1^2 = u_0^2 \left(\frac{d_0}{d_1}\right)^4$$

将该式代入式(1-53)中，可得孔板处的流速为

$$u_0 = \frac{C}{\sqrt{1 - \left(\frac{d_0}{d_1}\right)^4}} \sqrt{\frac{2(p_1 - p_2)}{\rho}} = C_0\sqrt{\frac{2(p_1 - p_2)}{\rho}} = C_0\sqrt{\frac{2Rg(\rho' - \rho)}{\rho}} \tag{1-54}$$

则，管道中的体积流量为

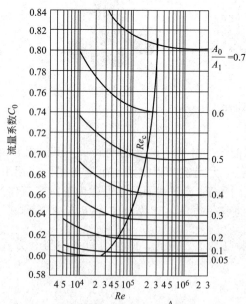

图 1-27　孔流系数 C_0 与 Re、$\dfrac{A_0}{A_1}$ 的关系曲线

$$V_s = u_0 A_0 = C_0 A_0 \sqrt{\frac{2gR(\rho' - \rho)}{\rho}} \tag{1-55}$$

式中，C_0 称为孔流系数，需由实验测定。

用角接取压法安装的孔板流量计，其 C_0 与 $\dfrac{A_0}{A_1}$ 及 Re 有关，如图 1-27 所示。当 Re 超过某界限值 Re_c 之后，则 C_0 不再随 Re 而改变，成为定值。流量计所测的流量范围最好落在 C_0 为定值的区域内。此时，流量与压差计的读数 R 的平方根成正比。常用的 C_0 值一般为 0.6~0.7 之间。

孔板流量计的安装必须在管道中的直管段上，既可垂直，又可水平或倾斜放置。孔板前后各有一段稳定段，上游不少于 $10d_1$，下游不少于 $5d_1$。d_1 为管段内径。

【例 1-18】　20℃苯在 Φ133mm×4mm 的钢管中流过，为测量苯的流量，在管路中安装一孔径为 75mm 的孔板流量计。当孔板前后 U 形压差计的读数 R 为 80mmHg 时，求管中苯的流量（m³/h）。

解：查得 20℃苯的物性：$\rho = 880\text{kg/m}^3$，$\mu = 0.67 \times 10^{-3}\text{Pa} \cdot \text{s}$

面积比

$$\frac{A_0}{A_1} = \left(\frac{d_0}{d_1}\right)^2 = \left(\frac{75}{125}\right)^2 = 0.36$$

设 $Re > Re_c$，由图 1-27 查得：$C_0 = 0.648$，$Re_c = 1.5 \times 10^5$

由式（1-55）计算苯的体积流量：

$$V_s = C_0 A_0 \sqrt{\frac{2gR(\rho' - \rho)}{\rho}}$$

$$= 0.648 \times 0.785 \times 0.075^2 \times \sqrt{\frac{2 \times 0.08 \times 9.81 \times (13600 - 880)}{880}} = 0.0136\text{m}^3/\text{s} = 48.96\text{m}^3/\text{h}$$

校核 Re：管内的流速 $u = \dfrac{V_s}{\dfrac{\pi}{4}d_1^2} = \dfrac{0.0136}{0.785 \times 0.125^2} = 1.11\text{m/s}$

则 $Re = \dfrac{d_1 u \rho}{\mu} = \dfrac{0.125 \times 880 \times 1.11}{0.67 \times 10^{-3}} = 1.82 \times 10^5 > Re_c$

所以假设成立，以上计算有效，即苯在管路中的流量为 48.96m³/h。

（3）文丘里流量计（简称文氏流量计）

为了减少流体流过节流元件时的能量损失，可以用一段渐缩、渐扩管代替孔板，这样构成的流量计称为文丘里流量计，如图 1-28 所示。

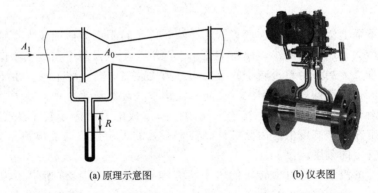

(a) 原理示意图　　　　　(b) 仪表图

图 1-28　文丘里流量计

文丘里流量计上游的测压口距离管径开始收缩处的距离至少应为 1/2 管径，下游测压口设在最小流通截面处（A_0 处）（又称为文氏喉）。由于有渐缩、渐扩管段，流体在其中流动时流速变化平稳，涡流较少，所以能量损失比孔板流量计大大降低。

文丘里流量计的流量计算式与孔板流量计相似，即

$$V_s = C_V A_0 \sqrt{\frac{2gR(\rho' - \rho)}{\rho}} \tag{1-56}$$

式中　C_V——流量系数，其值可由实验测定或从仪表手册中查得，无量纲。

文丘里流量计的优点是能量损失小，但各部分尺寸要求严格，加工精细度较高，所以造

价较高。

1.6.2　恒压差变截面型流量计

转子流量计属恒压差变截面型测量装置，其结构如图 1-29 所示。它是由带有刻度的倒锥形玻璃管为主件，上下通过法兰连接管路。玻璃管内有一个可浮动的转子，转子材料可为金属或其他材质构成。

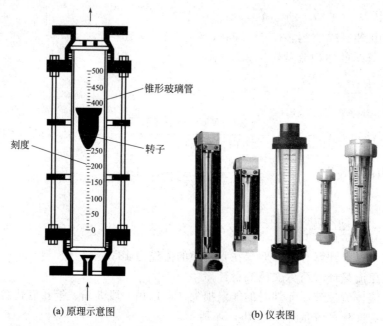

(a) 原理示意图　　　　　　(b) 仪表图

图 1-29　转子流量计

当流体自下而上流过转子与玻璃管壁的环隙，由于转子上方截面较大，则环隙的截面较小，此处流速增大，压强降减小，使转子上、下两端产生压强差，在此压差作用下对转子产生一个向上的推力。当该力超过转子的重力与浮力之差时，转子将上移，由于玻璃管是个倒锥形体，故该流体流道截面随之增大，在同一流程下，环隙流速减小，转子两端压差也随之降低。当转子上升到一定高度时，转子两端的压差造成的升力等于转子所受重力与浮力之差，转子将稳定在这个高度上。由此可见，转子所处的平衡位置与流体流量大小直接相关，流量可由玻璃管上的刻度读出。

转子流量计的流量计算可由转子的力平衡方程导出。如图 1-29 所示，转子在一定流量下处于平衡状态，即压差产生的升力、转子重力及浮力之间力的平衡方程为：

$$(p_1 - p_2)A_f = V_f(\rho_f - \rho)g \tag{1-57}$$

式中，当转子处于某一平衡位置时，转子所受的压差恒定且转子与玻璃管间的环隙面积也固定，因此流体流过环隙通道的流量及压强差的关系与孔板流量计相似，即

$$V_s = C_R A_R \sqrt{\frac{2(p_1 - p_2)}{\rho}} \tag{1-58}$$

式中，C_R 为转子流量计的系数；A_R 为玻璃管与转子之间的环隙面积。将式(1-57)代入式(1-58)，可得流量计算公式：

$$V_s = C_R A_R \sqrt{\frac{2gV_f(\rho_f - \rho)}{A_f \rho}} \tag{1-59}$$

转子流量计的流量系数 C_R 与 Re 数和转子形状有关，由实验测定。对于图 1-29 所示的转子构型，当 Re 数达到 10^4 以后，C_R 值便恒等于 0.98。

转子流量计在出厂时是根据 20℃水或 20℃、101kPa 下的空气进行标定的，并将流量数值刻在玻璃管上。当被测流体与标定条件不相符时，应对原刻度值加以校正。

由于在同一刻度下 A_R 相同，则

$$\frac{V_{s_2}}{V_{s_1}}=\sqrt{\frac{\rho_1(\rho_f-\rho_2)}{\rho_2(\rho_f-\rho_1)}} \tag{1-60}$$

式中，下标 1 表示标定流体（水或空气）的流量和密度值，下标 2 表示实际操作中所用流体的流量和密度值。

【**例 1-19**】　某液体转子流量计，转子为硬铅，其密度为 11000kg/m³。现将转子改为形状、大小相同，而密度为 1150kg/m³ 的胶质转子，用于测量空气（50℃、120kPa）的流量。试求在同一刻度下，空气流量为水流量的多少倍？（设流量系数 C_R 为常数）

解：50℃、120kPa 下空气的密度

$$\rho_2=\frac{pM}{RT}=\frac{120\times29}{8.31\times(273+50)}=1.30\text{kg/m}^3$$

由式(1-60) 可得：

$$\frac{V_2}{V_1}=\sqrt{\frac{\rho_1(\rho_{f_2}-\rho_2)}{\rho_2(\rho_{f_1}-\rho_1)}}=\sqrt{\frac{1000\times(1150-1.30)}{1.30\times(11000-1000)}}=9.4$$

即同刻度下空气的流量为水流量的 9.4 倍。

1.6.3　其他流量计

(1) 涡轮流量计

涡轮流量计是一种速度式流量仪表，它的工作原理如图 1-30 所示，流体从机壳的进口流入，通过支架将一对轴承固定在管中心轴线上，涡轮安装在轴承上。在涡轮上下游的支架上装有呈辐射形的整流板，对流体起导向作用，以避免流体自旋而改变对涡轮叶片的作用角度。在涡轮上方机壳外部装有传感线圈，接收磁通变化信号。

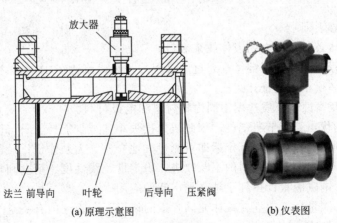

(a) 原理示意图　　　　　　(b) 仪表图

图 1-30　涡轮流量计

使用时，在管道中心安放一个涡轮流量计，两端由轴承支撑。当流体通过管道时，冲击涡轮叶片，对涡轮产生驱动力矩，使涡轮克服摩擦力矩和流体阻力矩而产生旋转。在一定的

流量范围内，对一定的流体介质黏度，涡轮的旋转角速度与流体流速成正比。由此，流体流速可通过涡轮的旋转角速度得到，从而可以计算得到通过管道的流体流量。

使用注意事项：

① 安装涡轮流量计前，管道要清扫，被测介质不洁净时，要加过滤器，否则涡轮、轴承易被卡住，测不出流量来；

② 拆装流量计时，对磁感应部分不能碰撞；

③ 投运前先进行仪表系数的设定，仔细检查，确定仪表接线无误，接地良好，方可送电；

④ 安装涡轮流量计时，前后管道法兰要水平，否则管道应力对流量计影响很大。

由于涡轮流量计具有测量精度高、反应速度快、测量范围广、价格低廉、安装方便等优点，被广泛应用于化工生产中。

（2）电磁流量计

电磁流量计是基于法拉第电磁感应原理研制出的一种测量导电液体体积流量的仪表。根据法拉第电磁感应定律，导电体在磁场中作切割磁力线运动时，导体中产生感应电动势，该电动势的大小与导体在磁场中作垂直于磁场运动的速度成正比，由此再根据管径、介质的不同，转换成流量，如图 1-31 所示。

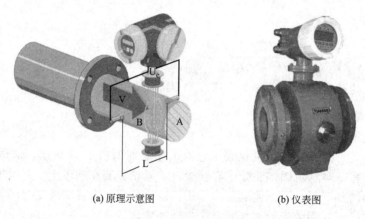

(a) 原理示意图　　　　　　　　　(b) 仪表图

图 1-31　电磁流量计

电磁流量计选型原则：

① 被测量液体必须是导电的液体或浆液；

② 口径与量程，最好是正常量程超过满量程的一半，流速在 2～4m 之间；

③ 使用压力必须小于流量计耐压；

④ 不同温度及腐蚀性介质选用不同内衬材料和电极材料。

电磁流量计的优点：无节流部件，因此压力损失小，减少能耗，只与被测流体的平均速度有关，测量范围宽；只需经水标定后即可测量其他介质，无须修正；最适合作为结算用计量设备使用。由于技术及工艺材料的不断改进，稳定性、线性度、精度和寿命的不断提高和管径的不断扩大，电磁流量计得到了越来越广泛的应用。

电磁流量计的测量精度建立在液体充满管道的情形下，管道中有关空气的测量问题，目前尚未得到很好的解决。

（3）超声波流量计

见图 1-32。超声波流量计是近代发展起来的一种新型测量流量的仪表，只要能传播声音的流体均可以用此类流量计测量，并可测量高黏度液体、非导电性液体或气体流量，其测量流速的原理是：超声波在流体中的传播速度会随被测流体流速而变化。

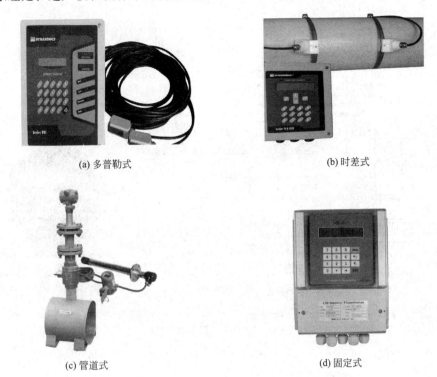

(a) 多普勒式　　　　　　　　　　　　　(b) 时差式

(c) 管道式　　　　　　　　　　　　　(d) 固定式

图 1-32　超声波流量计

超声波流量计的种类很多，包括多普勒式、时差式、管道式及固定式超声波流量计等。使用注意事项：

① 对于现场安装固定式超声波流量计数量大、范围广的用户，可以配备一台同类型的便携式超声波流量计，用于核校现场仪表的情况；

② 坚持一装一校，即对每一台新装超声波流量计在安装调试时进行核校，确保选位好、安装好、测量准；

③ 当在线运行的超声波流量计发生流量突变时，要利用便携式超声波流量计进行及时核校，查清流量突变的原因，弄清楚是仪表发生故障还是流量确实发生了变化。

1.7　流体输送机械

流体输送机械可按不同的方法分类，若按其工作原理可分为离心式（如离心泵、旋涡泵、轴流泵等），往复式（如往复泵、柱塞泵、计量泵等），旋转式（如齿轮泵、螺杆泵等），流体动力作用式（如空气升液器等）。

1.7.1　离心式输送机械

输送机械的种类虽然繁多，但离心式使用得最广，如化学工业使用的离心泵大约占所用泵的 80％以上，所以首先重点介绍离心式输送机械。

1.7.1.1　离心泵

(1) 离心泵的基本结构

离心泵的结构如图 1-33 所示，主要由两部分组成：旋转部件——叶轮和泵轴；静止部

件　　泵壳、吸入管、压出管等。

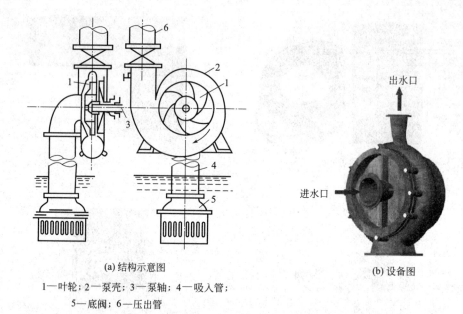

(a) 结构示意图

1—叶轮；2—泵壳；3—泵轴；4—吸入管；
5—底阀；6—压出管

(b) 设备图

图 1-33　离心泵

① 叶轮　如图 1-34 所示，叶轮一般有 6～12 片沿旋转方向后弯的叶片。常分为以下 3 种。

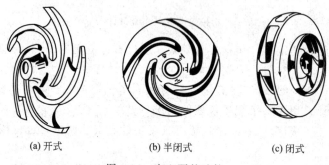

(a) 开式　　　　　　(b) 半闭式　　　　　　(c) 闭式

图 1-34　离心泵的叶轮

a. 开式——用于输送含有杂质的悬浮液。

b. 半闭式——用于输送易沉淀或含固体颗粒的物料。

c. 闭式——用于输送清液。

在效率上，按开式、半闭式和闭式的顺序依次增加；后两种叶轮由于侧面加了盖板，易产生轴向推力，如图 1-34 所示。轴向推力使叶片与壳体接触，引起振动、磨损，增加电机负荷，消除方法是在盖板上钻平衡小孔，但效率降低；或采用双吸式的叶轮，如图 1-35 所示。

② 泵壳　离心泵的泵壳通常为蜗牛形，称为蜗壳，如图 1-36 所示。由于液体在蜗壳中流动时流道渐宽，所以动能降低，转化为静压能，所以说泵壳不仅是汇集由叶轮流出的液体的部件，而且又是一个能量转化装置（既降低流动阻力损失，又能提高流体静压能）。

有的泵在泵体上装有导轮，导轮的叶片是固定的，其弯曲方向与叶轮的叶片相反，弯曲角度与液流方向适应，如图 1-36 所示。其作用为减少能量损失（冲击损失）和转换能量，其特点是效率较高，但结构复杂。

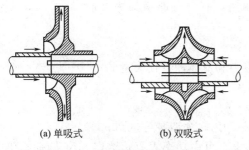

(a) 单吸式　　　　　(b) 双吸式

图 1-35　离心泵的双吸液方式

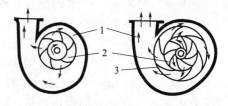

图 1-36　泵壳与导轮

1—泵壳；2—叶轮；3—导轮

③ 轴和轴承　泵轴的尺寸和材料应能保证传递驱动机的全部功率。轴承一般采用标准的滚珠轴承、滚柱轴承或滑动轴承，必要时设推力轴承。当液体温度超过 117℃ 或轴向力较大时，轴承应进行水冷。对低温泵的滑动轴承要注意轴承间隙和材料的选取。

④ 轴封装置　轴封装置的作用是封住转轴与壳体之间的缝隙，以防止泄漏。可分为填料密封和机械密封两种型式。

a. 填料密封（填料函或盘根纱）　填料采用浸油或涂石墨的石棉绳。应注意不能用干填料；不要压得过紧，允许有液体滴漏（1 滴/s）；不能用于酸、碱、易燃、易爆的液体输送。

b. 机械密封（又称端面密封）　是转轴上的动环（合金硬材料）和壳体上的静环（非金属软材料）构成的，两环之间形成一个薄薄的液膜，起密封和润滑作用。其特点是：密封性好，功率消耗低，可用于酸、碱、易燃、易爆的液体输送，但价格较高。

(2) 离心泵工作原理

离心泵是依靠叶轮旋转时产生的离心力来输送液体的泵，其工作原理可由两个过程说明。

① 排液过程　启动离心泵以前，应首先向泵内灌满待输送液体，则泵启动后，叶轮带动液体高速旋转并产生离心力，将液体从叶片间甩出并在蜗壳体内汇集。由于壳体内流道渐大，流体的部分动能转化为静压能，则在泵的出口处，液体可获得较高的静压头而排液。

② 吸液过程　离心泵在排液过程中，当液体自叶轮中心被甩向四周后，叶轮中心处（包括泵入口）形成低压区，此时由于外界作用于储槽液面的压强大于泵吸入口处的压强而使泵内外产生足够的压强差，从而保证了液体连续不断地吸入叶轮中心。

③ "气缚"现象　若泵内存在空气，由于空气的密度比液体的密度小得多，故产生的离心力不足以在叶轮中心处形成要求的低压区，导致不能吸液，这种现象叫气缚。消除方法是启动前必须向泵内灌满待输送液体，并保证离心泵的入口底阀不漏，同时防止吸入管路漏气。

(3) 离心泵的主要性能参数

为了正确合理地选择和使用离心泵，必须了解其工作的主要性能参数。

① 流量 Q（m^3/s）　离心泵的流量又称送液能力，指离心泵在单位时间内排送到输出管路系统中的液体体积。流量的大小受到泵的转速、结构及尺寸的影响。

② 扬程 H（m 液柱）　离心泵的扬程指泵对单位质量流体所提供的有效压头，扬程的大小受到泵的转速、结构、尺寸及送液量的影响。由于泵内流动情况复杂，目前还不能从理论上导出扬程的计算式，一般采用实验测定。应注意扬程与升扬高度不是同一概念，在特定的管路中，离心泵的扬程等于单位质量流体所需提供的有效压头，即 $H = H_e$。

③ 效率 η 泵轴做功并不能全部用于液体输送，有部分能量损失（$\eta<100\%$），主要包括：

a. 容积损失效率 η_v——泵的泄漏造成；

b. 水力损失效率 η_w——泵内的环流、流动阻力和流体冲击损失造成；

c. 机械损失效率 η_c——机械部件间的摩擦损失。

则：
$$\eta=\eta_v \cdot \eta_w \cdot \eta_c$$

η 由实验测定，一般中小型泵的效率为 $50\%\sim70\%$，大型泵可达到 90%。

④ 轴功率 N 离心泵的轴功率是泵轴所需功率，可由功率表直接测定。N 与有效功率的关系是

$$N=\frac{N_e}{\eta}$$

SI 制：$\left[N=\dfrac{\rho g Q H_e}{\eta}\right]$ W　工程单位制：$\left[N\approx\dfrac{\rho Q H_e}{102\eta}\right]$ kW

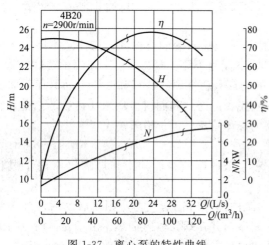

图 1-37 离心泵的特性曲线

为了防止电机超负荷，应取 $(1.1\sim1.2)N$ 选电机。

（4）离心泵的特性曲线（性能曲线）**及其应用**

① 离心泵特性曲线 为了解离心泵的性能，厂方以 20℃ 的清水，在一定的转速下将离心泵的 H-Q，N-Q，η-Q 的关系由实验数据作图，如图 1-37 中的这些曲线称为离心泵的特性曲线。

a. H-Q 曲线（扬程曲线） 该曲线表明，离心泵的压头 H 与流量 Q 的对应关系。随着 Q 增加，H 下降，当 $Q=0$ 时（即指出口阀门关闭），H 也只能达到一个有限值。

b. N-Q 曲线（功率曲线） 该曲线表明，电机传到泵轴上的功率 N 与流量 Q 的关系。当 Q 增大时，N 平缓上升；当 $Q=0$ 时，N 最小。因此，离心泵采用零流量下启动（即闭路启动），目的是为了降低启动功率，保护电机。

c. η-Q 曲线（效率曲线） 该曲线反映了离心泵的总效率 η 与流量 Q 的关系。曲线上的每一个点表示泵在某一操作情况下（H，Q 一定）的工作效率。由图 1-37 可知，开始时，随着 Q 增加，η 增加；达到最大值 η_{max} 后，η 则随 Q 的增加而减小。这说明，离心泵在一定的转速下，有一最高效率点 η_{max}。在最高效率点下操作，泵内的压头损失最小，泵的设计应以此点为设计点。对应于最高效率点下的流量、压头、功率标在泵的铭牌上，称为额定值。

对于选泵和操作，应在 $\eta\geqslant92\%\eta_{max}$ 的左右区域（称为高效率区）考虑，这样比较经济适用。

② 液体性质对离心泵特性的影响

a. 密度 ρ 的影响 离心泵的流量、压头、效率均与液体密度无关，当被输送液体密度发生变化时，H-Q 与 η-Q 曲线不变，但泵的轴功率与液体密度成正比，轴功率应用下式进行校正。

$$N' = N \frac{\rho'}{\rho} \tag{1-61}$$

式中　ρ——20℃清水的密度，kg/m^3；

　　　ρ'——工作流体的密度，kg/m^3。

b. 黏度 μ 的影响　若被输送液体的黏度大于常温下清水的黏度，则泵内液体的能量损失增大，因此泵的压头、流量都要减小，效率下降，而轴功率增大，即会导致离心泵的特性曲线发生改变。

但由于黏度变化对离心泵特性参数的影响计算复杂，所以无准确的计算方法，通常采用式(1-62)进行修正。

$$\begin{aligned} Q' &= C_Q Q \\ H' &= C_H H \\ \eta' &= C_\eta \eta \end{aligned} \tag{1-62}$$

式中　C_Q，C_H，C_η——修正系数，可查有关手册获得。对于运动黏度 $\nu < 20\text{cSt}$（$1\text{cSt} = 10^{-6}\,m^2/s$）的液体，例如汽油、煤油、柴油等，$\mu$ 的影响可以忽略。

③ 转速 n 和叶轮直径 D 对离心泵特性的影响

a. 转速 n 的影响　分析的前提是：当 $\left| \dfrac{n'-n}{n} \right| < 20\%$ 时，离心泵效率 η 基本不变。对同一台泵，设 n 为原转速、n' 为新转速，则可以导出

$$\frac{Q'}{Q} = \frac{n'}{n}; \quad \frac{H'}{H} = \left(\frac{n'}{n}\right)^2; \quad \frac{N'}{N} = \left(\frac{n'}{n}\right)^3 \tag{1-63}$$

上述关系称为比例定律。

b. 叶轮直径 D 的影响　对原叶轮直径 D 切割（$D \to D'$），当 $\left| \dfrac{D'-D}{D} \right|$ 较小时，离心泵效率 η 基本不变，速度三角形基本相似，且叶轮出口流通截面大致不变，可导出

$$\frac{Q'}{Q} = \frac{D'}{D}; \quad \frac{H'}{H} = \left(\frac{D'}{D}\right)^2; \quad \frac{N'}{N} = \left(\frac{D'}{D}\right)^3 \tag{1-64}$$

上述关系称为切割定律。应注意，切割尺寸太大，上述关系不成立。

对于几何相似（几何相似指结构尺寸对应成比例），且速度三角形相似的同一系列泵，可导出

$$\frac{H'}{H} = \left(\frac{D'}{D}\right)^2; \quad \frac{Q'}{Q} = \left(\frac{D'}{D}\right)^3; \quad \frac{N'}{N} = \left(\frac{D'}{D}\right)^5 \tag{1-65}$$

(5) 离心泵的安装高度（吸上高度）H_g

如图 1-38 所示，H_g 指离心泵入口中心线与吸入槽液面之间的垂直距离。若离心泵在液面之上，H_g 为正值，离心泵在液面之下，H_g 为负值（称为倒灌）。

在工业生产中，离心泵的安装高度不是任意的，是有限制的，而这个限制就是因为离心泵在工作中容易产生"汽蚀现象"。

① 汽蚀现象　离心泵运转时，在叶片入口附近的 k 点（入口叶片的背面）静压头最低，若：

$$p_k \leqslant p_v$$

式中　p_k——泵内的最低压强，Pa；

　　　p_v——输送温度下液体的饱和蒸气压，Pa，$p_v = f(t)$。

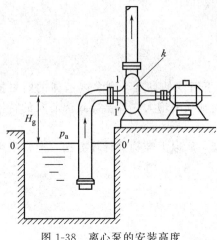

图 1-38　离心泵的安装高度

液体在压强最低点处发生部分汽化，气泡随同液体从低压区（叶片入口）进入高压区（叶片出口）的过程中，在高压的作用下，气泡迅速凝结。气泡的消失产生了局部真空，此时周围的液体以极高的速度和频率冲击原气泡空间，产生非常大的冲压强，造成对叶轮和壳体的冲击，使其震动并发出噪声，这种现象叫"汽蚀"。汽蚀现象发生时，传递到叶轮和壳体上的冲击力再加上液体中微量溶解氧释出时对金属化学腐蚀的共同作用，在一定时间后，可使其表面出现斑痕和裂缝，甚至呈海绵状逐渐脱落，有的还出现穿孔。

顺便指出，汽蚀现象不仅在离心泵等水利机械中存在，在流量计、阀门、管道及内燃机汽缸的冷却水套壁面上，也会发生汽蚀现象。可以毫不夸张地说，凡是与液体流动有关的各种设备中都有可能存在汽蚀问题。

离心泵在汽蚀条件下运转，泵体震动剧烈，发出噪声，流量、压头和效率都明显下降，严重时会吸不上液体。为了避免汽蚀现象发生，保证离心泵正常运转，必要的条件是：

$$p_k > p_v$$

但是，p_k 很难测出，易测定的是泵入口处的绝对压强 p_1，显然应 $p_1 > p_k$。

② 安装高度 H_g 的计算　如图 1-38 所示，在吸入槽液面 0-0′ 与泵入口处 1-1′ 两截面间列伯努利方程：

$$0 + 0 + \frac{p_0}{\rho g} = H_g + \frac{u_1^2}{2g} + \frac{p_1}{\rho g} + H_{f,0\text{-}1}$$

式中　p_0——0-0′ 截面的绝对压强，Pa；

　　　　p_1——1-1′ 截面的绝对压强，Pa。

则安装高度计算式为：

$$H_g = \frac{p_0}{\rho g} - \frac{p_1}{\rho g} - \frac{u_1^2}{2g} - H_{f,0\text{-}1} \tag{1-66}$$

设当　$p_k = p_v$ 时，$p_1 = (p_1)_{min} \Rightarrow H_g = H_{g,max} \Rightarrow$ 刚发生汽蚀

　　　　$p_k > p_v$ 时，$p_1 > (p_1)_{min} \Rightarrow H_g < H_{g,max} \Rightarrow$ 泵能正常工作

　　　　$p_k < p_v$ 时，$p_1 < (p_1)_{min} \Rightarrow H_g > H_{g,max} \Rightarrow$ 泵可能被损坏

为了确定离心泵的允许安装高度，需要强调指出的是，离心泵的吸上性能（又称抗汽蚀能力）一般不直接用泵吸入口处的最低压强表示，而是将其转换成相应的其他参数表达。

国内离心泵常用汽蚀余量表示泵的吸上性能，其数值可由实验测定。

a. 离心泵的允许汽蚀余量 NPSH　为了防止汽蚀现象发生，在离心泵的入口处规定液体的静压头与动压头之和 $\left(\dfrac{p_1}{\rho g} + \dfrac{u_1^2}{2g}\right)$ 必须大于操作温度下液体的饱和蒸汽压头 $\dfrac{p_v}{\rho g}$ 某一最小值，此最小值称为离心泵的允许汽蚀余量，即：

$$NPSH = \frac{p_1}{\rho g} + \frac{u_1^2}{2g} - \frac{p_v}{\rho g} \tag{1-67}$$

式中　$NPSH$——离心泵的允许汽蚀余量，对油泵也可用符号 Δh 表示，m。

则：
$$H_g = \frac{p_0}{\rho g} - \frac{p_v}{\rho g} - NPSH - H_{f,0-1} \qquad (1-68)$$

$$NPSH = f(\text{离心泵结构,尺寸,转速,流量})$$

当贮槽液面上方为敞口时，即 $p_0 = p_a$ 时，安装高度 H_g 计算可采用下式：

$$H_g = \frac{p_a}{\rho g} - \frac{P_v}{\rho g} - NPSH - H_{f,0-1} \qquad (1-68a)$$

$NPSH$ 值一般由泵的制造厂家在大气压为 $10\text{mH}_2\text{O}$ 下，以 20℃清水为介质，通过汽蚀实验测定，并作为离心泵的性能参数列于泵的产品说明书中，其值随流量的增大而增大。$NPSH$ 值越小，泵的抗汽蚀性能越好。当输送其他液体时应予修正，求校正系数的曲线常列于泵的说明书中。

b. 离心泵安装高度计算讨论　离心泵安装高度的确定是使用离心泵的重要环节，其注意事项如下：

（a）从前面讨论的内容可知，离心泵的安装高度过高可以引起汽蚀，事实上工程中汽蚀现象的发生有以下三方面的原因：Ⅰ. 离心泵安装过高；Ⅱ. 被输送液体的温度太高，则液体蒸气压过高；Ⅲ. 吸入管路的阻力或压头损失太高。以上三条原因又可以得出这样的结论：一个原先操作正常的泵也可能由于操作条件的变化而产生汽蚀，如被输送物料的温度升高，或吸入管线部分堵塞。

（b）有时，计算出的允许安装高度为负值，这说明该泵应该安装在液体贮槽液面以下。

（c）允许安装高度与泵的流量有关。由其计算公式可以看出，流量越大，计算出的 H_g 越小，因此用可能使用的最大流量来计算 H_g 是最保险的。

（d）安装泵时，为保险起见，实际安装高度比允许安装高度小 0.5～1.0m，以备操作中输送流体的温度升高，或由贮槽液面降低而引起的实际安装高度的上升。

【例 1-20】　型号为 IS65-40-200 的离心泵，转速为 2900r/min，流量为 $25\text{m}^3/\text{h}$，扬程为 50m，允许汽蚀余量为 2.0m，此泵用于将敞口水池中 50℃的水送出，已知吸入管路的总阻力损失为 2m 水柱，当地大气压为 100kPa，求泵的允许安装高度。

解： 由附录 10 查得 50℃的水的饱和蒸气压为 12.31kPa，水的密度为 998.1kg/m^3，由式（1-68）可得：

$$H_g = \frac{p_0 - p_v}{\rho g} - NPSH - H_{f,0-1} = \frac{100 \times 10^3 - 12.31 \times 10^3}{998.1 \times 9.81} - 2.0 - 2.0 = 4.96\text{m}$$

故泵的实际安装高度不应超过液面的 4.96m。

(6) 离心泵的工作点与流量调节

① 管路特性曲线　如图 1-39 所示，在 1-1′ 与 2-2′ 截面间列伯努利方程：

$$H_e = (Z_2 - Z_1) + \frac{p_2 - p_1}{\rho g} + H_{f,1-2}$$

$$= \Delta Z + \frac{\Delta p}{\rho g} + H_{f,1-2}$$

其中，对于特定管路系统而言，ΔZ、Δp 不变，则：

$$\Delta Z + \frac{\Delta p}{\rho g} = K = \text{常数}$$

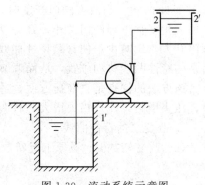

图 1-39　流动系统示意图

$$H_{f,1-2} = \lambda \frac{l + \sum l_e}{d} \frac{(4Q_e/\pi d^2)^2}{2g} = \frac{8\lambda}{\pi^2 g} \frac{l + \sum l_e}{d^5} Q_e^2$$

上式中除了 λ、Q_e 外均为常数，且

$$\lambda = \left(\frac{du\rho}{\mu}, \frac{\varepsilon}{d}\right) = f(Q_e)$$

因此

$$H_e = K + f(Q_e)$$

在阻力平方区，$\lambda = const$

因此

$$H_e = K + BQ_e^2$$

对于上述特定管路系统，驱使流体通过管路所需外加压头 H_e 与流量 Q_e 之间的关系曲线叫管路特性曲线。由以上分析可知，管路特性曲线与泵无关，它是在保持管路系统阀门开度不变的情况下，变化 Q_e 作出的，它与泵的特性无关。

② 离心泵的工作点　上述分析可知，离心泵本身有其固有的特性，它与管路特性无关；而管路本身也有其固有的特性，它与泵的特性无关。但是，

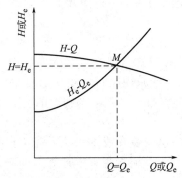

图 1-40　离心泵的工作点

若将管路特性曲线 H_e-Q_e 与离心泵特性曲线 H-Q 绘在同一个坐标图上，如图 1-40 所示，则两条特性曲线的交点 M 即为离心泵的工作点。离心泵工作点的含义是：一旦离心泵安装在某一特定的管路上，并在一定的操作条件下工作时，泵所提供压头 H 与管路系统所需要的压头 H_e 应相等；泵所排出的流量 Q 与管路系统输送的流量 Q_e 应相等，这时泵装置处于稳定的工作状态。即离心泵在 M 点工作时，$H = H_e$；$Q = Q_e$。

同时说明，当泵型及其转速、管路特性与操作条件给定时，离心泵稳定运行，只有一个工作点，如图 1-40 所示。泵在操作时，工作点应落在高效区；若泵不正常操作，如发生汽蚀现象，泵的性能迅速恶化，可能为刚发生汽蚀时的工作点。

③ 离心泵的流量调节　离心泵安装在管路上工作，当其工作点对应的流量与生产任务所需的流量不相符合时，就需要进行流量调节，流量调节的实质是通过改变泵的工作点来实现的。由图 1-40 可知，改变管路特性曲线或者改变泵的特性曲线均能使工作点移动，从而达到调节流量的目的。

a. 改变管路特性曲线　改变管路特性曲线最常用的方法是调节离心泵出口阀门的开度。

因为

$$H_e = \Delta Z + \frac{\Delta p}{\rho g} + \lambda \frac{l + \sum l_e}{d} \frac{(4Q_e/\pi d^2)^2}{2g}$$

由上式可知：假设 $\lambda = $ 常数，$H_e = K + BQ_e^2$

如图 1-41 所示，当改变阀门开度时，由于阀门处局部阻力的改变而导致 $\sum l_e$ 变化，从而使 B 值发生变化。即阀门关小，B 增大，管路特性曲线变陡，工作点由 M 点变化到 M_1 点；阀门开大，B 减少，使管路特性曲线变平坦，工作点由 M 点变化到 M_2 点，即由于工作点沿泵的特性曲线移动位置，从而调节了流量。

该方法的优点是：简捷方便，适用于经常性调节，广泛使用；缺点是不经济，阀门关小时，压头增高，能量损失增大，且调节幅度大时，工作点易偏离泵的高效率区。

b. 改变泵的特性曲线

（a）改变转数 n　设原工况转数为 n，新工况转数为 n_1，由比例定律知：

$$\frac{Q_1}{Q} = \frac{n_1}{n}, \frac{H_1}{H} = \left(\frac{n_1}{n}\right)^2$$

依据比例定律可作出新工况下泵的性能曲线。由图 1-42 可知，转数变化后，工作点沿着管路特性曲线移动，从而对应于新的流量和压头。

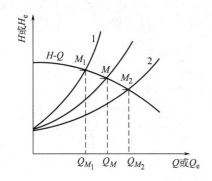

图 1-41　改变管路特性曲线

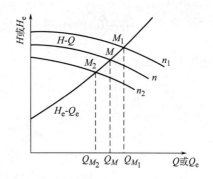

图 1-42　改变转数以改变泵的特性曲线

（b）切削叶轮直径 D　与转数变化的情况类似，以切割定律代替比例定律，可作出新工况下的性能曲线，从而看出工作点的变化。

改变转数或切割叶轮直径，均属于改变泵的特性曲线调节流量。其优点是不额外增加管路阻力，在一定的范围内可保持泵在高效率区工作；缺点是调节不方便，一般用于季节性调节使用，调节范围较大时，会降低泵的效率。

（7）离心泵的联合操作

在许多情况下，单泵可以送液，只是流量达不到要求，此时，可针对管路的特性选择适当的离心泵组合方式，以增大流量。以两台相同型号的离心泵为例进行说明。

① 并联　如图 1-43 所示，两泵性能相同，并联后的合成曲线，可由单泵性能曲线 Ⅰ 在相等的压头 H 下将流量 Q 加倍，描点作出合成曲线 Ⅱ。由图中工作点的位置变化可知，单泵独立工作的送液量＜两泵并联工作的流量＜两泵独立工作的流量之和；并联时的工作点高于单泵独立的工作点；并联后的总效率与单泵的效率相同。

② 串联　如图 1-44 所示，两泵性能相同，

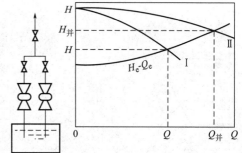

图 1-43　两台同型泵的并联操作

串联后的合成曲线 Ⅱ，可由单泵性能曲线 Ⅰ 在相等的流量 Q 下将压头 H 加倍描点作出。由图中工作点的位置变化可知，单泵独立工作的流量＜两泵串联工作的流量＜两泵独立工作的流量之和；串联时的工作点高于单泵独立的工作点；串联后的总效率与单泵的效率相同。

③ 组合方式的选择　就增大流量而言，可根据管路特性曲线选择组合方式。如图 1-45 所示，对于低阻管路，并联的 H、Q 都高于串联的；而高阻管路：串联的 H、Q 都高于并联的。因此，对低阻管路而言，并联优于串联；对高阻管路而言，串联优于并联。但应注意，若特定管路的 $\Delta Z + \dfrac{\Delta p}{\rho g} = K$ 大于单泵所能提供的最大压头，则必须采用串联组合操作。

（8）离心泵的类型、型号与选择

① 离心泵的类型　由于过程工业被输送流体的性质、压强、流量差异很大，为了适应各种不同的要求，离心泵的类型是多种多样的。

按泵送液体的性质分类如下。

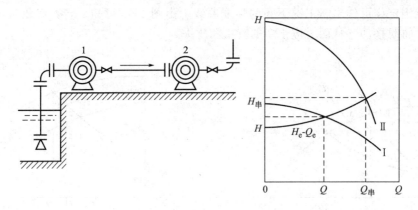

图 1-44 两台同型泵的串联操作

a. 清水泵 系列代号为 IS 型、D 型、Sh 型，适用于清水及物化性质类似于清水的液体输送。其中：

IS——国际标准单级单吸清水离心泵，全系列扬程范围为 8～98m，流量范围为 4.5～360m³/h。

D——如图 1-46 所示，若所要求的扬程较高而流量不太大时，可采用 D 型多级离心泵。国产多级离心泵的叶轮级数通常为 2～9 级，最多 12 级。全系列扬程范围为 14～351m，流量范围为 10.8～850m³/h。

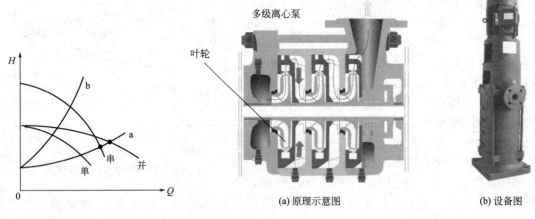

图 1-45 组合方式的选择　　　　　　图 1-46 D 型多级离心泵

Sh——若泵送液体的流量较大而所需扬程并不高时，则可采用双吸离心泵。国产双吸泵系列代号为 Sh。全系列扬程范围为 9～140m，流量范围为 120～12500m³/h。

在离心泵的产品目录或产品样本中，泵的型号是由字母和数字组合而成的，以代表泵的类型、规格等，现举例说明如下。

例如：IS50-32-250

其中　IS——国际标准单级单吸清水离心泵；

　　　50——泵吸入口直径，mm；

　　　32——泵排出口直径，mm；

　　　250——泵叶轮的尺寸，mm。

b. 耐腐蚀泵 当输送酸、碱及浓氨水等腐蚀性液体时应采用防腐蚀泵。该类泵中所有与腐蚀液体接触的部件都用抗腐蚀材料制造，其系列代号为 F。F 型泵多采用机械密封装置，以保证高度密封要求。F 型泵全系列扬程范围为 15～105m，流量范围为 2～400m³/h。近年来已推出新型号，例如 IH 型等。

　　例如：40FM1-26

其中　　40——泵吸入口直径，mm；

　　　　F——系列代号；

　　　　M——与液体接触的材料代号（铬、镍、钼、钛合金）；

　　　　1——轴封形式代号（1 代表单端面密封）；

　　　　26——泵的扬程，m。

　　c. 油泵　　输送石油产品的泵称为油泵。因为油品易燃易爆，因而要求油泵有良好的密封性能。当输送高温油品（200℃以上）时，需采用具有冷却措施的高温泵。油泵有单吸与双吸、单级与多级之分。国产油泵系列代号为 Y、双吸式为 YS。全系列的扬程范围为 60～603m，流量范围为 6.25～500m³/h。近年来已推出新型号，例如 SJA 型等。

　　例如：100Y-120×2

其中　　100——泵吸入口直径，mm；

　　　　Y——系列代号；

　　　　120——泵的单级扬程，m；

　　　　2——叶轮级数。

　　d. 杂质泵　　输送悬浮液及稠厚的浆液时用杂质泵，这类泵的特点是叶轮流道宽，叶片数目少，常采用半闭式或开式叶轮，泵的效率低。

　　系列代号为 P 型，分为：PW——污水泵；PS——砂泵；PN——泥浆泵。

　　e. 磁力泵（见图 1-47）　　磁力泵是高效节能的特种离心泵，采用永磁联轴驱动，无轴封，消除液体渗漏，使用极为安全；在泵运转时无摩擦，故可节能。主要用于输送不含固体颗粒的酸、碱、盐溶液和挥发性、剧毒性液体等，特别适用于易燃、易爆液体的输送。磁力泵输送的介质是密度不大于 1300kg/m³，黏度不大于 30×10⁻⁶Pa·s 的不含铁磁性和纤维的液体。常规磁力泵的额定温度对于泵体为金属材质或 F46 衬里，最高工作温度为 80℃，额定压力为 1.6MPa；高温磁力泵的使用温度≤350℃；对于泵体为非金属材质的情况，最高温度不超过 60℃，额定压力为 0.6MPa。

图 1-47　磁力泵（C 型）

　　输送介质为密度大于 1600kg/m³ 的液体时，磁性联轴器需另行设计。磁力泵的轴承采用被输送的介质进行润滑冷却，严禁空载运行。

　　f. 屏蔽泵（见图 1-48）　　近年来，输送易燃、易爆、剧毒及具有放射性液体时，常采用一种无泄漏的屏蔽泵。其结构特点是叶轮和电机联为一个整体封在同一泵壳内，不需要轴封装置，又称无密封泵。屏蔽泵在启动时应严格遵守出口阀和入口阀的开启顺序，停泵时先将出口阀关小，当泵运转停止后，先关闭入口阀再关闭出口阀。总之，采用屏蔽泵，完全无泄漏，有效地避免了环境污染和物料损失，只要选型正确，操作条件没有异常变化，在正常运行情况下，几乎没有什么维修工作量。屏蔽泵是输送易燃、易爆、腐蚀、贵重液体的理想用泵。

　　② 离心泵的选择　　首先，根据被输送液体的性质和操作条件，确定泵的类型；然后，由生产任务 Q_e，根据输送管路系统，计算所需压头 H_e；最后，由 Q_e 和 H_e 查泵的样本，选择泵的型号。一般要求为：所选泵的 Q、H 应分别比 Q_e、H_e 稍大一些；几台不同型号

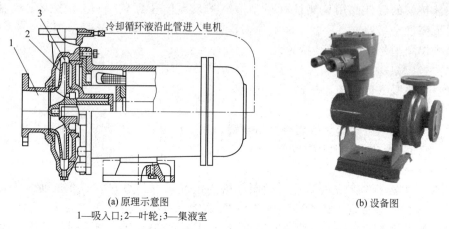

(a) 原理示意图
1—吸入口；2—叶轮；3—集液室

(b) 设备图

图 1-48　屏蔽泵

的泵同时满足要求，应选效率高的；同时也应参考泵的价格。

现以图 1-49 为例，介绍 IS 型水泵系列特性曲线：此图分别以 H 和 Q 为纵、横坐标标绘，图中每一小块面积，表示某型号离心泵的最佳（即最高效率区）的工作范围。利用此图，根据管路要求的流量和压头，可方便地决定泵的具体型号。例如，当输送水时，要求 $H = 45\text{m}$，$Q = 10\text{m}^3/\text{h}$，选用一单级单吸清水泵，则可根据该图选用 IS50-32-200 离心泵。

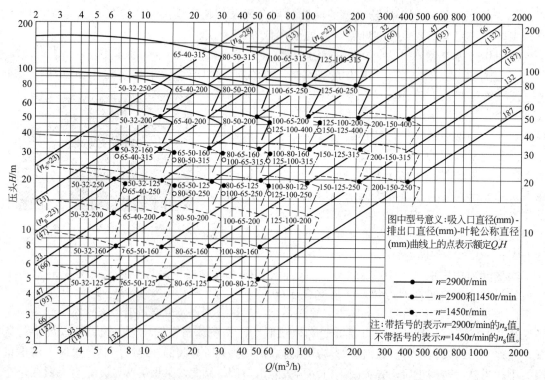

图 1-49　IS 型水泵系列特性曲线

【例 1-21】　如图所示，需用离心泵将水池中的水送至密闭高位槽中，高位槽液面与水池液面高度差为 15m，高位槽中的气相表压为 49.1kPa。要求水的流量为 $15 \sim 25\text{m}^3/\text{h}$，吸入管长 24m，压出管长 60m（均包括局部阻力的当量长度），管子均为 $\Phi 68\text{mm} \times 4\text{mm}$，摩擦系数可取为 0.021。试选用一台离心泵，并确定安装高度（设水温为 20℃，密度为 1000kg/m³，当地大气压为 101.3kPa）。

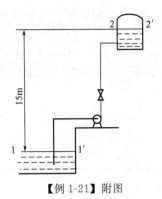

【例 1-21】附图

解： 以最大流量 $Q=25\text{m}^3/\text{h}$ 计算，如图所示，在 1-1′ 与 2-2′ 间列伯努利方程

$$z_1+\frac{u_1^2}{2g}+\frac{p_1}{\rho g}+H_e=z_2+\frac{u_2^2}{2g}+\frac{p_2}{\rho g}+H_f$$

其中：$z_1=0$，$u_1\approx0$，$p_1=0$（表压）

$\qquad z_2=15\text{m}$，$u_2\approx0$，$p_2=49.1\text{kPa}$（表压）

管中流速：$u=\dfrac{Q}{\dfrac{\pi}{4}d^2}=\dfrac{\dfrac{25}{3600}}{0.785\times0.06^2}=2.46\text{m/s}$

总阻力　　$H_f=\lambda\dfrac{l+\sum l_e}{d}\dfrac{u^2}{2g}=0.021\times\dfrac{24+60}{0.06}\times\dfrac{2.46^2}{2\times9.81}=9.07\text{m}$

所以　　$H_e=z_2+\dfrac{p_2}{\rho g}+H_f=15+\dfrac{49.1\times10^3}{1000\times9.81}+9.07=29.07\text{m}$

根据流量 $Q=25\text{m}^3/\text{h}$ 及扬程 $H_e=29.07\text{m}$，查图 1-49 可选型号为 IS65-50-160 的离心泵，再查附录 23 的相应内容，确定其流量 Q 为 25m³/h，压头 H 为 32m，转速 n 为 2900r/min，必需汽蚀余量 $NPSH$ 为 2.0m，效率 η 为 65%，轴功率 N 为 3.35kW。

20℃水的饱和蒸气压 $p_v=2.335\text{kPa}$，吸入管路阻力

$$H_{f,吸入}=\lambda\frac{l+\sum l_e}{d}\frac{u^2}{2g}=0.021\times\frac{24}{0.06}\times\frac{2.46^2}{2\times9.81}=2.59\text{m}$$

则离心泵的允许安装高度为

$$H_g=\frac{p_0-p_v}{\rho g}-NPSH-H_{f,吸入}=\frac{(101.3-2.335)\times10^3}{1000\times9.81}-2.0-2.59=5.5\text{m}$$

即泵的实际安装高度应低于 5.5m，可取 4.5～5.0m。

1.7.1.2　离心式气体输送机械

气体输送机械主要用于气体输送、克服流动阻力及产生高压气体。例如重油加氢、合成氨是在高压下进行的，气体要加压送入反应器；产生真空，如许多单元操作，要在低于大气压下进行，所以要从设备中抽出气体产生真空。

但是，气体与液体相比，气体是可压缩流体，经济流速为 15～25m/s，空气的密度为 1.2kg/m³；液体是不可压缩的，经济流速为 1～3m/s，水的密度为 1000kg/m³。相同的质量流量下，气体的阻力损失大约是液体的 10 倍，此问题对气体输送尤为突出，因此，压头高，流量大的气体输送比较困难。

正是由于气体本身的一些特点，气体输送机械在结构上与液体输送机械相比出现了一些差异。

若按终压（出口压力）或压缩比（出口压力/入口压力）分类，如表 1-5 所列。

(1) 离心式通风机结构和分类

离心式通风机操作原理与离心泵类似，主要靠高速旋转的叶轮产生离心力提高气体的压强头。离心式通风机如图 1-50 所示，其特点是叶片数目多、短，也有前弯、径向和后弯之

分。按上述的顺序，效率依次增大，流量依次减小。若按其出口压力分类，如表1-6所列。

表1-5　离心式气体输送机械分类

种　类	出口压力（表压）	压缩比
通风机	$14.7 \times 10^3 \mathrm{Pa}(1500\mathrm{mmH_2O})$	$1 \sim 1.5$
鼓风机	$14.7 \times 10^3 \sim 2.94 \times 10^3 \mathrm{Pa}$	<4
压缩机	$>2.94 \times 10^3 \mathrm{Pa}$	>4
真空泵	大气压	视真空度而定

表1-6　离心式通风机按出口压力分类

	出口压力（表压）	
低压风机	$<0.9807 \times 10^3 \mathrm{Pa}$	$(<100\mathrm{mmH_2O})$
中压风机	$0.9807 \times 10^3 \sim 2.942 \times 10^3 \mathrm{Pa}$	$(100 \sim 300\mathrm{mmH_2O})$
高压风机	$2.942 \times 10^3 \sim 14.7 \times 10^3 \mathrm{Pa}$	$(300 \sim 1500\mathrm{mmH_2O})$

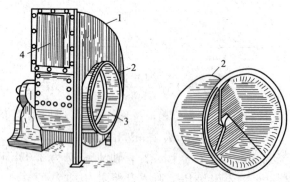

图1-50　离心式通风机

1—机壳；2—叶轮；3—吸入口；4—排出口

（2）离心式通风机性能参数与特性曲线

① 风量 $Q(\mathrm{m^3/h})$　指单位时间内从风机出口排出的气体体积，规定以风机进口处的气体状态计。

$$Q = f(风机的结构、尺寸、转数)$$

② （全）风压 p_t（Pa）　p_t 只能由实验测定，方法是在风机的入口与出口之间列伯努利方程：

$$Z_1 g + \frac{u_1^2}{2} + \frac{p_1}{\rho} + W_e = Z_2 g + \frac{u_2^2}{2} + \frac{p_2}{\rho} + \sum h_{\mathrm{f},1\text{-}2}$$

同乘以 ρ 得到：

$$Z_1 \rho g + \frac{\rho u_1^2}{2} + p_1 + \rho W_e = Z_2 \rho g + \frac{\rho u_2^2}{2} + p_2 + \rho \sum h_{\mathrm{f},1\text{-}2}$$

令：

$$p_t = \rho W_e = \rho g (Z_2 - Z_1) + \frac{\rho(u_2^2 - u_1^2)}{2} + (p_2 - p_1) + \rho \sum h_{\mathrm{f},1\text{-}2} \tag{1-69}$$

上式说明，全风压是指单位体积的气体流过风机所获得的能量。

一般来说，风机入口与大气相通，所以可取 $u_1 \approx 0$；并取入口、出口间的位差 $Z_2 - Z_1 \approx 0$；因入口、出口之间的管路短，则取 $\sum h_{\mathrm{f},1\text{-}2} \approx 0$；而气体经风机后的出口速度 u_2 很大，不能忽略，则上式简化为

$$p_t = (p_2 - p_1) + \frac{\rho u_2^2}{2} = p_{\mathrm{st}} + p_{\mathrm{Kt}} \tag{1-70}$$

式中　p_{st}——静风压；

$\quad\quad\ p_{Kt}$——动风压。

若 $p_1 = 0$（表压），则测定风机出口压强 p_2 和流量 Q（或 u_2）就可求出全风压 p_t。

③ 标准全风压 p_{t0}　p_{t0} 是用空气在 20℃、1atm 下测定的全风压，风机的铭牌上或样本上的全风压即指 p_{t0}。

因为

$$p_t \propto \rho$$

$$p_{t0} \propto \rho_0 = 1.2$$

所以

$$\frac{p_{t0}}{p_t} = \frac{1.2}{\rho} \tag{1-71}$$

④ 效率 η 与轴功率 N　因为 η 与密度无关，而轴功率 N 应考虑密度的影响。

操作条件：

$$N = \frac{\rho Q W_e}{\eta} = \frac{Q p_t}{\eta}$$

实验条件：

$$N_0 = \frac{\rho_0 Q_0 W_e}{\eta} = \frac{Q_0 p_{t0}}{\eta}$$

所以

$$N = \frac{\rho}{\rho_0} N_0 \tag{1-72}$$

⑤ 特性曲线　在一定的转数下，实验测得 $p_t\text{-}Q$、$p_{st}\text{-}Q$、$N\text{-}Q$、$\eta\text{-}Q$ 的关系曲线叫风机的特性曲线，如图 1-51 所示。η_{max} 对应的 N，p_t，p_{st} 列于风机的铭牌或样本上。

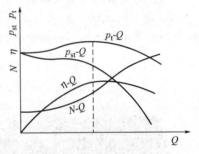

图 1-51　离心式风机的特性曲线

(3) 离心式通风机的选用

选用通风机的步骤是，首先计算全风压 p_t；然后由气体的性质及风压范围确定风机类型；最后由 p_t 换算成标准状况下的 p_{t0} 并结合实际风量 Q 选择风机型号，并列出风机的主要性能参数。

① 风机的类型有 4-72 型（低、中压）、8-18 型和 9-27 型（高压）。

前面加大写字母的含义：

Y——锅炉高温气体用

L——工业炉用

F——防腐用

W——耐高温用

B——防爆用

② 风机的型号　因同一风机类型中有不同的叶轮直径，故在类型的后面加机号区别。

例如：4-72 型 No12

其中，No12 为机号；12 为叶轮的直径，dm。

【例 1-22】　用离心通风机将 30℃、101.3kPa 的清洁空气，以 28000m³/h 的流量经加热器升温至 90℃后进入干燥器。在平均条件下（60℃及 101.3kPa）输送系统所需的全风压为 2460Pa。试选择合适型号的通风机，并比较将选定的通风机安装到加热器后面是否适宜。

解： 由于输送清洁空气，可选用一般类型的离心通风机。至于具体型号，则需根据操作条件下的风量和实验条件下的风压来确定。

根据工艺要求，将风机安装在空气加热器前较为合理。此时，风机入口的气体状态为 30℃和 101.3kPa，其流量为 $Q=28000\text{m}^3/\text{h}$。而风压给出的是 60℃和 101.3kPa 下的数值，需要用式(1-71)换算为实验条件下的数值，即

$$\rho'=1.2\times\frac{273+20}{273+60}=1.06\text{kg/m}^3$$

$$p_{\text{t}}=p_{\text{t}}'\frac{1.2}{\rho'}=2460\times\frac{1.2}{1.06}=2785\text{Pa}$$

根据风量 $Q=28000\text{m}^3/\text{h}$ 和风压 $p_{\text{t}}=2785\text{Pa}$，查得 4-72-11No.8C 型离心通风机可满足要求。在 1800r/min 的转速下其有关性能参数为：$p_{\text{t}}=2795\text{Pa}$，$Q=29900\text{m}^3/\text{h}$，$N=30.8\text{kW}$，$\eta=91\%$。

若将风机安放到空气加热器之后，假定其转速及风压不变，但风机入口气体状态为 90℃及 101.3kPa，与此对应的空气流量变为

$$Q=28000\times\frac{273+90}{273+30}=33540\text{m}^3/\text{h}$$

显然，将离心通风机安装到空气加热器之后，在维持原转速不变的情况下，将不能满足输送风量的要求；同时，尚需考虑风机是否耐高温。

（4）离心鼓风机与压缩机

① 离心鼓风机　如图 1-52 所示，离心鼓风机外形与离心泵相似，其特点是送气量大，但产生的风压仍不高。一般单级出口压力<0.3kgf/cm²，多级出口压力可达 3kgf/cm²。

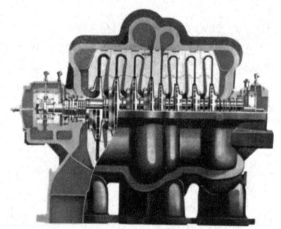

图 1-52　离心鼓风机　　　　　　　　　　图 1-53　离心压缩机

② 离心压缩机（又称透平压缩机）　如图 1-53 所示，离心压缩机一律是多级的，外形与多级离心泵类似。其特点是转数高达 5000r/min，压缩比高，出口压力可达 10kgf/cm²。压缩时，气体温度升高，需加中间冷却器。与往复压缩机相比，其优点是体积小，质量轻，流量大，供气均匀，运转平稳，应用日趋广泛。目前已有大型透平压缩机，流量大，压头高。

1.7.2　往复式输送机械

1.7.2.1　往复泵

（1）往复泵基本结构及工作原理

往复泵的泵头部分主要由泵体（液缸）、活塞（柱塞）、活塞杆、吸液和排液阀门（单向

阀）组成，如图 1-54 所示。

　　通常，把活塞在泵缸内左右移动的两个端点叫死点，把两个死点之间的距离叫行程（冲程）；把活塞与阀门之间的空间叫工作室。正常工作时，活塞不断地作往复运动，工作室交替地（不连续）吸液、排液，通过活塞将能量以静压能的形式传递给液体。

　　由于吸液、排液靠工作室的空间变化，所以往复泵是一种容积式泵。

　　按活塞作一次往复运动，泵缸排液的次数，可分为以下 3 种。

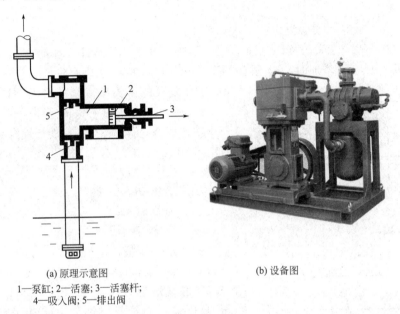

(a) 原理示意图
1—泵缸; 2—活塞; 3—活塞杆;
4—吸入阀; 5—排出阀

(b) 设备图

图 1-54　往复泵

　　① 单动泵（单作用泵）　活塞在两死点间往复运动速度变化，则流量曲线按正弦曲线规律变化，两头小，中间大。特点是排液间断，流量不均匀，惯性阻力大。

　　② 双动泵（双作用泵）　如图 1-55 所示，四个阀门，在活塞的两边一边两个，吸液、排液同时进行。即活塞往复运动一次，吸液、排液各一次。特点是吸液、排液连续，但流量仍不均匀。

　　③ 三动泵　三个曲柄互成 120°，分别推动三个单动泵。三个泵联合操作，当一个泵排液量开始下降时，另一个泵开始排液，三个泵依次进行。特点是排液连续，流量较均匀。

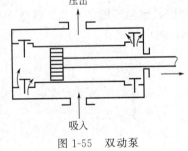

图 1-55　双动泵

　　为了流量均匀，操作平稳，在往复泵排出口上方设有空气室，借助室内气体压缩与膨胀的作用，当往复泵出口流量变化时，能保持管路中的流量大致不变。

　　(2) 往复泵主要性能参数

　　① 流量（m^3/min）　单动泵的理论流量 Q_T 为单位时间内活塞扫过的体积。即

$$Q_T = ASn_r = \frac{\pi}{4}D^2 Sn_r \tag{1-73}$$

式中　A——活塞截面积，m^2；

　　　　S——冲程，m；

n_r——往复频率，1/min（往复次数/时间）；

D——活塞直径，m。

双动泵的理论流量 Q_T 为

$$Q_T = 2ASn_r - aSn_r \tag{1-74}$$

式中　a——活塞杆的截面积，m^2。

实际上，由于填料函、阀门、活塞处的不严密等原因，实际流量 $Q < Q_T$，即

$$Q = \eta_v Q_T \tag{1-75}$$

式中　η_v——容积效率，实验测定，可查有关手册。

②扬程 H　H 的含义与离心泵的一样。但是，对往复泵而言，理论上 H 与 Q_T 无关，定量排液；实际上，H 增加时，η_v 稍有下降，所以实际流量 Q 略有降低。

由于往复泵的压头与流量几乎无关，所以，往复泵常用于压头很大，流量不大的管路输送。

③轴功率 N、效率 η　它们的计算与离心泵相同。

④型号

例如：2QS-53/17

其中　2——双缸；

　　　　Q——蒸汽驱动；

　　　　S——活塞泵；

　　　　53——最大流量，m^3/min；

　　　　17——最大出口压力。

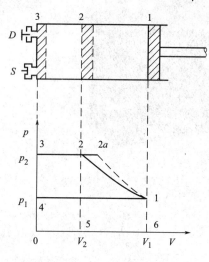

图 1-56　理想压缩循环

1.7.2.2　往复压缩机

往复压缩机与往复泵类似，前者用于气体输送，后者用于液体输送。

（1）理想压缩循环

如图 1-56 所示，考察一个理想循环活塞对气体做功 W，包括压缩、排气、吸气三个过程。若规定活塞对气体做功为正，气体对活塞做功为负，可以导出：

$$W = W_{1-2} + W_{2-3} + W_{4-1} = -\int_{V_1}^{V_2} p\,dV + p_2 V_2 - p_1 V_1 = \int_{p_1}^{p_2} V\,dp \tag{1-76}$$

V-p 的关系与压缩过程有关。

对于等温过程

因为

$$p_1 V_1 = p_2 V_2 = pV = const$$

所以

$$W = p_1 V_1 \ln\frac{p_2}{p_1} \tag{1-77}$$

式中　W——等温压缩循环功，J；

　p_1，p_2——分别为吸入、排出气体的压强，Pa；

　　V_1——吸入气体的体积，m^3。

对于绝热过程

因为

$$p_1 V_1^k = p_2 V_2^k = pV^k = 常数$$

所以

$$W = \frac{k}{k-1} p_1 V_1 \left[\left(\frac{p_2}{p_1}\right)^{\frac{k-1}{k}} - 1 \right] \tag{1-78}$$

其中　k——绝热指数，对于多变过程，以多变指数 m 代替绝热指数 k 即可。

绝热压缩时，排出气体的温度为：

$$T_2 = T_1 \left(\frac{p_2}{p_1}\right)^{\frac{k-1}{k}} \tag{1-79}$$

式中 T_1，T_2——分别为吸入、排出气体的温度，K。

将上述三个过程在 p-V 图上比较可知，等温过程最省功；绝热过程最费功；多变过程介于上述二者之间。

（2）余隙及其影响

余隙指活塞至左死点后与端面间的空隙。上述理想压缩循环的余隙＝0（把气体全部排净），实际压缩循环的余隙≒0。余隙过大，残留气体膨胀，吸气量减小；余隙过小，损坏端面。

余隙的大小可用余隙系数 ε 度量

$$\varepsilon = \frac{V_3}{V_1 - V_3} \times 100\% = \frac{\text{余隙的容积}}{\text{活塞推进一次扫过的容积}} \tag{1-80}$$

一般大、中型压缩机的低压汽缸 $\varepsilon < 8\%$；高压汽缸的 ε 可达 12%。

容积系数 $\lambda_0 = \dfrac{V_1 - V_4}{V_1 - V_3} = \dfrac{\text{压缩机一次循环吸入气体的体积}}{\text{活塞推进一次扫过的体积}}$

由 $$p_2 = p_3，p_4 = p_1$$

则 $$p_2 V_3^k = p_1 V_4^k \text{（绝热过程）}$$

$$V_4 = V_3 \left(\frac{p_2}{p_1}\right)^{\frac{1}{k}}$$

结合 ε 的定义式，针对绝热过程可以导出容积系数：

$$\lambda_0 = 1 - \varepsilon \left[\left(\frac{p_2}{p_1}\right)^{\frac{1}{k}} - 1\right] \tag{1-81}$$

由上式可知，当气体的压缩比一定时，随着余隙系数 ε 增大，容积系数 λ_0 减小，即压缩机吸气量减小；对于一定的余隙系数 ε，随着 $\dfrac{p_2}{p_1}$ 增大，λ_0 减小，吸气量减小，当 ε 或 $\dfrac{p_2}{p_1}$ 高达某一值时，可能 $\lambda_0 = 0$，即当活塞向右运动时，残留在余隙中的高压气体膨胀后完全充满汽缸，以致压缩机不能吸气。

（3）多级压缩

若压缩比 $\dfrac{p_2}{p_1}$ 过大，则吸气量减小，引起气体温度上升，汽缸内润滑油炭化，产生油雾，甚至爆炸。故一般要求，压缩比＞8 时，采用多级压缩，每级压缩比为 3～5。

如图 1-57 所示，两个以上汽缸串联为多级，压缩的次数为级数 n；汽缸直径逐级减小（气体压缩，体积减小）；两汽缸间加中间冷却器、油水分离器。

以两级理想压缩循环为例（绝热过程），可知

第一级：

$$W_1 = \frac{k}{k-1} p_1 V_1 \left[\left(\frac{p_i}{p_1}\right)^{\frac{k-1}{k}} - 1\right]$$

第二级：

$$W_2 = \frac{k}{k-1} p_i V_i \left[\left(\frac{p_2}{p_i}\right)^{\frac{k-1}{k}} - 1\right]$$

令：中间冷却器使 $T_i = T_1 = T$，则：$p_1 V_1 = p_i V_i = nRT$

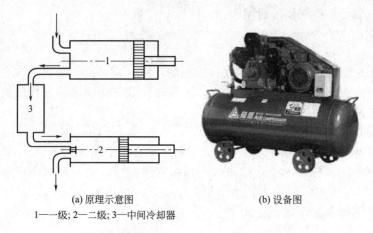

(a) 原理示意图　　　　　　　(b) 设备图

1——一级；2——二级；3——中间冷却器

图 1-57　两级压缩机

故两级压缩：

$$W = W_1 + W_2 = \frac{k}{k-1} p_1 V_1 \left[\left(\frac{p_i}{p_1} \right)^{\frac{k-1}{k}} + \left(\frac{p_2}{p_i} \right)^{\frac{k-1}{k}} - 2 \right] \tag{1-82}$$

上式中，p_1 为始压，p_2 为终压，这是工艺条件的要求；k，p_1，V_1 为常数；而 p_i 是变数。

令：

$$\frac{dW}{dp_i} = 0$$

则：

$$p_i p_i = p_1 p_2$$

$$\frac{p_i}{p_1} = \frac{p_2}{p_i} \tag{1-83}$$

即每级压缩比相等时 W 最小。

上式也可写为：

$$p_i = \sqrt{p_1 p_2} \tag{1-83a}$$

或：

$$\frac{p_i}{p_1} = \frac{p_2}{p_i} = \frac{p_2}{\sqrt{p_1 p_2}} = \left(\frac{p_2}{p_1} \right)^{\frac{1}{2}} \tag{1-83b}$$

故：

$$W_{\min} = \frac{k}{k-1} p_1 V_1 \left[\left(\frac{p_2}{p_1} \right)^{\frac{k-1}{2k}} + \left(\frac{p_2}{p_1} \right)^{\frac{k-1}{2k}} - 2 \right] = \frac{2k}{k-1} p_1 V_1 \left[\left(\frac{p_2}{p_1} \right)^{\frac{k-1}{2k}} - 1 \right] \tag{1-84}$$

推广至 n 级：

$$\frac{p_{i,1}}{p_1} = \frac{p_{i,2}}{p_{i,1}} = \frac{p_{i,3}}{p_{i,2}} = \cdots = \frac{p_{i,n}}{p_{i,n-1}} = \left(\frac{p_2}{p_1} \right)^{\frac{1}{n}}$$

式中，$\frac{p_2}{p_1}$ 为总压缩比；$\frac{p_{i+1}}{p_i}$ 为每一级压缩比；n 为压缩级数。

则：

$$W_{\min} = \frac{nk}{k-1} p_1 V_1 \left[\left(\frac{p_2}{p_1} \right)^{\frac{k-1}{nk}} - 1 \right] = nW_i \tag{1-85}$$

显然，多级压缩应使每级压缩比相等，即各级所需外功相等时，所需总功最小；多级压缩通过中间冷却器使过程尽量向等温过程靠近（因为等温过程最省功），即中间冷却器是实现多级压缩的关键。

① 理论功率

$$N_a = \frac{W}{\theta} \tag{1-86}$$

式中　θ——时间。

对于可逆绝热过程而言：

一级压缩：

$$N_a = \frac{k}{k-1} p_1 \frac{V_1}{\theta} \left[\left(\frac{p_2}{p_1} \right)^{\frac{k-1}{k}} - 1 \right] \tag{1-87}$$

因为

$$\frac{V_1}{\theta} = V_s (\text{m}^3/\text{s}) = \frac{V_{\min}}{60} (\text{m}^3/\text{s})$$

式中　$V_{\min}$——每分钟的排气量，按压缩机进口状态计。

故：

$$N_a = \frac{k}{k-1} p_1 \frac{V_{\min}}{60} \left[\left(\frac{p_2}{p_1} \right)^{\frac{k-1}{k}} - 1 \right] \tag{1-87a}$$

n 级压缩：

$$N_a = \frac{nk}{k-1} p_1 \frac{V_1}{\theta} \left[\left(\frac{p_2}{p_1} \right)^{\frac{k-1}{nk}} - 1 \right] \tag{1-88}$$

式中　$\left(\frac{p_2}{p_1} \right)^{\frac{1}{n}} = \frac{p_{i+1}}{p_i}$——每级压缩比。

② 轴功率　考虑到实际过程为多变过程，存在泄漏、阻力损失等情况，则

$$N = \frac{N_a}{\eta_a} \tag{1-89}$$

式中　η_a——绝热效率，一般为 0.7～0.9。

【例 1-23】　有一台单级往复压缩机，余隙系数为 0.06，多变指数为 1.25，要求的压缩比为 16。试求：（1）压缩机的容积系数；（2）气体的初温为 20℃，则压缩后的温度为多少；（3）改为两级压缩，每级入口温度均为 20℃，再求容积系数和气体的终温。

解：（1）容积系数可由式（1-81）求得，即

$$\lambda_0 = 1 - \varepsilon \left[\left(\frac{p_2}{p_1} \right)^{\frac{1}{m}} - 1 \right] = 1 - 0.06 \left[(16)^{\frac{1}{1.25}} - 1 \right] = 0.5086$$

（2）压缩终了气体温度 T_2 可由式（1-79）（式中的 k 用 m 代替）计算，即

$$T_2 = T_1 \left[\left(\frac{p_2}{p_1} \right)^{\frac{m-1}{m}} \right] = 293(16)^{\frac{1.25-1}{1.25}} = 510.1\text{K}, \text{即 } 237.1℃$$

（3）改双级压缩的有关参数用带上标的"'"表示，则

$$\lambda_0' = 1 - \varepsilon \left[\left(\frac{p_2}{p_1} \right)^{\frac{1}{2m}} - 1 \right] = 1 - 0.06 \left[(16)^{\frac{1}{2 \times 1.25}} - 1 \right] = 0.8781$$

$$T_2' = T_1 \left(\frac{p_2}{p_1} \right)^{\frac{m-1}{2m}} = 293(16)^{\frac{1.25-1}{2 \times 1.25}} = 386.6\text{K}, \text{即 } 113.6℃$$

由上面计算结果看出，由单级压缩改为两级压缩后，容积系数 λ_0 提高（37.4%），而出口温度 T_2 下降（降低 123.5℃）。因此，当压缩比较高时，多级压缩比较经济合理。

1.7.3　其他类型输送机械

1.7.3.1　其他类型泵

（1）计量泵（比例泵）

计量泵就是小流量的往复泵，包括柱塞计量泵和隔膜计量泵两类，工作原理如图1-58所示。其中，柱塞式计量泵因其结构简单和耐高温高压等优点而被广泛应用于石油化工领域，但因被计量介质和泵内润滑剂之间无法实现完全隔离这一结构性缺点，柱塞式计量泵在高防污染要求流体计量应用中受到诸多限制；隔膜式计量泵利用特殊设计加工的柔性隔膜取代活塞，在驱动机构作用下实现往复运动，完成吸入-排出过程。由于隔膜的隔离作用，在结构上真正实现了被计量流体与驱动润滑机构之间的隔离，因此该类泵目前已经成为流体计量应用中的主力泵型。

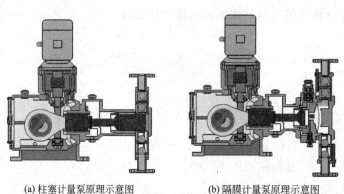

(a) 柱塞计量泵原理示意图　　　　(b) 隔膜计量泵原理示意图

图1-58　计量泵

（2）旋转泵（转子泵）

靠泵内的转子转动而吸液、排液。应注意，其工作原理是靠挤压，而不是离心力。按转子的形式分为以下几类。

① 齿轮泵（见图1-59）　两齿轮咬合，反向转动，利用齿轮与泵体之间的间隙挤压液体，转化能量，提高液体的压强头而排液。特点是压头高，流量小，可输送黏稠液体或膏状物料，也可用于给填料函注油封，但不能送悬浮液；缺点是有噪声，震动。

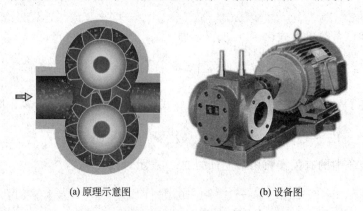

(a) 原理示意图　　　　　　(b) 设备图

图1-59　齿轮泵

② 螺杆泵（见图1-60）　螺杆泵工作时，液体被吸入后就进入螺纹与泵壳所围的密封空间，当主动螺杆旋转时，螺杆泵密封容积在螺牙的挤压下提高螺杆泵压力，并沿轴向移动。由于螺杆是等速旋转，所以液体排出流量也是均匀的。

螺杆泵通常可分为单螺杆泵、双螺杆泵和三螺杆泵，该类泵的特点是结构紧凑、压力高而均匀，流量均匀、转速高、运转平稳、效率高，并能与原动机直联。

螺杆泵可以输送各种油类及高分子聚合物，即特别适用于输送黏稠液体。

③ 凸轮泵　凸轮泵又称凸轮转子泵或旋转活塞泵，其工作原理是依靠两

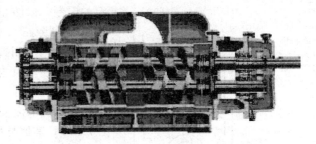

图 1-60　螺杆泵

个凸轮相互咬合中工作容积的变化来输送液体。特点是能输送介质黏度达 100Pa·s 以上的液体，且流量稳定，脉冲较少，在三大合成材料的液体输送中应用较多。若在泵体上设加热夹套，则可输送常温下为固体的流体，如沥青、树脂、蜡等。

(3) 旋涡泵

见图 1-61。旋涡泵是一种特殊的离心泵，主要部件为圆形的泵壳，圆盘形的叶轮，叶轮两侧分别铣有凹槽、呈辐射状排列的叶片，叶轮与壳体之间的空间为引水道。在进出口间，为使叶轮与壳体间的缝隙很小，把吸液与排液分开，设有间壁。

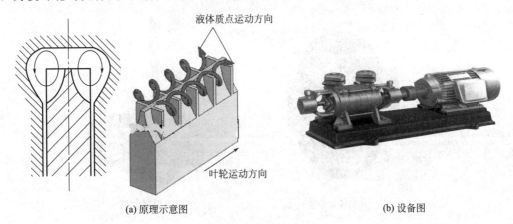

(a) 原理示意图　　　　　　　　　　　　　　　　(b) 设备图

图 1-61　旋涡泵

工作原理是液体随叶轮旋转的同时，在引水道与叶片之间反复作旋涡运动，由于叶片的多次作用，获得较高的能量。

与离心泵比较，其相同点是依靠离心力作用送液，开车前要灌满液体；不同点是流量下降时，压头增加很快，轴功率也增加很快，所以流量的调节要借助于正位移泵的旁路调节方法。旋涡泵的特点是扬程高但送液量小，且效率低，结构简单，在化工上较多采用。

(4) 正位移概念泵型

以上介绍的往复泵、旋转泵都属于正位移类型泵，正位移泵具有如下性质：送液能力只取决于活塞或转子的位移，与管路特性无关（而离心泵的送液能力与管路特性有关）；对一定的流量，可提供不同的压头（扬程），提供多大的压头，由管路特性决定。这种特性叫正位移特性，具有这种特性的泵统称正位移泵型。

正位移泵启动前，不用充液体，但必须将出口阀门打开（因泵内液体不倒流，所以必须排出），否则，泵内压头不断升高，设备、管道的强度承受不了；正位移泵安装高度也有一

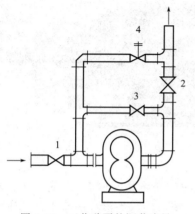

图 1-62　正位移泵的调节流量
1—吸入管路上的调节阀；2—排出管路上的调节阀；3—支路阀；4—安全阀

定的限制，以防止汽蚀现象发生。如图 1-62 所示，调节流量利用旁路（又称回流支路）阀门，并设有安全阀，一旦出口阀关闭或开得太小，泵内压头急剧上升，可能导致机件损坏及电机超负荷时，自动起用安全阀及时泄压；另外，也可以通过改变冲程、往复频率、转子的转数等方法调节流量，但不方便，仅用于定期调节。

1.7.3.2　其他类型气体输送机械

旋转鼓风机及压缩机与旋转泵类似，壳体内有一个或多个转子，适用于压头不大，而流量大的场合。

（1）罗茨鼓风机

如图 1-63 所示，罗茨鼓风机的工作原理与齿轮泵类似，壳体内有两个特殊形状的转子反向运动，以增加气体的压头。其特点是风量正比于转数，在一定的转数下，出口压力提高，风量可保持大致不变，所以也叫定容式鼓风机。应注意，罗茨鼓风机出口要加稳定罐、安全阀，旁路调节流量，操作温度＜80℃，防止转子受热膨胀而咬死。

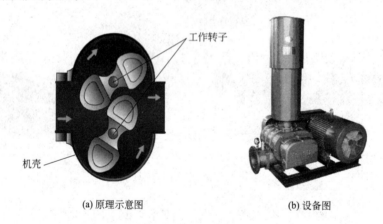

(a) 原理示意图　　　　　　　　　(b) 设备图

图 1-63　罗茨鼓风机

（2）液环压缩机（又称纳氏泵）

见图 1-64。液环压缩机主要由略似椭圆的外壳和旋转叶轮组成，壳中盛有适量的液体。当叶轮旋转时，由于离心力的作用，液体被抛向壳体，形成椭圆形的液环，在椭圆形长轴两端形成两个月牙形空隙。当叶轮回转 1 周时，叶片和液环间所形成的密闭空间逐渐变大和变小各两次，气体从两个吸入口进入机内，而从两个排出口排出。

液环压缩机内的液体将被压缩的气体与机壳隔开，气体仅与叶轮接触，只要叶轮用耐腐蚀材料制造，则适宜于输送腐蚀性气体。壳内的液体应与被输送气体不起作用，例如压送氯气时，壳内的液体可采用硫酸。

液环压缩机的压缩比可达 6～7，但出口表压在 150～180kPa 的范围内效率最高。

（3）真空泵

原则上讲，真空泵就是在负压下吸气，在大气压下排气的气体输送机械，用于维持工艺系统中要求的真空状态，其主要性能参数为剩余压力和抽气速率。剩余压力（与最大真空度对应）指真空泵能达到的最低绝对压力；抽气速率是在剩余压力下，真空泵单位时间吸入气体的体积。真空泵的选用，主要依据上述两个参数。

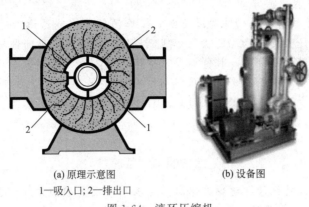

(a) 原理示意图　　　　　(b) 设备图

1—吸入口; 2—排出口

图 1-64　液环压缩机

① 水环真空泵　如图 1-65 所示，水环真空泵为圆形外壳，叶轮偏心安装，充一定量的液体，形成一个新月面。其特点是由于液环把气体与壳体隔开，可用于输送腐蚀性气体。

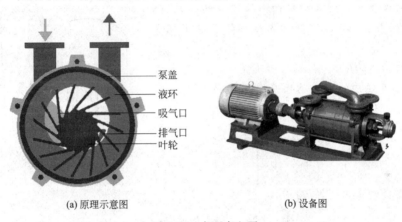

泵盖
液环
吸气口
排气口
叶轮

(a) 原理示意图　　　　　(b) 设备图

图 1-65　水环真空泵

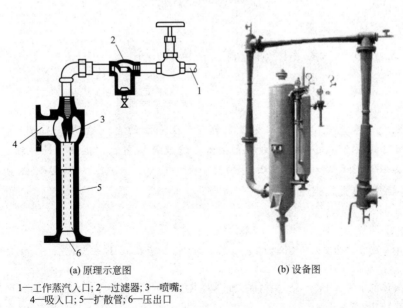

(a) 原理示意图　　　　　(b) 设备图

1—工作蒸汽入口; 2—过滤器; 3—喷嘴;
4—吸入口; 5—扩散管; 6—压出口

图 1-66　喷射真空泵

② 喷射真空泵（属于流体动力作用泵） 如图 1-66 所示，喷射真空泵利用一种流体流动时（工作流体），使其静压头转化为动压头，工作流体为水或蒸汽。一般工作流体以高速从喷嘴喷出，部分静压头转化为动压头，形成低压区，可把另一种流体抽进来，混合后经扩散管流速降低，部分静压头恢复。其优点是工作压力范围大，抽气量大，结构简单，适应性强，可抽送含灰尘、腐蚀性、易燃易爆的流体；缺点是效率低，一般仅有 $10\% \sim 25\%$。单级喷射可达到的真空度较低，为了达到更高的真空度，可采用多级喷射。

工程案例分析

烟囱的工作原理

工业中燃烧炉烟囱的设计即遵循流体流动原理。附图为燃烧炉自然排烟系统的示意图，要使烟气从炉内排除，必须克服排烟系统的一系列阻力。烟气之所以能克服这些阻力，是由于烟囱能在其底部（2-2′面）形成吸力（真空）。若炉膛尾部（1-1′面）的压力为大气压，则在两截面间压力差的作用下，高温烟气就可经排烟烟道流进烟囱底部，最后由烟囱排至大气中。

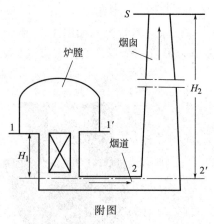

附图

设烟气的密度为 $\rho_{烟}$，空气的密度为 $\rho_{空气}$，烟气在烟囱中的平均流速为 u。在烟囱底部 2-2′ 截面与顶部 3-3′ 截面间列伯努利方程：

$$z_2 g + \frac{1}{2} u_2^2 + \frac{p_2}{\rho_{烟}} = z_3 g + \frac{1}{2} u_3^2 + \frac{p_3}{\rho_{烟}} + \sum W_{f,2\text{-}3} \qquad （Ⅰ）$$

若忽略烟囱直径的变化，则 $u_2 = u_3$

且
$$p_3 = P_a - \rho_{空} g H_2 \qquad （Ⅱ）$$

$$\sum W_{f,2\text{-}3} = \lambda \frac{H_2}{d} \frac{u^2}{2} \qquad （Ⅲ）$$

将式（Ⅱ）、式（Ⅲ）代入式（Ⅰ）中，有：$\dfrac{p_2}{\rho_{烟}} = H_2 g + \dfrac{P_a - \rho_{空} g H_2}{\rho_{烟}} + \lambda \dfrac{H_2}{d} \dfrac{u^2}{2}$

$$P_a - p_2 = \left[(\rho_{空} - \rho_{烟}) g - \frac{\lambda}{d} \frac{\rho_{烟}}{} \frac{u^2}{2} \right] H_2$$

可见，当 $\rho_{烟} < \rho_{空气}$ 时，轻的烟气在烟囱内产生向上的自然运动，从而在烟囱底部造成真空，形成烟囱的吸力，将炉膛内的烟气抽出，这就是烟囱能"拔烟"的原理。烟囱吸力的大小取决于其高度 H_2 和空气、烟气的密度差（$\rho_{空气} - \rho_{烟}$）以及烟囱直径 d。H_2、（$\rho_{空气} - \rho_{烟}$）或 d 越大，则吸力越大。

习　题

1. 在一个容器中，盛有苯和甲苯的混合物。已知苯的质量分数为 0.4，甲苯为 0.6，求 293K 时容器中混合物的密度。

　　　　　　　　　　　　　　　　　　　　　　　　　　　　　　　　　　　　　　（872kg/m³）

2. 已知某混合气体的组成为 18%N_2、54%H_2 和 28%CO_2（均为体积分数），试求 100m³ 的混合气体在温度为 300K 和 1MPa 下的质量。

　　　　　　　　　　　　　　　　　　　　　　　　　　　　　　　　　　　　　　（737.6kg）

3. 某设备进出口测压仪表的读数分别为 45mmHg（真空度）和 700mmHg（表压），求两处的绝对压强差

是多少（kPa）？　　　　　　　　　　　　　　　　　　　　　　　　　　　　　　（99.3kPa）

4. 如图所示的储槽内盛有密度为 800kg/m³ 的油，U 形管压差计中的指示液为水银，读数 $R=0.4$m，设容器液面上方的压强 $P_0=15$kPa（表压），求容器内的液面距底面的高度 h 是多少？　　　　（4.89m）

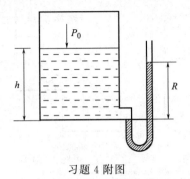
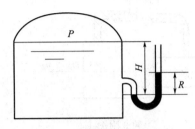

习题 4 附图　　　　　　　　　　　　　　　　　　习题 5 附图

5. 如图所示，用 U 形管压差计测量某容器内水面上方气体的压强，指示液为水银，读数 $R=4$cm，$H=80$cm，试计算容器内水面上方的真空度为多少（kPa）？现在由于精度需要，希望读数增大到原来的 20 倍，请问应该选择密度为多少的指示液？（U 形管左端的液位可以认为不变）　　　（2.51kPa；680kg/m³）

6. 现用列管换热器进行空气的预热，测得空气在管内的流速为 15m/s，其平均温度为 60℃，压强为 200kPa（表压强），换热器的管束由 150 根 $\Phi30$mm×2.5mm 的钢管组成。请计算：（1）空气的质量流量；（2）操作条件下空气的体积流量；（3）标准状况下空气的体积流量。

　　　　　　　　　　　　　　　　　　　　　　　　（3.48kg/s，1.10m³/s；2.89m³/s）

7. 如图所示的高位槽的水面距出水管的垂直距离保持为 6m 不变，水管系采用内径为 68mm 的钢管，设总的压头损失为 5.7mH₂O（不包括排水管出口的压头损失），试求每小时可输送的水量。　　　（31.77m³/h）

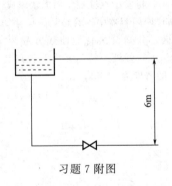
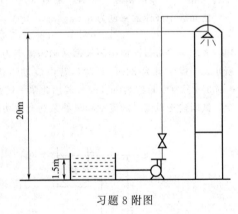

习题 7 附图　　　　　　　　　　　　　　　　　　习题 8 附图

8. 如图所示为二氧化碳水洗塔的供水系统，水塔内绝对压强为 210kPa，贮槽水面绝对压强为 100kPa，塔内水管入口处高于贮槽水面 18.5m，管道内径为 52mm，送水量为 15m³/h，塔内水管出口处绝对压强为 225kPa，设系统中全部的能量损失为 5mH₂O，求输水泵所需的外加压头是多少？　　（36.4mH₂O）

9. 如图所示，一管道由两部分组成，一部分管内径为 40mm，另一部分管内径则为 80mm，流体为水，在管道中流量为 13.57m³/h。两部分管道上均有一个测压点，测压点之间连接一个倒 U 形管压差计，其中充有一定的空气，若两测压点所在截面之间的摩擦损失为 260mmH₂O，求倒 U 形管压差计中水柱的高度差 R 为多少（mm）？　　　　　　　　　　　　　　　　　　　　　　（−0.17mH₂O）

10. 有一套管冷却器，内管为 $\Phi25$mm×2.5mm，外管为 $\Phi57$mm×3.5mm，冷冻盐水在套管环隙中流动，已知盐水流量为 3.73t/h，密度为 1150kg/m³，黏度为 1.2cP，试判断其流动类型。　　（湍流）

11. 如图所示，某料液从高位槽流向反应器，已知该溶液的密度为 1100kg/m³，黏度为 1cP，采用 $\Phi114$mm×4mm 的钢管，直管全长为 20m，管道上有一个全开的闸阀和两个 90° 的标准弯头，其流量为 31.7m³/h，求总的压头损失。　　　　　　　　　　　　　　　　　　　　　　　（0.366m）

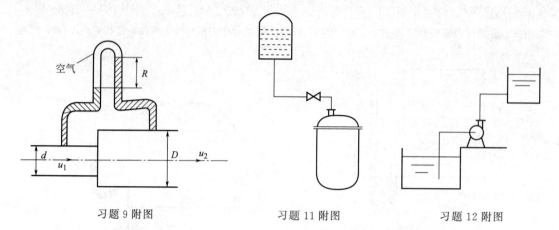

习题9附图　　　　习题11附图　　　　习题12附图

12. 如图，用泵将 20℃ 的苯从地面以下的贮槽送到高位槽，流量为 300L/min，高位槽的液面比贮槽液面高 10m。泵的吸入管为 $\Phi89mm\times4mm$ 的无缝钢管，直管长度 15m，一个 90° 弯头。泵排出管为 $\Phi57mm\times3.5mm$ 的无缝钢管，直管长度 50m，并有一个闸阀，一个标准阀和三个 90° 弯头，两个三通。阀门均为全开，泵的效率为 75%，试计算泵的轴功率。　　　　　　　　　　　　　　　　　　　　(1.2kW)

13. 采用离心泵输送 293K 的清水，测得离心泵出口处压力表的读数为 4.8kgf/cm²，入口处真空表的读数为 147mmHg，两表之间的垂直距离为 0.4m。该泵流量为 70.37m³/h，泵的效率为 70%，吸入管和出口管的管径相同。试计算该泵的扬程以及泵的轴功率。　　　　　　　　(50.45m; 13.79kW)

14. 用一台离心泵将某有机液体由罐送至敞口高位槽。离心泵安装在地面上，罐与高位槽的相对位置如附图所示。吸入管道中全部压头损失为 1.5mH₂O，泵的输出管道的全部压头损失为 17mH₂O，要求输送量为 55m³/h。泵的铭牌上标有：流量 60m³/h，扬程 33m，汽蚀余量 4m，试问该泵能否完成输送任务？已知罐中液体的密度为 850kg/m³，饱和蒸气压为 72.12 kPa。

　　　　　　　　　　　(因泵的实际安装位置过高，将发生汽蚀现象而无法完成输送任务)

15. 用一离心泵将敞口水槽中的水送到表压强为 147.2kPa 的高位密闭容器中。管路系统尺寸如本题附图所示，当供水量为 36m³/h 时，管内流动以进入阻力平方区。并知泵的特性曲线方程为 $H=45-0.00556Q^2$（Q 单位为 m³/h）。若用此泵输送密度为 1200kg/m³ 的碱液，阀门开度及管路其他条件不变，试问输送碱液时的流量和离心泵的有效功率为多少？（水的密度为 1000kg/m³）

　　　　　　　　　　　(38.19m³/h; 4.61kW)

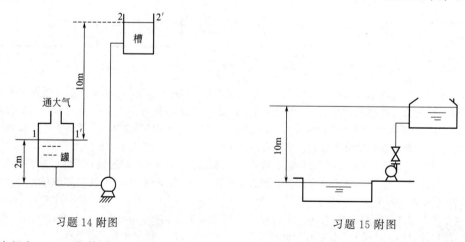

习题14附图　　　　　　　　习题15附图

16. 在一内径为 320mm 的管道中，用毕托管测定平均分子量为 64 的某气体的流速。管内气体的压强为 101.33kPa，温度为 40℃，黏度为 0.022mPa·s。已知在管道同一截面上毕托管所连接的 U 形管压差计最大读数为 30mmH₂O。试问此时管道内气体的流量为多大？　　　　　　　(3778m³/h)

17. 在内径为 156mm 的管道中，装上一块孔径为 78mm 的孔板流量计，用以测定管路中苯的流量。已知苯的温度为 293K，流量计中测压计的指示液为汞，读数 $R=30mm$，设孔流系数 $C_0=0.625$，试求管路中每小时苯的流量。
    $(31.4m^3/h)$

18. 如附图所示，用效率为 75% 的离心泵将蓄水池中 20℃ 的水送到敞口高位槽中，管路为 $\Phi57mm\times3.5mm$ 的光滑钢管，直管长度与所有局部阻力（包括孔板）当量长度之和为 85m。采用孔板流量计测量水的流量，孔板直径 $d=20mm$，孔流系数为 $C=0.60$。从水池到孔板前测压点截面 A 的管长（含所有局部阻力当量长度）为 35m。U 形管中指示液为汞。20℃ 水的密度 $\rho=998.2kg/m^3$，黏度 $\mu=1.0\times10^{-3}Pa\cdot s$。摩擦系数可近似用下式计算

$$\lambda=0.3164/Re^{0.25}$$

当水的流量为 $8.50m^3/h$ 时，试求：
(1) 泵的轴功率；
(2) A 截面 U 形管压差计的读数 R_1；
(3) 孔板流量计的 U 形管压差计读数 R_2。
    $(0.54kW；0.31m；0.634m)$

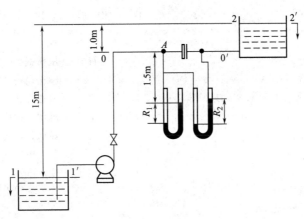

习题 18 附图

19. 将密度为 $1500kg/m^3$ 的硝酸送入反应釜，流量为 $8m^3/h$，提升高度为 8m，釜内压强为 400kPa，管路的压强降为 30kPa，试在耐腐蚀泵系列中选定一个合适的型号，并估计泵的轴功率。
    （F 型耐腐蚀泵；4.1kW）

20. 单动往复泵活塞的直径为 160mm，冲程为 200mm。现拟用此泵将密度为 $930kg/m^3$ 的液体从贮槽送至某设备中，流量为 $25.8m^3/h$，设备的液体入口比贮槽液面高 19.5m，设备内液面上方的压力为 0.32MPa（表压），贮槽为敞口，外界大气压为 0.098MPa，管路的总压头损失为 10.3m，当有 15% 的液体漏回和总效率为 72% 时，试分别计算此泵的活塞每分钟往复次数及轴功率。
    （126 次/min；5.9kW）

21. 某单级空气压缩机每小时将 $360m^3$ 的空气压缩到 0.8MPa（表压），设空气的压缩过程为：(1) 绝热压缩；(2) 等温压缩；(3) 多变压缩（多变指数为 1.25）。问该压缩机各压缩过程所消耗的功率各为多少（kW），压缩后空气温度各为多少（℃）？（空气的进口温度为 20℃，大气压为 0.098MPa）　　（绝热压缩：30.29kW，279℃；等温压缩：21.71kW，20℃；多变压缩：27.31kW，183℃）

22. 附图所示为冷冻盐水循环系统，盐水的密度为 $1100kg/m^3$，循环量为 $36m^3/h$，管路的直径相同，盐水由 A 流经两个换热器而至 B 的能量损失为 98.1J/kg，由 B 至 A 的能量损失为 49J/kg，试求：
    (1) 泵的效率为 70% 时，泵的轴功率（kW）；

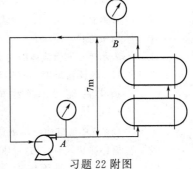

习题 22 附图

（2）当 A 处的压力表读数为 $245.2 \times 10^3 \, \text{kPa}$ 时，B 处的压力表读数为多少？

[2.312kW；$6.18 \times 10^4 \, \text{Pa}$（表压）]

思 考 题

1. 说明牛顿黏性定律的物理意义。
2. 采用 U 形管压差计测某阀门前后的压差，压差计的读数与 U 形管压差计放置的位置有关吗？
3. 层流与湍流的本质区别是什么？
4. 影响离心泵性能的因素有哪些？
5. 什么是离心泵的气蚀现象？为避免气蚀可采取什么措施？
6. 离心泵的流量调节有哪些方法？各种方法的实质及优缺点是什么？
7. 如何选择泵的类型和型号？
8. 离心通风机的特性参数有哪些？若输送空气的温度增加，其性能如何变化？
9. 什么是往复压缩机的余隙？它对压缩过程有何影响？

符 号 说 明

英文字母：

m——质量，kg；

V——体积，m^3；

R——气体常数，$R = 8.314 \text{kJ}/(\text{kmol} \cdot \text{K})$；

T——温度，K；

p——压强，kPa；

P——压力，N；

n——物质的量，mol；

M——分子量，kg/kmol；

x——质量分数；

y——体积分数；

g——重力加速度，m/s^2；

A——截面积，m^2；

Z——高度，或单位质量流体所具有的能量，m；

R——液柱压差计的读数，m；

V_s——体积流量，m^3/s；

v——比容，m^3/kg；

m_s——质量流量，kg/s；

u——流速，m/s；

d——管道直径，m；

d_e——当量直径，m；

U——表示单位质量流体的内能，J/kg；

h_f——1kg 流体流动时为克服流动阻力而损失的能量，简称能量损失，J/kg；

w_e——1kg 流体通过输送设备获得的能量，简称净功或有效功，J/kg；

H_e——输送设备对流体提供的有效压头，m；

H_f——压头损失，m；

N——输送设备的轴功率，kW；

N_e——输送设备的有效功率，kW；

F——流体的内摩擦力，N；

Re——雷诺数，无量纲；

u_r——与管中轴线垂直距离为 r 处的点速度，m/s；

$u_{\max}$——管中轴线上的最大速度，m/s；

l_e——当量长度，m；

Q——泵或风机的流量，m^3/s 或 m^3/h；

H——泵的压头，m；

C_Q, C_H, C_η——流量、压头、效率的黏度换算系数；

n——离心泵的转速，r/min；

H_g——离心泵的安装高度，m；

$NPSH$——离心泵的允许汽蚀余量，J/kg；

H_s——离心泵的允许吸上真空高度，m；

Q_T——往复泵的理论流量，m^3/min；

A——活塞截面积，m^2；

S——冲程，m；

n_r——往复次数，1/min；

D——叶轮或活塞直径，m；

W——往复压缩机的功，J；

C_0——孔流系数；

C_V——文丘里流量系数；

C_R——转子流量计的流量系数；

d_0——孔径，m。

希腊字母：

ρ——密度，kg/m^3；

τ——剪应力，Pa；

μ——黏度，Pa·s；

δ——流动边界层厚度，m；

λ——摩擦系数；

η——效率；

ξ——阻力系数；

κ——绝热指数。

第 2 章　传热及传热设备

2.1　传热基本概念

若系统或物体内存在温度差，必有热量的传递，热量总是自发地由温度较高部分向较低部分传递。传热的应用相当广泛，不仅在过程工业，就是在航空、电子、机电及日常生活等各个方面，都可以遇到许多加热、冷却、蒸发、制冷、凝结、隔热或保温等实际的传热问题。

在过程工业中，往往需要化学反应和单元操作过程的加热或冷却，以维持过程进行所需要的温度。例如在蒸馏操作中，为了使塔釜达到一定温度并产生一定量的上升蒸汽，就需要对塔釜液加热，同时为了使塔顶上升蒸汽冷凝以得到液体产品，还需要对塔顶蒸汽进行冷凝；再如在蒸发、干燥等单元操作中也都要向相应的设备加入或取出热量；此外，化工设备的保温，生产过程中热能的合理应用以及废热的回收等都涉及传热问题。

综上所述，化工生产中对传热过程的要求主要有以下两种情况：其一是强化传热过程，如各种换热设备中的传热；其二是削弱传热过程，如对设备或管道的保温，以减少热损失。显然，研究和掌握传热的基本规律，探求强化或削弱传热的有效途径及方法，具有十分重要的意义。

2.1.1　传热基本方式

根据传热机理不同，传热的基本方式分为热传导、热对流和热辐射三种。

热传导简称导热，是指直接接触的系统之间或系统内各部分之间没有宏观的相对运动，仅仅依靠分子、原子及自由电子等微观粒子的热运动而实现热量传递的现象。导热在固体、液体和气体中均可进行，但它们的导热机理各有不同。气体热传导是气体分子作不规则热运动时相互碰撞的结果；液体热传导的机理与气体类似，是依靠分子、原子在其平衡位置附近振动；固体以两种方式传导热能，即自由电子的迁移和晶格振动。

热对流是指流体中各部分质点之间发生宏观相对运动和混合而引起的热量传递过程，即热对流只能发生在流体内部。热对流分为强制对流及自然对流两种。自然对流是指流体中因各部分温度不同而引起密度的差别，从而使流体质点间产生相对运动而进行对流传热；而因泵或搅拌等外力所产生的质点强制运动而进行的对流传热，称为强制对流。

热辐射简称辐射，是物体因热的原因而产生电磁波在空间的传递现象。当任何物体的温度大于绝对零度时，都会以电磁波的形式向外界辐射能量，当被另一物体部分或全部接收后，又重新变为热能，这种传热方式称为辐射传热，辐射传热即是物体间相互辐射和吸收能量的总结果。但只有当物体间的温度差别较大时，辐射传热才能成为主要的传热方式。

2.1.2　传热速率

传热速率（又称热流量）Q 是指单位时间内通过一台换热器的传热面或某指定传热面的热量。

$$Q = \frac{传热推动力}{传热阻力}$$

传热过程的推动力是指两流体之间的传热温度差，但在传热面的不同位置上，流体的温度差不同，因此在传热计算中，通常采用平均温度差表示；传热阻力则与具体的传热方式、流体物性、壁面材料等多个因素有关，具体将在本章后续相应部分分别介绍。

2.2　热传导

2.2.1　热传导基本概念

(1) 温度场与等温面

温度差的存在是产生导热的必要条件，而热量的传递与物体内部的温度分布有着密切的关系。所以，首先必须建立起有关温度分布的概念。

如果用直角坐标 x、y、z 来描述物体内各点的位置，以 θ 代表时间，t 代表温度，那么，在某一瞬间，温度在空间各点分布的综合情况称为温度场，其数学描述为

$$t = f(x, y, z, \theta) \tag{2-1}$$

若温度场不随时间变化，即称为稳态温度场，在稳态温度场中的导热叫作稳态导热，其数学关系如式(2-2)所示：

$$t = f(x, y, z) \tag{2-2}$$

如只考虑温度仅沿着 x 方向发生变化，则称为稳态一维温度场，它具有最简单的数学表达式，即

$$t = f(x) \tag{2-3}$$

在某一瞬间，温度场内温度相同的各点组成的面叫等温面，用任何一平面与等温面相切可得到等温线，如图 2-1 所示。等温面的特点是：由于某瞬间内空间任一点不可能同时有不同的温度，故温度不同的等温面彼此不相交；由于等温面上温度处处相等，故在等温面上将无热量传递，而沿和等温面相交的任何方向，因温度发生变化，则有热量传递。

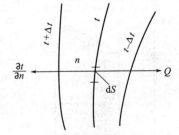

(2) 温度梯度

由图 2-1 可知，不同温度的等温面之间存在温度差。所以，沿着与等温面相交的任何方向都有温度的变化，这种变化在法线方向上距离最短，单位长度的温度变化最大。为了描述这种变化情况，把两相邻等温面之间沿着法线方向的温度差 Δt 与法向距离 Δn 之比叫作温度梯度，即

图 2-1　等温面和温度梯度示意

$$grad(t) = \lim_{\Delta n \to 0} \frac{\Delta t}{\Delta n} = \frac{\partial t}{\partial n} \tag{2-4}$$

温度梯度是沿着与等温线垂直方向的矢量，它的方向以温度升高的方向为正，以温度降低的方向为负。

对于一维稳态温度场，等温线全都垂直于 x 方向，其温度梯度为

$$grad(t) = \frac{\mathrm{d}t}{\mathrm{d}x} \tag{2-5}$$

2.2.2　傅里叶定律

实验研究结果表明，热能总是朝着温度降低的方向传导，其导热速率的大小与温度梯度以及导热面积成正比，数学表达式为

$$\mathrm{d}Q = -\lambda \, \mathrm{d}S \, \frac{\partial t}{\partial n} \tag{2-6}$$

上式称为傅里叶定律，是热传导的基本定律，式中负号表示热传导的方向与温度梯度的方向

相反，即热量朝着温度下降的方向传递。

式中　Q——热传导速率，即单位时间传导的热量，其方向与温度梯度的方向相反，W；

　　　S——与热传导方向垂直的导热面（等温面）面积，m^2；

　　　λ——物质的热导率，W/(m·℃)。

式 (2-6) 可改写为：

$$\lambda = -\frac{dQ}{dS\frac{\partial t}{\partial n}} \tag{2-7}$$

上式说明，热导率在数值上等于单位导热面积、单位温度梯度、单位时间内传导的热量。因此，热导率是反映物质导热能力大小的参数，是物质的重要物理性质之一。

热导率一般用实验方法进行测定。通常金属固体的热导率最大，数值在 2.2～420W/(m·℃) 范围内（液态金属除外）；非金属固体的热导率较小，数值在 0.025～3W/(m·℃) 范围内；液体更小，数值在 0.07～0.7W/(m·℃) 范围内；而气体的热导率最小，数值在 0.006～0.6W/(m·℃) 范围内，热导率受物质的种类、温度、压力、湿度、密度以及物质组成结构型式的影响。作为参考，本书末附录中摘录了某些工程上常用的 λ 值。

大多数均质固体的热导率与温度成直线关系，即

$$\lambda = \lambda_0(1+at) \tag{2-8}$$

式中，λ_0 为 0℃时物质的热导率；a 为由实验测定的温度系数，可为正值，也可为负值。对于大多数金属材料，a 为负值；而对于大多数非金属材料，a 为正值。

温度对不同材料热导率的影响不同，其数值可从有关手册中查到。在一般情况下，可取物体两端温度对应的热导率的算术平均值，把 λ 当常数处理。

工程计算中经常涉及混合气体或混合溶液的热导率，一般由实验测定，也可以根据纯物质的数据，按摩尔加和法估算混合气体的热导率，按质量加和法估算混合液体的热导率。

2.2.3　固体平壁稳态热传导

(1) 单层平壁热传导

如图 2-2 所示，设有一厚度为 b 的无限大平壁（其长度和宽度远比厚度为大），假设材料均匀，热导率不随温度变化；平壁内的温度仅沿垂直于平壁的方向变化（这里指 x 轴），即等温面垂直于传热方向；平壁面积与平壁厚度相比很大，故可以忽略热损失，现导出通过此平壁的导热速率的计算式。

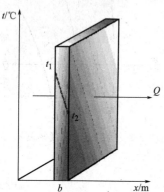

图 2-2　单层平壁的热传导

按照上述问题的描述，属于平壁一维稳态热传导，若边界条件为

$x=0$ 时，　　　$t=t_1$

$x=b$ 时，　　　$t=t_2$

对于一维稳态热传导，傅里叶定律式 (2-6) 可表示为：$dQ = -\lambda S\dfrac{dt}{dx}$，根据上述边界条件可推出单层平壁稳态热传导公式如下：

$$Q = \frac{\lambda S}{b}(t_1-t_2) = \frac{t_1-t_2}{\dfrac{b}{\lambda S}} = \frac{\Delta t}{R} \tag{2-9}$$

式中　b——平壁厚度，m；

$R = \dfrac{b}{\lambda S}$——热传导热阻，℃/W；

Δt——平壁两侧的温度差，热传导推动力，℃。

式(2-9) 表明导热速率与导热推动力成正比，与热传导热阻成反比；还可以看出，导热距离愈大，传热面积和热导率愈小，则热传导热阻愈大。

式(2-9) 还可改写为

$$q = \frac{Q}{S} = \frac{\lambda}{b}(t_1 - t_2) = \frac{t_1 - t_2}{\dfrac{b}{\lambda}} \tag{2-10}$$

式中，q 为单位时间、单位面积的导热量，称为导热通量或热流密度。

若设壁厚为 x 处的温度为 t，则可得平壁内任意位置的温度分布关系式

$$t = t_1 - \frac{Qx}{\lambda S} \tag{2-11}$$

式(2-11) 即为平壁内的温度分布，它是一条直线，当 $x = b$ 时，$t = t_2$。

【例 2-1】　有一钢板平壁，厚度为 5mm，若高温壁 $T_1 = 330$K，低温壁 $T_2 = 310$K，热导率 $\lambda = 45.4$W/(m·K)，求该平壁在单位时间内、单位面积上所传递的热量。

解：本题实际上是求导热通量。已知 $T_1 = 330$K，$T_2 = 310$K，$b = 0.005$m，$\lambda = 45.4$W/(m·K)，将以上数据代入式(2-10) 中得：

$$q = \frac{Q}{S} = \frac{\lambda}{b}(t_1 - t_2) = \frac{45.4}{0.005} \times (330 - 310)$$
$$= 181.6\text{kW/m}^2$$

(2) 多层平壁热传导

在工业上经常见到的是多层平壁的导热问题，例如锅炉炉墙是由耐火砖、保温砖、普通砖等构成的多层平壁，以图 2-3 为例。假设多层平壁层与层之间接触良好，相互接触的表面上温度相等，在稳态导热情况下，边界条件为：

$$x = 0 \text{ 时}, \quad t = t_1; \quad x = b_1 \text{ 时}, \quad t = t_2;$$
$$x = b_2 \text{ 时}, \quad t = t_3; \quad x = b_3 \text{ 时}, \quad t = t_4。$$

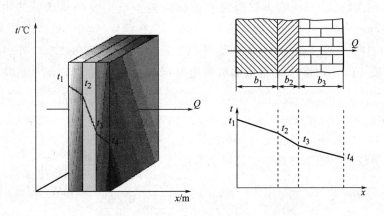

图 2-3　三层平壁的热传导

对各层分别应用由傅里叶定律推出的单层平壁热传导公式(2-9) 可得：

$$Q_1 = \frac{\lambda_1 S}{b_1}(t_1 - t_2) = \frac{t_1 - t_2}{\dfrac{b_1}{\lambda_1 S}} = \frac{\Delta t_1}{R_1} \tag{2-12}$$

$$Q_2 = \frac{\lambda_2 S}{b_2}(t_2 - t_3) = \frac{t_2 - t_3}{\dfrac{b_2}{\lambda_2 S}} = \frac{\Delta t_2}{R_2} \tag{2-12a}$$

$$Q_3 = \frac{\lambda_3 S}{b_3}(t_3 - t_4) = \frac{t_3 - t_4}{\dfrac{b_3}{\lambda_3 S}} = \frac{\Delta t_3}{R_3} \tag{2-12b}$$

对于多层平壁热传导，在稳态导热过程中，热量在平壁内没有积累，因而数量相等的热量依次通过各层平壁，即各层平壁的传热速率相等，这是一种典型的串联传热过程，则式(2-12) 及式(2-12a)、式(2-12b) 可联合表示为：

$$Q = \frac{\lambda_1 S(t_1 - t_2)}{b_1} = \frac{\lambda_2 S(t_2 - t_3)}{b_2} = \frac{\lambda_3 S(t_3 - t_4)}{b_3} \tag{2-13}$$

或

$$Q = \frac{\Delta t_1}{\dfrac{b_1}{\lambda_1 S}} = \frac{\Delta t_2}{\dfrac{b_2}{\lambda_2 S}} = \frac{\Delta t_3}{\dfrac{b_3}{\lambda_3 S}} \tag{2-13a}$$

那么，三层平壁导热速率的计算式可利用加和性原理，处理上式后整理得：

$$Q = \frac{\Delta t_1 + \Delta t_2 + \Delta t_3}{\dfrac{b_1}{\lambda_1 S} + \dfrac{b_2}{\lambda_2 S} + \dfrac{b_3}{\lambda_3 S}} = \frac{t_1 - t_4}{\sum\limits_{i=1}^{3} \dfrac{b_i}{\lambda_i S}} \tag{2-14}$$

同理，推广至 n 层平壁的传导速率计算式为：

$$Q = \frac{t_1 - t_{n+1}}{\sum\limits_{i=1}^{n} \dfrac{b_i}{\lambda_i S}} \tag{2-15}$$

由式(2-15) 可见，多层平壁热传导的总推动力为各层温度差之和，即总温度差；总热阻为各层热阻之和。

【例 2-2】 由耐火砖、硅藻土焙烧板和金属密封护板构成的炉墙，其热导率依次为 $\lambda_1 = 1.09\,\text{W}/(\text{m} \cdot \text{K})$，$\lambda_2 = 0.116\,\text{W}/(\text{m} \cdot \text{K})$，$\lambda_3 = 45\,\text{W}/(\text{m} \cdot \text{K})$。各层厚度为 $b_1 = 115\,\text{mm}$，$b_2 = 185\,\text{mm}$，$b_3 = 3\,\text{mm}$。炉墙的内表面平均温度为 642℃，外表面平均温度为 54℃，试求：(1) 炉墙单位面积的散热速率；(2) 耐火砖和硅藻土焙烧板交界处的温度。

解： 已知 $\lambda_1 = 1.09\,\text{W}/(\text{m} \cdot \text{K})$，$\lambda_2 = 0.116\,\text{W}/(\text{m} \cdot \text{K})$，$\lambda_3 = 45\,\text{W}/(\text{m} \cdot \text{K})$；$b_1 = 115\,\text{mm}$，$b_2 = 185\,\text{mm}$，$b_3 = 3\,\text{mm}$；$t_1 = 642℃$，$t_4 = 54℃$。

(1) 炉墙单位面积的散热速率　将以上数据代入式(2-15) 得

$$q = \frac{Q}{S} = \frac{t_1 - t_{n+1}}{\sum\limits_{i=1}^{n} \dfrac{b_i}{\lambda_i}} = \frac{642 - 54}{\dfrac{0.115}{1.09} + \dfrac{0.185}{0.116} + \dfrac{0.003}{45}} = 346\,\text{W}/\text{m}^2$$

(2) 耐火砖和硅藻土焙烧板交界处温度

$$\frac{t_1 - t_2}{\dfrac{b_1}{\lambda_1}} = \frac{642 - t_2}{\dfrac{0.115}{1.09}} = 346\,\text{W}/\text{m}^2$$

解得：$t_2 = 606℃$

(3) 接触热阻

以上推导是在假设多层平壁的任意层与层之间接触良好的理想情况下得到的结论，但在实际操作中，由于不同材料表面粗糙度不同，所以在两层接触处极易产生接触热阻，因而导致了界面之间可能出现明显的温度降。

接触热阻产生的具体原因：两种材料接触表面间因粗糙不平而留有空穴，空穴中充满了空气，因此，传热过程包括通过实际接触面的热传导和通过空穴的热传导，因气体的热导率很小，所以热阻变大，也就是说接触热阻主要是由空穴造成的。表 2-1 列出了几种常见材料的接触热阻。

表 2-1　几种常见材料的接触热阻

接触面材料	粗糙度/μm	温度/℃	表压强/kPa	接触热阻/($m^2 \cdot$ ℃/W)
不锈钢(磨光),空气	2.54	90～200	300～2500	$0.264 \sim 10^{-3}$
铝(磨光),空气	2.54	150	1200～2500	$0.88 \sim 10^{-4}$
铝(磨光),空气	0.25	150	1200～2500	$0.18 \sim 10^{-4}$
铜(磨光),空气	1.27	20	1200～20000	$0.7 \sim 10^{-5}$

2.2.4　固体圆筒壁稳态热传导

化工生产中，经常遇到圆筒壁的热传导问题，它与平壁热传导的不同之处在于圆筒壁的传热面积和热通量不再是常量，而是随半径而变，同时温度也随半径而变，但传热速率在稳态时依然是常量。

(1) 单层圆筒壁热传导

设有一长度为 L，内外半径各为 r_1 和 r_2 的单层圆筒壁，如图 2-4 所示。当 L 超过 $10r_2$ 时，在工程计算上可看成是无限长的圆筒壁，或者长度虽短，但两端被绝热，热量仅沿半径 r 方向改变，$t = f(r)$，温度场为"一维"，等温面是同轴的圆柱面。

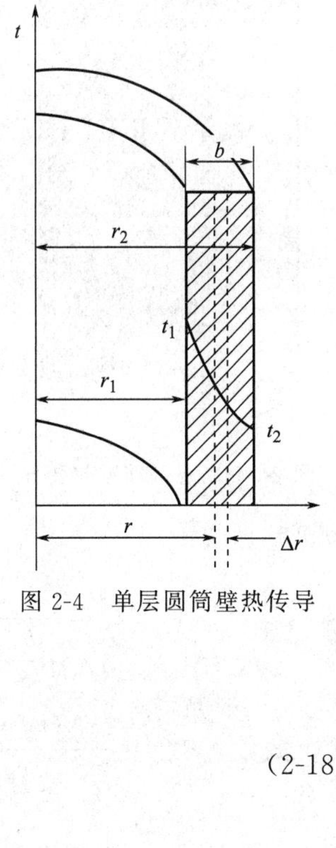

圆筒壁热传导面积可表示为：$S = 2\pi r L$，即不是定值，是半径的函数，但传热速率在稳态时是常量。仿照平壁热传导公式，通过该圆筒壁的导热速率可以表示为

$$Q = -\lambda(2\pi r L)\frac{\mathrm{d}t}{\mathrm{d}r} \tag{2-16}$$

分离变量后得

$$\mathrm{d}t = -\frac{Q}{2\pi L \lambda}\frac{\mathrm{d}r}{r} \tag{2-17}$$

根据边界条件：$r = r_1$，$t = t_1$
$\qquad\qquad\quad r = r_2$，$t = t_2$

将式(2-17) 积分并整理得

$$Q = \frac{2\pi L \lambda(t_1 - t_2)}{\ln\dfrac{r_2}{r_1}} \tag{2-18}$$

图 2-4　单层圆筒壁热传导

式(2-18) 即为单层圆筒壁的热传导速率方程。

也可将该式分子、分母同乘以 $(r_2 - r_1)$，化成与平壁热传导速率方程相类似的形式，即

$$Q = \frac{2\pi L(r_2 - r_1)\lambda(t_1 - t_2)}{(r_2 - r_1)\ln\dfrac{r_2}{r_1}} = \lambda \cdot S_m \cdot \frac{t_1 - t_2}{b} = \frac{t_1 - t_2}{\dfrac{b}{\lambda S_m}} = \frac{\Delta t}{R} \tag{2-19}$$

式中　b——圆筒壁的厚度，$b=r_2-r_1$，m。

对比式 (2-18) 与式 (2-19) 可知：

$$S_m=2\pi\frac{r_2-r_1}{\ln\dfrac{r_2}{r_1}}L=2\pi r_m L \tag{2-20}$$

其中

$$r_m=\frac{r_2-r_1}{\ln\dfrac{r_2}{r_1}} \tag{2-21}$$

或

$$S_m=\frac{2\pi Lr_2-2\pi Lr_1}{\ln\dfrac{2\pi Lr_2}{2\pi Lr_1}}=\frac{S_2-S_1}{\ln\dfrac{S_2}{S_1}} \tag{2-22}$$

式中　S_m——圆筒壁的对数平均导热面积，m^2；

　　　r_m——圆筒壁的对数平均半径，m。

对于圆筒壁的对数平均半径，当 $\dfrac{r_2}{r_1}\leqslant2$ 或对数平均面积 $\dfrac{S_2}{S_1}\leqslant2$ 时，可采用算术平均值代替，这时算术平均值与对数平均值相比，计算误差仅为 4%，这是工程计算允许的。

设任意壁厚 r 处的温度为 t，则可得出圆筒壁内温度分布的对数曲线关系。即

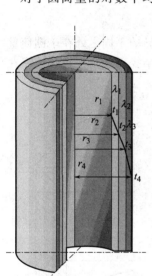

图 2-5　三层圆筒壁热传导

$$t=t_1-\frac{Q}{2\pi L\lambda}\ln\frac{r}{r_1} \tag{2-23}$$

(2) 多层圆筒壁热传导（以三层为例）

如图 2-5 所示，对于各层间接触良好的三层圆筒壁，各层的热导率分别为 λ_1，λ_2，λ_3；厚度分别为 $b_1=r_2-r_1$；$b_2=r_3-r_2$ 和 $b_3=r_4-r_3$，三层圆筒壁的导热过程可视为各单层圆筒壁串联进行的导热过程，那么与多层平壁热传导的计算类似，得到三层圆筒壁的计算式如下：

$$Q=\frac{2\pi L(t_1-t_4)}{\dfrac{1}{\lambda_1}\ln\dfrac{r_2}{r_1}+\dfrac{1}{\lambda_2}\ln\dfrac{r_3}{r_2}+\dfrac{1}{\lambda_3}\ln\dfrac{r_4}{r_3}} \tag{2-24}$$

也可整理成：

$$Q=\frac{\Delta t_1+\Delta t_2+\Delta t_3}{\dfrac{b_1}{\lambda_1 S_{m_1}}+\dfrac{b_2}{\lambda_2 S_{m_2}}+\dfrac{b_3}{\lambda_3 S_{m_3}}}=\frac{t_1-t_4}{R_1+R_2+R_3}=\frac{\sum\Delta t_i}{\sum R} \tag{2-25}$$

式中，$S_{m_1}=\dfrac{2\pi L(r_2-r_1)}{\ln\dfrac{r_2}{r_1}}$；$S_{m_2}=\dfrac{2\pi L(r_3-r_2)}{\ln\dfrac{r_3}{r_2}}$；$S_{m_3}=\dfrac{2\pi L(r_4-r_3)}{\ln\dfrac{r_4}{r_3}}$

那么以此类推，n 层圆筒壁热传导速率方程为：

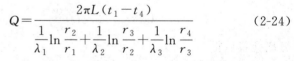

$$Q=\frac{t_1-t_{n+1}}{\displaystyle\sum_{i=1}^{n}\frac{b_i}{\lambda_i S_{m_i}}}=\frac{t_1-t_{n+1}}{\displaystyle\sum_{i=1}^{n}\frac{1}{2\pi L\lambda_i}\ln\frac{r_{i+1}}{r_i}} \tag{2-26}$$

式中，下标 i 表示圆筒壁的序号。

上述关于固体壁的一维稳态热传导的计算问题，虽然有平壁与圆筒壁、单层壁与多层壁之分，但就热传导速率计算式的形式而言，则是完全相同的，即都可采用一般的公式表示：

$$Q = \frac{\sum \Delta t}{\sum\limits_{i=1}^{n} \dfrac{b_i}{\lambda_i S_i}} = \frac{\sum \Delta t}{\sum\limits_{i=1}^{n} R_i} \tag{2-27}$$

[讨论]：

① 与多层平壁一样，多层圆筒壁导热的总推动力亦为总温度差，总热阻亦为各层圆筒热阻之和，只是计算各层热阻所用的传热面积不相等，而应采用各自的平均面积。其中，对于平壁，任意层的导热面积均相等；对于圆筒壁，导热面积随半径而变化，故计算中常取对数平均面积 S_m；对于空心球壁，有 $S = 4\pi r^2$，计算式中传热面积取几何平均面积 $S_m = \sqrt{S_1 S_2}$。

② 由于各层圆筒的内、外表面积不等，所以在稳态传热时，单位时间通过各层的传热量，即导热速率 Q 虽然相同，但单位时间通过各层内壁和外壁单位面积的热量，即导热通量 q 却不相等，有下面的关系式：

$$Q = 2\pi r_1 L q_1 = 2\pi r_2 L q_2 = 2\pi r_3 L q_3 = 2\pi r_4 L q_4 \tag{2-28}$$

可化简为：

$$r_1 q_1 = r_2 q_2 = r_3 q_3 = r_4 q_4 \tag{2-28a}$$

式中　Q——导热速率，J/s；

　　　q——导热通量，J/($m^2 \cdot$ s)。

③ 材料的热导率视为常数，是指工程计算时一般取两侧壁面温度下的热导率的算术平均值。

【例 2-3】　某物料管路的管内、外直径分别为 160mm 和 170mm。管外包有两层绝热材料，内层绝热材料厚 20mm，外层厚 40mm。管子及内、外层绝热材料的 λ 值分别为 58.2W/(m・℃)、0.174W/(m・℃) 及 0.093W/(m・℃)。已知管内壁温度为 300℃，外层绝热层的外表面温度为 50℃，求每米管长的热损失。

解：

$$\frac{Q}{L} = \frac{2\pi(t_1 - t_4)}{\dfrac{1}{\lambda_1}\ln\dfrac{r_2}{r_1} + \dfrac{1}{\lambda_2}\ln\dfrac{r_3}{r_2} + \dfrac{1}{\lambda_3}\ln\dfrac{r_4}{r_3}}$$

因

$$\frac{d_2}{d_1} = \frac{170}{160}, \quad \frac{d_3}{d_2} = \frac{170+40}{170} = \frac{210}{170}, \quad \frac{d_4}{d_3} = \frac{210+80}{210} = \frac{290}{210}$$

所以

$$\frac{Q}{L} = \frac{2\pi(300-50)}{\dfrac{1}{58.2}\ln\dfrac{170}{160} + \dfrac{1}{0.174}\ln\dfrac{210}{170} + \dfrac{1}{0.093}\ln\dfrac{290}{210}} = 335.2 \text{W/m}$$

2.3　对流传热

对流传热在工程技术中非常重要，工业生产中经常遇到两流体之间或流体与壁面之间的换热问题，这类问题需用对流传热理论予以解决。如图 2-6 所示，当流体流经固体壁面时，由于流体黏性的存在，靠近壁面处存在一层很薄的层流内层，其外侧有一个过渡区，然后是湍流主体区。层流内层中流体层之间平行流动，以导热方式传热；而湍流主体内流体质点剧烈湍动，流体以热对流方式传热，由于主体各部分充分混合，使得流速趋于一致，温度也趋于一致，即流体与固体壁面之间进行对流传热时，热对流总是伴随着热传导同时发生。对流

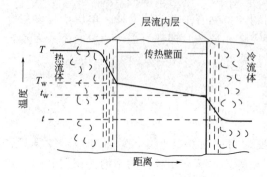

图 2-6　对流传热的温度分布情况

传热时，与流体流动方向垂直的同一截面上的温度分布情况也如图 2-6 所示。

由图 2-6 可知，固体壁面两侧均存在层流内层，层流内层的传热以导热方式进行。流体层流内层虽然很薄，但由于流体热导率很小，所以热阻很大，温度降低也主要集中在这里。因此，减薄层流内层厚度是强化对流传热的主要途径。

2.3.1　牛顿冷却定律

影响对流传热的因素很多，问题相当复杂，而且对不同的对流传热情况又有差别，因此目前的工程计算仍按半经验法处理。根据传递过程普遍关系，壁面与流体间（或反之）的对流传热速率也应该等于推动力和阻力之比，即

对流传热速率＝对流传热推动力÷对流传热阻力＝系数×推动力

上式中推动力是指壁面和流体间的温度差，影响阻力的因素很多，一般将对流传热的全部阻力均集中在厚度为 δ 的有效层流膜（虚拟膜）内。

还应指出，在换热器中，沿流体流动方向上，流体和壁面的温度一般是变化的，在换热器不同位置上的对流传热速率也随之而异，所以对流传热速率方程应该用微分形式表示。

若以流体和壁面间的对流传热为例，对流传热速率方程可以表示为

$$\mathrm{d}Q = \frac{T - T_{\mathrm{w}}}{1/\alpha\,\mathrm{d}S} = \alpha\,\mathrm{d}S(T - T_{\mathrm{w}}) \tag{2-29}$$

式中　$\mathrm{d}Q$——局部对流传热速率，W；

$\quad\quad\mathrm{d}S$——微元传热面积，m^2；

$\quad\quad T$——换热器任一截面上热流体的主体温度，℃；

$\quad\quad T_{\mathrm{w}}$——换热器任一截面上与热流体相接触一侧的壁面温度，℃；

$\quad\quad\alpha$——局部对流传热系数，$W/(\mathrm{m}^2 \cdot \text{℃})$。

上式称为牛顿冷却定律，描述了换热器任一截面上的局部对流传热规律。

在换热器中，局部对流传热系数 α 随管长而变化，但是在工程计算中，常常使用平均对流传热系数 α_{m} 来描述整个换热器内的对流传热情况，此时牛顿冷却定律可以表示为

$$Q = \alpha_{\mathrm{m}} S \Delta t \tag{2-30}$$

式中　Q——整个换热器内流体与壁面间的总传热速率，W；

$\quad\quad\alpha_{\mathrm{m}}$——平均对流传热系数，$W/(\mathrm{m}^2 \cdot \text{℃})$；

$\quad\quad S$——总传热面积，m^2；

$\quad\quad\Delta t$——流体与壁面间温度差的平均值，℃。

还应指出，换热器的传热面积表示方法不同，则牛顿冷却定律就有不同的形式。例如，若热流体在换热器的管间（环隙）流动，冷流体在换热器的管内流动，则与之对应的对流传热速率方程式可分别表示为：

$$\mathrm{d}Q = \alpha_{\mathrm{o}}(T - T_{\mathrm{w}})\,\mathrm{d}S_{\mathrm{o}} = \alpha_{\mathrm{i}}(t_{\mathrm{w}} - t)\,\mathrm{d}S_{\mathrm{i}} \tag{2-31}$$

式中　S_{i}，S_{o}——换热器的内、外侧表面积，m^2；

$\quad\quad\alpha_{\mathrm{i}}$，$\alpha_{\mathrm{o}}$——换热器的内、外侧流体对流传热系数，$W/(\mathrm{m}^2 \cdot \text{℃})$；

$\quad\quad T$——换热器任一截面上热流体的主体温度，℃；

T_w——换热器任一截面上与热流体相接触一侧的壁面温度，℃；

t——换热器任一截面上冷流体的主体温度，℃；

t_w——换热器任一截面与冷流体相接触一侧的壁温，℃。

从以上表达式可知，对流传热系数必然是和传热面积以及温度差相对应的。牛顿冷却定律表达了复杂的对流传热问题，实质上是将矛盾集中到对流传热系数 α 上，因此研究各种对流传热情况下 α 的大小、影响因素及 α 的计算式，成为研究对流传热的核心。α 的物理意义为：单位温度差时，在单位时间内通过单位面积以对流方式所传递的热量，它反映了对流传热的强度。

牛顿冷却定律并非理论导出，而是一种经验推论。因此，用该定律描述对流传热，将一系列影响对流传热过程的因素隐藏在对流传热系数 α 里，并没有改变问题本身的复杂性。为了揭示对流传热的本质，应该了解各影响因数与 α 的联系，建立相互之间的函数关系，以便计算 α。目前，常用两种方法：解析法和经验公式法。前者只有在少数情况下，才能求得解析解，详细的介绍可参见传热学专著或化工传递过程；后者是通过分析影响 α 的因数，结合实验建立关联式。

实验表明，影响 α 的主要因素有以下几方面。

① 流体的种类和相变化的情况　各种液体、气体或蒸汽的 α 值是不同的，牛顿型流体和非牛顿型流体的 α 值也有区别，流体有无相变化，对传热也有不同的影响。

② 流体的物理性质　流体的密度、黏度、比热容、热导率，以及容积膨胀系数等物理性质不同，将使 α 值不同。例如流体的热导率，对于层流对流换热来说是一个决定性因素，而在湍流对流传热过程中，它直接支配着层流内层的导热性能，也是一个不可忽视的因数。在其他条件相同时，热导率较大的流体，其 α 值也较大。

③ 流体的流动状况　流体的流动状况直接影响对流传热结果，所以层流和湍流状态对应的 α 值明显不同；而同为湍流时，因湍动程度影响层流内层的厚度，因而也影响 α 值。

④ 引起流体流动的原因　按引起流体流动的原因来分类，可分为自然对流和强制对流。自然对流是指由于流体各部分温度不同而导致密度差异所引起的流动，例如利用暖气取暖就是一个典型的实例，此时，暖气片周围受热的那部分气体因密度减小而上升，附近密度较大的空气就流过来补充，这种流体的密度差使流体产生所谓升浮力。升浮力的大小取决于流体的受热情况、物理性质以及流体所在空间的大小和形状；强制对流是由于外力的作用，如泵、风机、搅拌器等迫使流体流动的。

实际上进行对流传热时，流体作强制对流的同时，也会有自然对流存在。当强制对流的速度很大时，自然对流的影响可忽略不计。

⑤ 传热表面的形状、大小及位置情况　在对流传热时，流体沿着壁面流动，壁面的形状（如圆管、平板、管束）、大小（如长度、直径等）及位置（如水平、倾斜或垂直放置等）对流体流动有很大的影响，从而影响对流传热情况。

对流传热系数的确定是一个极其复杂的问题，影响因素很多，一般的处理方法是针对具体情况，用量纲分析方法得出特征数表达式，再用实验确定特征数之间的具体关系，进而得到特征数关联式加以表达。类似于第一章中介绍的量纲分析方法，可得到影响对流传热系数的特征数表达式为：

$$Nu = f(Re, Pr, Gr) \tag{2-32}$$

式中，各特征数的名称、符号及意义列于表 2-2 中。

其中：流体无相变时，强制对流传热过程中，$Nu = f(Re, Pr)$；流体无相变时，自然对流传热过程中，$Nu = f(Pr, Gr)$。

表 2-2 特征数关联式

特征数名称	符号及特征数式	意 义
努塞尔特数	$Nu = \dfrac{\alpha l}{\lambda}$	表示对流传热系数的特征数
雷诺数	$Re = \dfrac{lu\rho}{\mu}$	表示流体流动状态和湍动程度对对流传热的影响
普兰特数	$Pr = \dfrac{c_p\mu}{\lambda}$	表示流体物性对对流传热的影响
格拉斯霍夫数	$Gr = \dfrac{\beta g \Delta t l^3 \rho^2}{\mu^2}$	表示自然对流对对流传热的影响

[讨论]：

使用由实验数据整理得到的关联式应注意的问题如下。

各种不同情况下的对流传热的具体函数关系由实验来决定，在整理实验结果及使用关联式时必须注意以下问题。

（1）应用范围　在使用对流传热的经验公式时，必须注意符合公式的应用条件，例如关联式中 Re、Pr 等特征数的数值范围等。

（2）特征尺寸　Nu、Re 等特征数中所包含的传热相关尺寸 l 称为特征尺寸，该尺寸如何确定，要看公式的具体要求，例如流体在圆管内强制对流传热时，特征尺寸取管内径；而对于非圆形管通常取当量直径等。

（3）定性温度　决定特征数中各类流体物性的温度称为定性温度，常用以下几种表示法。

① 取流体的平均温度 $t = \dfrac{t_1 + t_2}{2}$ 为定性温度，其中 t_1，t_2 分别为流体的进、出口温度。

② 取壁面的平均温度 t_w 为定性温度。

③ 取膜温，即流体和壁面的平均温度 $t_m = \dfrac{t_w + t}{2}$ 为定性温度。

工程上大多以流体的平均温度为定性温度，使用经验公式时必须按照公式规定的定性温度进行计算。

2.3.2　无相变对流传热系数计算

2.3.2.1　无相变时流体在管内流动的 α 的计算

（1）流体在圆形直管内作强制湍流

① 低黏度流体（约低于 2 倍常温水的黏度）　可应用迪特斯（Dittus）-贝尔特（Boelter）关联式：

$$Nu = 0.023 Re^{0.8} Pr^n \tag{2-33}$$

或

$$\alpha = 0.023 \frac{\lambda}{d_i}\left(\frac{d_i u \rho}{\mu}\right)^{0.8}\left(\frac{c_p \mu}{\lambda}\right)^n \tag{2-33a}$$

式中，当流体被加热时，$n = 0.4$；当流体被冷却时，$n = 0.3$。

应用范围：$Re > 10^4$，$0.7 < Pr < 120$，$\dfrac{L}{d_i} > 60$（L 为管长）；若 $\dfrac{L}{d_i} < 60$，需考虑传热进口段对 α 的影响，此时可将由式（2-33a）求得的 α 值乘以 $\left[1 + \left(\dfrac{d_i}{L}\right)^{0.7}\right]$ 进行校正。

特征尺寸：管内径 d_i。

定性温度：流体进、出口温度的算术平均值。

② 高黏度流体　可应用西德尔（Sieder）-泰特（Tate）关联式：

$$Nu = 0.027 Re^{0.8} Pr^{\frac{1}{3}} \varphi_w \tag{2-34}$$

式中，$\varphi_w = \left(\dfrac{\mu}{\mu_w}\right)^{0.14}$ 是考虑热流方向的校正项，其中，液体被加热时，取 $\varphi_w = 1.05$，液体被冷却时，$\varphi_w = 0.95$；对气体，则不论加热或冷却，均取 $\varphi_w \approx 1.0$，μ_w 为壁面温度下流体的黏度。

应用范围：$Re > 10^4$，$0.7 < Pr < 16700$，$\dfrac{L}{d_i} > 60$（L 为管长）。

特征尺寸：管内径 d_i。

定性温度：除 μ_w 取壁温外，均取流体进、出口温度的算术平均值。

（2）流体在圆形直管内呈层流流动

流体在圆形直管内呈层流流动时，应考虑自然对流的影响，情况比较复杂，关联式的误差比湍流时的要大。当管径较小，且流体和壁面的温差不大时，自然对流的影响可以忽略，这时可采用西德尔（Sieder）-泰特（Tate）关联式：

$$Nu = 1.86 \left(Re \cdot Pr \frac{d_i}{L} \right)^{\frac{1}{3}} \left(\frac{\mu}{\mu_w} \right)^{0.14} \tag{2-35}$$

或

$$\alpha = 1.86 \frac{\lambda}{d_i} Re^{\frac{1}{3}} Pr^{\frac{1}{3}} \left(\frac{d_i}{L} \right)^{\frac{1}{3}} \left(\frac{\mu}{\mu_w} \right)^{0.14} \tag{2-35a}$$

应用范围：$Re < 2300$，$0.6 < Pr < 6700$，$Re \cdot Pr \dfrac{d_i}{L} > 100$。

特征尺寸：管内径 d_i。

定性温度：除 μ_w 取壁温外，均取流体进、出口温度的算术平均值。

上式适用于管长较小时 α 的计算，但当管子极长时则不再适用。

必须指出，由于层流时对流传热系数很低，故在换热器设计中，应尽量避免在层流条件下进行换热。

（3）圆形直管内其他情况

对于 $\dfrac{L}{d_i} < 60$ 的短管、圆形弯管、圆形直管内作强制过渡流等情况，均可先用湍流时的公式计算，然后乘以系数 ϕ 进行修正。

① 流体在弯管内作强制对流　圆形弯管的校正系数为：

$$\phi = 1 + 1.77 \frac{d_i}{R} \tag{2-36}$$

式中　d_i——管内径，m；

　　　R——弯管轴的曲率半径，m。

② 流体在圆形直管中呈过渡流　过渡流的校正系数为：

$$\phi = 1 - \frac{6 \times 10^5}{Re^{1.8}} \tag{2-37}$$

③ 流体在短管内作强制对流　短管内的校正系数为：

$$\phi = 1 + \left(\frac{d}{L} \right)^{0.7} \tag{2-38}$$

式中　L——短管的长度，m。

对于高黏度液体，也应采用适当的修正式。

表 2-3 中列出了空气和水在圆形直管内流动时的对流传热系数，以供参考。由表可见，水的 α 值较空气的大得多。同一种流体，流速愈大，α 值也愈大；管径愈大，则 α 值愈小。

表 2-3　空气和水的 α 值（16℃和 101.3kPa）

流体	d_i /mm	u /(m/s)	α /[W/(m²·℃)]	流体	d_i /mm	u /(m/s)	α /[W/(m²·℃)]
空气	25	6.1 24.4 42.7 61.0	34.1 101.1 159.9 210.1	水	25	0.61 1.22 2.44	2498 4372 7609
	50	6.1 24.4 42.7 61.0	29.5 89.7 137.4 184.0		50	0.61 1.22 2.44	2158 3804 6586
	75	6.1 24.4 42.7 61.0	26.1 80.6 126.1 169.2		75	0.61 1.22 2.44	2044 3520 6132

（4）流体在非圆形管内作强制对流

此时，只要将管内径改为当量直径 d_e，则仍可采用上述各关联式。d_e 的定义式为：

$$d_e = 4 \times \frac{流体流通截面积}{流体润湿周边长} \tag{2-39}$$

但有些资料中规定某些关联式采用传热当量直径：

$$d_e = 4 \times \frac{流体流通截面积}{传热周边长} \tag{2-39a}$$

例如对于套管环隙内，传热当量直径为：$d_e = \dfrac{4 \times \dfrac{\pi}{4}(d_1^2 - d_2^2)}{\pi d_2} = \dfrac{d_1^2 - d_2^2}{d_2}$

式中　d_1——套管换热器外管内径，m；

　　　d_2——套管换热器内管外径，m。

至于传热计算中究竟采用哪个当量直径，要由具体的关联式决定。

对于非圆形管内强制对流计算，也可直接通过实验求得相应计算 α 的关联式。

【例 2-4】　1 个绝对大气压的干空气，以 4m/s 的流速通过内径为 60mm、长为 4m 的管子后被预热。干空气入口温度为 45℃，出口温度为 55℃，试求：（1）管壁对空气的对流传热系数；（2）若空气的流速增大一倍，而其他条件不变，求此时的对流传热系数。

解： 定性温度 $t_m = (45+55)/2 = 50℃$，查附录 9 可知在 1 绝对大气压下、50℃时干空气的物性常数为：$\rho = 1.093 \text{kg/m}^3$，$C_P = 1.005 \text{kJ/(kg·K)}$

　　　　$\lambda \approx 0.0283 \text{W/(m·K)}$，$\mu = 1.96 \times 10^{-5} \text{Pa·s}$

已知 $d_i = 0.06\text{m}$

（1）当 $u = 4\text{m/s}$ 时

$$Re = \frac{du\rho}{\mu} = \frac{0.06 \times 4 \times 1.093}{1.96 \times 10^{-5}} = 13384 > 10^4 \quad （湍流）$$

又因为：$\dfrac{L}{d} > 60$，$Pr = \dfrac{C_P \mu}{\lambda} = \dfrac{1.005 \times 1000 \times 1.96 \times 10^{-5}}{0.0283} = 0.7$，因此，可用式（2-33a）计算对流传热系数

$$\alpha = 0.023 \frac{\lambda}{d_i} Re^{0.8} Pr^{0.4} = 0.023 \times \frac{0.0283}{0.06} \times 13384^{0.8} \times 0.7^{0.4}$$

$$= 18.82 \text{W}/(\text{m}^2 \cdot \text{K})$$

（2）当 $u' = 8 \text{m/s}$ 时

$$Re' = 13384 \times 2 = 26768$$

所以：

$$\alpha' = 0.023 \times \frac{0.0283}{0.06} \times 26766^{0.8} \times 0.7^{0.4}$$

$$= 32.7 \text{W}/(\text{m}^2 \cdot \text{K})$$

或

$$\alpha \propto u^{0.8}$$

$$\frac{\alpha}{\alpha'} = \left(\frac{2u}{u}\right)^{0.8} = 2^{0.8} = 1.74$$

$$\alpha' = 1.74\alpha = 1.74 \times 18.82 = 32.7 \text{W}/(\text{m}^2 \cdot \text{K})$$

【**例 2-5**】 铜氨溶液在一蛇管冷却器中由 38℃冷却至 8℃。蛇管由 $\Phi45\text{mm} \times 3.5\text{mm}$ 的管子按 4 组并联而成，平均圈径约为 0.57m。已知铜氨液流量为 $2.7\text{m}^3/\text{h}$，密度 $\rho = 1.2 \times 10^3 \text{kg/m}^3$，黏度 $\mu = 2.2 \times 10^{-3} \text{Pa} \cdot \text{s}$，其余物性可按水的 0.9 倍取。试求：铜氨液在蛇管中的对流传热系数。

解： 流体在弯管中流动时，由于不断改变流动方向，增大了流体的湍动程度，使对流传热系数较直管中的大。为此，应按流体在直管中的情况计算，然后再乘以弯管的校正系数。

对于流体在直管中作强制对流时的 α，应先求 Re 以判断流动型态，然后确定计算式。

流体的流动截面

$$S = \frac{\pi}{4} d^2 \times 4 = \frac{3.14}{4} \times (0.038)^2 \times 4 = 4.54 \times 10^{-3} \text{m}^2$$

流体的流速

$$u = \frac{V_S}{S} = \frac{2.7}{3600 \times 4.54 \times 10^{-3}} = 0.165 \text{m/s}$$

$$Re = \frac{du\rho}{\mu} = \frac{0.038 \times 0.165 \times 1200}{2.2 \times 10^{-3}} = 2000 < 3420 < 4000 \text{（过渡流）}$$

需按湍流计算后乘以校正系数

定性温度 $t_m = \frac{38+8}{2} = 23℃$ 查附录水的物性，再乘以 0.9

$$C_P = 0.9 \times 4.18 = 3.76 \text{kJ}/(\text{kg} \cdot ℃), \quad \lambda = 0.9 \times 0.605 = 0.544 \text{W}/(\text{m} \cdot ℃)$$

$$Pr = \frac{C_P \mu}{\lambda} = \frac{3.76 \times 10^3 \times 2.2 \times 10^{-3}}{0.544} = 15.2$$

湍流时

$$Nu = 0.023 Re^{0.8} Pr^n$$

流体被冷却，$n = 0.3$

$$\alpha = 0.023 \frac{\lambda}{d} Re^{0.8} Pr^{0.3} = 0.023 \times \frac{0.544}{0.038} \times 3420^{0.8} \times 15.2^{0.3}$$

$$= 500 \text{W}/(\text{m}^2 \cdot \text{K})$$

过渡流时

$$\alpha' = f\alpha$$

$$f = 1 - \frac{6 \times 10^5}{Re^{1.8}} = 1 - \frac{6 \times 10^5}{3420^{1.8}} = 0.739$$

$$\alpha' = 0.739 \times 500 = 370 W/(m^2 \cdot K)$$

弯管时

$$\alpha'' = \alpha'\left(1 + 1.77\,\frac{d_i}{R}\right) = 370 \times \left(1 + 1.77 \times \frac{0.038}{0.285}\right)$$
$$= 457 W/(m^2 \cdot K)$$

2.3.2.2　无相变时流体在管外流动的 α 计算

（1）流体在管束外强制垂直流动

管子的排列方式分为直列和错列两种，错列又可分为正方形排列和等边三角形排列，如图 2-7 所示。

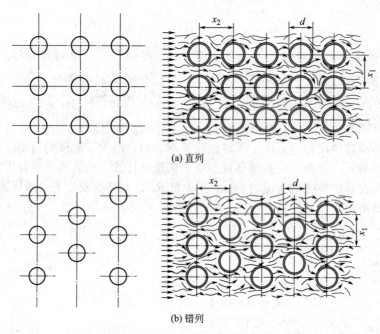

(a) 直列

(b) 错列

图 2-7　管子排列方式及流体流过管束时的流动

当流体在直列或错列的管束外强制垂直流动时，由于沿管子圆周各点的流动情况不同，所以各点的局部对流传热系数也不同，通过整个圆管的平均对流传热系数为：

① 流体在错列管束外流过时

$$Nu = 0.33 Re^{0.6} Pr^{0.33} \tag{2-40}$$

② 流体在直列管束外流过时

$$Nu = 0.26 Re^{0.6} Pr^{0.33} \tag{2-41}$$

应用范围：$Re > 3000$，管束在 10 排以上。

特征尺寸：管外径 d_0，流速取流体通过每排管子中最狭窄处的速度，其中距最狭窄处的距离应在 $(x_1 - d_0)$ 和 $2(t - d_0)$ 两者中取小者。

定性温度：流体进出口温度的算术平均值。

（2）流体在换热器的管间流动

对于常用的管壳式换热器，由于壳体是圆筒，管束中各列的管子数目并不相同，而且大都装有折流挡板，使得流体的流向和流速不断地变化，因而在 $Re > 100$ 时即可达到湍流。

此时对流传热系数的计算，要视具体结构选用相应的计算公式。

　　管壳式换热器折流挡板的形式较多，如图 2-8 所示，其中以弓型（圆缺型）挡板最为常见，当换热器内装有圆缺型挡板（缺口面积约为 25% 的壳体内截面积）时，壳方流体的对流传热系数关联式可采用多诺呼（Dono-hue）法或凯恩（Kern）法等。此外，若换热器的管间无挡板，则管外流体将沿管束平行流动，此时可采用管内强制对流的公式计算，但需将式中的管内径改为管间的当量直径。

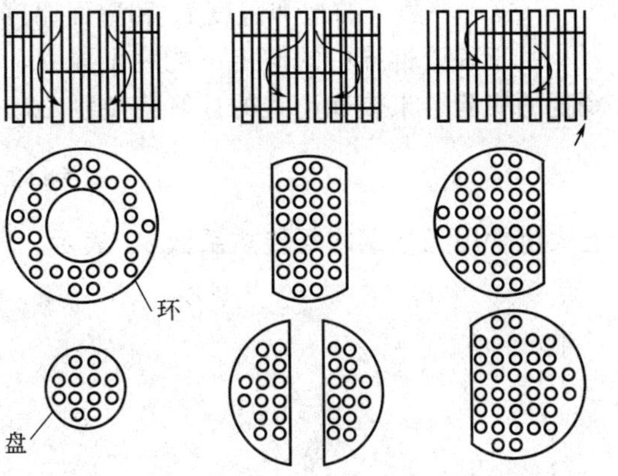

(a) 环盘型　　　(b) 弓型　　　(c) 圆缺型

图 2-8　管壳式换热器折流挡板常见形式

2.3.3　有相变对流传热系数计算

　　蒸气冷凝和液体沸腾都是伴有相变化的对流传热过程，这类传热过程的特点是：流体放出或吸收大量的潜热，流体的温度不发生变化，其对流传热系数较无相变化时大很多，例如水的沸腾或水蒸气冷凝时的 α 比水单相流动时的 α 要大得多。

　　有相变时流体的对流传热在工业上是重要的，但是其传热机理至今尚未完全清楚，以下简要介绍蒸气冷凝和液体沸腾的基本机理。

　　(1) 蒸气冷凝

　　当饱和蒸气接触比其饱和温度低的冷却壁面时，蒸气放出潜热，在壁面上冷凝成液体，产生有相变化的对流传热。蒸气冷凝方式分为膜状冷凝和滴状冷凝两种。如图 2-9 所示，通常膜状冷凝发生在易于润湿的冷却表面上，冷凝液在传热表面形成一层连续液膜流下；而滴状冷凝则发生在润湿性不好的表面，蒸气在冷却面上冷凝成液滴，液滴又因进一步的冷凝与合并而长大、脱落，然后冷却面上又形成新的液滴。

　　滴状冷凝时，由于传热面的大部分直接暴露在蒸气中，不存在冷凝液膜引起的附加热阻，所以其对流传热系数比膜状冷凝要大 5～10 倍以上。但到目前为止，描述滴状冷凝的理论和技术仍不成熟，工业冷凝器的设计通常是以膜状冷凝来处理的。

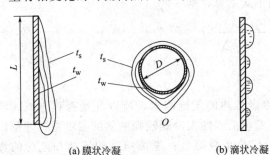

(a) 膜状冷凝　　　(b) 滴状冷凝

图 2-9　蒸气冷凝方式

　　对于蒸气在垂直管外或垂直平板侧的膜状冷凝，若假定冷凝液膜呈层流流动，蒸气与液膜间无摩擦阻力，蒸气温度和壁面温度均保持不变，冷凝液的物性为常数，可推导出计算膜状冷凝对流传热系数的理论式为

$$\alpha = 0.943 \left(\frac{r\rho^2 g\lambda^3}{L\mu\Delta t} \right)^{\frac{1}{4}} \tag{2-42}$$

式中　L——垂直管或板的高度，m；

　　　λ——冷凝液的热导率，W/(m·℃)；

　　　ρ——冷凝液的密度，kg/m³；

　　　μ——冷凝液的黏度，Pa·s；

　　　r——饱和蒸气的冷凝潜热，kJ/kg；

Δt——蒸气的饱和温度 t_s 和壁面温度 t_w 之差，℃。

由于理论推导中的假定不能完全成立，所以大多数蒸气在垂直管外或垂直平板侧的膜状冷凝的实验结果较理论式的计算值差别 20% 左右，故得修正公式为

$$\alpha = 1.13 \left(\frac{r\rho^2 g \lambda^3}{L\mu \Delta t} \right)^{\frac{1}{4}} \tag{2-43}$$

上式也常用无量纲冷凝传热系数 α^* 表示，即

$$\alpha^* = 1.76 Re^{-\frac{1}{3}} \tag{2-44}$$

其中

$$\alpha^* = \alpha \left(\frac{\mu^2}{\lambda^3 \rho^2 g} \right)^{\frac{1}{3}} \tag{2-45}$$

$$Re = \frac{L\mu\rho}{\mu} \tag{2-46}$$

式（2-42）和式（2-43）适用于冷凝液膜为层流（$Re \leqslant 1800$）的情况，若冷凝液膜为湍流（$Re > 1800$）时，可采用如下关联式

$$\alpha^* = 0.0077 Re^{0.4} \tag{2-47}$$

对于蒸气在单根水平管外的膜状冷凝，可理论推导得

$$\alpha = 0.725 \left(\frac{r\rho^2 g \lambda^3}{d_0 \mu \Delta t} \right)^{\frac{1}{4}} \tag{2-48}$$

应指出，蒸气在单根水平管上的膜状冷凝的情况，当管径较小，液膜呈层流流动时，实验结果与理论式的计算值基本吻合。

对于蒸气在纵排水平管束外冷凝，从第二排以下各管受上面滴下冷凝液的影响使液膜增厚，其传热效果较单根水平管差一些，一般用下式估算，即

$$\alpha = 0.725 \left(\frac{r\rho^2 g \lambda^3}{n^{\frac{2}{3}} d_0 \mu \Delta t} \right)^{\frac{1}{4}} \tag{2-49}$$

式中　n——水平管束在垂直列上的管数。

[讨论]：

① 由于液膜的厚度及其流动状况是影响冷凝传热的关键因素，所以凡是有利于减薄液膜厚度的因素都可提高冷凝传热系数，这些因素包括：加大冷凝液膜两侧的温度差，使蒸汽冷凝速率增加，因而液膜层厚度增加，使冷凝传热系数降低；考虑蒸汽的流速和流向的影响：若蒸汽和液膜同向流动，则蒸汽和液膜间的摩擦力使液膜流动加速，厚度减薄，传热系数增大；若逆向流动，则相反；若液膜被蒸汽吹离壁面，则随蒸汽流速的增加，对流传热系数急剧增大。

② 由于蒸气冷凝时的 α 值较流体无相变化时大得多，所以在间壁两侧流体进行热交换时，若热流体为蒸气冷凝，冷流体无相变化，则蒸气冷凝不是过程的主要矛盾，其 α 值可进行估算。例如水蒸气作膜状冷凝，其 α 值可取 $12000 \text{W}/(\text{m}^2 \cdot \text{K})$ 左右。

③ 应当注意，计算蒸气冷凝的 α 值的关联式是针对纯净的饱和蒸气在清洁的壁面上冷凝时得到的。若蒸气中含有空气或其他不凝性气体，冷凝的过程中将逐渐在壁面附近形成一层气膜，气膜将使热阻迅速增大，α 值急剧下降。实验证明，蒸气中含有 1% 的空气时，α 值将下降 60% 以上。因此，冷凝器上方都装有排气阀，以便及时排除不凝性气体。

（2）液体沸腾

液体吸热后，在其内部或表面产生气泡或气膜的过程称为液体沸腾，如图 2-10 所示。

工业上的液体沸腾主要有两种：当加热面浸入比它大的容器里，没有强制对流，加热壁面附近液体的流动仅由自然对流和所产生的气泡的扰动引起时，壁面上的沸腾称为大容积或池内沸腾；当液体在管内流动时受热沸腾，称为管内沸腾。后者液体的流速对沸腾有很大的影响，产生的气泡与液体一起流动，形成了复杂的气液两相流问题。

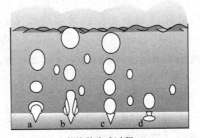

气泡的生成过程

图 2-10　液体沸腾示意图

按照液体主体温度 t_1、液体饱和温度 t_s 和加热壁面温度 t_w 的差异，上述两类沸腾现象又有过冷与饱和沸腾之分。当 t_1 小于 t_s，而 t_w 大于 t_s 时，加热壁面上产生的气泡还未脱离壁面或刚脱离壁面就迅速被冷凝成液体，这种情况称为过冷沸腾；当 t_1 略高于 t_s 时，在加热壁面上产生的气泡进入液相主体，并不断长大、上升，最后从液体表面逸出，这种情况称为饱和沸腾。以下仅简要介绍大容积内饱和液体沸腾的特性。

实验表明，大容积内饱和液体沸腾的表面热通量 q 或对流传热系数 α 可表示为温度差 $\Delta t = t_w - t_s$ 的函数，描述 q 或 α 随 $\Delta t = t_w - t_s$ 变化的曲线称为沸腾曲线。不同工质、不同操作条件下的沸腾曲线是不同的，但基本形式相似。图 2-11 所示为 1 标准大气压下水的沸腾曲线，两条曲线中，一条是 q 随 Δt 的变化，另一条是 α 随 Δt 的变化。由图 2-11 可知，沸腾曲线呈现出不同的变化规律。

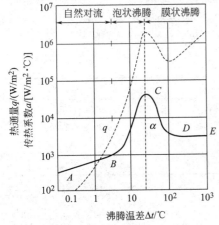

图 2-11　常压下水的沸腾曲线

根据图 2-11 可知，沸腾曲线通常分为三个区域。

① 自然对流区　$\Delta t \leqslant 5℃$，液体稍微过热，液体内产生自然对流，但没有气泡从液体中逸出液面，仅仅是液体表面发生蒸发，q 或 α 都较小。

② 泡状（核状）沸腾区　$5℃ < \Delta t \leqslant 25℃$，加热壁面上局部产生气泡，其产生速度随 Δt 上升而增加。气泡脱离壁面后，不断长大、上升，最后逸出液面。由于气泡的上述作用，使液体受到剧烈的扰动，因此 q 或 α 都随 Δt 上升而急剧增大。

③ 膜状沸腾区　$\Delta t > 25℃$ 时，加热壁面上气泡产生速度大于脱离速度，气泡在加热壁面连接起来形成不稳定的蒸气膜，使液体不能与加热面直接接触，由于蒸气膜的导热性能差，使 q 或 α 都随 Δt 上升而急剧下降；当 Δt 上升到一定数值后，随着 Δt 上升，α 基本上不变，q 又开始上升，这是由于 t_w 较高，传热面几乎全部为气膜所覆盖，形成了较稳定的气膜，辐射传热的影响显著增加所致。

由沸腾曲线可知，泡状沸腾的 α 较自然对流的大，比膜状沸腾的容易控制，因此工业生产中一般控制在泡状沸腾下操作。由泡状沸腾向膜状沸腾过渡的转折点称为临界点，临界点对应于临界温度差 Δt_c、临界沸腾传热系数 α_c 和临界热通量 q_c，确定不同液体在临界点下的上述参数具有实际意义。

在管内作强制对流的液体发生沸腾时，还受流体流动状况的影响。除了流速以外，在很大程度上要取决于流体内的蒸气含量，这种含量沿管程是变化的，因此管内沸腾传热现象就更加复杂。

关于沸腾传热 α 的计算，难以理论求解，工业上常用的经验公式可参见有关专著，这里仅介绍按照对比压强计算泡状沸腾传热系数的莫斯廷凯（Mostinki）公式：

$$\alpha = 1.163Z(\Delta t)^{2.33} \tag{2-50}$$

式中　Δt——壁面过热度，$\Delta t = t_w - t_s$，℃；

　　　Z——与操作压强及临界压强有关的参数，$W/(m^2 \cdot ℃^{0.33})$，其值可按照相关公式计算。

综上所述，各类不同情况下 α 的计算式是各不相同的，一般可在化工手册中查到。但须指出，特征数关联式是一种经验公式，选用时应注意以下几个问题。

① 首先分析所处理的问题是属于哪一类，如：有相变、无相变、强制对流或自然对流。

② 选用相应的 α 计算式时，应注意被选用的公式所规定的使用范围、特性尺寸，定性温度等。

③ 公式中物性参数的单位要予以注意，按规定代入。

④ 流体在圆形直管内作强制湍流的无相变计算，在工程上最为常见，但许多情况下，如过渡流、弯管、非圆管等的计算，都是由该式派生而得的，应予以充分掌握。

⑤ 蒸汽冷凝与液体沸腾要特别注意对 α 的影响因素。如蒸汽冷凝中不凝性气体、蒸汽流速和流向、蒸汽过热、冷凝面的高度及布置方式等对冷凝的影响。

⑥ 液体沸腾中，温度差、操作压力、流体物性、加热面等都有影响。

表 2-4 列出了一些常见传热情况下流体的对流传热系数 α 值的大致范围。

表 2-4　α 值的大致范围

传热情况	$\alpha/[W/(m^2 \cdot K)]$	传热情况	$\alpha/[W/(m^2 \cdot K)]$
空气自然对流	5～25	水蒸气膜状冷凝	5000～15000
气体强制对流	20～100	水蒸气滴状冷凝	400000～120000
水自然对流	200～1000	水沸腾	2500～25000
水强制对流	1000～15000	有机蒸气冷凝	500～2000

2.4　间壁式换热器传热计算

2.4.1　间壁式换热简介

这里以套管换热器为例简介间壁式换热过程。套管换热器是典型的间壁式换热器，它是由两种不同直径的直管套在一起组成同心套管，其基本结构如图 2-12 所示。其中的细管称为内管，而内、外管之间的空间称为套管环隙。若热流体走内管放出热量，温度从初温降到终温；则冷流体走套管环隙吸收热量，温度从初温升到终温。由图 2-13 可知，冷、热流体之间的温差也沿程变化。径向的温差是传热的推动力，因此，冷、热流体间热量传递过程的机理是，热量首先由热流体主体以对流的方式传递到间壁内侧；

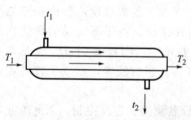

图 2-12　套管换热器基本结构示意

然后以导热的方式穿过间壁；最后由间壁外侧以对流的方式传递至冷流体主体。在垂直于流动方向的同一截面上，温度分布如图 2-13 所示。

由温度分布曲线来看，间壁内热传导只有一种分布规律；间壁两侧的对流传热由于流动状况的影响，分别呈现出三种分布规律，在壁面附近为直线，再往外为曲线，在流体主体为

比较平坦的曲线。若按上述三种温度分布
规律处理流体与壁面间的对流传热问题过
于复杂，实际应用上，将流体主体与壁面
间的对流虚拟为有效膜内的导热问题，有
效膜内温度分布为直线，有效膜外流体的
温度取其平均温度（将同一流动截面上的
流体绝热混合后测定的温度）。因此，对
同一截面而言，热流体的平均温度小于其
中心温度，冷流体的平均温度大于其中心
温度。

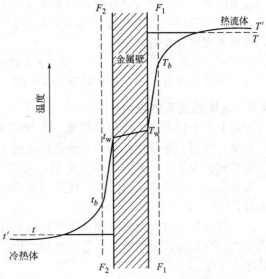

图 2-13 换热截面上温度分布

2.4.2 热量衡算

间壁两侧冷、热两种流体进行热交换
时，若将换热器的热损失忽略，则根据能
量守恒原理，传热速率 Q 应等于换热器的
热负荷，等于热流体放出热量 Q_h，等于
冷流体所吸收的热量 Q_c，即

$$Q = Q_h = Q_c$$

2.4.2.1 无相变化时热负荷计算

（1）热焓法

$$Q = W_h(H_{h_1} - H_{h_2}) = W_c(H_{c_2} - H_{c_1}) \tag{2-51}$$

式中 Q——热负荷，J/S 或 W；

H——单位质量流体的焓，kJ/kg。

下标：h——热流体；c——冷流体。

（2）比热法

若换热器内两流体均无相变化，且流体的比热容 C_P 不随温度而变化（或取流体平均温
度下的比热容），则有：

$$Q = W_h C_{P_h}(T_1 - T_2) = W_c C_{P_c}(t_2 - t_1) \tag{2-52}$$

式中 W_h，W_c——分别为热、冷流体质量流量，kg/s；

C_{P_h}，C_{P_c}——热、冷流体的定压比热容，取流体进、出口算术平均温度下的比热值，
kJ/(kg·K)；

T_1，T_2——热流体进、出口温度，K（℃）；

t_1，t_2——冷流体进、出口温度，K（℃）。

2.4.2.2 有相变化时热负荷计算

① 一侧流体发生相变化，且处于饱和状态（例如热流体一侧蒸气饱和冷凝）

则：
$$Q = W_h \cdot r = W_c C_{P_c}(t_2 - t_1) \tag{2-53}$$

式中 r——蒸汽冷凝潜热，等于饱和蒸汽的焓与同温度下的液体焓之差值 kJ/kg。

② 一侧流体发生相变后，又进一步有显热变化（例如热流体一侧饱和蒸气冷凝后，又
进一步冷却）

则：
$$Q = W_h \cdot [r + C_{P_h}(T_d - T_2)] = W_c C_{P_c}(t_2 - t_1) \tag{2-54}$$

式中 T_d——蒸汽饱和温度（露点温度），K（℃）；

T_2——冷却液实际温度，K（℃）。

应当注意，在热负荷计算时，必须分清属于有相变还是无相变，然后依据不同算式进行计算。对蒸汽的冷凝、冷却过程热负荷要予以分别计算，然后相加。上述热负荷的计算方法，当要考虑热损失时，则有

$$Q' = Q + Q_{损} \tag{2-55}$$

通常在保温良好的换热器中可取 $Q_{损} = (2\% \sim 5\%) \ Q'$。

2.4.3 总传热速率方程

原则上，根据上述介绍的导热速率方程和对流传热速率方程即可进行换热器的传热计算。但是，采用上述方程计算冷、热流体间的传热速率时，必须知道壁温，而实际上壁温往往是未知的。为便于计算，需避开壁温，而直接用已知的冷、热流体的温度进行计算。为此，需要建立以冷、热流体主体温度差为传热推动力的传热速率方程，该方程称为总传热速率方程。

由上述分析可知，间壁两侧流体进行热交换时，一方面热量在径向上进行传递，另一方面热流体、冷流体、两侧壁温均沿着管长变化。因此，首先应从局部传热面 $\mathrm{d}S$ 入手建立总传热速率方程。

当冷、热流体通过间壁换热时，其传热机理如下：

① 热流体以对流方式将热量传给高温壁面；

② 热量由高温壁面以导热方式通过间壁传给低温壁面；

③ 热量由低温壁面以对流方式传给冷流体。

由此可见，冷、热流体通过间壁换热是一个"对流—传导—对流"的串联过程，其传热速率方程可分别表示为如下（假设热流体走内侧）。

内侧热流体至内壁面的对流传热方程：

$$\mathrm{d}Q = \alpha_i \mathrm{d}S_i (T - T_w) = \frac{T - T_w}{\dfrac{1}{\alpha_i \mathrm{d}S_i}} \tag{2-56}$$

内壁面至外壁面的热传导方程：

$$\mathrm{d}Q = \frac{\lambda \mathrm{d}S_m (T_w - t_w)}{b} = \frac{T_w - t_w}{\dfrac{b}{\lambda \mathrm{d}S_m}} \tag{2-57}$$

外壁面至外侧冷流体的对流传热方程：

$$\mathrm{d}Q = \alpha_o \mathrm{d}S_o (t_w - t) = \frac{t_w - t}{\dfrac{1}{\alpha_o \mathrm{d}S_o}} \tag{2-58}$$

对于间壁两侧流体间的稳态传热，上述各串联环节传热速率必然相等，即 $\mathrm{d}Q$ 为一个常数，则有：

$$\mathrm{d}Q = \frac{T - T_w}{\dfrac{1}{\alpha_i \mathrm{d}S_i}} = \frac{T_w - t_w}{\dfrac{b}{\lambda \mathrm{d}S_m}} = \frac{t_w - t}{\dfrac{1}{\alpha_o \mathrm{d}S_o}} \tag{2-59}$$

将上式加和后可得到：

$$\mathrm{d}Q = \frac{T - t}{\dfrac{1}{\alpha_i \mathrm{d}S_i} + \dfrac{b}{\lambda \mathrm{d}S_m} + \dfrac{1}{\alpha_o \mathrm{d}S_o}} \tag{2-60}$$

若令

$$\frac{1}{K \mathrm{d}S} = \frac{1}{\alpha_i \mathrm{d}S_i} + \frac{b}{\lambda \mathrm{d}S_m} + \frac{1}{\alpha_o \mathrm{d}S_o} \tag{2-61}$$

则 $$\mathrm{d}Q = K\,\mathrm{d}S(T-t) \tag{2-62}$$

式中　K——局部总传热系数，$W/(m^2 \cdot ℃)$；

　　　T——换热器的任一截面上热流体的主体温度，℃；

　　　t——换热器的任一截面上冷流体的主体温度，℃。

式(2-62)称为总传热速率微分方程，它是换热器传热计算的基本关系式。由该式可推出局部总传热系数 K 的物理意义，即 K 表示单位传热面积、单位传热温差下的传热速率，它反映了传热过程的强度。

上面的讨论是针对微元传热面积 $\mathrm{d}S$ 而言，具有局部性，而对整个换热器计算总传热速率时，可将式(2-62)积分至整个换热器，

即： $$Q = \int_0^Q \mathrm{d}Q = \int_0^S K(T-t)\,\mathrm{d}S \tag{2-63}$$

则有： $$Q = KS\Delta t_{\mathrm{m}} \tag{2-64}$$

式中　Q——总传热速率，J/S 或 W；

　　　K——总传热系数，$W/(m^2 \cdot ℃)$；

　　　S——换热器的总传热面积，m^2；

　　Δt_{m}——总平均温度差，℃。

为了顺利应用式(2-64)求得整个换热器的总传热速率，下面讨论对总传热系数 K 和总平均温度差 Δt_{m} 的准确计算方法。

2.4.4　总传热系数的确定

总传热系数 K 是评价换热器性能的一个重要参数，也是对换热器进行传热计算的依据。K 的数值取决于流体的物性、传热过程的操作条件及换热器的类型等，因而 K 值变化范围很大。

通常，取得总传热系数 K 值有三种方法：理论计算法、经验选取法及实验测定法。

2.4.4.1　理论计算法

(1)　理论公式

当冷、热流体通过管式换热器进行传热时，沿传热方向传热面积是变化的，此时总传热系数 K 必须和所选择的传热面积相对应，选择的传热面积不同，总传热系数的数值也不同。

由式(2-61)可知，若以传热管的外表面积 $S_{\mathrm{o}}(S_{\mathrm{o}}=\pi d_{\mathrm{o}}L)$ 为基准，其对应的总传热系数 K_{o} 为

$$K_{\mathrm{o}} = \cfrac{1}{\cfrac{1}{\alpha_i}\cfrac{S_{\mathrm{o}}}{S_i} + \cfrac{b}{\lambda}\cfrac{S_{\mathrm{o}}}{S_{\mathrm{m}}} + \cfrac{1}{\alpha_{\mathrm{o}}}} = \cfrac{1}{\cfrac{1}{\alpha_i}\cfrac{d_{\mathrm{o}}}{d_i} + \cfrac{b}{\lambda}\cfrac{d_{\mathrm{o}}}{d_{\mathrm{m}}} + \cfrac{1}{\alpha_{\mathrm{o}}}} \tag{2-65}$$

同理，若以传热管内表面积 $S_i(S_i=\pi d_i L)$ 为基准，其对应的总传热系数 K_i 值为

$$K_i = \cfrac{1}{\cfrac{1}{\alpha_i} + \cfrac{b}{\lambda}\cfrac{S_i}{S_{\mathrm{m}}} + \cfrac{1}{\alpha_{\mathrm{o}}}\cfrac{S_i}{S_{\mathrm{o}}}} = \cfrac{1}{\cfrac{1}{\alpha_i} + \cfrac{b}{\lambda}\cfrac{d_i}{d_{\mathrm{m}}} + \cfrac{1}{\alpha_{\mathrm{o}}}\cfrac{d_i}{d_{\mathrm{o}}}} \tag{2-66}$$

若以传热管的平均面积 $S_{\mathrm{m}}(S_{\mathrm{m}}=\pi d_{\mathrm{m}}L)$ 为基准，其对应的总传热系数 S_{m} 值为：

$$K_{\mathrm{m}} = \cfrac{1}{\cfrac{1}{\alpha_i}\cfrac{S_{\mathrm{m}}}{S_i} + \cfrac{b}{\lambda} + \cfrac{1}{\alpha_{\mathrm{o}}}\cfrac{S_{\mathrm{m}}}{S_{\mathrm{o}}}} = \cfrac{1}{\cfrac{1}{\alpha_i}\cfrac{d_{\mathrm{m}}}{d_i} + \cfrac{b}{\lambda} + \cfrac{1}{\alpha_{\mathrm{o}}}\cfrac{d_{\mathrm{m}}}{d_{\mathrm{o}}}} \tag{2-67}$$

以上三式中　K_i，K_{o}，K_{m}——基于管内表面积、外表面积、内外平均表面积的总传热系数，$W/(m^2 \cdot ℃)$；

S_i，S_o，S_m——管内表面积、外表面积、内外平均表面积，m^2。

可见，所取基准传热面积不同，K 值也不同，即：$K_o \neq K_i \neq K_m$。

当传热面为平壁时，则 $S_o = S_i = S_m$，此时的总传热系数 K 为：

$$K = \cfrac{1}{\cfrac{1}{\alpha_o} + \cfrac{b}{\lambda} + \cfrac{1}{\alpha_i}} \tag{2-68}$$

综上所述，总传热系数和传热面积的对应关系十分重要，所选基准面积不同，总传热系数的数值也不相同。手册中所列 K 值，如无特殊说明，均视为以管外表面为基准的 K 值。对于管壁薄或管径较大时，可近似取 $S_o = S_i = S_m$，即圆筒壁视为平壁计算。

（2）污垢热阻影响

实际操作的换热器传热表面上常有污垢积存，对传热产生附加热阻，称为污垢热阻。通常污垢热阻比传热壁的热阻大得多，因而设计中应考虑污垢热阻的影响。由于污垢层的厚度及其热导率难以准确地估计，因此通常选用一些经验值，表 2-5 列出了污垢热阻常见值。

表 2-5　污垢热阻常见值

流体	污垢热阻 $R_S/(m^2 \cdot K/kW)$	流体	污垢热阻 $R_S/(m^2 \cdot K/kW)$
水（1m/s，$t > 50℃$）		水蒸气	
蒸馏水	0.09	优质——不含油	0.052
海水	0.09	劣质——不含油	0.09
清净的河水	0.21	往复机排出	0.176
未处理的凉水塔用水	0.58	液体	
已处理的凉水塔用水	0.26	处理过的盐水	0.264
硬水、井水	0.58	有机物	0.176
气体		燃料油	1.056
空气	0.26～0.53	焦油	1.76
溶剂蒸气	0.14		

设管壁内、外侧表面上的污垢热阻分别为 R_{s_i} 及 R_{s_o}，根据串联热阻叠加原理，式（2-65）可表示为

$$\frac{1}{K} = \frac{1}{\alpha_0} + R_{s_o} + \frac{b}{\lambda}\frac{d_o}{d_m} + R_{s_i}\frac{d_o}{d_i} + \frac{1}{\alpha_i}\frac{d_o}{d_i} \tag{2-69}$$

（3）提高 K 值讨论

若不考虑管壁热阻及污垢热阻的影响，且同时将传热面取为平壁或薄管壁时（即 d_i、d_o、d_m 相等或近于相等），则上式可化简为：

$$K = \cfrac{1}{\cfrac{1}{\alpha_o} + \cfrac{1}{\alpha_i}} \tag{2-70}$$

总传热系数 K 值比两侧流体中 α 值小者还小，其中：

① 当 $\alpha_o \ll \alpha_i$ 时，则 $K \approx \alpha_o$；当 $\alpha_i \ll \alpha_o$ 时，则 $K \approx \alpha_i$，即 K 值总是接近于 α 小的一侧流体（即代表该侧流体的热阻很大）的对流传热系数值。由此可知，总热阻是由热阻大的那一侧流体的对流传热情况所控制的，即当两侧流体的对流传热系数相差较大时，要提高 K 值，关键在于提高 α 较小侧流体的对流传热系数；

② 若两侧 α 相差不大时，则必须同时提高两侧 α 的值，才能提高 K 值；

③ 同样，若管壁两侧流体的对流传热系数均很大，即两侧流体的对流传热热阻都很小，

而污垢热阻却很大，则为污垢热阻控制，此时欲提高 K 值，必须设法减慢污垢形成速率或及时清除污垢。

【例 2-6】　一管壳式换热器，CO_2 流经管程，壳程为冷却水，内管由 $\Phi 25mm \times 2.5mm$ 的钢管组成。已知管内、外对流传热系数分别为 $\alpha_i = 50 W/(m^2 \cdot K)$，$\alpha_o = 2500 W/(m^2 \cdot K)$，钢管的热导率为 $\lambda = 45 W/(m \cdot K)$，考虑使用时管内、外都有垢层，其热阻分别为 $R_{S_i} = 0.0005 m^2 \cdot K/W$，$R_{S_o} = 0.00058 m^2 \cdot K/W$，试求：

（1）该换热器的总传热系数 K；

（2）在其他条件不变的情况下，分别将管内、外的对流传热系数提高一倍，并计算 K 值增大的百分数。

解：（1）由式（2-69）可知

$$K_o = \cfrac{1}{\cfrac{1}{\alpha_i}\cfrac{d_o}{d_i} + R_{S_i}\cfrac{d_o}{d_i} + \cfrac{b}{\lambda}\cfrac{d_o}{d_m} + R_{S_o} + \cfrac{1}{\alpha_o}}$$

$$= \cfrac{1}{\cfrac{1}{50}\times\cfrac{25}{20} + 0.0005\times\cfrac{25}{20} + \cfrac{0.0025}{45}\times\cfrac{25}{22.5} + 0.00058 + \cfrac{1}{2500}}$$

$$= 37.5 W/(m^2 \cdot K)$$

（2）计算 K 值增大的百分数

当 $\alpha_i' = 2\alpha_i = 100 W/(m^2 \cdot K)$ 时

$$K' = \cfrac{1}{\cfrac{1}{100}\times\cfrac{25}{20} + 0.0005\times\cfrac{25}{20} + \cfrac{0.0025}{45}\times\cfrac{25}{22.5} + 0.00058 + \cfrac{1}{2500}}$$

$$= 70.6 W/(m^2 \cdot K)$$

$$\frac{K' - K}{K} = \frac{70.6 - 37.5}{37.5}\times 100\% = 88.2\%$$

当 $\alpha_o' = 2\alpha_o = 5000 W/(m^2 \cdot K)$ 时

$$K'' = \cfrac{1}{\cfrac{1}{50}\times\cfrac{25}{20} + 0.0005\times\cfrac{25}{20} + \cfrac{0.0025}{45}\times\cfrac{25}{22.5} + 0.00058 + \cfrac{1}{5000}}$$

$$= 37.8 W/(m^2 \cdot K)$$

$$\frac{K'' - K}{K} = \frac{37.8 - 37.5}{37.5}\times 100\% = 0.8\%$$

计算结果表明，K 值总是接近热阻大的流体侧的 α 值，因此要提高 K 值，必须对影响 K 值的各项因素进行分析，如在本题条件下，应提高 CO_2 侧的 α 值，才更有利于传热。

2.4.4.2　经验选取法

在实际设计计算中，总传热系数通常采用经验值。由于 K 值的变化范围很大，取值时应注意设备型式相同，工艺条件相仿，表 2-6 给出管壳式换热器中总传系数 K 的经验值。

2.4.4.3　实验测定法

对于已有的换热器，可以通过测定有关数据，如设备的尺寸、流体的流量和温度等，然后由传热基本方程式计算 K 值。显然，这样得到的总传热系数 K 值最为可靠。实测 K 值的意义，不仅可以为换热器设计提供依据，而且可以分析了解所用换热器的性能，寻求提高设备传热能力的途径。

表 2-6　管壳式换热器中总传热系数 K 的经验值

冷流体	热流体	总传热系数 $K/\left(\dfrac{\mathrm{W}}{\mathrm{m}^2 \cdot {}^\circ\!\mathrm{C}}\right)$	冷流体	热流体	总传热系数 $K/\left(\dfrac{\mathrm{W}}{\mathrm{m}^2 \cdot {}^\circ\!\mathrm{C}}\right)$
水	水	$850\sim1700$	有机溶剂	有机溶剂	$115\sim340$
水	气体	$17\sim280$	水	水蒸气冷凝	$1420\sim4250$
水	有机溶剂	$280\sim850$	气体	水蒸气冷凝	$30\sim300$
水	轻油	$340\sim910$	水	低沸点烃类冷凝	$455\sim1140$
水	重油	$60\sim280$	水沸腾	水蒸气冷凝	$2000\sim4250$

2.4.5　平均传热温度差的计算

在间壁式换热器中，Δt_m 的计算可分为下列几种类型。

（1）恒温传热时的 Δt_m

当间壁换热器两侧流体均发生饱和相变化时，温度差的计算非常简单。例如蒸发器操作，一侧为饱和蒸气冷凝，热流体保持在恒温 T 下放热；另一侧为饱和液体沸腾，冷流体保持在恒温 t 下吸热。因此，换热器间壁两侧流体的温度差处处相等，则：

$$\Delta t_\mathrm{m}=T-t=\text{常数} \tag{2-71}$$

（2）变温传热时的 Δt_m

这种情况在生产实际中应用较多，即当间壁两侧流体在传热过程中至少有一侧流体没有发生相变化，则冷、热流体的主体温差必然随换热器位置而变化。在换热器中，冷、热流体若以相同的方向流动，称为并流；两流体若以相反的方向流动，称为逆流。下面列举出几种变温差传热情况，如图 2-14 及图 2-15 所示。

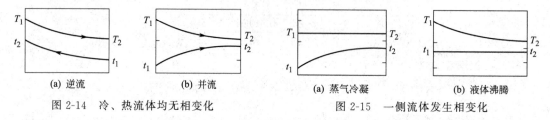

(a) 逆流　　　　　(b) 并流　　　　　　　　(a) 蒸气冷凝　　　　　(b) 液体沸腾

图 2-14　冷、热流体均无相变化　　　　图 2-15　一侧流体发生相变化

① 并流与逆流时的 Δt_m 计算式的导出　现以逆流操作为例，取微元传热面积 $\mathrm{d}S$ 分析。对于稳态传热，且热损失可忽略时，由热量衡算得

$$\mathrm{d}Q=-W_\mathrm{h}C_{P_\mathrm{h}}\mathrm{d}T=W_\mathrm{c}C_{P_\mathrm{c}}\mathrm{d}t \tag{2-72}$$

上式可写为

$$\frac{\mathrm{d}Q}{\mathrm{d}T}=-W_\mathrm{h}C_{P_\mathrm{h}}$$

$$\frac{\mathrm{d}Q}{\mathrm{d}t}=W_\mathrm{c}C_{P_\mathrm{c}}$$

对整个换热器而言，两流体的质量流量不随换热器长度 L 变化。若以定性温度确定两流体的比热容，比热容也可以当常数处理。所以，$T\text{-}Q$ 和 $t\text{-}Q$ 的关系均为直线，可表示为

$$T=mQ+k$$

$$t=m'Q+k'$$

上两式相减得

$$T-t=(m-m')Q+(k-k')$$

即 $(T-t)\text{-}Q$ 的关系也是直线。

令

$$\Delta t=T-t$$

则
$$\Delta t_1 = T_1 - t_2, \quad \Delta t_2 = T_2 - t_1$$

故
$$\frac{d(\Delta t)}{dQ} = \frac{\Delta t_2 - \Delta t_1}{Q} \tag{2-73}$$

又：
$$dQ = K \, dS(T - t) = K \, dS \Delta t \tag{2-74}$$

将式(2-74)代入式(2-73)中，并取 K 为常数，不随 L 变化，则积分后可得

$$Q = KS \frac{\Delta t_1 - \Delta t_2}{\ln \dfrac{\Delta t_1}{\Delta t_2}} \tag{2-75}$$

上式与式(2-64)比较知

$$\Delta t_m = \frac{\Delta t_1 - \Delta t_2}{\ln \dfrac{\Delta t_1}{\Delta t_2}} \tag{2-76}$$

上式所得为冷、热两种流体进、出口温度 T_1、T_2、t_1 和 t_2 的对数平均值。

对于并流操作或仅一侧流体变温的情况，可采用类似的方法导出同样的表达式，即式 (2-76)是计算逆流和并流时平均温度差的通式。

[讨论]：

① 当 $\dfrac{\Delta t_1}{\Delta t_2} < 2$ 时，Δt_m 可用算术平均值代替对数平均值，其误差不超过 4%。

② 利用式(2-76)计算对数平均温度差时，取换热器两端的 Δt 中数值大者为 Δt_2，小者为 Δt_1，这样计算 Δt_m 比较简便。

③ 逆流与并流比较：在冷热流体进、出口温度相同的前提下，逆流操作的平均温差最大，因此，在换热器的传热量 Q 及总传热系数 K 值相同的条件下，采用逆流操作，若换热介质流量一定时，可以节省传热面积，减少设备费；若传热面积一定时，可减少换热介质的流量，降低操作费用，因而工业上多采用逆流操作；只有当冷流体被加热或热流体被冷却而不允许超过某一温度时，采用并流更可靠。

【例 2-7】 在一套管换热器内用热水来加热某料液，已知热水的进、出口温度分别为 360K 和 340K，而冷料液则从 290K 被加热到 330K，试分别计算并流和逆流操作时的平均温度差。

解：并流时： 热流体温降　360　→　340
　　　　　　　冷流体温升　290　→　330

Δt	70	10

即 $\Delta t_1 = 70\text{K}$，$\Delta t_2 = 10\text{K}$，代入式(2-76) 得

$$\Delta t_m = \frac{70 - 10}{\ln \dfrac{70}{10}} = 30.8\text{K}$$

逆流时： 热流体温降　360　→　340
　　　　　冷流体温升　330　←　290

Δt	30	50

即 $\Delta t_1 = 50\text{K}$，$\Delta t_2 = 30\text{K}$，代入式(2-76) 得

$$\Delta t_m = \frac{50 - 30}{\ln \dfrac{50}{30}} = 39.2\text{K}$$

当冷、热流体操作温度一定时，$\Delta t_{m逆流}$ 总是大于 $\Delta t_{m并流}$。

② 其他流型的平均温度差计算　在大多数换热器中，冷热流体并非作简单的逆流或并流，而是比较复杂的多程流动。其中，冷、热两流体垂直交叉流动，称为错流；一种流体只沿一个方向流动，而另一流体反复改变流向，称为折流，如图 2-16 所示。

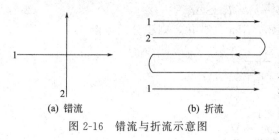

(a) 错流　　　　　　(b) 折流

图 2-16　错流与折流示意图

当两流体呈错流和折流流动时，平均温度差 Δt_m 的计算较为复杂，通常采用安德伍德（Underwood）和鲍曼（Bowman）提出的图算法，其基本思路是先按逆流计算对数平均温度差，再乘以考虑流动方向的校正因素，即

$$\Delta t'_m = \Delta t_m \varphi_{\Delta t} \tag{2-77}$$

式中　Δt_m——按逆流操作情况下的平均温度差；

$\varphi_{\Delta t}$——温度差校正系数，无量纲，为 P，R 两因数的函数，即：$\varphi_{\Delta t} = f(P，R)$。

$$R = \frac{T_1 - T_2}{t_2 - t_1} = \frac{热流体的温降}{冷流体的温升}$$

$$P = \frac{t_2 - t_1}{T_1 - t_1} = \frac{冷流体的温升}{两流体的最初温度差} \tag{2-78}$$

对于各种换热情况下的 $\varphi_{\Delta t}$ 值，可在后面图 2-39 中查到。采用折流或其他流动型式的原因除了为了满足换热器的结构要求外，就是为了提高总传热系数，但是平均温度差较逆流时为低。在选择流向时应综合考虑，$\varphi_{\Delta t}$ 值不宜过低，一般设计时应取 $\varphi_{\Delta t} > 0.9$，至少不能低于 0.8，否则应另选其他流动型式。

通过以上讨论可知，要强化传热过程，主要应着眼于增加推动力，减少热阻，也就是设法增大 Δt_m 或增大传热面积 S 和总传热系数 K。

在生产上，无论是选用或设计一个新的换热器还是对已有的换热器进行查定，都是以上述的总传热速率方程为基础，传热计算则主要解决方程中的 Q、S、K、Δt_m 及相关量的计算。因此，总传热速率方程是传热一章中最基本的方程式。

2.4.6　换热器的传热计算

传热过程的工艺计算主要有两类：一类是设计型计算，即根据生产要求的热负荷，确定换热器的传热面积；另一类是操作型计算（又称为校核型），即对现有的换热器，判断其对指定的传热任务是否适用，或预测在生产中某些参数变化对传热的影响等，均属于换热器的操作型计算。两类计算都是以上述介绍的换热器热量衡算和传热速率方程为理论基础，但后者的计算较为复杂，往往需要试差或迭代，下面分别举例计算加以说明。

2.4.6.1　计算举例

【例 2-8】　在一钢制套管换热器中，用冷水将 1kg/s 的苯由 65℃冷却至 15℃，冷却水在 $\Phi 25mm \times 2.5mm$ 的内管中逆流流动，其进出口温度为 10℃和 45℃。已知苯和水的对流传热系数分别为 $0.82 \times 10^3 W/(m^2 \cdot K)$ 和 $1.7 \times 10^3 W/(m^2 \cdot K)$，在定性温度下水和苯的比热容分别为 $4.18 \times 10^3 J/(kg \cdot K)$ 和 $1.88 \times 10^3 J/(kg \cdot K)$，钢材热导率为 45W/$(m \cdot K)$，两侧的污垢热阻可忽略不计。试求：(1) 冷却水消耗量；(2) 所需的总管长。

解：(1) 由热量衡算方程

$$Q = W_h C_{P_h}(T_1 - T_2) = W_c C_{P_c}(t_2 - t_1)$$

则　　　　　　　　$1 \times 1.88 \times 10^3 \times (65 - 15) = W_c \times 4.18 \times 10^3 \times (45 - 10)$

解之得　　　　　　　　　　　$W_c = 0.643 \text{kg/s}$

（2）求所需的总管长

逆流时的平均温度差

$$\Delta t_m = \frac{\Delta t_1 - \Delta t_2}{\ln \dfrac{\Delta t_1}{\Delta t_2}} = \frac{20 - 5}{\ln \dfrac{20}{5}} = 10.8\text{℃}$$

以管外面积为计算基准，忽略污垢热阻，则总传热系数

$$\frac{1}{K} = \frac{d_o}{\alpha_i d_i} + \frac{b d_o}{\lambda d_m} + \frac{1}{\alpha_0}$$

$$= \frac{25}{1.7 \times 10^3 \times 20} + \frac{0.0025 \times 25}{45 \times 22.5} + \frac{1}{0.82 \times 10^3}$$

$$K = 496 \text{W/(m}^2 \cdot \text{K)}$$

由传热速率方程可得传热面积

$$S = \frac{Q}{K \Delta t_m} = \frac{W_h C_{P_h}(T_1 - T_2)}{K \Delta t_m}$$

$$= \frac{1 \times 1.88 \times 10^3 \times (65 - 15)}{496 \times 10.8} = 17.5 \text{m}^2$$

由于 K 以管外的传热面积为基准，计算 L 时应以 d_o 为基准。故所需总管长

$$L = \frac{S}{\pi d_o} = \frac{17.5}{3.14 \times 0.025} = 224\text{m}$$

实际上，上述总管长 L 的实现也可通过管路的并联实现，例如采用列管式换热器。

【例 2-9】　有一套管换热器进行逆流操作，管内通流量为 0.6kg/s 的冷水，冷水的进口温度为 30℃，管间通流量为 2.52kg/s 的空气，进出口温度分别为 130℃和 70℃。已知水侧和空气侧的对流传热系数分别为 2000W/(m² · K) 和 50W/(m² · K)，水和空气的平均热容分别为 4200J/(kg · K) 和 1000J/(kg · K)。试求水量增加一倍后换热器热流量与原来之比。假设管壁较薄，污垢热阻忽略不计，流体流动 Re 均大于 10^4。

解：因为管壁较薄，污垢热阻忽略不计，则在原工况下：

$$K = \frac{1}{\dfrac{1}{\alpha_o} + \dfrac{1}{\alpha_i}} = \frac{1}{\dfrac{1}{50} + \dfrac{1}{2000}} 48.8 \text{W/(m}^2 \cdot \text{K)}$$

$$\frac{W_c C_{P_c}}{W_h C_{P_h}} = \frac{0.6 \times 4200}{2.52 \times 1000} = 1.0$$

由于两端温度差相等，则平均传热推动力

$$\Delta t_m = T_2 - t_1 = 70 - 30 = 40\text{℃}$$

由热量衡算式得

$$t_2 = t_1 + \frac{W_h C_{P_h}}{W_c C_{P_c}}(T_1 - T_2) = 30 + 1 \times (130 - 70) = 90\text{℃}$$

又

$$\frac{KS}{W_h C_{P_h}} = \frac{T_1 - T_2}{\Delta t_m} = \frac{130 - 70}{40} = 1.5$$

在新工况下：

$$K' = \frac{1}{\dfrac{1}{\alpha_1} + \dfrac{1}{\alpha'_2}} = \frac{1}{\dfrac{1}{50} + \dfrac{1}{2^{0.8} \times 2000}} = 49.3$$

热量衡算式为

$$t'_2 = t_1 + \frac{W_h C_{P_h}}{W'_c C_{P_c}} (T_1 - T'_2) = 30 + 0.5 \times (130 - T'_2) \tag{Ⅰ}$$

且有

$$W_h C_{P_h} (T_1 - T'_2) = K' S \frac{(T_1 - t'_2) - (T'_2 - t_1)}{\ln \dfrac{T_1 - t'_2}{T'_2 - t_1}} \tag{Ⅱ}$$

$$= K' S \frac{(T_1 - T'_2) - (t'_2 - t_1)}{\ln \dfrac{T_1 - t'_2}{T'_2 - t_1}}$$

由式（Ⅰ）和式（Ⅱ）得到

$$\ln \frac{T_1 - t'_2}{T'_2 - t_1} = \frac{K' S}{W_h C_{P_h}} \left(1 - \frac{W_h C_{P_h}}{2 W_c C_{P_c}} \right) = \frac{K'}{K} \cdot \frac{KS}{W_h C_{P_h}} \left(1 - \frac{W_h C_{P_h}}{2 W_c C_{P_c}} \right)$$

$$\ln \frac{130 - t'_2}{T'_2 - 30} = \frac{4.93 \times 10^{-2} \times 1.5}{4.88 \times 10^{-2}} \times (1 - 0.5) = 0.758$$

$$130 - t'_2 = 2.13 \times (T'_2 - 30) \tag{Ⅲ}$$

由式（Ⅰ）和式（Ⅲ）得

$$t'_2 = 64.7℃ \qquad T'_2 = 60.6℃$$

在新的工况下的传热推动力

$$\Delta t'_m = \frac{(130 - 64.7) - (60.6 - 30)}{\ln \dfrac{130 - 64.7}{60.6 - 30}} = 45.8℃$$

两工况下的热流量之比

$$\frac{Q'}{Q} = \frac{K' S \Delta t'_m}{KS \Delta t_m} = \frac{4.93 \times 10^{-2} \times 45.8}{4.88 \times 10^{-2} \times 40} = 1.156 \approx \frac{\Delta t'_m}{\Delta t_m}$$

由此例可以看出，增加热阻较小（即对流传热系数较大）侧流体的流量，总传热系数变化很小，热流量的增加主要是由传热推动力的增大而引起的，即此时传热过程的调节主要靠 Δt_m 的变化。

2.4.6.2 传热效率 ε 与传热单元数 NTU 法

在传热计算中，当冷、热两种流体的出口温度 T_2 和 t_2 同时未知时，若采用对数平均推动力法求解，必须用试差法，十分麻烦。为避免试差，有人提出了 ε-NTU 法。

(1) 传热效率 ε

ε 为实际的传热速率 Q 与最大可能的传热速率 Q_{max} 之比，即

$$\varepsilon = \frac{Q}{Q_{max}} \tag{2-79}$$

设冷、热流体在一个面积无限大的逆流换热器中换热，无相变化和热损失时，则：

实际传热速率

$$Q = W_h C_{P_h} (T_1 - T_2) = W_c C_{P_c} (t_2 - t_1) \tag{2-80}$$

因热流体最大可能的温度变化为 $T_1 - t_1$（即 $T_2 = t_1$ 时），冷流体最大可能的温度变化

也为 T_1-t_1（即 $t_2=T_1$ 时），所以最大可能的传热速率

$$Q_{\max}=(WC_P)_{\min}(T_1-t_1) \tag{2-81}$$

令热容流率 $W_h C_{P_h}$ 和 $W_c C_{P_c}$ 中较大者为 $(WC_P)_{\max}$，较小者为 $(WC_P)_{\min}$，则：

当 $W_h C_{P_h}=(WC_P)_{\min}$ 时，联立式(2-79)、式(2-80) 及式(2-81) 可得：

$$\varepsilon_h=\frac{T_1-T_2}{T_1-t_1} \tag{2-82}$$

同理，当 $W_c C_{P_c}=(WC_P)_{\min}$ 时

$$\varepsilon_c=\frac{t_2-t_1}{T_1-t_1} \tag{2-83}$$

(2) 传热单元数 NTU

以逆流操作为例，在换热器中取微元传热面积 dS，由热量衡算式和传热基本方程可得：

$$dQ=-W_h C_{P_h}dT=W_c C_{P_c}dt=K dS(T-t)$$

对于热流体有

$$NTU_h=-\int_{T_1}^{T_2}\frac{dT}{T-t}=\int_0^S\frac{K dS}{W_h C_{P_h}} \tag{2-84}$$

对于冷流体有

$$NTU_c=-\int_{t_2}^{t_1}\frac{dt}{T-t}=\int_0^S\frac{K dS}{W_c C_{P_c}} \tag{2-85}$$

(3) 传热系数 ε 与传热单元数 NTU 的关系

令

$$C_R=\frac{(WC_P)_{\min}}{(WC_P)_{\max}}\qquad NTU_{\min}=\frac{KS}{(WC_P)_{\min}}$$

逆流操作时，传热系数与传热单元数间的关系经推导得

$$\varepsilon=\frac{1-\exp[-NTU_{\min}(1-C_R)]}{1-C_R\exp[-NTU_{\min}(1-C_R)]} \tag{2-86}$$

并流操作时，有

$$\varepsilon=\frac{1-\exp[-NTU_{\min}(1+C_R)]}{1+C_R} \tag{2-87}$$

两流体之一有相变化时

$$\varepsilon=1-\exp[-NTU] \tag{2-88}$$

两流体热容流率相等时

逆流操作

$$\varepsilon=\frac{NTU}{1+NTU} \tag{2-89}$$

并流操作

$$\varepsilon=\frac{1-\exp[-2NTU]}{2} \tag{2-90}$$

上述各种情况有相应的关系图可查，如图 2-17 所示。

ε-NTU 法既可对换热器进行校核计算，也可用作新换热器的设计。当传热系数 K 已知时，应用 ε-NTU 法进行换热器计算，具有下述优点：

① 计算简单，查图方便；

② 在两流体的出口温度（T_2，t_2）均未知时，无须试差；

③ 对正在使用的换热器，如果改变进口温度（T_1 或 t_1），可以直接求出相应的出口温

度，也无须试算；

④ 对一组串联的换热器，可将 NTU 累计起来计算，比常用方法更易估算。

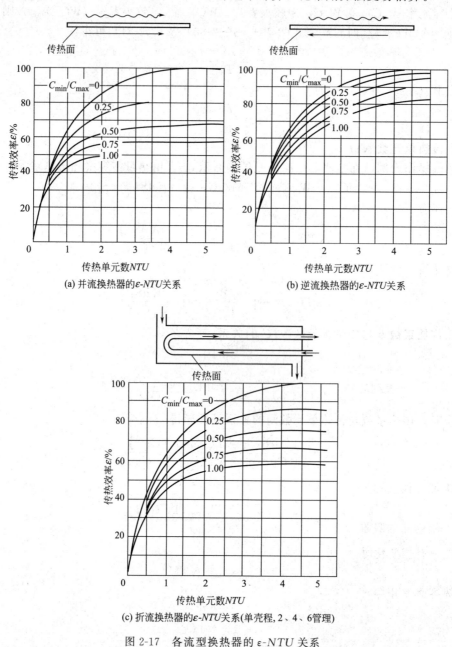

(a) 并流换热器的 ε-NTU 关系

(b) 逆流换热器的 ε-NTU 关系

(c) 折流换热器的 ε-NTU 关系(单壳程, 2、4、6管理)

图 2-17　各流型换热器的 ε-NTU 关系

【例 2-10】　在某换热设备中，冷、热流体进行逆流操作。热流体油的流量为 2.85kg/s，进口温度 110℃，平均比热容为 1.9kJ/(kg·℃)；冷流体水的流量为 0.667kg/s，进口温度为 35℃，平均比热容为 4.18kJ/(kg·℃)。已知换热器面积为 15.8m²，总传热系数为 320W/(m²·℃)。试求冷、热流体的出口温度及传热量。

解：$W_hC_{P_h}=2.85\times1.9\times10^3=5415\text{W/℃}$；$W_cC_{P_c}=0.667\times4.18\times10^3=2788\text{W/℃}$

因为 $W_cC_{P_c}<W_hC_{P_h}$，即说明冷流体为最小热容流率流体。

所以
$$C_R = \frac{W_c C_{P_c}}{W_h C_{P_h}} = \frac{2788}{5415} = 0.515$$

$$NTU = \frac{KS}{W_c C_{P_c}} = \frac{320 \times 15.8}{2788} = 1.81$$

由图 2-17 查得传热效率：$\varepsilon = 0.73$

又根据：
$$\varepsilon_c = \frac{t_2 - t_1}{T_1 - t_1} = 0.73$$

所以　　　　　$t_2 = t_1 + \varepsilon_c(T_1 - t_1) = 35 + 0.73 \times (110 - 35) = 89.8℃$

所以　　　　　$Q = W_c C_{P_c}(t_2 - t_1) = 2788 \times (89.8 - 35) = 1.53 \times 10^5 \, \text{W}$

又因为
$$C_R = \frac{W_c C_{P_c}}{W_h C_{P_h}} = \frac{T_1 - T_2}{t_2 - t_1}$$

所以　　　　　$T_2 = T_1 - C_R(t_2 - t_1) = 110 - 0.515 \times (89.8 - 35) = 81.8℃$

2.5　热辐射

2.5.1　辐射传热基本概念

（1）热辐射及其特点

物体温度大于绝对零度即可向外发射辐射能，辐射能以电磁波的形式传递，当与另一物体相遇时，则可被吸收、反射、透过，其中吸收的部分又可将电磁波转变为热能。这种仅与物体本身的温度有关而引起的热能传播过程，称为热辐射。热辐射具有以下特点。

① 物体的热能转化为辐射能，只要物体的温度不变，其发射的辐射能亦不变。

② 物体向外发射辐射能的同时，不断吸收周围物体辐射来的能量，结果是高温物体向低温物体传递了能量，称为辐射传热。

③ 理论上，热辐射的电磁波波长为零到无穷大，实际上，波长仅在 $0.4 \sim 40\mu m$ 的范围是明显的。

④ 可见光的波长为 $0.4 \sim 0.8\mu m$，红外线的波长为 $0.8 \sim 40\mu m$，可见光与红外线统称为热射线。

⑤ 虽然热射线与可见光的波长范围不同，但本质一样。

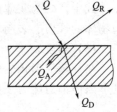

图 2-18　辐射能的
吸收、反射和透过

（2）辐射能的吸收、反射和透过

如图 2-18 所示，投射到某一物体表面上的总辐射能 Q，部分能量 Q_R 被反射，部分能量 Q_A 被吸收，部分能量 Q_D 被透过。

根据能量守恒定律

$$Q = Q_A + Q_R + Q_D \tag{2-91}$$

令 $\dfrac{Q_A}{Q} = A$ ——吸收率；$\dfrac{Q_R}{Q} = R$ ——反射率；$\dfrac{Q_D}{Q} = D$ ——透过率，则

$$A + R + D = 1 \tag{2-91a}$$

① $A = 1$ 的物体称为绝对黑体或黑体，实际上，$A = 1$ 的物体是不存在的，但有些物体接近于黑体，例如无光泽的黑漆表面，$A = 0.96 \sim 0.98$。

② $R = 1$ 的物体称为绝对白体或镜体，$R = 1$ 的物体也不存在，但有些物体接近于白体，例如表面磨光的铜，$R = 0.97$。

③ $D = 1$ 的物体称为透热体，虽然实际中并不存在透热体，但是单原子或对称双原子气体可近似为透热体。

A、R、$D = f$（物体性质，温度，表面状况，波长）。一般来说，表面粗糙的物体，A 大；固体和液体的 $D \approx 0$，为不透热体；气体的 $R \approx 0$。

应该注意，黑体、白体不能由颜色区分，例如霜在光学上是白色，但其 $A \approx 1$，是黑体。

（3）灰体

工程上为了处理问题方便起见，提出了"灰体"的概念。所谓灰体，从辐射的角度来讲，在相同温度下，能以相同的吸收率吸收各种波长辐射能的物体，是一种理想化物体，但大多数工程材料都可以近似为灰体。

灰体的特点是：①吸收率与波长无关；②灰体是不透热体。

2.5.2 物体的辐射能力

物体的辐射能力指物体在一定温度时，单位时间单位面积发射的能量，以 E 表示，单位是 W/m^2，辐射能力表征物体发射辐射能的本领。

（1）斯蒂芬-波尔茨曼定律

该定律的描述是：黑体的辐射能力 E_0 与其表面温度（指绝对温度）的四次方成正比。即

$$E_0 = C_0 \left(\frac{T}{100}\right)^4 \tag{2-92}$$

式中，C_0 为黑体的辐射系数，$C_0 = 5.67 W/(m^2 \cdot K^4)$。

（2）灰体的辐射能力

因为许多工程材料的辐射特性近似于灰体，所以通常将实际物体视为灰体来计算其辐射能力 E，可用下式计算：

$$E = C \left(\frac{T}{100}\right)^4 \tag{2-93}$$

式中，C 为灰体的辐射系数，单位与 C_0 相同。不同物体的辐射系数 C 值不相同，其值与物体的性质、表面状况和温度等有关。

（3）黑度 ε

在计算辐射传热中，由于相同温度下黑体的辐射能力最强，通常将灰体辐射能力与同温度下黑体辐射能力之比定义为物体的黑度 ε（又称发射率），即

$$\varepsilon = \frac{E}{E_0} = \frac{C}{C_0} \tag{2-94}$$

或：

$$E = \varepsilon E_0 = \varepsilon C_0 \left(\frac{T}{100}\right)^4 \tag{2-94a}$$

利用黑度的数值可以判断相同温度下任何物体的辐射能力与黑体辐射能力的差别，黑度的大小在 $0 \sim 1$ 范围内变化。

黑度与物体的种类、温度及表面粗糙度、表面氧化程度等因素有关，一般由实验测定，常用工业材料的黑度数值列于表 2-7 中。

表 2-7　常用工业材料的黑度

材料	温度/℃	黑度	材料	温度/℃	黑度
红砖	20	0.93	铝（磨光的）	225～575	0.039～0.057
耐火砖	—	0.8～0.9	铜（氧化的）	200～600	0.57～0.87
钢板（氧化的）	200～600	0.8	铜（磨光的）	—	0.03
钢板（磨光的）	940～1100	0.55～0.61	铸铁（氧化的）	200～600	0.64～0.78
铝（氧化的）	200～600	0.11～0.19	铸铁（磨光的）	330～910	0.6～0.7

（4）克希霍夫定律

该定律描述了灰体的辐射能力与其吸收率之间的关系，其表达式为：

$$\frac{E}{A} = \frac{E_i}{A_i} = E_0 \tag{2-95}$$

其中 $i = 1, 2, 3, 4\cdots$。

上式说明，任何物体的辐射能力与其吸收率的比值恒为常数，且等于同温度下黑体的辐射能力，其值仅与物体的温度有关。

由上式可得：

$$\frac{E}{E_0} = A = \varepsilon \tag{2-96}$$

即在同一温度下，物体的吸收率与黑度在数值上相等，但两者的物理意义则完全不同，前者为吸收率，表示由其他物体发射来的辐射能可被该物体吸收的分数；后者为发射率，表示物体的辐射能力占黑体辐射能力的分数。但是，由于物体的吸收率 A 不易测定，但黑度 ε 可测，故工程计算中大都用物体的黑度 ε 代替吸收率 A。

2.5.3　物体间的辐射传热

工业上两固体间的相互辐射传热计算是很复杂的，一般都把两物体视为灰体，在两灰体间的辐射传热中，相互进行着辐射能的多次被吸收和多次被反射的过程，应考虑两固体间的吸收率、反射率、形状、大小及两物体间的距离和相互位置的影响，下面给出两固体间相互辐射传热的传热速率计算式：

$$Q_{1\text{-}2} = C_{1\text{-}2} \varphi S \left[\left(\frac{T_1}{100} \right)^4 - \left(\frac{T_2}{100} \right)^4 \right] \tag{2-97}$$

上式表明，两灰体间的辐射传热速率正比于二者的热力学温度的四次方之差。显然，此结果与另外两种传热方式——热传导和对流传热完全不同。

式中　$C_{1\text{-}2}$——总辐射系数，$C_{1\text{-}2} = \dfrac{C_0}{\dfrac{1}{\varepsilon_1} + \dfrac{1}{\varepsilon_2} - 1}$，$\text{W/(m}^2 \cdot \text{K}^4)$；

　　　C_0——黑体辐射系数，$5.67\text{W/(m}^2 \cdot \text{K}^4)$；

　　　S——辐射面积，m^2；

　T_1, T_2——高温及低温物体的热力学温度，K；

　　　φ——几何因数（角系数）。

角系数 φ 表示从辐射面积 S 所发射的能量为另一物体表面所截获的分数。它的数值既与两物体的几何排列有关，又与式（2-97）中的 S 是用板 1 的面积 S_1，还是用板 2 的面积 S_2 作为辐射面积有关，角系数 φ 符号的定义是：

① $\varphi_{1\text{-}2}$＝灰体 1 直接辐射在灰体 2 上的能量/灰体 1 辐射出的总能量；

② $\varphi_{1\text{-}1}$＝灰体 1 直接辐射在本身的能量/灰体 1 辐射出的总能量；

③ $\varphi_{2\text{-}1}$＝灰体 2 直接辐射在灰体 1 上的能量/灰体 2 辐射出的总能量；

④ $\varphi_{2\text{-}2}$＝灰体 2 直接辐射在本身的能量/灰体 2 辐射出的总能量。

因此，在计算中，φ 必须和选定的辐射面积 S 相对应。φ 值的大小可通过实验测定，其中，对于两个极大平面之间的热辐射，$\varphi_{1\text{-}1} = \varphi_{2\text{-}2} = 0$，而 $\varphi_{1\text{-}2} = \varphi_{2\text{-}1} = 1$。几种简单情况下 φ 值与总辐射系数 $C_{1\text{-}2}$ 的计算式如表 2-8 所列。当 φ 值小于 1 时，可查图 2-19 获得。

表 2-8　φ 值与 $C_{1\text{-}2}$ 的计算式

序号	辐射情况	S	φ	$C_{1\text{-}2}$
1	极大的两平行面	S_1 或 S_2	1	$C_0/(1/\varepsilon_1+1/\varepsilon_2-1)$
2	面积相等的两平行面	S_1	查图 2-19	$\varepsilon_1\varepsilon_2 C_0$
3	很大的物体 2 包住物体 1	S_1	1	$\varepsilon_1 C_0$
4	物体 2 恰好包住物体 $1,S_2\approx S_1$	S_1	1	$C_0/(1/\varepsilon_1+1/\varepsilon_2-1)$
5	介于 3、4 两种情况之间	S_1	1	$C_0/[1/\varepsilon_1+(1/\varepsilon_2-1)\varepsilon_1/\varepsilon_2]$

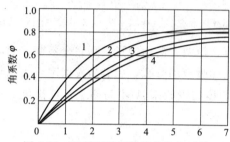

图 2-19　平行面间辐射传热的角系数
1—圆盘形；2—正方形；3—长方形
（边长比 2：1）；4—长方形（狭长）

2.5.4　对流与辐射联合传热

在化工生产中，许多设备的外壁温度常高于（或低于）环境温度，此时热量将以对流和辐射两种方式自壁面向环境传递而引起热损失（或反向传热而导致冷损失）。为减少热损失或冷损失，许多温度较高或较低的设备，如换热器、塔器、反应器及蒸汽管道等都必须进行保温或隔热处理。

对流热损失：　$Q_C=\alpha_C S_w(t_w-t)$　　　(2-98)

辐射热损失：　$Q_R=\alpha_R S_w(t_w-t)$　　　(2-99)

式中　α_R——辐射传热系数，$\alpha_R=\dfrac{C_{1\text{-}2}\left[\left(\dfrac{T_w}{100}\right)^4-\left(\dfrac{T}{100}\right)^4\right]}{t_w-t}$

因设备向大气辐射传热时角系数 $\varphi=1$，故上式中取消了 φ 项。

那么，总的热损失

$$Q=Q_C+Q_R=(\alpha_C+\alpha_R)S_w(t_w-t)$$
$$=\alpha_T S_w(t_w-t)　　　(2-100)$$

式中　α_T——对流辐射联合传热系数，$\mathrm{W/(m^2\cdot ℃)}$，其值可用近似公式估算；

S_w——设备外壁表面，$\mathrm{m^2}$；

t_w——设备外壁温度，℃；

t——环境温度，℃。

通常，对流辐射联合传热系数 α_T 可用如下公式估算：

① 空气自然对流（$t_w<150℃$）

平壁：　　　　　　　　　　$\alpha_T=9.8+0.07(t_w-t)$　　　(2-101)

管或圆筒壁：　　　　　　　$\alpha_T=9.4+0.052(t_w-t)$　　　(2-102)

② 空气沿粗糙壁面强制对流

空气流速 $u\leqslant 5\mathrm{m/s}$：　　　$\alpha_T=6.2+4.2u$　　　(2-103)

空气流速 $u>5\mathrm{m/s}$：　　　　$\alpha_T=7.8u^{0.78}$　　　(2-104)

【例 2-11】　在 $\Phi219\mathrm{mm}\times8\mathrm{mm}$ 的蒸汽管道外包扎一层厚为 75mm、热导率为 0.1W/(m·℃) 的保温材料，管内饱和蒸汽温度为 160℃，周围环境温度为 20℃，试估算管道外表面的温度及单位长度管道的热损失。假设管内冷凝传热和管壁热传导热阻均可忽略。

解： 管道保温层外对流-辐射联合传热系数为

$$\alpha_T=9.4+0.052(t_w-t)=9.4+0.052(t_w-20)$$

单位管长热损失为

$$\frac{Q}{L}=\alpha_T \pi d_0(t_w-t)=[9.4+0.052(t_w-20)]\pi d_o(t_w-20)$$

$$=0.06025(t_w-20)^2+10.8914(t_w-20)$$

由于管内冷凝传热和管壁热传导热阻均可忽略，故

$$\frac{Q}{L}=\frac{2\pi\lambda(T-t_w)}{\ln\dfrac{d_0}{d}}=\frac{2\pi\times0.1\times(160-t_w)}{\ln\dfrac{0.219+0.075\times2}{0.219}}=1.2037(160-t_w)$$

即：$\qquad 0.06025(t_w-20)^2+10.8914(t_w-20)=1.2037(160-t_w)$

解之得：$\qquad\qquad t_w=102.5℃$

则：$\qquad\dfrac{Q}{L}=1.2037\times(160-102.5)=69.2\text{W/m}$

2.6 换热设备

换热器是过程工业及其他许多工业部门的通用设备，在生产中占有重要的地位，其设备投资往往在整个设备总投资中占有很大的比例，如现代石油化学企业中一般可达 30%～40%。换热器的类型多种多样，按用途可分为：加热器、冷却器、冷凝器、蒸发器、再沸器等。本节主要介绍各种换热器的性能、特点以及由工艺条件选择定型设备的方法。

2.6.1 换热器类型

上面是按用途分类，若按传热特征可分为以下三种。

2.6.1.1 直接接触式（混合式）换热器

直接接触式换热器的特点是，冷、热两种流体在换热器内直接混合进行热交换。这类换热器主要应用于气体的冷却，兼做除尘、增湿或蒸汽的冷凝，常见的设备有凉水塔、洗涤塔、文氏管及喷射冷凝器等。其优点是传热效果好，设备简单，易于防腐；缺点是仅允许两流体混合时才能使用。如图 2-20 所示的混合式冷凝器就是一种典型的直接接触式换热器。

2.6.1.2 蓄热式换热器

蓄热式换热器如图 2-21 所示，其特点是，换热器内装有填充物（如耐火砖），热流体和冷流体交替流过填充物，以填充物交替吸热和放热的方式进行热交换。这类换热器主要应用于高温气体的余热利用，其优点是设备简单，耐高温；缺点是设备体积庞大，不能完全避免两种流体混合。

2.6.1.3 间壁式换热器

在化工生产中遇到的多是间壁两侧流体的热交换，即冷、热流体被固体壁面（传热面）所隔开，互不接触，固体壁面即构成间壁式换热器。在此类换热

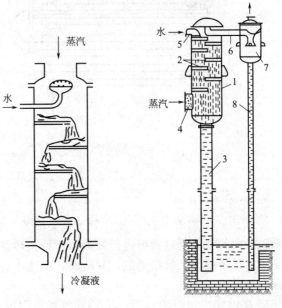

(a) 并流低位冷凝器　　　(b) 干式逆流高位冷凝器

图 2-20 混合式冷凝器

1—外壳；2—淋水板；3，8—气压管；4—蒸汽进口；
5—进水口；6—不凝气出口；7—分离罐

器中，热量由热流体通过壁面传给冷流体，适用于冷、热流体不允许直接混合的场合。间壁式换热器应用广泛，形式多样，各种管式和板式结构换热器均属此类，以下重点介绍。

（1）管式换热器

①套管式换热器　如图 2-22 所示，两种尺寸的标准管子套在一起（同心安装），各段用 180° 的回弯管连接。每程的有效长度约为 4～6m。冷、热流体分别流过内管和套管的环隙，并通过间壁进行热交换。这种换热器可用作加热器、冷却器或冷凝器。其优点是结构简单，耐高压，传热面积容易改变，两流体可严格逆流操作，有利于传热；缺点是接头多，易泄漏，单位管长上的传热面积较小，单位传热面积消耗的金属量大。

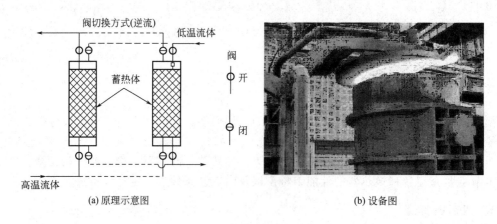

(a) 原理示意图　　　　　　　　　　　　(b) 设备图

图 2-21　蓄热式换热器

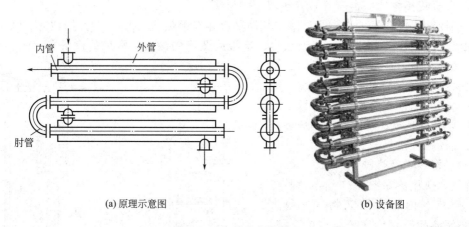

(a) 原理示意图　　　　　　　　　　　　(b) 设备图

图 2-22　套管式换热器

② 蛇管式换热器

a. 沉浸式　如图 2-23 所示，管子按容器的形状弯制，并沉浸在容器中，使容器内的流体和蛇管内的流体通过管壁进行换热。这种换热器主要用于反应器或容器内的加热或冷却。其优点是结构简单，价格低廉，易防腐，耐高压；缺点是蛇管外的对流传热系数小，所以总传热系数较小。

b. 喷淋式　如图 2-24 所示，将蛇管成排固定在支架上，管束上面装有喷淋装置，冷却水淋洒在管排上形成下流的液膜与管内流体的热交换，部分冷却水在空气中汽化，带走部分热量。这种换热器多用作冷却器，室外放置（空气流通处）。其优点是结构简单，检修清洗方便，传热效果比沉浸式好；缺点是喷淋不易均匀。

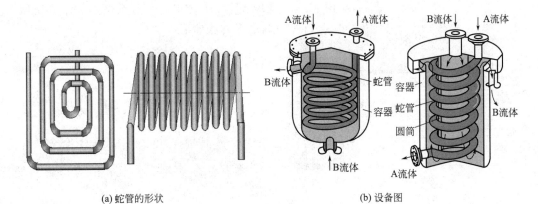

(a) 蛇管的形状　　　　　　　(b) 设备图

图 2-23　沉浸式蛇管换热器

③ 管壳式换热器　管壳式换热器又称列管式换热器，是目前化工上应用最广泛的一种换热设备。与前面介绍的换热器相比，其优点是单位体积的传热面积大，可用多种材料加工制造，耐高温、高压，适应性强，传热效果较好；缺点是还算不上高效换热器。

管壳式换热器的基本构造如图 2-25 所示，其主要部件为：壳体、管束（管壳）、管板（花板）、封头（顶盖）。管束安装在壳体内，两端固定在花板上。封头用法兰与壳体连接。进行热交换时，一种流体由封头的进口接管进入，然后分配到平行管束，从另一

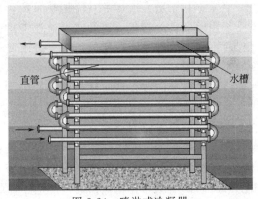

图 2-24　喷淋式冷凝器

端封头的出口管流出，这种流动方式称为管程流动。另一种流体则由靠近花板处的连接管进入壳体，在壳体内从管束的空隙流过，由壳体的另一接管流出，这种流动方式称为壳程流动。

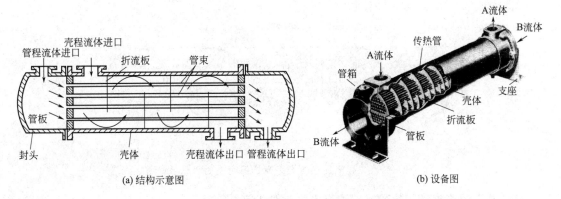

(a) 结构示意图　　　　　　　(b) 设备图

图 2-25　管壳式换热器

对管程而言，流体流过一组管子叫单程。当换热器传热面积较大，所需管子数目较多时，为提高管流体的流速，常将换热管平均分为若干组，使流体在管内依次往返多次，则称为多管程。常用的多管程有 2、4、6 管程，例如图 2-26 所示是双管程管壳式换热器。当体

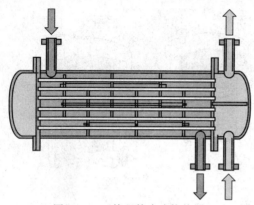

图 2-26　双管程管壳式换热器

积流量 V_S 一定时，管程数增加，流速 u 增大。其计算方法如下：

单管程：
$$u_1 = \frac{4V_S}{\pi d_i^2 n}$$

2 管程：
$$u_2 = \frac{8V_S}{\pi d_i^2 n} = 2u_1$$

4 管程：
$$u_4 = \frac{16V_S}{\pi d_i^2 n} = 4u_1$$

式中，d_i 为管壳内径；n 为每管程的管壳数。

多管程换热器提高了管壳内流体的流速。一方面，流体的湍动程度加剧，管子表面沉积物减少，有利于增大流体的对流传热系数，减小传热面积；另一方面，流动阻力增大，导致操作费用增加。故管程流速的选择应该考虑设备费用和投资费用之间的权衡问题。另外，多管程达不到严格的逆流，使传热温度差下降，且两端封头内装有隔板，占去了部分管面积。

对壳程而言，壳程流体一次通过壳程，称为单壳程。为提高壳流体的流速，也可在与管束轴线的平行方向放置纵向隔板使壳程分为多程。壳程数即为壳程流体在壳程内沿壳体轴向往、返的次数。分程可使壳程流体流速增大，流程增长，扰动加剧，有助于强化传热。但是，壳程分程不仅使流动阻力增大，且制造安装较为困难，故工程上应用较少。为改善壳程换热，一般在壳体内安装一定数目与管束垂直的折流挡板。折流挡板用以引导流体横向流过管束，改变流动形态，以增强传热效果，同时也起到支撑管束、防止管束振动和弯曲的作用。折流挡板的型式有圆缺型（弓型）、环盘型和孔流型等，圆缺型和环盘型的流体流动情况如图 2-27 所示。

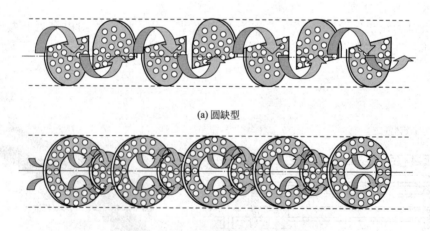

(a) 圆缺型

(b) 环盘型

图 2-27　壳程流体在各类折流挡板间流动情况示意图

管壳式换热器根据结构特点分为以下三种常见形式。

a. 固定管板式　如图 2-28 所示，固定管板式管壳换热器的特点是，两端管板与壳体连成一体。其优点是结构简单，造价低廉，每根换热管都可以进行更换，且管内清洗方便；缺点是壳程不易检修、清洗。这种换热器的热补偿方式是加补偿圈，适用范围为：两流体温度 <70℃；壳程流体压力 <6atm。因而壳程压力受膨胀节强度的限制不能太高。固定管板式换

热器适用于壳方流体清洁且不易结垢，两流体温差不大或温差较大但壳程压力不高的场合。

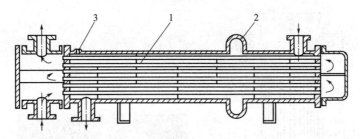

图 2-28　固定管板式换热器
1—挡板；2—补偿圈；3—放气嘴

b. 浮头式　如图 2-29 所示，浮头式管壳换热器的特点是，两端花板之一不与壳体固定连接，可在壳体内沿轴向自由伸缩。其优点是当管束受热或受冷时，管束连同浮头可自由伸缩，互不约束，不会产生热应力，且壳程便于清洗、检修；缺点是结构复杂，金属耗量多，造价高。浮头盖与浮动管板之间若密封不严，发生内漏，会造成两种介质的混合。浮头式换热器适用于壳体和管束壁温差较大或壳程介质易结垢的场合。

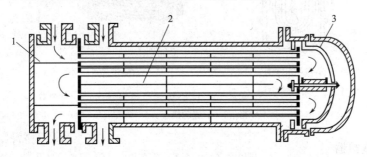

图 2-29　浮头式换热器
1—管程隔板；2—壳程隔板；3—浮头

c. U 形管式　如图 2-30 所示，U 形管式换热器的特点是，每根换热管都弯成 U 形，管子两端分别固定在同一管板上，管束可以自由伸缩，当壳体与 U 形换热管有温差时，不会产生热应力。其优点是结构简单，质量轻，耐高温、高压；缺点是管内清洗困难，管板上布管利用率低（因管壳弯成 U 形需一定的弯曲半径）。内层管子坏了不能更换，因而报废率较高。U 形管式换热器适用于管、壳壁温差较大或壳程介质易结垢，而管程介质清洁不易结垢以及高温、高压、腐蚀性强的场合。一般高温、高压、腐蚀性强的介质走管内，可使高压空间减小，密封易解决，并可节约材料和减少热损失。

上述几种管壳式换热器都有国标系列标准，例如：

$$F_A 600\text{-}130\text{-}16\text{-}2$$

其中：F 表示浮头式；

下标 A 表示 A 型管壳，$\Phi 19mm \times 2mm$ 为正三角形排列；

下标 B 表示 B 型管壳，$\Phi 25mm \times 2.5mm$ 为正方形排列；

600 表示壳体公称直径为 600mm；

130 表示公称传热面积为 130m²；

16 表示承受压力为 16kgf/cm²；

2 表示管程数为 2。

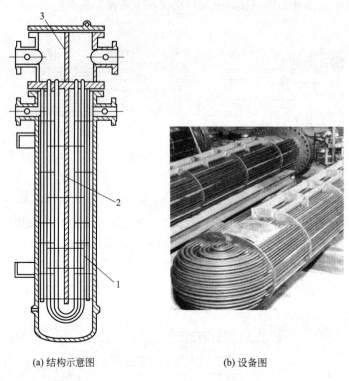

(a) 结构示意图　　　　(b) 设备图

图 2-30　U 形管式换热器

1—U 形管；2—壳程隔板；3—管程隔板

(2) 板式换热器

① 夹套式换热器　　如图 2-31 所示，夹套式换热器是在反应器或容器的外壁上安装夹套制成的。夹套与器壁之间形成加热介质或冷却介质的通道。这种换热器主要用于反应过程的加热或冷却。其优点是结构简单，造价低，可衬耐腐蚀材料；缺点是总传热系数较小，传热面积受容器筒体大小的限制，且夹套内清洗困难。为了提高总传热系数，可在夹套内装挡板，容器内加搅拌器。为了增加传热面积，可在容器内装蛇管换热器。

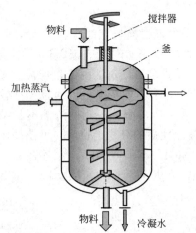

图 2-31　夹套式换热器

② 螺旋板换热器　　螺旋板换热器如图 2-32 所示，两块薄金属板，每块的一端分别与分割挡板焊在一起，卷成螺旋形。两板之间焊有定距柱以维持通道间距，在螺旋板两侧焊有盖板。进行热交换时，冷、热两种流体分别进入两条通道，在换热器内作严格的逆流流动。这种换热器的优点是，结构紧凑，单位体积的传热面积约为管壳式换热器的 3 倍，流速可达 20m/s（指气体），$Re=1400\sim1800$，可达完全湍流，总传热系数高，不易结垢、堵塞；同时由于流体的流程长和两流体可进行完全逆流，故可在较小的温差下操作，能充分利用低温热源，可用于低温差传热和精密控制温度。其缺点是，操作压力和温度不能太高（$P<2000kPa$，$T<400℃$），不易检修，流动阻力大（比管壳式的大 2～3 倍）。

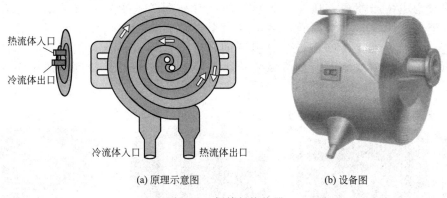

(a) 原理示意图　　　　　　　(b) 设备图

图 2-32　螺旋板换热器

常用的螺旋板换热器，根据流动方式不同，分为Ⅰ型、Ⅱ型、Ⅲ型及 G 型四种。其中，Ⅰ型的两个螺旋通道的两侧完全焊接密封，为不可拆结构，如图 2-33(a) 所示。换热器中，两流体均作螺旋流动，通常冷流体由外周流向中心，热流体由中心流向外周，呈完全逆流流动，此类换热器主要用于液体与液体间的传热。Ⅱ型换热器的一个螺旋通道的两侧为焊接密封，另一通道的两侧是敞开的，如图 2-33(b) 所示。换热器中，一流体沿螺旋通道流动，而另一流体沿换热器的轴向流动。此类换热器适用于两流体流量差别很大的场合，常用作冷凝器、气体冷却器等。Ⅲ型换热器的结构如图 2-33(c) 所示，一种流体作螺旋流动，另一流体作兼有轴向和螺旋向两者组合的流动，该结构适用于气体冷凝。G 型换热器的结构如图 2-33(d) 所示，该结构又称塔上型，常被安装在塔顶作为冷凝器。

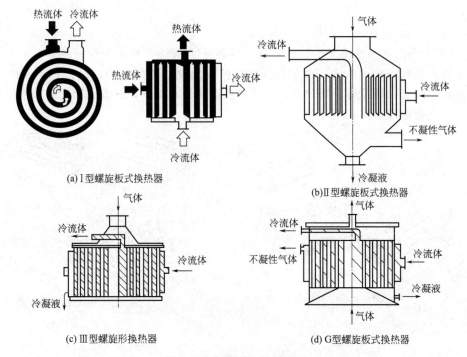

(a)Ⅰ型螺旋板式换热器　　　　　　(b)Ⅱ型螺旋板式换热器

(c)Ⅲ型螺旋形换热器　　　　　　(d) G型螺旋板式换热器

图 2-33　螺旋板换热器类型

③ 平板式换热器　平板式换热器是由一组长方形的薄金属板平行排列，夹紧组装于支架上面构成的，它以"板式"结构作为换热面，如图 2-34 所示，主要部件为传热板片、密封垫片和压紧装置。传热板片压成波纹形的表面，类似于洗衣板；密封垫片采用橡胶、

压缩石棉或合成树脂制成；压紧装置将一组板片压紧。这种换热器的工作原理是，每块板的四个角上，各开一个圆孔，其中有两个圆孔和板面上的流道相通，另两个圆孔则不相通。它们的位置在相邻板上是错开的，以分别形成两流体的通道，即冷、热流体交替地在板片两侧流动，通过金属板片进行换热，板与板之间的通道由密封垫片的厚度调节。

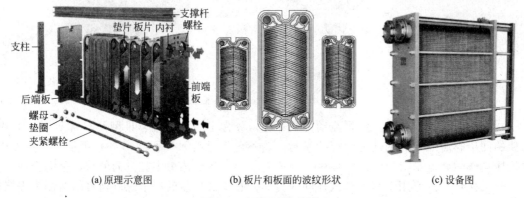

(a) 原理示意图　　　(b) 板片和板面的波纹形状　　　(c) 设备图

图 2-34　平板式换热器

该类换热器的优点是结构紧凑，单位体积的传热面积大，总传热系数高，如低黏度的液体可达 $7000W/(m^2 \cdot ℃)$，且传热面积可调节，检修、清洗方便；缺点是处理量小，操作压力和温度受密封垫片材料性能限制而不宜过高。板式换热器适用于经常需要清洗，工作环境要求十分紧凑，工作压力在 2.5MPa 以下，温度在 $-35 \sim 200℃$ 的场合，较多用于化工、食品、医药工业。

(3) 翅片式换热器

① 板翅式换热器　板翅式换热器如图 2-35 所示，两块平行的金属板之间，夹入波纹状的金属翅片，边侧密封，组成一个整体。根据波纹翅片的不同排列，可得到不同的操作方式，如逆流、并流、错流等。翅片是板翅式换热器的核心部件，其常用形式有平直翅片、波形翅片、锯齿形翅片、多孔翅片等。

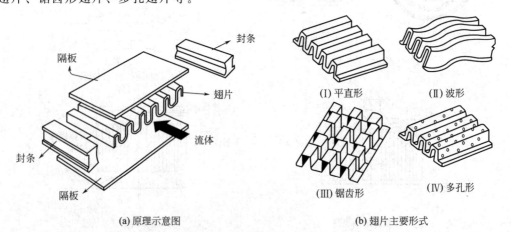

(a) 原理示意图　　　　　　　　　　(b) 翅片主要形式

图 2-35　板翅式换热器

这种换热器的优点是，翅片可增加湍动程度，破坏层流内层，总传热系数高；冷、热流体不仅通过平板换热，而且主要通过翅片换热，单位体积的传热面可达 $2500 \sim 4300W/$
$(m^2 \cdot ℃)$；轻巧牢固（翅片不仅是传热面，而且是两平板的支撑）；适应性强（气-气、气-

液、液-液、冷凝、蒸发均可）；可由多种介质在同一设备内换热。缺点是，结构复杂，清洗、检修困难，隔板、翅片一般用薄铝片材料，要求介质对铝不发生腐蚀。

板翅式换热器因轻巧牢固，常用于飞机、舰船和车辆的动力设备以及电子、电器设备，作为散热器和油冷却器等；也适用于气体的低温分离装置，如空气分离装置中作为蒸发冷凝器、液氮过冷器以及用于乙烯厂、天然气液化厂的低温装置中。

② 翅片管式换热器　翅片管式换热器是指在管子内表面或外表面上装有很多径向或轴向翅片，其中常见的翅片形式如图 2-36 所示。这种换热器主要用于两流体对流传热系数相差较大的情况，例如工业上常见的气体加热和冷却问题，因气体的对流传热系数很小，所以当与气体换热的另一流体是水蒸气冷凝或是冷却水时，则气体侧热阻成为传热控制因素。此时要强化传热，就必须增加气体侧的对流传热面积，若在管外装上翅片，既可增加传热面积，又可增加空气湍动程度，减少了气体侧的热阻，使气体传热系数提高，从而明显提高了换热器的传热效率。一般来说，当两流体的对流传热系数比大于 3 时，易采用翅片换热器。翅片管式换热器作为空气冷却器，在工业上应用很广。用空气代替水冷，不仅可在缺水地区使用，在水源充足的地方，采用空冷也取得了较好的经济效益。

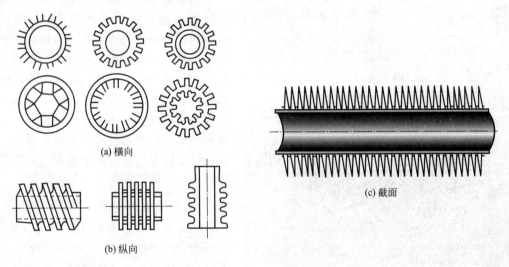

(a) 横向

(c) 截面

(b) 纵向

图 2-36　翅片管换热器的翅片形状

(4) 热管换热器

热管换热器是一种新型高效换热装置，由壳体、热管和隔板组成。其中，热管作为主要的传热元件，圆管内抽除不凝性气体并充以某种定量的可凝性液体（工作流体）。工作流体在吸热蒸发端沸腾，产生蒸汽流至冷却端凝结放出潜热，由冷却端回流至加热端再次沸腾，如此连续进行，热量则由加热端传递到冷却端。

热管按冷凝液循环方式分为毛细管热管、重力热管和离心热管三种。如图 2-37(a) 所示，毛细管热管的冷凝液依靠毛细管的作用回到热端，这种热管可以在失重情况下工作；重力热管的冷凝液是依靠重力流回到热端，它的传热具有单向性，一般为垂直放置，如图 2-37(b) 所示；离心热管是靠离心力使冷凝液回到热端，通常用于旋转部件的冷却。

图 2-38 所示是青岛科技大学化工学院引进的重力热管换热器，换热器主要由壳体和热管元件组成。壳体是一个钢结构件，一侧为热流体通道，另一侧为冷流体通道，中间由管板分隔；热管管壳为无缝钢管，上、下两端焊有封头，内部灌装有工质。

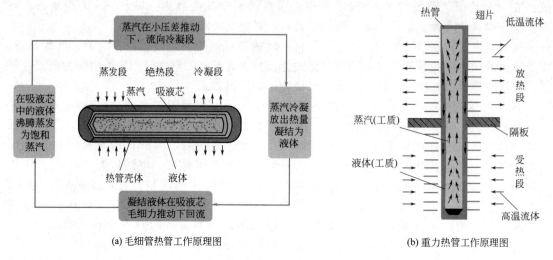

(a) 毛细管热管工作原理图　　　　　　　(b) 重力热管工作原理图

图 2-37　热管换热器

图 2-38　重力热管换热器设备图

热管传导热量的能力很强，为最优导热性能金属的导热能力的 $10^3 \sim 10^4$ 倍。由于热管的沸腾和冷凝对流传热强度都很大，通过管外翅片增加传热面，且巧妙地把管内、外流体间的传热转变为两侧管外的传热，使热管成为高效而结构简单、投资少的传热设备，特别适用于低温差传热及某些等温性要求较高的场合。目前，热管换热器已被广泛应用于烟道气废热的回收利用，并取得了很好的节能效果。

2.6.2　强化传热途径

热能是过程工业的主要能源，表 2-9 所列为美国六大工业（冶金、化工、造纸、石油煤炭、食品、建材）不同单元操作的用能情况。由表可见，热能的消耗大大超过了电能，因此，在传热过程中如何节能，对过程工业的生产具有普遍的指导意义。

表 2-9　美国六大工业不同单元操作的用能情况

操作名称	用能量/$\times 10^{12}$kJ	电能或热能	操作名称	用能量/$\times 10^{12}$kJ	电能或热能
工艺物料直接加热	7440±1670	主要为热能	蒸煮、消毒等	770±125	热能与电能
压缩	1420±630	电能或机械能	原料	2050±210	热能
电解	1250±420	热能	其他	2920±210	
蒸发	690±125	电能	合计	19090	
干燥	1130±210	热能			

节能是采取技术上可行、经济上合理以及环境和社会可接受的一切措施，来更有效地利用能源。节能的一般途径有：燃料燃烧的合理化，加热、冷却等传热过程的合理化，压缩空气的有效运行，废热（余热）回收，另外还有热能向动力转换，电力向动力和热转换等途

径。以下简要介绍有关的节能措施。

(1) 利用大量低品位热能

过程工业中所消耗的总热能的 80% 左右最终以低品位热能形式向环境排放，造成能量的大量流失。因此，有效地利用低品位热能具有十分重要的现实意义。如蒸馏操作中可利用塔顶产品的潜热或显热来预热物料，也可以将塔顶蒸汽经压缩机压缩后作为再沸器的热源。

(2) 利用化学反应热

在过程工业中，经常会遇到放热化学反应。如甲醇氧化制甲醛生产中，反应物甲醛气的温度高达 600 多摄氏度，用工业冷却水冷却，造成了极大的浪费，若利用该反应热副产蒸汽，则将反应气体从 640℃ 降至 240℃，每吨甲醛可副产 1t 蒸汽，同时还可节约冷却水 120t。

(3) 设备及管道的热损失

不保温或保温较差的设备及管道将对环境产生很大的热损失。例如一根 1m 长裸露的 4in(1in＝0.0254m) 蒸汽管道，每小时将冷凝 2～5kg 的蒸汽，每年要多耗 1000～2000kg 煤。对输送冷冻盐水的管道，要注意保冷，保冷的材料要保持干燥，否则会影响保冷效果。

(4) 降低传热温差，减少有效能损失

传热温差是传热不可逆过程损耗功的重要来源。传热温差愈小，有效能损失就愈小。由传热速率方程 $Q = KS\Delta t_m$ 可知，对于一定的热负荷，传热温差减小，传热面积必然增加，从而使摩擦损耗功增加。若要做到既不增加传热面积，又保持较小的传热温差，就必须强化传热过程，提高总传热系数。由式(2-83) 分析可知，为了增大 K，应尽量减少各项热阻。

(5) 强化传热过程，采用高效换热器

强化传热过程，采用高效换热器是传热节能的最有力措施。一般来说，高效换热器具备以下三个功能：①结构紧凑，单位体积内提供较大的传热面积；②总传热系数大；③传热效果好。因此，高效换热器在过程工业中已得到广泛的应用。

2.6.3 管壳式换热器设计

2.6.3.1 管壳式换热器设计中应考虑的问题

(1) 流体流动通道的选择

一般来说，不洁净的、易结垢的、腐蚀性的及压强高的流体走管程为好；饱和蒸汽、被冷却的、对流传热系数大的、流量小的及黏度大的流体走壳程为好。但应注意，这些原则要综合考虑，合理决定。

(2) 流速 u 的选择

增加流体在换热器中的流速，将加大对流传热系数，减少污垢在管子表面上沉积的可能，即降低了污垢热阻，使总传热系数增大，从而可减小换热器的传热面积。但是流速增加，又使流动阻力增大，动力消耗就增加。综上所述，在管壳式换热器中，流速的选择要进行经济权衡。此外，还应在流体的物性和设备的结构上加以考虑。例如，对于体积流量和传热面积一定时，要增加流速，则应增加管长或管程数。但管子太长不宜清洗，而一般管子都有出厂的规格标准。

综合考虑上述各因素，管壳式换热器中常用的流速范围如表 2-10 及表 2-11 所列。

表 2-10 管壳式换热器中常用的流速范围

流体的种类		一般流体	易结垢液体	气体
流速/(m/s)	管程	0.5～3	＞1	5～30
	壳程	0.2～1.5	＞0.5	3～15

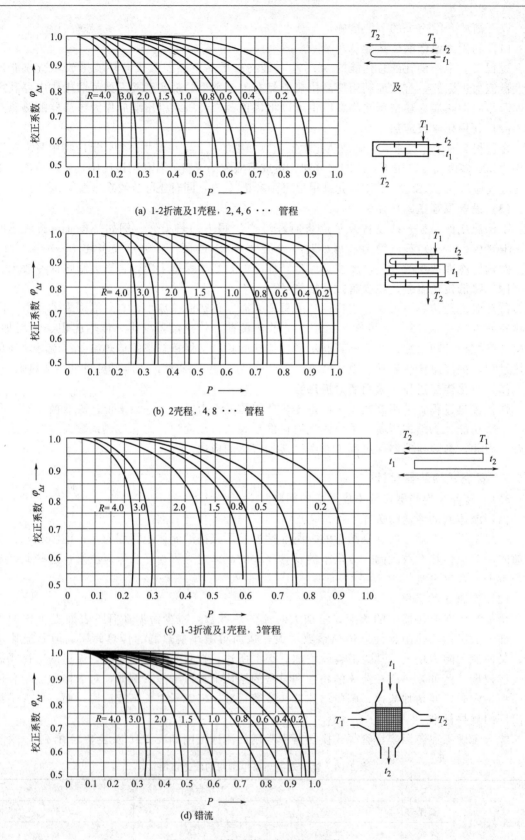

图 2-39 对数平均温度差校正系数 $\varphi_{\Delta t}$

表 2-11　管壳式换热器中易燃、易爆液体的安全允许速度

液体种类	乙醚、二硫化碳、苯	甲醇、乙醇、汽油	丙酮
安全允许速度/(m/s)	<1	<2~3	<10

(3) 管壳式换热器中流体温度的确定及 Δt_m 的计算

若换热器中冷、热流体之一仅已知进口温度，则出口温度应由设计者来确定。例如用冷水冷却某热流体，冷水的进口温度可以根据当地的气温条件进行估计，而流出换热器的冷水出口温度，则需要根据经济衡算来确定。对于水源缺乏的地区，可设计提高冷水的出口温度，即采用较大的进出口温度差，这样可以节省用水量，但由于降低了传热推动力，则需增加传热面积；反之，为了减小传热面积，则要增加用水量。通常，冷却水的两端温度差设计为 5~10℃，缺水地区则可选用更大的温差。

计算 Δt_m 的基本步骤如下。

① 逆流和并流　逆流和并流的 Δt_m 均可按式(2-76)计算。

② 错流和折流　前面 2.4.5 节中介绍了错流和折流的 $\Delta t'_m$ 计算方法，即可先按逆流的 Δt_m 计算，然后用温度差校正系数 $\varphi_{\Delta t}$ 加以修正，$\varphi_{\Delta t} = f(P，R)$，可根据 P、R 查图求得，如图 2-39 所示。可查取多管程和多壳程的 $\varphi_{\Delta t}$，设计中要求 $\varphi_{\Delta t}$ 不低于 0.8。

(4) 管子规格及排列方法

① 管子规格　目前，我国试行的管壳式换热器系列标准中仅有两种规格的管子：$\Phi 25mm \times 2.5mm$ 和 $\Phi 19mm \times 2mm$。管长出厂标准：$L = 6m$，合理换热器的管长常取 1.5m、2m、3m 和 6m，一般取 $L/D = 4~6$，D 为壳体直径，单位是 m。

② 管子排列方法　管子排列方法如图 2-40 所示，可分为正三角形排列、正方形排列和正方形错列三种。其中正三角形排列的优点是结构紧凑，管板的强度高，管子排列密度大，管程流体不易短路，且壳程流体扰动较大，因此传热效果好，缺点是清洗困难；正方形排列的优点是管外清洗方便，适用于壳程流体易产生污垢的场

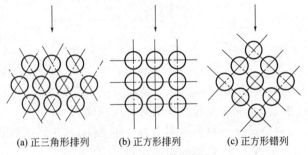

(a)正三角形排列　　(b)正方形排列　　(c)正方形错列

图 2-40　管子排列方法

合，缺点是传热效果比正三角形排列的差；正方形错列的优、缺点介于正三角形排列和正方形排列之间，对流传热系数可适当提高。

③ 管间距 t　管子在管板上间距 t（指相邻两根管子的中心距），随管子与管板的连接方法不同而异。通常，胀管法取 $t = (1.3~1.5)d_o$；焊接法取 $t = 1.25d_o$，其中 d_o 为内管外径。

(5) 管程数 N_p 和壳程数 N_s 的确定

① N_p 的确定

$$N_p = \frac{u}{u'} \tag{2-105}$$

式中　u——管程内流体的适宜流速，m/s；

$\quad\quad u'$——管程内流体的实际流速，m/s。

② N_s 的确定　当温度差校正系数 $\varphi_{\Delta t}$ 低于 0.8 时，可以采用壳方多程。但由于壳方隔板在制造、安装和检修等方面都有困难，故一般不采用壳方多程的换热器，而是将几个换热

器串联使用，以代替壳方多程，此类方式称为壳方多个串联。

（6）外壳直径的确定

换热器壳体的内径应等于或稍大于管板的直径，一般在初步设计中，可先分别选定两流体的流速，然后计算所需的管程和壳程的流通截面积，在系列标准中查出外壳的直径。待全部设计完成后，再应用作图法画出管子排列图；初步设计中也可用下式计算壳体内径，即

$$D = t(n_c - 1) + 2b' \tag{2-106}$$

式中　D——壳体内径，m；

$\quad\quad t$——管中心距，m；

$\quad\quad n_c$——横过管束中心线的管数；

$\quad\quad b'$——管束中心线上最外层管的中心至壳体内壁的距离，一般取 $b' = (1-1.5)$ d_o，m。

按照上述方法计算得到的壳内径应圆整，标准尺寸见表 2-12。

表 2-12　壳体标准尺寸

壳体外径/mm	325	400	500	600	700	800	900	1000	1100	1200
最小壁厚/mm	8	10					12		14	

（7）流体流动阻力（压强降）的计算

① 管程阻力（压强降）Δp_t　管程阻力可按一般摩擦阻力公式计算，对于多程换热器，其总阻力等于各程直管阻力、回弯阻力及进、出口阻力之和。

$$\Delta p_t = (\Delta p_i + \Delta p_r) \cdot N_s \cdot N_p \tag{2-107}$$

其中

$$\Delta p_i = \lambda \frac{l}{d_i} \frac{u^2 \rho}{2} \tag{2-108}$$

$$\Delta p_r = \sum \xi \frac{u^2 \rho}{2} \tag{2-109}$$

式中　Δp_i——每程直管阻力（压强降）；

$\quad\quad \Delta p_r$——每程局部阻力（压强降）（包括回弯管、进、出口阻力）；

$\quad\quad N_s$——壳程数；

$\quad\quad N_p$——管程数。

注意：Δp_t 应该按一根管子计算。

② 壳程阻力（压强降）Δp_s　计算 Δp_s 的经验公式很多，以下式为例说明。

$$\Delta p_s = \lambda_s \frac{D(N_B + 1)}{d_e} \frac{\rho u_o^2}{2} \tag{2-110}$$

其中：　$\lambda_s = 1.72 \left(\frac{d_e u_o \rho}{\mu} \right)^{-0.19} \tag{2-111}$

$$S_o = hD \left(1 - \frac{d_o}{t} \right) \tag{2-112}$$

式中　u_o——壳程流速，m/s，以流通面积 S_o 计；

$\quad\quad N_B$——折流板数；

$\quad\quad h$——折流板间距，m；

$\quad\quad D$——壳体直径，m；

$\quad\quad t$——管间距，m；

d_o——管子外径，m；

d_e——壳程当量直径，m。

一般液体经换热器壳程压强降为 $10\sim100$kPa，气体的为 $1\sim10$kPa。设计时换热器的工艺尺寸应在压强降与传热面积之间予以权衡，使之既能满足工艺要求，又经济合理。

2.6.3.2　管壳式换热器的选用基本步骤

(1) 估算传热面积，初选换热器型号

① 根据换热任务，计算传热量。

② 确定流体在换热器中的流动途径。

③ 确定流体在换热器中两端的温度，计算定性温度，确定在定性温度下的流体物性。

④ 计算平均温度差，并根据温度差校正系数不应小于 0.8 的原则，确定壳程数或调整加热介质或冷却介质的终温。

⑤ 根据两流体的温差和设计要求，确定换热器的型式。

⑥ 依据换热流体的性质及设计经验，选取总传热系数值 $K_{过}$。

⑦ 依据总传热速率方程，初步算出传热面积 S，并确定换热器的基本尺寸或按系列标准选择设备规格。

(2) 计算管、壳程压降

根据初选的设备规格，计算管、壳程的流速和压降，检查计算结果是否合理或满足工艺要求。若压降不符合要求，要调整流速，再确定管程和折流挡板间距，或选择其他型号的换热器，重新计算压降直至满足要求为止。

(3) 核算

计算管、壳程对流传热系数，确定污垢热阻 R_{s_i} 和 R_{s_o}，再计算总传热系数 $K_{计}$，然后与 $K_{过}$ 值比较，若 $K_{计}/K_{过}=1.15\sim1.25$，则初选的换热器合适，否则需另选 $K_{过}$ 值，重复上述计算步骤。

上述步骤为一般原则，应视具体情况灵活变动，下面给出一个设计举例。

【例 2-12】　某化工厂在生产过程中，需将纯苯液体从 80℃冷却到 55℃，其流量为 20000kg/h；冷却介质采用 35℃的循环水，要求换热器的管程和壳程压降不大于 10kPa，试选用合适型号的换热器。

解：(1) 估算传热面积，初选换热器型号

① 基本物性数据的查取

苯的定性温度　　　　　　　$\dfrac{80+55}{2}=67.5℃$

查得苯在定性温度下的物性数据：

$$\rho=828.6\text{kg/m}^3,\ C_P=1.841\text{kJ/(kg·℃)}$$

$$\lambda=0.129\text{W/(m}^2\text{·℃)},\ \mu=0.352\times10^{-3}\text{Pa·s}$$

根据设计经验，选择冷却水的温升为 8℃，则水的出口温度为 $t_2=35+8=43℃$

水的定性温度　　　　　　　$\dfrac{35+43}{2}=39℃$

查得水在定性温度下的物性数据：

$$\rho = 992.3 \text{kg/m}^3, C_P = 4.174 \text{kJ/(kg} \cdot \text{℃})$$
$$\lambda = 0.633 \text{W/(m}^2 \cdot \text{℃}), \mu = 0.67 \times 10^{-3} \text{Pa} \cdot \text{s}$$

② 热负荷计算

$$Q = W_k C_{P_h}(T_1 - T_2) = \frac{20000}{3600} \times 1.841 \times 10^3 (80-55) = 2.56 \times 10^5 \text{W}$$

冷却水耗量：

$$W_c = \frac{Q}{C_{P_c}(t_2 - t_1)} = \frac{2.56 \times 10^5}{4.174 \times 10^3 (43-35)} = 7.67 \text{kg/s}$$

③ 确定流体的流径　该设计任务的热流体为苯，冷流体为水，为使苯通过壳壁面向空气中散热，提高冷却效果，令苯走壳程，水走管程。

④ 计算平均温度差　暂按单壳程、双管程考虑，先求逆流时的平均温度差：

苯	80℃	→	55℃
冷却水	43℃	←	35℃
Δt	37℃		20℃

所以：$\Delta t_m = \dfrac{\Delta t_2 - \Delta t_1}{\ln \dfrac{\Delta t_2}{\Delta t_1}} = \dfrac{37-20}{\ln \dfrac{37}{20}} = 27.6$℃

计算 R 和 P：

$$R = \frac{T_1 - T_2}{t_2 - t_1} = \frac{80-55}{43-35} = 3.125$$

$$P = \frac{t_2 - t_1}{T_1 - t_1} = \frac{43-35}{80-35} = 0.178$$

由 R、P 值，查图 2-39(a)，$\varphi_{\Delta t} > 0.8$，因 $\varphi_{\Delta t} = 0.94$，选用单壳程可行。

$$\Delta t'_m = \varphi_{\Delta t} \Delta t_m = 0.94 \times 27.6 = 25.9 ℃$$

⑤ 选 K 值，估算传热面积　参照附录，取 $K = 450 \text{W/(m}^2 \cdot \text{℃})$

$$S = \frac{Q}{K \Delta t_m} = \frac{2.56 \times 10^5}{450 \times 25.9} = 22 \text{m}^2$$

⑥ 初选换热器型号　由于两流体温差 < 50℃，可选用固定管板式换热器。由固定管板式换热器的系列标准，初选换热器型号为：G 400 Ⅱ-1.6-22。

主要参数如下：外壳直径 400mm，公称压力 1.6MPa；公称面积 22m²，管子尺寸 $\varPhi$25mm×2.5mm，管子数 102，管长 3000mm；管中心距 32mm，管程数 N_P 为 2；管子排列方式为正三角形；管程流通面积 0.016m²；实际换热面积

$$S_o = n\pi d_o(L-0.1) = 102 \times 3.14 \times 0.025(3-0.1) = 23.2 \text{m}^2$$

采用此换热面积的换热器，则要求过程的总传热系数为

$$K_o = \frac{Q}{S_o \Delta t_m} = \frac{2.56 \times 10^5}{23.2 \times 25.9} = 426 \text{W/(m}^2 \cdot \text{℃})$$

(2) 核算压降

① 管程压降

$$\sum \Delta p_i = (\Delta p_1 + \Delta p_2) F_t N_s N_p$$
$$F_t = 1.4 \quad N_s = 1 \quad N_p = 2$$

管程流速　$u_i = \dfrac{V_s}{A_i} = \dfrac{7.67}{992.3 \times 0.016} = 0.483 \text{m/s}$

$$Re_i = \frac{d_i u_i \rho}{\mu} = \frac{0.02 \times 0.483 \times 992.3}{0.67 \times 10^{-3}} = 1.43 \times 10^4 \text{（湍流）}$$

对于碳钢管，取管壁粗糙度 $\varepsilon = 0.1\text{mm}$

$$\frac{\varepsilon}{d_i} = \frac{0.1}{20} = 0.005$$

由 λ-Re 关系图中查得 $\lambda = 0.037$

$$\Delta p_1 = \lambda \frac{L}{d_i} \frac{\rho u_i^2}{2} = 0.037 \times \frac{3}{0.02} \times \frac{992.3 \times 0.483^2}{2} = 642.4\text{Pa}$$

$$\Delta p_2 = 3\left(\frac{\rho u_i^2}{2}\right) = 3\left(\frac{992.3 \times 0.483^2}{2}\right) = 347.2\text{Pa}$$

$$\sum \Delta p_i = (642.4 + 347.2) \times 1.4 \times 2 \times 1.4 \times 2 = 2771\text{Pa} < 10\text{kPa}$$

② 壳程压降

$$\sum \Delta p_o = (\Delta p_1' + \Delta p_2')F_s N_s$$

$$F_s = 1.15 \qquad N_s = 1$$

$$\Delta p_1' = F f_o n_c (N_B + 1) \frac{\rho u_o^2}{2}$$

管子为正三角形排列 $F = 0.5$

$$n_c = 1.1\sqrt{n} = 1.1\sqrt{102} = 11.1$$

取折流挡板间距 $z = 0.15\text{m}$，$\frac{1}{5}D < z < D$

$$N_B = \frac{L}{z} - 1 = \frac{3}{0.15} - 1 = 19$$

壳程流通面积 $A_o = z(D - n_c d_o) = 0.15(0.4 - 11.1 \times 0.025) = 0.0184\text{m}^2$

壳程流速

$$u_o = \frac{V_s}{A_o} = \frac{20000}{3600 \times 828.6 \times 0.0184} = 0.364\text{m/s}$$

$$Re_o = \frac{d_o u_o \rho}{\mu} = \frac{0.025 \times 0.364 \times 828.6}{0.352 \times 10^{-3}} = 2.14 \times 10^4 > 500$$

$$f_o = 5.0 Re_o^{-0.228} = 5.0 \times (2.14 \times 10^4)^{-0.228} = 0.515$$

所以

$$\Delta p_1' = 0.5 \times 0.515 \times 11.1(19+1) \times \frac{828.6 \times 0.364^2}{2} = 3138\text{Pa}$$

$$\Delta p_2' = N_B \left(3.5 - \frac{2z}{D}\right)\frac{\rho u_o^2}{2} = 19\left(3.5 - \frac{2 \times 0.15}{0.4}\right)\frac{828.6 \times 0.364^2}{2} = 2868\text{Pa}$$

$$\sum \Delta p_o = (3138 + 2868) \times 1.15 \times 1 = 6907\text{Pa} < 10\text{kPa}$$

计算结果表明，管程和壳程的压降均能满足设计条件。

（3）核算总传热系数

① 管程对流传热系数 α_i

$$Re_i = 1.43 \times 10^4 > 1 \times 10^4$$

$$Pr = \frac{C_P \mu}{\lambda} = \frac{4.174 \times 10^3 \times 0.67 \times 10^{-3}}{0.633} = 4.42$$

$$\alpha_i = 0.023 \frac{\lambda}{d_i} Re_i^{0.8} Pr^{0.4}$$

$$=0.023\frac{0.633}{0.02}\times(1.43\times10^4)^{0.8}\times4.42^{0.4}=2783\text{W/(m}^2\cdot\text{℃})$$

② 壳程对流传热系数 α_o（Kern 法）

由 $\alpha_o=0.36\left(\dfrac{\lambda}{d_e}\right)\left(\dfrac{d_eu_o\rho}{\mu}\right)^{0.55}\left(\dfrac{C_P\mu}{\lambda}\right)^{1/3}\left(\dfrac{\mu}{\mu_w}\right)^{0.14}$

管子为正三角形排列，则

$$d_e=\frac{4\left(\dfrac{\sqrt{3}}{2}t^2-\dfrac{\pi}{4}d_o^2\right)}{\pi d_o}=\frac{4\left(\dfrac{\sqrt{3}}{2}\times0.032^2-\dfrac{\pi}{4}\times0.025^2\right)}{\pi\times0.025}=0.02\text{m}$$

$$A=zD\left(1-\frac{d_o}{t}\right)=0.15\times0.4\left(1-\frac{0.025}{0.032}\right)=0.0131\text{m}^2$$

$$u_o=\frac{V_s}{A}=\frac{20000}{3600\times828.6\times0.0131}=0.512\text{m/s}$$

壳程中苯被冷却，取 $\left(\dfrac{\mu}{\mu_w}\right)^{0.14}=0.95$

$$\alpha_o=0.36\left(\frac{0.129}{0.02}\right)\left(\frac{0.02\times0.512\times828.6}{0.352\times10^{-3}}\right)^{0.55}\left(\frac{1.841\times10^3\times0.352\times10^{-3}}{0.129}\right)^{1/3}\times0.95=$$

$971.4\text{W/(m}^2\cdot\text{℃})$

③ 污垢热阻 根据表 2-7，管内、外侧污垢热阻分别取为

$$R_{s_i}=2.00\times10^{-4}(\text{m}^2\cdot\text{℃})/\text{W}, R_{s_o}=1.72\times10^{-4}(\text{m}^2\cdot\text{℃})/\text{W}。$$

④ 总传热系数 K 管壁热阻可忽略时，总传热系数 K 为

$$\frac{1}{K}=\frac{1}{\alpha_o}+R_{s_o}+R_{s_i}\frac{d_o}{d_i}+\frac{1}{\alpha_i}\frac{d_o}{d_i}$$

$$K=\frac{1}{\dfrac{1}{971.4}+0.000172+0.0002\times\dfrac{0.025}{0.02}+\dfrac{0.025}{2783\times0.02}}=526.2\text{W/(m}^2\cdot\text{℃})$$

$$\frac{K_{计}}{K_{过}}=\frac{526.2}{426}=1.24$$

故所选择的换热器是合适的，安全系数为

$$\frac{526.2-426}{426}\times100\%=23.52\%$$

设计结果为：选用固定管板式换热器，型号：G400Ⅱ-1.6-22。

工程案例分析

换热器以小替大改善换热效果

在某化工产品的生产装置中，混合液在分解塔中进行反应时，放出大量的热量，若不及时移走，分解塔内温度将持续上升，会产生过量焦油，这不但会使产品质量下降，甚至会堵塞管道造成事故。国内该类生产装置大都采用蒸发冷却的方式来移走反应热（即塔内温度靠液体自身的蒸发来维持，一般维持在 88℃ 左右）。只有北方某厂采用外循环冷却的方式，即将塔内液体用泵抽出，经塔外一双管程列管换热器用冷却水（走管程）冷却后循环回入分解塔，所用的换热器 A 的主要参数为：壳径 1m，双管程，换热管 Φ38mm×2.5mm、长 2.5m，换热管数 370 根，总传热面积 100m²。

后来，该厂欲将塔内温度降至 60℃ 操作，这一改变要求冷却器热负荷增至 $4\times10^5\text{kJ/h}$。

更换一个传热面积更大的换热器是最容易想到的办法，但这无疑要增加一大笔设备投资。技术人员又想到了仍使用原换热器但增大混合液（走壳程）循环量的办法，因为这样可以提高冷却器的传热系数，总传热速率当然能够获得提高。于是该厂实施了使用原换热器 A、更换大泵、将混合液循环提高至原来 3 倍的技改措施。结果发现，换热效果并未得到明显改善，A 换热器的热负荷仅有略有提高。鉴于这种情况，厂方又实施了第二种技改措施，即将原换热器 A 更换为一个传热面积更大的换热器 B，其主要参数为：壳径 1m，双管程，换热管 $\Phi25mm\times2.5mm$、长 3m，换热管数 1234 根，总传热面积 $213.6m^2$。结果发现，采用该换热器的换热效果还不如使用换热器 A 时。于是厂方就此问题向有关专家寻求解决办法。该专家通过在现场收集数据，并进行了大量的技术指标核算，终于找到了问题的症结所在。现将该专家的分析过程简述如下。

虽然换热器 A 和 B 的换热面积不小，但这是以直径很大的壳内安置过多的换热管来获得的，这使得该换热器管程和壳程的流通截面都很大，故换热管两侧的对流传热系数都很低。据测算，对换热器 A，管内冷却水和管外混合液雷诺数分别只有 700 和 350，即都处于层流流动状态，用层流流动的公式计算对流传热系数，加上污垢热阻后的总传热系数仅为 $75W/(m^2\cdot K)$。即使将混合液循环量提高至原来的 3 倍，壳侧的雷诺数也仅为 1000 左右，对应的总传热系数也仅为 $87W/(m^2\cdot K)$，提高不大。

原换热器 A 和换热面积更大的换热器 B 都因流通截面积过大，导致传热系数很低而不可用。于是该专家从厂家废品库内找出了壳径为 270mm、内装 48 根 $\Phi25mm\times2.5mm$ 换热管、总传热面积仅为 $37.5m^2$ 的换热器两台（C）。通过计算发现，虽然换热器 C 的传热面积只有换热器 A 的 37.5%，但由于壳径小，管数少，流通截面积小，因而流速很高，管内、外的对流传热系数分别可达 $450W/(m^2\cdot K)$ 和 $600W/(m^2\cdot K)$，加上污垢热阻和足够的安全系数，总传热系数可达 $250W/(m^2\cdot K)$ 以上，其 KS 值远较换热器 A 和 B 的大。于是该专家提出了用 C 替代 A 和 B 的方案。厂家抱着试试看的心理实施了该方案，结果果然如该专家所料，用面积仅为 $37.5m^2$ 的 C 取代面积为 $100m^2$ 的 A 后，换热效果不但没有下降，反而有了大幅度的提高，生产能力相应地提高了 75%，完全达到了改造的目标。

此案例表明，考察一台换热器的工作能力不能单纯只考虑其传热面积，传热面积和总传热系数的乘积 KS 才能真正代表一台换热器的工作能力。因为存在如下的关系：S-管数-流通截面积-流速-传热系数，因此列管换热器的 K 值和 S 值之间往往存在着"此涨彼消"的关系，过大的传热面积往往由于流体流量的"不匹配"而导致过低的 K 值，结果是换热效果大大低于主观预期。

习　题

1. 锅炉钢板壁厚 $\delta_1=20mm$，其热导率 $\lambda_1=46.5W/(m\cdot K)$。若黏附在锅炉内壁上的水垢层厚度为 $\delta_2=1mm$，其热导率 $\lambda_2=1.162W/(m\cdot K)$。已知锅炉钢板外表面温度为 $t_1=523K$，水垢内表面温度为 $t_3=473K$，求锅炉每平方米表面积的传热速率，并求钢板内表面的温度 t_2。　　　　　　　　　　（506.3K）

2. 在一 $\Phi60mm\times3.5mm$ 的钢管外包有两层绝热材料，里层为 40mm 的氧化镁粉，平均热导率 $\lambda=0.07W/(m\cdot℃)$；外层为 20mm 的石棉层，平均热导率 $\lambda=0.15W/(m\cdot℃)$。现用热电偶测得管内壁温度为 500℃，最外层表面温度为 80℃。已知钢管的平均热导率 $\lambda=45W/(m\cdot℃)$，试求每米管长的热损失及两层保温层界面的温度。　　　　　　　　　　（191.6W/m；130.8℃）

3. 有一管壳式换热器，由 38 根 $\Phi25mm\times2.5mm$ 的无缝钢管组成，苯在管程流动，由 20℃ 加热到 80℃，苯的流量为 10.2kg/s，饱和蒸汽在壳程冷凝。试求：（1）管壁对苯的对流传热系数；（2）若苯的流量提高一倍，对流传热系数将有何变化？　　　$[1505W/(m^2\cdot℃)；2620W/(m^2\cdot℃)]$

4. 苯流过一套管换热器的环隙，自 20℃ 升高至 80℃，该换热器的内管规格为 $\Phi19mm\times2.5mm$，外管规格

为 $\Phi38mm\times3mm$。苯的流量为 1800kg/h，求苯对内管壁的对流传热系数。　　　　　[1832W/(m² · ℃)]

5. 常压下温度为 120℃的甲烷以 10m/s 的平均速度在管壳式换热器的管间沿轴向流动。离开换热器时甲烷温度为 30℃，换热器外壳内径为 190mm，管束由 37 根 $\Phi19mm\times2mm$ 的钢管组成，试求甲烷对管壁的对流传热系数。　　　　　[60.3W/(m² · ℃)]

6. 温度为 90℃的甲苯以 1500kg/h 的流量通过蛇管而被冷却至 30℃。蛇管的直径为 $\Phi57mm\times3.5mm$，弯曲半径为 0.6m，试求甲苯对蛇管的对流传热系数。　　　　　[240.7W/(m² · ℃)]

7. 120℃的饱和水蒸气在一根 $\Phi25mm\times2.5mm$、长 1m 的管外冷凝，已知管外壁温度为 80℃，分别求该管垂直和水平放置时的蒸气冷凝传热系数。　　　[垂直：5495.3W/(m² · ℃)；水平：8866.7W/(m² · ℃)]

8. 现测定一传热面积为 2m² 的管壳式换热器的总传热系数 K 值。已知热水走管程，测得其流量为 1500kg/h，进口温度为 80℃，出口温度为 50℃；冷水走壳程，测得进口温度为 15℃，出口温度为 30℃，逆流流动，试计算该换热器的 K 值。　　　　　[621.1 W/(m² · ℃)]

9. 热气体在套管式换热器中用冷却水冷却，内管为 $\Phi25mm\times2.5mm$ 的钢管，冷水在管内湍流流动，对流传热系数为 2000W/(m² · K)。热气在套管环隙湍流流动，对流传热系数为 50W/(m² · K)。已知钢的热导率为 45.4W/(m · K)。试计算：(1) 管壁热阻占总阻力的百分数；(2) 冷水流速提高一倍，则总传热系数有何变化；(3) 气体流速提高一倍，则总传热系数有何变化？

　　　　　[0.297%；48.97W/(m² · ℃)；82.15W/(m² · ℃)]

10. 实验测定管壳式换热器的总传热系数时，水在换热器的管内作湍流流动，管外为饱和水蒸气冷凝。内管由直径为 $\Phi25mm\times2.5mm$ 的钢管组成。当水的流速为 1m/s 时，测得基于管外表面积的总传热系数 K_o 为 2115W/(m² · ℃)；若其他条件不变，而水的速度变为 1.5m/s 时，测得 K_o 为 2660W/(m² · ℃)。试求蒸汽冷凝传热系数。(假设污垢热阻可以忽略不计。)　　　　　[15900W/(m² · ℃)]

11. 某套管式换热器用于机油和原油的换热。原油在套管环隙流动，进口温度为 120℃，出口温度上升到 160℃；机油在内管流动，进口温度为 245℃，出口温度下降到 175℃。(1) 试分别计算并流和逆流时的平均温度差；(2) 若已知机油质量流量为 0.5kg/s，比热容为 3kJ/(kg · ℃)，并流和逆流时的总传热系数 K 均为 100W/(m² · ℃)，求单位时间内传过相同热量分别所需要的传热面积。

　　　　　[逆流温差：68.9℃；并流温差：51.9℃；逆流面积：15.2m²；并流面积：20.2m²]

12. 某管壳式换热器由多根 $\Phi25mm\times2.5mm$ 的钢管组成，将流量为 15t/h 的苯由 20℃加热到 55℃，苯在管中流速为 0.5m/s，加热剂为 130℃的饱和水蒸气在管外冷凝，其汽化潜热为 2178kJ/kg，苯的比热容 $C_P=1.76kJ/(kg · K)$，密度 $\rho=858kg/m^3$，黏度 $\mu=0.52\times10^{-3}Pa · s$，热导率 $\lambda=0.148W/(m · K)$，热损失、管壁及污垢热阻均忽略不计，蒸汽冷凝的 $\alpha=10^4W/(m² · K)$。试求：(1) 水蒸气用量 (kg/h)；(2) 总传热系数 K (以管外表面积为基准)；(3) 换热器所需管数 n 及单根管长度 l。

　　　　　[424.3kg/h；625.8W/(m² · ℃)；31 根，1.84m]

13. 在一套管式换热器中用水逆流冷却热油，已知换热器的传热面积为 3.5m²。冷却水走管内，流量为 5000kg/h，流动为强制湍流，入口温度为 20℃；热油走套管环隙，流量为 3800kg/h，入口温度为 80℃，其比热容 $C_P=2.45kJ/(kg · K)$。已知两流体的对流传热系数均为 2000W/(m² · K)。管壁厚度、管壁热阻、污垢热阻均可以忽略。试计算冷热流体的出口温度。如果由于工艺改进，热油的出口温度需要控制在 35℃以下，当通过提高冷却水流量的方法来实现时，冷却水的流量应控制为多少？

　　　　　[37.8℃；7135kg/h]

14. 某管壳式换热器由多根 $\Phi25mm\times2.5mm$ 的钢管组成，管束的有效长度为 3.0m。通过管程的流体冷凝壳程流量为 5000kg/h、温度为 75℃的饱和有机蒸气，蒸气的冷凝潜热为 310kJ/kg，蒸汽冷凝的对流传热系数为 800W/(m² · K)。冷却剂在管内的流速为 0.7m/s，温度由 20℃升高到 50℃，其比热容为 $C_P=2.5kJ/(kg · K)$，密度为 $\rho=860kg/m^3$，对流传热系数为 2500W/(m² · K)。蒸汽侧污垢热阻和管壁热阻忽略不计，冷却剂侧的污垢热阻为 0.00055m² · K/W。试计算该换热器的传热面积并确定该换热器中换热管的总根数及管程数。　　　　　(27.7m²；120 根；4)

15. 在一台管壳式换热器中，壳方 120℃的水蒸气冷凝将一定流量的空气由 20℃加热到 80℃，空气的对流传热系数 $\alpha_i=100W/(m² · ℃)$。换热器由 $\Phi25mm\times2.5mm$，$L=6m$ 的 100 根钢管组成。现因为工艺需要，空气流量增加 50%，要维持对空气的加热要求，有人建议采用如下四种措施：(1) 将管方改为双程；(2) 增加管长到 8m；(3) 将管束改为 $\Phi19mm\times2mm$ 的规格；(4) 将蒸汽温度提高到 124℃。已知蒸汽的量足够，试通过定量计算，必要时作合理简化，说明上述措施能否满足需要。

(满足；满足；满足；不满足)

16. 一管壳式换热器 (管径 $\Phi25mm\times2.5mm$)，传热面积 $12m^2$ (按管外径计，下同)。今拟使 80℃ 的饱和苯蒸气冷凝、冷却到 45℃。苯走管外，流量为 1kg/s；冷却水走管内与苯逆流，其进口温度为 10℃，流量为 5kg/s。已估算出苯冷凝、冷却时的对流传热系数分别为 1500W/(m²·K)、870W/(m²·K)；水的对流传热系数为 2400W/(m²·K)。取水侧的污垢热阻为 0.26×10^{-3}(m²·K)/W，并忽略苯侧的污垢热阻及管壁热阻，问此换热器是否可用？已知水、液体苯的比热容分别为 4.18kJ/(kg·K)、1.76kJ/(kg·K)；苯蒸气的冷凝潜热 $r=395kJ/kg$。

(不可用)

17. 某低黏度流体的流量为 8000kg/h，比热容为 4kJ/(kg·℃)，要将该流体由 20℃ 加热到 90℃。若采用的是管壳式换热器，其管束由 150 根管径为 $\Phi25mm\times2mm$ 的不锈钢管组成。管外的加热源为 108℃ 的饱和水蒸气，其冷凝对流系数为 11kW/(m²·℃)。当换热器为单管程时，换热器的长度为 4.5m；若将单管程改为双管程，而管子的总数不变，求：

(1) 换热器的总传热系数；

(2) 所需换热管的长度。不考虑管壁及可能的污垢热阻，忽略换热器的热损失，假设流体在管内均呈湍流流动，两种情况下蒸汽冷凝对流系数相同。

[455.4W/(m²·℃)；2.63m]

18. 一台逆流式换热器，传热面积为 $1.5m^2$。初运行时，热水从 95℃ 冷却到 55℃，流量为 0.54t/h；冷却水从 35℃ 加热到 55℃。如果水的流量保持不变，而长时间运行后热水出口温度变成 65℃。求长时间运行后换热器的总传热系数和污垢热阻 [假设水的比热容不随温度变化，且已知 $C_p=4.190kJ/(kg·K)$]。

[339.7W/(m²·℃)；0.00122m²·℃/W]

19. 实验室内有一高为 1m，宽为 0.5m 的铸铁炉门，其表面温度为 600℃，室温为 20℃。试计算每小时通过炉门辐射而散失的热量。如果在炉门前 50mm 处放置一块同等大小、同样材料的平板作为隔热板，则散热量为多少？如果将隔热板更换为同等大小、材料为已经氧化了的铝板，则散热量有何变化？

(12664W；5700W；1192W)

思　考　题

1. 气体与固体壁面之间、液体与固体壁面之间、有相变流体与固体壁面之间的对流传热系数的数量级分别为多大？
2. 试说明热导率、对流传热系数和总传热系数的物理意义、单位及彼此之间的区别。
3. 物体的吸收率与辐射能力之间存在什么关系？黑度与吸收率之间有何联系？
4. 有一间壁式换热器，管程内空气被加热，壳程为饱和水蒸气，总传热系数 K 接近于哪一侧的对流传热系数？壁温接近于哪一侧流体的温度？
5. 有一套管换热器，用饱和水蒸气加热管内湍流流动的空气，若总传热系数 K 近似等于空气的对流传热系数，今空气流量增加 1 倍，要求空气进出口温度及饱和水蒸气温度仍不变，问该换热器长度应增加为原长度的多少倍？
6. 管壳式换热器在什么情况下要考虑热补偿，热补偿的形式有哪些？
7. 管壳式换热器为何采用多管程和多壳程？
8. 从强化传热的角度来比较管式换热器、板式换热器及翅片式换热器的优缺点。

符　号　说　明

英文字母：

t——冷流体温度，℃；

T——热流体温度，℃；

$x，y，z$——空间坐标；

Q——传热速率，W；

q——热量通量，W/m²；

S——传热面积，m²；

b——厚度，m；

L——长度，m；

r——半径，m；或代表气化潜热及冷凝潜热，kJ/kg；

R——热阻，$m^2 \cdot ℃/W$；或表示反射率，无
因次；

Re——雷诺数，无量纲；

Pr——普兰特数，无量纲；

Nu——努塞尔特数，无量纲；

Gr——格拉斯霍夫数，无量纲；

n——管数；

K——总传热系数，$W/(m^2 \cdot ℃)$；

E——辐射能力，W/m^2；

A——吸收率，无量纲；

D——透过率，无量纲；

p——压强，Pa；

希腊字母：

θ——时间，s；

λ——热导率，$W/(m \cdot ℃)$；

α——对流传热系数，$W/(m^2 \cdot ℃)$；

β——体积膨胀系数，$1/℃$；

ε——传热效率，或黑度；

μ——黏度，$Pa \cdot s$；

ρ——密度，kg/m^3；

ϕ——角系数。

下标：

c——冷流体；

h——热流体；

e——当量；

i——管内；

m——平均；

o——管外；

s——饱和或污垢；

v——蒸汽；

W——壁面；

min——最小；

max——最大。

第 3 章 蒸 发

当溶液中溶质的挥发性甚小,而溶剂又具有明显的挥发性时,工业上常用加热的方法,使溶剂气化达到溶液浓缩或挥发性物质回收的目的,这样的操作称为蒸发。蒸发常常将稀溶液加以浓缩,以便得到工艺要求的产品。它是过程工业中应用最广泛的浓缩方法之一,常用于烧碱、抗生素、制糖、制盐以及淡水制备等生产中。蒸发操作可以除去各种溶剂,其中以浓缩含有不挥发性物质的水溶液最为普遍,所以本节仅介绍水溶液的蒸发。

水溶液在低于沸点温度下也会有水分蒸发,但这种蒸发速度很慢,效率不高,所以工程上采用在溶液沸腾状态下的蒸发过程。蒸发过程中的热源常采用新鲜的饱和水蒸气,又称生蒸汽;而将从溶液中蒸出的水蒸气称为二次蒸汽,以区别作为热源的生蒸汽。若将二次蒸气直接冷凝,而不利用其冷凝热,这样的操作称为单效蒸发;若将二次蒸汽引到下一级蒸发器作为加热蒸汽,这样的串联蒸发操作称为多效蒸发操作。

蒸发操作可以在加压、常压及减压下进行。常压蒸发时,二次蒸汽直接排入大气中;而加压或减压时,为了保持蒸发器内的操作压力,必须将二次蒸汽送入冷凝器中用冷却水冷凝的方法排出。

3.1 蒸发设备

蒸发器主要由加热室和分离室两部分组成,如图 3-1 所示。加热室的作用是利用水蒸气热源来加热被浓缩的料液,分离室的作用是将二次蒸汽中夹带的物沫分离出来。按加热室的结构和操作时溶液的流动状况,可将工业中常用的加热蒸发器分为循环型和单程型两大类。

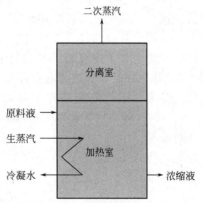

图 3-1 蒸发器结构示意图

3.1.1 循环型蒸发器

这类蒸发器的特点是溶液在蒸发器内作连续的循环运动,以提高传热效果。具体可分为自然循环和强制循环两种类型。

(1) 自然循环蒸发器

在这类蒸发器中,溶液因被加热的情况不同而产生密度差,形成自然循环(见图 3-2)。加热室有横卧式和竖式两种,其中以竖式应用最为广泛。

① 中央循环管式(标准式)蒸发器 如图 3-3 所示,标准式蒸发器由上、下两部分构成,下部为加热室,上部

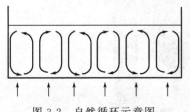

图 3-2 自然循环示意图

为分离室。加热室由直立的沸腾管束组成,管长 1～2m,管长与管径之比为 20～40。加热室的中央有一根很粗的管子,它的截面积等于沸腾管束总面积的 40%～100%,称为中央循环管。加热蒸气在管间冷凝放热,而待分离的溶液由中央管下降,沿细管上升,形成连续的自然循环运动。

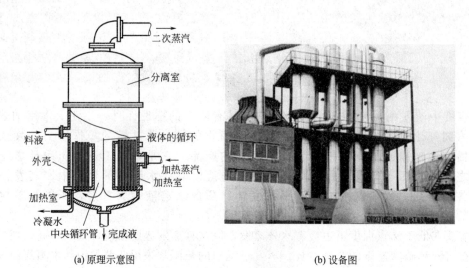

(a) 原理示意图　　　　　　　　(b) 设备图

图 3-3　中央循环管式蒸发器

标准式蒸发器结构简单，制造方便，操作可靠；但溶液循环速度低（为 0.3～1.0m/s），沸腾液一侧的对流传热系数小，不便于清洗和更换管子。

② 外热式蒸发器　加热室在外的蒸发器是现代蒸发器发展的一个特点，如图 3-4 所示即属于此类。这类蒸发器由加热室、分离室和循环管三部分组成。一方面，加热器和分离器分开，可调节料液的循环速度，使加热管仅用于加热，而沸腾恰在高出加热管顶端处进行，这样既可防止管子内表面析出结晶堵塞管道，又可改变分离雾沫的条件（如采用离心分离的形式）；另一方面，加热管与循环管分开，由于循环管内的溶液未受蒸汽加热，其密度比加热管内的大，因此沿循环管下降而沿加热管上升形成的溶液自然循环速度较大（可达到 1.5m/s）。这种蒸发器相对于标准式而言，循环条件和分离条件都得到了改善，检修、清洗也比较方便。

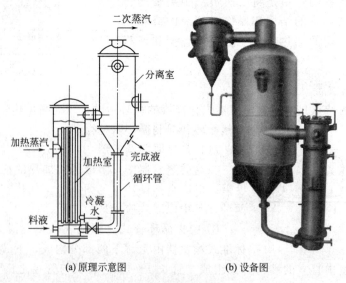

(a) 原理示意图　　　　　　(b) 设备图

图 3-4　外热式蒸发器

（2）强制循环蒸发器

自然循环蒸发器的缺点是，溶液循环速度较低，传热效果差。当处理黏度大、易结垢或易结晶的溶液时，可采用如图 3-5 所示的强制循环蒸发器。这种蒸发器内的溶液利用外加动力进行循环，图中表示用泵强迫溶液沿一个方向以 $2\sim5\mathrm{m/s}$ 的速度通过加热管。这种蒸发器的缺点是动力消耗大，通常为 $0.4\sim0.8\mathrm{kW/m^2}$（传热面积）。

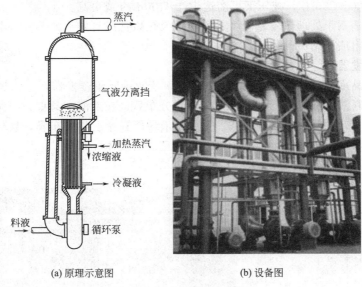

（a）原理示意图　　　　　　　　　（b）设备图

图 3-5　强制循环蒸发器

3.1.2　单程型蒸发器

上述各种蒸发器的主要缺点是加热室内物料的停留时间长，当处理物料为热敏性物质时容易变质。而在膜式蒸发器内，溶液只通过加热室一次即可达到需要的浓度，蒸发速度快（仅为数秒或十余秒），这种好的传热效果来源于溶液在加热管壁上的呈薄膜状流动。

（1）升膜蒸发器

升膜蒸发器结构如图 3-6 所示，加热室由单根或多根垂直管组成，加热管长径之比为

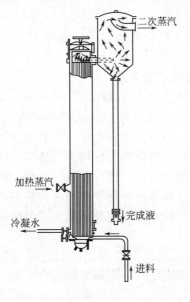

（a）原理示意图　　　　　　　　　（b）设备图

图 3-6　升膜蒸发器

100～150，管径在 25～50mm 之间。原料液经预热必须达到沸点或接近沸点后，由加热室底部引入管内，然后用高速上升的二次蒸汽带动沿壁面边呈膜状流动，在加热室顶部浓缩液可达到所需的浓度，气、液两相则在分离室中分开。二次蒸汽在加热管内的速度通常大于10m/s，一般为 20～50m/s，减压下可高达 100～160m/s 或更高。

这种蒸发器适用于处理蒸发量较大的稀溶液及热敏性或易发泡的溶液，不适用于处理高黏度、有晶体析出或易结垢的溶液。

（2）降膜蒸发器

蒸发浓度或黏度较大的溶液，可采用如图 3-7 所示的降膜蒸发器，它的加热室与升膜式蒸发器类似。原料液由加热室的顶部加入，均匀分布后，在溶液本身重力的作用下，液体沿管内壁呈膜状流下，同时进行蒸发操作。为了使液体能在壁上均匀布膜，且防止二次蒸汽由加热管顶端直接窜出，加热管顶部必须设置性能良好的液体分布器。

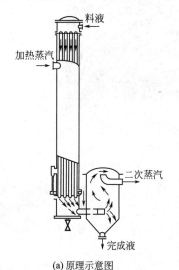

| (a) 原理示意图 | (b) 设备图 |

图 3-7　降膜蒸发器

降膜蒸发器适用于处理热敏性溶液，不适用于处理高黏度、有晶体析出或易结垢的溶液。

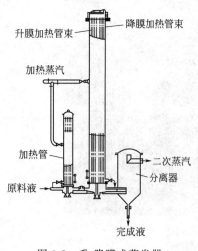

图 3-8　升-降膜式蒸发器

（3）升-降膜式蒸发器

升-降膜式蒸发器的结构如图 3-8 所示，由升膜管束和降膜管束组合而成。蒸发器的底部封头内有一隔板，将加热管束均分为二。原料液在加热管中达到或接近沸点后，引入升膜加热管束的底部。气液混合物经管束由顶部流入降膜加热管束，然后转入分离器，浓缩液由分离器底部排出。溶液在升膜管束和降膜管束内的布膜及操作情况分别与前述的升膜及降膜蒸发器内的情况完全相同。

升-降膜式蒸发器一般用于浓缩过程中黏度变化大的溶液，或厂房高度有一定限制的场合。若蒸发过程中溶液的黏度变化较大，则推荐采用常压操作。

（4）刮板式蒸发器

刮板式蒸发器如图 3-9 所示，它是一种适应性很强的蒸发器，对高黏度、热敏性和易结晶、易结垢的物料都适用。蒸发器外壳带有夹套，夹套内通入蒸汽进行加热。加热段的壳体内装有可旋转的叶片及刮板，可分为固定式和转子式两种。前者与壳体内壁的间隙为 0.5～1.5mm，后者的间隙随转子的转速而变。原料液从蒸发器的上部沿切线方向加入，在重力和旋转刮板的刮带下，沿壳体内壁形成旋转下降的液膜，经过水分蒸发，在蒸发器底部得到完成液。结构复杂、动力消耗大是刮板式蒸发器的主要缺点。

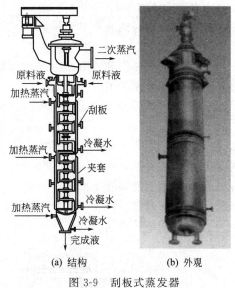

(a) 结构　　　　　　(b) 外观

图 3-9　刮板式蒸发器

3.1.3　蒸发设备及技术新进展

3.1.3.1　蒸发附属装置

(1) 除沫器

离开加热室的蒸汽夹带有大量的液体，夹带液体与一次蒸汽的分离主要是在蒸发室内进行的。同时，还在蒸汽出口处装设了除沫器以进一步捕集蒸汽中的液体。否则，会造成产品损失，污染冷凝液或堵塞管道。除沫器的形式很多，图 3-10 示出了几种常用的除沫器。它们的原理都是利用液沫的惯性以实现气液的分离。

(2) 冷凝器及真空装置

产生的二次蒸汽如果不加以利用，则应将其冷凝。由于二次蒸汽多为水蒸气，故一般是采用直接接触的混合式冷凝器进行冷凝。图 3-11 示出的是逆流高位混合式冷凝器。二次蒸汽与从顶部喷淋下来的冷却水直接接触冷凝，冷凝液和水一起沿气压管流入地沟。由于冷凝器在负压下操作，故气压管必须有足够的高度，一般在 10m 以上，以便使液体借助自身的位能由低压排向大气。

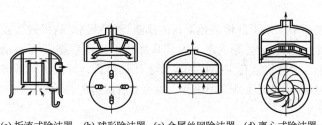

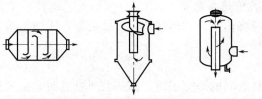

(a) 折流式除沫器　(b) 球形除沫器　(c) 金属丝网除沫器　(d) 离心式除沫器

(e)冲击式除沫器　　(f) 旋风式除沫器　　(g) 离心式分离器

图 3-10　除沫器的常见形式

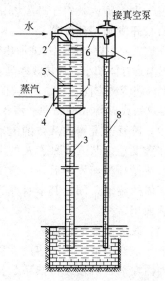

图 3-11　逆流高位混合式冷凝器

1—外壳；2—进水口；3,8—气压管；4—蒸汽进口；5—淋水板；6—不凝性气体管；7—分离器

为了维持蒸发器所需要的真空度，一般在冷凝器后设置真空装置以排出不凝性气体，常用的真空装置有水环式真空泵、喷射泵及往复式真空泵。

（3）疏水阀

为了防止加热蒸汽和冷凝水一起排出加热室外，在冷凝水出口管路上装有疏水阀。疏水阀的形式很多，常用的有三种：热动力式、钟形浮子式和脉冲式。其中以热动力式结构简单，操作性能好，因而生产上使用较为广泛。

热动力式疏水阀的结构示于图 3-12。温度较低的冷凝水在加热蒸汽压强的推动下流入冷凝水入口 1，将阀片顶开，由冷凝水出口 2 排出。当冷凝水排尽后，温度较高的蒸汽将通过冷凝水入口 1 并流入阀片背面的背压室。出于气体的黏度小、流速高，容易使阀片与阀座间形成负压，因而使阀片上面的压力高于阀片下面的压力，加上阀片自身的重量，使阀片落在阀座上，切断通道。经一定时间后，当疏水阀中积存了一定的冷凝水后，阀片又重新开启，从而实现周期性排水。

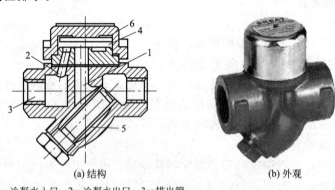

　　　　　　　（a）结构　　　　　　　　　　　　　（b）外观

1—冷凝水入口；2—冷凝水出口；3—排出管；
4—被压室；5—滤网；6—阀片

图 3-12　热动力式疏水阀

3.1.3.2　蒸发技术进展

近年来，国内外对于蒸发器的研究十分活跃，归结起来主要有以下几个方面。

（1）开发新型蒸发器

在这方面主要是通过改进加热管的表面形状来提高传热效果，例如新近发展起来的板式蒸发器，不但具有体积小、传热效率高、溶液滞留时间短等优点，而且其加热面积可根据需要而增减，拆卸和清洗方便。又如，在石油化工、天然气液化中使用的表面多孔加热管，可使沸腾溶液侧的传热系数提高 10～20 倍。海水淡化中使用的双面纵槽加热管，也可显著提高传热效果。

（2）改善蒸发器内液体的流动状况

在蒸发器内装入多种形式的湍流构件，可提高沸腾液体侧的传热系数。例如将铜质填料装入自然循环型蒸发器后，可使沸腾液体侧的传热系数提高 50%。这是由于构件或填料能造成液体的湍动，同时其本身亦为热导体，可将热量由加热管传向溶液内部，增加了蒸发器的传热面积。

（3）改进溶液的性质

近年来亦有通过改进溶液性质来改善传热效果的研究报道。例如有研究表明，加入适当的表面活性剂，可使总传热系数提高 1 倍以上。加入适当阻垢剂减少蒸发过程中的结垢亦为提高传热效率的途径之一。

3.1.4　蒸发器选型

设计蒸发器之前，必须根据任务对蒸发器的形式进行恰当的选择。一般选型时应考虑以下因素。

① 溶液的黏度　蒸发过程中溶液黏度变化的范围是选型首要考虑的因素。

② 溶液的热稳定性　对长时间受热易分解、易聚合以及易结垢的溶液蒸发时，应采用滞料量少、停留时间短的蒸发器。

③ 有晶体析出的溶液　对蒸发时有晶体析出的溶液应采用外热式蒸发器或强制循环式蒸发器。

④ 易发泡的溶液　易发泡的溶液在蒸发时会生成大量层层重叠、不易破灭的泡沫，充满了整个分离室后即随二次蒸汽排出，不但损失物料，而且污染冷凝器。蒸发这种溶液宜采用外热式蒸发器、强制循环式蒸发器或升膜式蒸发器。若将中央循环管式蒸发器和悬筐式蒸发器的分离室设计大一些，也可用于这种溶液的蒸发。

⑤ 有腐蚀性的溶液　蒸发腐蚀性溶液时，加热管应采用特殊材质制成，或内壁衬以耐腐蚀材料。若溶液不怕污染，也可采用直接加热蒸发器。

⑥ 易结垢的溶液　无论蒸发何种溶液，蒸发器长久使用后，传热表面上总会有污垢生成。垢层的热导率小，因此对易结垢的溶液，应考虑选择便于清洗和溶液循环速度大的蒸发器。

⑦ 溶液的处理量　溶液的处理量也是选型应考虑的因素。要求传热表面大于 $10m^2$ 时，不宜选用刮板搅拌薄膜式蒸发器；要求传热表面在 $20m^2$ 以上时，宜采用多效蒸发操作。

总之，应视具体情况，选用时首先保证产品质量和生产任务，然后考虑上述诸因素选用适宜的蒸发器，表 3-1 列出了各类蒸发器的主要性能，以供参考。

表 3-1　各类蒸发器的主要性能

蒸发器形式	造价	总传热系数		溶液在管内流速/(m/s)	停留时间	完成溶液能否恒定	浓缩比	处理量	对溶液性质的适应性					
		稀溶液	高黏度						稀溶液	高黏度	易生泡沫	易结垢	热敏性	有结晶析出
标准型	最低	良好	低	0.1～0.5	长	能	良好	一般	适	适	适	尚适	尚适	稍适
外热式（自然循环）	低	高	良好	0.4～1.5	较长	能	良好	较大	适	尚适	较好	尚适	尚适	稍适
强制循环式	高	高	高	2.0～3.5	—	能	较高	大	适	好	好	适	尚适	适
升膜式	低	良好	良好	0.4～1.0	短	较难	高	大	适	尚适	好	尚适	良好	不适
降膜式	低	高	高	0.4～1.0	短	尚能	高	大	较适	好	适	不适	良好	不适
刮板式	最高	高	高	—	短	尚能	高	较小	较适	好	较好	不适	良好	不适
浸没燃烧	低	高	高	—	短	较难	良好	较大	适	适	适	适	不适	适

3.2　单效蒸发

3.2.1　溶液沸点及温度差损失

温度差 $\Delta t = T - t$ 为加热蒸汽温度与溶液沸点之间的差值，称为有效温度差。而实际上的有效温度差是根据测定的（或工艺上确定的）加热蒸汽和二次蒸汽的压力所对应的饱和温度 T 和 T'，由 T' 求 t，最后求出有效温度差。由于含有不挥发性溶质的溶液存在沸点升高现象，即 $t > T'$，所以有效温度差 $\Delta t = T - t$ 总是小于两蒸汽饱和温度之差 $\Delta T = T - T'$，即存在着温度差损失 Δ。

$$\Delta = \Delta T - \Delta t = (T - T') - (T - t) = t - T' \tag{3-1}$$

即

$$t = T' + \Delta \tag{3-1a}$$

如果温度差损失 Δ 已知，而二次蒸汽的饱和温度又可自饱和水蒸气性质表中查得，则溶液的沸点可由式(3-1a)表示。蒸发过程中引起温度差损失的原因有：

① 因溶液的蒸汽压下降而引起的温度差损失 Δ'；

② 因加热管内液柱静压强而引起的温度差损失 Δ''；

③ 因管路流体阻力而引起的温度差损失 Δ'''。

其中以 Δ' 占主要地位，产生的原因是：溶液的蒸汽压比纯溶剂（水）的蒸汽压低，因此在相同的外压下，溶液的沸点比纯溶剂（水）的高，所高出的温度称为沸点升高，以 Δ' 表示。溶液沸点升高的程度与溶质的性质、浓度和蒸发室的压强有关。在一般手册中，可查得各种溶液在常压下的沸点升高数据，而非常压下的沸点升高数据可用下式近似表示：

$$\Delta' = f\Delta'_常 \tag{3-2}$$

式中　Δ'——任一指定压强下的溶液沸点升高，K；

　　　$\Delta'_常$——常压下的溶液沸点升高数据，K；

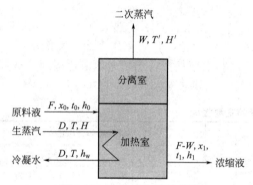

图 3-13　蒸发器结构示意图

F—原料液流量，kg/h；W—水的蒸发量，kg/h；D—生蒸汽消耗量，kg/h；x_0，x_1—原料液和浓缩液中溶质的质量分数；t_0，t_1—原料液和浓缩液的温度，℃；h_0，h_1—原料液和浓缩液的焓，kJ/kg；T，T'—生蒸汽和二次蒸汽的温度，℃；H，h_w，H'—生蒸汽、冷凝水和二次蒸汽的焓，kJ/kg

　　　f——校正系数，无量纲，与溶剂的沸点及汽化潜热有关。

3.2.2　物料衡算与热量衡算

针对如图 3-13 所示的蒸发器，根据物料衡算、热量衡算式和传热速率方程可求得单效蒸发操作中的水蒸发量、加热蒸汽消耗量和蒸发器传热面积。

（1）水的蒸发量

作溶质的物料衡算：

$$Fx_0 = (F - W)x_1 \tag{3-3}$$

由上式得到水的蒸发量：

$$W = F\left(1 - \frac{x_0}{x_1}\right) \tag{3-4}$$

（2）加热蒸汽消耗量

蒸发操作中，加热蒸汽的热量一般用于将溶液加热至沸腾，将水分蒸发为蒸汽以及向周围散失的热量。对如图 3-13 所示的蒸发器进行焓衡算，

$$DH + Fh_0 = WH' + (F - W)h_1 + Dh_w + Q_L \tag{3-5}$$

得到：　$$D = \frac{WH' + (F - W)h_1 - Fh_0 + Q_L}{H - h_w} = \frac{F(h_1 - h_0) + W(H' - h_1) + Q_L}{H - h_w} \tag{3-5a}$$

式中　Q_L——热损失，kJ/h。

若加热蒸汽的冷凝液在蒸汽的饱和温度下排出，则有 $H - h_w = r$，式(3-5a)变为：

$$D = \frac{WH' + (F - W)h_1 - Fh_0 + Q_L}{r} = \frac{F(h_1 - h_0) + W(H' - h_1) + Q_L}{r} \tag{3-6}$$

式中　r——加热蒸汽的汽化潜热，kJ/kg。

假设 $H' - h_1 \approx r'$，则热量衡算式可简化为：

$$D = \frac{Wr' + FC_{p_0}(t_1 - t_0) + Q_L}{r} \tag{3-7}$$

式中　r'——二次蒸汽的汽化潜热，kJ/kg；

　　　C_{p_0}——原料液的比热容，kJ/(kg·℃)。

　　式(3-7) 应用于无明显浓缩热体系，说明了加热蒸汽的热量用于将溶液加热至沸腾、将水分蒸发为蒸汽以及向周围散失的热量。若原料液预热至沸点再进入蒸发器，且忽略热损失，该式可简化为：

$$D = \frac{Wr'}{r} \tag{3-8}$$

或

$$e = \frac{D}{W} = \frac{r'}{r} \tag{3-8a}$$

式中　e——蒸发 1kg 水分时，加热蒸汽的消耗量，称为单位蒸汽消耗量，kg/kg。

　　由于蒸汽的汽化潜热随压强变化不大，即 $r \approx r'$，故单效蒸发操作中 $e \approx 1$，即每蒸发 1kg 的水分约消耗 1kg 的加热蒸汽。但实际蒸发操作中因有热损失等的影响，e 值约为 1.1 或更大些，所以 e 值是衡量蒸发装置经济程度的指标。

【**例 3-1**】　采用单效真空蒸发装置，连续蒸发 NaOH 溶液。已知进料量为 200kg/h，进料为 10％（质量分数，下同），沸点进料，完成液为 48.3％，加热蒸汽压力为 0.3MPa（表压），冷凝器的真空度为 51kPa。

　　试求：（1）蒸发水量；（2）加热蒸汽消耗量。

　　已知蒸发器的总传热系数为 1500W/(m²·K)，热损失为加热蒸汽量的 5％，当地大气压为 101.3kPa。

　　解：（1）用式(3-4)计算水的蒸发量：

$$W = F\left(1 - \frac{x_0}{x_1}\right) = 200 \times \left(1 - \frac{0.1}{0.483}\right) = 158.6 \ (\text{kg/h})$$

　　用式(3-7)计算加热蒸汽消耗量，即：

$$D = \frac{Wr' + Q_L}{r}, Q_L = 0.05Dr$$

　　所以

$$D = \frac{Wr'}{0.95r}$$

　　（2）加热蒸汽压力为 0.3MPa（表压），由附录 13 查出生蒸汽的温度为 143.5℃，汽化热为 $r = 2.137 \times 10^3$ kJ/kg。冷凝器的真空度为 51kPa，由附录 13 查出二次蒸汽的温度为 81.2℃，汽化热为 $r' = 2.304 \times 10^3$ kJ/kg。

$$D = \frac{Wr'}{0.95r} = \frac{158.6 \times 2.304 \times 10^3}{0.95 \times 2.137 \times 10^3} = 180 \ (\text{kg/h})$$

　　用式(3-8a) 计算单位蒸汽消耗量：

$$e = \frac{D}{W} = \frac{180}{158.6} = 1.13$$

3.2.3　蒸发器的传热面积

　　蒸发器的传热过程可认为是恒温传热，可用恒温传热方程式求传热面积 S_0，即：

$$S_0 = \frac{Q}{K_0(T - t)} \tag{3-9}$$

式中　S_0——蒸发器的传热外表面积，m²；

　　　K_0——基于外表面的总传热系数，W/(m²·℃)；

    Q——蒸发器的热负荷，即蒸发器的传热速率，W；

    t——操作条件下溶液的沸点，℃。

【例 3-2】 若已知【例 3-1】中的蒸发器的总传热系数为 $1500\text{W}/(\text{m}^2 \cdot \text{K})$，总温度差损失为 45℃，求该蒸发器的加热面积。

解： 传热量为 $Q = D \times r = 180 \times 2.137 \times 10^3 / 3600 = 106.85$（kW）。

传热温度差为 $\Delta t_\mathrm{m} = 143.5 - 81.2 - 45 = 17.3$（℃）。

所以

$$S_\mathrm{o} = \frac{Q}{K_\mathrm{o}\Delta t_\mathrm{m}} = \frac{106.85 \times 10^3}{1500 \times 17.3} = 4.12 \ (\text{m}^2)$$

3.3　多效蒸发

    蒸发操作要蒸发溶液中的大量水分，就要消耗大量的加热蒸汽。为了节约蒸汽，可采用多效蒸发，即二次蒸汽的压力和温度虽比原来所用加热蒸汽的压力和温度低，但还可以用作另一蒸发器的加热剂。这时后一蒸发器的加热室就相当于前一蒸发器的冷凝器。按此原则顺次连接起来的一组蒸发器就称为多效蒸发器。每一个蒸发器称为一效，通入加热蒸汽的蒸发器称为第一效，用第一效的二次蒸汽作为加热剂的蒸发器称为第二效，用第二效的二次蒸汽作为加热剂的蒸发器称为第三效，依此类推。

    各效的操作压力是自动分配的，为了得到必要的传热温度差，一般多效蒸发器的末效或最后几效总是在真空下操作的。显然，各效的压力和沸点是逐渐降低的。由于各效（末效除外）的二次蒸汽都作为下一效蒸发器的加热蒸汽，故提高了生蒸汽的利用效率，即提高了经济效益。

3.3.1　多效蒸发流程

    根据原料液的加入方法的不同，多效蒸发操作的流程可分为顺流、逆流和平流三种。

（1）顺流加料（也称并流）

    其流程如图 3-14 所示，是工业上常用的进料方法。原料液和蒸汽都加入第一效，然后溶液顺次流过第一效、第二效和第三效，由第三效取出浓缩液；而加热蒸汽在第一效加热室中冷凝后，经冷凝水排除器排出；由第一效溶液中蒸发出来的二次蒸汽送入第二效加热室供加热用；而第二效的二次蒸汽送入第三效加热室，第三效的二次蒸汽送入冷凝器中冷凝后排出。

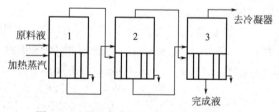

图 3-14　顺流加料的三效蒸发流程示意图

    顺流加料的优点是：因各效的压力依次降低，溶液可以自动地由前一效流入后一效，无需用泵输送；因各效溶液的沸点依次降低，前一效的溶液流入后一效时，将发生自蒸发而蒸发出更多的二次蒸汽。

    顺流加料的缺点是：随着溶液的逐效蒸浓，温度逐效降低，溶液的黏度则逐渐提高，致使传热系数逐渐减小。因此，在处理黏度随浓度的增加而迅速加大的溶液时，不宜采用顺流加料的操作方法。

（2）逆流进料

    如图 3-15 所示是三效逆流进料流程。原料液由末效进入，用泵依次输送至前效，最后浓缩液由第一效的底部取出，而加热蒸汽的流向仍是由第一效顺序至末效。因蒸汽和溶液的流动方向相反，故称为逆流进料法。

逆流进料法蒸发流程的主要优点是：溶液的浓度沿着流动方向不断提高，同时温度也逐渐上升，因此各效溶液的黏度较为接近，使各效的传热系数也大致相同。其缺点是：溶液在效间的流动是由低压流向高压，由低温流向高温，效间的溶液需用泵输送，能量消耗较大，且因各效的进料温度均低于沸点，与顺流加料法相比，产生的二次蒸汽量也较少。

一般来说，逆流进料法适宜处理黏度随温度和浓度变化较大的溶液，而不宜于处理热敏性的料液。

（3）平流进料

平流进料操作流程如图 3-16 所示。在每一效中都送入原料液，放出浓缩液，而蒸汽的流向仍是由第一效流至末效。这种进料方法主要处理在蒸发过程中有晶体析出的情况。例如某些无机盐溶液的蒸发，由于过程中析出结晶而不便于在效间输送，则宜采用此法。

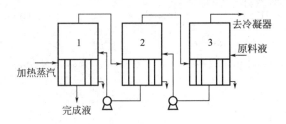
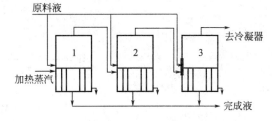

图 3-15 逆流进料的三效蒸发流程示意图   图 3-16 平流进料的三效蒸发流程示意图

除以上三种基本操作流程而外，工业生产中有时还有一些其他流程。例如，在一个多效蒸发流程中，加料的方式可既有并流又有逆流，称为错流法。以三效蒸发为例，溶液的流向可以是 3→1→2，亦可以是 2→3→1。此法的目的是利用两者的优点而避免或减轻其缺点。但错流法操作较为复杂。

3.3.2 多效蒸发的计算

已知原料液的流量、浓度和温度，加热蒸汽（生蒸汽）的压强或温度，冷凝器的真空度或温度及末效浓缩液的浓度等，需要根据物料衡算和热量衡算式，求得多效蒸发操作中各效溶剂（这里特指水）的蒸发量和加热蒸汽消耗量。

3.3.2.1 多效蒸发的物料衡算

如图 3-17 所示为多效蒸发的物料衡算和焓衡算示意图，图中的各符号含义如下：

$$F \text{——原料液流量，kg/h；}$$

$W_1, W_2, \cdots, W_n, W$——各效及总的蒸发水量，kg/h；

$x_0, x_1, \cdots, x_n$——以质量分数表示的原料液及浓缩液的浓度；

t_0——原料液的温度，℃；

$t_1, t_2, \cdots, t_n$——各效溶液的沸点，℃；

$D_1, D_2, \cdots, D_n$——各效加热蒸汽消耗量，kg/h；

p_1——生蒸汽的压强，Pa；

T_1——生蒸汽的温度，℃；

$H_1, H_2, \cdots, H_n$——生蒸汽及各效二次蒸汽进入的焓，kJ/kg；

$H_1', H_2', \cdots, H_n'$——各效二次蒸汽流出的焓，kJ/kg；

$h_0, h_1, h_2, \cdots, h_n$——原料液及各效浓缩液的焓，kJ/kg；

S_1，S_2，…，S_n——各效蒸发器的传热面积，m^2。

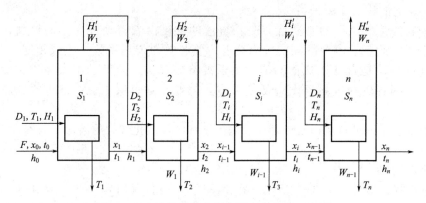

图 3-17　多效蒸发的物料衡算和焓衡算示意图

围绕如图 3-17 所示的整个蒸发系统作溶质的衡算，得到：

$$Fx_0 = (F-W)x_n \tag{3-10}$$

或

$$W = \frac{F(x_n - x_0)}{x_n} = F\left(1 - \frac{x_0}{x_n}\right) \tag{3-10a}$$

而

$$W = W_1 + W_2 + L + W_n \tag{3-11}$$

从第一效到任一效 i 间作溶质恒算得到：

$$Fx_0 = (F - W_1 - W_2 - L - W_i)x_i \tag{3-12}$$

或

$$x_i = \frac{Fx_0}{F - W_1 - W_2 - L - W_i} \tag{3-13}$$

一般已知原料液及末效浓缩液的浓度 x_0 及 x_n，因此可用式（3-10a）计算总蒸发水量 W，而计算各效水蒸发量 W_i 及排出液浓度 x_i 要通过各效的热量衡算和物料衡算才能求得。在无实际数据作参考时，也可按总蒸发量的平均值估计。

$$W_i = \frac{W}{n} \tag{3-14}$$

3.3.2.2　多效蒸发的焓衡算

如图 3-17 所示，以 0℃的液体为基准，分别对各效作焓衡算，可获得各效加热量 Q_i 和加热蒸汽消耗量 D_i。

第 1 效：

$$D_1 = \frac{W_1 H'_1 + (F-W_1)h_1 - Fh_0 + Q_L}{H_1 - h_w} \tag{3-15}$$

式中　Q_L——热损失；

　　　h_w——冷凝液的焓。

若蒸发系统的热损失可以忽略，加热蒸汽的冷凝液在蒸汽的饱和温度下排出，则有 $H_1 - h_w = r_1$。此时，溶液的焓若用比热容来计算，则式（3-15）变为：

$$Fc_{p_0}t_0 + D_1 r_1 = Fc_{p_1}t_1 + W_1(H'_1 - h_1) \tag{3-16}$$

将上式中溶液的比热容用原料液的比热容来表示，即 $Fc_{p_1} = Fc_{p_0}$，并假设 $H' - h_1 \approx r'_1$，则经整理后得到：

$$Q_1 = D_1 r_1 = F c_{p_0}(t_1 - t_0) + W_1 r_1' \qquad (3\text{-}17)$$

式中　r_1'——第 1 效中二次蒸汽的汽化热，kJ/kg。

同理，仿照上式可对第 2 效、第 i 效写出其焓衡算式，如下所示。

第 2 效：

$$Q_2 = D_2 r_2 = (F c_{p_0} - W_1 c_{p_w})(t_2 - t_1) + W_2 r_2' \qquad (3\text{-}18)$$

式中，$D_2 = W_1$；$r_2 = r_1'$；$Q_2 = W_1 r_1'$；c_{p_w} 为蒸发温度下水的比热容，kJ/(kg·℃)。

第 i 效：

$$Q_i = D_i r_i = (F c_{p_0} - W_1 c_{p_w} - W_2 c_{p_w} - L - W_{i-1} c_{p_w})(t_i - t_{i-1}) + W_i r_i' \qquad (3\text{-}19)$$

式中，$D_i = W_{i-1}$，$r_i = r_{i-1}'$，$Q_i = W_{i-1} r_{i-1}'$。

由上式也可求得第 i 效的蒸发水量，即：

$$W_i = D_i \frac{r_i}{r_i'} + (F c_{p_0} - W_1 c_{p_w} - W_2 c_{p_w} - L - W_{i-1} c_{p_{1w}}) \frac{t_{i-1} - t_i}{r_i'} \qquad (3\text{-}20)$$

3.3.2.3　有效温度差在各效的分配

分配有效温度差的目的是为了求取各效的传热面积。

对于多效蒸发中的第 i 效，其传热速率方程为：

$$Q_i = K_i S_i \Delta t_i$$

或

$$A_i = \frac{Q_i}{K_i \Delta t_i} \qquad (3\text{-}21)$$

(1) Δt_i 的初步分配

在工程设计中，为了制造和安装方便，常将各效传热面积取成相等。以三效为例，即要求 $S_1 = S_2 = S_3$，按此原则分配有效传热温度差，则有：

$$\Delta t_1 : \Delta t_2 : \Delta t_3 = \frac{Q_1}{K_1} : \frac{Q_2}{K_2} : \frac{Q_3}{K_3} \qquad (3\text{-}21a)$$

或

$$\Delta t_i = \frac{\dfrac{Q_i}{K_i} \sum \Delta t_i}{\sum \dfrac{Q_i}{K_i}} \qquad (3\text{-}21b)$$

式中　$\sum \Delta t_i$——总传热温度差。

$$Q_1 = D_1 r_1，Q_2 = D_2 r_2，Q_3 = D_3 r_3$$

一般来说，在初次计算中按式(3-21a)来分配有效传热温度差，其所求的各效传热面积不相等，应按下述方法调整各效的传热温度差。

(2) 有效温度差的重新分配

设 $\Delta t_i'$ 为各效传热面积均等于 S 时的有效温度差，则：

$$Q_1 = K_1 S \Delta t_1'，Q_2 = K_2 S \Delta t_2'，Q_3 = K_3 S \Delta t_3'$$

又因为

$$Q_1 = K_1 S_1 \Delta t_1，Q_2 = K_2 S_2 \Delta t_2，Q_3 = K_3 S_3 \Delta t_3$$

所以

$$\Delta t_1' = \frac{S_1}{S} \Delta t_1，\Delta t_2' = \frac{S_2}{S} \Delta t_2，\Delta t_3' = \frac{S_3}{S} \Delta t_3$$

将上式中的三个温度差相加得

$$\Delta t'_1 + \Delta t'_2 + \Delta t'_3 = \frac{S_1 \Delta t_1 + S_2 \Delta t_2 + S_3 \Delta t_3}{S}$$

或

$$S = \frac{\sum S_i \Delta t_i}{\sum \Delta t'_i}$$

同理有

$$\Delta t'_i = \frac{S_i}{S} \Delta t_i \,, \quad \sum \Delta t'_i = \frac{\sum S_i \Delta t_i}{S} \,, \quad S = \frac{\sum S_i \Delta t_i}{\sum \Delta t'_i} \tag{3-22}$$

所以，反复按式(3-22)求得传热面积 S 后，再重新分配有效温度差，可再次得到 $\Delta t'_1$、$\Delta t'_2$、$\Delta t'_3$。反复下去，直至所求的各效传热面积接近或相等为止。

蒸发过程的传热温度差，除按上述各效传热面积相等的原则分配外，还可按各效传热面积的总和为最小的原则分配，但由此算得的各效传热面积不等，加工制造不方便。

3.3.2.4 多效蒸发计算步骤

由于多效蒸发计算十分繁杂，一般采用试差法求解，用计算机多次迭代计算。在计算中先应用一些假设条件进行估算，然后再作验算。若验算结果与假设条件不符，则调整原数据再重复进行计算。主要的计算步骤如下。

① 根据物料衡算式(3-10)求出总水分蒸发量 W。

② 根据假设估算各效的浓度 x_i。这些假设通常是按各效的水分蒸发量相等的原则 [式(3-14)]，对于并流可按以下比例估算。

$$W_1 : W_2 : W_3 = 1 : 1.1 : 1.2$$

然后根据式(3-13)来计算各效的浓度 x_i。

③ 按照各效蒸汽压力等压降的原则，估算各效沸点和有效传热温度差。

$$\Delta p_i = \frac{\Delta p}{n} = \frac{p - p^0}{n}$$

式中　p——生蒸汽压力；

p^0——冷凝器操作压力。

则第 1 效加热蒸汽压力为 $p_1 = p$，第 2 效加热蒸汽压力为 $p_2 = p - \Delta p_i$，第 3 效加热蒸汽压力为 $p_3 = p - 2\Delta p_i$ 等。而有效温度差为：

$$\Delta t_i = T_i(p_i) - t_i$$

式中　$T_i(p_i)$——p_i 压力下的饱和水蒸气温度。

④ 由焓衡算式 [式(3-20)] 计算各效水分蒸发量 W_i，再根据操作温度、压力等条件，查得有关物性数据，由式(3-19)计算各效传热量 Q_i。

⑤ 按各效传热面积相等的原则，分配各效传热面积 [式(3-22)]。要反复分配各项传热温度差，直至各效传热面积相等或接近为止。

【例 3-3】　三效蒸发装置设计示例。在三效并流加料的蒸发器中，每小时将 10000kg 12%（质量分数，下同）的 NaOH 水溶液浓缩到 30%。原料液在第 1 效的沸点下加入蒸发器。第 1 效的加热蒸汽压力为 500kPa（绝压），冷凝器的绝压为 20kPa。各效蒸发器的总传热系数分别为：

$$K_1 = 1800 \text{W}/(\text{m}^2 \cdot ℃), \quad K_2 = 1200 \text{W}/(\text{m}^2 \cdot ℃), \quad K_3 = 600 \text{W}/(\text{m}^2 \cdot ℃)$$

原料液的比热容为 3.77kJ/(kg·℃)。估计蒸发器中溶液的液面高度为 1.2m。在三效中液体的平均密度分别为 1120kg/m³、1290kg/m³ 及 1460kg/m³。各效加热蒸汽的冷凝液在饱和温度下排出，忽略热损失。

试计算蒸发器的传热面积（设各效的传热面积相等）。

解: (1) 估计各效蒸发量和完成液浓度

$$总蒸发量　　W = F\left(1 - \frac{x_0}{x_n}\right) = 10000 \times \left(1 - \frac{0.12}{0.30}\right) = 6000 \text{ (kg/h)}$$

因并流加料,蒸发中无额外蒸汽引出,可设 $W_1 : W_2 : W_3 = 1 : 1.1 : 1.2$,所以

$$W = W_1 + W_2 + W_3 = 3.3W_1$$

$$W_1 = \frac{6000}{3.3} = 1818.2 \text{ (kg/h)}, \ W_2 = 1.1 \times 1818.2 = 2000.0 \text{ (kg/h)},$$

$$W_3 = 1.2 \times 1818.2 = 2181.8 \text{ (kg/h)}$$

$$x_1 = \frac{Fx_0}{F - W_1} = \frac{10000 \times 0.12}{10000 - 1818.2} = 0.1467$$

$$x_2 = \frac{Fx_0}{F - W_1 - W_2} = \frac{10000 \times 0.12}{10000 - 1818.2 - 2000.0} = 0.1941$$

$$x_3 = 0.3 \text{ (已知条件)}$$

(2) 估计各效溶液的沸点和有效总温度差

设备效间压力降相等,则总压力差为 $\sum \Delta p = p_1 - p_k' = 500 - 20 = 480 \text{ (kPa)}$

各效间的平均压力降为 $\Delta p_i = \dfrac{\sum \Delta p}{3} = \dfrac{480}{3} = 160 \text{ (kPa)}$

由各效的压力差可求得各效蒸发室的压力:

$$p_1' = p_1 - \Delta p_i = 500 - 160 = 340 \text{ (kPa)}$$
$$p_2' = p_1 - 2\Delta p_i = 500 - 2 \times 160 = 180 \text{ (kPa)}$$
$$p_3' = p_k' = 20 \text{ (kPa)}$$

由各效的二次蒸汽压力,从手册中可查得相应的二次蒸汽的温度和汽化潜热,列于下表中。

参　　　数	第 1 效	第 2 效	第 3 效
二次蒸汽压力 p_i'/kPa	340	180	20
二次蒸汽温度 T_i'/℃	137.7	116.6	60.1
二次蒸汽的汽化潜热 r_i'/(kJ/kg)	2155	2214	2355

① 各效由于溶液沸点而引起的温度差损失 Δ'　根据各效二次蒸汽温度和各效完成液的浓度,由 NaOH 水溶液的杜林线图可查得各效溶液的沸点分别为

$$t_{A_1} = 143℃, \ t_{A_2} = 125℃, \ t_{A_3} = 78℃$$

则各效由于溶液蒸汽压下降所引起的温度差损失为:

$$\Delta_1' = t_{A_1} - T_1' = 143 - 137.7 = 5.3 \text{ (℃)}$$
$$\Delta_2' = t_{A_2} - T_2' = 125 - 116.6 = 8.4 \text{ (℃)}$$
$$\Delta_3' = t_{A_3} - T_3' = 78 - 60.1 = 17.9 \text{ (℃)}$$

所以　　　　　　　$$\sum \Delta' = 5.3 + 8.4 + 17.9 = 31.6 \text{ (℃)}$$

② 由于液柱静压力而引起的沸点升高(温度差损失)　为简便计,以液层中部点处的压力和沸点代表整个液层的平均压力和平均温度,则根据流体静力学方程,液层的平均压力为 $p_{av} = p' + \rho_{av} gL/2$,所以:

$$p_{av_1} = p_1' + \frac{\rho_{av_1} gL}{2} = 340 + 1.120 \times 9.81 \times \frac{1.2}{2} = 346.6 \text{ (kPa)}$$

$$p_{av_2} = p_2' + \frac{\rho_{av_2} gL}{2} = 180 + 1.290 \times 9.81 \times \frac{1.2}{2} = 187.4 \text{ (kPa)}$$

$$p_{av_3} = p'_3 + \frac{\rho_{av_3} g L}{2} = 20 + 1.460 \times 9.81 \times \frac{1.2}{2} = 28.6 \text{ （kPa）}$$

由平均压力可查得对应的饱和温度为：

$$T'_{p_{av_1}} = 138.5 \text{℃}, \quad T'_{p_{av_2}} = 118.1 \text{℃}, \quad T'_{p_{av_3}} = 67.9 \text{℃}$$

所以

$$\Delta''_1 = T'_{p_{av_1}} - T'_1 = 138.5 - 137.7 = 0.8 \text{ （℃）}$$

$$\Delta''_2 = T'_{p_{av_2}} - T'_2 = 118.1 - 116.6 = 1.5 \text{ （℃）}$$

$$\Delta''_3 = T'_{p_{av_3}} - T'_3 = 67.9 - 60.1 = 7.8 \text{ （℃）}$$

$$\sum \Delta'' = 0.8 + 1.5 + 7.8 = 10.1 \text{ （℃）}$$

③ 由流动阻力而引起的温度差损失 Δ'''　取经验值 1℃，则 $\sum \Delta''' = 3$℃。

由上面三个方面分析可得，蒸发装置的总温度差损失为 $\sum \Delta = \sum \Delta' + \sum \Delta'' + \sum \Delta''' = 31.6 + 10.1 + 3 = 44.7$ （℃）。

④ 各效料液的温度和有效总温差　由各效二次蒸汽压力 p'_i 及温度差损失 Δ_i，即可由下式估算各效料液的温度 t_i：

$$\Delta_1 = \Delta'_1 + \Delta''_1 + \Delta'''_1 = 5.3 + 0.8 + 1 = 7.1 \text{ （℃）}$$

$$t_1 = T'_1 + \Delta_1 = 137.7 + 7.1 = 144.8 \text{ （℃）}$$

$$\Delta_2 = \Delta'_2 + \Delta''_2 + \Delta'''_2 = 8.4 + 1.5 + 1 = 10.9 \text{ （℃）}$$

$$t_2 = T'_2 + \Delta_2 = 116.6 + 10.9 = 127.5 \text{ （℃）}$$

$$\Delta_3 = \Delta'_3 + \Delta''_3 + \Delta'''_3 = 17.9 + 7.8 + 1 = 26.7 \text{ （℃）}$$

$$t_3 = T'_3 + \Delta_3 = 60.1 + 26.7 = 86.6 \text{ （℃）}$$

求有效总温度差时，由手册可查得 500kPa 饱和蒸汽的温度为 151.7℃、汽化潜热为 2113kJ/kg，所以：

$$\sum \Delta t = (T_s - T'_k) - \sum \Delta = 151.7 - 60.1 - 44.7 = 46.9 \text{ （℃）}$$

（3）加热蒸汽消耗量和各效蒸发水量的初步计算

第 1 效的热量衡算式为：

$$W_1 = \eta_1 \left[D_1 \frac{r_1}{r'_1} + F c_{p_0} \frac{t_1 - t_2}{r'_2} \right]$$

对于沸点进料，$t_0 = t_1$，考虑到 NaOH 溶液浓缩热的影响，热利用系数计算式为 $\eta_i = 0.98 - 0.7 \Delta x_i$，其中 Δx_i 为第 i 效蒸发器中料液溶质质量分数的变化。

$$\eta_1 = 0.98 - 0.7 \times (0.1467 - 0.12) = 0.9613$$

所以

$$W_1 = \frac{\eta_1 D_1 r_1}{r'_1} = 0.9613 \times D_1 \times \frac{2113}{2155} = 0.9426 D_1 \tag{a}$$

第 2 效的热量衡算式为：

$$\eta_2 = 0.98 - 0.7 \times (0.1947 - 0.1467) = 0.9468$$

$$W_2 = \eta_2 \left[W_1 \frac{r_2}{r'_2} + (F c_{p_0} - W_1 c_{p_w}) \frac{t_1 - t_2}{r'_2} \right]$$

$$= 0.9468 \times \left[W_1 \frac{2115}{2214} + (10000 \times 3.77 - 4.187 \times W_1) \frac{144.8 - 127.5}{2214} \right]$$

$$= 0.873 W_1 + 278.9 \tag{b}$$

对于第 3 效，同理可得：

$$\eta_3 = 0.98 - 0.7 \times (0.3 - 0.1941) = 0.9059$$

$$W_3 = \eta_3 \left[W_2 \frac{r_3}{r_3'} + (Fc_{p0} - W_1 c_{pw} - W_2 c_{pw}) \frac{t_2 - t_3}{r_3'} \right]$$

$$= 0.9059 \times \left[W_2 \frac{2214}{2355} + (10000 \times 3.77 - 4.187 \times W_1 - 4.187 \times W_2) \frac{127.5 - 86.8}{2355} \right] \quad \text{(c)}$$

$$= 0.7861 W_2 - 0.06555 W_1 + 590.2$$

又　　　　　　　　　　　　$$W_1 + W_2 + W_3 = 6000 \qquad\qquad \text{(d)}$$

联解式（a）～式（d），可得：

$W_1 = 1968.9 \text{kg/h}$，$W_2 = 1998.5 \text{kg/h}$，$W_3 = 2032.5 \text{kg/h}$，$D_1 = 2088.8 \text{kg/h}$

（4）蒸发器传热面积的估算

$$Q_1 = D_1 r_1 = 2088.8 \times \frac{2113 \times 10^3}{3600} = 1.226 \times 10^6 \quad \text{(W)}$$

$$\Delta t_1 = T_1 - t_1 = 151.7 - 144.8 = 6.9 \quad (\text{℃})$$

$$S_1 = \frac{Q_1}{K_1 \Delta t_1} = \frac{1.226 \times 10^6}{1800 \times 6.9} = 98.7 \quad (\text{m}^2)$$

$$Q_2 = W_1 r_2' = \frac{1968.9 \times 2155 \times 10^3}{3600} = 1.179 \times 10^6 \quad \text{(W)}$$

$$\Delta t_2 = T_2 - t_2 = T_1' - t_2 = 137.7 - 127.5 = 10.2 \quad (\text{℃})$$

$$S_2 = \frac{Q_2}{K_2 \Delta t_2} = \frac{1.179 \times 10^6}{1200 \times 10.2} = 96.3 \quad (\text{m}^2)$$

$$Q_3 = W_2 r_3' = 1998.5 \times \frac{2214 \times 10^3}{3600} = 1.229 \times 10^6 \quad \text{(W)}$$

$$\Delta t_3 = T_3 - t_3 = T_2' - t_3 = 116.6 - 86.8 = 29.8 \quad (\text{℃})$$

$$S_3 = \frac{Q_3}{K_3 \Delta t_3} = \frac{1.229 \times 10^6}{600 \times 29.8} = 68.7 \quad (\text{m}^2)$$

误差为 $1 - S_{\min}/S_{\max} = 1 - 68.7/98.7 = 0.304$，误差较大，应调整各效的有效温差，重复上述计算过程。

（5）有效温差的再分配

$$S = \frac{S_1 \Delta t_1 + S_2 \Delta t_2 + S_3 \Delta t_3}{\sum \Delta t_i'} = \frac{98.7 \times 6.9 + 96.3 \times 10.2 + 68.7 \times 29.8}{46.9} = 79.1 \quad (\text{m}^2)$$

重新分配有效温度差得：

$$\Delta t_1' = \frac{S_1 \Delta t_1}{S} = \frac{98.7 \times 6.9}{79.1} = 8.6 \quad (\text{℃})$$

$$\Delta t_2' = \frac{S_2 \Delta t_2}{S} = \frac{96.3 \times 10.2}{79.1} = 12.4 \quad (\text{℃})$$

$$\Delta t_3' = \frac{S_3 \Delta t_3}{S} = \frac{68.7 \times 29.8}{79.1} = 25.9 \quad (\text{℃})$$

重复计算步骤（1）～（5），直至各效传热面积间的误差 $1 - S_{\min}/S_{\max} < 0.05$ 基本相等，获得平均传热面积 $S = 78.9 \text{m}^2$，计算结束，结果列于下表中。

参　　数	第 1 效	第 2 效	第 3 效	冷凝器
加热蒸汽温度 $T_i/\text{℃}$	151.7	136.9	112.7	60.1
操作压力 p_i'/kPa	327	163	20	20
溶液温度（沸点）$t_i/\text{℃}$	143.8	124.5	86.8	

参　　数	第 1 效	第 2 效	第 3 效	冷凝器
完成液浓度 $x_i/\%$	14.9	20	30	
蒸发量 $W_i/(kg/h)$	1939.6	2017.8	2042.6	
蒸汽消耗量 $D/(kg/h)$	2063.4			
传热面积 $S_i/(m^2)$	78.9	78.9	78.9	

3.3.3　多效蒸发的适宜效数

若多效蒸发和单效蒸发的操作条件相同，即第 1 效（或单效）的加热蒸汽压强和冷凝器的操作压强各自相同，则多效蒸发的温度差因经过多次的损失，使总温度差损失较单效蒸发时为大。

前已述及，多效蒸发提高了加热蒸汽的利用效率，即经济效益。对于蒸发等量的水分而言，采用多效时所需的加热蒸汽较单效时为少。在工业生产中，若需蒸发大量的水分，宜采用多效蒸发。

多效蒸发的经济性，需从生产能力和生产强度两个方面来均衡考虑。

蒸发器的生产能力是指单位时间内蒸发的水分量，即蒸发量。通常可认为蒸发量是与蒸发器的传热速率成正比。由传热速率方程式知：

单效　　　　　　　　　　　　$Q = KS\Delta t$

三效　　　　　$Q_1 = K_1 S_1 \Delta t_1$　　　　　$Q_2 = K_2 S_2 \Delta t_2$　　　　　$Q_3 = K_3 S_3 \Delta t_3$

若各效的总传热系数取平均值 K，且各效的传热面积相等，则三效的总传热速率为：

$$Q = Q_1 + Q_2 + Q_3 \approx KS(\Delta t_1 + \Delta t_2 + \Delta t_3) = KS\sum \Delta t$$

当蒸发操作中没有温度差损失时，由上式可知，三效蒸发和单效蒸发的传热速率基本上相同，因此生产能力也大致相同。但是，两者的生产强度（单位传热面积的蒸发量）是不相同的，三效蒸发时的生产强度约为单效蒸发时的 1/3。实际上，由于多效蒸发时的温度差损失较单效蒸发时的为大，因此多效蒸发时的生产能力和生产强度均较单效时为小。可见，采用多效蒸发虽然可提高经济效益（即提高加热蒸汽的利用效率），但降低了生产强度，两者是相互矛盾的。所以，多效蒸发的效数应权衡决定。

蒸发装置中效数越多，温度差损失越大，而且某些浓溶液的蒸发还可能发生总温度差损失等于或大于总有效温度差，此时蒸发操作就无法进行，所以多效蒸发的效数应有一定的限制。多效蒸发中，随着效数的增加，单位蒸汽的消耗量减少，使操作费用降低；另外，效数越多，装置的投资费用也越大。表 3-2 给出了效数对最小单位蒸汽消耗量 $(D/W)_{min}$ 的影响。可以看出，随着效数的增加，虽然 $(D/W)_{min}$ 不断减小，但减小的速度越来越慢。例如，由单效增至双效，可节省的生蒸汽量约为 50%，而由四效增至五效，可节省的生蒸汽量约为 10%。综合上面分析可知，最佳效数要通过经济权衡决定，单位生产能力的总费用为最低时的效数即为最佳效数。

表 3-2　单位蒸汽消耗量

效　数	单　效	双　效	三　效	四　效	五　效
$(D/W)_{min}$	1.1	0.57	0.4	0.3	0.27

通常，工业中的多效蒸发操作的效数并不是很多。例如，$NaOH$、NH_4NO_3 等电解质溶液，由于其沸点升高（即温度差损失）较大，故取 2～3 效；对于非电解质溶液，如有机溶液等，其沸点升高较小，所用效数可取 4～6 效；海水淡化的温度差损失为零，故蒸发装置可达 20～30 效之多。

　　蒸发器的设计任务中往往只给出溶液性质、要求达到的浓缩液浓度及可提供的加热蒸汽压强等。设计者首先应根据溶液的性质选定蒸发器型式、冷凝器压强、进料方式及最佳效数（最佳效数由设备投资费、折旧费及经常操作费间的经济衡算确定），再根据经验数据选出或算出总传热系数后，按前述方法算出传热面积，最后再选定或算出蒸发器的主要工艺尺寸，它们是：加热管尺寸及管数、循环管尺寸、加热室外壳直径、分离室尺寸及附属设备的计算或选用。

3.4　蒸发过程的生产能力和生产强度

(1)　生产能力

　　蒸发器的生产能力是用单位时间内蒸发的水分量，即蒸发量来表示的，其单位为 kg/h。蒸发器生产能力的大小取决于通过蒸发器传热面的传热速率 Q，因此也可以用蒸发器的传热速率来衡量其生产能力。

　　根据传热速率方程，单效蒸发时的传热速率为：

$$Q = KS\Delta t = KS(T - t_1) \tag{3-23}$$

　　若蒸发器的热损失可忽略不计，且原料液在沸点下进入蒸发器，则由蒸发器的热量衡算可知，通过传热面所传递的热量全部用于蒸发水分，这时蒸发器的生产能力随传热速率的增大而增大。蒸发器的生产能力还与原料液的入口温度有关。若原料液在低于沸点下进料，则需要消耗部分热量将冷溶液加热至沸点，因而降低了蒸发器的生产能力；若原料液在高于沸点下进入蒸发器，则由于部分原料液的自动蒸发，使得蒸发器的生产能力有所增加。

(2)　生产强度

　　蒸发器的生产强度是评价蒸发器性能的重要指标。蒸发器的生产强度 U 是指单位传热面积上单位时间内所蒸发的水量，其单位为 kg/(m² · h)，即：

$$U = \frac{W}{S} \tag{3-24}$$

　　若为沸点进料，且忽略蒸发器的热损失，将式(3-8)和式(3-9)代入上式得：

$$U = \frac{Q}{Sr'} = \frac{K\Delta t}{r'} \tag{3-25}$$

　　由式(3-25)可以看出，欲提高蒸发器的生产强度，必须设法提高蒸发器的总传热系数和传热温差。

(3)　提高生产强度的途径

　　传热温差 Δt 主要取决于加热蒸汽的压力和冷凝器的真空度。加热蒸汽压力越高，其饱和温度也越高，但是加热蒸汽压力常受具体的供气条件限制，其压力范围一般为 300～500kPa（绝压），高的为 600～800kPa（绝压）。若提高冷凝器的真空度，使溶液的沸点降低，则也可以增大温差。但是这样做的结果，不仅增加真空泵的功率消耗，而且还会因溶液的沸点降低，使其黏度增高，导致沸腾传热系数下降。因此一般冷凝器中的压力不低于10～20kPa。此外，为了控制沸腾操作处于泡核沸腾区，也不宜采用过高的传热温差。由以上分析可知，传热温差的提高是有一定限度的。

　　因此，增大总传热系数是提高蒸发器生产强度的主要途径。总传热系数值取决于传热面两侧的对流传热系数和污垢热阻，现分析如下。

　　① 蒸汽冷凝传热系数 α_o。通常比溶液沸腾传热系数 α_i 大，即总传热热阻中，蒸汽冷凝侧

的热阻较小。不过在蒸发器的设计和操作中，必须考虑蒸汽中不凝性气体的及时排除；否则，其热阻将大大地增加，导致总传热系数下降。

② 管内溶液侧的污垢热阻往往是影响总传热系数的重要因素。尤其在处理结垢和有结晶析出的溶液时，在传热面上很快形成垢层，使 K 值急剧下降。为了减小垢层热阻，蒸发器必须定期清洗。减小垢层热阻的措施还有：选用对溶液扰动程度较大的强制循环蒸发器等；或是在溶液中加入晶种或微量阻垢剂，以阻止在传热面上形成垢层。

③ 管内溶液沸腾传热系数 α_i 是影响总传热系数的主要因素。影响沸腾传热系数的因素很多，如溶液的性质、蒸发操作条件及蒸发器的类型等。

故必须根据蒸发任务的具体情况，选定适宜的操作条件和蒸发器的型式，才能提高蒸发的生产强度。

3.5　蒸发操作常用节能措施

蒸发过程是一个消耗热能较多的单元操作，因而有必要介绍它的常用节能措施。除采用多效蒸发可提高热能的利用效率外，工业上还常采用以下方法。

（1）抽取额外蒸汽

在有些场合中，将多效蒸发器中的某一效的二次蒸汽引出一部分，作为其他换热器的加热剂，这部分引出的蒸汽称为额外蒸汽。能否引出额外蒸汽，关键是看二次蒸汽的温度（即能位）。多效蒸发的末效大多处于负压，而且绝对压力较低，故末效二次蒸汽难以再利用，往往可在前几效引出额外蒸汽。它的流程如图 3-18 所示。目前国内制糖厂中已有所应用。

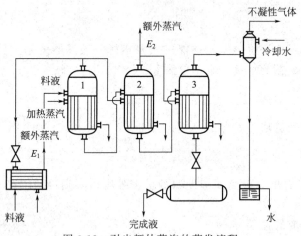

图 3-18　引出额外蒸汽的蒸发流程

（2）二次蒸汽的再压缩

在单效蒸发中，如将二次蒸汽压缩，则其温度升高，与沸腾的料液间形成足够的传热温差，送回加热器冷凝后可放出大量潜热。如此用少量的外加压缩功可回收二次蒸汽的潜热，流程如图 3-19 所示。在连续操作过程中，开始时需供给加热蒸汽，当产生二次蒸汽使压缩机运行后，几乎无需补充蒸汽。

（3）冷凝水的利用

蒸发装置消耗的蒸汽是可观的，因此会产生大量冷凝水。冷凝水排除加热室后，除可用于预热料液外，还可使其减压进行自蒸发。自蒸发产生的蒸汽与二次蒸汽混合后一同进入下一效蒸发器的加热室，使得冷凝水的显热得到部分回收利用。流程如图 3-20 所示。

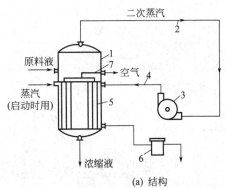

(a) 结构　　　　　　　　　　　　　　　　　　(b) 外观

1—蒸发器；2,4—二次蒸汽管；3—压缩机；
5—加热室；6—疏水阀；7—不凝性气体放空管

图 3-19　热泵蒸发操作简图

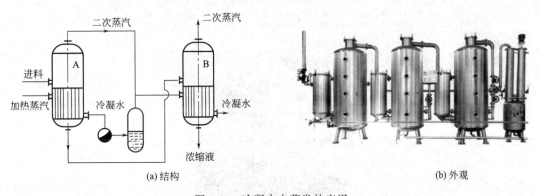

(a) 结构　　　　　　　　　　　　　　　　　(b) 外观

图 3-20　冷凝水自蒸发的应用

工业上还常将冷的料液与热的浓缩液或蒸汽冷凝液进行热交换，以提高料液进入蒸发器的温度，因此可减少蒸发器的传热面积和蒸汽消耗量。

3.6　蒸发应用

3.6.1　烧碱增浓

在烧碱（NaOH）的生产过程中，由隔膜电解槽阴极室流出的电解液中含氢氧化钠 10% 左右，而氯化钠却高达 15%～16%。要得到符合商品规格的烧碱（NaOH≥30%，NaCl≤4.7%），必须进行浓缩。在浓缩过程中，同时将析出的盐进行分离和回收。因此，电解液的蒸发是烧碱生产系统的一个重要环节，它的主要任务有如下几方面。

① 浓缩：将电解液中的 NaOH 含量从 10% 浓缩到 30% 或 45%。

② 分盐：将浓缩过程中析出的结晶盐分离。

③ 回收盐：将分离碱液后的固体盐，溶解成接近饱和的盐水，送化盐工序重新利用。

电解液蒸发是一个耗能较多的过程，其能量消耗约占烧碱生产综合能耗的 30%。因此电解液蒸发的运行情况和生产技术，直接影响整个氯碱系统的能耗水平和经济效益。

如图 3-21 所示为常用的三效顺流碱液蒸发系统。

(1) 碱系统

加料泵将电解液贮槽内的电解液送入预热器，预热至 100℃ 以上后进入Ⅰ效蒸发器。Ⅰ效蒸发器的出料液利用压力差（或用过料泵）自动进入Ⅱ效蒸发器。Ⅱ效蒸发器的出料液，

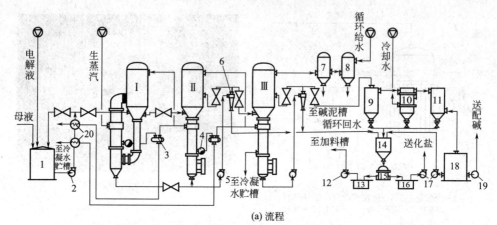

(a) 流程

1—电解液贮槽；2—加料泵；3—汽水分离器；4—强制循环泵；5—过料泵；6—旋液分离器；
7—捕沫器；8—大气冷凝器；9—浓碱高位槽；10—碱液冷却器；11—中间槽；12—母液泵；
13—母液槽；14—碱泥槽；15—离心机；16—盐水回收槽；17—回收盐水泵；18—澄清桶；
19—打碱泵；20—预热器；Ⅰ，Ⅱ，Ⅲ—蒸发器

(b) 外观

图 3-21　三效顺流部分强制循环蒸发工艺流程

利用过料泵并经旋液分离器分离析出固体盐后，送入Ⅲ效蒸发器。从Ⅲ效蒸发器出来的
30％成品碱，经旋液分离器分离析出固体盐后，送入浓碱高位槽。浓碱经冷却器冷却至
45℃以下，再经过澄清桶澄清后，送至配碱工序配制出厂。

（2）蒸汽系统

从蒸汽总管道来的压力为 0.6～0.8MPa（表）的加热蒸汽，进入Ⅰ效蒸发器的加热室。
冷凝水经汽水分离器进行减压闪蒸后，蒸汽与Ⅰ效二次蒸汽合并，进入Ⅰ效蒸发器的加热
室，作为Ⅱ效的加热蒸汽。冷凝水则流经二段电解液预热器，预热电解液后送往冷凝水贮
槽。Ⅱ效蒸发器的冷凝水，经汽水分离器及减压闪蒸后，与蒸汽部分Ⅱ效的二次蒸汽合并作
为Ⅲ效蒸发器的加热蒸汽。未汽化的冷凝水流经一段电解液预热器后，送往冷凝水贮槽。Ⅰ
效蒸发器内的冷凝水直接流至冷凝水贮槽。Ⅰ效的二次蒸汽经过捕沫器分离出夹带的碱沫
后，由大气冷凝器冷凝后排入下水池，并借此使Ⅰ效蒸发室获得负压。

（3）盐泥系统

从Ⅰ效、Ⅰ效旋液分离器分离出来的盐泥，送至碱泥高位槽。在浓碱高位槽内经沉清、
冷却后的盐泥也放至碱泥高位槽。经离心机分离后，母液送回电解液贮槽，固体盐经洗涤后

用蒸汽冷凝水溶解成接近饱和的含碱盐水，送化盐工段。

　　三效顺流工艺不但适用于生产浓度为 30％ 的烧碱，也适用于生产 42％ 的烧碱。为改变蒸发器的传热状况，大部分工厂在 Ⅱ、Ⅲ 效安装了强制循环泵，这样蒸发器的生产能力就有较大的提高。在三效顺流蒸发工艺中，两次利用了二次蒸汽，只有 Ⅲ 效的二次蒸汽被冷凝排放（它仅占总蒸发水量的 1/3 左右）。故该工艺的热量利用率高，蒸汽消耗低。在生产 30％ 碱时，每吨 100％ 烧碱的蒸发汽耗仅 2.8～3.0t，在生产 42％ 碱时的汽耗也只有 3.5～3.7t。三效顺流工艺操作容易，对设备、材料也无特殊要求，故而应用较为广泛。

3.6.2　废水处理

　　废水的蒸发法处理是指加热废水，使水大量汽化逸出，废水中的溶质被浓缩以便进一步回收利用，水蒸气冷凝后可获得纯水的一种物理化学过程。废水进行蒸发处理时，既有传热过程，又有传质过程。根据蒸发前后的物料和热量衡算原理，可以推算出蒸发操作的基本关系式。

　　如图 3-22 所示为浸没燃烧蒸发器的构造示意图。它是热气与废水直接接触式蒸

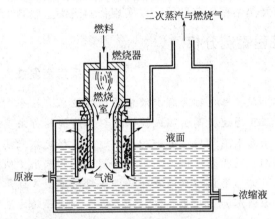

图 3-22　浸没燃烧蒸发器的构造示意图

发器，以高温烟气为热源。燃料（煤气或油）在燃料室中燃烧产生的高温烟气（约 1200℃）从浸于废水中的喷嘴喷出，加热和搅拌废水，二次蒸汽和燃烧空气由器顶出口排出，浓缩液由器底用空气喷射泵抽出。浸没燃烧蒸发器结构简单 · 传热效率高，适用于蒸发强腐蚀性和易结垢的废液，但不适于热敏性物料和易被烟气污染的物料蒸发。

　　蒸发法在废水处理中的应用主要包括如下几个方面。

　　(1) 浓缩高浓度有机废水

　　高浓度有机废水，如酒精废液、造纸黑液、酿酒业蒸馏残液等可用蒸发法浓缩，然后将浓缩液加以综合利用或焚化处理。例如，在酸法纸浆厂，将亚硫酸盐纤维素废液蒸发浓缩后，可用作道路黏结剂、砂模减水剂、鞣剂和生产杀虫剂等。

　　(2) 浓缩放射性废水

　　废水中绝大多数放射性污染物质是不挥发的，可用蒸发法浓缩，然后将浓缩液密封存放，让其自然衰变。一般经两次蒸发，废水体积可减小为原来的 1/500～1/200，这样大大减少了昂贵的贮罐容积，从而降低了处理费用。

　　(3) 浓缩废酸、废碱

　　酸洗废液可用浸没燃烧法进行浓缩和回收。例如，某钢铁厂的废酸液中含 H_2SO_4 100～200g/L、$FeSO_4$ 220～250g/L，经浸没燃烧蒸发浓缩后，母液含 H_2SO_4 增至 600g/L，而 $FeSO_4$ 减至 60g/L。

3.6.3　生物溶液的蒸发

　　(1) 生物溶液的特性

　　① 大多数生物溶液（如果汁及中药浸出液）为热敏性物料，且其黏度随着溶液中溶质含量的增加而显著（或急剧）加大。溶液中的溶质具有粘连到传热壁面上的趋向，造成局部过热，从而导致溶液中有效成分的破坏甚至焦化。

　　② 在蒸发过程中，有些物料中细菌生长很快，而且附着在设备壁面上。因此，要求设

备应便于清洗。

③ 溶液的沸点升高少，常可忽略。

(2) 蒸发设备和操作条件的选择

物料在蒸发中受损的程度取决于操作温度和受热时间的长短。为了降低操作温度，宜采用真空蒸发；为了缩短受热时间，设备必须提供很高的传热速率。例如，果汁的蒸发大都选用单程型（如降膜式、搅拌薄膜型等）、强制循环型（如垂直长管强制循环、搅拌强制循环）以及热泵循环蒸发器，以实现传热表面上物料的高速循环。

工程案例分析

一、采用蒸发技术进行海水淡化

该技术也称为海水淡化的蒸馏技术。按平衡理论，有两种方法可以实现蒸馏：一种是在常压下通过提高水温或提供原料水热能的办法实现蒸馏操作，但这种方法因能耗太高而在工业上基本不采用；另一种是通过不断移走蒸汽使水的蒸气压低于其饱和蒸气压，也就是减压蒸馏。现在大规模工业用途的蒸馏法都采用了减压法。

海水淡化的蒸馏法包括：多级闪蒸、多效蒸馏和压汽蒸馏法。其中，多级闪蒸主要采用给原料水加热升温、然后分多级分步降压的方法使海水中的水分逐渐蒸发，再冷却其水蒸气达到收集水的方法。多效蒸馏是采用较高温度的水，随着其水分的蒸发和水温的降低，不断供应其热能的办法。压汽蒸馏法和多效蒸馏的原理相似，只是其热源是电能通过压缩机（机械能）压缩蒸发出来的蒸汽，使其冷凝所释放出来的热。

第一个商业运行的海水淡化厂建在沙特阿拉伯的 Jeddah，其蒸馏淡化装置其实是一个粗糙的常压条件下运行的锅炉，因而不可避免地存在严重的结垢和腐蚀问题，现在已成了 Jeddah 滨海路的历史纪念碑。随着浸没管蒸发器技术的发展，1950 年初规模超过 $45000 \mathrm{m}^3/\mathrm{d}$ 的第一批蒸馏装置在科威特的 Curacao 建设。但是直到 20 世纪 50 年代 Robert Silver 教授开发和推广多级闪蒸技术后，海水淡化才得到大量应用，淡化技术也成了解决饮用水短缺的实用办法。

鉴于对淡水资源问题的深刻认识，中国研究海水淡化技术的起步较早，也是世界上少数几个掌握海水淡化先进技术的国家之一。国家海洋局 1972 年在杭州第二海洋研究所建立了海水淡化研究室，后来发展为国家海洋局杭州水处理技术开发中心，主要从事膜法淡化过程的研究和开发。经国务院批准，1984 年组建了国家海洋局天津海水淡化与综合利用研究所，在从事蒸馏法海水淡化过程研发的同时，还在膜法海水淡化、海水直接利用、海水化学物质提取及深加工等方面进行了多项开创性的工作。除了从事海水淡化研究的这两家主体队伍之外，我国船舶工业的相关院所、大专院校的相关专业机构也先后从事了海水淡化技术的研究和开发工作。随着膜技术的进步，近十几年在国内还形成了多家以反渗透淡化技术为主体的水处理技术公司。国外的海水淡化公司也分别通过代理机构设立办事处，在国内开拓海水淡化市场。总之，经过多年的发展，培养了一批海水淡化及资源开发利用的专门技术人才，在国家的多年支持下，取得了举世瞩目的一大批科研成果。

如附图 1 所示为黄岛电厂 3000t/d 低温多效海水淡化示范工程项目结构图。该项目坐落于青岛市黄岛发电厂内，由国家海洋局天津海水淡化与综合利用研究所设计，青岛华欧集团有限公司制造，是迄今为止国内首台具有完全自主知识产权、自主加工制造、规模最大的低温多效海水淡化设备。该项目自 2003 年 5 月开始进入工程施工阶段，至 2004 年 6 月 4 日一次试车成功。2004 年 9 月，该装置经检测，各项技术指标完全达到设计要求，正式投入运行，产品水切入电厂化学水处理系统，为电厂提供锅炉补给水。

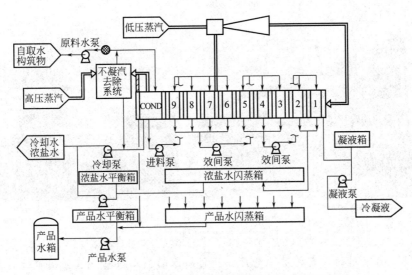

附图 1 黄岛发电厂低温多效蒸馏海水淡化工艺流程图

经过预处理的海水分为两路,其中一路作为冷却水分别进入三级蒸汽喷射真空泵的冷凝器用于蒸汽冷凝。之后,经冷却水泵排放。另一路海水进入海水淡化装置的冷凝器,在冷凝器中蒸汽被全部冷凝,海水被预热、脱气。预热后的部分海水经冷却水泵排放。其余部分作为蒸馏过程的进料海水,加入 5g/m³ 的阻垢剂后经中间水泵进入蒸发器。蒸发后的浓盐水排入电厂的冷却水排放系统。加热蒸汽取自电厂的对外供热系统,其温度、压力较高,进入蒸发器前首先经过蒸汽热压缩装置,抽取第 6 效的部分二次蒸汽,提高其温度、压力。在加热蒸汽进入第 1 效时,为 71.5℃ 的饱和蒸汽,如存在蒸汽过热,则启动蒸汽管路上的消除过热装置,向蒸汽管路中喷入来自第 1 效的凝结水。

各效冷凝下来的产品水分别进入各淡水闪蒸罐并依次由高温效向低温效的闪蒸罐流动。全部的冷凝水汇集到最后一效闪蒸罐后,由淡水泵抽至产品水箱。在淡水泵的出口管路分为两路,一路为合格产品水通至产品水箱,如产品水不符合指标要求,则通过另一路的不合格产品水管路排放。在主管路上安装有电导仪,用于判定产品水是否合格。

第一效的冷凝水自蒸发器进入淡水闪蒸罐,不与其余各效的冷凝水混合,单独由冷凝水泵输送至电厂水化学系统。其中部分冷凝水作为消除蒸汽过热用水,输送至加热蒸汽管道中。

海水淡化装置总长度 67m,蒸发器直径 4m,总高度 12m(附图 2)。装置基础占地面积 64.6m×7m(最宽处 9.5m)。整台装置从外形看由蒸发器、浓水和淡水闪蒸箱、蒸汽热压缩机、蒸汽喷射真空泵、支座、平台和梯子等部分构成,工艺泵及管路系统位于蒸发器下方支座内部。

整套装置共有 9 蒸发器,1 效冷凝器。筒体直径 4m,外部包有 50mm 厚的聚氨酯发泡保温层,单效蒸发器长度为 6.02m。其中第 6 效因设有蒸汽抽气口,其长度为 7.52m。蒸发器筒体采用碳钢制造,通过内涂防腐涂料的措施解决海水腐蚀问题。蒸发器内部采用承插式喷淋系统,喷头安装更换方便。传热管采用三角形排布。考虑到防腐问题,传热管的最顶部三排选用钛管,其他为加砷铝黄铜管。传热管与管板的连接采用自行开发的弹性胶圈,避免产生接触腐蚀。管板设计为分体结构,加工、安装方便。用于气、液分离的捕沫装置为双层百叶窗式,也同样为分体制作、现场组装。效间的法兰连接密封采用自行研制的 V 形外压式橡胶密封垫。

该项目运行后给电厂带来了极大的经济和社会效益,主要体现在如下几个方面。

(a) 蒸发器

(b) 总貌

附图2　海水淡化装置外貌

（1）缓解了自来水的供需矛盾　电厂锅炉补给水的供水原来一直使用市政自来水，平均每天用水量1500t左右。此海淡化装置投入使用以来，现在的锅炉补给水的供水已全部改为海水淡化水，市政自来水已改作其他用途，有效缓解了电厂的供水紧张状况。

（2）水量充足、水质稳定　装置投入使用以来，始终保持足量、可靠供水，未出现故障停机造成无法供水的情况。且供水水质稳定，为下一步的化学处理和保证锅炉补给水的水质带来了极大方便。

（3）节省了运行费用　原来使用自来水时，锅炉补给水的处理费用为每吨11元。改为淡化水后，由于进水水质的提高，化学处理所需费用大大降低。经初步测算，现在的处理费用为每吨7.5元，较以前节省了大量的处理费用。

（4）延长了再生周期，降低了工人劳动强度　采用海水淡化的产品水，显著地延长了树脂的再生周期。原来需每天进行一次树脂再生，现在十天才需再生一次，大大降低了工人的劳动强度。同时还减少了树脂再生所需要的酸碱，有效避免了酸碱排放对环境的污染，使电厂的环境质量有所提高。

二、烧碱蒸发系统的技术改造

工业烧碱的制备需利用蒸发操作浓缩金属阳极电解产物，从而制取产品碱，其生产工艺流程如附图3所示。

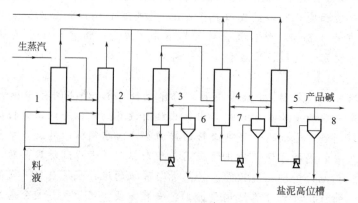

附图3　烧碱蒸发工艺流程图

1,2—Ⅰ效蒸发器；3—Ⅱ效蒸发器；4—Ⅲ效蒸发器；5—浓缩蒸发器；6～8—旋液分离器

加热蒸汽直接进入两个Ⅰ效蒸发器，两个Ⅰ效蒸发器产生的二次蒸汽汇合后，一部分进

入Ⅱ效蒸发器，一部分进浓效蒸发器；Ⅱ效蒸发器产生的二次蒸汽作为Ⅲ效蒸发器的加热介质；Ⅲ效蒸发器和浓效蒸发器产生的二次蒸汽经真空系统冷凝后排走形成真空。蒸发料液经上料泵打入两个工效蒸发器，Ⅰ效蒸发器内物料借压差进入Ⅱ效蒸发器；Ⅱ效蒸发器内物料经循环泵打入悬液分离器分盐后，一部分进入Ⅱ效蒸发器继续循环，一部分进入Ⅲ效蒸发器；Ⅲ效蒸发器内物料经循环泵打入旋液分离器分盐后，一部分进入Ⅲ效蒸发器继续循环，一部分进入浓效蒸发器；浓效蒸发器内物料经循环泵打入旋液分离器分盐后，未达到出碱浓度要求的物料继续进入浓效蒸发器循环，达到出碱浓度要求的物料作为蒸发产品则进入冷却、澄清工序作进一步处理。

某碱厂原生产工艺的处理量为 3.5 万吨/年，其中两个Ⅰ效蒸发器及浓效蒸发器的传热面积为 140m²，Ⅱ效蒸发器及Ⅲ效蒸发器的传热面积为 280m²，料液进料温度范围为 85～100℃，加热蒸汽压力范围为 0.4～0.5MPa，Ⅲ效蒸发器和浓效蒸发器的真空度约为 50kPa。在实际生产中，为完成生产任务，直接采用加热蒸汽作为浓效蒸发器的加热介质，以保证产品碱质量。现因电解处理能力提高，产量达 5.2 万吨/年，从而需对整个烧碱蒸发装置进行改造。针对原工艺生产能力不足的问题主要进行了以下几点改造措施。

(1) 调整蒸发器传热面积　在调整过程中，适当增加了Ⅰ效及浓效蒸发器的传热面积，选取两个Ⅰ效蒸发器的传热面积为 220m²，Ⅱ效、Ⅲ效及浓效蒸发器的传热面积为 240m²，使各效的传热面积比例基本接近。这样，克服了由于浓效加热面积过小，料液在效内滞留时间过长的问题。同时，改进加热室及分离室的结构，减缓蒸发器内的结盐速率，延长洗效周期。

(2) 提高加热蒸汽压力　增设蒸汽锅炉，以解决蒸汽压力低、蒸汽供给不足的问题，提高有效温差，确保生产蒸汽供给。

(3) 提高浓效真空度　为降低蒸发真空系统下水的温度，重新布置浓效真空管道，以减少真空管路沿程摩擦阻力和局部阻力。并新建配套的凉水塔，使得真空度由原来的 50kPa提高到 85kPa 左右，从而使浓效的加热介质可采用Ⅰ效蒸发器产生的二次蒸汽，以节省加热蒸汽用量，提高加热蒸汽的经济性。

(4) 提高原料进料温度　将改造过程中淘汰的蒸发器加热室改作原料液的预热器，增大传热面积，并充分利用两台Ⅰ效蒸发器的蒸汽冷凝水，使蒸发料液的预热温度提高到 120℃左右。根据资料介绍，料液预热温度每升高 1℃，加热蒸汽消耗就会降低 17kg/t，料液预热温度越接近其沸点（约为 130℃），加热蒸汽消耗就越低。

经改造的蒸发系统实现了长周期的稳定运行，满足了生产能力扩大的需要。通过以上实例分析可得出以下结论。

① 增大有效传热温差，利用低温蒸汽。

在改造过程中，提高了加热蒸汽压力和冷凝器内的真空度，有效地增加了传热温差，提高了蒸发效率。同时，因浓效蒸发器操作真空度的提高，降低了蒸发器内溶液的沸点，使Ⅰ效蒸发器产生的二次蒸汽可作为加热介质，替代了原工艺中直接使用的加热蒸汽，大大地降低了能耗。

② 强化蒸发器传热过程，优化调整加热面积。

调整了原工艺中传热面积差别较大的蒸发器，尤其是浓效蒸发器，使各效蒸发器的传热面积基本相近，生产能力匹配；并对蒸发器的结构进行改进，强化了蒸发管内的流动情况，加大了分离空间，使得各效蒸发器在处理能力和结盐情况方面都得到了良好的改善，从而使蒸发过程的处理能力大为提高。

③ 充分利用系统热能，提高原料预热温度。

充分地利用了改造中淘汰的设备及 I 效蒸发器的蒸汽冷凝水的热量，强化了原料预热器的换热效果，使进料温度提高了 30℃ 左右，进一步提高了加热蒸汽的经济性，降低了生产成本。

习　　题

1. 进料量为 9000kg/h，浓度为 1%（质量分数）的盐溶液，在 40℃ 下进入单效蒸发器，被浓缩到 1.5%。蒸发器传热面积为 39.1m²，蒸发室绝对压强为 0.04MPa（该压力下水的蒸发潜热 $r'=2318.6kJ/kg$），加热蒸汽温度为 110℃（该饱和温度下水的蒸发潜热 $r=2232kJ/kg$）。由于溶液很稀，假设溶液的沸点与水的沸点相同（0.04MPa 下水的沸点为 75.4℃），料液的比热容近似等于水的比热容 $c_p=4.174kJ/(kg \cdot ℃)$。试求：（1）蒸发水量、浓缩液量、加热蒸汽用量和加热室的总传热系数 K；（2）如果进料增加为 12000kg/h，总传热系数、加热蒸汽压强、蒸发室压强、进料的温度和浓度均不变，蒸发量、浓缩液量和浓缩液浓度又为多少？均不考虑热损失。

〔(1) 蒸发水量 3000kg/h、浓缩液量 6000kg/h、加热蒸汽量 3712kg/h、总传热系数 K 1702W/(m² · ℃)〕

2. 用一套传热面积为 10m² 的单效蒸发器，将 $NaNO_3$ 水溶液由 15%（质量分数，下同）浓缩至 40%。沸点进料，要求每小时蒸得 375kg 的完成液。设蒸发压力为 20kPa（绝压），操作条件下的传热温度差损失（沸点升高）为 8℃，蒸发器的传热系数为 800W/(m² · ℃)。若不计热损失和浓缩热，试问加热蒸汽压力至少应多大才能完成上述任务？　　　　　　　　　　　　　　　　　〔200kPa（绝压）〕

3. 在传热面积为 130m² 的蒸发器内，每小时将 8×10^3 kg 的 20℃、质量分数为 10% 的某种溶液进行浓缩。已知如下数据：二次蒸汽绝对压力为 15kPa，加热蒸汽绝对压力为 120 kPa，因溶液蒸汽压下降及静压而引起的温差损失之和为 26℃，总传热系数为 1.2kW/(m² · ℃)。冷凝水为饱和溶液，忽略稀释热效应及热损失。试求：（1）该蒸发器能将溶液浓缩至何种浓度？（2）加热蒸汽的消耗量。

〔(1) 浓度达到 31%；(2) 6.5×10^3 kg/h〕

4. 在单效蒸发器中将 2000kg/h 的某种水溶液从质量分数 10% 浓缩至 25%。原料液的比热容为 3.77kJ/(kg · ℃)，操作条件下溶液的沸点为 80℃。加热蒸汽绝对压强为 200kPa，冷凝水在加热蒸汽的饱和温度下排除。蒸发室的绝对压强为 40kPa。忽略浓缩热及蒸发器的热损失。当原料液进入蒸发器的温度分别为 30℃ 及 80℃ 时，通过计算比较它们的经济性。

（计算结果表明，原料液的温度越高，蒸发 1kg 水分消耗的加热蒸汽量越少）

思　考　题

1. 某单效蒸发操作，因真空泵损坏而使冷凝器压强由某真空度升至常压，此时有效传热温差有何变化？若真空泵损坏后料液流量及状态不变，但仍要求保证完成液浓度不变，可采取什么办法？

2. 某一单效蒸发器，原来在加热蒸汽压力为 2kgf/m²（1kgf/m²＝0.098MPa）、蒸发室压力为 0.2kgf/m² 的条件下连续操作。现发现完成液的浓度变稀，当即检查加料情况，得知加料流量下组成和温度均未变。试问可能是哪些原因引起完成液浓度变稀？这些原因所产生的结果使蒸发器内溶液沸点是升高还是降低？为什么？

3. 并流加料的蒸发装置中，一般各效的总传热系数逐效减小，而蒸发量却逐效略有增加，试分析原因。

4. 欲设计多效蒸发装置将 NaOH 水溶液自 10% 浓缩到 60%，宜采用何种加料方式？（料液温度为 30℃）。

5. 溶液的哪些性质对确定多效蒸发效数有影响？并进行简单分析。

6. 烧碱（NaOH）溶液的蒸发浓缩过程中，会析出一定的 NaCl 晶体，采用何种设备将其分离出来？

符　号　说　明

英文字母：

c_p——定压比热容，kJ/(kg · ℃)；

C——溶质含量，kg 溶质/kg 溶剂；

D——热蒸汽消耗量，kg/h；

e——单位蒸汽消耗量，kg/kg；

F——进料量，kg/h；

G——结晶产品量，kg/h；

h——液体的焓，kJ/kg；

H——蒸汽的焓，kJ/kg；

K——总传热系数，W/(m² · ℃)；

n——第 n 效；

Q——传热速率，W；

r——汽化热，kJ/kg；

R——溶质水合物摩尔质量与无溶剂溶质摩尔
　　质量之比；

S——传热面积，m^2；

t——溶液的温度，℃；

T——蒸汽的温度，℃；

V——溶剂蒸发量，kg/kg 溶剂；

W——蒸发量或溶剂量，kg/h；

x——溶液的质量分数。

希腊字母：

Δ——温度差损失（℃）或有限差值。

下标：

i——第 i 效；

n——第 n 效；

o——外侧；

w——水；

1，2，3——效数的序号；

0——进料。

上标：

′——二次蒸汽或母液。

第4章 固体颗粒流体力学基础与机械分离

化工生产中，经常需要将混合物加以分离。为了实现不同的分离目的，必须根据混合物性质的不同而采用不同的方法。一般将混合物分为两大类，即均相混合物和非均相混合物。其中，非均相混合物由两相或两相以上构成，相界面两侧物质的性质截然不同。这种混合物的分离就是将不同的相分开，所以通常可采用能耗较低的机械方法加以分离。例如，要对锅炉等装置的尾气除尘，由于空气与固体粉尘的密度差别很大，所以可采用重力及离心力场中的沉降操作。

非均相混合物由具有不同物理性质（例如密度差别）的分散物质和连续介质组成。其中处于分散状态的物质，如分散于流体中的固体颗粒、液滴或气泡，称为分散相；而包围分散物质且处于连续状态的物质称为分散介质或连续相。

在过程工业中，对非均相混合物进行分离的目的如下。

① 净化分散介质。如原料气在进入催化反应器前必须除去其中的尘粒和有害杂质，以保证催化剂的活性。

② 回收分散物质。如从气流干燥器出来的气体或从结晶器出来的晶浆中，常含有有用的固体颗粒状产品，必须回收。

③ 环境保护。生产中的废气、废液在排放前，必须把其中所含的有害物质分离出来，使其达到规定的排放标准，以保护环境。

本章只讨论分离非均相混合物所采用的机械分离方法。

4.1 固体颗粒特性

表述固体颗粒特性的主要参数为颗粒的形状、大小（体积）和表面积。

4.1.1 单一颗粒特性

（1）球形颗粒

球形颗粒通常用直径（粒径）表示其大小。球形颗粒的各有关特性均可用单一的参数，即直径 d 来全面表示。如

$$V = \frac{\pi}{6}d^3 \tag{4-1}$$

$$S = \pi d^2 \tag{4-2}$$

$$a = \frac{6}{d} \tag{4-3}$$

式中　d——颗粒直径，m；

　　　V——球形颗粒的体积，m^3；

　　　S——球形颗粒的表面积，m^2；

　　　a——比表面积（单位体积颗粒具有的表面积），m^2/m^3。

（2）非球形颗粒

工业上遇到的固体颗粒大多是非球形的，非球形颗粒可用当量直径及形状系数来表示其

特性。

当量直径是根据实际颗粒与球体的某种等效性而确定的。根据测量方法及在不同方面的等效性，当量直径有不同的表示方法。工程上，体积当量直径应用比较多。令实际颗粒的体积等于当量球形颗粒的体积，则体积当量直径定义为

$$d_e = \sqrt[3]{\frac{6V_p}{\pi}} \tag{4-4}$$

式中　d_e——体积当量直径，m；

　　　V_p——非球形颗粒的实际体积，m^3。

形状系数又称球形度，它表征颗粒的形状与球形的差异程度，定义为

$$\phi_s = \frac{S}{S_p} \tag{4-5}$$

式中　ϕ_s——颗粒的形状系数或球形度；

　　　S_p——颗粒的表面积，m^2；

　　　S——与该颗粒体积相等的圆球的表面积，m^2。

因体积相同时球形颗粒的表面积最小，所以任何非球形颗粒的形状系数均小于1。对于球形颗粒，$\phi_s = 1$。颗粒形状与球形差别越大，ϕ_s 值越小。

对于非球形颗粒，必须有两个参数才能确定其特性。通常选用体积当量直径和形状系数来表征颗粒的体积、表面积和比表面积，即

$$V_p = \frac{\pi}{6} d_e^3 \tag{4-6}$$

$$S_p = \frac{\pi d_e^2}{\phi_s} \tag{4-7}$$

$$a_p = \frac{6}{d_e \phi_s} \tag{4-8}$$

4.1.2　颗粒群的特性

工业中遇到的颗粒大多是由大小不同的粒子组成的集合体，称为非均一性粒子或多分散性粒子。与此相对应，将具有同一粒径的颗粒称为单一性粒子或单分散性粒子。颗粒群的特性可用粒度分布和平均直径来表示。

(1) 粒度分布

不同粒径范围内所含粒子的个数或质量，称为粒度分布。可采用多种方法测量多分散性粒子的粒度分布。对于粒径大于 $40\mu m$ 的颗粒，通常采用一套标准筛进行测量，这种方法称为筛分分析。颗粒的尺寸，通常用标准筛的目数来表征。所谓目数，是指物料的粒度或粗细度，一般指在 $1in \times 1in$ 的面积内有多少个网孔数，即筛网的网孔数。物料能通过该网孔即定义为多少目数。如 200 目，就是该物料能通过 $1in \times 1in$ 内有 200 个网孔的筛网。以此类推，目数越大，说明物料粒度越细；目数越小，说明物料粒度越大。各国标准筛的规格不尽相同，常用的泰勒标准筛的目数与对应的孔径如表 4-1 所列。

表 4-1　泰勒标准筛数据

目数	孔径		目数	孔径	
	/in	/μm		/in	μm
3	0.263	6680	8	0.093	2362
4	0.185	4699	10	0.065	1651
6	0.131	3327	14	0.046	1168

目数	孔径		目数	孔径	
	/in	/μm		/in	μm
20	0.0328	833	150	0.0041	104
35	0.0164	417	200	0.0029	74
48	0.0116	295	270	0.0021	53
65	0.0082	208	400	0.0015	38
100	0.0058	147			

当使用某一号筛子时，通过筛孔的颗粒量称为筛过量，截留于筛面上的颗粒量则称为筛余量。称取各号筛面上的颗粒筛余量即得筛分分析的基本数据。目前各种筛制正向国际标准组织 ISO 筛系进行统一。

（2）颗粒的平均直径

颗粒平均直径的计算方法很多，其中最常用的是平均比表面积直径。设有一批大小不等的球形颗粒，其总质量为 G，经筛分分析得到相邻两号筛直径的颗粒质量为 G_i，筛分直径（两筛号筛孔的算术平均值）为 d_i。根据比表面积相等原则，颗粒群的平均比表面积直径可写为

$$\frac{1}{d_a} = \sum \frac{1}{d_i} \frac{G_i}{G} = \sum \frac{x_i}{d_i}$$

或

$$d_a = \frac{1}{\sum \dfrac{x_i}{d_i}} \tag{4-9}$$

式中　d_a——平均比表面积直径，m；

　　　d_i——筛分直径，m；

　　　x_i——d_i 粒径段内颗粒的质量分数。

4.1.3　粒径测量

粒径是颗粒占据空间大小的线性尺度，测定方法种类繁多。因原理不同，所测粒径范围及参数各异，应根据使用目的及方法的适用性作出选择。测量及表达粒径的方法可分为长度、质量、横截面、表面积及体积五类，常用方法见表 4-2 和表 4-3。粒径测量的结果应指明所采用的方法和表示法。

表 4-2　常用粒径测量法

测量方法	粒径范围/μm	参数类别	粒径表达	分布基准	介质	测量依据
标准筛 微目筛	＞38 5～40	长度	筛分	质量	干、湿	筛孔
光学显微镜 电子显微镜 全息照相	0.25～250 0.001～5 2～500		投影面积	面积或个数	干	通常是颗粒投影像的某种尺寸或某种相当尺寸
空气中沉降 液体中沉降 离心沉降 喷射冲击器 空气中抛射 淘析	3～250 2～150 0.01～10 0.3～50 ＞100 1～100	质量	同沉降速率的球直径（层流区）	质量	干 湿 干、湿 干 干、湿	沉降效应，沉积量，悬浮液浓度，密度或消光等随时间或位置的变化

测量方法	粒径范围/μm	参数类别	粒径表达	分布基准	介质	测量依据
光散射 X 射线小角度散射 比浊计	0.3～50 0.008～0.2 0.05～100	横截面	等效球直径	质量或个数	湿 干 湿	颗粒对光的散射或消光（散射和吸收），颗粒对 X 射线的散射
吸附法 透过法（层流） 透过法（分子流） 扩散法	0.002～20 1～100 0.001～1 0.003～0.3	表面积	比表面积直径		干、湿	气体分子在颗粒表面的吸附，床层中颗粒表面对气流的阻力
Coulter 计数器 声学法	0.2～800 50～200	体积	常为等效球直径	体积或个数	湿	颗粒在小孔电阻传感区引起的电阻变化

表 4-3　超细粉尘的粒径分布测量

测量方法	测量仪器	粒径范围
电子显微镜	透射式电子显微镜 扫描式电子显微镜	＞0.001 ＞0.006
X 射线小角度散射	X 射线小角测角仪	0.005～0.2
扩散法	筛网式扩散分级仪	0.005～0.2
电迁移率法	静电气溶胶测定仪 EAA 微分电迁移率式粒径分布测定仪 DMPS	0.01～1.0
惯性沉降法	低压级联冲击器	＞0.05

4.2　固体颗粒在流体中运动时的阻力

　　如图 4-1 所示，当流体以一定速度绕过静止的固体颗粒流动时，黏性流体会对颗粒施加一定的作用力。反之，当固体颗粒在静止流体中移动时，流体同样会对颗粒施加作用力。这两种情况的作用力性质相同，通常称为曳力或阻力。

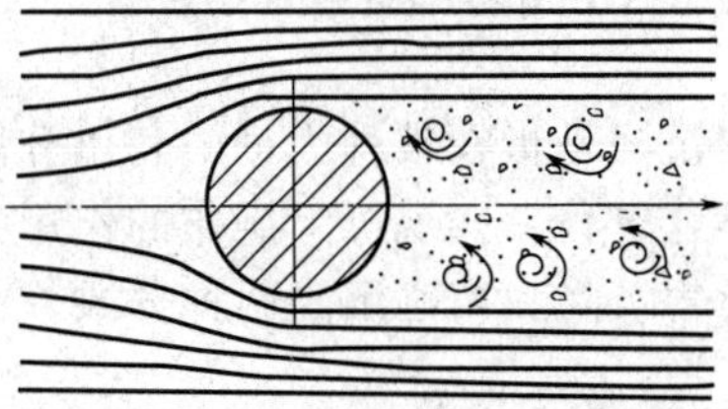

　　颗粒在静止流体中作沉降运动，或运动着的颗粒与流动着的流体之间的相对运动，均会产生这种阻力。对于一定的颗粒和流体，不论是哪一种相对运动，只要相对运动速度相同，流体对颗粒的阻力就一样。对于密度为 ρ、黏度为 μ 的流体，如果直径为 d_p 的颗粒在运动方向上的投影面积为 A，且颗粒与流体间的相对运动速度为 u，则颗粒所受到的阻力 F_d 可用下式来计算

图 4-1　流体与颗粒间的相对运动

$$F_d = \xi A \frac{\rho u^2}{2} \tag{4-10}$$

　　式中，ξ 为无量纲阻力系数，是流体相对于颗粒运动时的雷诺数 $Re_t = \dfrac{d_p u \rho}{\mu}$ 的函数，即

$$\xi = f(Re_t) = f\left(\frac{d_p u \rho}{\mu}\right) \tag{4-11}$$

此函数关系需由实验测定。不同球形度颗粒的 ξ 实测数据如图 4-2 所示。图中曲线大致可分为三个区域。对于球形颗粒（$\phi_s = 1$），各区域的曲线可分别用不同的计算式表示为：

　　① 层流区（$10^{-4} < Re_t < 1$）

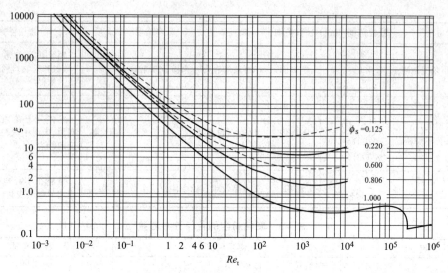

图 4-2　$\xi\text{-}Re_t$ 关系曲线

$$\xi = \frac{24}{Re_t} \tag{4-12}$$

② 过渡区（$1 \leqslant Re_t \leqslant 10^3$）

$$\xi = \frac{18.5}{Re_t^{0.6}} \tag{4-13}$$

③ 湍流区（$Re_t > 10^3$）

$$\xi = 0.44 \tag{4-14}$$

这三个区域，又分别被称为斯托克斯（Stokes）区、阿伦（Allen）区和牛顿（Newton）区。其中斯托克斯区的计算公式(4-12)是准确的，其他两个区域的计算式是近似的。

4.3　沉降分离

　　沉降是指在某种力场中利用分散相和连续相间密度之差，使之发生相对运动而实现分离的操作过程。实现沉降操作的作用力可以是重力，也可以是惯性离心力。因此，沉降过程分为重力沉降和离心沉降两种方式。

4.3.1　重力沉降

　　在重力场中，利用连续相与分散相的密度差异而产生相对运动，使两相得以分离的过程称为重力沉降。

4.3.1.1　光滑球形颗粒在静止流体中的自由沉降

　　如果颗粒的沉降未受到其他颗粒沉降及器壁的影响，则称为自由沉降，反之称为干扰沉降。在静止流体中，颗粒将沿重力的方向作沉降运动。颗粒在沉降过程中受到三个力的作用，即重力、浮力及阻力，如图 4-3 所示。假设颗粒初速度等于零，此时颗粒仅受到重力和浮力的作用。此时，由于颗粒的密度大于流体的密度，则重力大于浮力，颗粒必产生加速度，称为沉降的加速阶段。由于颗粒和流体的密度都是一定的，所以颗粒受到的重力和浮力的大小是不变的，但颗粒所受阻力却随颗粒沉降速度的增大而增大。当三力的合力恰等于零时，颗粒开始作匀速沉降运动，称为沉降的等速阶段。一般来说，加速段很短，工程上可忽略不计，故沉降速度专指等速阶段中颗粒相对于流体的运动速度，以 u_t 表示。下面是 u_t 计算式的推导过程。

图 4-3 中的三个力可分别表示为：

重力：
$$F_g = \frac{\pi}{6} d^3 \rho_s g$$

浮力：
$$F_b = \frac{\pi}{6} d^3 \rho g$$

阻力：
$$F_d = \xi \frac{\pi}{4} d^2 \frac{\rho u_t^2}{2}$$

令三力之和为零，则

$$u_t = \sqrt{\frac{4gd(\rho_s - \rho)}{3\rho \xi}} \qquad (4-15)$$

图 4-3 中：

图 4-3　沉降
颗粒的受力

式中　u_t——颗粒的自由沉降速度，m/s；

　　　d——颗粒的直径，m；

　　　ρ_s——颗粒的密度，kg/m^3；

　　　ρ——流体的密度，kg/m^3。

由式(4-15) 可以看出，颗粒直径越大，沉降速度越大，说明大直径颗粒较小直径颗粒更容易沉降。所以，在沉降小直径颗粒前，通常预先将大直径颗粒沉降下来。还可以看出，固体与流体的密度差越大，沉降也越快，这正是非均相混合物机械分离的基本依据。

影响沉降速度的其他因素还有壁效应和干扰沉降。当颗粒在靠近器壁的位置沉降时，由于受器壁的影响，其沉降速度比自由沉降速度小，这种影响称为壁效应。若颗粒在流体中的体积分数较高，使得颗粒沉降过程中相互影响较大，或因沉降过快而引起涡流，增大阻力，从而影响沉降的现象均称为干扰沉降。干扰沉降的速度比自由沉降的速度小得多。

当分散相是液滴或气泡时，其沉降运动与固体颗粒的运动有所不同。主要差别是液滴或气泡在曳力作用下产生形变，使阻力增大；或者液滴或气泡内部的流体产生循环运动，降低了相界面上的相对速度，使阻力减小。

上述颗粒沉降速度的计算方法，适用于多种情况下颗粒与流体在重力作用下的相对运动计算。例如既可适用于$\rho_s > \rho$的情况，即沉降操作，也可适用于$\rho_s < \rho$的颗粒浮升运动；既可适用于静止流体中颗粒的沉降，也可适用于流体相对于静止颗粒的运动；既可适用于颗粒与流体的逆向运动情况，也可适用于颗粒与流体同向运动但具有不同速度的相对运动速度的计算。

式(4-15) 中的阻力系数 ξ 根据沉降时的雷诺数 $Re_t = \dfrac{du_t\rho}{\mu}$ 来计算 ［式(4-12)～(4-14)］，此时各区域内的曲线分别用相应的函数式表达，如表 4-4 所列。

表 4-4　球形颗粒沉降速度在各区内的表达式

区域	定律	Re_t 范围，阻力系数 ξ	计算公式
层流区	Stokes(斯托克斯)式	$10^{-4} < Re_t < 1, \xi = \dfrac{24}{Re_t}$	$u_t = \dfrac{d^2(\rho_s - \rho)g}{18\mu}$
过渡状态区	Allen(阿伦)式	$1 < Re_t < 10^3, \xi = \dfrac{18.5}{Re_t^{0.6}}$	$u_t = 0.27\sqrt{\dfrac{d(\rho_s - \rho)g \cdot Re_t^{0.6}}{\rho}}$
湍流区	Newton(牛顿)式	$Re_t > 10^3, \xi = 0.44$	$u_t = 1.74\sqrt{\dfrac{d(\rho_s - \rho)g}{\rho}}$

根据表 4-4 计算沉降速度 u_t 时，需要预先知道沉降雷诺数 Re_t 值才能选用相应的计算式。但是，u_t 待求，Re_t 值也就未知。所以，沉降速度 u_t 的计算需要采用试差法。即先假设沉降属于某一流型（如层流区），则可直接选用与该流型相应的沉降速度公式计算 u_t，然后再按 u_t 检验 Re_t 值是否在原假设的流型范围内。如果与原假设一致，则求得的 u_t 有效；否则，依照算出的 Re_t 值另选流型，并改用另外相应的公式求 u_t，直到算出的 Re_t 与所选用公式的 Re_t 值范围相符为止。由表 4-4 可以看出，该试差过程最多需要三次假设即可完成。

【例 4-1】 求直径为 $10\mu m$、密度为 $2000kg/m^3$ 的颗粒在 20℃空气中的沉降速度。已知 20℃空气的密度为 $1.205kg/m^3$，黏度为 $0.0181mPa \cdot s$。

解： 先假定颗粒沉降时处于层流区，则可采用斯托克斯公式求沉降速度

$$u_t = \frac{d^2(\rho_s - \rho)g}{18\mu} = \frac{(10\times10^{-6})^2 \times (2000-1.205) \times 9.81}{18 \times 0.0181 \times 10^{-3}} = 0.0060 \text{m/s}$$

校核流型

$$Re_t = \frac{du_t\rho}{\mu} = \frac{10\times10^{-6} \times 0.0060 \times 1.205}{0.0181 \times 10^{-3}} = 0.00399 < 1$$

所以假设成立，沉降速度计算正确。

4.3.1.2 重力沉降设备

（1）降尘室

降尘室是分离气固混合物的一种十分常见的重力分离设备，如图 4-4 所示。

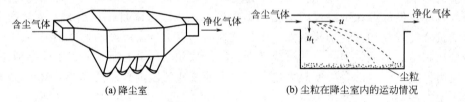

(a) 降尘室　　　　　　　　(b) 尘粒在降尘室内的运动情况

图 4-4　降尘室

含尘气体进入降尘室后，因流道截面积扩大而速度减慢。气体中的固体颗粒一方面随气流作水平运动，另一方面在重力作用下作垂直运动，其运动轨迹如图 4-4(b) 所示。在每一瞬间，单个颗粒的真实速度可分解为两个速度：

① 水平方向上的分速度（等于气流进口速度 u）；

② 垂直方向上的分速度（等于颗粒沉降速度 u_t）。

此时，降尘室内颗粒的最长停留时间（或气流的停留时间）为 $\frac{L}{u}$，颗粒的最长沉降时间为 $\frac{H}{u_t}$，则颗粒可从气流中分离出来的条件是

$$\frac{L}{u} \geqslant \frac{H}{u_t} \tag{4-16}$$

式中　H——降尘室的高度，m；

L——降尘室的长度，m；

u——气流速度，m/s；

u_t——颗粒沉降速度，m/s。

降尘室的生产能力通过单位时间内通过降尘室的含尘气体的体积流量来表示，即

$$V_s = 气体流通截面 \times 气速 = BHu \tag{4-17}$$

式中，B 为降尘室的宽度，m。

对于式(4-16)，在停留时间等于沉降时间时，有 $Lu_t = Hu$。代入式(4-17)中，则

$$V_s = BLu_t = Au_t \tag{4-18}$$

式中，A 为降尘面积，m^2。

式(4-18)说明，降尘室的生产能力与颗粒沉降速度和降尘室的降尘面积有关，而与降尘室的高度无关。基于这一原理，工业上的降尘室应设计成扁平状或在室内设置多层水平隔板。一般来说，降尘室可分离粒径为 $50 \sim 75\mu m$ 以上的颗粒。

【例 4-2】　拟用降沉室除去矿石焙烧炉炉气中的氧化铁粉尘（$\rho = 4500 kg/m^3$），要求净化后的气体中不含粒径大于 $40\mu m$ 的尘粒。操作条件下的气体体积流量为 $10800 m^3/h$，气体密度为 $1.6 kg/m^3$，黏度为 $0.03 mPa \cdot s$。求：（1）所需的降尘面积至少为多少平方米？若降尘室底面宽 $1.5m$，长 $4m$，则降尘室需几层？（2）假设气流中颗粒均匀分布，则直径为 $20\mu m$ 的尘粒能除去的百分率是多少？

解：（1）由公式(4-18)可知，降尘室所需的沉降面积为

$$A = \frac{V_s}{u_t}$$

为求上式中的 u_t，首先假设该颗粒的沉降速度符合斯托克斯公式（层流区），即

$$u_t = \frac{d^2(\rho_s - \rho)g}{18\mu} = \frac{(40 \times 10^{-6})^2 \times (4500 - 1.6) \times 9.81}{18 \times 0.03 \times 10^{-3}} = 0.13 m/s$$

检验

$$Re_t = \frac{du_t\rho}{\mu} = \frac{40 \times 10^{-6} \times 0.13 \times 1.6}{0.03 \times 10^{-3}} = 0.277 < 1$$

所以上述假设成立，计算有效。

将 $u_t = 0.13 m/s$ 和 $V_s = 10800 m^3/h$ 代入上述沉降面积计算式得

$$A = \frac{V_s}{u_t} = \frac{10800}{0.13 \times 3600} = 23.1 m^2$$

因为每一层降尘室的底面积 $A_0 = 1.5 \times 4 = 6 m^2$，所以降尘室的层数为

$$\frac{A}{A_0} = \frac{23.1}{6} = 3.8 层 \approx 4 层$$

（2）依据降尘室除尘原理，则直径为 $20\mu m$ 的尘粒中能被除去的部分，一定满足"停留时间≥沉降时间"的条件。即当停留时间等于沉降时间时，颗粒则是刚好被除去的。

设直径为 $20\mu m$ 的尘粒中，刚好能被除去的颗粒在降尘室入口处的高度为 h，则那些高度超过 h 的颗粒将无法除去。因此，则直径为 $20\mu m$ 的尘粒被除去的比例为 $\dfrac{h}{H}$。又因为对于高度 h 处的颗粒，停留时间＝沉降时间，则

$$\frac{h}{u_t'} = \frac{L}{u}$$

又对于 $40\mu m$ 的尘粒有

$$\frac{H}{u_t} = \frac{L}{u}$$

两式对比可得

$$\frac{h}{H}=\frac{u_{\mathrm{t}}'}{u_{\mathrm{t}}}$$

由第（1）问知，$d=40\mu m$ 的颗粒的沉降速度符合斯托克斯区，所以 $d=20\mu m$ 的颗粒的沉降也必在该区。最终，根据斯托克斯公式可知，直径为 $20\mu m$ 的尘粒能除去的百分率是

$$\frac{h}{H}=\frac{u_{\mathrm{t}}'}{u_{\mathrm{t}}}=\frac{(d')^{2}}{d^{2}}=\left(\frac{20}{40}\right)^{2}=25\%$$

（2）沉降槽

沉降槽是用来提高悬浮液浓度并同时得到澄清液体的重力沉降设备。沉降槽又称增浓器或澄清器。沉降槽可间歇或连续操作。

连续沉降槽是底部略成锥状的大直径浅槽，如图4-5所示。料浆经中央进料口送到液面以下 $0.3\sim1.0m$ 处，在尽可能减小扰动的条件下，迅速分散到整个横截面上。液体向上流动，清液经由槽顶端四周的溢流堰连续流出，称为溢流。固体颗粒下沉至底部，槽底有徐徐旋转的耙将沉渣缓慢地聚拢到底部中央的排渣口连续排出，排出的稠浆称为底流。

连续沉降槽适用于处理量大而浓度不高且颗粒不甚细微的悬浮料浆，常见的污水处理就是一例。经过这种设备处理后的沉渣中还含有约 50% 的液体。

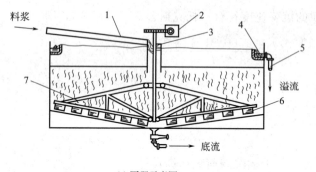

(a) 原理示意图

(b) 设备图

图 4-5　沉降槽

1—进料槽道；2—转动机构；3—料井；4—溢流槽；5—溢流管；6—叶片；7—转耙

（3）分级器

利用重力沉降可将悬浮液中不同粒度的颗粒进行粗略的分离，或将两种不同密度的颗粒进行分类，这样的过程统称为分级。实现分级操作的设备称为分级器。

图4-6所示为一个双锥分级器，利用它可将密度不同或尺寸不同的粒子混合物分开。混合粒子由上部加入，水经可调锥与外壁的环形间隙向上流过。沉降速度大于水在环隙处上升流速的颗粒进入底流，而沉降速度小于该流速的颗粒则被溢流带出。

4.3.2　离心沉降

在离心力场，依靠惯性离心力的作用而实现沉降的过程称为离心沉降。

4.3.2.1　离心沉降速度

在离心力场，当流体携带着颗粒旋转时，由于颗粒密度大于流体的密度，则惯性离心力将使颗粒在径向上与流体发生相对运动而飞离中心，如图4-7所示。颗粒在离心力场中的运动速度 u 可分解为径向速度 u_{r} 和切向速度 u_{T}，其中颗粒的径向速度 u_{r} 称为离心沉降速度。显然，u_{r} 不是颗粒运动的真实速度，而是颗粒沿着半径逐渐扩大的螺旋形轨道运动时的一

种分离效果的表示方法。

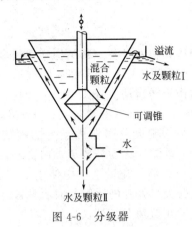

图 4-6　分级器

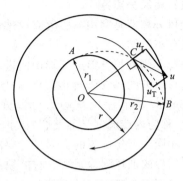

图 4-7　颗粒在旋转流体中的运动

在径向上对颗粒作受力分析，颗粒受到的三个力是：

离心力：$\dfrac{\pi}{6}d^3\rho_s\cdot\dfrac{u_T^2}{r}$（方向是沿着半径向外）

向心力：$\dfrac{\pi}{6}d^3\rho\cdot\dfrac{u_T^2}{r}$（方向是沿着半径向里）

阻力：$\xi\cdot A\cdot\dfrac{\rho u_r^2}{2}=\xi\cdot\dfrac{\pi}{4}d^2\cdot\dfrac{\rho u_r^2}{2}$（方向是沿着半径向里）

当三力平衡时，可导出离心沉降速度的表达式为

$$u_r=\sqrt{\dfrac{4d(\rho_s-\rho)}{3\xi\rho}\cdot\dfrac{u_T^2}{r}} \tag{4-19}$$

式中，u_T 为气体的切线速度，一般可用气体进口速度近似计算。

离心沉降时，沉降速度中的阻力系数 ξ 同样也是根据流型的不同区域来确定。如果颗粒与流体的相对运动属于层流，则有 $\xi=\dfrac{24}{Re_t}$，所以沉降速度变为

$$u_r=\dfrac{d^2(\rho_s-\rho)}{18\mu}\cdot\dfrac{u_T^2}{r} \tag{4-20}$$

对比该式与表 4-4 中的斯托克斯式可以看出，颗粒的离心沉降速度与重力沉降速度形式上很相似，只是用离心加速度代替了重力加速度。通常将两个加速度的比值定义为离心分离因数 K_c：

$$K_c=\dfrac{u_T^2}{rg}=\dfrac{r\omega^2}{g}=\dfrac{离心加速度}{重力加速度}$$

K_c 值的大小是反映离心分离设备性能的重要指标，一般用于气固分离的旋风分离器和用于液固分离的旋液分离器的 K_c 值在 5～2500 之间，而用于液固分离的离心机的 K_c 值可达到几万甚至十几万。

应该注意的是，重力加速度是恒定值，而离心加速度可人为调节，且离心加速度值远高于 9.81m/s²。在离心力场中，颗粒所受到的离心力随着旋转半径 r 和角速度 ω 的增大而增大。以离心机为例，增大转鼓直径和转速均有利于提高离心分离效率，但从设备的机械强度考虑，离心机采取的措施是尽可能地增加转速而减小转鼓的直径。

离心分离消耗能量较大，一般对于两相的密度差较小且颗粒粒度较细的非均相物系，可

采用离心沉降加快沉降过程，提高分离效率。

4.3.2.2　离心沉降设备

(1) 旋风分离器

旋风分离器是利用离心沉降原理从气流中分离固体颗粒的设备。其结构型式很多，标准的旋风分离器结构如图 4-8 所示。旋风分离器的上半部为圆筒形，下半部为圆锥形。含尘气体从圆筒上侧的长方形进气管切向进入，在分离器内作旋转运动。分离出灰尘颗粒后的气流由圆筒形上方的排气管排出，而灰尘则落入锥底的灰斗中。旋风分离器要求的气体流速为 $10\sim25\mathrm{m/s}$，所产生的离心力可以分离出 $5\mu m$ 的颗粒。旋风分离器内上行的螺旋形气流（内圈）称为内旋流（又称气芯），下行的螺旋形气流（外圈）称为外旋流。内、外旋流的旋转方向相同，但外旋流的上部是主要的除尘区。旋风分离器是化工生产中使用很广的设备，常用于厂房的通风除尘系统。它的缺点是气流的阻力较大，处理硬质颗粒时容易被磨损。所以，当处理 $d>200\mu m$ 的颗粒时，应先用重力沉降，再用旋风分离器。

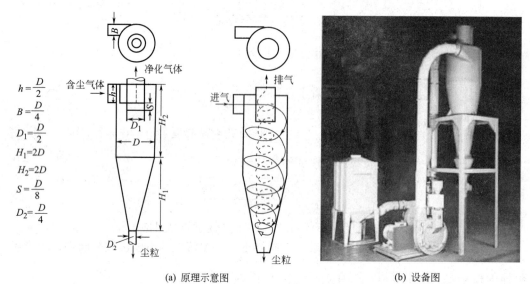

$$h=\frac{D}{2}$$

$$B=\frac{D}{4}$$

$$D_1=\frac{D}{2}$$

$$H_1=2D$$

$$H_2=2D$$

$$S=\frac{D}{8}$$

$$D_2=\frac{D}{4}$$

(a) 原理示意图　　　　　　　　　　(b) 设备图

图 4-8　标准旋风分离器

表示旋风分离器分离效能的主要参数包括临界直径、分离效率和阻力损失。

① 临界直径　颗粒在旋风分离器中能被分离下来的条件为 $\tau_{停}\geqslant\tau_{沉}$，当取分离条件 $\tau_{停}=\tau_{沉}$ 时，旋风分离器能除去的最小颗粒直径称为临界直径。

颗粒在旋风分离器中的沉降速度 u_r，指颗粒沿径向穿过气流主体而到达器壁的运动速度。假设颗粒与气体的相对运动为层流，则有

$$u_r=\frac{d^2(\rho_s-\rho)u_T^2}{18\mu r_m}\approx\frac{d^2\rho_s u_i^2}{18\mu r_m} \tag{4-21}$$

式中　r_m——气流旋转平均半径，$r_m=\dfrac{D-B}{2}$，m；

u_i——气体进口气速，m/s。

气体在旋风分离器内的停留时间为

$$\tau_{停}=\frac{2\pi r_m N_e}{u_i}$$

式中，N_e 为气体在器内有效旋转圈数，对于标准的旋风分离器，$N_e=5$。

根据式(4-21)，颗粒在旋风分离器内的沉降时间为

$$\tau_{沉} = \frac{B}{u_r} = \frac{18\mu r_m B}{d^2 \rho_s u_i^2}$$

式中，B 为进气口宽度。

令 $\tau_{停} = \tau_{沉}$，则可得到临界直径

$$d_c = \sqrt{\frac{9B\mu}{\pi N_e \rho_s u_i}} \tag{4-22}$$

式(4-22)中，B 正比于 D，说明当分离器直径增大时，临界直径 d_c 增大，分离效果降低，因此工业上一般采用小直径的旋风分离器。但又为了提高含尘气体处理量，故多采用小直径多台并联以形成分离器组。

② 分离效率　旋风分离器的分离效率有两种表示法，一是总效率，二是分效率。总效率指进入旋风分离器的全部颗粒中被分离出来的颗粒的质量分数，即

$$\eta_0 = \frac{C_1 - C_2}{C_1} \tag{4-23}$$

式中　C_1——进口气体含尘浓度，g/m^3（单位体积含尘气体中所含固体颗粒的质量）；
　　　C_2——出口气体含尘浓度，g/m^3。

总效率是工业上最常用的，也是最易于测定的分离效率，但它不能表明旋风分离器对各种尺寸颗粒的不同分离效果。由于含尘气体中的颗粒通常是大小不均的，所以经过分离器后各种颗粒的分离效率也各有不同。按各种粒度分别表明其被分离下来的质量分数，称为粒级效率（又称分效率），即

$$\eta_{pi} = \frac{C_{i,1} - C_{i,2}}{C_{i,1}} \tag{4-24}$$

式中　$C_{i,1}$——进口气体中粒径在第 i 小段范围内的颗粒的浓度，g/m^3；
　　　$C_{i,2}$——出口气体中粒径在第 i 小段范围内的颗粒的浓度，g/m^3。

为形象地表明各种尺寸颗粒被分离出的质量分数，可用粒级效率曲线描述，如图 4-9 所示。从图 4-9 中可以看出，在理论上 $d_i \geqslant d_c$ 的应能被全部分离的颗粒，在实际中只能部分分离；在理论上 $d_i < d_c$ 的不应被分离的颗粒也能被分离出一些。这是因为，在 $d_i < d_c$ 的颗粒中，有些在入口处已很靠近壁面，在停留时间内能到达壁面上，或在器内聚结成了大颗粒，因而具有较大的沉降速度；而在 $d_i \geqslant d_c$ 的颗粒中，有部分受气体涡流的影响未能达到壁面，或沉降后又被气流重新卷起而带走，因而不能被全部分离下来。

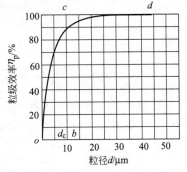

图 4-9　粒级效率曲线

总效率与粒级效率有关，还与气体中粉尘的浓度分布有关，即

$$\eta_0 = \sum_{i=1}^n x_i \eta_{pi} \tag{4-25}$$

式中　x_i——在第 i 小段粒径范围内的颗粒占全部颗粒的质量分数；
　　　η_{pi}——第 i 小段粒径范围内颗粒的粒级效率。

有时也用分割粒径 d_{50} 来表示分离效率，d_{50} 是粒级效率恰为 50% 的颗粒直径。把旋风分离器的粒级效率 η_{pi} 标绘成粒径 $\frac{d}{d_{50}}$ 的函数曲线，该曲线对于同一型式且尺寸比例相同的旋

风分离器都适用，这给旋风分离器效率的估算带来很大方便。

③ 阻力损失　气体通过旋风分离器时受器壁的摩擦阻力、流动时局部阻力以及气体旋转运动所产生的动能损失影响，造成气体的压强降低，该压降可表示为

$$\Delta P = \xi \frac{\rho u_i^2}{2} \tag{4-26}$$

式中，ξ 为阻力系数，可由实验测定，标准旋风分离器的 $\xi = 8.0$。旋风分离器的压降一般为 $500 \sim 2000 \text{Pa}$。

【例 4-3】　锅炉烟气先经降尘室初步除尘后，进入筒体直径为 1000mm 的标准旋风分离器。烟气流量为 $2.5 \text{m}^3/\text{s}$，密度为 0.72kg/m^3，黏度为 $2.6 \times 10^{-5} \text{Pa·s}$。烟气中的灰尘可视作球形颗粒，密度为 2200kg/m^3。

试求：（1）该旋风分离器能够分离下来的最小颗粒直径；

（2）气体通过该旋风分离器的压降；

（3）若以两台相同的标准旋风分离器并联操作代替原分离器，要求分离的最小粉尘直径不变，则每台旋风分离器的直径应多大？

解：（1）旋风分离器的入口气速为

$$u_i = \frac{V}{BH} = \frac{2.5}{\frac{1}{4} \times \frac{1}{2}} = 20 \text{m/s}$$

通过式（4-22）计算最小颗粒直径为

$$d_c = \sqrt{\frac{9 \times \frac{1}{4} \times 2.6 \times 10^{-5}}{3.14 \times 5 \times 2200 \times 20}} = 9.2 \times 10^{-6} \text{m} = 9.2 \mu\text{m}$$

为了检验该结果是否成立，首先根据式（4-21）计算沉降速度

$$u_r = \frac{d^2 \rho_s u_i^2}{18 \mu r_m} = \frac{(9.2 \times 10^{-6})^2 \times 2200 \times 20^2}{18 \times 2.6 \times 10^{-5} \times \frac{1 - \frac{1}{4}}{2}} = 0.42 \text{m/s}$$

$$Re_t = \frac{d u_r \rho}{\mu} = \frac{9.2 \times 10^{-6} \times 0.42 \times 0.72}{2.6 \times 10^{-5}} = 0.11 < 1$$

所以上述最小颗粒直径的计算有效。

（2）根据式（4-26）可算出压降为

$$\Delta P = 8.0 \times \frac{0.72 \times 20^2}{2} = 1152 \text{Pa}$$

（3）将 $h = \frac{D}{2}$ 和 $B = \frac{D}{4}$ 代入式（4-22）得

$$d_c = \sqrt{\frac{9 \frac{D}{4} \mu}{\pi N_e \rho_s \frac{V_s}{\frac{D}{4} \cdot \frac{D}{2}}}} = \sqrt{\frac{9 D^3 \mu}{32 \pi N_e \rho_s V_s}}$$

在 d_c 不变的情况下，由该式可知

$$D \propto V_s^{\frac{1}{3}}$$

由于两台相同旋风分离器并联操作时，每台设备的进气流量变为原来的一半，所以

$$\frac{D'}{D} = \left(\frac{V'_s}{V_s}\right)^{\frac{1}{3}} = \left(\frac{1}{2}\right)^{\frac{1}{3}} = 0.794$$

$$D' = 0.794 \times 1000 = 794 \text{mm}$$

（2）旋液分离器

旋液分离器是一种利用离心力从液流中分离出固体颗粒的分离设备，其工作原理、结构和操作特性与旋风分离器十分相似。

旋液分离器的主体由圆筒和圆锥两部分构成，如图 4-10 所示。悬浮液经入口管切向进入圆筒，形成螺旋状向下运动的旋流。固体颗粒受惯性离心力作用被甩向器壁，并随旋流降至锥底的出口，由底部排出（增浓液称为底流）。清液或含有细微颗粒的液体则为上升的内旋流，从顶部的中心管排出（顶流）。

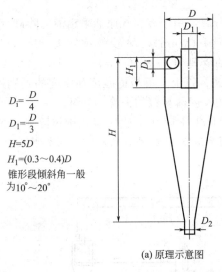

$D_1 = \dfrac{D}{4}$

$D_1 = \dfrac{D}{3}$

$H = 5D$

$H_1 = (0.3 \sim 0.4)D$

锥形段倾斜角一般
为 $10° \sim 20°$

(a) 原理示意图

(b) 设备图

图 4-10　旋液分离器

与旋风分离器相比，旋液分离器的结构特点是圆筒直径小，而圆锥部分长。这是由于液固密度差比气固密度差小得多，在一定的切线进口速度下，较小的旋转半径可使固体颗粒受到较大的离心力，从而提高离心沉降速度。另外，适当地增加圆锥部分的长度，可延长悬浮液在器内的停留时间，有利于液固分离。

旋液分离器结构简单，设备费用低，占地面积小，处理能力大。可用于悬浮液的增浓、分级操作，也可用于不互溶液体的分离、气液分离、传热、传质和雾化等操作中，在化工、石油、冶金、环保、制药等工业部门被广泛采用。其缺点是进料泵的动能消耗大，内壁磨损大，进料流量和浓度的变化容易影响分离性能。所以，旋液分离器一般采用耐磨材料制造，或采用耐磨材料作内衬。与旋风分离器相同，在给定处理量时，为了提高分离效率，应选用若干小直径的旋液分离器并联运行。超小型的旋液分离器的圆筒直径小于 15mm，可分离的固体颗粒直径小到 $2 \sim 5\mu m$。

（3）环流式旋风除尘器与液固分离器

环流式旋风除尘器与液固分离器是青岛科技大学化工学院开发的新一代高效、节能型气固或液固分离设备，如图 4-11 所示。该类设备的外型与旋风除尘器或旋液分离器相似，但器内增设了强化分离效率的内件。启用时，流体介质从直筒段下部以切向方式进入器内，在直筒段进行一次分离，达到要求的流体介质直接从顶部溢流口排出。部分流体连同固

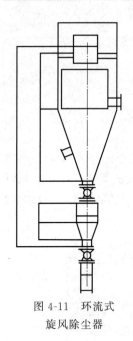

图 4-11　环流式
旋风除尘器

体颗粒由顶部特设旁路引入锥体，在锥体内得到二次分离。分离后的流体在锥部沿轴向返回一次分离区，固体颗粒在锥体底部富集并从底流口排入砂包或排向器外。此新型分离器压降低、放大效应小，且由于特殊的流路设计，防止了流体的短路及锥体内颗粒的卷扬，使分离效率大幅度提高，具有操作弹性大、操作稳定性好的特点。

环流式旋风除尘器的工业应用结果表明，当用于合成氨造气系统时，除尘效率比国家定型设计的除尘器效率提高 17.8%。此外，它还被成功地用于复合肥干燥、硫酸生产、流化床反应器等系统的除尘，处理量可达 $30000 m^3/h$。低处理量时，除尘的分割粒径可达 $2\mu m$ 以下；高处理量时，可达 $3\mu m$ 左右；亦曾成功地将 $5\mu m$ 以上和以下硅胶颗粒、$1\mu m$ 以上和以下石墨分级。

旋液环流式液固分离器用于高含水原油采出液的除砂（含水率在 85% 左右，砂粒直径为 $117\mu m$），除砂效率可达 92%，压降仅为 0.04MPa，单台设备的处理量可达 $3000 m^3/d$ 以上；水中 $20\mu m$ 以上砂粒的分离效率可达 90% 以上；可根据粒度和密度的差别进行选煤、选矿及液体中晶体物质及固体颗粒的去除或分级。

为了进一步提高除尘效率，青岛科技大学化工学院在上述环流式旋风除尘器的基础上，又开发成功了环流循环除尘系统。该系统由两个环流式旋风分离器和一段柱状旋风分离段组合而成，其组合流程见图 4-12。

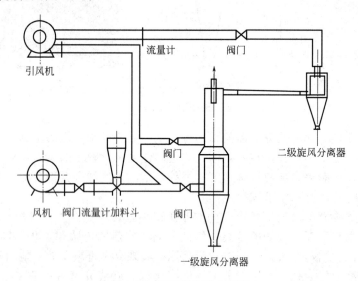

图 4-12　环流循环除尘系统

该除尘系统因采用了二级环流式旋风分离器，所以具有压降低、效率高、放大效应小及操作弹性大的优点，系统排出的气体中不含 $1\mu m$ 以上的粉尘，分割粒径 d_{50} 达到了 $0.5\sim0.7\mu m$。环流式旋风分离器结构简单、无转动部件，系统只增加 1 台小的风机，故可连续高效运行。

该环流式旋风除尘器已在工业上推广应用，工业应用的单台最大处理风量达到了 $35000 m^3/h$，直径为 2000mm。将该除尘系统用于分子筛生产时，与其他除尘方法相比价格低得多。

（4）离心沉降机

离心沉降机是分离悬浮液和乳浊液的有效设备。它是在转动机械的带动下，使悬浮液产生高速旋转运动。在强大的离心力场中，液体中极细的颗粒，或颗粒密度与液体密度相差很小的悬浮液、乳浊液都可以在离心沉降机中得到有效的分离。离心沉降机的种类很多，有连续操作的，也有间歇操作的。

图 4-13 所示为一转鼓式离心沉降机。这种离心沉降机有一中空转鼓，转鼓壁上是不开孔的。当悬浮液随转鼓一起转动时，物料受离心力的作用，按密度大小不同分层沉淀。密度大、颗粒粗的物料直接附于鼓壁上，而密度小、颗粒细的物料则在靠旋转中心的内层沉降，清液则从转鼓上部溢流出。

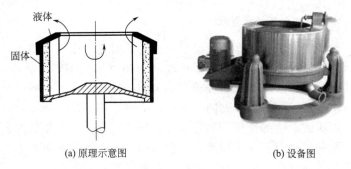

(a) 原理示意图　　　　　　　　　　　(b) 设备图

图 4-13　离心沉降机

离心沉降机中物料的沉降过程可分为两个阶段。

① 沉降　悬浮液中的固体颗粒由于受离心力的作用而向转鼓壁沉降，从而积聚在外层。而液体留在内层，形成一个中空的垂直圆筒状液柱。

② 渣层压紧　沉降在鼓壁上的颗粒层，在离心力的作用下被逐渐压紧。当悬浮液中含固体量较多时，沉降的颗粒大量积集，渣层很快堆厚，因此必须考虑连续排渣的问题。

当悬浮液中含固体量不多时，渣层堆积很慢，此时没有渣层的压紧阶段，因此可以采用间歇排渣法。这种情况下主要起到离心澄清作用。

4.4　过滤

4.4.1　过滤原理

对于颗粒细小的悬浮液或乳浊液，在重力、离心力的作用下，采用多孔介质构成的障碍物场把它们从流体中除去，这就是一般所指的过滤。而用于气固混合物分离的过滤则常称为袋滤除尘。被作为障碍物的多孔介质则被称为滤材。

（1）过滤过程

过滤操作如图 4-14 所示。在过滤操作中，通常称原料悬浮液为滤浆或料浆；滤浆中过滤出来的固体粒子称为滤渣；透过被截留在过滤介质上的滤渣层的液体称为滤液。

由于滤浆中所含有的滤渣颗粒往往大小不一，而所用的过滤介质的孔径较一部分微粒的直径大，故在过滤开始时，过滤介质往往并不能完全阻止细小颗粒通过。因此，开始阶段所得的滤液常是浑浊的，此滤液可以送回滤浆槽循环使用。但随着过滤的继续进行，细小的颗粒便可能在孔道上及孔道中发生"架桥"现象，拦截住后来的颗粒，使其不能通过，如图 4-15所示。此时滤饼开始形成，由于滤饼中的通道（孔道）通常比介质的孔道细小，便能起到截留粒子的作用。所以，一般过滤进行一段时间后，便可得到澄清的滤液。

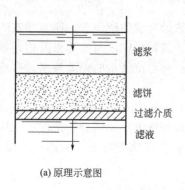

(a) 原理示意图

(b) 操作图

图 4-14　过滤操作示意图

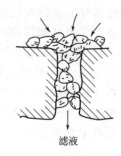

滤液

图 4-15　"架桥"现象

过滤开始时，滤液要通过过滤介质，必须克服介质对流体流动的阻力。当介质上形成滤饼后，还必须克服滤饼和介质的阻力。若采用粒状介质（如砂层）过滤含滤渣很少的料浆，则滤饼的阻力可略而不计。若采用织物介质（如滤布）进行过滤，介质的阻力仅在过滤开始时较为显著，至滤饼层沉积到相当厚度时，介质阻力可略而不计。为克服过滤阻力，悬浮液可以在重力作用、加压或真空的作用下进行过滤，以维持滤饼与介质的两侧间存在一定的压力差，作为过滤过程的推动力。为了提高重力的位能，或者为了形成离心力场，或者为了形成压力场，都需要对流体做功，因此机械能是分离所必需的能量。

过滤操作进行到一定时间后，滤饼的厚度不断增加，过滤的阻力也不断增加，过滤速度变得很低，以至于过程不能进行。如果再进行下去则动力消耗太大，不够经济。所以过滤到一定滤饼厚度后，需将滤饼移走，重新开始过滤。在移去滤饼以前，有时须将滤饼进行洗涤，洗涤所得的溶液称为洗涤液（或洗液）。洗涤完毕后，有时还要将滤饼中所含的液体除去，称为去湿。最后将滤饼从滤布上卸下来，卸料要尽可能不留残渣，这样不但可以最大限度地得到滤饼，而且也是为了清净滤布以减少下次过滤的阻力。采用压缩空气从过滤介质后面反吹是卸除滤饼的好方法，可以同时达到上述两个目的。当滤布使用一定时间后，其小孔为细小颗粒所堵塞，而使阻力大大增加，此时应取下滤布进行清洗。

由上可见，过滤操作包括过滤、洗涤、去湿及卸料四个阶段，如此周而复始循环进行。

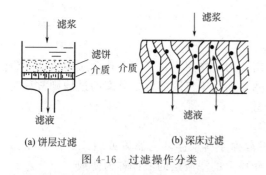

(a) 饼层过滤　　　(b) 深床过滤

图 4-16　过滤操作分类

（2）过滤操作分类

常见的过滤操作分为饼层过滤和深床过滤两种方式，如图 4-16 所示。其中，饼层过滤是指过滤中，固体物质沉积于介质表面而形成滤饼层，滤液穿过饼层时即被过滤，所以滤饼层是有效过滤介质，现在工业上一般多采用此方法。该法要求悬浮液中固体颗粒体积含量大于1％。而在深床过滤中，固体颗粒并不形成滤饼，而是沉积于较厚的粒状过滤介质床层内部。这种过滤适用于生产能力大而悬浮液中颗粒小且含量甚微（固相含量小于 0.1％）的场合。

（3）过滤介质

过滤介质是滤饼的支撑物，它应具有足够的机械强度和尽可能小的流动阻力。同时，它还应有相应的耐腐蚀性和耐热性。工业上常用的过滤介质有织物、堆积的粒状介质和多孔固体介质。滤饼的压缩性和助滤剂也是考虑的问题，因为滤饼是悬浮液中固体颗粒在过滤介质上堆积而成的，所以随着过滤的进行而逐渐变厚。若采用正压法过滤，则滤饼可分为可压缩滤饼及不可压缩滤饼两种。可压缩滤饼有可能将通道堵塞，不利于过滤，而且流动阻力增大。为减少压缩滤饼的阻力，将某种质地坚硬又能形成疏松饼层的另一种固体颗粒混入悬浮液或涂于介质上，使滤液畅流，这种粒状物称为助滤剂，例如硅藻土。表 4-5 所列为常用的过滤介质及其能截留的最小颗粒直径。

表 4-5　常用过滤介质的种类及能截留的最小颗粒直径

型式	种类	能截留的最小颗粒直径/μm
固定组合滤件	扁平楔形-金属丝网 金属丝绕管 层叠环	100 100 5
硬质多孔介质	多孔陶瓷 烧结金属 多孔塑料	1 3 3
金属片材	打孔板 编织金属丝网	100 5
塑料片材	聚合模 单丝织造网	0.1
织物	天然及合成纤维织物	10
滤芯	片材制品 绕线管 黏叠层	3 2 2
非织造介质	纤维板 毡及针刺毡 纤维素滤纸 玻璃滤纸 黏结的介质	0.1 10 5 2 10
松散介质	纤维(如石棉、纤维素) 粉粒(如硅藻土、膨胀珍珠岩、炭、砂、吸附剂等)	超微颗粒(<1) 超微颗粒(<1)

4.4.2　过滤基本方程

(1) 过滤基本方程表述

液体通过饼层（包括滤饼和过滤介质）空隙的流动与普通管内流动相仿。由于过滤操作所涉及的颗粒尺寸一般很小，故形成的通道呈不规则网状结构。由于孔道很细小，流动类型可认为在层流范围内。

仿照圆管中层流流动时计算压降的范宁公式

$$\Delta p_f = \lambda \frac{l}{d} \frac{\rho u^2}{2} = \frac{64\mu}{du\rho} \frac{l}{d} \frac{\rho u^2}{2} = \frac{32\mu l u}{d^2} \qquad (4\text{-}27)$$

在过滤操作中，Δp_f 就是液体通过饼层克服流动阻力的压强差 Δp。由于过滤通道曲折多变，可将滤液通过饼层的流动看作液体以速度 u 通过许多平均直径为 d_0、长度等于饼层厚度（$L+L_e$）的小管内的流动（L 为滤饼厚度，L_e 为过滤介质的当量滤饼厚度）。液体通过饼层的瞬间平均速度为

$$u = \frac{1}{A_0} \frac{dV}{dt} \qquad (4\text{-}28)$$

$$A_0 = \varepsilon A \qquad (4\text{-}29)$$

式中　A_0——饼层空隙的平均截面积，m^2；

　　　A——过滤面积，m^2；

ε——饼层空隙率，对不可压缩滤饼为定值；

t——过滤时间，s；

V——滤液量，m³；

$\dfrac{\mathrm{d}V}{\mathrm{d}t}$——单位时间获得的滤液体积，m³/s。

将式（4-28）和式（4-29）代入式（4-27）得

$$\Delta p = \frac{32\mu(L+L_e)\dfrac{\mathrm{d}V}{\mathrm{d}t}}{d_0^2\varepsilon A} \tag{4-30}$$

式中，μ 为滤液的黏度，Pa·s。

整理式（4-30）后得到

$$\frac{\mathrm{d}V}{A\,\mathrm{d}t} = \frac{\varepsilon d_0^2\Delta p}{32\mu(L+L_e)} \tag{4-31}$$

令 $r = \dfrac{32}{\varepsilon d_0^2}$，则

$$\frac{\mathrm{d}V}{A\,\mathrm{d}t} = \frac{\Delta p}{r\mu(L+L_e)} \tag{4-32}$$

式中 r——滤饼比阻，反映滤饼结构特征的参数，1/m²。

将滤饼体积 AL 与滤液体积 V 的比值用 ν 表示，意义为每获得 1m³ 滤液所形成滤饼的体积，则式（4-32）变为

$$\frac{\mathrm{d}V}{\mathrm{d}t} = \frac{A^2\Delta p}{r\mu\nu(V+V_e)} \tag{4-33}$$

式中 V_e——过滤介质的当量滤液体积，m³。

式（4-33）称为过滤基本方程式，表示过滤过程中任意瞬间的过滤速度与有关因素间的关系，是过滤计算及强化过滤操作的基本依据。该式适用于不可压缩滤饼。对于大多数可压缩滤饼，式中 $r=r'\Delta p'$，r' 为单位压强差下的滤饼比阻。

过滤操作有两种典型方式，即恒压过滤和恒速过滤。恒压过滤时维持操作压强差不变，但过滤速度将逐渐下降；恒速过滤则逐渐加大压强差，保持过滤速度不变。对于可压缩滤饼，随着过滤时间的延长，压强差会增加许多，因此恒速过滤无法进行到底。有时，为了避免过滤初期压强差过高而引起滤液浑浊，可采用先恒速后恒压的操作方式，即开始时以较低的恒定速率操作，当表压升至给定值后，转入恒压操作。由于工业中大多数过滤属恒压过滤，因此以下讨论恒压过滤的基本计算。

（2）恒压过滤基本方程

在恒压过滤中，压强差 Δp 为定值。对于一定的悬浮液和过滤介质，r、μ、ν、V_e 也可视为定值，故可对式（4-33）进行积分

$$\int_0^V (V+V_e)\mathrm{d}V = \frac{A^2\Delta p}{r\mu\nu}\int_0^t \mathrm{d}t \tag{4-34}$$

令 $K = \dfrac{2\Delta p}{r\mu\nu}$，$q = \dfrac{V}{A}$，$q_e = \dfrac{V_e}{A}$，则式（4-34）变为

$$q^2 + 2q_e q = Kt \tag{4-35}$$

式（4-35）即为恒压过滤方程，该式表达了过滤时间 t 与获得滤液体积 V 或单位过滤面积上获得的滤液体积的关系。式中，K，q_e 为一定条件下的过滤参数；K 与物料特性及压

强差有关，单位为m^2/s；q_e 与过滤介质阻力大小有关，单位为 m^3/m^2。二者均可由实验测定。

【例 4-4】 采用过滤面积为 $0.2m^2$ 的过滤机，对某悬浮液进行过滤参数的测定。操作压强差为 $0.15MPa$，温度为 $20℃$，过滤进行到 $5min$ 时共得滤液 $0.034m^3$；进行到 $10min$ 时，共得滤液 $0.050m^3$。

试估算：（1）过滤参数 K 和 q_e；

（2）按这种操作条件，过滤进行到 $1h$ 时的滤液总量。

解：（1）过滤时间 $t_1 = 5min = 300s$ 时

$$q_1 = \frac{V_1}{A} = \frac{0.034}{0.2} = 0.17 m^3/m^2$$

$t_2 = 10min = 600s$ 时

$$q_2 = \frac{V_2}{A} = \frac{0.050}{0.2} = 0.25 m^3/m^2$$

分别代入式（4-35）得

$$\begin{cases} 0.17^2 + 2 \times 0.17 q_e = 300K \\ 0.25^2 + 2 \times 0.25 q_e = 600K \end{cases}$$

联立求解得

$$K = 1.26 \times 10^{-4} m^2/s$$
$$q_e = 2.61 \times 10^{-2} m^3/m^2$$

（2）将 $t = 1h = 3600s$ 代入式（4-35）

$$q^2 + 2 \times 2.61 \times 10^{-2} q = 3600 \times 1.26 \times 10^{-4}$$

解得

$$q = 0.65 m^3/m^2$$
$$V = qA = 0.65 \times 0.2 = 0.13 m^3$$

4.4.3　过滤设备

工业上应用的过滤设备称为过滤机。过滤机的类型很多，按操作方法可分为间歇式和连续式，按过滤推动力可分为加压过滤机和真空过滤机。工业上应用最广泛的板框压滤机和加压叶滤机为间歇型过滤机，转筒真空过滤机则为连续型过滤机。

（1）板框压滤机

板框压滤机是最早为工业所使用的压滤机，至今仍沿用不衰。板框压滤机主要由机架、滤板、滤框和压紧装置等组成，其结构如图 4-17 所示。

板框压滤机的板和框多做成正方形，滤板、框上左、右角均开有圆孔，组装并压紧后即构成供悬浮液或洗涤液流通的孔道。框的右上角的圆孔内侧面还开有一个暗孔，与框内空间相通，供悬浮液进入。框的两侧覆以滤布，使空框与两侧的滤布围成一个空间，称为过滤室。滤板分为过滤板和洗涤板两种。滤板的表面上制成各种凹凸的沟槽，凸者起支撑滤布的作用，凹者形成滤液或洗涤液的流道。

过滤时，悬浮液在一定的压差作用下，经悬浮液通道由滤框右上角圆孔侧面的暗孔进入框内进行过滤。而滤液则分别通过两侧滤布，再沿相邻滤板的板面的凹槽下流汇合至滤液出口排出，滤渣则被截留于框内。待滤渣全部充满框后，即停止过滤。若滤渣需要洗涤，则将洗涤液压入洗涤液通道，并经洗涤板左上角圆孔侧面的暗孔进入板与滤布之间。洗涤结束

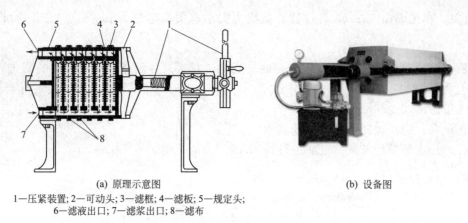

(a) 原理示意图　　　　　　　　　(b) 设备图

1—压紧装置；2—可动头；3—滤框；4—滤板；5—规定头；
6—滤液出口；7—滤浆出口；8—滤布

图 4-17　板框压滤机

后，将压紧装置松开，卸下滤渣，清洗滤布，整理板、框，重新组装，即可进行下一个操作循环。

　　板框压滤机结构简单，制造方便，占地面积较小，且过滤面积较大。该设备的操作压强高，适应能力强，故应用颇为广泛。它的主要缺点是间歇操作，生产效率低，劳动强度大，滤布损耗也较快。近来，各种自动操作板框压滤机的出现，使上述缺点在一定程度上得到了改善。

（2）加压叶滤机

　　叶滤机主要由一个垂直或水平放置的密封圆柱形滤槽和许多滤叶组成，如图 4-18 所示。滤叶是叶滤机的过滤元件，它是一个金属筛网框架或带沟槽的滤板（作用与板框压滤机的滤板相类似），外覆一层滤布。在滤叶的一端装有短管，供滤液流出，同时供安装时悬挂滤叶之用。过滤时，将许多滤叶安装在密闭机壳内，并浸没在悬浮液中。悬浮液中的液体在压差作用下穿过滤布沿金属网流至出口短管，而滤渣则被截留在滤布外，其厚度通常为 5～35mm（视滤渣性质及操作情况而定）。过滤完毕后若要洗涤滤渣，则通入洗涤液，洗涤液的路径与滤液路径相同。洗涤完毕后，打开机壳下盖，用压缩空气、蒸汽或清水卸除滤渣并清洗滤叶。

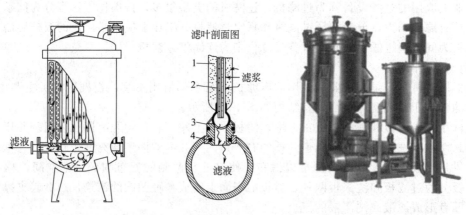

图 4-18　加压叶滤机

1—滤饼；2—滤布；3—拔出装置；4—橡胶圈

　　叶滤机也是间歇操作的过滤机，其优点是过滤推动力大，单位体积的生产能力和过滤面积都较大。另外，叶滤机的洗涤效果也较好，劳动强度也比板框压滤机小。又由于它是在密闭条件下操作，故劳动环境也得到改善。其缺点是构造较复杂，造价较高，更换滤布麻烦。而且，当过滤粒径大小不同的微粒时，会使它们聚集于滤叶上的不同高度处。这样在洗涤时，大部分洗液会由粗颗粒中通过，造成洗涤不均匀。加压式叶滤机的过滤面积一般为20～100m²，主要用于含固体量少（约为 1%）的悬浮液和需要液体而不是固体的场合，如各种酒类、食品饮料以及植物油等的过滤。

(3) 转筒真空过滤机

前面介绍的板框过滤机和叶滤机都是间歇式过滤机。转筒真空过滤机则是连续过滤式过滤机。此机主体是一个转动的圆筒，在其回转一周的过程中，即可完成过滤、洗涤、卸饼等各项工作。这几项工作虽是同时进行的，但却是在转筒的不同部位完成的。

转筒真空过滤机的主要部件为转筒，水平安装在中空转轴上，其长径比为 0.5～2，如图 4-19 所示。转筒的侧壁上覆盖有金属网，滤布支撑在网上，浸没在滤浆中的过滤面积约占全部面积的 30%～40%，转速为 0.1～3r/min。筒壁按周边平分为若干段，各段均有管通至轴心处，但各段的筒内并不相通。圆筒的一端有分配头装于轴心处，与从筒壁各段引来的连通管相接。通过分配头，圆筒旋转时其壁面的每一段，可以依次与过滤装置中的滤液罐、洗水罐（以上两者处于真空之下）、鼓风机稳定罐（正压下）相通。因而，在回转一周的过程中，每个扇形格表面均可顺序进行过滤、洗涤、吸干、吹松、卸饼等操作。

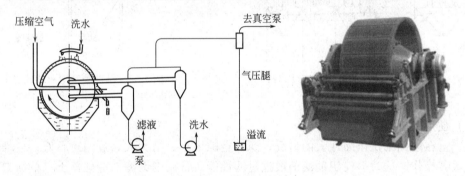

图 4-19　转筒真空过滤机

转筒过滤机的优点是：操作连续、自动，能大规模处理固体物含量很大的悬浮液。缺点是：转筒体积大，而其过滤面积相形之下便显小；用真空过滤，过滤的推动力不大；悬浮液温度不能高，否则真空会失去效应；滤饼含湿量大，洗涤不彻底。

(4) 袋式过滤器

袋式过滤器是工业过滤除尘设备中使用最广的一类。它的捕集效率高，一般达到 99% 以上。而且可以捕集不同性质的粉尘，适用性广，气体处理量可由每小时几百立方米到数十万立方米。使用灵活，结构简单，性能稳定，维修也较方便。但其应用范围主要受滤材的耐温、耐腐蚀性的限制，一般用于 300℃ 以下，也不适用于黏性很强及吸湿性强的粉尘，设备尺寸及占地面积也很大。

袋式过滤器的结构型式很多，按滤袋形状可分为圆袋及扁袋两种。前者结构简单，清灰容易，应用最广。后者可大大提高单位体积内的过滤面积。更主要的是按清灰方式分为：机械清灰、逆气流清灰、脉冲喷吹清灰及逆气流振动联合清灰等型式。

在袋式过滤器中，过滤过程分成两个阶段。首先是含尘气体通过清洁滤材。由于惯性碰撞、拦截、扩散、沉降等各种机理的联合作用，把气体中的粉尘颗粒捕集在滤材上。当这些被捕集的粉尘不断增加时，一部分粉尘嵌入或附着在滤材上形成粉尘层，此时的过滤主要是依靠粉尘层的筛滤效应，捕集效率显著提高，但压降也随之增大。由此可见，工业袋式过滤器的除尘性能受滤材上粉尘层的影响很大，所以根据粉尘的性质而合理地选用滤材是保证过滤效率的关键。一般当滤材孔径与粉尘直径之比小于 10 时，粉尘就容易在滤材孔上架桥堆积而形成粉尘层。

通常滤材上沉积的粉尘负荷量达到 0.1～0.3kg/m³、压降达到 1000～2000Pa 时，便需进行清灰。应尽量缩短清灰的时间，延长两次清灰的间隔时间，这是当今过滤问题研究中的关键问题之一。

袋式过滤器常见的型式有：机械振动袋式过滤器、逆气流清灰袋式过滤器（见图 4-20）、脉冲喷吹清灰袋式过滤器（见图 4-21）、扁袋脉冲喷吹清灰式过滤器及静电袋式过滤器等。

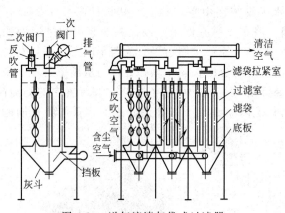

图 4-20　逆气流清灰袋式过滤器

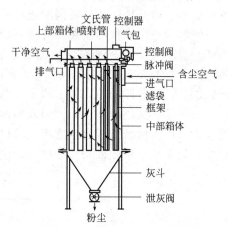

图 4-21　脉冲喷吹清灰袋式过滤器

4.4.4　过滤操作的改进

（1）使用助滤剂

生产上在遇到滤饼压缩性大的情况，滤饼空隙率小，阻力大，过滤速率低，且难以靠加大压差改善操作，这时多使用助滤剂改进过滤性能。常用的助滤剂有硅藻土（单细胞水生植物的沉积化石经干燥或煅烧而得的颗粒，含 SiO_2 在 85％以上）、珍珠岩（玻璃状熔融火山岩倾入水中形成的中空颗粒）或石棉粉、炭粉等刚性好的颗粒。助滤剂有两种使用方法，一种是把助滤剂与水混合成的悬浮液在滤布上先进行预滤，使滤布上形成1～3mm助滤剂层然后正式过滤，此法可防止滤布堵塞；另一种是将助滤剂混在料浆中一道过滤，此法只能用于滤饼不予回收的情况。

（2）动态过滤

传统的滤饼过滤随着过滤的进行，滤饼不断积厚，过滤阻力不断增加。在恒定压差推动下过滤，则取得滤液的速率必不断降低。为了在过滤过程中限制滤饼的增厚，蒂勒（Tiller）于 1977 年提出了一种过滤方式，即料浆沿过滤介质平面的平行方向高速流动，使滤饼在剪切力作用下被大部分铲除，以维持较高的过滤能力。因滤液与料浆流动方向呈错流，故称错流式过滤，又因滤饼被基本铲除，亦称为无滤饼过滤，但较多的称法为动态过滤。

欲使料浆高速流过过滤介质表面，一般采用设置旋转圆盘的方法。令圆盘与过滤介质表面平行，在圆盘面向过滤介质方向设有凸起的筋以带动在圆盘与过滤介质间的料浆高速旋转。可令筋的端面与过滤介质表面间距离在 20mm 范围内适当调小，圆盘以小于 1000r/min 的转速旋转。

动态过滤需多耗机械能，但对许多难过滤的悬浮液能明显改善过滤性能，故有较好的推广价值。

（3）深层过滤

当悬浮液中固体的体积分数在 0.1% 以下，且固体粒子的粒度很小时，用滤布或金属丝网作过滤介质难以生成有效截留固体粒子的滤饼层，且滤布或丝网易堵。这时若采用粒径为 1mm 左右的石英砂固定床层作为过滤介质，则效果较好。这种以固体颗粒固定床作为过滤介质，将悬浮液中的固体粒子（为区别于过滤介质颗粒，故称为"粒子"）截留在床层内部，且过滤介质表面不生成滤饼的过滤称为深层过滤。

液体夹带着固体粒子在固定床内弯曲通道中流动，由于惯性作用，固体粒子会偏离流线趋向组成固定床的固体颗粒，为颗粒捕捉。捕捉的机理一般认为是分子作用力，也可能是静电力。

深层过滤在操作一段时间以后，因床层内积存的粒子增多使滤出液含固量增加，这时需清洗床层颗粒。清洗方法是用滤出液由下而上高流速穿过床层，令床层膨胀、颗粒翻动且相互摩擦，固体粒子即可大部分随溢流液流走，使床层再生。清洗液约占过滤所得清液的 3%～5%。

4.5　固体流态化

4.5.1　固体流态化现象

在一个容器内装一块分布板（筛板），板上铺一层细颗粒物料，当流体自分布板下面通过颗粒床层时，根据流体流速的不同，表现出以下几种现象。

（1）固定床阶段

如图 4-22（a）所示，当流体的流速较小时，流体从固体颗粒之间空隙穿过，颗粒在原处不动，床层高度不变，这时的床层称为固定床。

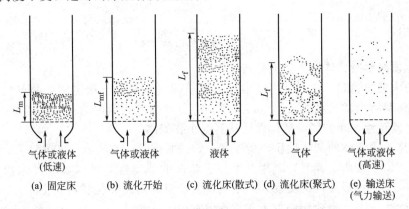

图 4-22　固体流态化现象

（2）流化床阶段

当流体的流速增大到一定值时，床层开始松动和膨胀，但颗粒仍不能自由运动，这时的床层称为初始流化床，如图 4-22（b）所示。若继续增大流体流速，固体颗粒被流体浮起，并上下翻滚，随机运动，好像沸腾的液体一样，床层明显增高，如图 4-22（c）、（d）所示。这时床层具有类似于流体的性质，故称为流化床。流化床现象可在一定的流体空速范围内出现。在该流速范围内，随着流速的增加，流化床高度增大，床层空隙率增大。流化床有散式流化与聚式流化两种。

① 散式流化　若流化床中固体颗粒均匀地分散于流体，床层中各处空隙率大致相等，

床层有稳定的上界面，这种流化型式称为散式流化。固体与流体密度差别较小的体系流化时可发生散式流化，"液固"系的流化基本上属于散式流化，情况如图 4-22(c) 所示。

② 聚式流化 一般"气固"系在流化操作时，因固体与气体密度差别很大，气体对颗粒的浮力很小，气体对颗粒的支托主要靠曳力，这时床层会产生不均匀现象，在床层内形成若干"空穴"。空穴内固体含量很少，是气体排开固体颗粒后占据的空间，称为"气泡相"。气体通过床层时优先通过各空穴，但空穴并不是稳定不变的，气体支撑的空穴上方的颗粒会落下，使空穴位置上升，最后在上界面处"破裂"。当床层产生空穴时，非空穴部位的颗粒床层仍维持在刚发生流化时的状态，通过的气流量较小，这部分称为"乳化相"。在发生聚式流化时，细颗粒被气体带到上方，形成"稀相区"，而较大颗粒留在下部，形成"浓相区"，两个区之间有分界面。一般讲的流化床层主要指浓相区，床层高度 L 指浓相区高度。聚式流化如图 4-22(d) 所示。

（3）输送床阶段

如图 4-22(e) 所示，当流体流速继续增大到某一数值后，流化床上界面消失，固体颗粒被流体带走，这时床层称为输送床。

如图 4-23 所示，在流化床阶段，整个气固系统或液固系统的很多方面都呈现出类似流体的性质。

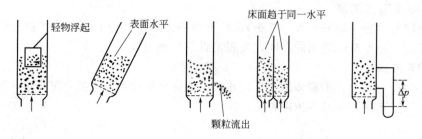

图 4-23 流化床的流动性

① 当容器倾斜时，床层上表面保持水平。

② 当两床层连通时，它们的床面能自行调至同一水平面。床层中某两点之间的压力差大致服从流体静力学的关系式 $\Delta p = \rho g L$，其中 ρ、L 分别为床层的密度与高度。

③ 具有流动性，颗粒能像液体那样从器壁小孔流出。

因流化床呈现流体的某些性质，所以在一定的状态下，它具有一定的密度、热导率、黏度等。而且，利用其类似于流体的流动性，可以实现固体颗粒在设备内或设备间的流动，易于实现生产过程的连续化和自动化。

流化床中的不正常现象有以下几种。

① 腾涌现象 该现象主要发生于气固流化床中。当床层直径较小且气速过高时，气泡容易相互聚并而成为大气泡。若气泡直径长大到等于或接近床层直径时，气泡层与颗粒层相互隔开，颗粒层被气泡层像推动活塞一样向上移动。其中，部分颗粒在气泡周围落下或者推到一定高度后气泡突然破裂，颗粒在整个截面上洒落，这种现象称为腾涌或节涌，如图 4-24 所示。

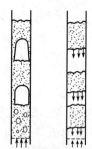

图 4-24 腾涌现象

② 沟流 流体通过床层时形成短路，部分流体与固体颗粒接触不良而经沟道上升的现象称为沟流。引起沟流现象主要是颗粒粒度过细，易黏结，以及流体初始分布不均匀等原因所造成的。

4.5.2　固体流态化流体力学特性

4.5.2.1　压降与流速的关系

固体颗粒床层随流体空速 u 的增大，先后出现的固定床与流化床的压降（Δp_m）对 u
的实验曲线如图 4-25 所示。图中 A-B 段颗粒静止不动，
为固定床阶段。B-C 段床层膨胀，颗粒松动，由原来堆
积状况调整成疏松堆积状况。C 点表示颗粒群保持接触
的最松堆置，这时流体空速为 u_{mf}，称为"临界流化速
度"。从 C 点开始，随着空速增大，床层进入流化阶段。

在 C 点时，颗粒虽相互接触，但颗粒重量正好为流
体的曳力与浮力支托，颗粒间没有重力的向下传递。自
C 点以后的整个流化阶段中，颗粒重量都靠流体的曳力
与浮力支撑。C-D 阶段是床层颗粒自上而下逐粒浮起的

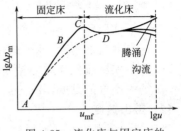

图 4-25　流化床与固定床的
压降-流速曲线

过程。由于颗粒间的摩擦及部分叠置，床层压降比纯支撑颗粒重量时稍高。

若流化阶段是散式流化，则流化阶段床层修正压降等于单位截面积床层固体颗粒的净
重，即

$$\Delta p_m = \frac{m}{A\rho_s}(\rho_s-\rho)g = L(1-\varepsilon)(\rho_s-\rho)g \tag{4-36}$$

式中　Δp_m——流化床的修正压降，Pa；

　　　m——整个床层内颗粒的质量，kg；

　　　A——床层横截面积，m^2；

　　　ρ_s——颗粒密度，kg/m^3；

　　　ρ——流体密度，kg/m^3。

式(4-36) 表明，散式流化过程中，床层压降不随流体空速的变化而改变，这一点已被
实验基本证实。实际上，由于颗粒与器壁的摩擦，随空速的增大，流化床层的压降略为
升高。

对于聚式流化，由于气穴的形成与破裂，流化床层的压降会有起伏。此外，还可能发生
两种不正常的操作状况，即腾涌与沟流，使其压降曲线形状与散式流化的压降曲线形状有一
定差别。发生腾涌时，气、固接触不良，而且由于固体颗粒的抛起与落下，易损坏设备。腾
涌的流化压降高于散式流化压降。发生沟流时，同样气、固接触不良，其流化压降比散式流
化压降低。

4.5.2.2　流化床的流体空速范围

流化床的操作范围一般应在临界流化速度之上，而又不能大于带出速度。对于某一流化
床操作，确定临界速度和带出速度是很重要的。

(1) 临界流化速度 u_{mf}

可以通过实测和计算两种方法确定临界流化速度，下面介绍实测法。

实测法不受计算公式精确程度和使用条件的限制，是得到临界流化速度的既准确又可靠
的一种方法。该方法中，测取固体颗粒床层从固定状态到流化状态的一系列压降与气体流速
的对应数值，将这些数据标在对数坐标上，得到如图 4-25 所示的 $ABCD$ 曲线。若在床层达
到流化状态后，再继续降低气速，则床层高度下降至 C 点所对应的床层高度时，固体颗粒
互相接触而成为静止的固定床。气速再降低则流速与压降曲线沿 AC 变化。与 C 点对应的
流速即为所测的临界流化速度。

测定时常用空气作为流化介质，最后要根据实际生产中的不同条件将测得的值加以校

正。若 u'_{mf} 代表以空气为流化介质时测出的临界流化速度，则实际生产中的 u_{mf} 可按下式推算

$$u_{mf} = u'_{mf} \frac{(\rho_s - \rho)}{(\rho_s - \rho_a)} \frac{\mu_a}{\mu} \tag{4-37}$$

式中　ρ——实际流化介质的密度，kg/m^3；

　　　　ρ_a——空气的密度，kg/m^3；

　　　　μ——实际流化介质的黏度，$Pa \cdot s$；

　　　　μ_a——空气的黏度，$Pa \cdot s$。

（2）带出速度

当床层的表观速度达到颗粒的沉降速度时，大量颗粒将被流体带出器外，故流化床中颗粒的带出速度为单个颗粒的沉降速度 u_t，可以由式(4-15)来计算。

但应注意，计算 u_{mf} 时要用实际存在于床层中不同粒度颗粒的平均直径，而计算 u_t 时必须用最小的颗粒直径。

4.5.2.3　流化床的操作范围

流化床的操作范围，为空塔速度的上下极限，用比值 u_t/u_{mf} 的大小来衡量。u_t/u_{mf} 称为流化数。对于细颗粒，$u_t/u_{mf} = 91.7$；对于大颗粒，$u_t/u_{mf} = 8.62$。

研究表明，上面两个 u_t/u_{mf} 的上下限值与实验数据基本相符，u_t/u_{mf} 值常在 10～90 之间。细颗粒流化床较粗颗粒有更宽的流速操作范围。

实际上，对于不同工业生产过程中的流化床来说，u_t/u_{mf} 的差别很大。有些流化床的流化数高达数百，远远超过上述 u_t/u_{mf} 的上限值。在操作气速几乎超过床层的所有颗粒带出速度的条件下，虽有夹带现象，但未必严重。这种情况之所以可能，是因为气流的大部分作为几乎不含固相的大气泡通过床层，而床层中的大部分颗粒则是悬浮在气速依然很低的乳化相中。此外，在许多流化床中都配有内部或外部旋风分离器以捕集被夹带的颗粒，并使之返回床层，因此可以采用较高的气速以提高生产能力。

4.5.3　分布板对流化质量的影响

流化质量是指流化床均匀的程度，即气固接触的均匀程度。一般来说，流化床内形成的气泡愈小，气固接触的情况愈好。此外，床底部分布板的形式对流化质量也有影响。

一般流化设备是由圆柱体和它底部的锥体组成的。在锥形底与圆形柱体间设置多孔的分布板，当气体从圆锥部分进入后，通过分布板上的筛孔上升，使颗粒流化。

4.5.3.1　分布板的作用

在流化床中，分布板不仅支撑了固体颗粒，防止漏料和使气体均匀分布，还有分散气流、使气流在分布板上方产生较小气泡的作用。然而，分布板对气体分布的影响是有限的，通常只能局限在分布板上方不超过 0.5m 的区域内。

设计良好的分布板，应对通过它的气流有足够大的阻力，以保证气流均匀分布在整个床层截面上。也只有当分布板的阻力足够大时，才能克服聚式流化的不稳定性，抑制床层中出现沟流现象的趋势。实验证明，当采用某种致密的多孔介质或低开孔率的分布板时，可使气固接触良好。但气体通过这种分布板的阻力必然要大，这会大大增加鼓风机的动力消耗。因此，通过分布板的压降应有个适宜值。适宜分布板的稳定压强降应等于或大于床层压强降的 10%，且满足绝对值不低于 3.5kPa 的条件。床层压强降可取为单位截面上的床层重力。

4.5.3.2　分布板的形式

工业生产用的分布板的形式很多，常见的有直流式、侧流式和填充式。

（1）直流式分布板

单层直流式分布板如图 4-26（a）所示。这种分布板结构简单，便于设计和制造。其缺点是：气流方向与床层相垂直，易使床层形成沟流；小孔易于堵塞，停车时易漏料。图 4-26（b）所示的多层孔板能避免漏料，但结构稍复杂。图 4-26（c）所示为凹形多孔分布板，它能承受固体颗粒的重荷和热应力，还有助于抑制鼓泡和沟流这些现象的发生。

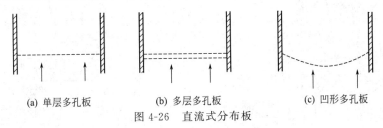

（a）单层多孔板　　　　　（b）多层多孔板　　　　　（c）凹形多孔板

图 4-26　直流式分布板

（2）侧流式分布板

如图 4-27 所示，在分布板的孔上装有锥形风帽，气流从锥形风帽底部的侧缝或锥帽四周的侧孔流出。目前，这种带锥帽的分布板应用最广，效果也最好。其中侧缝式锥帽应用最多，它具有下列优点。

① 固体颗粒不会在锥帽顶部堆成死床。每三个锥帽之间形成一个小锥形床，由此形成许多小锥形床，改善了床层的流化质量。

② 气体紧贴分布板面从侧缝吹出而进入床层，在板面上形成一层"气垫"，使颗粒不能停留在板面上，这就减少了在板上形成死床和发生烧结现象的可能性。

（3）填充式分布板

如图 4-28 所示，填充式分布板是在直孔筛板或栅板和金属丝网层间铺上卵石-石英砂-卵石。这种分布板结构简单，能达到均匀分布气体的要求。

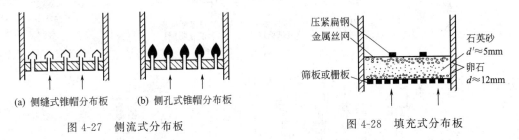

（a）侧缝式锥帽分布板　　（b）侧孔式锥帽分布板

图 4-27　侧流式分布板

图 4-28　填充式分布板

4.5.4　固体流态化技术的应用

固体流态化技术可应用于传热、颗粒干燥、颗粒混合、颗粒分级、气体吸收等物理过程。例如，加热和冷却是逆向过程，具有相似性，生产过程中采用流化床进行气固直接接触，可对固体颗粒实行快速加热或冷却，图 4-29 所示为苯酐流态化冷却、冷凝器。

固体流态化技术也可用于催化或非催化反应过程。例如，用流化床气化法制造合成氨所需的原料气（半水煤气），是流态化技术在反应过程中的重要应用，如图 4-30 所示。水蒸气和富氧空气的混合气以 $2\sim3\text{m/s}$ 的速度从流化床底部通入，床层内的煤粒处于流化状态，氧与碳反应放出大量的热，同时水蒸气也与碳反应生成 CO 和 H_2（半水煤气的主要成分）。

近一个世纪以来，流态化技术的发展大致经历了两个阶段。第一阶段是以气泡现象为主要特征的鼓泡流态化及液固流态化，第二阶段是以颗粒团聚为主要特征的快速流态化及气固流态化的散式化。近年来，气、液、固三相流态化和外力场下的流态化得到新的发展，成为引人注目的前沿研究领域，如图 4-31 所示。

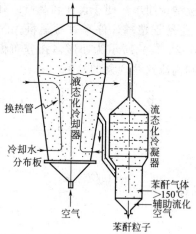

图 4-29 苯酐流态化冷却、冷凝器

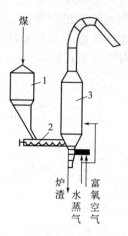

图 4-30 沸腾床气化炉造气
1—煤斗；2—螺旋输送机；3—气化炉

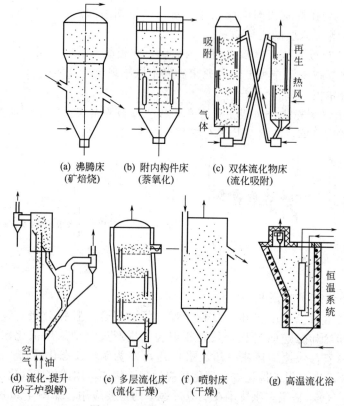

(a) 沸腾床　　　(b) 附内构件床　　　(c) 双体流化物床
　　(矿焙烧)　　　　(萘氧化)　　　　　　(流化吸附)

(d) 流化-提升　　(e) 多层流化床　(f) 喷射床　　(g) 高温流化浴
　(砂子炉裂解)　　　(流化干燥)　　　(干燥)

图 4-31 流化床的一些应用实例

固体颗粒的输送是固体流态化技术的又一重要应用。固体物料的流体输送方式很多，按输送介质可分为水力输送和气力输送；按输送位置可分为水平输送和垂直输送；按流动状态可分为浓相输送和稀相输送；按操作方式可分为正压输送和负压输送；按供料进料方式可分为连续给料和脉冲注料。工业上，固体颗粒物料的流体输送系统由动力机械（风机或水泵）、供料机、管路和分离回收装置构成，通常应根据物料的特性、输送距离、能量消耗及现场其他条件选择合适的输送装置和设计合理的输送系统。图 4-32 所示为吸引式气力输送的典型装置。这种装置往往在物料吸入口处设有带吸嘴的挠性管，以便将分散于各处的或在低处、深处的散装物料收集至储仓。这种输送方式适用于需要避免粉尘飞扬的场合。

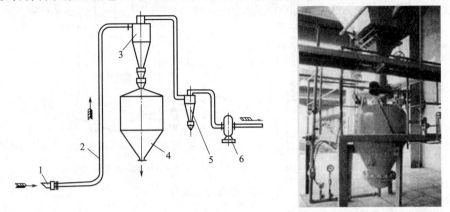

图 4-32　吸引式气力输送装置
1—吸嘴；2—输送管；3——次旋风分离器；4—料仓；5—二次旋风分离器；6—抽风机

利用流体流动来输送固体颗粒的操作主要具有以下优点：

① 系统密闭操作，可防止环境污染，安全可靠；

② 在输送过程中可同时对物料进行加热、冷却、混合、干燥等操作；

③ 设备简单，操作方便，而且容易实现自动化控制。

其缺点是动力消耗较大，大颗粒或黏结性的颗粒物料难以输送，而且必须配备完善有效的气固或液固分离装置。

4.6　其他机械分离技术

4.6.1　静电除尘

前述的重力沉降和离心沉降两种操作方式，虽然能用于含尘气体或含颗粒溶液的分离，但是前者能够分离的粒子不能小于 $50\sim70\mu m$，而后者也不能小于 $1\sim3\mu m$。对于更小的颗粒，其常用分离方法之一就是采用静电除尘，即在电力场中将微小粒子集中起来再除去。自 Cottrell（1907 年）首先成功地将电除尘用于工业气体净化以来，经过一个世纪的发展，静电除尘器已成为现代处理微粉分离的主要高效设备之一。

静电除尘过程分为四个阶段：气体电离、粉尘获得离子而荷电、荷电粉尘向电极移动、将电极上的粉尘清除掉。静电除尘的原理如图 4-33 所示。将放电极作为负极、平板集尘极作为正极而构成电场，一般对电场施加 60kV 的高压直流电，提高放电极附近的电场强度，可将电极周围的气体绝缘层破坏，引起电晕放电。于是气体便发生电离，成为负离子和正离子及自由电子。正离子立即就被吸至放电极而被中和，负离子及自由电子则向集尘极移动并形成负离子屏障。当含尘气体通过这里时，粒子即被荷电成为负的荷电粒子，在库仑力的作用下移向集尘极而被捕集。

大多数的工业气体都有足够的导电性，易于被电离。若气体电导率低，可以加水蒸气。流过电极的气体速度宜低（$0.3\sim2m/s$），以保证尘粒有足够的时间来沉降。颗粒越细、要求分离的程度越高，气流速度越接近低限。

静电除尘根据电晕线和收尘极板的配置方法可分为两类。

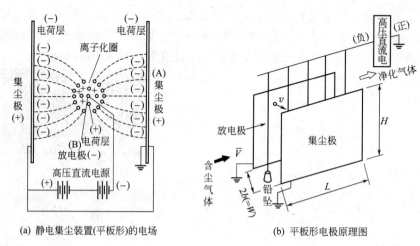

(a) 静电集尘装置(平板形)的电场　　　　(b) 平板形电极原理图

图 4-33　静电除尘装置

（1）双区电除尘器

粉尘的荷电和收集在结构不同的两个区域内进行：第一个区域装有电晕极，进行粉尘的荷电；第二个区域装有收尘极，把粉尘收集起来。这种除尘器一般用于空气净化。

（2）单区电除尘器

电晕极和收尘极都在同一区域内。所以粉尘的荷电和收集都在同一区域内进行，工业生产中大多采用这种除尘器。其中按收尘极分类，又可分成管式电除尘器（见图 4-34）和板式电除尘器（图 4-35）两种。管式电除尘器的收尘极为 $\Phi 200 \sim 300\text{mm}$ 的圆管或蜂窝管，其特点是电场强度比较均匀，有较高的电场强度。但其粉尘的清理比较困难，一般不宜用于干式除尘，而通常用于湿式除尘。而板式电除尘器具有各种形式的收尘极板，极间距离一般为 $250 \sim 400\text{mm}$。电晕极安放在板的中间悬挂在框架上，电除尘器的长度根据对除尘效率的要求确定。它是工业中最为广泛采用的形式。

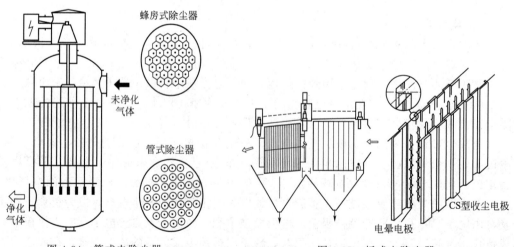

图 4-34　管式电除尘器　　　　　　　图 4-35　板式电除尘器

在化学工业中，电除尘器常用于硫酸、氯化铵、炭黑、焦油沥青及石油油水分离等生产过程，用于除去粉尘或烟雾。其中使用最多的是硫酸中的干、湿法静电除尘器。电除尘器的设备复杂，价格昂贵，但因能够除去极细小的颗粒，除尘效率很高，所以在工业生产中已得到应用。

4.6.2　湿法捕集

湿法捕集是利用液体作为捕集体，将气体内所含颗粒捕集下来的一类方法，所用设备统称湿法洗涤器。它与干法捕集相比，具有如下特点。

① 在捕集气体内悬浮物的同时，只要液体选用适当，还可吸收而除去气体内的有害组分，所以用途更为广泛。

② 在消耗同样能量的情况下，湿法捕集一般可比干法捕集（如旋风分离器）的除尘效率高，而且能处理黏性大的固体颗粒，但不适于处理憎水性和水硬性颗粒。

③ 洗涤器设备本身较简单，费用也不高，但却要有一套液体的供给及回收系统，所以总的造价及操作维修等费用也不低。

湿法洗涤器的捕集机理是一种流体动力捕集机理，其捕集体可分为三种形式，即液滴、液膜及液层。其中，液滴的产生基本上有两种方法：一种是使液体通过喷嘴而雾化；一种是用高速气流将液体雾化。液体呈分散相，含有固体颗粒的气体则呈连续相，两相间存在着相对速度，依靠颗粒对于液滴的惯性碰撞、拦截、扩散、重力、静电吸引等效应而把颗粒捕集下来。液膜是将液体淋洒在填料上并在填料表面形成的很薄层的液体网络。此时，液体和气体都是连续相，气体在通过这些液体网络时也会产生上述各种捕集效应。而液层的作用是使气体通过液层时生成气泡，气体变为分散相，液体则为连续相。颗粒在气泡中依靠惯性、扩散和重力等机理而产生沉降，被液体带走。

湿法洗涤器设计的关键问题是要使含尘气与液体两者接触。气液接触的方法很多，可以是将液体雾化成细小液滴；也可以是使气体鼓泡进入液体内；还可以是气体与很薄的液膜接触；更可以是这几种方法的综合应用。所以可形成很多种湿法洗涤器的型式，如气体雾化接触型的文氏管洗涤器，如图 4-36 所示。它是一种简单而高效的除尘设备，由三部分组成，即引液器或喷雾器、文氏管及脱液器。含尘气体进入文氏管后逐渐加速，到喉管时速度达到最高，将该处引入的液体雾化成细小的液滴。在喉管处，气体与液滴间的相对速度很高，所以捕集效率也较高。还有喷雾接触型的喷淋塔、喷射洗涤塔（见图 4-37）、液膜接触型的填

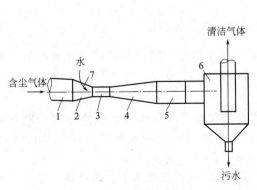

图 4-36　文式管洗涤器

1—入口风管；2—渐缩管；3—喉管；4—渐扩管；
5—风管；6—脱液器；7—雾化喷嘴

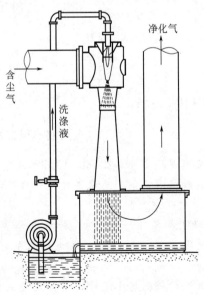

图 4-37　喷射洗涤塔

料塔（见图 4-38）、浮动填料床洗涤器、鼓泡接触型的泡沫洗涤器、冲击式泡沫洗涤器等。一般的板式塔和填料塔都可用作洗涤器来除去气体中的尘粒及有害成分，如泡沫洗涤器，如图 4-39 所示，它的典型结构是筛板塔。若液体横流过筛板而从一侧降液管中流下，气体通过筛孔穿入液层内，则称为溢流式，如图 4-39（a）所示。若液体与气体都是通过筛孔而逆流接触，则称为无溢流式，又称淋降塔板，如图 4-39（b）所示。作为除尘器，一般以淋降塔板为主。另外一种是湍球塔。将填料塔作为洗涤除尘设备时，入口含尘浓度不能过高，否则易产生堵塞现象。若将静止的填充床改变为流化床，就可解决此问题，这就是湍球塔，其典型结构如图 4-40 所示。在两块开孔率很高的孔板间，放置有直径为 $\Phi15\sim76mm$ 的轻质空心球，含尘气体从下部进入，以较大速度进入床层将空心球吹起形成流化床。洗涤液从上面喷淋下来。被流化状态下的小球激烈扰动，小球在湍动旋转及相互碰撞中，又使液膜表面不断更新，从而强化了气液两相的接触，可大大提高除尘效率。另外，还有冲击式洗涤器、强化型洗涤器等。

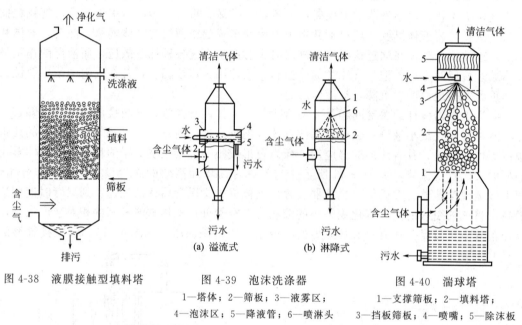

图 4-38　液膜接触型填料塔

图 4-39　泡沫洗涤器

1—塔体；2—筛板；3—液雾区；
4—泡沫区；5—降液管；6—喷淋头

图 4-40　湍球塔

1—支撑筛板；2—填料塔；
3—挡板筛板；4—喷嘴；5—除沫板

工程案例分析

应用双出风口旋风分离器改造旋风选粉机

某水泥厂 1 号 $\Phi2.4m\times13m$ 水泥磨，1995 年改为闭路磨，配 $\Phi2.8mm$ 旋风选粉机。实施水泥新标准后该厂为保强度，只好将混合材掺量降到 5％，实际上等于增加了生产成本。

1. 技改方案和措施

2001 年 8 月，该厂对 1 号水泥磨系统测试考察，拟订了改进选粉机分级能力、提高旋风分离器捕集细粉能力、强化磨机的粉磨能力、改善磨内料流和通风能力为主线的改造方案。

改造时将回转小风叶拆除，改成笼形转子。分离力场从平面圆环变成圆柱体，径向变化范围较小，分离力场均匀，分级临界粒径范围较窄，因而混料窜料较少，分级较好。为使分离临界粒径可调，将转子电动机改用调频电动机。

原选粉机外围是 6 个 $\Phi1.3m$ 的单出风口旋风分离器，它一般只能收集 20μm 以上的颗粒。研究和实践表明：现行单出风口旋风分离器核心强制涡的无用压力损失占旋风分离器总压力损失的 65％～85％；出风口下端附近有较大的径向速度，呈短路流现象；锥体下部有较大的偏心流，造成排尘口粉尘返混，而使分离效率下降。为解决上述问题，选用导流口可调式双出风口旋风分离器。

　　2. 双出风口旋风分离器的结构

　　分离器结构如附图所示。含尘气体从进风口切向进入筒体，在筒体与出风管、导流管之间的环形空间旋转向下并逐渐进入锥体，气体中的粉尘受旋转力场中的离心力作用而与气流分离并碰撞筒壁，失去动能，沿筒壁入锁风阀后及时排出。气固分离后的净化气流，经反射屏强制改向，沿导流管外壁旋转向上并经导流口从上、下出风口排出。

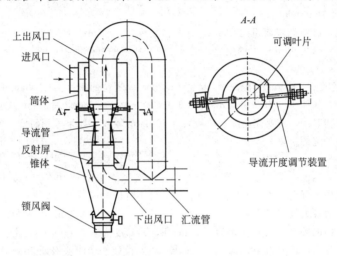

附图　导流口可调式双出风口旋风分离器结构

　　与传统旋风分离器相比，该旋风分离器具有如下优点：

　　① 出口风速降低近半，压力损失显著降低；

　　② 筒身纵向开设多个导流口，可基本消除核心强制涡；

　　③ 导流筒上口与上出风口下端连接，可消除短路流；

　　④ 导流筒下口与下出风口上端连接，并设置反射屏，可显著降低粉尘返混现象，分离效率可进一步提高。

　　3. 应用及效果

　　2002 年 2 月 10 日，在对选粉机 7 个旋风筒完成上述改造后，粉磨系统未作其他调整即投料生产 42.5 级普通硅酸盐水泥，磨机产量从改造前 18t/h（细度≤3％）提高到 25t/h（细度≤2.1％），说明捕集细粉能力明显增强。

　　2002 年 2 月 27 日，对粉磨系统稍作调整，将风机风量增大 10％，隔仓板风孔率增大 5％，磨球级配稍加调整，改善系统漏风情况。改后粉磨 42.5 级普通硅酸盐水泥产量提高到 27t/h（细度≤2.6％）。水泥比表面积从原来的 325m²/kg 提高到 335m²/kg。

　　本技术改造投资 12 万元，水泥磨产量按 42.5 级和 32.5 级普通硅酸盐水泥的加权平均提高 4t/h 计算，全年可增产 28000t。每吨水泥的增效部分按 30 元计算，全年效益 84 万元，扣除 12 万元成本，全年收效 72 万元。

习　题

1. 颗粒的直径为 30μm，密度为 2000kg/m³，求它在 20℃水中的沉降速度。　　　　　($4.89×10^{-4}$ m/s)

2. 直径分别为 $100\mu m$ 与 $180\mu m$ 的球形颗粒 A、B 在 20℃ 的水中作重力沉降，已知颗粒的密度为 3000kg/m^3，试计算两者的沉降速度。 (0.013m/s；0.025m/s)

3. 一种测量液体黏度的方法是测量金属球在其中沉降一定距离所用时间。现测得密度为 8000kg/m^3、直径为 5.6mm 的钢球在某种密度为 920kg/m^3 的油品中重力沉降 300mm 所用的时间为 12.1s，问此种油品的黏度是多少？ (4.84Pa·s)

4. 用高 2m、宽 2.5m、长 5m 的重力降尘室分离空气中的粉尘。在操作条件下，空气的密度为 0.779kg/m^3，黏度为 2.53×10^{-5}Pa·s，流量为 5.0×10^4 m^3/h，粉尘的密度为 2000kg/m^3。试求所能分离下来的最小颗粒直径。 ($158\mu m$)

5. 多层降尘室宽 2m，长 4m，总高 4m，每层高 0.2m。用它来处理含尘气体，要求把直径大于 $20\mu m$ 的尘粒全部除去。试问此多层降尘室的最大处理气量为多少？已知气体的密度为 1kg/m^3，黏度为 3×10^{-5} Pa·s，尘粒的密度为 3000kg/m^3。 (1.267×10^4 m^3/h)

6. 用降尘室净化烟气，已知烟气流量为 3600m^3/h，密度为 0.6kg/m^3，黏度为 0.03mPa·s，尘粒的密度为 4300kg/m^3，要求除去 $6\mu m$ 以上的尘粒。试求：(1) 所需的沉降面积；(2) 若降尘室底面积为 15m^2，则需多少层？ (356m^2；24 层)

7. 某除尘室高 2m、宽 2m、长 6m，用于炉气除尘。球形矿尘颗粒的密度为 4500kg/m^3，操作条件下气体流量为 25000m^3/h，气体密度为 0.6kg/m^3、黏度为 0.03mPa·s。试求理论上能完全除去的最小矿粒直径。现由于生产工艺改进，需要完全除去粒径大于 $20\mu m$ 的颗粒，如果采用将降尘室改为多层结构的方法，试计算多层降尘室的层数。 ($84.2\mu m$；18)

8. 有一降尘室，长 6m，宽 3m，共 20 层，每层高 100mm，用以除去炉气中的矿尘。矿尘密度为 3000kg/m^3，炉气密度为 0.5kg/m^3，黏度为 0.035mPa·s，现要除去炉气中的 $10\mu m$ 以上的颗粒。试求：(1) 为完成上述任务，可允许的最大气流速度；(2) 每小时最多可送入的炉气量；(3) 若取消隔板，为完成任务该降尘室的最大处理量为多少？ (0.28m/s；6052.3m^3/h；302.6m^3/h)

9. 用降尘室实现某气体的除尘，气流流量为 3000m^3/h，其黏度为 0.03mPa·s，密度为 0.5kg/m^3。气流中的粉尘颗粒均匀分布，密度为 4000kg/m^3。试求：(1) 设计一个能够保证 $30\mu m$ 以上颗粒完全被除去的降尘室，试计算该降尘室的面积。(2) 采用该降尘室时，直径为 $15\mu m$ 的颗粒被除去的百分率是多少？(3) 如果气量减少 20%，该降尘室所能全部分离的最小颗粒的直径为多少？(4) 如果将降尘室改为两层，对颗粒的处理要求不变，则所能处理的气流流量变为多少？

(12.82m^2；25%；26.75μm；6000m^3/h)

10. 方铅矿石和硅石的混合物，其粒度分布为 0.075～0.65mm，方铅矿石和硅石的密度分别为 7500kg/m^3 和 2650kg/m^3，用温度为 20℃ 的向上的水流进行分离。试问：(1) 要得到纯净的方铅矿石产品，水的流速应为多大？(2) 纯净产品的粒度分布如何？ (0.0955m/s；0.276～0.65mm)

11. 速溶咖啡粉（密度为 1050kg/m^3）的直径为 $60\mu m$，用 250℃ 的热空气送入标准旋风分离器中。进入时的切线速度为 20m/s，在器内的旋转半径为 0.5m。试求：(1) 咖啡粉粒的径向沉降速度；(2) 若此咖啡在同温度的静止空气中沉降，其沉降速度为多少？ (3.96m/s；0.075m/s)

12. 已知含尘气体中尘粒的密度为 2300kg/m^3，气体的流量为 1000m^3/h，密度为 0.874kg/m^3，黏度为 3.6×10^{-5}Pa·s。拟采用标准旋风分离器进行除尘，分离器直径为 400mm。

试求：(1) 计算其临界粒径及压降；

(2) 若含尘气体原始含尘量为 150g/m^3，尘粒的粒度分布如下表所示：

粒径 $d/\mu m$	<3	3～5	5～10	10～20	20～30	30～40	40～50	50～60	60～70
质量分数/%	3	11	17	27	12	9.5	7.5	6.4	6.6

求出口气体的含尘浓度及除尘效率；

(3) 若临界直径不变，经过旋风分离器的压降可以增大到 1.1kPa，求旋风分离器的直径及并联个数。

($8.04\mu m$，520Pa；33g/m^3，78%；0.159m，4)

13. 拟采用标准旋风分离器收集流化床出口处的碳酸钾粉尘。旋风分离器入口处的空气温度为 200℃，分离器的处理能力为 4400m^3/h，粉尘密度为 2290kg/m^3，旋风分离器的直径为 700mm。试求：(1) 此分离器所收集粉尘的临界粒径；（2）如分别以 2 台直径为 500mm 及 4 台直径为 400mm 的同类旋风分离器并联操作以代替原来的分离器，则临界粒径又将为多少？ （$7.56\mu m$；$6.50\mu m$，$0.36\mu m$）

14. 某一旋风分离器，在某一进口气速下进入分离器的总粉尘量为 300.0g，收集到的粉尘量为 262.5g。投料粉尘和收集粉尘经分级和称重，其结果如下：

粒径范围/μm	0～5	5～10	10～20	20～40	40～60	＞60
进入 C_{i_1}/g	30.3	40.5	42.3	45.6	51.0	90.3
收集 C_{i_2}/g	12.7	32.8	36.8	41.5	48.5	90.2

试计算该分离器的总效率和粒级效率。 （略）

15. 用一板框式过滤机过滤某固体悬浮液，在 101.3kPa（表压）下过滤 20min，单位过滤面积上得到滤液 $0.197m^3$，继续过滤 20min，单位过滤面积上又得到滤液 $0.09m^3$。如果过滤 1h，单位过滤面积上所能得到的滤液为多少？ （$0.356m^3/m^2$）

思 考 题

1. 直径为 $100\mu m$ 的球形石英颗粒在 20℃的水中自由沉降，试计算该颗粒由静止状态开始加速到沉降速度的 99％时所需经历的时间和沉降的距离。
2. 什么是离心分离因数？分离因数的大小说明什么问题？为提高分离因数，可采取什么措施？
3. 为什么高分离因数的离心机都是采用高转速和小直径的转鼓呢？
4. 试分析旋风分离器的直径及入口气速的大小对临界颗粒直径的影响。
5. 同一流化床，用空气和水作流化介质时，床层压降是否相同？为什么？

符 号 说 明

英文字母：

a_r——离心加速度，m/s^2；

A——降尘室沉降面积，m^2；

B——降尘室宽度，m，或表示旋风分离器的进口宽度，m；

C——旋风分离器中含尘气体的浓度，g/m^3；

d——颗粒直径，m；

d_e——当量直径，m；

d_{50}——旋风分离器的分割粒径，m；

d_c——旋风分离器中的临界直径，m；

F——作用力，N；

g——重力加速度，m/s^2；

H——降尘室高度，m；

K_c——分离因数；

L——降尘室长度，m；

N_e——旋风分离器中气体的有效旋转圈数；

Δp——旋风分离器的压强降，Pa；

Re_t——匀速沉降时的雷诺数，无量纲；

r_m——旋风分离器中气体旋转平均半径，m；

S——表面积，m^2；

u_t——颗粒的沉降速度，m/s；

u_T——切向速度，m/s；

u_r——离心沉降速度，m/s；

u_i——旋风分离器中气体的进口气速，m/s；

V_p——颗粒体积，m^3。

希腊字母：

ρ——密度，kg/m^3；

ξ——阻力系数，无量纲；

μ——黏度，Pa·s；

ϕ_s——颗粒球形度；

ω——旋转角速度；

η——分离效率。

下标：

b——浮力；

c——离心；

d——阻力；

g——重力；

i——进口，指第 i 小段；

o——总的；

p——颗粒；

r——径向；

s——固体颗粒；

1——进口；

2——出口。

第 5 章 传质原理及应用

过程工业中，经常需要将混合物加以分离。例如，原料常需经过分离提纯或净化，以符合工艺的需求；生产中的废气、废液在排放之前，应将其中所含的有害物质尽量除去，以减少对环境的污染，并有可能将其中有用的物质提取出来；从反应器中出来的混合物含有多种未反应的原料及反应的副产品，必须对其另行处理，以从中分离出纯度合格的产品，并将未反应的物料送回反应器或他处。以上种种情况，都要采用适当的分离方法与设备，并消耗一定的物料和能量。显然，为了实现上述的不同分离目的，必须根据混合物性质的不同而采用不同的方法。

一般将混合物分为两大类：均相混合物及非均相混合物。均相混合物的分离，如吸收、精馏、萃取等，基本特征是：物质由一相转移到另一相或生成新相，过程取决于两相之间的平衡关系，称为相际传质过程。

当要在相界面上利用平衡关系进行分离操作时，从技术角度来说，一方面，应设法尽可能经济地增大两相界面的表面积，以及怎样在界面上充分利用平衡关系；另一方面，平衡状态是过程的极限，分离不能持续进行，还必须研究如何既偏离平衡状态，又进行所期望的分离。

本章主要介绍气液及液液传质原理，蒸馏操作、吸收操作及萃取操作的主要工艺计算，以及板式塔、填料塔及萃取设备的设备特点及流体力学特性。

5.1 传质基本概念

质量传递现象出现在诸如蒸馏、吸收、干燥及萃取等单元操作中。当物质由一相转移到另一相，或者在一个均相中，无论是气相、液相还是固相中传递，其基本机理都相同。

其中，不论气相还是液相，在单相内物质传递的原理有两种：分子扩散传质和涡流扩散传质。由于涡流扩散时也伴有分子扩散，所以这种现象称为对流传质。

5.1.1 分子扩散

5.1.1.1 分子扩散与费克定律（Fick Law）

① 费克定律 如图 5-1 所示，当流体内部存在某一组分的浓度差或浓度梯度时，则因分子的微观运动使该组分由高浓度处向低浓度处转移，这种现象叫分子扩散。分子扩散可以用分子运动论解释，即随机运动，道路曲折，碰撞频繁。因此，分子扩散的速率是很慢的。

分子扩散可以用费克定律作定量描述，即

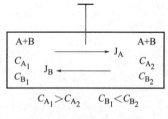

图 5-1 分子扩散现象

$$J_A = -D_{AB} \frac{dC_A}{dZ} \tag{5-1}$$

式中 J_A——组分 A 在 z 方向上的扩散速率（扩散通量），$kmol/(m^2 \cdot s)$；

D_{AB}——组分 A 在介质 B 中的分子扩散系数，m^2/s；

Z——扩散方向上的距离，m；

$\dfrac{\mathrm{d}C_A}{\mathrm{d}Z}$——组分 A 的浓度梯度，$kmol/m^4$。

式中负号表示扩散是沿着物质 A 浓度降低的方向进行的。

费克定律对 B 组分同样适用，即只要浓度梯度存在，必然产生分子扩散传质。对于气体混合物，费克定律常以组分的分压表示。费克定律与描述热传导规律的傅里叶定律在形式上类似，但两者有重要的区别，主要在于：热传导传递的是能量，而分子扩散传递的是物质。对于分子扩散而言，一个分子转移后，留下了相应的空间，必由其他分子补充，即介质中的一个或多个组分是运动的，因此，扩散通量（扩散速率）存在一个相对于什么截面的问题；而在热传导中，介质通常是静止的，而只有能量以热能的方式进行传递。

② 分子对称面　双组分混合物在总浓度 C（对气相是总压 P）各处相等的情况下：

因为
$$C = C_A + C_B = 常数 \tag{5-2}$$

所以
$$\frac{\mathrm{d}C_A}{\mathrm{d}Z} = -\frac{\mathrm{d}C_B}{\mathrm{d}Z} \tag{5-3}$$

又因为
$$D_{AB} = D_{BA} = D \tag{5-4}$$

所以
$$J_A = -J_B \tag{5-5}$$

则组分 A 和组分 B 等量反方向扩散通过的截面叫分子对称面。其特征是，仅对分子扩散而言，该截面上净通量等于零，且该截面既可以是固定的截面，也可以是运动的截面。

5.1.1.2　一维稳态分子扩散

一维指物质只沿一个方向扩散，其他方向无扩散或扩散量可以忽略，稳态则指扩散速率的大小与时间无关，它只随空间位置而变化。

(1) 单向扩散

单向扩散适合于吸收操作的分析，现说明如下。如图 5-2 所示，平面1-1′代表气相主体，平面 2-2′代表两相界面，z 表示 A 组分的扩散方向。假设只有气相溶质 A 不断由气相主体通过两相界面进入液相中，而惰性组分 B 不溶解且吸收剂 S 不气化。当 A 进入 S 后，在两相界面的气相一侧留出空间需要补充，由于 S 不气化，则只能由气相中的 A、B 同时补充。也就是说，由于气相中的 A 不断进入液相，气相主体与两相界面间出现了微小的压差。此压差使气相主体中的 A、B 同时向两相界面移动，即产生了宏观上的相对运动，这种移动叫总体流动，总体流动也叫摩尔扩散，摩尔扩散指分子群。

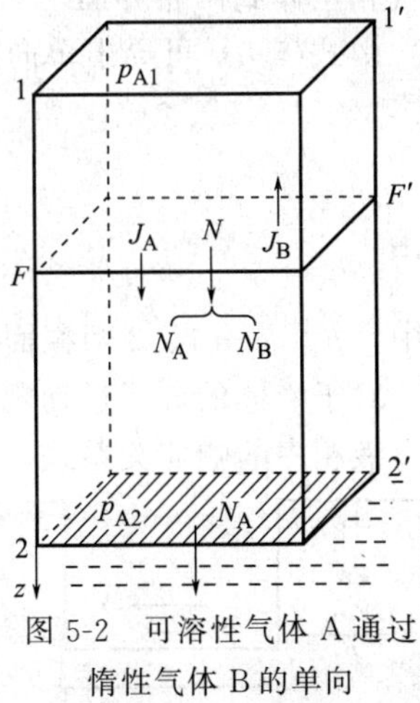

图 5-2　可溶性气体 A 通过惰性气体 B 的单向扩散（向下）

总体流动是由于分子扩散（这里指溶质 A 穿过两相界面）引起的，而不是外力驱动的，这是它的显著特点。因为总体流动与溶质的扩散方向一致，所以有利于传质。

由于气相中的 A 不断进入液相，使气相主体中的 A、B 与两相界面上的 A、B 分别出现浓度差，导致组分 A 由气相主体向两相界面扩散，组分 B 由两相界面向气相主体扩散。如图 5-2 所示，若在气相主体与两相界面间任取一固定截面 F，则该截面上不仅有分子扩散，还有总体流动。

根据分子对称面的特点，截面 F 不是分子对称面；若将分子扩散相对应的分子对称面看成一个与总体流动速度相同的运动截面，则一系列运动的分子对称面与固定的截面 F 重合。则截面 F 上的净物流通量 N' 为：

$$N' = N + J_A + J_B = N \tag{5-6}$$

固定截面 F 上包括运动的分子对称面，则有：$J_A = -J_B$

N 为总体流动通量，由两部分组成：

$$N = \frac{C_A}{C}N + \frac{C_B}{C}N \tag{5-7}$$

式中　$\dfrac{C_A}{C}N$——总体流动中携带的组分 A，$kmol/(m^2 \cdot s)$；

　　　　$\dfrac{C_B}{C}N$——总体流动中携带的组分 B，$kmol/(m^2 \cdot s)$。

应注意，式(5-6) 中 N' 与 N 数值相等，但两者含义不同。

若在截面 F 与两相界面间作物料衡算：

对组分 A：

$$J_A + \frac{C_A}{C}N = N_A \tag{5-8}$$

对组分 B：

$$\frac{C_B}{C}N = -J_B \tag{5-9}$$

上两式相加得：

$$N_A = N = N' \tag{5-10}$$

式中　N_A——组分 A 通过两相界面的通量，$kmol/(m^2 \cdot s)$。

注意，上式中 N_A、N 和 N' 虽然数值相等，但三者含义不同。

这里，组分 B 由两相界面向气相主体的分子扩散与由气相主体向两相界面的总体流动所带的组分 B 数值相等，方向相反，因此宏观上看，组分 B 是不动的或停滞的。所以说，由气相主体到两相界面，只有组分 A 在扩散，称为单向扩散或组分 A 通过静止组分 B 的扩散。由式(5-8) 可导出单向扩散速率计算式：

$$N_A = \frac{D}{RTZ} \frac{P}{p_{B_m}} (p_{A_1} - p_{A_2}) \tag{5-11}$$

其中

$$p_{B_m} = \frac{p_{B_2} - p_{B_1}}{\ln(p_{B_2}/p_{B_1})} \tag{5-12}$$

式中　p_{B_m}——1、2 两截面上组分 B 分压 p_{B_1} 和 p_{B_2} 的对数平均值，kPa。

对于液体的分子运动规律远不及气体研究得充分，因此只能仿照气相中的扩散速率方程写出液相中的响应关系式。

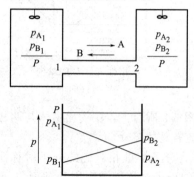

图 5-3　等分子反方向扩散示意图

$$N'_A = \frac{D'C}{Z'C_{S_m}} (C_{A_1} - C_{A_2}) \tag{5-13}$$

式中　N'_A——溶质 A 在液相中的传质速率，$kmol/(m^2 \cdot s)$；

　　　　D'——溶质 A 在溶剂 S 中的扩散系数，m^2/s；

　C_{A_1}，C_{A_2}——1、2 两截面上的溶质浓度，$kmol/m^3$。

（2）等分子反向扩散

理想精馏操作是等分子反向扩散的最好应用实例。根据分子对称面的概念，过程中当产生组分 A 的扩散流时，必伴有方向相反的组分 B 的扩散流，即：$J_A = -J_B$，如图 5-3 所示。

对于等分子反向扩散，因为无总体流动现象，此时，分子对称面就是一个固定的截面，则：

$$J_A = N_A \qquad\qquad (5\text{-}14)$$

$$J_B = N_B \qquad\qquad (5\text{-}14a)$$

由以上两式可导出等分子反向扩散速率计算式：

$$N_A = \frac{D}{RTZ}(p_{A_1} - p_{A_2}) \qquad\qquad (5\text{-}15)$$

比较式(5-11)和式(5-15)可以看出，前者比后者多了一个因子 $\dfrac{P}{p_{B_m}}$。因为组分 B 分压的对数平均值 p_{B_m} 总小于总压 P，所以 $\dfrac{P}{p_{B_m}}$ 恒大于 1。显然，这是总体流动的贡献，如同顺水行舟，水流增加了船速，故称 $\dfrac{P}{p_{B_m}}$ 为"漂流因子"。因为 $P = p_A + p_B =$ 常数，所以，当 p_A 增加时，p_B 和 p_{B_m} 就会下降，使 $\dfrac{P}{p_{B_m}}$ 增大，反之亦然。当 $\dfrac{P}{p_{B_m}}$ 趋近于 1 时，总体流动的因素可忽略，单向扩散与等分子反向扩散无差别。

而液相中发生等分子反向扩散的机会很少，而一个组分通过另一停滞组分的扩散则较物料多见。

(3) 扩散方向上的浓度分布

当发生等分子反向扩散时，组分 A 的分压 $p_A\text{-}Z$ 的关系为直线关系；而当发生单向扩散时，$p_A\text{-}Z$ 的关系为对数关系。

5.1.1.3　分子扩散系数 D

D 简称扩散系数，在传质计算中，D 就像导热计算中的热导率 λ 一样是不可缺少的重要物性参数。由费克定律可知，D 是表征单位浓度梯度下的扩散通量，它反映了某一组分在介质中分子扩散的快慢程度，是物质的一种传递属性。

D 是温度、压力、物质的种类、浓度等因素的函数，比 λ 复杂。对于气体中的扩散，浓度的影响可以忽略；对于液体中的扩散，浓度的影响不能忽略，而压力的影响可以忽略。应用时可由以下三种方法获得，即直接查表（不全）、用经验公式或半经验公式估算、实验测定。

(1) 气体中的扩散系数

估算气体中扩散系数的经验公式或半经验公式很多，如福勒（Fuller）等人提出的半经验公式为：

$$D = \frac{1.00 \times 10^{-7} T^{1.75} \left(\dfrac{1}{M_A} + \dfrac{1}{M_B} \right)^{\frac{1}{2}}}{P\left[(\sum \upsilon_A)^{\frac{1}{3}} + (\sum \upsilon_B)^{\frac{1}{3}} \right]^2} \qquad\qquad (5\text{-}16)$$

式中　　　P——总压，atm；

　　　　　T——绝对温度，K；

　M_A，M_B——A、B 组分的分子量，g/mol；

$\sum \upsilon_A$，$\sum \upsilon_B$——A、B 组分的摩尔扩散体积，cm^3/mol，一般有机化合物按化学分子式查原子扩散体积相加得到。注意，芳烃环或杂环化合物的原子体积要再加上 -20.2，简单物质可直接查得分子扩散体积，此半经验公式误差小于 10%。

(2) 液体中的扩散系数

对于很稀的非电解质溶液，威尔盖（Wilke）等人提出：

$$D_{AS} = 7.4 \times 10^{-8} \frac{(aM_S)^{\frac{1}{2}} T}{\mu_S \upsilon_A^{0.6}} \tag{5-17}$$

式中　T——溶液的绝对温度，K；

　　　μ_S——溶剂 S 的黏度，cP；

　　　M_S——S 的分子量，g/mol；

　　　a——S 的缔合参数，水为 2.6，甲醇为 1.9，乙醇为 1.5，苯、乙醚等不缔合溶剂为 1.0；

　　　υ_A——溶质 A 在正常沸点下的摩尔体积 cm^3/mol。

　　一般来说，液相中扩散速率远远小于气相中的扩散速率，就数量级而论，物质在气相中的扩散系数比在液相中的扩散系数约大 10^5 倍，液相扩散系数的估算式不如气体的可靠。但是，液体的密度往往比气体大得多，因此液相中的物质浓度及浓度梯度可远远高于气相中的值。所以在一定条件下，气、液两相中可达到相同的扩散通量。

　　表 5-1、表 5-2 分别列举了一些物质在空气及水中的扩散系数，供计算时参考。

表 5-1　一些物质在空气中的扩散系数（0℃，101.3kPa）

扩散物质	扩散系数 $D_{AB}/(cm^2/s)$	扩散物质	扩散系数 $D_{AB}/(cm^2/s)$
H_2	0.611	H_2O	0.220
N_2	0.132	C_6H_6	0.077
O_2	0.178	C_7H_8	0.076
CO_2	0.138	CH_3OH	0.132
HCl	0.130	C_2H_5OH	0.102
SO_2	0.103	CS_2	0.089
SO_3	0.095	$C_2H_5OC_2H_5$	0.078
NH_3	0.170		

表 5-2　一些物质在水中的扩散系数（20℃，稀溶液）

扩散物质	扩散系数 $D'_{AB}/(\times 10^{-9} m^2/s)$	扩散物质	扩散系数 $D'_{AB}/(\times 10^{-9} m^2/s)$
O_2	1.80	HNO_3	2.60
CO_2	1.50	NaCl	1.35
N_2O	1.51	NaOH	1.51
NH_3	1.76	C_2H_2	1.56
Cl_2	1.22	CH_3COOH	0.88
Br_2	1.20	CH_3OH	1.28
H_2	5.13	C_2H_5OH	1.00
N_2	1.64	C_3H_7OH	0.87
HCl	2.64	C_4H_9OH	0.77
H_2S	1.41	C_6H_5OH	0.84
H_2SO_4	1.73	$C_{12}H_{22}O_{11}$（蔗糖）	0.45

5.1.2　对流传质

5.1.2.1　涡流扩散

　　在传质设备中，流体的流动型态多为湍流。湍流与层流的本质区别是：层流流动时，质点仅沿着主流方向运动；湍流流动时，质点除了沿着主流方向运动外，在其他方向上还存在脉动（或出现涡流、旋涡）。

　　由于涡流的存在，使流体内部的质点强烈地混合，其结果不仅使流体的质点产生动量、热量传递，而且产生了质量传递。这种由于涡流产生的质量传递过程，称为涡流扩散。

涡流扩散速率要比分子扩散速率大得多，强化了相内的物质传递。与对流传热的同时存在热传导类似，涡流扩散的同时也伴随着分子扩散。因为涡流扩散现象相当复杂，所以至今没有严格的理论予以描述。

5.1.2.2　对流传质

通常把涡流扩散与分子扩散同时发生的过程称为对流传质，对流传质可用膜模型、渗透理论和表面更新理论描述。

(1) 膜模型

如图 5-4 所示，流体沿固体壁面作湍流流动时，在流体主体与固体壁面之间可分为三个区域，其相应的传质情况为：层流内层（紧靠固体壁面的很薄流体层）中，流体呈层流流动，以分子扩散方式进行传质，物质的浓度分布是一条直线或近似直线；过渡区中，对涡流扩散和分子扩散都要考虑，物质沿轴向的浓度分布是曲线；而在湍流区中，涡流扩散比分子扩散的速率大得多，则后者可忽略，所以浓度分布曲线近似为一条水平线。

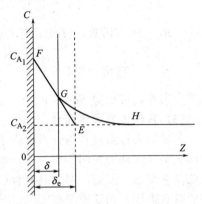

图 5-4　膜模型示意图

将流体主体与固体壁面之间的传质阻力折合为与其阻力相当的 δ_e 厚的层流膜（又称虚拟膜、当量膜、有效膜）内，这样一来，对流传质的作用就折合成了相当于物质通过 δ_e 距离的分子扩散过程，这种简化处理的理论称为膜模型。

(2) 对流传质速率方程

应用膜模型，可分别得到气相和液相的对流传质速率方程：

对于气膜：

$$N_A = \frac{D_G}{RT\delta_G}\frac{P}{p_{B_m}}(p_{A_1} - p_{A_2}) \tag{5-18}$$

对于液膜：

$$N_A = \frac{D_L}{\delta_L}\frac{C}{C_{S_m}}(C_{A_1} - C_{A_2}) \tag{5-19}$$

令：

$$k_G = \frac{D_G}{RT\delta_G}\frac{P}{p_{B_m}} \tag{5-20}$$

$$k_L = \frac{D_L}{\delta_L}\frac{C}{C_{S_m}} \tag{5-21}$$

则式(5-18) 和式(5-19) 可分别写成：

气相：

$$N_A = k_G(p_{A_1} - p_{A_2}) \tag{5-22}$$

液相：

$$N_A = k_L(C_{A_1} - C_{A_2}) \tag{5-23}$$

式中　δ_G，δ_L——气膜、液膜厚度，m；

　　　k_G，k_L——气相、液相的对流传质系数。

上述处理方法避开了难以测定的膜厚 δ_G、δ_L，将所有影响对流传质的因素都集中于 k_G、k_L 中，这样便于实验测定和工程计算。

由理论分析和初步实验可知，影响对流传质系数的主要因素有：物性参数，包括分子扩散系数 D、黏度 μ、密度 ρ；操作参数，包括流速 u、温度 T、压力 P；传质设备特性参数，即几何定性尺寸，则：

$$k = f(D, \mu, \rho, u, l) \tag{5-24}$$

由量纲分析得特征数关联式：

$$Sh = f(Re, Sc) \tag{5-25}$$

式中　Sh——施伍德数，包括待求的未知量，它表示分子扩散阻力/对流扩散阻力（它与传

热中的努塞尔特数的作用相似），$Sh = \dfrac{kl}{D} = \dfrac{\dfrac{l}{D}}{\dfrac{1}{k}}$；

l——特征尺寸，可以指填料直径或塔径等，可根据不同的关联式而定；

Re——雷诺数，反映了流动状态的影响，式中的 d 通常采用当量直径，$Re = \dfrac{du\rho}{\mu}$；

Sc——施密特数，$Sc = \dfrac{\nu}{D} = \dfrac{\mu}{\rho D}$，表征物性的影响。

再结合实验，可确定 Sh、Re、Sc 之间的具体函数关系。

(3) 其他传质理论简介

膜模型为传质过程的分析提供了一个简化的物理模型。对于具有固定相界面的系统或相界面无明显扰动的相间传质过程，如湿壁塔的吸收操作，按膜模型推导出的传质结果与实际情况基本符合。但是，对于具有自由界面的系统，尤其是剧烈湍动的相间传质过程，如填料塔的吸收操作，则膜模型与实际情况不符。因此，随之出现了新的传质理论，如溶质渗透理论和表面更新理论。

溶质渗透理论认为，在很多过程工业的传质设备中，例如填料塔内的气液接触，由于接触时间短且湍动剧烈，所以，在任意一个微元液体与气体的界面上，所溶解的气体中的组分向微元液体内部进行非定态分子扩散，经过一个很短的接触时间 τ 以后，这个微元液体又与液相主体混合。假设所有液体微元在界面上和气体相接触的时间都是相同的，可以导出液膜传质系数的表达式为：

$$k_L = 2\sqrt{\frac{D_L}{\pi\tau}} \tag{5-26}$$

式中　τ——渗透模型参数，是气、液相每次接触的时间，s。

渗透理论比膜模型更符合实际，它指明了缩短 τ 可提高液膜传质系数。因此，增加液相的湍动程度、增加液相的表面积均为强化传质的有效途径。

而表面更新理论认为，渗透理论所假定的每个液体微元在表面和气体相接触的时间都保持相同是不可能的。实际的情况应是各个液体微元在相界面上的停留时间不同，而是符合随机的"寿命"分布规律，且不同寿命的表面液体微元被新鲜的液体微元置换的概率是相同的。因此，这一理论将液相分成界面和主体两个区域，在界面区里，质量传递是按照渗透模型进行的，不同的是这里的微元不是固定的，而是不断地与主体区的微元发生交换进行表面的更新；在主体区内，全部液体达到均匀一致的浓度。

由表面更新理论推导出的液相对流传质系数的表达式为：

$$k_L = \sqrt{D_L S} \tag{5-27}$$

式中　k_L——按整个液面的平均值计的液相传质系数，m/s；

S——表面更新频率，即单位时间内液体表面被更新的百分率，s^{-1}。

上式表明，液相传质系数与表面更新频率的平方根成正比，因而给传质过程的强化提供了依据。

上述三个传质模型都有可以接受的物理概念，但每个模型中都包含一个难以测定的模型参数，如膜模型中的虚拟膜厚 δ，渗透模型中的气、液相每次接触的时间 τ 及表面更新模型

中的表面更新频率 S。不过，正因为这些模型分别包含一个解决问题的思想方法，为从理论上进一步研究传质过程奠定了基础。

实际上，影响传质系数的因素相当复杂，只有在少数情况下，传质系数可以由理论推算而得。在绝大多数情况下，是采用量纲分析结合实验测定的方法，确定用无量纲数群表示的对流传质系数关联式，并应用到实际的工程设计中去。

5.2　吸收

当混合气体（两组分或多组分）与某种液体相接触，气体混合物中某个或某些能溶解的组分便进入液相形成溶液，而不能溶解的组分仍然留在气相中，这种利用溶解度的差异来分离气体混合物的操作称为吸收，例如 HCl 气体溶于水生成盐酸、SO_3 溶于水生成硫酸等都是气体吸收的例子。

在过程工业中，吸收是重要的单元操作之一，主要用于分离气体混合物，就其分离目的而言，有以下两类用途。

① 一类是回收混合气体中的有用组分，制造产品。例如，硫酸吸收 SO_3 制浓硫酸，水吸收甲醛制福尔马林溶液，从焦炉气或城市煤气中分离苯，用液态烃处理裂解气以回收其中的乙烯、丙烯等。

② 另一类是净化混合气体中的有害组分，以符合工艺要求，又有利于环保。例如，用水或碱液脱除合成氨原料气中的 CO_2，硝酸尾气脱除 NO_x，磷肥生产中除去气态氟化物及皮毛消毒过程中环氧乙烷的回收等。

实际的吸收操作往往同时兼有回收与净化的双重功能，不能截然分开。

5.2.1　吸收基本原理

气体吸收的原理是，根据混合气体中各组分在某液体溶剂中的溶解度不同而将气体混合物进行分离。吸收操作所用的液体溶剂称为吸收剂，以 S 表示；混合气体中，能够显著溶解于吸收剂的组分称为吸收物质或溶质，以 A 表示；而几乎不被溶解的组分统称为惰性组分或载体，以 B 表示；吸收操作所得到的溶液称为吸收液或溶液，它是溶质 A 在溶剂 S 中的溶液；被吸收后排出的气体称为吸收尾气，其主要成分为惰性气体 B，但仍含有少量未被吸收的溶质 A。

（1）吸收操作分类

① 单组分吸收与多组分吸收　即若混合气体中只有一个组分进入液相，其余组分不溶（或微溶）于吸收剂，这种吸收过程称为单组分吸收；反之，若在吸收过程中，混合气中进入液相的气体溶质不止一个，这样的吸收称为多组分吸收。

② 物理吸收与化学吸收　在吸收过程中，如果溶质与溶剂之间不发生显著的化学反应，可以把吸收过程看成是气体溶质单纯地溶解于液相溶剂的物理过程，则称为物理吸收；相反，如果在吸收过程中气体溶质与溶剂（或其中的活泼组分）发生显著的化学反应，则称为化学吸收。

③ 低浓度吸收与高浓度吸收　在吸收过程中，若溶质在气液两相中的摩尔分数均较低（通常不超过 0.1），这种吸收称为低浓度吸收；反之，则称为高浓度吸收。对于低浓度吸收过程，由于气相中溶质浓度较低，传递到液相中的溶质量相对于气、液相流率也较小，因此流经吸收塔的气、液相流率均可视为常数。

④ 等温吸收与非等温吸收　气体溶质溶解于液体时，常由于溶解热或化学反应热，而

产生热效应，热效应使液相的温度逐渐升高，这种吸收称为非等温吸收；若吸收过程的热效应很小，或虽然热效应较大，但吸收设备的散热效果很好，能及时移出吸收过程所产生的热量，此时液相的温度变化并不显著，这种吸收称为等温吸收。

工业生产中的吸收过程以低浓度吸收为主。本节讨论单组分低浓度的等温物理吸收过程，对于其他条件下的吸收过程，可参考有关书籍。

（2）吸收与解吸

应予指出，吸收过程使混合气中的溶质溶解于吸收剂中而得到一种溶液，但就溶质的存在形态而言，仍然是一种混合物，并没有得到纯度较高的气体溶质。在工业生产中，除以制取溶液产品为目的的吸收（如用水吸收 HCl 气制取盐酸等）之外，大都要将吸收液进行解吸，以便得到纯净的溶质或使吸收剂再生后循环使用。解吸也称为脱吸，它是使溶质从吸收液中释放出来的过程，解吸通常在解吸塔中进行。图 5-5 所示为洗油脱除煤气中粗苯的流程简图。图中虚线左侧为吸收部分，在吸收塔中，苯系化合物蒸气溶解于洗油中，吸收了粗苯的洗油（又称富油）由吸收塔底排出，被吸收后的煤气由吸收塔顶排出。图中虚线右侧为解吸部分，在解吸塔中，粗苯由液相释放出来，并为水蒸气带出，经冷凝分层后即可获得粗苯产品，解吸出粗苯的洗油（也称为贫油）经冷却后再送回吸收塔循环使用。

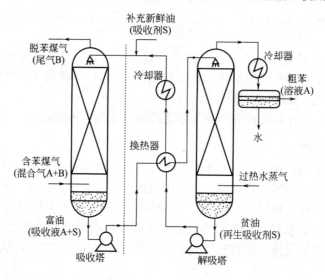

图 5-5　洗油脱除煤气中粗苯的吸收与解吸联合操作

（3）吸收剂的选择

吸收剂选择的原则是要求对溶质的溶解度大，选择性好（对要求吸收的组分溶解度很大而对不希望吸收的组分溶解度很小），溶解度对温度的变化率大（即利于吸收与解吸联合操作），蒸气压低（吸收剂不易挥发，随气流带出塔的损耗小），化学稳定性好，无毒，价廉，黏度小及不易起泡（利于操作）等。

大多数工业吸收操作都属于低浓度气体吸收，即指待处理混合气体中所含溶质的浓度较低（一般在 5%～10% 以下），因而本节的重点是关于低浓度气体吸收的计算。

5.2.2　气液相平衡关系

5.2.2.1　气体在液体中的溶解度

在一定的压力及温度下，气相与液相充分接触后，两相趋于平衡状态。此时，液相组成 c_A 称为组分 A 的平衡溶解度，简称溶解度（或气相分压 p_A 的平衡浓度）；p_A 称为组分 A

的平衡分压（或 C_A 的平衡浓度），即：

$$C_A^* = f(p_A) \qquad (5-28)$$

或：

$$p_A^* = f(C_A) \qquad (5-28a)$$

　　以上两式称为吸收操作的气、液相平衡关系。对于不同物系的具体函数形式，要借助于实验研究来最后确定。

　　气、液两相处于平衡状态时，表示溶质在气相中分压与液相中浓度的关系曲线为溶解度曲线（平衡线），如图 5-6～图 5-8 所示。

　　由溶解度曲线图可以看出，对于同一物质在同一平衡压力下，温度越高，其对应的溶解度越低。在同一平衡压力下，不同物质，其对应的溶解度不同。溶解度大者为易溶气体，如图 5-6 中的 NH_3；小者为难溶气体，如图 5-8 中的 O_2。对于难溶气体，其相平衡关系为直线；而易溶气体及溶解度适中的气体，仅在液相为低浓度时可近似为直线。

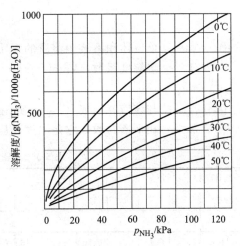

图 5-6　NH_3 在水中的溶解度曲线

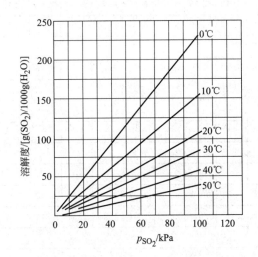

图 5-7　SO_2 在水中的溶解度曲线

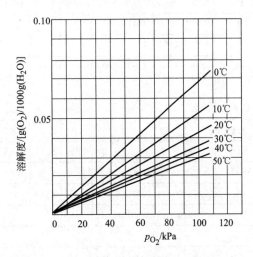

图 5-8　O_2 在水中的溶解度曲线

5.2.2.2　亨利定律（Henry Law）

　　亨利定律是描述当系统总压不太高（$\leqslant 5 \times 10^5\,Pa$）时，在恒定的温度下，稀溶液上方的气体溶质分压与其在液相中的浓度之间的平衡关系。

$$p_A^* = E x_A \qquad (5-29)$$

式中　p_A^*——溶质 A 在气相中的平衡分压，kPa；

　　　　x_A——溶质 A 在液相中的摩尔分数；

　　　　E——亨利系数，kPa，它是温度的函数，即 $E = f(t)$。

　　式（5-29）称为亨利定律，它表明稀溶液上方的溶质分压与该溶质在液相中的浓度成正比，其比例常数即为亨利系数。表 5-3 列出了某些气体水溶液的亨利系数，可供参考。

　　由于互成相平衡的气液两相组成可采用不同的表示法，因而亨利定律也有以下不同的表达形式。

$$p_A^* = \frac{C_A}{H} \tag{5-29a}$$

式中　C_A——单位体积溶液中溶质的物质的量，$kmol/m^3$；

　　　　H——溶解度系数，$kmol/(m^3 \cdot kPa)$，它是温度的函数，即 $H = f(t)$。

$$y_A^* = m x_A \tag{5-29b}$$

式中　y_A^*——与该液相组成（x_A）相平衡的气相中溶质 A 的摩尔分数；

　　　　m——相平衡常数，它是温度和压力的函数，即 $m = \varphi(t, P)$，无量纲。

表 5-3　某些气体水溶液的亨利系数

气体	温度/℃														
种类	0	5	10	15	20	25	30	35	40	45	50	60	70	80	90	100
	$E/\times10^{-6}kPa$															
H_2	5.87	6.16	6.44	6.70	6.92	7.16	7.39	7.52	7.61	7.70	7.75	7.75	7.71	7.65	7.61	7.55
N_2	5.35	6.05	6.77	7.48	8.15	8.76	9.36	9.98	10.5	11.0	11.4	12.2	12.7	12.8	12.8	12.8
空气	4.38	4.94	5.56	6.15	6.73	7.30	7.81	8.34	8.82	9.23	9.59	10.2	10.6	10.8	10.9	10.8
CO	3.57	4.01	4.48	4.95	5.43	5.88	6.28	6.68	7.05	7.39	7.71	8.32	8.57	8.57	8.57	8.57
O_2	2.58	2.95	3.31	3.69	4.06	4.44	4.81	5.14	5.42	5.70	5.96	6.37	6.72	6.96	7.08	7.10
CH_4	2.27	2.62	3.01	3.41	3.81	4.18	4.55	4.92	5.27	5.58	5.85	6.34	6.75	6.91	7.01	7.10
NO	1.71	1.96	2.21	2.45	2.67	2.91	3.14	3.35	3.57	3.77	3.95	4.24	4.44	4.45	4.58	4.60
C_2H_6	1.28	1.57	1.92	2.90	2.66	3.06	3.47	3.88	4.29	4.69	5.07	5.72	6.31	6.70	6.96	7.01
	$E/\times10^{-5}kPa$															
C_2H_4	5.59	6.62	7.78	9.07	10.3	11.6	12.9	—	—	—	—	—	—	—	—	—
N_2O	—	1.19	1.43	1.68	2.01	2.28	2.62	3.06	—	—	—	—	—	—	—	—
CO_2	0.378	0.8	1.05	1.24	1.44	1.66	1.88	2.12	2.36	2.60	2.87	3.46	—	—	—	—
C_2H_2	0.73	0.85	0.97	1.09	1.23	1.35	1.48	—	—	—	—	—	—	—	—	—
Cl_2	0.272	0.334	0.399	0.461	0.537	0.604	0.669	0.74	0.80	0.86	0.90	0.97	0.99	0.97	0.96	—
H_2S	0.272	0.319	0.372	0.418	0.489	0.552	0.617	0.686	0.755	0.825	0.689	1.04	1.21	1.37	1.46	1.50
	$E/\times10^{-4}kPa$															
SO_2	0.167	0.203	0.245	0.294	0.355	0.413	0.485	0.567	0.661	0.763	0.871	1.11	1.39	1.70	2.01	—

对于稀溶液：

$$Y^* \approx mX \tag{5-30}$$

式中　Y^*，X——分别表示气相和液相的摩尔比。

$$X = \frac{\text{液相中溶质的摩尔分数}}{\text{液相中溶剂的摩尔分数}} = \frac{x_A}{1 - x_A} \tag{5-31}$$

$$x_A = \frac{X}{1 + X} \tag{5-31a}$$

$$Y = \frac{\text{气相中溶质的摩尔分数}}{\text{气相中惰性组分的摩尔分数}} = \frac{y_A}{1 - y_A} \tag{5-31b}$$

$$y_A = \frac{Y}{1 + Y} \tag{5-31c}$$

以上各式进行换算时

$$E = \frac{\rho_S}{M_S H} \tag{5-32}$$

$$m = \frac{E}{P} \tag{5-33}$$

式中 ρ_S，M_S——分别为吸收剂 S 的密度和摩尔质量。

【例 5-1】 在总压 1atm 及温度为 20℃ 的条件下，氨在水中浓度为 0.582kmol/m³，液面上方氨的平衡分压为 6mmHg。若在此范围内符合亨利定律，试求 H、E、m 值。（因溶解浓度较低，故溶液密度可按纯水计算。）

解：（1）H 值

由 $p_A^* = \dfrac{C_A}{H}$，其中

$$p_A^* = 6 \times 133.3 = 800 \text{Pa} = \frac{6}{760} = 0.0079 \text{atm}$$

故

$$H = \frac{0.582}{0.0079} = 73.7 \text{kmol/m}^3 \cdot \text{atm}$$

$$H = \frac{0.582}{800} = 7.28 \times 10^{-4} \text{kmol/m}^3 \cdot \text{Pa}$$

（2）E 值

$$E = \frac{\rho_S}{M_S H} = \frac{1000}{18 \times 7.28 \times 10^{-4}} = 7.63 \times 10^4 \text{Pa}$$

$$E = \frac{\rho_S}{M_S H} = \frac{1000}{18 \times 73.7} = 0.753 \text{atm}$$

（3）m 值

$$m = \frac{E}{P}$$

由 $P = 101.3 \times 10^3 \text{Pa} = 1\text{atm}$

故

$$m = \frac{7.63 \times 10^4}{101.3 \times 10^3} = 0.753$$

所以

$$m = \frac{0.753}{1} = 0.753$$

因为 E、H 仅取决于物系温度 t，而 $m = f(t, P)$，因此，提到 m 时，必须指明系统的总压强 P。若 m 值越大，则表明该气体的溶解度越小。亨利定律中涉及的系数 m、E 和 H 随操作条件及溶质气体的性质而变化的趋势列于表 5-4 中。

表 5-4 亨利定律中 E、H 及 m 的变化对比

项 目	E 值	H 值	m 值
操作温度升高	增大	减少	增大
易溶气体	较小	较大	较小
难溶气体	较大	较小	较大

由表 5-4 及式（5-33）可看出，加压降温对吸收有利，反之对解吸有利。

5.2.2.3 相平衡与吸收过程的关系

相平衡关系在吸收（或解吸）过程的分析与计算中是不可缺少的，其作用如下。

（1）判断过程进行的方向

即当气液两相接触时，可用相平衡关系确定平衡的气液组成，将平衡组成与此相的实际组成比较，可以判断出该过程是吸收还是解吸。即当以气相的组成判断时，气相中 A 的实际组成 y 高于与液相成平衡的组成 y^* 为吸收，反之为解吸；而以液相的组成判断时，液相中 A 的实际组成 x 低于与气相成平衡的组成 x^* 为吸收，反之为解吸。

（2）计算吸收过程的推动力

吸收或解吸过程是相际传质过程，当互不平衡的气、液两相接触时，通常以实际组成与平衡浓度的偏离程度来表示吸收推动力。过程的传质推动力越大，其传质速率也越快，完成指定的分离要求时所需的设备尺寸越小。

（3）指明过程的极限

随着操作条件的改变，气、液两相间的传质情况会随之变化，但传质过程最终受到相平衡关系的制约，即平衡状态是过程进行的极限。例如对于逆流吸收过程，随着塔高增大，吸收剂用量增加，出口气体中溶质 A 的组成 y_2 将随之降低，但即使塔无限高，且吸收剂用量很大，y_2 最终也只会降低到与溶剂入口达成相平衡的组成 y_2^* 为止，不会再继续下降。同理，塔底出口的吸收液中溶质 A 的组成 x_1 也有一个最大值，即：$x_{1,\max}=\dfrac{y_1}{m}$。

> **【例 5-2】** 水与空气-二氧化硫的混合物，SO_2 浓度为 0.03（摩尔分数，下同），液相中 SO_2 的浓度为 4.13×10^{-4}。压力为 1.2atm，温度 10℃，试判断该过程是吸收还是解吸？过程推动力为多少？

解： 查得温度 10℃时，亨利系数 $E=24.2$atm

则相平衡常数 $m=\dfrac{E}{P}=\dfrac{24.2}{1.2}=20.17$

可计算出：$y^*=mx=20.17\times4.13\times10^{-4}=8.33\times10^{-3}$

由于 $\qquad\qquad\qquad\qquad\qquad y=0.03>y^*$

故该过程为吸收。

推动力 $\Delta y=y-y^*=0.03-8.33\times10^{-3}=2.17\times10^{-2}$

$$\Delta x=x^*-x=\frac{y}{m}-x=\frac{0.03}{20.17}-4.13\times10^{-4}=1.07\times10^{-3}$$

5.2.3　吸收速率

5.2.3.1　双膜模型

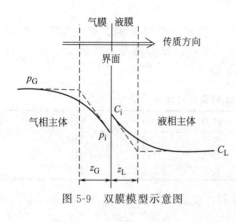

图 5-9　双膜模型示意图

吸收过程分三个步骤连续进行，即溶质 A 由气相主体传递至两相界面；A 在两相界面上溶解；A 由两相界面传递至液相主体。如图 5-9 所示，对界面两侧的气、液两相分别应用膜模型，则 A 由气相主体至界面，推动力为 p_G-p_i，相应阻力折合在有效气膜内；A 由界面至液相主体，推动力为 C_i-C_L，相应阻力折合在有效液膜内；一般认为，两相界面上传质阻力很小，小到可以忽略，即界面上气、液两相处于平衡状态，无传质阻力存在。

上述用膜模型处理界面两侧的传质及界面上无传质阻力的设想，称为双膜模型。

综上所述，双膜模型可以归纳为以下三条基本论点。

① 相互接触的气液两相流体间存在着稳定的相界面，界面两侧各有一个很薄的有效层流膜，溶质以分子扩散的方式穿过此两层膜由气相主体进入液相主体。流体的流速越快，膜越薄。

② 相界面处气液处于平衡状态，没有传质阻力。

③ 两相主体中由于质点间充分湍动，浓度均匀，无浓度梯度，即无阻力存在。

双膜理论认定：气体吸收过程的全部阻力均集中在两层膜中，阻力的大小决定了传质速率的大小。

双膜理论适用于有固定传质界面的传质设备，如湿壁塔的吸收操作，按膜模型推导出的传质结果与实际情况基本符合。

5.2.3.2　吸收速率方程的导出

根据双膜模型，气相传质速率方程（气相主体到界面）和液相传质速率方程（界面到液相主体）分别如下。

(1) 气膜吸收速率方程

$$N_A = k_G(p_G - p_i) \tag{5-34}$$

式中　k_G——气膜吸收系数，$kmol/(m^2 \cdot s \cdot kPa)$；

p_G——气相主体中溶质 A 的分压，kPa；

p_i——相界面处溶质 A 的分压，kPa。

当气相组成以摩尔分数表示时，相应的气膜吸收速率方程为

$$N_A = k_y(y - y_i) \tag{5-34a}$$

式中　k_y——气膜吸收系数，$kmol/(m^2 \cdot s)$；

$y - y_i$——溶质 A 在气相主体中的摩尔分数与相界面处的摩尔分数差。

(2) 液膜吸收速率方程

$$N_A = k_L(C_i - C_L) \tag{5-35}$$

式中　k_L——液膜吸收系数，$kmol/(m^2 \cdot s \cdot kmol/m^3)$ 或 m/s；

C_i——相界面处溶质 A 的浓度，$kmol/m^3$；

C_L——液相主体中溶质 A 的浓度，$kmol/m^3$。

当液相组成以摩尔分数表示时，相应的液膜吸收速率方程为

$$N_A = k_x(x_i - x) \tag{5-35a}$$

式中　k_x——液膜吸收系数，$kmol/(m^2 \cdot s)$；

$x_i - x$——溶质 A 在相界面处的摩尔分数与液相主体中的摩尔分数差。

(3) 总吸收速率方程

若气相主体到液相主体为稳态传质，即 N_A＝常数，则应用亨利定律或其他的相平衡关系，可分别求出气液两相在相界面上的平衡浓度，因此，由数学的加合性原理可导出吸收速率方程及总吸收系数的表达式如下

① 以气相组成表示总推动力的吸收速率方程

$$N_A = K_G(p_G - p_L^*) \tag{5-36}$$

式中　K_G——气相总吸收系数，$kmol/(m^2 \cdot s \cdot kPa)$；

p_L^*——与液相主体浓度 C_L 成相平衡的气相分压，kPa；

也可以 $(Y - Y^*)$ 表示总推动力的吸收速率方程

$$N_A = K_Y(Y - Y^*) \tag{5-36a}$$

式中　K_Y——气相总吸收系数，$kmol/(m^2 \cdot s)$；

Y^*——与液相主体摩尔比组成 X 成相平衡的气相摩尔比组成。

$$\frac{1}{K_G} = \frac{1}{k_G} + \frac{1}{k_L H} \qquad (5\text{-}37)$$

式中　$1/k_G$——气相传质分阻力，相对应于推动力 $p_G - p_i$；

　$1/(k_L H)$——液相传质分阻力，相对应于推动力 $p_i - p_L^*$；

　$1/K_G$——总传质阻力，其相对应于总推动力 $p_G - p_L^*$。

　　② 以液相组成表示总推动力的吸收速率方程

$$N_A = K_L(C_G^* - C_L) \qquad (5\text{-}38)$$

式中　K_L——液相总吸收系数，$kmol/(m^2 \cdot s \cdot kmol/m^3)$ 或 m/s；

　C_G^*——与气相主体分压 p_G 成相平衡的液相浓度，$kmol/m^3$。

同理可导出以 $(X^* - X)$ 表示总推动力的吸收速率方程为

$$N_A = K_X(X^* - X) \qquad (5\text{-}38a)$$

式中　K_X——液相总吸收系数，$kmol/(m^2 \cdot s)$；

　X^*——与气相主体摩尔比组成 Y 成相平衡的液相摩尔比组成。

$$\frac{1}{K_L} = \frac{H}{k_G} + \frac{1}{k_L} \qquad (5\text{-}39)$$

式中　H/k_G——气相传质分阻力，相应于推动力 $C_G^* - C_i$；

　$1/k_L$——液相传质分阻力，相应于推动力 $C_i - C_L$；

　$1/K_L$——总传质阻力，相应于总推动力 $C_G^* - C_L$。

5.2.3.3　吸收速率方程的不同表达方式

　　由于传质推动力和传质阻力的表达形式各不相同，相应的吸收速率方程也有不同的表达方式，表 5-5 列举了各种常用的吸收速率方程式。

表 5-5　吸收速率方程的各种形式

推动力表示方法	两膜吸收速率方程：采用任一相主体与界面处的浓度差表示推动力，此时界面浓度难以求取	总吸收速率方程：采用任一相主体浓度与其平衡浓度之差表示推动力，避免了难测定的界面浓度，使用更方便
吸收速率方程具体形式	$N_A = k_G(p_G - p_i)$ $= k_L(C_i - C_L)$ $= k_y(y - y_i)$ $= k_x(x_i - x)$	$N_A = K_G(p_G - p_L^*)$ $= K_L(C_G^* - C_L)$ $= K_Y(Y - Y^*)$ $= K_X(X^* - X)$
吸收系数间的换算关系	$k_y = P k_G$ $k_x = C k_L$	$\dfrac{1}{K_G} = \dfrac{1}{H k_L} + \dfrac{1}{k_G}$ $\dfrac{1}{K_L} = \dfrac{H}{k_G} + \dfrac{1}{k_L}$ $K_Y = P K_G$ $K_X = C K_L$

　　上述的吸收速率方程式，仅适合于描述定态操作的吸收塔内任一横截面上的情况，而不能直接用来对全塔作数学描述。还应注意，在使用总吸收速率方程时，在整个吸收过程所涉及的浓度范围内，相平衡应符合亨利定律或为直线关系。

5.2.3.4　气膜控制与液膜控制

　　依据式(5-37)，对于易溶气体，因 H 值很大，若 k_G 与 k_L 数量级相同或接近，则有

$\dfrac{1}{Hk_L}\ll\dfrac{1}{k_G}$，因而可简化为 $\dfrac{1}{K_G}\approx\dfrac{1}{k_G}$ 或 $K_G\approx k_G$。此时传质阻力的绝大部分集中于气膜中，即吸收总推动力的绝大部分用于克服气膜阻力，而液膜阻力可以忽略，这种情况称为"气膜控制"。例如用水吸收氨或 HCl 及用浓硫酸吸收气相中的水蒸气等过程，常被视为气膜控制的吸收过程。显然，对于气膜控制的吸收过程，尽量减少气膜阻力是提高其吸收速率的关键，这时可采取增大气相流量、设法提高气流湍动措施等，若只采取增大液相流量的方法，则收效甚微。

依据式(5-39)，对于难溶气体，因 H 值较小，若 k_G 与 k_L 数量级相同或接近，则有 $\dfrac{H}{k_G}\ll\dfrac{1}{k_L}$，因而可简化为 $\dfrac{1}{K_L}\approx\dfrac{1}{k_L}$ 或 $K_L\approx k_L$。此时液膜阻力控制着整个吸收过程的速率，吸收总推动力的绝大部分用于克服液膜阻力，气膜阻力可以忽略，这种情况称为"液膜控制"。例如用水吸收氧、CO_2 或 H_2 等气体的过程，都是液膜控制的吸收过程。对于该类吸收过程，应注意减少液膜阻力，例如增加吸收剂用量、改变液相的分散程度及增加液膜表面的更新频率，都可明显地提高其吸收速率。

一般情况下，对于具有中等溶解度的气体吸收过程，气膜阻力和液膜阻力均不可忽略。要提高吸收过程速率，必须兼顾气液两膜阻力的降低，方能得到满意的效果。

【例 5-3】 吸收塔某截面上气相中 A 组分的分压为 10.13kPa，液相主体中 A 的浓度为 2.78×10^{-3} kmol/m³，而 $k_G=5.0\times10^{-6}$ kmol/(m²·s·kPa)，$k_L=1.5\times10^{-4}$ kmol/(m²·s·kmol/m³)。当 $H=0.667$ kmol/(m³·kPa) 时，试问该过程是气膜控制还是液膜控制？

解：按气相总传质系数计算

$$\frac{1}{K_G}=\frac{1}{k_G}+\frac{1}{Hk_L}=\frac{1}{5\times10^{-6}}+\frac{1}{0.667\times1.5\times10^{-4}}=20\times10^{4}+10^{4}=21\times10^{4}$$

所以 $$K_G=4.76\times10^{-6}$$

即气膜阻力占总阻力的比例为 $$\dfrac{\dfrac{1}{k_G}}{\dfrac{1}{K_G}}=\frac{20\times10^{4}}{21\times10^{4}}=0.95$$

则此过程属于气膜控制。

5.2.4　填料塔简介

吸收操作既可以采用板式塔，也可以采用填料塔。本节对吸收操作的讨论主要结合填料塔进行。

如图 5-10 所示，填料塔是竖立的圆筒形设备，上、下有端盖，塔体上、下端适当位置上设有气液进出口，填料塔内填充某种特定形状的固体物——填料，以构成填料层，填料层是塔内实现气液接触的有效场所。由于填料层中有一定的空隙体积，气体可以在填料间隙所形成的曲折通道中流动，提高了湍动程度；同时，由于单位体积填料层中有一定的固体表面，使下降的液体可以分布于填料表面而形成液膜，从而提供气液接触机会。

在填料吸收塔内，气液两相流动方式原则上可为逆流也可为并流。一般情况下塔内液体作为分散相，总是靠重力作用自上而下地流动，而气体靠压强差的作用流经全塔，逆流时气体自塔底进入而自塔顶排出，并流时则相反。

5.2.5　吸收剂用量计算

5.2.5.1　物料衡算与操作线方程

（1）物料衡算

　　稳态、逆流操作的吸收塔如图 5-11 所示，其中以下标 2 截面表示塔顶，下标 1 截面表示塔底，图中各个符号含义如下：

　　　　V——单位时间内通过吸收塔的惰性气体摩尔流量，kmol(B)/s；

　　　　L——单位时间内通过吸收塔的吸收剂摩尔流量，kmol(S)/s；

　　Y_1，Y_2——分别为进塔及出塔气体中溶质 A 的摩尔比，kmol(A)/kmol(B)；

　　X_2，X_1——分别为进塔及出塔液体中溶质 A 的摩尔比，kmol(A)/kmol(S)。

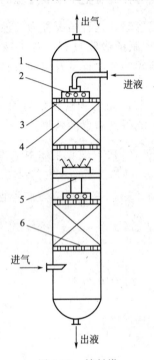

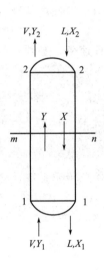

图 5-10　填料塔

1—塔壳体；2—液体分布器；3—填料压板；
4—填料；5—液体再分布装置；6—填料支承板

图 5-11　逆流填料吸收塔

如图 5-11 所示，则全塔物料衡算式

$$VY_1 + LX_2 = VY_2 + LX_1 \tag{5-40}$$

或

$$V(Y_1 - Y_2) = L(X_1 - X_2) \tag{5-40a}$$

　　式中，Y_2 为设计型计算中根据分离要求指定的数值，分离要求通常有两种表达方式。当吸收目的是除去气体中的有害物质时，例如为符合环保要求，工业尾气排空前必须将其中有害气体浓度降到一定数值，即一般直接规定吸收后气体中有害溶质的残余浓度（Y_2）；当吸收的目的是回收有用物质时，通常规定溶质的回收率 φ_A，它的定义为

$$\varphi_A = \frac{被吸收的溶质量}{进塔混合气体中含有的溶质总量} = \frac{V(Y_1 - Y_2)}{VY_1} = \frac{Y_1 - Y_2}{Y_1}$$

则

$$Y_2 = Y_1(1 - \varphi_A) \tag{5-41}$$

　　利用式(5-41)计算出 Y_2 代入式(5-40a)中，则可求得吸收液出口浓度 X_1，利用物料衡算可使填料塔的塔顶、塔底两个截面上的四个进、出口浓度均为已知，在此基础上，再结

合相平衡关系，决定吸收剂用量。

（2）操作线方程

如图 5-11 所示，描述填料塔内任一截面 m-n 上气相组成 Y 和液相组成 X 之间数学关系的式子称为填料吸收塔的操作线方程，可由该截面与塔顶之间作物料衡算得到：

$$V(Y-Y_2)=L(X-X_2) \tag{5-42}$$

或

$$Y=\frac{L}{V}X+(Y_2-\frac{L}{V}X_2) \tag{5-42a}$$

同理，在截面 m-n 与塔底之间作物料衡算，可得

$$Y=\frac{L}{V}X+(Y_1-\frac{L}{V}X_1) \tag{5-42b}$$

式（5-42a）与式（5-42b）皆可称为逆流吸收塔的操作线方程，它表示了填料塔内任一截面上气相浓度 Y 与液相浓度 X 之间呈直线关系。如图 5-12 所示，直线的斜率为 $\frac{L}{V}$，直线的两个端点分别为 $M(X_2，Y_2)$ 及 $N(X_1$，$Y_1)$。因逆流吸收塔中塔底端的气、液相浓度为全塔最大值，故称为"浓端"，而塔顶截面处具有最小的气、液相浓度，因此成为"稀端"；操作线上任一点 $A(X，Y)$ 代表塔内任一截面上相互接触的气、液相组成，该点到平衡线的垂直距离 Y-Y^* 是以气相组成表示的总推动力，该点到平衡线的水平距离 $(X^*$-$X)$ 是以液相组成表示的总推动力；对于吸收过程，有操作线位于平衡线上方，反

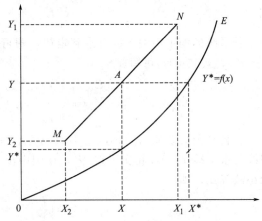

图 5-12 逆流填料吸收塔的操作线

之，如果操作线位于相平衡曲线的下方，则应进行脱吸过程。

与逆流操作类似，并流操作的吸收塔，其操作线方程也可由物料衡算导出。也就是说，操作线方程来自物料衡算，而与系统的平衡关系及设备结构型式无关。

5.2.5.2 吸收剂的用量

吸收剂用量的选择，是兼顾技术可行和经济合理的综合问题。为表达方便，通常用吸收剂的液气比表示，液气比是指处理 1kmol/h 惰性气体（在混合气中）所需吸收剂的用量（kmol/h）。

吸收剂的最小用量存在着技术上的限制，如图 5-13(a) 所示，当吸收剂用量减少到恰使操作线与相平衡线相交于 N^* 点时，入塔混合气与出塔吸收液达到相平衡，则塔底截面处吸收过程传质推动力为零，所以为达到相同的吸收分离目标，所需的塔高为无限大，这显然是不现实的，所以这是理论上液气比的下限，称为最小液气比，用 $\left(\frac{L}{V}\right)_{min}$ 表示，相应的吸收剂用量即为最小吸收剂用量，以 L_{min} 表示。

最小液气比可用图解法求出，如图 5-13(a) 所示的一般情况，在图中找到 N^* 点对应的横坐标 X_1^* 的数值，则下式可用来计算最小液气比，即

$$\left(\frac{L}{V}\right)_{min}=\frac{Y_1-Y_2}{X_1^*-X_2} \tag{5-43}$$

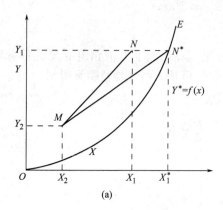

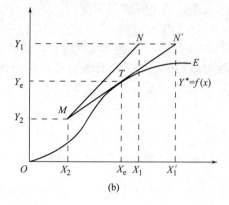

图 5-13　吸收塔的最小液气比

或

$$L_{\min} = V \frac{Y_1 - Y_2}{X_1^* - X_2} \tag{5-43a}$$

若系统的相平衡关系符合亨利定律，即可用 $Y^* = mX$ 表示，且进塔为纯吸收剂时（即 $X_2 = 0$），式(5-43) 可写成

$$\left(\frac{L}{V}\right)_{\min} = \frac{Y_1 - Y_2}{\frac{Y_1}{m} - X_2} = m\frac{Y_1 - Y_2}{Y_1} = m\varphi_A \tag{5-44}$$

若相平衡关系如图 5-13(b) 中曲线所示的形状，则应过点 M 作平衡曲线的切线，则该切线与水平线 $Y = Y_1$ 相交于点 N'，在图中读得 N' 的横坐标 X_1' 的数值后，可代入下式计算最小液气比，即

$$\left(\frac{L}{V}\right)_{\min} = \frac{Y_1 - Y_2}{X_1' - X_2} \tag{5-45}$$

因 N' 点未落在相平衡线上，所以式中 Y_1 与 X_1' 不呈相平衡关系。

也可由图中找到操作线与相平衡线的切点 T，在图中读得 T 的坐标 (X_e, Y_e)，再用下式计算最小液气比

$$\left(\frac{L}{V}\right)_{\min} = \frac{Y_e - Y_2}{X_e - X_2} \tag{5-46}$$

因切点 T 落在相平衡线上，所以 T 点的气液相组成呈相平衡关系，即有 $X_e = f(Y_e)$。

根据生产实践经验，一般情况下可按下式选择吸收剂用量，即

$$\frac{L}{V} = (1.1 \sim 2.0)\left(\frac{L}{V}\right)_{\min} \tag{5-47}$$

或

$$L = (1.1 \sim 2.0)L_{\min} \tag{5-47a}$$

【例 5-4】　某填料吸收塔用洗油来吸收混合气体中的苯，洗油中苯的浓度为 0.0002kmol（苯）/kmol（洗油），混合气体量为 1000m³/h，入塔气体中苯的含量为 4% （体积分数），要求吸收率为 80%，操作压强为 101.3kPa，温度 293K。溶液的平衡关系为 $Y^* = 30.9X$，$\left(\dfrac{L}{V}\right)_{操作} = 1.2\left(\dfrac{L}{V}\right)_{\min}$。试计算吸收剂用量和溶液出口组成。

解：

$$Y_1 = \frac{y_1}{1 - y_1} = \frac{0.04}{1 - 0.04} = 0.0417$$

$$Y_2 = Y_1(1-\varphi_A) = 0.0417 \times (1-0.8) = 0.00834$$

$$X_2 = 0.0002$$

$$V = \frac{1000}{22.4} \times \frac{273}{293} \times (1-0.04) = 39.93\,\text{kmol/h}$$

$$\left(\frac{L}{V}\right)_{\text{min}} = \frac{Y_1-Y_2}{X_1^*-X_2} = \frac{Y_1-Y_2}{\dfrac{Y_1}{m}-X_2} = \frac{0.0417-0.00834}{0.00135-0.0002} = 29$$

因此，$L_{操作} = 1.2 \times \left(\dfrac{L}{V}\right)_{\text{min}} \times V = 1.2 \times 29 \times 39.93 = 1390\,\text{kmol(洗油)/h}$

而 $X_1 = \dfrac{V}{L}(Y_1-Y_2) + X_2 = \dfrac{39.93}{1390} \times (0.0417-0.00834) + 0.0002 = 0.00116$

5.2.6　吸收设计计算

填料塔是连续接触式的气液传质设备，因而在塔内不同位置上，气液两相的传质速率都可能有所不同，因此，需采用微元法对其传质规律进行研究。其中，吸收塔所需填料层高度的计算，是设计型问题的重点，它实质上是计算整个吸收塔的有效相际接触面积，它涉及物料衡算、传质速率及相平衡关系三个方面的知识。

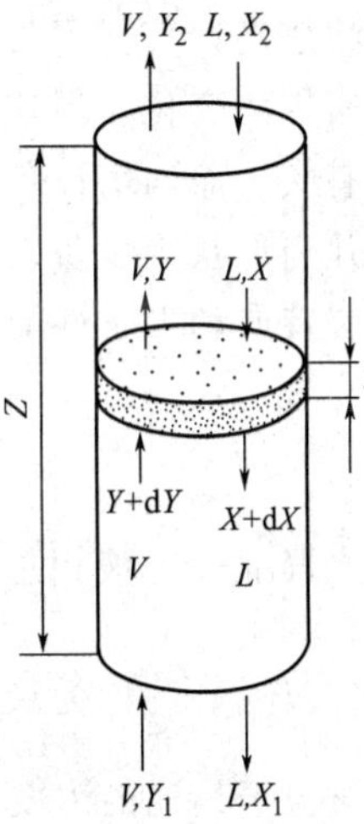

如图 5-14 所示，在填料吸收塔中任取一段高度为 $\text{d}Z$ 的微元层，对此微元层作溶质 A 的物料衡算，又因气液相浓度变化很小，故可认为吸收速率 N_A 在该微元层内为定值，则有

$$\text{d}M_A = V\text{d}Y = L\text{d}X = N_A\text{d}S = N_A(a\Omega\text{d}Z) \tag{5-48}$$

图 5-14　微元填料层的物料衡算

式中　$\text{d}M_A$——单位时间内由气相转入液相的溶质 A 的物质的量，kmol/s；

　　　$\text{d}S$——微元填料层内的有效传质面积，m^2；

　　　a——有效比表面积，即指单位体积填料层中的有效传质面积，m^2/m^3；

　　　Ω——塔截面积，m^2。

在填料塔操作中，流体流经填料表面形成液膜（并非液体充满填料之间），液膜与气体接触传质。因为液膜很薄，可忽略液膜厚度。但操作中，并非全部的填料表面都被润湿（如填料接触点），或被润湿而不流动处（死角），这些情况对传质无效。所以，填料层中有效传质面积小于填料表面积。$a = f$（填料的几何特性，气、液物性，流动状态），难以准确知道，一般与 K_Y 或 K_X 放在一起测定。当填料、气液物性、流动状态一定时，体积总传质系数 K_Ya，K_Xa 可作为常数处理，不随塔高变化。

若将吸收速率方程式 $N_A = K_Y(Y-Y^*) = K_X(X^*-X)$ 分别代入式(5-48)中，并在全塔范围内积分，整理得

$$Z = \frac{V}{K_Ya\Omega}\int_{Y_2}^{Y_1}\frac{\text{d}Y}{Y-Y^*} \tag{5-49}$$

$$Z = \frac{L}{K_Xa\Omega}\int_{X_2}^{X_1}\frac{\text{d}X}{X^*-X} \tag{5-50}$$

式(5-49) 和式(5-50) 称为低浓度气体吸收时计算填料层高度的基本方程式。若浓度以其他方式表示，上述的基本方程还可以写成其他形式。

5.2.6.1　传质单元高度与传质单元数

现以式(5-49)为例，令

$$H_{OG} = \frac{V}{K_Y a \Omega} \tag{5-51}$$

$$N_{OG} = \int_{Y_2}^{Y_1} \frac{dY}{Y - Y^*} \tag{5-52}$$

即

$$Z = H_{OG} \cdot N_{OG} \tag{5-53}$$

H_{OG} 的单位是 m，称为气相总传质单元高度。其物理含义为，塔内取某段高度填料层，若该段填料层的气相浓度变化等于该段填料层以气相浓度表示的总推动力，则该段填料层高度为一个传质单元（高度）。

N_{OG} 是一个无量纲的数，称为气相总传质单元数。其物理含义是全塔气相浓度变化与全塔以气相浓度表示的总推动力之比。

将塔高计算式写成传质单元（高度）与传质单元数的乘积，只是变量的分离与合并，并无实质性的变化，但这样处理有以下优点：N_{OG} 中所含变量仅与相平衡关系、气相进出塔浓度有关，而与塔设备的型式无关，反映了完成分离任务的难易；H_{OG} 与操作状况、物性、填料几何形状等设备效能有关，是完成一个传质单元所需的塔高，反映了设备效能的高低或填料层传质动力学性能的好坏。一般 H_{OG} 为 $0.15 \sim 1.5\,m$，具体数值由实验确定。

同理，式(5-50)可表示成

$$Z = H_{OL} \cdot N_{OL} \tag{5-54}$$

式中　　H_{OL}——液相总传质单元高度，$H_{OL} = \dfrac{L}{K_X a \Omega}$，m；

N_{OL}——称为液相总传质单元数，$N_{OL} = \displaystyle\int_{X_2}^{X_1} \frac{dX}{X^* - X}$，无量纲。

对应于其他的浓度表示方法，还可将传质单元高度和传质单元数写成其他形式。

5.2.6.2　传质单元数的求取

根据物系相平衡关系的不同，求取传质单元数的方法主要有以下两类。

(1) 相平衡方程为直线——解析法求传质单元数

若在吸收操作所涉及的浓度区间内，相平衡关系可按直线处理，即可写成 $Y^* = mX + b$ 的形式，可采用以下两种解析法求取 N_{OG}。

① 对数平均推动力法　　以 $N_{OG} = \displaystyle\int_{Y_2}^{Y_1} \frac{dY}{Y - Y^*}$ 的计算为例，当相平衡方程和操作线方程均为直线时，则塔内任一横截面上气相总传质推动力 $\Delta Y = Y - Y^*$ 与 Y 呈线性关系，即可写成：

$$dY = \frac{Y_1 - Y_2}{\Delta Y_1 - \Delta Y_2} d(\Delta Y) \tag{5-55}$$

式中　　ΔY_2——塔顶气相浓度表示的总传质推动力；

ΔY_1——塔底气相浓度表示的总传质推动力；

将上式代入式(5-52)中，则有：

$$N_{OG} = \int_{Y_2}^{Y_1} \frac{dY}{Y - Y^*} = \frac{Y_1 - Y_2}{\Delta Y_m} \tag{5-56}$$

$$\Delta Y_{\mathrm{m}} = \frac{\Delta Y_1 - \Delta Y_2}{\ln \dfrac{\Delta Y_1}{\Delta Y_2}} = \frac{(Y_1 - Y_1^*) - (Y_2 - Y_2^*)}{\ln \dfrac{Y_1 - Y_1^*}{Y_2 - Y_2^*}} \tag{5-57}$$

式中　ΔY_{m}——塔顶与塔底两截面上吸收推动力对数平均值，称为对数平均推动力。

同理，可推出液相总传质单元数 N_{OL} 的相应解析式

$$N_{\mathrm{OL}} = \frac{X_1 - X_2}{\Delta X_{\mathrm{m}}} \tag{5-58}$$

$$\Delta X_{\mathrm{m}} = \frac{\Delta X_1 - \Delta X_2}{\ln \dfrac{\Delta X_1}{\Delta X_2}} = \frac{(X_1^* - X_1) - (X_2^* - X_2)}{\ln \dfrac{X_1^* - X_1}{X_2^* - X_2}} \tag{5-59}$$

当 $0.5 < \dfrac{\Delta Y_1}{\Delta Y_2} < 2$ 或 $0.5 < \dfrac{\Delta X_1}{\Delta X_2} < 2$ 时，相应的对数平均推动力也可用算数平均值代替，不会带来较大的误差。

② 脱吸因数法　气相总传质单元数中的积分值还可用另一种方法求得，即将 $Y^* = mX + b$ 代入式(5-52)中整理得

$$N_{\mathrm{OG}} = \frac{1}{1-S} \ln \left[(1-S) \frac{Y_1 - Y_2^*}{Y_2 - Y_2^*} + S \right] \tag{5-60}$$

式中，S 为脱吸因数，$S = \dfrac{mV}{L} = \dfrac{m}{\dfrac{L}{V}}$，其几何意义为平衡线斜率 m 与操作线斜率 $\dfrac{L}{V}$ 之比，S 值越大，越易于解吸。式(5-60)也可写为

$$N_{\mathrm{OG}} = \frac{1}{1 - \dfrac{1}{A}} \ln \left[\left(1 - \frac{1}{A} \right) \frac{Y_1 - Y_2^*}{Y_2 - Y_2^*} + \frac{1}{A} \right] \tag{5-60a}$$

式中，A 为吸收因数，是解吸因数的倒数，$A = \dfrac{1}{S}$；A 值越大，越易于吸收。

由式(5-60)可知，N_{OG} 数值的大小取决于 S 与 $\dfrac{Y_1 - Y_2^*}{Y_2 - Y_2^*}$ 两个因素。为便于计算，在半对数坐标系中以 S 为参数，按式(5-60)标绘出 $N_{\mathrm{OG}} - \dfrac{Y_1 - Y_2^*}{Y_2 - Y_2^*}$ 的函数关系，得到如图 5-15 所示的一组曲线。若已知 V、L、Y_1、Y_2、X_2 及相平衡线斜率 m 时，利用此图可方便地读出 N_{OG} 的数值；或由已知的 L、V、Y_1、X_2、N_{OG} 及 m 求出气体出口浓度 Y_2。

参数 S 则反映吸收推动力的大小。在气液进口浓度及溶质吸收率已知的条件下，若增大 S 的值，就意味着减小液气比，则使吸收液出口浓度提高而塔内吸收

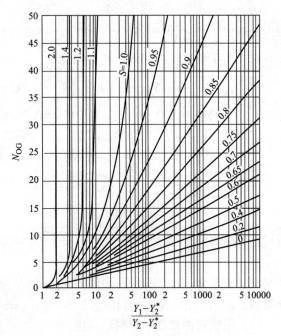

图 5-15　$N_{\mathrm{OG}} - \dfrac{Y_1 - Y_2^*}{Y_2 - Y_2^*}$ 的关系图

推动力下降，则 N_{OG} 的数值必然增大。反之亦然。通常认为 $S=0.7\sim0.8$ 是经济适宜的。

同理，可推导出液相总传质单元数 N_{OL} 的关系式如下：

$$N_{OL}=\frac{1}{1-A}\ln\left[(1-A)\frac{Y_1-Y_2^*}{Y_1-Y_1^*}+A\right] \tag{5-61}$$

式(5-60) 与式(5-61) 相比较可知，二者具有同样的函数形式，所以，图 5-15 将完全适用于表示 N_{OL}-$\dfrac{Y_1-Y_2^*}{Y_1-Y_1^*}$ 的关系（以 A 为参数）。

对数平均推动力法的优点是形式简明，适于吸收塔的设计型计算；而对于已知填料层高和入塔气液流率及组成的操作型问题（或称校核型）来讲，采用脱吸因数法更为简便。所以，根据如上所述的两种方法的不同特点，可适当选择使用。

【例 5-5】 空气和氨的混合物在直径为 0.8m 的填料塔中用水吸收其中所含氨的 99.5%。混合气量为 1400kg/h。混合气体中氨与空气的摩尔比为 0.0132，所用液气比为最小液气比的 1.4 倍。操作温度为 20℃，相平衡关系为 $Y^*=0.75X$。气相体积吸收系数为 $K_Ya=0.088\text{kmol}/(\text{m}^3\cdot\text{s})$，求每小时吸收剂用量与所需填料层高度。

解：（1）求吸收剂用量　因混合气体中氨含量很少，故用空气分子量计算出气相流率

$$V=\frac{1400}{29}=48.3\text{kmol/h}$$

$$Y_1=0.0132$$

$$Y_2=Y_1(1-\varphi_A)=0.0132\times(1-0.995)=0.000066$$

$$X_2=0$$

$$\left(\frac{L}{V}\right)_{min}=\frac{Y_1-Y_2}{\dfrac{Y_1}{m}-X_2}=\frac{0.0132-0.000066}{\dfrac{0.0132}{0.75}-0}=0.746$$

则

$$\frac{L}{V}=1.4\times0.746=1.04\Rightarrow L=1.04\times48.3=50.2\text{kmol/h}$$

（2）用平均推动力法求填料层高度

$$X_1=\frac{V}{L}(Y_1-Y_2)+X_2=\frac{1}{1.04}\times(0.0132-0.000066)+0=0.0126$$

$$Y_1^*=mX_1=0.75\times0.0126=0.0095,\quad Y_2^*=0$$

$$\Delta Y_1=Y_1-Y_1^*=0.0132-0.0095=0.0037$$

$$\Delta Y_2=Y_2-Y_2^*=0.000066-0=0.000066$$

$$\Delta Y_m=\frac{0.0037-0.000066}{\ln\dfrac{0.0037}{0.000066}}=0.000906$$

所以：$$N_{OG}=\frac{Y_1-Y_2}{\Delta Y_m}=\frac{0.0132-0.000066}{0.000906}=14.5$$

又有：$$H_{OG}=\frac{V}{K_Ya\Omega}=\frac{48.3}{0.088\times3600\times0.785\times0.8^2}=0.303\text{m}$$

则得到：$$Z=H_{OG}\cdot N_{OG}=14.5\times0.307=4.45\text{m}$$

（3）用吸收因数法求填料层高度

因为：$$S=\frac{mV}{L}=\frac{0.75}{1.04}=0.72$$

且：$\dfrac{Y_1-Y_2^*}{Y_2-Y_2^*}=\dfrac{Y_1-mX_2}{Y_2-mX_2}=\dfrac{0.0132}{0.000066}=200$

由图 5-15 可查出，$N_{OG}=14.5$

则：$Z=0.307\times14.5=4.45\text{m}$

> 【例 5-6】　在一逆流操作的填料塔中，用循环溶剂吸收某混合气体中的溶质。气体入塔组成为 0.025（摩尔比，下同），液气比为 1.6，操作条件下气液平衡关系为 $Y=1.2X$。若循环溶剂组成为 0.001，则出塔气体组成为 0.0025。现因脱吸不良，循环溶剂组成变为 0.01，试求此时出塔气体组成。

解： 原工况　$X_1=\dfrac{V}{L}(Y_1-Y_2)+X_2=\dfrac{0.025-0.0025}{1.6}+0.001=0.0151$

$$\Delta Y_1=Y_1-Y_1^*=0.025-1.2\times0.0151=0.00688$$

$$\Delta Y_2=Y_2-Y_2^*=0.0025-1.2\times0.001=0.0013$$

$$\Delta Y_m=\dfrac{\Delta Y_1-\Delta Y_2}{\ln\dfrac{\Delta Y_1}{\Delta Y_2}}=\dfrac{0.00688-0.0013}{\ln\dfrac{0.00688}{0.0013}}=0.00335$$

$$N_{OG}=\dfrac{Y_1-Y_2}{\Delta Y_m}=\dfrac{0.025-0.0025}{0.00335}=6.72$$

新工况　$N'_{OG}=N_{OG}=6.72$

$$X'_1=\dfrac{V}{L}(Y_1-Y'_2)+X'_2=\dfrac{0.025-Y'_2}{1.6}+0.01$$

$$S=\dfrac{mV}{L}=\dfrac{1.2}{1.6}=0.75$$

$$N'_{OG}=\dfrac{1}{1-S}\ln\left[(1-S)\dfrac{Y_1-mX'_2}{Y'_2-mX'_2}+S\right]$$

$$6.72=\dfrac{1}{1-0.75}\ln\left[(1-0.75)\dfrac{0.025-1.2\times0.01}{Y'_2-1.2\times0.01}+0.75\right]$$

解出：$Y'_2=0.0127$

计算本题的关键是理解两种工况下 H_{OG} 不变，又因为填料层高度不变，故两种工况下的 N_{OG} 不变。

（2）当相平衡线为曲线时——采用图解积分法

当气液相平衡线不能作为直线处理时，要求传质单元数中的积分值，通常采用图解积分或数值积分法。

采用图解积分法求解时，如图 5-16 所示，可在直角坐标系中，以 Y 为横坐标，$\dfrac{1}{Y-Y^*}$ 为纵坐标，将 $\dfrac{1}{Y-Y^*}$ 与 Y 的对应值标点描绘出曲线，所得函数曲线与 $Y=Y_2$，$Y=Y_1$ 及 $Y=\dfrac{1}{Y-Y^*}$ 三条直线之间所包围的面积，就是气相总传质单元数 N_{OG} 的数值，它可通过计量被积函数曲线下的面积来求得。

也可采用适宜的近似公式计算 N_{OG}，例如，可利用定步长的辛普森（Simpson）数值积分公式求解：

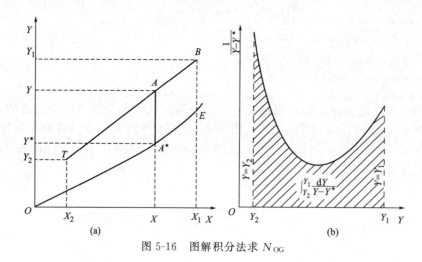

图 5-16　图解积分法求 N_{OG}

$$\int_{Y_0}^{Y_n} f(Y)\mathrm{d}Y \approx \frac{\Delta Y}{3}\left[f_0 + f_n + 4(f_1 + f_3 + \cdots + f_{n-1}) + 2(f_2 + f_4 + \cdots + f_{n-2}) \right]$$

$$(5\text{-}62)$$

$$\Delta Y = \frac{Y_n - Y_0}{n}$$

式中　n——在 Y_0 和 Y_n 间划分的区间数目，可取任意偶数，n 值越大则计算结果越准确；

　　　ΔY——每个均等区间的步长；

　　　Y_0——出塔气体组成，即 $Y_0 = Y_2$；

　　　Y_n——入塔气体组成，即 $Y_n = Y_1$；

　　　f_i——$Y = Y_i$ 所对应的函数值。

若用积分法求液相总传质单元数 N_{OL} 或其他形式的传质单元数（如 N_{G}、N_{L}）时，方法与上相同。

5.2.7　其他

5.2.7.1　解吸（脱吸）

一个完整的吸收流程通常由吸收和解吸（脱吸）联合操作。解吸的目的是使吸收剂再生后循环使用，还可以回收有价值的组分。解吸是吸收的逆过程，当液相中某一组分的平衡分压大于该组分在气相中 A 的分压时，可采用解吸操作。与吸收塔类似，解吸塔由塔顶（或塔底）与塔内任一截面作物料衡算，可得到解吸塔的操作线方程，不同的是，浓端在塔顶部，稀端在塔底部。

（1）常用的解吸方法

① 气提法　该法也称为载气解吸法，其过程类似于逆流吸收，只是解吸时溶质由液相传递到气相。操作时，载气从塔底通入，与从塔顶来的吸收液逆流接触，则溶质不断地自液相扩散至气相中。一般来说，载气一般不含（或含极少）溶质的惰性气体或吸收剂蒸气。该类脱吸过程适用于溶剂的回收，不能直接得到纯净的溶质组分。

② 提馏法　当溶质是可凝性蒸气时，而且溶质冷凝后与水不互溶，则可由塔底通入水蒸气作惰性气体进行解吸操作，水蒸气同时作为加热介质。此时，可用将塔顶所得混合气体冷凝并由凝液中分离出水层的办法，得到纯净的原溶质组分。

③ 闪蒸法　对于在加压情况下获得的吸收液，可采用一次或几次降低操作压力的方法，使溶质从吸收液中自动放出来，溶质被解吸的程度取决于解吸操作的最终压力和温度。

应予指出，在工程上很少采用单一解吸方式，往往是先升温再减压至常压，最后再采用气提法解吸。

（2）减少解吸能耗的途径

① 减少吸收剂用量　当气体流率一定时，最小吸收剂用量 L_{min} 由溶解度决定。溶解度越大，相平衡常数 m 越小，所需吸收剂用量越小，从而降低了解吸操作的能耗。

② 减少吸收剂的温升　吸收剂的溶解度对温度变化的反应灵敏，即低温时溶解度大，但随着温度升高，溶解度迅速减小。

5.2.7.2　高浓度气体吸收

当进口气体中溶质浓度＞10％（体积分数），被吸收的溶质量较多时，称为高浓度气体吸收，此时，前面对于低浓度气体吸收的简化处理不再适用，高浓度气体吸收具有如下特点。

① 在高浓度气体吸收过程中，气体流率 V 及液相流率 L 沿塔高有明显变化，但惰性气体流率沿塔高不变。若不考虑吸收剂挥发，则纯吸收剂流率也不变。

② 在高浓度气体吸收过程中，被吸收的溶质量较多，所产生的溶解热使两相温度升高，液体温度升高将对相平衡产生较大的影响。

③ 气膜及液膜吸收系数均受流动状况（包括气液流率）的影响，因此在全塔不再为一个常量。

因为上述特点，使高浓度气体吸收过程的计算比低浓度气体吸收计算过程要复杂得多。

5.2.7.3　非等温吸收

对于前面处理等温吸收时，都忽略了气液两相在吸收过程中的温度变化，即没有考虑吸收过程所伴随的热效应；而当溶质的溶解热较大，尤其是伴随有反应热时，使得液相温度不断升高，平衡关系不断发生变化，则不利于吸收。

非等温吸收的近似处理方法，是假设所有放出的热量都被液体吸收，即忽略气相的温度变化及其他热损失。据此可以推算出液体组成与温度的对应关系，从而得到变温情况下的平衡曲线。当然，以上假设会导致对液体温升的估计偏高，因此计算出的塔高数值也偏大。

当吸收过程的热效应很大时，例如用水吸收 HCl，必须设法排除热量，以控制吸收过程的温度，通常采用以下几项措施。

① 在吸收塔内装置冷却元件。例如在板式塔上安装冷却蛇管或在板间设置冷却器。

② 引出吸收剂到外部进行冷却。例如在填料塔内不宜放置冷却元件，可将温度升高的吸收剂中途引出塔外，冷却后重新送入塔内继续进行吸收。

③ 采用边吸收边冷却的装置。例如盐酸吸收，采用管壳式换热器形式的吸收设备，使吸收过程在管内进行的同时，向壳方不断通入冷却剂以移除大量溶解热。

④ 采用大的喷淋密度，使吸收过程释放的热量以显热的形式被大量吸收剂带走。

5.3　蒸馏

蒸馏操作历史悠久，技术成熟，规模不限，应用广泛，其主要目的是分离液体混合物或液化了的气体混合物，来提纯或回收有用组分。例如在石油炼制中的原油精炼最初阶段，可将混合物分为汽油、煤油、柴油和润滑油等；某原料经过化学反应后，可能产生一个既有反应物又有生成物及副产物的液体混合物，则为了获得纯的生成物，若该混合物是均相的，通常采用精馏的方法予以分离等。

蒸馏是目前应用最广的一类液体混合物的分离方法，其具有如下特点。

① 通过蒸馏分离可以直接获得所需要的产品，而吸收、萃取等分离方法，由于有外加的溶剂，需进一步使所提取的组分与外加组分再行分离，因而蒸馏操作流程通常较为简单。

② 蒸馏分离的适用范围广，它不仅可以分离液体混合物，而且可用于气态或固态混合物的分离。例如，可将空气加压液化，再用精馏的方法获得氧、氮等产品；再如，脂肪酸的混合物，可用加热使其熔化，并在减压下建立气液两相系统，用蒸馏的方法进行分离。

③ 蒸馏过程适用于各种浓度混合物的分离，而吸收、萃取等操作，只有当被提取组分浓度较低时才比较经济。

④ 蒸馏操作是通过对混合液加热建立气液两相体系的，所得到的气相还需要再冷凝液化。因此，蒸馏操作耗能较大。蒸馏过程中的节能是个值得重视的问题。

5.3.1 气液相平衡原理

蒸馏操作是气液两相间的传质过程，气液两相达到平衡状态是传质过程的极限。因此，气液平衡关系是分析精馏原理、解决精馏计算的基础。

理想物系的含义是液相为理想溶液，平衡关系服从拉乌尔（Raoult）定律；气相为理想气体，服从理想气体定律及道尔顿分压定律。

（1）自由度分析

相律表示平衡物系中的自由度 F、相数 Φ 及独立组分数 C 之间的关系。即

$$F = C - \Phi + 2 \tag{5-63}$$

式中　F——自由度数，即指该系统的独立变量数；

　　　C——独立组分数；

　　　Φ——相数；

　　　2——表示外界只有温度和压力两个条件影响物系平衡状态。

由相律可知，双组分气液相平衡系统的自由度数为 2。又知，对气相而言，两组分的摩尔分数 y_A 与 y_B 是不独立的；同理液相中的 x_A 与 x_B 也是不独立的。所以，双组分气液相平衡状态涉及的四个独立变量为 P、T、y 和 x，其中的任何两个都可用其他两个表示。换言之，上述的四个变量任意指定其中两个，平衡状态就唯一地确定了。一般来说，蒸馏常采用恒压操作，则平衡关系可用 t-x（y）或 x-y 的函数关系及其相图表示。

（2）相平衡组成计算

对于理想溶液，拉乌尔定律为：

$$p_A = p_A^0 \cdot x_A \tag{5-64}$$

$$p_B = p_B^0 \cdot x_B = p_B^0 \cdot (1 - x_A) \tag{5-64a}$$

式中　p_A，p_B——相平衡状态下 A、B 组分的蒸气分压，Pa；

　　　p_A^0，p_B^0——同温度下 A、B 组分的饱和蒸气压，Pa；

　　　x_A，x_B——A、B 组分的摩尔分数。

对于理想气体，道尔顿定律为：

$$P = p_A + p_B \tag{5-65}$$

联立式(5-64)、式(5-64a) 和式(5-65) 可得

$$x_A = \frac{P - p_B^0}{p_A^0 - p_B^0} \tag{5-66}$$

上式称为泡点方程，即在一定的总压 P 下，对于某一指定的平衡温度 t，可求得饱和蒸气压 $p_A^0 = f(t)$ 和 $p_B^0 = f(t)$，由上式即可计算相平衡时的液相组成 x_A。纯组分的饱和蒸气压是温度的非线性函数，可由实验测定或由经验公式计算。

纯组分的饱和蒸气压和温度的关系可用安托因（Antoine）方程表示

$$\lg p_{i}^{0}=a-\frac{b}{t+c} \tag{5-67}$$

式中，a，b，c 为组分的安托因常数，可由有关手册查得，其值由压力和温度的单位而定。

根据道尔顿分压定律

$$y_{A}=\frac{p_{A}}{P} \tag{5-68}$$

将式(5-64) 和式(5-66) 代入上式整理得：

$$y_{A}=\frac{p_{A}^{0}}{P}\cdot\frac{P-p_{B}^{0}}{p_{A}^{0}-p_{B}^{0}} \tag{5-69}$$

上式称为露点方程，即在一定的总压 P 下，对于某一指定的相平衡温度 t，由上式可计算平衡时的气相组成 y_{A}。

【**例 5-7**】　苯（A）-甲苯（B）理想物系，二者的安托因方程分别为：

$$\lg p_{A}^{0}=6.906-\frac{1211}{t+220.8}$$

$$\lg p_{B}^{0}=6.955-\frac{1345}{t+219.5}$$

式中，p^{0} 的单位是 mmHg；t 的单位是℃。求：$t=105℃$、$p=850\mathrm{mmHg}$ 时的平衡气液相组成 x_{A} 与 y_{A}。

解：由于 $\lg p_{A}^{0}=6.906-\dfrac{1211}{t+220.8}$，所以 $p_{A}^{0}=1545\mathrm{mmHg}$

又因为　$\lg p_{B}^{0}=6.955-\dfrac{1345}{t+219.5}$，所以 $p_{B}^{0}=645.9\mathrm{mmHg}$

则

$$x_{A}=\frac{P-p_{B}^{0}}{p_{A}^{0}-p_{B}^{0}}=\frac{850-645.9}{1545-645.9}=0.227$$

$$y_{A}=\frac{p_{A}^{0}x_{A}}{P}=\frac{1545\times0.227}{850}=0.413$$

(3) t-$x(y)$ 相图

当压力一定时，在相平衡状态下，分别以泡点方程和露点方程作图，称为温度组成图，如图 5-17 所示。

由图 5-17 可知，曲线两端点分别代表纯组分的沸点，右端点代表纯轻组分沸点，左端点代表纯重组分沸点；上方曲线代表饱和蒸气线，也称为露点线，该线上方的区域代表过热蒸气区；下方曲线代表饱和液体线，也称为泡点线，该线下方的区域代表过冷液体区；两条曲线之间的区域为气液共存区，平衡关系用两曲线间的水平线段表示。显然，只有在气液共存区，才能起到一定的分离作用。混合液的沸点不是一个定值，而是随组成不断变化，在同样组成下，泡点

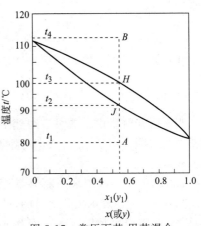

图 5-17　常压下苯-甲苯混合液的 t-$x(y)$ 相图

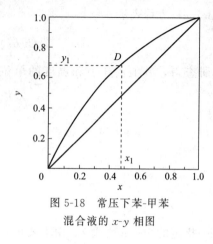

图 5-18　常压下苯-甲苯
混合液的 x-y 相图

（即升始产生第一个气泡时对应的温度）与露点（即开始产生第一滴液滴时对应的温度）并不相等。

（4）x-y 相图

x-y 相图可以通过 t-x（y）关系作出，如图 5-18 所示。

由图 5-18 可知，图中对角线上方的曲线称为平衡曲线，该曲线上任意点 D 表示组成为 x_1 的液相与组成为 y_1 的气相互成平衡，且表示点 D 有一确定的状态；图中对角线（即 $x=y$ 直线）作查图时参考用。当 $y>x$ 时，平衡线位于对角线上方，平衡线离对角线越远，表示该溶液越容易分离。在总压变化不大时，外压对平衡线的影响可忽略，但 t-x（y）图随压力变化较大，因此常采用 x-y 相平衡曲线较为方便。

（5）挥发度和相对挥发度

① 挥发度 v　对于纯液体而言，其挥发度指该液体在一定温度下的饱和蒸气压，而溶液中各组分的挥发度可用它在蒸气压中的分压和与之平衡的液相中的摩尔分数之比表示。即

$$v_A = \frac{p_A}{x_A} \tag{5-70}$$

$$v_B = \frac{p_B}{x_B} \tag{5-70a}$$

对于理想溶液

$$v_A = p_A^0 = f(t) \tag{5-71}$$

$$v_B = p_B^0 = f(t) \tag{5-71a}$$

显然，挥发度能反映出混合液中各组分挥发的难易程度，但随温度变化，在使用上不甚方便，故引出相对挥发度的概念。

② 相对挥发度 α　习惯上将溶液中易挥发组分 A 的挥发度与难挥发组分 B 的挥发度之比，称为相对挥发度 α，即

$$\alpha = \frac{v_A}{v_B} = \frac{\dfrac{p_A}{x_A}}{\dfrac{p_B}{x_B}} = \frac{y_A(1-x_A)}{x_A(1-y_A)} \tag{5-72}$$

由上式可得：

$$y_A = \frac{\alpha x_A}{1+(\alpha-1)x_A} \tag{5-73}$$

当 α 已知时，由上式可求得相平衡时气液相组成 x-y 的关系，故称上式为气液平衡方程或相平衡方程。由于 v_A 与 v_B 均随温度同时增大或缩小，因而 α 可取平均值视为常数，使用上非常方便。

α 值的大小可以用来判断某混合液是否能用蒸馏的方法加以分离，以及分离的难易程度。当 $\alpha \neq 1$ 时，表示组分 A 与 B 的挥发度有差别，α 值越大，说明越容易采用普通蒸馏操作对 A、B 混合物加以分离；而当 $\alpha=1$ 时，即 A、B 组分的挥发度相同，此时不能用普通的蒸馏方法分离该混合液。

（6）非理想溶液

不服从拉乌尔定律的溶液是非理想溶液，实际生产中遇到的大多数溶液都属于非理想溶液。

溶液的非理想性来源于异分子间的作用力与同分子间的作用力不等，表现为其平衡蒸气压偏离拉乌尔定律，偏差可正可负，其中尤以正偏差居多。

① 正偏差系统　该系统的异分子间作用力小于同分子间作用力时，排斥力占主要地位，分子较易离开液面而进入气相，所以泡点较理想溶液低，混合时，体积变化 $\Delta V > 0$，容易出现最低恒沸点。例如乙醇-水系统为正偏差系统，其相图如图 5-19 所示。

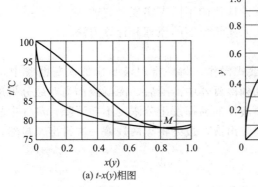
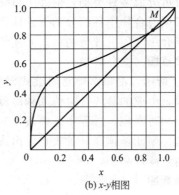

(a) t-$x(y)$相图　　　　　(b) x-y相图

图 5-19　常压下乙醇-水系统相图

② 负偏差系统　该系统的异分子间作用力大于同分子间作用力，吸引力占主要地位，分子较难离开液相进入气相，所以泡点较理想溶液高，混合时，$\Delta V < 0$，容易出现最高恒沸点。例如硝酸-水系统为负偏差系统，如图 5-20 所示。

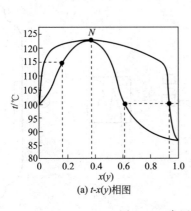
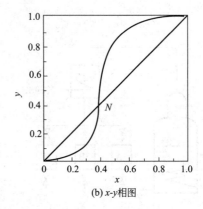

(a) t-$x(y)$相图　　　　　(b) x-y相图

图 5-20　常压下硝酸-水系统相图

应当注意：

a. 分离恒沸物应采用特殊蒸馏方式；

b. 恒沸点随总压变化，若采用变化压力来分离恒沸物，要作经济权衡以作最后处理；

c. 非理想溶液不一定都有恒沸点，例如甲醇-水系统无恒沸点。

5.3.2　蒸馏方式

蒸馏可按不同的方法分类。按操作方式可分为简单蒸馏、平衡蒸馏、精馏和特殊精馏等，其中，简单蒸馏和平衡蒸馏常用于混合物中各组分的挥发度相差较大，对分离要求又不高的场合；精馏是借助回流技术来实现高纯度和高回收率的分离操作，它是应用最广泛的蒸馏方式；按操作压力可分为常压、减压和加压蒸馏；按物料组分数可分为双组分（二元）精馏和多组分（多元）精馏；按操作流程可分为间歇精馏和连续精馏。例如，常压下为气态的混合物，常采用加压蒸馏的方法分离；而对于泡点较高或热敏性混合物，则易采用真空精馏操作，以降低操作温度。间歇操作主要应用于小规模、多品种或某些有特殊要求的场合，而工业中以连续蒸馏为主。间歇蒸馏为非稳态操作，而连续精馏一般为稳态操作。工业生产中，绝大多数为多组分精馏，但两组分精馏的原理及计算原则同样适用于多组分精馏，只是在处理多组分精馏过程时更为复杂些，因此常以两组分精馏为基础。

蒸馏尽管可分成多种类型，但除了特殊精馏以外，不论哪类方法，其最基本的原理是相同的，都是依据混合物中各组分的挥发性能的不同来实现分离的。

本节重点介绍常压下理想物系二元连续精馏的原理和计算方法。

(1) 简单蒸馏（微分蒸馏）

如图 5-21 所示，简单蒸馏是间歇式操作。将一批料液一次加入蒸馏釜中，在外压恒定下加热到沸腾，生成的蒸气及时引入到冷凝器中冷凝后，冷凝液作为产品分批进入储槽，其中易挥发组分相对富集。过程中釜内液体的易挥发组分浓度不断下降，蒸气中易挥发组分浓度也相应降低，因此釜顶部分批收集流出液，最终将釜内残液一次排出。显然，简单蒸馏得不到大量的高纯度产品。

(2) 平衡蒸馏（又称闪蒸）

闪蒸是一种单级连续蒸馏操作，流程如图 5-22 所示。原料液连续加入加热器中，预热至一定温度后，经减压阀减至预定压强，由于压力突然降低，过热液体发生自蒸发，液体部分气化，气液两相在分离器中分开，塔顶轻组分产品得到提纯，底部重组分产品增浓。因为闪蒸操作只经历了一次气液平衡过程，所以对物料的分离十分有限。

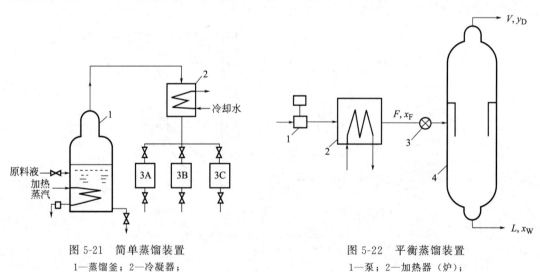

图 5-21　简单蒸馏装置　　　　　　　　图 5-22　平衡蒸馏装置
1—蒸馏釜；2—冷凝器；　　　　　　　1—泵；2—加热器（炉）；
3A，3B，3C—馏出液容器　　　　　　3—减压阀；4—分离器（闪蒸塔）

5.3.3　精馏原理

上述的简单蒸馏及平衡蒸馏都只能使液体混合物得到有限的分离，通常不能满足工业上高产量连续化高纯度分离的要求，但它可以在精馏塔中实现。

(1) 连续精馏操作流程

如图 5-23 所示，料液自塔的中部某适当位置连续加入塔内，塔顶设有冷凝器将塔顶蒸气冷凝为液体，冷凝液的一部分回流入塔顶，称为回流，另一部分作为塔顶产品（馏出液）连续排出，塔底部设有再沸器（蒸馏釜）以加热液体产生部分蒸气返回塔底，另一部分液体作为塔底产品排出。塔内气、液两相逆流接触进行热量、质量交换。塔内上半部分（加料位置以上），对气相而言，随着气相上升，气相中难挥发组分不断减少，易挥发组分不断增多，完成了气相的精制任务，故称精馏段。塔内下半部分，对液相而言，随着液相不断下流，液相中易挥发组分不断减少，难挥发组分不断增多，完成了液相的提纯任务，故称提馏段。

　　一个完整的精馏塔应包括精馏段、提馏段、塔顶冷凝器和塔底再沸器。在这样的塔内，可将双组分混合液连续地、高纯度地分离为轻、重两组分。

（2）板式塔简介

　　如图 5-24 所示，在圆柱形塔体内部，按一定间距装有若干块塔板。塔内液体在重力作用下自上而下流经各层塔板，最后由塔底排出；气体则在压力差的作用下经塔板上的小孔（或阀、罩等）由下而上穿过每层塔板上的液层，最后由塔顶排出。气液两相在总体上呈逆流流动，而在每块塔板上呈错流流动。

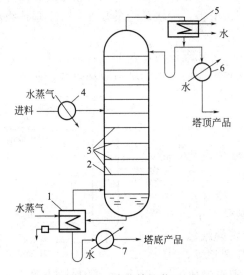
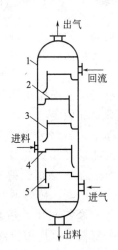

图 5-23　连续精馏装置

1—再沸器；2—精馏塔；3—塔板；
4—进料预热器；5—冷凝器；
6—塔顶产品冷却器；7—塔底产品冷却器

图 5-24　板式塔示意图

1—塔壳体；2—塔板；
3—溢流堰；4—受液盘；
5—降液管

　　板式塔的主要功能是保证气液两相在塔板上充分接触，为传质过程提供足够大且不断更新的传质表面，获得最大可能的传质推动力，减小传质阻力。

（3）精馏原理

　　精馏原理可以板式塔操作为例来说明。如图 5-23 所示，相互接触的气液两相在塔板上形成泡沫层，液体为连续相，气泡为分散相，相际界面处于非平衡状态，两相浓度偏离平衡浓度的程度就是传质的推动力。在推动力的作用下，非平衡状态向平衡状态移动，结果是：由于 A、B 两组分挥发性的差异，气相中的难挥发组分 B 部分冷凝，转移到液相，并放出潜热，与此同时，液相中的易挥发组分 A 部分气化，转移到气相，并吸收潜热。若 A 组分的摩尔汽化潜热与 B 组分的摩尔冷凝热相等，则气液两相间进行等摩尔反向扩散，以使气相中的 A 和液相中的 B 同时增浓。

（4）精馏操作的必要条件

回流是精馏操作能否顺利进行的必要条件，包括塔顶的液相回流与塔底的气相回流。回流能提供气液两相的正常流动，使两相在每块塔板上密切接触，进行传质和传热。精馏区别于蒸馏就在于回流，回流使精馏塔内气液两相充分接触，最终可达到高纯度的分离要求。

5.3.4　物料衡算与操作线方程

（1）理想传质型塔板——理论塔板

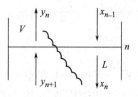

图 5-25　理论塔板示意图

对塔板上气、液两相传质过程进行完整的数学描述，需要物料衡算、热量衡算、传质速率方程和传热速率方程。由于传质和传热速率方程不仅与物性和操作条件有关，而且与塔板结构有关，所以难于用简单方法描述。为了避免上述困难，引入理论塔板的概念。

如图 5-25 所示，所谓理论塔板，是指一块气、液两相能够充分混合，最终两相间传质、传热阻力为零的理想化塔板。或者说，不论进入该塔板的气液两相组成如何，当两相在该板上经充分接触后，离开塔板的气液两相达相平衡状态，则这样的塔板称为理论塔板。一块理论塔板即为一个理论级或平衡级。

理论塔板概念的引入，将严格的相平衡及传质、传热理论与复杂的实际精馏操作联系起来，可将复杂的精馏问题分解为两个子问题，分别求精馏塔的理论塔板数和效率。前者仅取决于分离任务、相平衡关系和两相流率；而后者取决于物性、两相接触情况、操作条件及塔板结构等许多复杂因素。

（2）恒摩尔流假定

一般情况下，若被分离的 A、B 两种组分的摩尔汽化潜热相近，且能够忽略显热变化和热损失的影响，则精馏段的气、液摩尔流率分别保持不变，提馏段的气、液摩尔流率也分别保持不变，称为恒摩尔流假定。在少数情况下，若被分离组分的摩尔汽化潜热相差不大，而单位质量汽化潜热相近，则取精馏、提馏段内气液相质量流率分别相等，称为恒质量流假定。但由于加料的缘故，精馏段和提馏段间的气、液流率不一定分别相等。

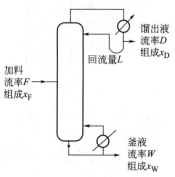

图 5-26　精馏塔的物料
衡算示意图

（3）物料衡算和操作线方程

① 全塔物料衡算　如图 5-26 所示，连续稳态操作的精馏塔，对全塔物料衡算，可得

$$F = D + W \tag{5-74}$$

$$F \cdot x_F = D \cdot x_D + W \cdot x_W \tag{5-74a}$$

式中　F——原料液的流量，kmol/h；

　　　D——塔顶产品（馏出液）流量，kmol/h；

　　　W——塔底产品（釜残液）流量，kmol/h；

　　　x_F——原料液中易挥发组分的摩尔分数；

　　　x_D——馏出液中易挥发组分的摩尔分数；

　　　x_W——釜残液中易挥发组分的摩尔分数。

全塔物料衡算式表示进、出精馏塔的物料流率与组成的平衡关系。

在精馏计算中，分离程度除用轻、重两产品的分离纯度（常以摩尔分数表示）表示外，有时还用回收率表示。

即塔顶 A 的回收率为

$$\eta_A = \frac{D \cdot x_D}{F \cdot x_F} \times 100\%$$ (5-75)

塔底 B 的回收率为

$$\eta_B = \frac{W(1-x_W)}{F(1-x_F)} \times 100\%$$ (5-76)

【例 5-8】 某常压连续精馏装置，分离苯-甲苯溶液，料液含苯 41%（质量分数，下同），要求塔顶产品中含苯不低于 97.5%，塔底产品中含甲苯不低于 98.2%。每小时处理原料量 8570kg。试求塔顶、塔底产品量（kmol/h）？（苯的摩尔质量为 78，甲苯的摩尔质量为 92）

解：将质量分数换算成摩尔分数

$$x_D = \frac{\dfrac{97.5}{78}}{\dfrac{97.5}{78} + \dfrac{2.5}{92}} = 0.98$$

$$x_W = \frac{\dfrac{100-98.2}{78}}{\dfrac{100-98.2}{78} + \dfrac{98.2}{92}} = 0.02$$

则

$$M_D = 0.98 \times 78 + 0.02 \times 92 = 78.3 \text{kg/kmol}$$

$$M_W = 0.02 \times 78 + 0.98 \times 92 = 91.7 \text{kg/kmol}$$

由全塔物料衡算

$$D = F\left(\frac{x_F - x_W}{x_D - x_W}\right) = 8570 \times \left(\frac{41-1.8}{97.5-1.8}\right) = 3510 \text{kg/h} = \frac{3510}{78.3} = 44.83 \text{kmol/h}$$

$$W = 8570 - 3510 = 5260 \text{kg/h} = \frac{5260}{91.7} = 57.36 \text{kmol/h}$$

② 操作线方程 对于板式精馏塔，基于上述理论板的概念，若已知离开任意理论塔板的一相组成，即可利用相平衡关系求得同时离开该理论塔板的另一相组成。为了进一步确定整个塔内气液两相组成的分布情况，还应设法找出任意相邻的两塔板之间下流的液相组成 x_n 与上升的气相组成 y_{n+1} 之间的关系。y_{n+1} 与 x_n 称为操作关系，其数学描述称为操作线方程。

操作线方程可利用物料衡算导出。由于进料的影响，将使精馏段和提馏段的物流情况有所不同，所以，操作线方程应分段建立。

a. 精馏段操作线方程 如图 5-27 所示，在精馏段任意两塔板之间与塔顶间作物料衡算

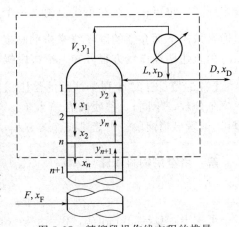

图 5-27 精馏段操作线方程的推导

$$V = L + D$$

$$Vy_{n+1}=Lx_n+Dx_D$$

上两式合并得

$$y_{n+1}=\frac{L}{V}x_n+\frac{D}{V}x_D \tag{5-77}$$

或

$$y_{n+1}=\frac{R}{R+1}x_n+\frac{1}{R+1}x_D \tag{5-77a}$$

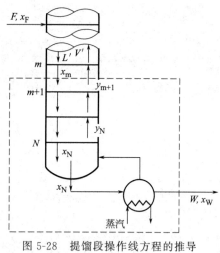

图 5-28　提馏段操作线方程的推导

式中，R 为回流比，$R=\dfrac{L}{D}$，是精馏塔重要的操作参数，后面还要对其进行详细讨论。

式(5-77a) 即为精馏段操作线方程，稳态操作时，R、x_D 均为常数，则该方程在 x-y 相图上为直线，该直线斜率为 $\dfrac{R}{R+1}$，截距为 $\dfrac{x_D}{R+1}$。当作图时，该直线有个特点，就是当取 $x_n=x_D$ 时，同时有：$y_{n+1}=x_D$，即该直线在对角线上可画出一个点 $(x_D,\ x_D)$，若再确定了截距 $\dfrac{x_D}{R+1}$ 的数值而对应的点 $\left(0,\ \dfrac{x_D}{R+1}\right)$，则可将这两点连接成精馏段操作线。

b. 提馏段操作线方程　如图 5-28 所示，在提馏段任意两塔板之间与塔底间作物料衡算

$$L'=V'+W$$
$$L'x_m=V'y_{m+1}+Wx_W$$

上两式联立，整理得

$$y_{m+1}=\frac{L'}{L'-W}\cdot x_m-\frac{W}{L'-W}\cdot x_W \tag{5-78}$$

式(5-78) 称为提馏段操作线方程，稳态操作时，L'，W，x_W 均为定值，则该方程也为直线。同样，也可在该线对角线上画出一个点 $(x_W,\ x_W)$，再利用截距 $-\dfrac{Wx_W}{L'-W}$ 可画出此线，但通常采用下面介绍的以 q 线来协助画提馏段操作线的方法。

由上述两操作线方程可知，精馏段操作线斜率小于1，而提馏段操作线斜率大于1。

【**例 5-9**】　分离苯-甲苯溶液的常压精馏塔，料液处理量为 175kmol/h，料液含苯 44%（摩尔分数，下同），釜残液含苯小于 2%，馏出液含苯 93.5%，回流比为 2.12，泡点进料，试写出精馏段、提馏段操作线方程，并指出斜率、截距的数值。

解：由全塔物料衡算

$$F=D+W$$
$$Fx_F=Dx_D+Wx_W$$

可求出：$D=80$kmol/h，$W=95$kmol/h
则精馏段操作线方程：

$$y=\frac{R}{R+1}x+\frac{x_D}{R+1}=\frac{2.12}{2.12+1}x+\frac{0.935}{2.12+1}=0.68x+0.299$$

精馏段操作线的斜率为：0.68，在 y 轴上的截距为 0.299。

因泡点进料，即 $q=1$，则精馏段的回流量 $L=RD=2.12\times80=169.6\text{kmol/h}$

提馏段的回流量 $L'=L+F=169.6+175=344.6\text{kmol/h}$

故提馏段操作线方程：

$$y'=\frac{L'}{L'-W}x'-\frac{W}{L'-W}x_{\text{W}}=\frac{344.6}{344.6-95}x'-\frac{95}{344.6-95}\times0.02=1.38x'-0.0076$$

提馏段操作线的斜率为：1.38，在 y 轴上的截距为 -0.0076。

c. 进料方程（q 线方程）　进料板是精馏段和提馏段的连接处，由于有物料自塔外引入，所以其物料、热量关系与普通板不同，必须加以单独讨论。

（a）进料热状况　组成一定的物料，可以五种不同的热状况加入塔内，即为冷液体进料（料液温度低于泡点）；饱和液体进料（泡点温度进料）；气液混合进料（料液温度介于泡点和露点之间）；温度为露点的饱和蒸气进料；过热蒸气进料。

（b）理论进料板　进料板上的情况非常复杂，但仍可引入理论塔板的概念，即不管进入加料板的各物流情况如何，假定同时离开加料板的气液两相达平衡状态。

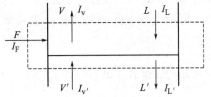

图 5-29　进料板上的物料
衡算和热量衡算

（c）精馏段与提馏段气液流率的关系　如图 5-29 所示，对进料板分别作物料和热量衡算，则

物料衡算式　　　　　　　$F+V'+L=V+L'$　　　　　　　　　　　　　(5-79)

热量衡算式　　　$F\cdot I_{\text{F}}+V'\cdot I_{\text{V}'}+L\cdot I_{\text{L}}=V\cdot I_{\text{V}}+L'\cdot I_{\text{L}'}$　　　　　(5-80)

式中　I_{F}——原料液的焓，kJ/kmol；

I_{V}，$I_{\text{V}'}$——加料板上、下方饱和蒸气的焓，kJ/kmol；

I_{L}，$I_{\text{L}'}$——加料板上、下方饱和液体的焓，kJ/kmol。

可近似取：$I_{\text{V}}\approx I_{\text{V}'}$，$I_{\text{L}}\approx I_{\text{L}'}$

故联立上述的物料衡算式与热量衡算式得

$$\frac{L'-L}{F}=\frac{I_{\text{V}}-I_{\text{F}}}{I_{\text{V}}-I_{\text{L}}}$$

令：　　　$$q=\frac{I_{\text{V}}-I_{\text{F}}}{I_{\text{V}}-I_{\text{L}}}=\frac{1\text{kmol 原料变成饱和蒸气所需热量}}{\text{原料液的千摩尔汽化潜热}}$$　　　(5-81)

q 值称为进料热状况参数，从 q 值的大小可判断出进料的状态及温度。

若取　　　　　　　　　　　$$q=\frac{L'-L}{F}$$　　　　　　　　　　　　　(5-81a)

则 q 表示进料中的液相分数，称为液化率，而 $1-q$ 表示进料中的气相分数。所以，将式(5-79) 结合式(5-81a) 可分别得到

$$L'=L+qF$$　　　　　　　　　　　　　　　　　　　(5-82)

$$V=V'+(1-q)F$$　　　　　　　　　　　　　　　　(5-83)

式(5-82) 及式(5-83) 说明了可将进料划分为两部分，分别对精馏段及提馏段气液摩尔流量的影响，其中一部分是 qF，表示由于进料而增加的提馏段饱和液体流量值，另一部分是 $(1-q)F$，表示因进料而增加的精馏段饱和蒸气流量值，这些变化示于图 5-30 中。

（d）进料热状况对塔内物流的影响　图 5-30 定性表示了不同进料热状态对进料板上下各股流量的影响。从图中看出：

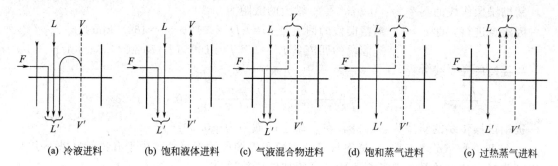

| (a) 冷液进料 | (b) 饱和液体进料 | (c) 气液混合物进料 | (d) 饱和蒸气进料 | (e) 过热蒸气进料 |

图 5-30　进料热状况对进料板上、下各股物流的影响示意图

Ⅰ. 冷液进料（$q>1$）：如图 5-30(a) 所示，进料液温度低于泡点，入塔后由提馏段上升的蒸气有部分冷凝，放出的潜热将进料液加热至泡点。此时，提馏段下降的液相分成三部分：即精馏段下降的液流量、进料量及进料板冷凝液量；而精馏段上升的蒸气量小于提馏段的蒸气量，即：

$$L'>L+F, V'>V$$

Ⅱ. 饱和液体进料（泡点进料，$q=1$）：如图 5-30(b) 所示，此种情况下有如下关系：

$$L'=L+F, V'=V$$

Ⅲ. 气液混合物进料（$0<q<1$）：如图 5-30(c) 所示，进料中气相部分与提馏段上升蒸气合并进入精馏段，液相部分作为提馏段下降液相的一部分。此种情况下有如下关系：

$$L<L'<L+F, V'<V$$

Ⅳ. 饱和蒸气进料（露点进料，$q=0$）：如图 5-30(d) 所示，此种情况下有如下关系：

$$L'=L, V=V'+F$$

Ⅴ. 过热蒸气进料（$q<0$）：如图 5-30(e) 所示，过热蒸气进塔后首先放出显热而变为饱和蒸气，而此显热将使进料板上液体部分气化，此种情况下有如下关系：

$$L'<L, V>V'+F$$

（e）q 线方程的导出　由上述的分析可知，进料板的物料衡算应同时满足精馏段和提馏段两个方程，即

精馏段物料衡算式　　　　　　　　$Vy=Lx+Dx_D$

提馏段物料衡算式　　　　　　　　$V'y=L'x-Wx_W$

联立以上两式并整理得到　　　　　$y=\dfrac{q}{q-1}x-\dfrac{1}{q-1}x_F$　　　　　　　　(5-84)

稳态操作时，q、x_F 均为定值，因此，进料板上相互接触的气液两相组成 y-x 的关系也是直线，如式(5-84)。该直线是精馏段操作线与提馏段操作线交点的轨迹方程，称为进料方程或 q 线方程，它与进料热状况有关，不同进料热状况，其交点坐标不同，形成的轨迹方程也不同，统称为 q 线方程。

q 线方程作图时，该线也在对角线上有对应一点 (x_F, x_F)，再利用 q 线的斜率 $\dfrac{q}{q}-1$，即可在 x-y 相图上画出 q 线的位置，如图 5-31 所示。

（f）进料热状况的特点　不同进料热状况的特点可由式(5-81) 分析。由于加料板上饱和蒸气的焓 I_V 总是大于饱和液体的焓 I_L，所以该式中的分母是不为零的正

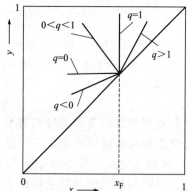

图 5-31　五种进料热状况的 q 线位置

数，则由分子 $I_V - I_F$ 的大小可知，进料热状况影响精馏段、提馏段的气、液相流率及 q 线的位置，如表 5-6 所列，其对应的物流情况如图 5-30 所示。

表 5-6　五种进料状况的特点对照表

进料热状况	进料焓 I_F	q 值	气、液相流率变化	q 线斜率	q 线位置
过冷液体	$I_F < I_L$	$q > 1$	$L' > L + F, V < V'$	$+$	第一象限
饱和液体	$I_F = I_L$	$q = 1$	$L' = L + F, V = V'$	∞	垂直 x 轴
气液混合物	$I_L < I_F < I_V$	$0 < q < 1$	$L' = L + qF,$ $V = V' + (1-q)F$	$-$	第二象限
饱和蒸气	$I_F = I_V$	$q = 0$	$L' = L, V = V' + F$	0	水平线
过热蒸气	$I_F > I_V$	$q < 0$	$L' < L, V > V' + F$	$+$	第三象限

表 5-6 中的 q 值均可用式(5-81)计算，其中当计算过冷液进料的热状况参数时，也可采用下式：

$$q = \frac{r_m + C_{P_m}(t_s - t)}{r_m} \tag{5-85}$$

式中　t_s——进料液的泡点温度，℃；

　　　t——进料液的实际温度，℃；

　　　r_m——泡点下混合液的平均汽化潜热，kJ/kmol；

C_{P_m}——定性温度 $\left(\dfrac{t_s + t}{2}\right)$ 下混合液的平均定压比热容，kJ/(kg·℃)。

5.3.5　精馏设计计算

二元连续精馏的工程计算主要涉及两种类型：一类是设计型，主要是根据分离任务的要求确定设备的主要工艺尺寸；另一类是操作型，主要是在已知设备条件下确定操作时的工况。对于板式塔而言，前者是根据规定的分离要求，选择适应的操作条件，计算所需理论塔板数，进而求出实际塔板数；而后者主要是针对已有的设备情况，由已知的操作条件预计分离结果。

设计型命题是本节的重点，连续精馏塔设计型计算的基本步骤是在规定分离要求后（例如 D、x_D 及回收率等），确定操作条件（选定操作压力、进料热状况参数 q 及回流比 R 等），再利用相平衡方程和操作线方程计算所需的理论塔板层数。计算理论塔板层数有三种方法：逐板计算法、图解法及简捷法。

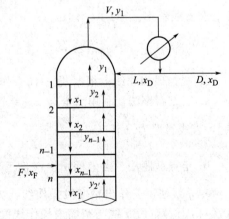

图 5-32　逐板计算法示意图

5.3.5.1　逐板计算法

如图 5-32 所示，假设：塔顶为全凝器，泡点液体回流；塔底为再沸器，间接蒸汽加热；R、q、α 已知，泡点进料。

从塔顶最上一层塔板（序号为 1）上升的蒸气经全凝器全部冷凝成饱和温度下的液体，因此馏出液和回流液的组成均为 y_1，即 $y_1 = x_D$。

根据理论塔板的概念，自第一层板下降的液相组成 x_1 与 y_1 互成平衡，由平衡方程得

$$x_1 = \frac{y_1}{y_1 + \alpha(1-y_1)}$$

从第二层塔板上升的蒸气组成 y_2 与 x_1 符合操作关系，故可用精馏段操作线方程由 x_1 求得 y_2，即 $y_2 = \frac{R}{R+1}x_1 + \frac{x_D}{R+1}$，按以上方法交替进行，计算步骤如下：

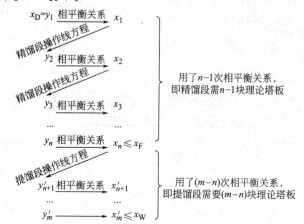

因在计算过程中，每使用一次相平衡关系，即表示需要一块理论塔板，所以经上述计算得到全塔总理论塔板数为 $m-1$ 块（塔底再沸器部分气化，气液两相达平衡状态，起到一定的分离作用，相当于一块理论塔板），其中精馏段为 $n-1$ 块，提馏段为 $(m-1)-(n-1)=m-n$ 块，进料板位于第 n 块板上。

该法计算准确，但手算过程烦琐重复，当理论塔板数较多时可用计算机完成。

5.3.5.2　图解法（McCabe-Thiele 法）

用图解法求理论塔板数与逐板计算法原理相同，只是用图线代替方程，以图形的形式求取理论塔板数，具体步骤如下。

(1) 操作线方程、q 线方程在 x-y 相图上的标绘

① 精馏段操作线　根据式(5-77a)作出精馏段操作线直线图。

a. 定点斜率法　利用点坐标 $x_n = x_D$，$y_{n+1} = x_D$ [点 (x_D, x_D) 即为对角线上的一点] 及直线斜率 $\frac{L}{V} = \frac{R}{R+1}$ 作图。

b. 定点截距法　利用定点 $x_n = x_D$，$y_{n+1} = x_D$，直线截距为 $\frac{1}{R+1}x_D$。

② 提馏段操作线　根据式(5-78)作出提馏段操作线直线图。

a. 定点斜率法　利用点坐标 $x_m = x_W$，$y_{m+1} = x_W$ [点 (x_W, x_W) 即为对角线上的一点]，直线斜率为 $\frac{L'}{V'}$。

b. 定点截距法　点坐标 $x_n = x_W$，$y_{n+1} = x_W$，直线截距为 $-\frac{W}{V'}x_W$。

c. q 线法　先作出精馏段操作线，并确定提馏段操作线的定点 (x_W, x_W)，而另一定点 (x_e, x_e)，由 q 线与精馏段操作线的交点确定，联结两定点 (x_W, x_W) 与 (x_e, x_e)，即得提馏段操作线。

③ q 线　q 线由式(5-84)作图，定点 (x_F, x_F) [点 (x_F, x_F) 即为对角线上的一点]，斜率为 $\frac{q}{q-1}$。

（2）M-T 图解法基本步骤

如图 5-33 所示，在 x-y 图上画出平衡线，并画出对角线；在三点（$x=x_D$ 点、$x=x_W$ 及 $x=x_F$ 点）处分别引垂直线与对角线分别相交于 a 点（x_D，x_D）、b 点（x_W，x_W）、c 点（x_F，x_F）三点；由已知的 R、q 值作出精馏段和提馏段的操作线；在平衡线与操作线之间，从 a 点开始画梯级（即画三角形）直至 $x \leqslant x_W$ 为止（或由 b 点反向画梯级直至 $x \leqslant x_D$），所画梯级的个数即为理论塔板数。其中，过 q 线与精馏段操作线交点的三角形为加料板，最后一个三角形为塔釜再沸器。

（3）梯级的含义

如图 5-34 所示，以第 n 块理论塔板为例，y_n—x_{n-1}、y_{n+1}—x_n 为操作关系，落在操作线上，y_n—x_n 为平衡关系，落在平衡线上。三个点 A、B、C 构成一个三角形，其中边 BA 为 x_{n-1}—x_n，表示液相经该理论塔板的增浓程度；边 CB 为 y_n—y_{n+1}，表示气相经该理论塔板的增浓程度。所以，这个三角形充分表达了一块理论塔板的工作状态，由此也可看出在塔内不论气相还是液相都是自下而上轻组分浓度逐渐增高，而重组分浓度逐渐减低。

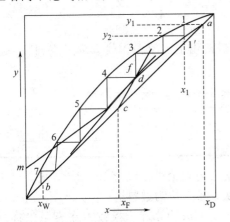

图 5-33　求理论板层数的图解法

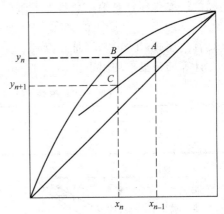

图 5-34　梯级示意图

【例 5-10】　在一常压连续精馏塔内分离苯-甲苯混合物，已知进料流量为 80kmol/h，进料中苯含量为 0.40（摩尔分数，下同），泡点进料，塔顶馏出液含苯 0.90，要求塔顶苯的回收率不低于 90%。塔顶为全凝器，回流比取 2。在操作条件下，物系的相对挥发度为 2.47，试分别用逐板计算法和图解法计算所需的理论塔板数。

解：（1）根据苯的回收率计算塔顶产品的流量为：

$$D = \frac{\eta_A F x_F}{x_D} = \frac{0.9 \times 80 \times 0.4}{0.9} = 32\text{kmol/h}$$

由物料衡算计算塔底产品的流量及组成：

$$W = F - D = 80 - 32 = 48\text{kmol/h}$$

$$x_W = \frac{F x_F - D x_D}{W} = \frac{80 \times 0.4 - 32 \times 0.9}{48} = 0.0667$$

已知回流比 $R=2$，所以精馏段操作线方程为：

$$y_{n+1} = \frac{R}{R+1} x_n + \frac{x_D}{R+1} = \frac{2}{2+1} x_n + \frac{0.9}{2+1} = 0.667 x_n + 0.3 \qquad\qquad (\text{I})$$

下面求提馏段操作线方程：

提馏段上升蒸气量：

$$V'=V-(1-q)F=V=(R+1)D=(2+1)\times32=96\text{kmol/h}$$

下降液体量：

$$L'=L+qF=RD+qF=2\times32+80=144\text{kmol/h}$$

$$y_{m+1}=\frac{L'}{V'}x_m-\frac{Wx_W}{V'}=\frac{144}{96}x_m-\frac{48\times0.0667}{96}=1.5x_m-0.033 \qquad （Ⅱ）$$

相平衡方程可写成：

$$x=\frac{y}{\alpha-(\alpha-1)y}=\frac{y}{2.47-1.47y} \qquad （Ⅲ）$$

利用操作线方程（Ⅰ）、（Ⅱ）和相平衡方程（Ⅲ），可自上而下逐板计算所需要的理论塔板数。因塔顶为全凝器，则 $y_1=x_D=0.9$。

由式（Ⅲ）求得第一块板下降液体组成为：

$$x_1=\frac{y_1}{\alpha-(\alpha-1)y_1}=\frac{y_1}{2.47-1.47y_1}=\frac{0.9}{2.47-1.47\times0.9}=0.785$$

利用精馏段操作线计算第二块板上升蒸气组成为

$$y_2=0.667x_1+0.3=0.667\times0.785+0.3=0.824$$

交替使用式（Ⅰ）和式（Ⅲ）直到 $x_n\leqslant x_F$，然后改用提馏段操作线方程，直到 $x_n\leqslant x_W$ 为止，计算结果见本题附表。

【例5-10】附表　　计算结果——各层塔板上的气液组成

板号	1	2	3	4	5	6	7	8	9	10
y	0.9	0.824	0.737	0.652	0.587	0.515	0.419	0.306	0.194	0.101
x	0.785	0.655	0.528	0.431	$0.365<x_F$	0.301	0.226	0.151	0.089	$0.044<x_W$

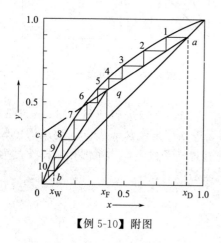

【例5-10】附图

精馏塔内理论塔板数为 $10-1=9$ 块，其中精馏段4块，第5块为进料板。

（2）图解法计算理论板数　在直角坐标系中绘出 x-y 相图，如本题附图所示。根据精馏段操作线方程（Ⅰ），找到 $a(0.9,0.9)$，$c(0,0.3)$ 点，连接 ac 即得到精馏段操作线。因为泡点进料，$x_q=x_F$，由 $x=x_F$ 做垂线交精馏段操作线于 q 点，连接 $b(0.0667,0.0667)$ 点和 q 点即为提馏段操作线 bq。从 a 点开始在平衡线与操作线之间做梯级，直到 $x_n\leqslant x_W$ 为止。由附图可知，理论塔板数为10块，除去再沸器一块，塔内理论塔板数为9块，其中精馏段4块，第5块为进料板，与逐板计算法结果相一致。

（4）适宜进料位置的确定

前已述及，进料位置对应于两操作线交点 e 所在的梯级，这一位置即为适宜进料位置。如图5-35所示，因为若实际进料位置下移 [如图(a)所示，梯级已跨过两操作线交点 e，而仍在精馏段操作线和平衡线之间绘梯级] 或上移 [如图(b)所示，未跨过两操作线交点 e 而过早更换操作线]，所需的理论板层数均增多，只有在跨过两操作线交点 e 即更换操作线所需的理论板层数最少，如图(c)所示，现在确定的进料板位置为适宜位置。此时，进料组成与该板上的气相或液相组成最接近，进料后造成的返混（不同浓度溶液之间的混合）最小，则塔板分离效率最高。

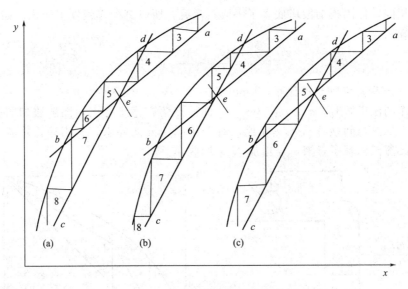

图 5-35　适宜进料位置的讨论

5.3.5.3　几种特殊情况下 N 的计算

（1）塔顶设置分凝器

如图 5-36 所示，塔顶第一个冷凝器只是将回流液冷凝下来（即部分冷凝）叫分凝器，由分凝器出来的气相再由全凝器全部冷凝下来作为产品，其装置如图 5-36(a) 所示。

对于分凝器来说，同时离开分凝器的气液两相组成 y_0-x_0 呈相平衡关系，起到一定的分离作用，相当于一块理论塔板。设有分凝器时，则计算理论塔板应从分凝器开始，精馏段操作线方程不变，只是算得的理论塔板总数中应扣除 1 块（即为分凝器）即可，图解法如图 5-36(b) 所示。

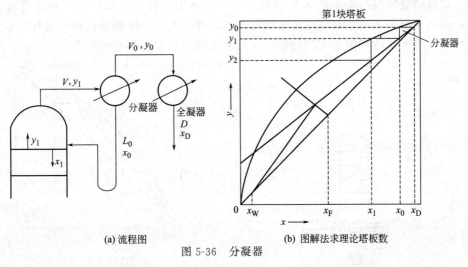

(a) 流程图　　　　　　　　　　(b) 图解法求理论塔板数

图 5-36　分凝器

采用分凝器操作时，塔顶调节回流比 R 不太方便，所以生产上不常使用。

（2）塔底采用直接蒸汽加热

若对某轻组分 A 与水的混合物进行精馏分离时，由于塔底产物主要是水，可考虑在塔底直接通入水蒸气加热，以省去塔釜再沸器，其装置如图 5-37(a) 所示。

设蒸汽为饱和水蒸气，恒摩尔流假定成立，则 $V_0 = V'$，此情况下，精馏段操作线、q

线与常规塔相同，但因提馏段塔底多了一股蒸汽流，所以其操作线发生变化。如图所示，由物料衡算可导出：

$$y = \frac{W}{V_0}x - \frac{W}{V_0}x_W \tag{5-86}$$

式中 V_0——直接蒸汽加热的流量，kmol/h。

当采用作图法求解时，$x = x_W$，$y = 0$，即该点落在横坐标上，图解法如图 5-37(b) 所示。直接蒸汽加热与间接蒸汽加热相比，对于相同的分离要求，所需理论塔板数 N 稍多。这是因为直接蒸汽稀释了釜液，需增加 N 来回收 A。

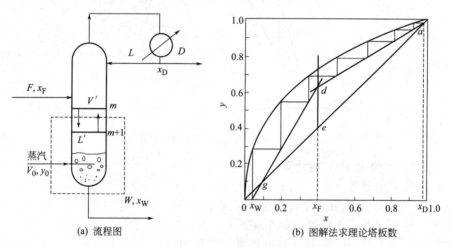

(a) 流程图   (b) 图解法求理论塔板数

图 5-37　直接蒸汽加热

(3) 提馏塔

图 5-38(a) 所示为提馏塔装置简图。原料液从塔顶加入塔内，然后逐板下流提供塔内的液相，塔顶蒸气冷凝后全部作为馏出液产品，塔釜用间接蒸汽加热，只有提馏段而无精馏段。这种塔主要用于物系在低浓度下的相对挥发度较大，不要精馏段也可达到所希望的馏出液组成，或用于回收稀溶液中的轻组分而对馏出液组成要求不高的场合。

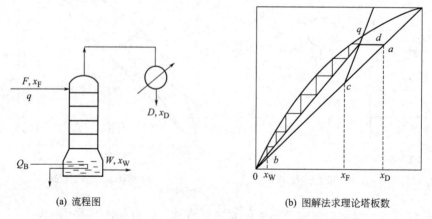

(a) 流程图   (b) 图解法求理论塔板数

图 5-38　提馏塔

在设计型计算时，给定原料液流量 F、组成 x_F 及加料热状况参数 q，规定塔顶轻组分回收率 η_A 及釜残液组成 x_W，则馏出液组成 x_D 及其流量 D，由全塔物料衡算确定。此情况下的操作线方程与一般精馏塔的提馏段操作线方程相同，即

$$y_{m+1}=\frac{L'}{V'}x-\frac{W}{V'}x_W$$

式中　　　　　　　　　　　　　$L'=qF$

及　　　　　　　　　$V'=D+(q-1)F$　或　$V'=L'-W$

此操作线的下端为 $x-y$ 图的点 $b(x_W,x_W)$，上端由 q 线与 $y=x_D$ 的交点坐标 d 来确定，如图 5-38(b) 所示。然后在操作线与平衡线之间绘阶梯确定理论塔板层数。

当泡点进料时，$L'=F$，$V'=D$，则操作线方程变为

$$y_{m+1}=\frac{F}{D}x_m-\frac{W}{D}x_W \tag{5-87}$$

（4）复杂塔型

在工业生产中，有时为分离组分相同而含量不同的原料液，则应在不同塔板位置上设置相应的进料口；有时为了获得不同规格的精馏产品，则可根据所要求的产品组成在塔的不同位置上开设侧线出料口，这两种情况均称为复杂塔型。

如图 5-39(a) 所示，例如两股组分相同，但组成不同的料液，可在同一塔内分离。此时，两股料液应分别在适当位置加入塔内。这时将精馏塔分成三段，每段操作线均可由物料衡算推出，其 q 线方程仍与单股加料时相同。

又如图 5-39(b) 所示的侧线出料塔，塔内可分三段，每段的操作线均可由物料衡算导出。图（b）表示侧线饱和液体出料或侧线饱和蒸气出料。

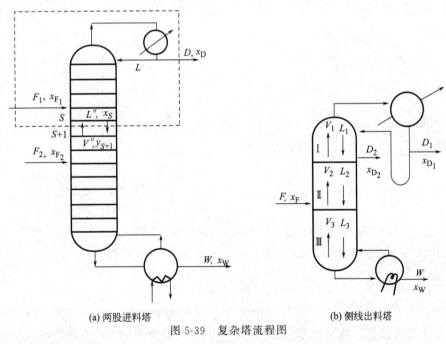

(a) 两股进料塔　　　　　　　　　(b) 侧线出料塔

图 5-39　复杂塔流程图

5.3.6　回流比的选择及影响

精馏的核心是回流，它的大小是影响精馏塔设备费用和操作费用的重要因素。当 R 增大时，操作线远离平衡线，梯级跨度增大，对于同样的分离要求所需理论塔板数减少，但同时，塔顶和塔底的热负荷增加，能耗高，即操作费用增多。因此，回流比 R 是个重要的可调操作参数，要通过经济评价来讨论 R 的适宜范围。

（1）最小回流比

如图 5-40 所示，对于指定的分离要求，当 R 减小时，两条操作线向平衡线移动，传质

推动力减小，所需 N 增多。当两条操作线的交点落在平衡线上时（图中 e 点），由于 e 点处气液两相已达到相平衡关系，即无增浓作用，所以称此区为恒浓区（挟紧区），点 e 称为挟紧点，此时，对应的回流比为最小回流比。

最小回流比 R_{min} 的求取可用两种方法，作图法和解析法。

① 对于理想体系对应正常的平衡曲线　如图 5-40 所示，可由图中读得挟紧点 e 点坐标 (x_e, y_e)。因是

$$\frac{R_{min}}{R_{min}+1}=\frac{x_D-y_e}{x_D-x_e}$$

所以

$$R_{min}=\frac{x_D-y_e}{y_e-x_e} \tag{5-88}$$

② 对于非理想体系对应的特殊平衡线　如图 5-41 所示，当操作线与平衡线相切，则切点 g 为挟紧点，对应的 R 为 R_{min}。d 点是精馏段和提馏段交点，但没落在平衡线上。则由图读得 d 点 (x_q, y_q) 或点 $g(x_e, y_e)$ 坐标值。有

$$R_{min}=\frac{x_D-y_q}{y_q-x_q}=\frac{x_D-y_e}{y_e-x_e} \tag{5-89}$$

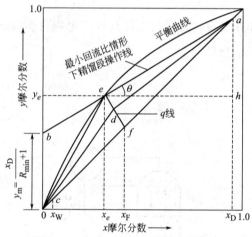

图 5-40　在 x-y 图中分析最小回流比

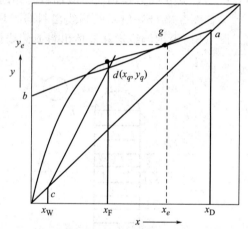

图 5-41　非理想物系最小
回流比的确定

上式中 x_q 与 y_q 不是相平衡关系，但 x_e 与 y_e 为相平衡关系。

③ 解析法　对于理想物系，由式(5-73) 和式(5-88) 联立可得

$$R_{min}=\frac{1}{\alpha-1}\left[\frac{x_D}{x_e}-\frac{\alpha(1-x_D)}{1-x_e}\right] \tag{5-90}$$

应当注意，对于理想物系，若两操作线交点 d 落在相平衡线以外是理论所不允许的，但生产实际中仍可操作，这是技术上的问题。但此时，即使采用无穷多块塔板，无论怎样操作，也不可能达到指定的分离要求。

（2）全回流及最少理论塔板数

全回流时，反应在图上是精、提馏段操作线均与对角线重合，传质推动力最大，对于指定分离要求而言，所需理论塔板数最小。

全回流是回流的上限，生产能力等于零，对正常生产无意义。但开车阶段，先打全回流可尽快达到稳定操作；生产中，当精馏塔前后工序出了故障时，可临时改为全回流操作；实验研究中，多采用全回流操作测定单板效率，这样可排除进料波动等不稳定因素的影响，便

于不同结构塔型的比较；利用全回流还可以给出完成一定分离任务所需最少理论塔板数 N_{min} 的极限概念。以下介绍求解 N_{min} 的两种方法。

① 图解法　因精馏、提馏两条操作线均与对角线重合，所以可由对角线上点 (x_D, x_D) 或点 (x_W, x_W) 开始在平衡线与对角线之间画梯级，直到跨过 x_W（或 x_D）为止，所得梯级数即为 N_{min} 的值。

② 解析法——芬斯克（Fenske）公式　依据操作线方程和理想系统的相平衡线方程可导出芬斯克公式：

$$N_{min}+1=\frac{\lg\left[\left(\dfrac{x_A}{x_B}\right)_D\left(\dfrac{x_B}{x_A}\right)_W\right]}{\lg\overline{\alpha_m}}=\frac{\lg\left[\left(\dfrac{x_D}{1-x_D}\right)\left(\dfrac{1-x_W}{x_W}\right)\right]}{\lg\overline{\alpha_m}} \tag{5-91}$$

式中，取 $\overline{\alpha_m}=\sqrt{\alpha_{塔顶}\alpha_{塔底}}$ 为常数，N_{min} 值不包括再沸器。

利用芬斯克公式可估计进料板位置，即

$$N_{min,T}=\frac{\lg\left[\left(\dfrac{x_A}{x_B}\right)_D\left(\dfrac{x_B}{x_A}\right)_F\right]}{\lg\overline{\alpha_1}} \tag{5-91a}$$

式中　$N_{min,T}$——精馏段最少理论塔板数；$\overline{\alpha_1}=\sqrt{\alpha_{塔顶}\alpha_{进料}}$。

(3) 适宜回流比的确定

适宜回流比是指总费用（即操作费用和设备费用之和）最低时的回流比，需通过经济衡算来确定。其中，精馏的操作费用主要取决于再沸器中加热介质消耗量和冷凝器中冷却介质的消耗量，两者均取决于塔内上升的蒸气量；设备费用是指塔器、再沸器、冷凝器等设备的投资费用乘以折旧率。若将 R 对操作费用和设备折旧费用作图，如图 5-42 所示，可求最佳回流比。

长期以来，最佳回流比的确定一直令人注目。由于能源紧张和昂贵，为减少操作费用，最佳回流比应相应减小。根据生产数据的统计，最佳回流比的范围为：$R=(1.1\sim2)R_{min}$。

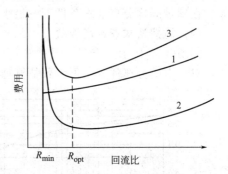

图 5-42　适宜回流比的确定
1—操作费用；2—设备费用；3—总费用

【例 5-11】　在常压连续精馏塔内分离某理想混合液，已知 $x_F=0.40$（摩尔分数，下同），$x_D=0.97$，$x_W=0.04$，物系的相对挥发度为 2.47。试分别计算以下 3 种进料方式下的最小回流比及全回流下的最少理论塔板数：（1）冷液进料 $q=1.387$；（2）泡点进料；（3）饱和蒸气进料。

解：（1）冷液进料 $q=1.387$

则 q 线方程

$$y=\frac{q}{q-1}x-\frac{x_F}{q-1}=\frac{1.387}{1.387-1}x-\frac{0.4}{1.387-1}=3.584x-1.034$$

相平衡方程：

$$y=\frac{\alpha x}{1+(\alpha-1)x}=\frac{2.47x}{1+1.47x}$$

联立以上两式得：

$$x_e=0.483, y_e=0.698$$

因此

$$R_{min}=\frac{x_D-y_e}{y_e-x_e}=\frac{0.97-0.698}{0.698-0.483}=1.265$$

（2）泡点进料

则 $q=1$，则 $x_e = x_F = 0.4$

$$y_e = \frac{\alpha x_e}{1+(\alpha-1)x_e} = \frac{2.47 \times 0.4}{1+1.47 \times 0.4} = 0.622$$

因此

$$R_{\min} = \frac{x_D - y_e}{y_e - x_e} = \frac{0.97-0.622}{0.622-0.4} = 1.568$$

（3）饱和蒸气进料

则 $q=0$，则 $y_e = x_F = 0.4$

$$x_e = \frac{y_e}{\alpha - (\alpha-1)y_e} = \frac{0.4}{2.47 - 1.47 \times 0.4} = 0.213$$

因此

$$R_{\min} = \frac{x_D - y_e}{y_e - x_e} = \frac{0.97-0.4}{0.4-0.213} = 3.048$$

（4）全回流下的最少理论塔板数

$$N_{\min} = \frac{\lg\left[\left(\frac{x_D}{1-x_D}\right)\left(\frac{1-x_W}{x_W}\right)\right]}{\lg \overline{\alpha_m}} - 1 = \frac{\lg\left[\left(\frac{0.97}{0.03}\right)\left(\frac{0.96}{0.04}\right)\right]}{\lg 2.47} - 1 = 6.36 \text{（不包括再沸器）}$$

由以上计算可知，在分离要求一定的情况下，最小回流比与进料热状况有关，q 值越大，在满足同样分离要求条件下，最小回流比越小。

（4）简捷法求理论塔板数

如图 5-43 所示，吉利兰图对 $R_{\min}$、R、$N_{\min}$ 和 N 四个变量进行了关联。该图方便、实用，对一定的分离任务，可大致估算理论塔板数；也可粗略地定量分析 N 与 R 的关系。

吉利兰关联图求理论塔板数的步骤为：

① 利用解析法或图解法求解 $R_{\min}$，并按上述原则选择适宜的 R；

② 用芬斯克公式计算 $N_{\min}$；

③ 计算 $\frac{R-R_{\min}}{R+1}$，查吉利兰关联图得出纵坐标数值后可相应计算出理论塔板数 N 值。

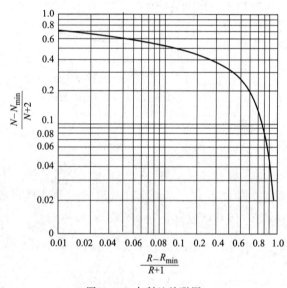

图 5-43　吉利兰关联图

（5）塔板效率

塔板效率反映了实际塔板上气液两相间传质与理论塔板对比的完善程度，板式塔的效率可用总板效率和单板效率表示。

① 全塔效率（又称总板效率） E_T

总板效率又称全塔效率，是指达到指定分离要求所需理论塔板数与实际塔板数的比值

$$E_T = \frac{N_T}{N_P} \times 100\% \tag{5-92}$$

式中　N_T——理论塔板数；

　　　N_P——实际塔板数。

全塔效率可用于理论板数与实际板数之间的换算，它是一个影响因素众多的综合指标，

与气液体系、物性及塔板类型及其具体结构有关，同时与操作状况有关，因此该数值一般均由实验测定后归纳整理成曲线或经验式。常见算法中，一类是由美国化工学会提出的A. I. Ch. E 法，该类方法不仅包括了众多影响因素，而且能反映塔径放大对全塔效率的影响，对于过程开发很有意义；另一类是简化经验计算法，该类方法归纳了试验数据及工业数据，得出全塔效率与少数主要影响因素的关系，例如较多使用的奥康奈尔方法，对于精馏塔，奥康奈尔法将总板效率对液相黏度与相对挥发度的乘积进行关联，得到下式：

$$E_T = 0.49(\alpha \mu_L)^{-0.245}$$

式中，α 为塔顶与塔底平均温度下的相对挥发度，对多组分系统，应取关键组分间的相对挥发度；μ_L 为塔顶与塔底平均温度下的液体黏度，mPa·s。

该式将影响传质过程的动力学因素全部归结到全塔效率内，它简单地反映了整个塔内的平均传质效果，而对每层塔板的传质效率没有明确表示。

② 单板效率　单板效率又称为默弗里（Murphree）板效率，是指气相或液相经过一层塔板前后的实际组成变化与经过该层塔板前后的理论组成变化的比值。例如，第 n 层塔板的效率有如下两种表达方式。

a. 按气相组成变化表示的单板效率为：

$$E_{MV} = \frac{(y_n - y_{n+1})}{(y_n^* - y_{n+1})} \tag{5-93}$$

b. 按液相组成变化表示的单板效率为：

$$E_{ML} = \frac{(x_{n-1} - x_n)}{(x_{n-1} - x_n^*)} \tag{5-94}$$

式中　y_n^*——与 x_n 成相平衡的气相组成；

x_n^*——与 y_n 成相平衡的液相组成，其他符号的意义如图 5-44 所示。

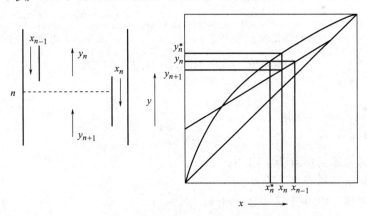

图 5-44　单板效率示意图

单板效率可直接反映该层塔板的传质效果。一般来说，同一层塔板的 E_{MV} 与 E_{ML} 数值并不相同，各层塔板的单板效率通常也不相等。即使塔内各板效率相等，全塔效率在数值上也不等于单板效率，这是因为二者定义的基准不同，全塔效率是基于所需理论塔板数的概念，而单板效率是基于理论塔板增浓程度的概念。

5.3.7　热量衡算

通过精馏装置的热量衡算，可求得冷凝器和再沸器的热负荷以及冷却介质和加热介质的消耗量，并为设计这些换热设备提供基本数据。

（1）全凝器热量衡算（见图 5-45）

$$Q_c = VI_{VD} - (LI_{LD} + DI_{LD}) = (R+1)D(I_{VD} - I_{LD}) \tag{5-95}$$

式中　Q_c——全凝器热负荷，kJ/h；

　　　I_{VD}——塔顶上升蒸气热焓值，kJ/kmol；

　　　I_{LD}——塔顶流出全凝器的饱和液的热焓值，kJ/kmol。

冷却介质消耗量：

$$W_c = \frac{Q_c}{C_{P_c}(t_2 - t_1)} \tag{5-96}$$

式中　W_c——冷却剂的耗用量，kg/h；

　　　t_1，t_2——冷却介质的进、出口温度，℃；

　　　C_{P_c}——冷却介质的比热容，kJ/(kg·℃)。

常用的冷却剂为冷却水，t_1 为当时当地自来水的温度，t_2 可由设计者给定，通常要求 $t_2 - t_1 = 10℃$ 左右。

（2）再沸器热量衡算（见图 5-46）

精馏的加热方式分为直接蒸汽加热与间接蒸汽加热两种方式。直接蒸汽加热时加热蒸汽的消耗量可通过精馏塔的物料衡算求得，而间接蒸汽加热时加热蒸汽消耗量可通过全塔或再沸器的热量衡算求得。

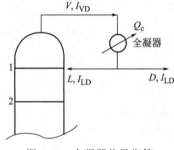

图 5-45　全凝器热量衡算

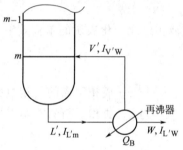

图 5-46　再沸器热量衡算

$$Q_B = V'I_{V'w} + WI_{L'w} - L'I_{L'm} + Q_L$$

设 $I_{L'm} \approx I_{L'w}$，且因 $V' = L' - W$，则：

$$Q_B = V'(I_{V'w} - I_{L'w}) + Q_L \tag{5-97}$$

则加热介质消耗量：

$$W_h = \frac{Q_B}{r} \tag{5-98}$$

式中　Q_B——再沸器的热负荷，kJ/h；

　　　Q_L——再沸器热损失，kJ/h；

　　　$I_{V'w}$——再沸器中上升蒸气焓，kJ/kmol；

　　　$I_{L'w}$——釜残液焓，kJ/kmol；

　　　r——加热蒸汽的汽化潜热，kJ/kmol。

【例 5-12】 用一常压连续精馏塔分离含苯 0.4（质量分数，下同）的苯-甲苯溶液，进料流量为 15000kg/h，进料温度为 25℃，回流比为 3.5，得到馏出液与釜残液组成分别为 0.97 和 0.02。已知再沸器加热蒸汽压力为 137kPa（表压），塔顶回流液为饱和液体，塔的热损失可以不计，求：（1）再沸器的热负荷及加热蒸汽消耗量；（2）冷却水进、出冷凝器的温度分别为 27℃ 和 37℃ 时，冷凝器的热负荷及冷却水用量。

解： 首先将质量分数换算成摩尔分数，得到

$$x_F = \frac{\dfrac{0.4}{78}}{\dfrac{0.4}{78} + \dfrac{0.6}{92}} = 0.44$$

$$x_D = \frac{\dfrac{0.97}{78}}{\dfrac{0.97}{78} + \dfrac{0.03}{92}} = 0.975$$

$$x_W = \frac{\dfrac{0.02}{78}}{\dfrac{0.02}{78} + \dfrac{0.98}{92}} = 0.0235$$

$$F = \frac{15000 \times 0.4}{78} + \frac{15000 \times 0.6}{92} = 174.75\text{kmol/h}$$

根据物料衡算：

$$F = D + W$$
$$Fx_F = Dx_D + Wx_W$$

可以求得：

$$D = 76.57\text{kmol/h}, \quad W = 98.15\text{kmol/h}$$

（1）再沸器　为了求出再沸器的加热功率，需要求出提馏段上升蒸气量 V'：

$$V' = V - (1-q)F = (R+1)D + (q-1)F$$

于是需要求出 q：

进料的汽化潜热近似为：

$$r_m = (0.44 \times 93 \times 78 + 0.56 \times 86 \times 92) \times 4.187 = 31900\text{kJ/kmol}$$

当 $x_F = 0.44$ 时，溶液的泡点为 93℃。计算显热时使用平均温度为 $\dfrac{93+25}{2} = 59$℃下的比热容，查 59℃下的苯和甲苯的质量定压比热容均近似为 1.84kJ/（kg·℃），故原料液的摩尔定压比热容为：

$$C_{P,m} = 1.84 \times 0.44 \times 78 + 1.84 \times 0.56 \times 92 = 158\text{kJ/(kmol·℃)}$$

则可算出：

$$q = \frac{C_{P,m}\Delta t + r_m}{r_m} = \frac{158 \times (93-25) + 31900}{31900} = 1.337$$

于是得：

$$V' = 404\text{kmol/h}$$

再沸器热负荷为

$$Q_R = V'\Delta H_{甲苯} = 404 \times 3.31 \times 10^4 \text{（按纯甲苯计算）} = 1.33 \times 10^7 \text{kJ/h}$$

查得 137kPa（表压）或 238kPa（绝压）的加热蒸气的汽化潜热为 2240kJ/kg，于是

$$\text{蒸气用量} = \frac{1.33 \times 10^7}{2240} = 5955\text{kg/h}$$

（2）冷凝器　冷凝器热负荷为

$$Q_c = (R+1)D\Delta H_{苯} = 4.5 \times 6000 \times 393.9\text{（近似按纯苯计算）} = 1.06 \times 10^7 \text{kJ/h}$$

冷却水用量：

$$W_c = \frac{Q_c}{C_P\Delta t} = \frac{1.06 \times 10^7}{4.18 \times 10} = 2.54 \times 10^5 \text{kg/h}$$

因精馏过程中，进入再沸器的 95％热量需要在塔顶冷凝器中取出，所以精馏过程是能

量消耗很大的单元操作之一，其消耗通常占整个单元总能耗的 40％～50％左右，如何降低精馏过程的能耗，是一个重要课题。由精馏过程的热力学分析知，减少有效能损失，是精馏过程节能的基本途径，其具体做法如下。

① **热节减型** 因回流必然消耗大量能量，所以选择经济合理的回流比是精馏过程节能的首要因素。一些新型板式塔和高效填料塔的应用，有可能使回流比大为降低；或减小再沸

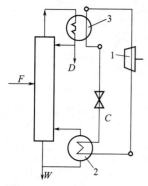

图 5-47 闭式循环热泵精馏
1—压缩机；2—再沸器；
3—冷凝器

器与冷凝器的温度差，例如，采用压降低的塔设备，可减少向再沸器提供的热量，从而可提高有效能效率；如果塔底和塔顶的温度差较大，则可在精馏段中间设置冷凝器，在提馏段中间设置再沸器，可有效利用温位合理、价格低廉的换热介质，从而降低精馏的操作费用。

也可采用精馏节能新技术，如图 5-47 所示的热泵精馏流程，将塔顶蒸气绝热压缩后升温，重新作为再沸器的热源，把再沸器中的液体部分气化；而压缩气体本身冷凝成液体，经节流阀后一部分作为塔顶产品抽出，另一部分作为塔顶回流液。这样，除开工阶段以外，可基本上不向再沸器提供另外的热源，节能效果十分显著。应用此法虽然要增加热泵系统的设备费，但可用节能省下的费用很快收回增加的投资。

还可采用多效精馏，其原理如多效蒸发，即采用压力依次降低的若干个精馏塔串联流程，前一精馏塔塔顶蒸气用作后一精馏塔再沸器的加热介质。这样，除两端精馏塔外，中间精馏装置可不必从外界引入加热剂和冷却剂。

② **热能的综合利用（热回收型）** 回收精馏装置的余热，作为本系统或其他装置的加热热源，也是精馏操作节能的有效途径。其中包括用塔顶蒸气的潜热直接预热原料或将其用作其他热源；回收馏出液和釜残液的显热用作其他热源等。

对精馏装置进行优化控制，使其在最佳工况下运作，减小操作裕度，确保过程的能耗为最低。多组分精馏中，合理选择流程，也可达到降低能耗的目的。

5.3.8 特殊精馏

在实际生产中，常有这样的情况：

① 两组分的挥发度很接近（即平衡线离对角线很近，传质推动力很小），用一般精馏方法分离，所需的理论塔板数 N 非常多；

② 液体混合物具有恒沸点，如乙醇-水的恒沸组成为乙醇 0.894、水 0.106（摩尔分数），所以采用一般精馏方法，无法制取无水酒精。

对于上述情况，工业上可采用特殊精馏方式进行分离，其基本原理是在二元溶液中加入第三组分，以改变原来二元物系的非理想性或提高组分间的相对挥发度。根据第三组分所起的作用，可分为恒沸精馏和萃取精馏。

(1) 恒沸精馏

若在两组分恒沸液中加入第三组分（称为恒沸剂或挟带剂），该组分能与原料液中的一个或两个组分形成新的恒沸液，从而使原料液能用普通精馏方法予以分离，这种精馏操作称为恒沸精馏。恒沸精馏可分离具有最低恒沸点的溶液、具有最高恒沸点的溶液以及挥发度相近的物系。

如图 5-48 所示，以乙醇-水物系为例，其二元恒沸组成为：乙醇 0.894、水 0.106，恒沸点 78.15℃。摩尔比为水/乙醇＝0.12。当添加恒沸剂——苯后，形成苯-乙醇-水三元物系，

此三组分可形成一个新的三元非均相恒沸物，三元恒沸组成为：苯 0.554，乙醇 0.320，水 0.226。摩尔比为水/乙醇＝0.98，恒沸点为 64.5℃。由于新三元恒沸物沸点最低，故其由恒沸精馏塔顶蒸出，塔底产品为近于纯态的乙醇。塔顶蒸气进入冷凝器 4 中冷凝后，部分液相回流到塔 1，其余的进入分层器 5，在器内分为轻、重两层液体。轻相返回塔 1 作为补充回流，重相送入苯回收塔 2，以回收其中的苯。塔 2 的蒸气由塔顶引出也进入冷凝器 4 中，塔 2 底部的产品为稀乙醇，被送到乙醇回收塔 3 中。塔 3 中塔顶产品为乙醇-水恒沸液，送回塔 1 作为原料，塔底产品几乎为纯水。在操

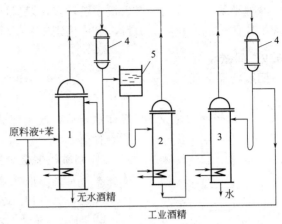

图 5-48　恒沸精馏流程示意图

1—恒沸精馏塔；2—苯回收塔；3—乙醇回收塔；

4—冷凝器；5—分层器

作中苯是循环使用的，只要有足够量的苯，就可将水全部集中于三元恒沸物中带出，从而使乙醇-水混合液得以分离。

　　恒沸精馏操作关键是恒沸剂的选择，它的选择原则是：

　　① 能与 A、B 组分之一或两个形成最低恒沸物，并希望与 A、B 中含量小的组分形成恒沸物从塔顶蒸出，以减少操作的热量损耗；

　　② 新形成的恒沸物要便于分离，以利对恒沸剂重新回收循环使用；

　　③ 恒沸物中，恒沸剂的相对含量要小，这样可使较少的恒沸剂夹带较多的其他组分，且使操作经济合理。

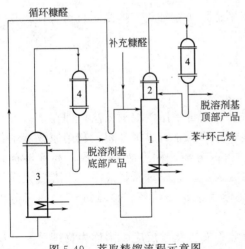

图 5-49　萃取精馏流程示意图

1—萃取精馏塔；2—萃取剂回收段；

3—苯回收塔；4—冷凝器

（2）萃取精馏

　　萃取精馏和恒沸精馏相似，也是向原料液中加入第三部分（称为萃取剂或溶剂），以改变原有组分间的相对挥发度而达到分离要求的特殊精馏方法。但不同的是要求萃取剂的沸点较原料液中各组分的沸点高得多，且不与组分形成恒沸液，容易回收。

　　以苯-环己烷为例，如图 5-49 所示。选择萃取剂——糠醛，由于糠醛分子对苯分子的吸引力大，对环己烷分子的影响不明显。因此加入糠醛后，苯-环己烷的相对挥发度增大。例如加入摩尔分数为 0.72 的糠醛后，则使原苯-环己烷物系容易分离。

　　萃取剂的选择原则如下：

　　① 选择性高，即加入少量萃取剂后能使原双组分间的相对挥发度大大地增大；

　　② 挥发性小，即萃取剂的沸点要比原双组分 A、B 的沸点高得多，且不与 A、B 形成恒沸物；

　　③ 萃取剂与原溶液的 A、B 组分间有足够的溶解度，以避免分层。

萃取精馏中萃取剂的加入量一般较多，以保证各层塔板上足够的添加剂浓度，而且萃取精馏塔往往采用饱和蒸气加料，以使精馏段和提馏段的添加剂浓度基本相同。

5.3.9　间歇精馏

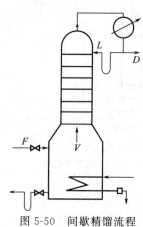

间歇精馏装置如图 5-50 所示，原料液一次性加入塔釜后，将釜内的液体加热至沸腾，所生成蒸气到达塔顶全凝器，冷凝液全部回流进塔，待全回流操作稳定后，改为部分回流操作，并从塔顶采集产品。其主要特点如下。

① 间歇精馏是分批操作，过程为非稳态，但由于塔内气液浓度变化是连续而缓慢的，可视为"拟稳态"过程。对操作的任一瞬间，仍可用连续、稳态精馏的计算方法进行分析。

② 间歇精馏操作，全塔均为精馏段，无提馏段，由于塔顶有液体回流，故属精馏，而不是简单蒸馏操作。

③ 间歇精馏操作方式比较灵活机动，适用于处理物料量少，物料品种经常改变的场合，尤其是对缺乏技术资料的物系进行精馏分离开发时，可先采用间歇精馏进行小试，以获取有关的数据。但对于同样的分离要求，间歇精馏的能耗大于连续精馏。

图 5-50　间歇精馏流程

间歇精馏有以下两种基本操作方式。

a. 恒定回流比 R 的操作，则随塔顶产物浓度 x_D 的降低，塔釜液组成 x_W 也不断降低。

b. 恒定 x_D 的操作，则随回流比 R 的增大，x_W 不断降低。

工业生产中，往往先恒定 R，当 x_D 降至一定值后，再增大 R，将产品分开储存。

实际生产中，按恒回流比操作，得不到高纯度产品，若按恒馏出液组成操作，需不断地变化 R，难以做到，通常将两法结合，先按前者操作一段时间，等明显变化时，再加大 R，并使 R 恒定操作。如此阶跃地增加 R，可保持大致不变。

间歇精馏设备简单，通用性广，机动性大，特别适用于精细化工产品，且可方便地用于多元蒸馏。

5.4　萃取

对于液体混合物的分离，除可采用蒸馏的方法外，还可采用萃取的方法，即在液体混合物（原料液）中加入一个与其基本不相混溶的液体作为溶剂，造成第二相，利用原料液中各组分在两个液相中的溶解度不同而使原料液混合物得以分离，称为液-液萃取，亦称溶剂萃取，简称萃取或抽提。选用的溶剂称为萃取剂，以 S 表示，它应对原料液中一个有较大溶解力的组分称为溶质，以 A 表示；对另一组分完全不溶解或部分溶解，该难溶于 S 的组分称为原溶剂（或稀释剂），以 B 表示。

如果萃取过程中，萃取剂与原料液中的有关组分不发生化学反应，则称为物理萃取，反之则称为化学萃取。

5.4.1　萃取原理

（1）萃取基本原理

萃取操作的基本过程如图 5-51 所示。将一定量萃取剂加入原料液中，然后加以搅拌使原料液与萃取剂充分混合，溶质通过相界面由原料液向萃取剂中扩散，所以萃取操作与精馏、吸收等过程一样，也属于两相间的传质过程。搅拌停止后，两液相因密度不同而分层：

一层以溶剂 S 为主，并溶有较多的溶质，称为萃取相，以 E 表示；另一层以原溶剂（稀释剂）B 为主，且含有未被萃取完的溶质，称为萃余相，以 R 表示。若溶剂 S 和 B 为部分互溶，则萃取相中还含有少量的 B，萃余相中亦含有少量的 S。

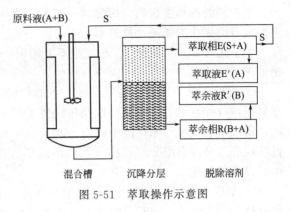

图 5-51　萃取操作示意图

由上可知，萃取操作并未得到纯净的组分，而是新的混合液：萃取相 E 和萃余相 R。为了得到产品 A，并回收溶剂以供循环使用，尚需对这两相分别进行分离。通常采用蒸馏或蒸发的方法，有时也可采用结晶等其他方法。脱除溶剂后的萃取相和萃余相分别称为萃取液和萃余液，以 E' 和 R' 表示。

对于一种液体混合物，究竟是采用蒸馏还是萃取加以分离，主要取决于技术上的可行性和经济上的合理性。一般地，在下列情况下采用萃取方法更为有利。

① 原料液中各组分间的沸点非常接近，也即组分间的相对挥发度接近于 1，若采用蒸馏方法很不经济。

② 料液在蒸馏时形成恒沸物，用普通蒸馏方法不能达到所需的纯度。

③ 原料液中需分离的组分含量很低且为难挥发组分，若采用蒸馏方法须将大量稀释剂气化，能耗较大。

④ 原料液中需分离的组分是热敏性物质，蒸馏时易于分解、聚合或发生其他变化。

（2）萃取剂的选择

选择合适的萃取剂是保证萃取操作能够正常进行且经济合理的关键，萃取剂的选择主要考虑以下因素。

① 萃取剂的选择性及选择性系数　萃取剂的选择性是指萃取剂 S 对原料液中两个组分溶解能力的差异。若 S 对溶质 A 的溶解能力比对原溶剂 B 的溶解能力大得多，即萃取相中 y_d 比 y_B 大得多，萃余相中 x_B 比 x_d 大得多，那么这种萃取剂的选择性就好。

萃取剂的选择性可用选择性系数 β 表示，其定义式为

$$\beta = \frac{\dfrac{\text{萃取相中 A 的质量分数}}{\text{萃取相中 B 的质量分数}}}{\dfrac{\text{萃余相中 A 的质量分数}}{\text{萃余相中 B 的质量分数}}} = \frac{\dfrac{y_A}{y_B}}{\dfrac{x_A}{x_B}} = \frac{\dfrac{y_A}{x_A}}{\dfrac{y_B}{x_B}} = \frac{K_A}{K_B} \tag{5-99}$$

式中　　β——选择性系数，无量纲；

y_A，y_B——萃取相 E 中组分 A、B 的质量分数；

x_A，x_B——萃余相 R 中组分 A、B 的质量分数；

K_A，K_B——组分 A、B 的分配系数。

由 β 的定义可知，选择性系数 β 为组分 A、B 的分配系数之比，其物理意义颇似蒸馏中的相对挥发度。若 $\beta > 1$，说明组分 A 在萃取相中的相对含量比萃余相中的高，即组分 A、B 得到了一定程度的分离，显然 K_A 值越大，K_B 值越小，选择性系数 β 就越大，组分 A、B 的分离也就越容易，相应的萃取剂的选择性也就越高；若 $\beta = 1$，则由上式可知，$\dfrac{y_A}{x_A} = \dfrac{y_B}{x_B}$ 或 $K_A = K_B$，即萃取相和萃余相在脱除溶剂 S 后将具有相同的组成，并且等于原料液的组成，说明 A、B 两组分不能用此萃取剂分离，换言之所选择的萃取剂是不适宜的。

萃取剂的选择性越高，则完成一定的分离任务，所需的萃取剂用量也就越少，相应的用于回收溶剂操作的能耗也就越低。

由上式可知，当组分 B、S 完全不互溶时，$y_B = 0$，则选择性系数趋于无穷大，显然这是最理想的情况。

② 萃取剂回收的难易与经济性　萃取后的 E 相和 R 相，通常以蒸馏的方法进行分离。萃取剂回收的难易直接影响萃取操作的费用，从而在很大程度上决定萃取过程的经济性。因此，要求萃取剂 S 与原料液中的组分的相对挥发度要大，不应形成恒沸物，并且最好是组成低的组分为易挥发组分。若被萃取的溶质不挥发或挥发度很低时，则要求 S 的汽化潜热要小，以节省能耗。

③ 萃取剂的其他物性　为使两相在萃取器中能较快地分层，要求萃取剂与被分离混合物有较大的密度差，同时，两液相间的界面张力对萃取操作具有重要影响，且要考虑溶剂的黏度影响。此外，选择萃取剂时，还应考虑如化学稳定性和热稳定性，对设备的腐蚀性要小，来源充分，价格较低廉，不易燃易爆等。

通常，很难找到能同时满足上述所有要求的萃取剂，这就需要根据实际情况加以权衡，以保证满足主要要求。

5.4.2　液液相平衡

液液相平衡是萃取传质过程进行的极限，与气液传质相同，在讨论萃取之前，首先要了解液液的相平衡问题。由于萃取的两相通常为三元混合物，故其组成和相平衡的图解表示法与前述气液传质不同，在此首先介绍三元混合物组成在三角形坐标图上的表示方法，然后介绍液液平衡相图及萃取过程的基本原理。

5.4.2.1　三角形坐标图及杠杆规则

（1）三角形坐标图

三角形坐标图通常有等边三角形坐标图、等腰直角三角形坐标图和非等腰直角三角形坐标图，如图 5-52 所示，其中以等腰直角三角形坐标图最为常用。

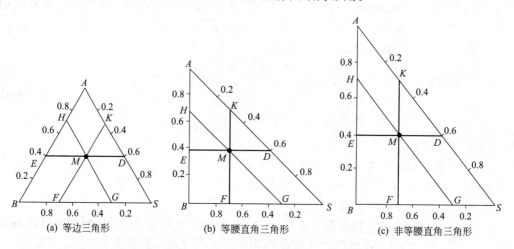

图 5-52　组成在三角形坐标图上的表示方法

一般而言，在萃取过程中很少遇到恒摩尔流的简化情况，故在三角形坐标图中混合物的组成常用质量分数表示。习惯上，在三角形坐标图中，AB 边以 A 的质量分数作为标度，BS 边以 B 的质量分数作为标度，SA 边以 S 的质量分数作为标度。

三角形坐标图的每个顶点分别代表一个纯组分，即顶点 A 表示纯溶质 A，顶点 B 表示纯原溶剂（稀释剂）B，顶点 S 表示纯萃取剂 S。三角形坐标图三条边上的任一点代表一个二元混合物系，第三组分的组成为零。例如 AB 边上的 E 点，表示由 A、B 组成的二元混合物系，由图可读得：A 的组成为 0.40，则 B 的组成为 (1.0−0.40)=0.60，S 的组成为零。

　　三角形坐标图内任一点代表一个三元混合物系。例如 M 点即表示由 A、B、S 三个组分组成的混合物系。其组成可按下法确定：过物系点 M 分别作对边的平行线 ED、HG、KF，则由点 E、G、K 可直接读得 A、B、S 的组成分别为：$x_A=0.40$、$x_B=0.30$、$x_S=0.30$。

（2）杠杆规则

　　如图 5-53 所示，将质量为 $r$kg，组成为 x_A、x_B、x_S 的混合物系 R 与质量为 $e$kg，组成为 y_A、y_B、y_S 的混合物系 E 相混合，得到一个质量为 $m$kg，组成为 z_A、z_B、z_S 的新混合物系 M，其在三角形坐标图中分别以点 R、E 和 M 表示。M 点称为 R 点与 E 点的和点，R 点与 E 点称为差点。

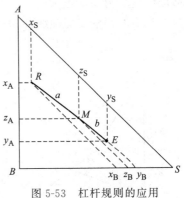

图 5-53　杠杆规则的应用

　　和点 M 与差点 E、R 之间的关系可用杠杆规则描述，具体如下。

　　① 几何关系　　和点 M 与差点 E、R 共线。即：和点在两差点的连线上；一个差点在另一差点与和点连线的延长线上。

　　② 数量关系　　和点与差点的量 m、r、e 与线段长 a、b 之间的关系符合杠杆原理，如下。

　　a. 以 R 为支点可得 m、e 之间的关系：$m \cdot a = e \cdot (a+b)$。

　　b. 以 M 为支点可得 r、e 之间的关系：$r \cdot a = e \cdot b$。

　　c. 以 E 为支点可得 r、m 之间的关系：$r \cdot (a+b) = m \cdot b$。

　　根据杠杆规则，若已知两个差点，则可确定和点；若已知和点和一个差点，则可确定另一个差点。

5.4.2.2　三角形相图

　　根据萃取操作中各组分的互溶性，可将三元物系分为以下三种情况：

　　① 溶质 A 可完全溶于 B 及 S，但 B 与 S 不互溶；

　　② 溶质 A 可完全溶于 B 及 S，但 B 与 S 部分互溶；

　　③ 溶质 A 可完全溶于 B，但 A 与 S 及 B 与 S 部分互溶。

　　习惯上，将①、②两种情况的物系称为第Ⅰ类物系，而将情况③的物系称为第Ⅱ类物系。工业上常见的第Ⅰ类物系有：丙酮(A)-水(B)-甲基异丁基酮(S)、醋酸(A)-水(B)-苯(S)及丙酮(A)-氯仿(B)-水(S)等。第Ⅱ类物系有：甲基环己烷(A)-正庚烷(B)-苯胺(S)、苯乙烯(A)-乙苯(B)-二甘醇(S)等。在萃取操作中，第Ⅰ类物系较为常见，以下主要讨论这类物系的相平衡关系。

（1）溶解度曲线及联结线

　　设溶质 A 可完全溶于 B 及 S，但 B 与 S 为部分互溶，其平衡相图如图 5-54 所示。此图是在一定温度下绘制的，图中曲线 $R_0R_1R_2R_iR_nKE_nE_iE_2E_1E_0$ 称为溶解度曲线，该曲线将三角形相图分为两个区域：曲线以内的区域为两相区，以外的区域为均相区。位于两相区内的混合物分成两个互相平衡的液相，称为共轭相，联结两共轭液相相点的直线称为联结线，如图 5-54 中的 R_iE_i 线（$i=0,1,2,\cdots,n$）。显然萃取操作只能在两相区内进行。

若组分 B 与组分 S 完全不互溶，则点 R_0 与 E_0 分别与三角形顶点 B 及顶点 S 相重合。

（2）辅助曲线和临界混溶点

一定温度下，测定体系的溶解度曲线时，实验测出的联结线的条数（即共轭相的对数）总是有限的，此时为了得到任何已知平衡液相的共轭相的数据，常借助辅助曲线（亦称共轭曲线）。

辅助曲线的做法如图 5-55 所示，通过已知点 R_1、R_2…分别作 BS 边的平行线，再通过相应联结线的另一端点 E_1、E_2…分别作 AB 边的平行线，各线分别相交于点 F、G…，连接这些交点所得的平滑曲线即为辅助曲线。

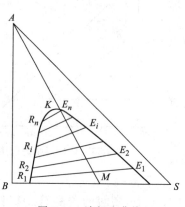

图 5-54　溶解度曲线

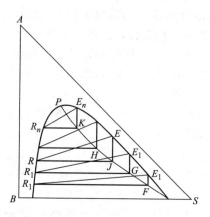

图 5-55　辅助曲线

利用辅助曲线可求任何已知平衡液相的共轭相。如图 5-55 所示，设 R 为已知平衡液相，自点 R 作 BS 边的平行线交辅助曲线于点 J，自点 J 作 AB 边的平行线，交溶解度曲线于点 E，则点 E 即为 R 的共轭相点。

辅助曲线与溶解度曲线的交点为 P，显然通过 P 点的联结线无限短，即该点所代表的平衡液相无共轭相，相当于该系统的临界状态，故称点 P 为临界混溶点。P 点将溶解度曲线分为两部分：靠原溶剂 B 一侧为萃余相部分，靠溶剂 S 一侧为萃取相部分。由于联结线通常都有一定的斜率，因而临界混溶点一般并不在溶解度曲线的顶点。临界混溶点由实验测得，但仅当已知的联结线很短即共轭相接近临界混溶点时，才可用外延辅助曲线的方法确定临界混溶点。

通常，一定温度下的三元物系溶解度曲线、联结线、辅助曲线及临界混溶点的数据均由实验测得，有时也可从手册或有关专著中查得。

5.4.2.3　分配系数和分配曲线

（1）分配系数

一定温度下，某组分在互相平衡的萃取相（E 相）与萃余相（R 相）中的组成之比称为该组分的分配系数，以 K 表示，即

溶质 A：
$$K_A = \frac{y_A}{x_A} \tag{5-100}$$

原溶剂 B：
$$K_B = \frac{y_B}{x_B} \tag{5-100a}$$

式中　y_A，y_B——萃取相 E 中组分 A、B 的质量分数；

x_A，x_B——萃余相 R 中组分 A、B 的质量分数。

分配系数 K_A 表达了溶质在两个平衡液相中的分配关系。显然，K_A 值愈大，萃取分离

的效果愈好。K_A 值与联结线的斜率有关。同一物系，其 K_A 值随温度和组成而变。如第 I 类物系，一般 K_A 值随温度的升高或溶质组成的增大而降低。一定温度下，仅当溶质组成范围变化不大时，K_A 值才可视为常数。

对于萃取剂 S 与原溶剂 B 互不相混溶的物系，溶质在两液相中的分配关系与吸收中的类似，即：

$$Y = KX \tag{5-101}$$

式中　Y——萃取相 E 中溶质 A 的质量比组成；

　　　X——萃余相 R 中溶质 A 的质量比组成；

　　　K——相组成以质量比表示时的分配系数。

(2) 分配曲线

由相律可知，温度、压力一定时，三组分体系两液相呈平衡时，自由度为 1。故只要已知任一平衡液相中的任一组分的组成，则其他组分的组成及其共轭相的组成就为确定值。换言之，温度、压力一定时，溶质在两平衡液相间的平衡关系可表示为：$y_A = f(x_A)$

式中　y_A——萃取相 E 中组分 A 的质量分数；

　　　x_A——萃余相 R 中组分 A 的质量分数。

此即分配曲线的数学表达式。

如图 5-56 所示，若以 x_A 为横坐标，以 y_A 为纵坐标，则可在 $x\text{-}y$ 直角坐标图上得到表示这一对共轭相组成的点 N。每一对共轭相可得一个点，将这些点联结起来即可得到曲线 ONP，称为分配曲线。曲线上的 P 点即为临界混溶点。

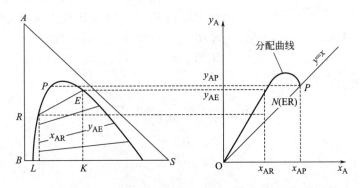

图 5-56　有一对组分部分互溶时的分配曲线

分配曲线表达了溶质 A 在互成平衡的 E 相与 R 相中的分配关系。若已知某液相组成，则可由分配曲线求出其共轭相的组成。若在分层区内 y 均大于 x，即分配系数 $K_A > 1$，则分配曲线位于 $y = x$ 直线的上方，反之则位于 $y = x$ 直线的下方。

5.4.2.4　温度对相平衡的影响

通常物系的温度升高，溶质在溶剂中的溶解度增大，反之减小。因此，温度明显地影响溶解度曲线的形状、联结线的斜率和两相区面积，从而也影响分配曲线的形状。图 5-57 所示为温度对第 I 类物系溶解度曲线和联结线的影响。显然，温度升高，分层区面积减小，不利于萃取分离的进行。

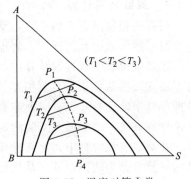

图 5-57　温度对第 I 类物系溶解度的影响

【例 5-13】 一定温度下测得的 A、B、S 三元物系的平衡数据如本题附表所示。

（1）绘出溶解度曲线和辅助曲线；（2）查出临界混溶点的组成；（3）求当萃余相中 $x_A = 20\%$ 时的分配系数 k_A 和选择性系数 β。

【例 5-13】附表 A、B、S 三元物系平衡数据（质量分数）

编号		1	2	3	4	5	6	7	8	9	10	11	12	13	14
E 相	y_A	0	7.9	15	21	26.2	30	33.8	36.5	39	42.5	44.5	45	43	41.6
	y_S	90	82	74.2	67.5	61.1	55.8	50.3	45.7	41.4	33.9	27.5	21.7	16.5	15
R 相	x_A	0	2.5	5	7.5	10	12.5	15.0	17.5	20	25	30	35	40	41.6
	x_S	5	5.05	5.1	5.2	5.4	5.6	5.9	6.2	6.6	7.5	8.9	10.5	13.5	15

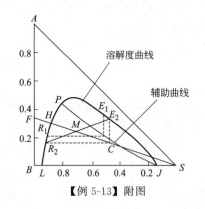

【例 5-13】附图

解：（1）标绘溶解度曲线和辅助曲线 由题给数据，可绘出溶解度曲线 LPJ，由相应的联结线数据，可作出辅助曲线 JCP，如本题附图所示。

（2）求临界混溶点的组成 辅助曲线与溶解度曲线的交点 P 即为临界混溶点，由附图可读出该点处的组成为：$x_A = 41.6\%$，$x_B = 43.4\%$，$x_S = 15.0\%$

（3）求分配系数 K_A 和选择性系数 β 根据萃余相中 $x_A = 20\%$，在图中定出 R_1 点，利用辅助曲线定出与之平衡的萃取相 E_1 点，由附图读出两相的组成为

E 相：$y_A = 39.0\%$，$y_B = 19.6\%$

R 相：$x_A = 20.0\%$，$x_B = 73.4\%$

由式（5-100）计算分配系数，即

$$K_A = \frac{y_A}{x_A} = \frac{39.0}{20.0} = 1.95$$

及

$$K_B = \frac{y_B}{x_B} = \frac{19.6}{73.4} = 0.267$$

由式（5-99）计算选择性系数，即 $\beta = \dfrac{K_A}{K_B} = \dfrac{1.95}{0.267} = 7.303$

5.4.3 萃取过程计算

根据两相接触方式的不同，萃取设备可分为逐级接触式和连续接触式两类。本节主要讨论逐级接触萃取过程的计算，对连续接触萃取过程的计算则仅作简要介绍。

在逐级接触萃取过程计算中，无论是单级萃取还是多级萃取，均假设各级为理论级，即离开每一级的萃取相与萃余相互呈平衡。萃取理论级的概念类似于蒸馏中的理论塔板，是设备操作效率的比较基准。实际需要的级数等于理论级数除以级效率。级效率目前尚无准确的理论计算方法，一般通过实验测定。

在萃取过程计算中，通常操作条件下的平衡关系、原料液的处理量及组成均为已知，常见的计算可分为两类，其一是规定了各级的溶剂用量及组成，要求计算达到一定分离程度所需的理论级数 n；其二是已知某多级萃取设备的理论级数 n，要求估算经该设备萃取后所能达到的分离程度。前者称为设计型计算，后者称为操作型计算。本知识点主要讨论设计型计算。

5.4.3.1　单级萃取计算

单级萃取是液液萃取中最简单、最基本的操作方式，其流程如图 5-58 所示，可间歇操作也可连续操作。为方便表达，假定所有流股的组成均以溶质 A 的含量表示，故书写两相的组成时均只标注相应流股的符号，而不再标注组分的符号。

在单级萃取过程的设计型计算中，已知：操作条件下的相平衡数据，原料液量 F 及组成 x_F，萃取剂的组成 y_S 和萃余相的组成 x_R。求：萃取剂 S 用量、萃取相 E 及萃余相 R 的量及萃取相组成 y_E。

（1）三角形坐标图解法

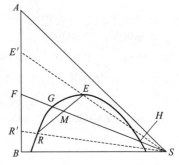

三角形坐标图解法是萃取计算的通用方法，特别是对于稀释剂 B 与萃取剂 S 部分互溶的物系，其平衡关系一般很难用简单的函数关系式表达，故其萃取计算不宜采用解析法或数值法，目前主要采用基于杠杆规则的三角形坐标图解法，其计算步骤如下。

① 由已知的相平衡数据在等腰直角三角形坐标图中绘出溶解度曲线及辅助曲线，如图 5-58 所示。

图 5-58　单级萃取三角形坐标图解

② 在三角形坐标的 AB 边上根据原料液的组成确定点 F，根据萃取剂的组成确定点 S（若为纯溶剂，则为顶点 S），联结点 F、S，则原料液与萃取剂的混合物系点 M 必落在 FS 连线上。

③ 由已知的萃余相组成 x_R，在图上确定点 R，再由点 R 利用辅助曲线求出点 E，作 R 与 E 的联结线，显然 RE 线与 FS 线的交点即为混合液的组成点 M。

④ 由质量衡算和杠杆规则求出各流股的量，即

$$S = F \times \frac{\overline{MF}}{\overline{MS}} \tag{5-102}$$

$$M = F + S = R + E \tag{5-103}$$

$$E = M \times \frac{\overline{RM}}{\overline{RE}} \tag{5-104}$$

$$R = M - E \tag{5-105}$$

萃取相的组成可由三角形相图直接读出。

若从 E 相和 R 相中脱除全部溶剂，则得到萃取液 E' 和萃余液 R'。因 E' 和 R' 中只含组分 A 和 B，所以它们的组成点必落于 AB 边上，且为 SE 和 SR 的延长线与 AB 的交点。可看出，E' 中溶质 A 的含量比原料液 F 中的要高，而 R' 中溶质 A 的含量比原料液 F 中的要低，即原料液的组分经过萃取并脱除溶剂后得到了一定程度的分离。E' 和 R' 的数量关系可由杠杆规则来确定，即

$$E' = F \times \frac{\overline{R'F}}{\overline{R'E'}} \tag{5-106}$$

$$R' = F - E' \tag{5-107}$$

以上诸式中各线段的长度可从三角形相图中直接量出。

上述各量亦可由质量衡算求出，组分 A 的质量衡算为

$$F x_F + S y_S = R x_R + E y_E = M x_M \tag{5-108}$$

联立求解以上几式可得：

$$S = F \frac{x_F - x_M}{x_M - y_S} \tag{5-109}$$

$$E = M \frac{x_{\mathrm{M}} - x_{\mathrm{R}}}{y_{\mathrm{E}} - x_{\mathrm{R}}} \tag{5-110}$$

$$R = M - E \tag{5-111}$$

同理，可得萃取液和萃余液的量 E'、R'，即

$$E' = F \frac{x_{\mathrm{F}} - x'_{\mathrm{R}}}{y'_{\mathrm{E}} - x'_{\mathrm{R}}} \tag{5-112}$$

$$R' = F - E' \tag{5-113}$$

上述诸式中各股物流的组成可由三角形相图直接读出。

在单级萃取操作中，对应一定的原料液量，存在两个极限萃取剂用量，在此两个极限用量下，原料液与萃取剂的混合物系点恰好落在溶解度曲线上，如图 5-58 中的点 G 和点 H 所示，由于此时混合液只有一个相，故不能起分离作用。此两个极限萃取剂用量分别表示能进行萃取分离的最小溶剂用量 $S_{\min}$（和点 G 对应的萃取剂用量）和最大溶剂用量 $S_{\max}$（和点 H 对应的萃取剂用量），其值可由杠杆规则计算，即

$$S_{\min} = F \left(\frac{\overline{FG}}{\overline{GS}} \right) \tag{5-114}$$

$$S_{\max} = F \left(\frac{\overline{FH}}{\overline{HS}} \right) \tag{5-115}$$

显然，适宜的萃取剂用量应介于二者之间，即 $S_{\min} < S < S_{\max}$。

（2）解析法

对于原溶剂 B 与萃取剂 S 不互溶的物系，在萃取过程中，仅有溶质 A 发生相际转移，原溶剂 B 及溶剂 S 均只分别出现在萃余相及萃取相中，故用质量比表示两相中的组成较为方便。此时溶质在两液相间的平衡关系可以用与吸收中的气液平衡类似的方法表示，即 $Y = f(X)$。

若在操作范围内，以质量比表示相组成的分配系数 K 为常数，则平衡关系可表示为：$Y = KX$。

溶质 A 的质量衡算式为：

$$B(X_{\mathrm{F}} - X_1) = S(Y_1 - Y_{\mathrm{S}}) \tag{5-116}$$

式中　B——原料液中原溶剂的量，kg 或 kg/h；

　　　S——萃取剂中纯萃取剂的量，kg 或 kg/h；

X_{F}，Y_{S}——原料液和萃取剂中组分 A 的质量比组成；

X_1，Y_1——单级萃取后萃余相和萃取相中组分 A 的质量比组成。联立求解以上两式，即可求得 Y_1 与 S。

上述解法亦可在直角坐标图上表示，式(5-116)可改写为：

$$\frac{Y_1 - Y_{\mathrm{S}}}{X_1 - X_{\mathrm{F}}} = -\frac{B}{S} \tag{5-116a}$$

式(5-116a)即为该单级萃取的操作线方程。

由于该萃取过程中 B、S 均为常量，故操作线为过点 $(X_{\mathrm{F}}, Y_{\mathrm{S}})$、斜率为 $-\dfrac{B}{S}$ 的直线。如图 5-59 所示，当已知原料液处理量 F、组成 X_{F}、溶剂的组成 Y_{S} 和萃余相的组成 X_1 时，可由 X_1 在图中确定点 (X_1, Y_1)，联结点 (X_1, Y_1) 和点 $(X_{\mathrm{F}}, Y_{\mathrm{S}})$ 得操

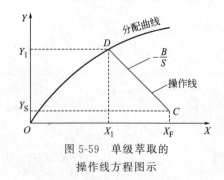

图 5-59　单级萃取的
操作线方程图示

作线，计算该操作线的斜率即可求得所需的溶剂用量 S；当已知原料液处理量 F、组成 X_F、溶剂的用量 S 和组成 Y_S 时，则可在图中确定点 (X_F, Y_S)，过该点作斜率为 $-\dfrac{B}{S}$ 的直线（操作线）与分配曲线的交点坐标 (X_1, Y_1) 即为萃取相和萃余相的组成。

应予指出，在实际生产中，由于萃取剂都是循环使用的，故其中会含有少量的组分 A 与 B。同样，萃取液和萃余液中也会含有少量的 S。此时，图解计算的原则和方法仍然适用，但点 S 及 E'、R' 的位置均在三角形坐标图的均相区内。

【例 5-14】　在单级萃取器内，操作温度为 25℃ 下，用流量为 800kg/h 的水为萃取剂从醋酸（A）-氯仿（B）混合液中萃取醋酸。已知原料液中醋酸的质量分数为 35%，原料液流量也为 800kg/h，操作温度下物系的平衡数据如本例附表所列。

试求：（1）萃取相和萃余相的组成及流量；（2）萃取液和萃余液的组成和流量；（3）醋酸萃出的百分率。

【例 5-14】附表（质量分数）

氯仿层（R 相）		水层（E 相）		氯仿层（R 相）		水层（E 相）	
醋酸	水	醋酸	水	醋酸	水	醋酸	水
0.00	0.99	0.00	99.16	27.65	5.20	50.56	31.11
6.77	1.38	25.10	73.69	32.08	7.93	49.41	25.39
17.72	2.28	44.12	48.58	34.16	10.03	47.87	23.28
25.72	4.15	50.18	34.71	42.5	16.5	42.50	16.50

解：由题给平衡数据，在等腰直角三角形坐标图中绘出溶解度曲线和辅助曲线，如附图所示。

（1）E 相和 R 相的组成及流量　根据醋酸在原料液中的质量分数为 35%，在三角形相图的 AB 边上确定点 F 点，联结 SF 线，因原料液 F 与溶剂 S 的流量均为 800kg/h，故其合点 M 在 SF 线的中点，利用辅助曲线试差求出过 M 点的平衡线 RE，则由图可读出萃取相 E 及萃余相 R 的组成如下。

E：23%（A），75.5%（S），1.5%（B）。

R：6%（A），1%（S），93%（B）。

【例 5-14】附图

由图上量出 $\overline{RE} = 7.7$，$\overline{RM} = 5.2$，已知混合物的流量 $M = 800 + 800 = 1600\text{kg/h}$，则根据杠杆规则，可得到：

$$\frac{E}{M} = \frac{\overline{RM}}{\overline{RE}} = \frac{5.2}{7.7},$$

即

$$E = \frac{5.2M}{7.7} = \frac{5.2 \times 1600}{7.7} = 1080\text{kg/h}$$

$$R = M - E = 1600 - 1080 = 520\text{kg/h}$$

（2）萃取液和萃余液的组成和流量　连接 SE 线并将其延长与 AB 边相交于 E' 点，连 SR 并将其延长与 AB 边相交于 R' 点，E' 及 R' 即为萃取液与萃余液的组成点，由图可读出其组成分别如下。

E'：92%（A），8%（B）

R'：6.2%（A），93.8%（B）

根据杠杆规则，可得：

$$\frac{E'}{F}=\frac{FR'}{E'R'}=\frac{2.9}{8.6}$$

由上式可得：

$$E'=F\times\frac{2.9}{8.6}=800\times\frac{2.9}{8.6}=269\text{kg/h}$$

所以：

$$R'=F-E'=800-269=531\text{kg/h}$$

（3）醋酸萃出百分率

$$e=\frac{E'y_{E'}}{Fx_F}=\frac{269\times0.92}{800\times0.35}=89\%$$

5.4.3.2 多级错流萃取的计算

除了选择性系数极高的物系之外，一般单级萃取所得的萃余相中往往还含有较多的溶质，为进一步降低萃余相中溶质的含量，可采用多级错流萃取，其流程如图 5-60 所示。

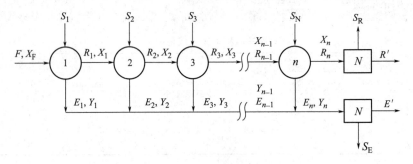

图 5-60 多级错流萃取流程示意图

在多级错流萃取操作中，每一级均加入新鲜萃取剂。原料液首先进入第一级，被萃取后，所得萃余相进入第二级作为原料液，并用新鲜萃取剂再次进行萃取，第二级萃取所得的萃余相又进入第三级作为原料液……，如此萃余相经多次萃取，只要级数足够多，最终可得到溶质组成低于指定值的萃余相。

多级错流萃取的总萃取剂用量为各级萃取剂用量之和，原则上，各级萃取剂用量可以相等，也可以不等。但可以证明，当各级萃取剂用量相等时，达到一定的分离程度所需的总萃取剂用量最少，故在多级错流萃取操作中，一般各级萃取剂用量均相等。

在多级错流萃取过程的设计型计算中，已知：操作条件下的相平衡数据，原料液量 F 及组成 x_F，萃取剂组成 y_S 和萃余相组成 x_R。求：所需理论级数。求解具体方法包括：三角形坐标图解法、直角坐标图解法及解析法。

5.4.3.3 多级逆流萃取的计算

在生产中，为了用较少的萃取剂达到较高的萃取率，常采用多级逆流萃取操作，其流程如图 5-61 所示。原料液从第 1 级进入系统，依次经过各级萃取，成为各级的萃余相，其溶质组成逐级下降，最后从第 n 级流出；萃取剂则从第 n 级进入系统，依次通过各级与萃余

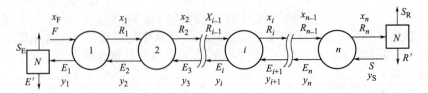

图 5-61 多级逆流萃取流程示意图

相逆向接触，进行多次萃取，其溶质组成逐级提高，最后从第 1 级流出。最终的萃取相与萃余相可在溶剂回收装置中脱除萃取剂得到萃取液与萃余液，脱除的溶剂返回系统循环使用。

对于多级逆流萃取的设计型计算，已知：原料液流量 F 和组成 x_F、萃取剂的用量 S 和组成 y_S，求：最终萃余相中溶质组成降至一定值所需的理论级数 n。

对于原溶剂 B 与萃取剂 S 部分互溶的物系，由于其平衡关系难以用解析式表达，通常应用逐级图解法求解理论级数 n，具体方法有三角形坐标图解法和直角坐标图解法两种，它们是多级逆流萃取计算的通用方法。

对于原溶剂 B 与萃取剂 S 不互溶的物系，当平衡关系为直线时，还可采用解析法求算理论级数。以上方法可参照相关资料。

5.4.4　新型萃取过程简介

（1）超临界萃取

超临界萃取是超临界流体萃取的简称，又称为压力流体萃取、超临界气体萃取。它是以高压、高密度的超临界流体为溶剂，从液体或固体中溶解所需的组分，然后采用升温、降压、吸收（吸附）等手段将溶剂与所萃取的组分分离，最终得到所需纯组分的操作。例如从咖啡豆中脱除咖啡因，在生产链霉素时，利用超临界 CO_2 萃取去除甲醇等有机溶剂以及从单细胞蛋白游离物中提取脂类等研究均显示了超临界萃取技术的优势。

超临界流体是指超过临界温度与临界压力状态的流体。如果某种气体处于临界温度之上，则无论压力增至多高，该气体也不能被液化，称此状态的气体为超临界流体。超临界流体的密度接近于液体，黏度接近于气体，而自扩散系数介于气体和液体之间，比液体大 100 倍左右。因此，超临界流体既具有与液体相近的溶解能力，萃取时又具有远大于液态萃取剂的传质速率。二氧化碳是最常用的超临界流体。

超临界萃取过程主要包括萃取阶段和分离阶段。在萃取阶段，超临界流体将所需组分从原料中萃取出来；在分离阶段，通过改变某个参数，使萃取组分与超临界流体分离，从而得到所需的组分并可使萃取剂循环使用。根据分离方法的不同，可将超临界萃取流程分为等温变压流程、等压变温流程和等温等压吸附流程三类，如图 5-62 所示。

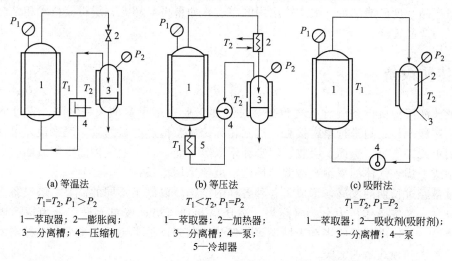

(a) 等温法　　　　　　　(b) 等压法　　　　　　　(c) 吸附法
$T_1=T_2, P_1>P_2$　　　$T_1<T_2, P_1=P_2$　　　$T_1=T_2, P_1=P_2$
1—萃取器；2—膨胀阀；　1—萃取器；2—加热器；　1—萃取器；2—吸收剂(吸附剂)；
3—分离槽；4—压缩机　　3—分离槽；4—泵；　　　3—分离槽；4—泵
　　　　　　　　　　　5—冷却器

图 5-62　超临界气体萃取的三种典型流程

（2）反胶束萃取

传统的液液萃取技术尽管已在抗生素工业中广泛使用，却不适用于大部分基因工程的主要产品——蛋白质的分离，这是因为难以选到一种具有良好选择性的萃取剂，需要找到一种与水不互溶，而蛋白质能溶于其中并保持活性的液相。近年来出现的反胶束萃取技术，用于萃取生物活性物质，就是采用满足上述要求的溶剂新技术。

反胶束（reversed micelle）是表面活性剂在有机溶剂中自发形成的纳米尺度的一种聚集体，反胶束溶液是透明的、热力学稳定的系统。表面活性剂是由亲水的极性头和疏水的非极性尾两部分组成的两性分子。在反胶束溶液中，组成反胶束的表面活性剂，它的非极性尾向外伸入非极性有机溶剂主体中，而极性头则向内排列成一个极性核，此极性核具有溶解大分子（例如蛋白质）的能力。溶解了蛋白质的反胶束扩散进入有机相，从而实现了蛋白质的萃取，又由于蛋白质外表面有极性头的保护，使其避免了与有机溶剂直接接触，所以蛋白质不会变性。

有机溶剂中表面活性剂浓度超过临界胶束浓度（cmc）时，才能形成反胶束溶液，这是体系的特性，与表面活性剂的化学结构、溶剂、温度及压力等因素有关。在非极性溶液中，cmc值的变化范围是 $(0.1 \sim 1) \times 10^{-3} \mathrm{mol/L}$。

(3) 双水相萃取

前面介绍的各种萃取方法，几乎都是利用溶质在水油两相的溶解度不同而达到分离目的的。而该类萃取是利用两个互不相容的水溶液相，组成双水相体系而竭力进行萃取分离。双水相体系萃取分离技术的原理是生物物质在双水相体系中选择性分配。当生物物质（例如酶、核酸、病毒等）进入双水体系后，在上相和下相间进行选择性分配，表现出一定的分配系数。在很大的浓度范围内，欲分离物质的分配系数与浓度无关，而与被分离物质本身的性质及特定的双水相体系性质有关，不同的物质在特定的体系中有着不同的分配系数。例如，在特定的双水相体系中，各种类型的细胞粒子、噬菌体等分配系数都大于100或小于0.01，酶、蛋白质等生物大分子的分配系数大致在0.1~10之间，而小分子盐的分配系数在1.0左右。由此可见，双水相体系对上述物质的分配具有很大的选择性。

双水相萃取的特点：该技术可以利用不复杂的设备，并在温和条件下进行，系统的含水量多达75%~90%，分相时间短，可运用化学工程中的萃取原理进行放大。

双水相萃取技术在生物技术领域，特别在基因工程产物的分离纯化中已显示出其优越性，所得产品纯度已能满足一般工业应用的需求，如果再与超滤、层析等技术相结合，还可进一步提高产品纯度。

5.5 传质设备

气液及液液传质设备统称为塔设备，是过程工业中最重要的设备之一，它可使气（或汽）液或液液两相之间进行紧密接触，达到相际传质及传热的目的。一般来说，可在塔设备中完成的单元操作有：蒸馏、吸收、解吸和萃取等。此外，工业气体的冷却或回收、气体的湿法净制或干燥、气体的增湿或减湿等操作，也常采用塔设备。

塔设备经过长期的发展，形成了各种各样的结构，以满足不同的需要。塔设备可按不同的方法分类，如按操作压力分为常压塔、减压塔和加压塔；按单元操作分为精馏塔、吸收塔、解吸塔、萃取塔、反应塔和干燥塔等。但长期以来，最常用的分类方法是按塔的内件结构分为填料塔和板式塔两大类。

5.5.1 板式塔

如图5-63所示，板式塔内装若干块塔板。塔板有许多类型，如浮阀塔板、筛孔塔板、浮动喷射塔板等。操作时，一般是气体由塔底至塔顶，液体由塔顶至塔底，上升的气流在塔板的液层中鼓泡并带起液滴，气、液两相靠气泡表面或液滴表面传质，浓度沿塔高呈阶跃式变化，故称逐级接触（阶跃式）传质设备。

5.5.1.1　常见塔板类型

常见的塔板类型有：泡罩塔板、筛孔塔板、浮阀塔板，新型的喷射型塔板、浮动喷射塔板等。

(1) 泡罩塔板

泡罩塔板是最早在工业上大规模使用的板型。如图 5-64 所示，每层塔板上开有若干个圆孔，上面覆以泡罩。操作时，液体横流过塔板时，泡罩下缘的齿缝浸没于液层之中形成液封，当上升气体通过齿缝进入液层时，被分散成许多细小的气泡，为气液两相提供了大量的传质界面。

泡罩塔不易漏液，有较大的操作弹性，易维持恒定的板效率；塔板不易堵塞，适于处理各种物料。但泡罩塔板结构复杂，压降大，且雾沫夹带现象较严重，限制了气速的提高，致使生产能力及板效率均较低，近年来泡罩塔已逐渐被筛板塔和浮阀塔所取代。

(2) 筛孔塔板

筛孔塔板结构如图 5-65 所示，塔板上开有许多均布的筛孔，孔径一般为 3～8mm，筛孔在板上作正三角形

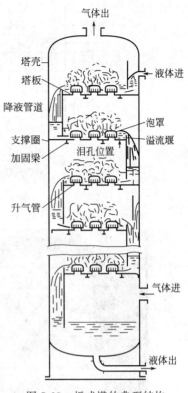

图 5-63　板式塔的典型结构

排列。操作时，上升气流通过筛孔分散成细小的流股，在板上液层中鼓泡而出，气液间密切接触而进行传质。在通常的操作气速下，通过筛孔上升的气流，应能阻止液体经筛孔向下泄漏。

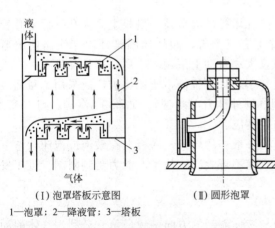

(I) 泡罩塔板示意图
1—泡罩；2—降液管；3—塔板

(II) 圆形泡罩

(a) 泡罩结构图

(b) 泡罩实物图

图 5-64　泡罩塔板

筛孔塔板的优点是结构简单，如图 5-66 所示，造价低廉，气体压降小，板上液层落差也较小，生产能力及效率均较泡罩塔高；主要缺点是操作弹性小，筛孔小时容易堵塞，近年来采用大孔径（12～25mm）筛板，可避免堵塞，而且由于气速的提高，生产能力增大，筛孔板已被广泛采用。

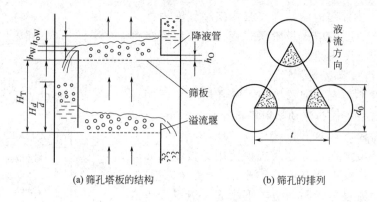

(a) 筛孔塔板的结构　　　　　(b) 筛孔的排列

图 5-65　筛孔塔板结构图

(a) 筛孔布置图　　　　　　　(b) 设备图

图 5-66　筛孔塔板

（3）浮阀塔板

浮阀塔是既有泡罩塔板的稳定性，又有筛孔塔板的大负荷，塔板上开大孔（标准孔径为 39mm），孔上盖有能上下移动的阀片，阀片上有三个脚，阀片周围又冲出三块略向下弯的定距片，阀片的这种特殊结构可使其按气流量大小自动上下调节，所以操作弹性很大，生产能力强，塔板效率高，气体压降及液面落差较小，且造价低，所以已被广泛采用。目前最常用的浮间型式为 F1 型和 V-4 型，F1 型浮阀（国外称为 V-1 型），如图 5-67(a)、（b）所示，而图 5-67(c) 给出了浮阀在工业塔板上的布置情况。

上述泡罩、筛板及浮阀塔板都属于气体为分散相的塔板，塔板上在鼓泡或泡沫状态下进行气液接触。为防止严重的雾沫夹带，操作气速不可太高，故生产能力受到限制。近年发展起来的喷射型塔板克服了这个弱点。

（4）喷射型塔板

在喷射型塔板上，由于气体喷出的方向与液体流动的方向一致，可充分利用气体的动能来减薄或打碎较深的液层，从而促进两相的接触。因而塔板压强降降低，雾沫夹带量减小，不仅提高了传质效果，而且可采用较大的气速，提高了生产能力。其中具有代表性的如舌形塔板，其结构如图 5-68 所示。塔板上冲出许多舌形孔，舌片与板成一定角度，向塔板的溢流出口侧张开。上升气流以较高的速度（20～30m/s）沿舌片的张角向斜上方喷出，喷出的气流强烈扰动液体而形成泡沫体，从而强化了两相间的传质，能获得较高的塔板效率。板上液面较薄，塔板压强降小。

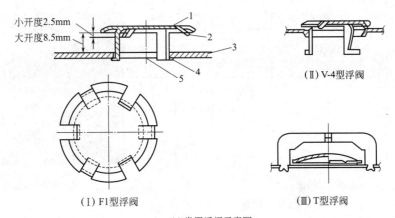

小开度2.5mm
大开度8.5mm

1—阀片；2—定距片；3—塔板；4—底脚；5—阀孔

（Ⅰ）F1型浮阀

（Ⅱ）V-4型浮阀

（Ⅲ）T型浮阀

(a) 常用浮阀示意图

(b) 常用浮阀实物图

(c) 浮阀塔布置图

图 5-67　浮阀塔板

　　浮动喷射塔板是兼有浮阀塔板的可变气道截面及舌形塔板的并流喷射特点的新型塔板，它允许较高的气流喷射速度，故生产能力大；由于浮动板的张开程度能随上升气体的流量而变化，使气流的喷出速度保持较高的适宜值，因而操作弹性大；此外，还有压强降小、液面落差小等优点。缺点是有漏液及"吹干"现象，影响传质效果，使板效率降低，塔板结构较复杂。例如浮舌塔板，如图 5-69 所示。

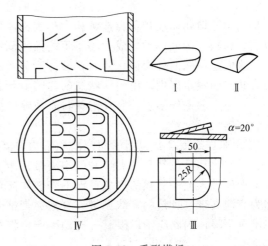

α=20°

50

25R

图 5-68　舌形塔板
Ⅰ—三面切口舌片；Ⅱ—拱形舌片；Ⅲ—50mm×
50mm 定向舌片的尺寸和倾角；Ⅳ—塔板

5.5.1.2　板式塔设备基本构件

　　板式塔为逐级接触式气液传质设备，它主要包括塔板、溢流堰、降液管及受液盘等内部部件，同时包括以下辅助构件。

　　① 塔体　塔体是塔设备的外壳，由圆筒和上下椭圆形或圆形封头所组成。

　　② 塔体支座　塔体支座是塔体安放到基础上的连接部分。

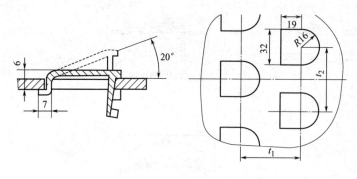

(a) 浮舌结构图　　　　　　　　　　　　　　　(b) 浮舌实物图

图 5-69　浮舌塔板

③ 除沫装置　除沫装置用于捕集夹带在气流中的液滴。

④ 接管　塔设备的接管用于连接工艺管路。按接管的用途分为进液管、出液管、进气管、出气管、回流管、侧线抽出管和仪表接管等。

⑤ 人孔和手孔　人孔和手孔都是为了安装、检修和检查的需要而设置的。

⑥ 吊耳　为了起吊方便，在塔设备上焊以吊耳。

⑦ 吊柱　在塔顶设置吊柱是为了在安装和检修时，方便塔内部件的运送。

5.5.1.3　板式塔的流体力学特性

精馏塔的操作能否正常进行，与塔内气液两相的流体力学状况有关。板式塔的流体力学性能包括：塔板压降、液泛、雾沫夹带、漏液及液面落差等。

（1）塔板上的气液流动状态

① 气液接触状态有三种：鼓泡接触状态、泡沫接触状态和喷射接触状态。

当操作气速很低时，数量较少的气泡、鼓泡穿过塔板上大量的清液层，两相接触面积为气泡表面。由于湍动程度较低，所以气液间的传质阻力较大，此时，气相为分散相而液相为连续相，称为鼓泡接触状态；随着气速增大，气泡数量急剧增加，则塔板上液体被大量气泡分隔成液膜，即两相传质表面是面积很大的液膜。由于高度湍动，所以传质阻力小。此时，气相仍为分散相而液相仍为连续相，称为泡沫接触状态。如果气速继续增大，气体射流穿过液层，将板上的液体破碎成大小不等的液滴而抛向板上空，落下后又反复被抛起，所以两相传质表面是液滴的外表面。此时，液体为分散相而气体为连续相，这是喷射接触状态与泡沫接触状态的根本区别，由泡沫状态转为喷射状态的临界点称为转相点。

工业上的操作多以控制在泡沫状态或喷射接触状态，其特征分别是有不断更新的液膜表面和液滴表面。

② 非理想流动：包括反向流动和不均匀流动。

反向流动又包括雾沫夹带和气泡夹带。所谓雾沫夹带指上升气流穿过塔板上液层时，将板上液体带入上一层板的现象；而下降液体流量过大时，将少量气泡带入下一块塔板的现象称为气泡夹带。过量的雾沫夹带或气泡夹带都会造成两相在塔板上的返混，进而导致塔板效率严重下降，因此应予以限制。例如生产中将雾沫夹带限制在一定限度以内，即控制雾沫夹带量<0.1kg（液）/kg（气）。

不均匀流动包括液膜流过塔盘时的不均匀流动和因盘上液位落差导致气相流动不均匀。以上两种情况均可能导致气液接触不充分，所以应尽量避免。

（2）液泛现象及塔径的计算

若气液两相之一的流量增大，使降液管内液体不能顺利下流，沿液管向上逐板积累，并依次上升直至塔顶，这种现象称为液泛，亦称淹塔。此时，塔板压降急剧上升，气液的正常接触被破坏，所以操作时应避免液泛现象发生。

影响液泛速度的因素除气液流体流动特性外，塔板结构，特别是塔板间距也是重要参考，设计中采用较大的板间距，以提高液泛速度。

液泛是一种极不正常的操作，应尽量避免。设计时，先以不发生过量的雾沫夹带为原则。其设计思想为，首先计算出液泛气速 $u_{\max}$ →操作气速 u →塔截面＝气体流量/操作气速→算出降液管截面积→再用液体流量核算。

其中液泛气速：

$$u_{\max} = c\frac{\sqrt{\rho_L - \rho_V}}{\sqrt{\rho_V}} \tag{5-117}$$

式中 c ——气相负荷因子，m/s，c 值可由史密斯（Smith）关联图查取，如图 5-70 所示。

再取正常的操作气速 $\qquad u = (0.6 \sim 0.8)u_{\max}$ $\qquad\qquad$ (5-118)

则塔径表示为： $$D = \sqrt{\frac{4V_s}{\pi u}} \tag{5-119}$$

式中 D ——精馏塔内径，m；

$\quad u$ ——空塔气速，m/s；

$\quad V_s$ ——操作条件下气相体积流量，m^3/s，若精馏操作压强较低时，气相可视为理想气体混合物，则

$$V_s = \frac{22.4V_h}{3600}\frac{TP_0}{T_0 P} \tag{5-120}$$

式中 T，T_0 ——操作条件下的平均温度和标准状况下的热力学温度，K；

$\quad P$，P_0 ——操作条件下的平均压强和标准状况下的压强，Pa。

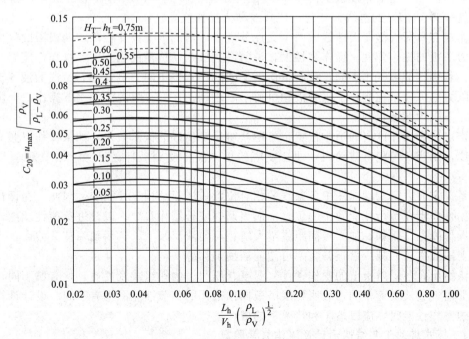

图 5-70 史密斯（Smith）关联图

由于进料状况及操作条件不同，精、提两段上升蒸气量可能不同，若计算的 $D_精$、$D_提$ 相差不大，应取大者使塔径统一，以便使塔的设计和安装简便。

（3）适宜的气液流量操作范围——塔板负荷性能图

要维持塔板正常操作，必须将塔内的气液负荷波动限制在一定范围内。通常在直角坐标系中，以气相负荷 V 及液相负荷 L 分别表示纵、横坐标，用五条曲线表示各种极限条件下的 V-L 关系，该图形称为塔板的负荷性能图，如图 5-71 所示。负荷性能图对检验塔的设计是否合理及改进塔板操作性能都具有一定的指导意义。通常由以下几条曲线组成。

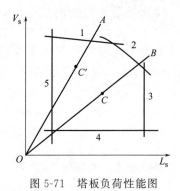

图 5-71　塔板负荷性能图

① 雾沫夹带线（又称气相负荷上限线）　当气相负荷超过此线时，雾沫夹带量将过大，甚至发生液泛现象，使板效率严重下降，塔板适宜操作区应在雾沫夹带线以下。

② 液泛线　塔板的适宜操作区应在此线以下，否则将会发生液泛现象，使塔不能正常操作。

③ 液相负荷上限线（又称降液管超负荷线）　液体流量超过此线，表明液体流量过大，液体在降液管内停留时间过短，进入降液管中的气泡来不及与液相分离而被带入下层塔板，造成气相返混，降低塔板效率。

④ 漏液线（又称气相负荷下限线）　气相负荷低于此线时，将发生严重的漏液现象，气液不能充分接触，使板效率下降。

⑤ 液相负荷下限线（又称吹干线）　液相负荷低于此线时，使塔板上液流不能均匀分布，导致板效率下降。

如图 5-71 所示 5 条线包围的区域，就是塔的适宜操作范围。

操作时的气相流量 V_s 与液相流量 L_s 在负荷性能图上的坐标点称为操作点。在连续精馏塔中，回流比为定值，该板上的 V_s/L_s 也为定值。因此，每层塔板上的操作点是沿通过原点、斜率为 V_s/L_s 的直线而变化，该直线称为操作线。

操作线与负荷性能图上曲线的两个交点分别表示塔的上下操作极限，两极限的气体流量之比称为塔板的操作弹性。操作弹性大，说明塔适应变动负荷的能力大，操作性能好。同一层塔板，若操作的液气比不同，控制负荷上下限的因素也不同。例如在 OA 线的液气比下操作，上限为雾沫夹带控制，下限为液相负荷下限控制；在 OB 线的液气比下操作，上限为液泛控制，下限为漏液控制。

操作点位于操作区内的适中位置，可望获得稳定良好的操作效果，如果操作点紧靠某一条边界线，则当负荷稍有波动时，便会使塔的正常操作受到破坏。显然，图中操作点 C 优于点 C'。

物系一定时，负荷性能图中各条线的相对位置随塔板结构尺寸而变。因此，在设计塔板时，根据操作点在负荷性能图中的位置，适当调整塔板结构参数，以改进负荷性能图，满足所需的操作弹性。例如，加大板间距或增大塔径可使液泛线上移，增加降液管截面积可使液相负荷上限线右移，减少塔板开孔率可使漏液线下移等。

应该指出，各层塔板上的操作条件（温度、压力、物料组成及性质）均有所不同，因而各层板上的气、液负荷不同，表明各层塔板操作范围的负荷性能图也有不同。设计计算中在考察塔的操作性能时，应以最不利情况下的塔板进行验算。

5.5.1.4　板式塔的工艺结构设计及流体力学验算

板式塔的类型很多，但其设计原则和程序却基本相同。一般来说，板式塔的设计步骤大致如下：

① 根据设计任务和工艺要求，确定设计方案；

② 根据设计任务和工艺要求，选择塔板类型；

③ 确定塔径、塔高等工艺尺寸；

④ 进行塔板的结构设计，包括溢流装置的设计、塔板的布置、升气通道（泡罩、筛孔或浮阀等）的设计及排列；

⑤ 进行流体力学验算；

⑥ 绘制塔板的负荷性能图；

⑦ 根据负荷性能图，对设计进行分析，若设计不够理想，可对某些参数进行调整，重复上述设计过程，一直到满意为止。

表 5-7 列出了塔板结构系列化标准，供设计时参考。

表 5-7　塔板结构参数系列化标准（单溢流型）

塔径 D/nm	塔截面积 A_T/m^2	塔板间距 H_T/mm	弓形降液管		降液管面积 A_f/m^2	A_f/A_T	l_w/D
			堰长 l_w/mm	管宽 W_d/mm			
600*	0.2610	300	406	77	0.0188	7.2	0.677
		350	428	90	0.0238	9.1	0.714
		400	440	103	0.0289	11.02	0.734
700*	0.3590	300	466	87	0.0248	6.9	0.666
		350	500	105	0.0325	9.06	0.714
		450	525	120	0.0395	11.0	0.750
800	0.5027	350	529	100	0.0363	7.22	0.661
		450	581	125	0.0502	10.0	0.726
		500	640	160	0.0717	14.2	0.800
		600					
1000	0.7854	350	650	120	0.0534	6.8	0.650
		450	714	150	0.0770	9.8	0.714
		500	800	200	0.1120	14.2	0.800
		600					
1200	1.1310	350	794	150	0.0816	7.22	0.661
		450					
		500	876	190	0.1150	10.2	0.730
		600					
		800	960	240	0.1610	14.2	0.800
1400	1.5390	350	903	165	0.1020	6.63	0.645
		450					
		500	1029	225	0.1610	10.45	0.735
		600					
		800	1104	270	0.2065	13.4	0.790
1600	2.0110	450	1056	199	0.1450	7.21	0.660
		500	1171	255	0.2070	10.3	0.732
		600	1286	325	0.2918	14.5	0.805
		800					
1800	2.5450	450	1165	214	0.1710	6.74	0.647
		500	1312	284	0.2570	10.1	0.730
		600	1434	354	0.3540	13.9	0.797
		800					
2000	3.1420	450	1308	244	0.2190	7.0	0.654
		500	1456	314	0.3155	10.0	0.727
		600	1599	399	0.4457	14.2	0.799
		800					

续表

塔径 D/nm	塔截面积 A_T/m²	塔板间距 H_T/mm	弓形降液管		降液管面积 A_f/m²	A_f/A_T	l_w/D
			堰长 l_w/mm	管宽 W_d/mm			
2200	3.8010	450					
		500	1598	344	0.3800	10.0	0.726
		600	1686	394	0.4600	12.1	0.766
		800	1750	434	0.5320	14.0	0.795
2400	4.5240	450					
		500	1742	374	0.4524	10.0	0.726
		600	1830	424	0.5430	12.0	0.763
		800	1916	479	0.6430	14.2	0.798

5.5.2　填料塔

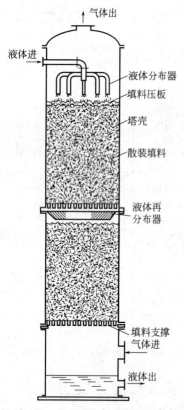

图 5-72　填料塔典型结构

在填料吸收塔内，气液两相流动方式原则上可为逆流也可为并流。一般情况下塔内液体作为分散相，总是靠重力作用自上而下地流动，而气体在压强差的作用下流经全塔，逆流时气体自塔底进入而自塔顶排出，并流时则相反。在气、液相的进、出口浓度相同的条件下，逆流操作方式可获得较大的平均推动力，因而能有效地提高过程的速率。

填料塔内填充各种类型的填料，如图 5-72 所示，如拉西环、鲍尔环、波纹板等，塔底有气体或蒸气的进口及分配空间，其上为填料的支承——常用大空隙率的栅板；塔顶设有液体分布装置，使液体尽可能均匀地喷淋在填料层的顶部。操作时，气液两相一般为逆流流动，气体自下而上，液体由上向下。填料表面被下流液体润湿，湿表面与上升气流达到连续微分接触传质，故称连续接触式（微分式）传质设备。

5.5.2.1　填料的主要类型及性能

(1) 填料主要类型

填料塔的性能主要取决于填料的类型。填料有很多种形式，一般分为两大类，一类是个体填料，如拉西环、鲍尔环、鞍形环等；另一类是规整填料，如栅板、θ网环、波纹填料等。根据操作流体的不同，可分别选用陶瓷、金属、塑料、玻璃、石墨等材料的填料。图 5-73 给出了几种常见填料的示意图。近年来还研制出了阶梯斜壁形、套筒式、脉冲式及直通式等许多新型填料，它们不仅价格低廉，而且性能良好。

① 常见个体填料简介

a. 拉西环　拉西环填料于 1914 年由拉西（F. Rashching）发明，为外径与高度相等的圆环，如图 5-73(a) 所示。拉西环填料的气液分布较差，传质效率低，阻力大，通量小，目前工业上已较少应用。

b. 鲍尔环　如图 5-73(b) 所示，鲍尔环是对拉西环的改进，在拉西环的侧壁上开出两排长方形的窗孔，被切开的环壁的一侧仍与壁面相连，另一侧向环内弯曲在环中心相搭。鲍尔环由于环壁开孔，大大提高了环内空间及环内表面的利用率，气流阻力小，液体分布均匀。与拉西环相比，鲍尔环的气体通量可增加 50％以上，传质效率提高 30％左右，因此是一种应用较广的填料。

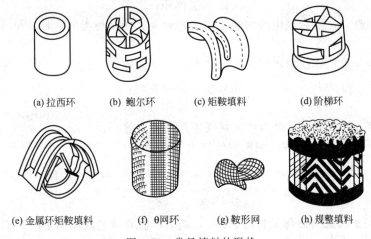

(a) 拉西环　　　(b) 鲍尔环　　　(c) 矩鞍填料　　　(d) 阶梯环

(e) 金属环矩鞍填料　　(f) θ网环　　(g) 鞍形网　　(h) 规整填料

图 5-73　常见填料的形状

c. 矩鞍填料　将类似于马鞍形状的两端弧形面改为矩形面，且两面大小不等，即成为矩鞍填料，如图 5-73(c) 所示。矩鞍填料堆积时不会套叠，液体分布较均匀。矩鞍填料一般采用瓷质材料制成，其性能优于拉西环。目前，国内绝大多数应用瓷拉西环的场合，均已被瓷矩鞍填料所取代。

d. 阶梯环　阶梯环是对鲍尔环的改进，其高度比鲍尔环减少了一半并在一端增加了一个锥形翻边，如图 5-73(d) 所示。由于高径比减小，使得气体绕填料外壁的平均路径大为缩短，减少了气体通过填料层的阻力，同时锥形边增加了填料间的空隙，可以促进液膜的表面更新，有利于传质效率的提高。阶梯环的综合性能优于鲍尔环，成为目前所使用的环形填料中最为优良的一种。

e. 金属环矩鞍填料　环矩鞍填料（国外称为 Intalox）是兼顾环形和鞍形结构特点而设计出的一种新型填料，该填料一般以金属材质制成，故又称为金属环矩鞍填料，如图 5-73(e) 所示。环矩鞍填料将环形填料和鞍形填料两者的优点集于一体，其综合性能优于鲍尔环和阶梯环，在散装填料中应用较多。

② 常见规整填料简介

a. 波纹填料　该类填料是我国开发成功并于 1971 年发表的填料类型。该填料的基本件是冲压出 45°斜波纹槽的薄板，薄板的高度通常是 40～60mm。若干板片平行组合，但相邻薄板的波纹反向。当塔截面为圆形，则波形板片的组合为圆柱形。上下相邻的填料组合体，其薄板方向互呈 90°交错。该类填料为气液提供了一段段带分支的直通道，气流阻力小，允许操作气速较大，即处理能力大，同时其特殊的结构可促进液膜的表面更新。

b. 金属丝网波纹填料　该类填料是 20 世纪 60 年代由瑞士苏尔寿（Sulzer）公司开发的一种规整填料，它由丝网波纹片垂直叠合组装而成，波纹倾角有 30°和 45°两种，分别为 X 型和 Y 型。丝网波纹填料在小直径塔内整盘装填，大直径塔分块装填，相邻盘填料方向成 90°安装。常用的金属丝网填料有 BX 型和 CY 型两种，其中 BX 型的综合性能比 CY 型好。金属丝网波纹填料广泛应用于难分离物系，但其造价高，抗污能力差，难以清洗。

（2）填料性能参数

填料的一般要求是比表面积大、空隙率大、对气体的流动阻力小、耐腐蚀及机械强度高。表示填料性能的参数有以下几项。

① 比表面积 σ　指单位填料层提供的填料的表面积，

即
$$\sigma = \frac{填料层表面积（m^2）}{填料层体积（m^3）}$$

填料的比表面积愈大，所能提供的气液传质面积愈大。同一种类的填料，尺寸愈小，则比表面积愈大。

② 空隙率 ε　单位体积填料层的空隙体积称为空隙率，

即
$$\varepsilon = \frac{填料层空隙体积（m^3）}{填料层体积（m^3）}$$

填料的空隙率愈大，气液通过能力愈大且气体流动阻力愈小。

③ 填料因子　填料因子表示填料的流体力学性能。

a. 干填料因子　指无液体喷淋时，将 σ 与 ε 组合成 $\dfrac{\sigma}{\varepsilon^3}$ 的形式称为干填料因子，单位为 m^{-1}。

b. 湿填料因子（以后简称填料因子）ϕ　当填料被喷淋的液体润湿后，填料表面覆盖了一层液膜，σ 与 ε 均发生相应的变化，此时 $\dfrac{\sigma}{\varepsilon^3}$ 称为湿填料因子，以 ϕ 表示，单位为 m^{-1}。ϕ 代表实际操作时填料的流体力学特性，故进行填料塔计算时，应采用液体喷淋条件下实测的湿填料因子。ϕ 值小，表明流动阻力小，液泛速度可以提高。

在选择填料时，一般要求比表面积及空隙率要大，填料的润湿性能好，单位体积填料的质量轻，造价低，并有足够的机械强度。若 σ 增大，即气液两相接触面积增加时，则有利于传质。

5.5.2.2　填料塔附件

填料塔的附件主要有填料支承装置、气液体分布装置、液体再分布装置和除沫装置等。合理选择和设计填料塔的附件，对于保证塔的正常操作及良好性能十分重要。

（1）填料支撑装置

支承装置要有足够的机械强度，如常见的栅板式，如图 5-74（a）所示，以支承塔内填料及其所持有的液体重量。同时，支承装

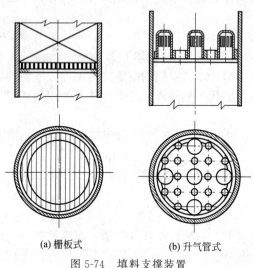

(a) 栅板式　　(b) 升气管式

图 5-74　填料支撑装置

置应具有较大的自由截面积，以免此处发生液泛。常见的还有升气管式支承装置［见图 5-74(b)］。

（2）液体分布装置

该装置的作用是使液体在填料塔内分布均匀，以提高分离效率。从喷淋密度考虑，应保证每 $30cm^2$ 的塔截面上约有一个喷淋点，这样，可以防止塔内的壁流和沟流现象。

如图 5-75 所示，常用的液体分布装置有莲蓬式、盘式、齿槽式及多孔环管式分布器等。

（3）液体再分布装置

为避免液体的偏流现象，可在填料层内每隔一定高度设置液体再分布装置。所选高度因填料种类而异，对拉西环填料可为塔径的 2.5～3 倍，对鲍尔环及鞍形填料可为塔径的 5～10 倍，但通常填料层高度最多不超过 6m。

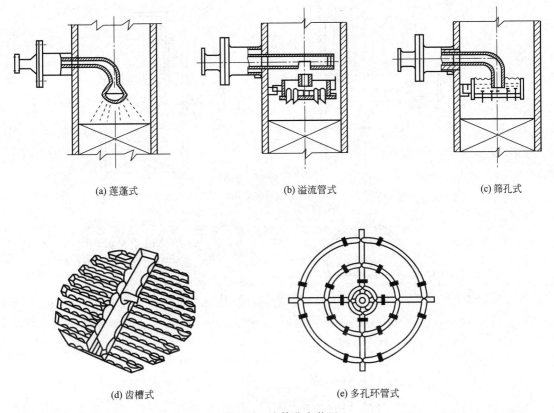

(a) 莲蓬式　　　　　　　　(b) 溢流管式　　　　　　　　(c) 筛孔式

(d) 齿槽式　　　　　　　　(e) 多孔环管式

图 5-75　液体分布装置

对于整砌填料，因不存在偏流现象，填料不必分层安装，也无需设再分布装置，但对液体的初始分布要求较高。相比之下，乱堆填料因具有自动均布液体的能力，对液体初始分布无过苛要求，却因偏流需要考虑液体再分布装置。

再分布器的型式很多。常用的为截锥形再分布器。图 5-76 中所示即为两种截锥式再分布器，截锥式再分布器适用于直径

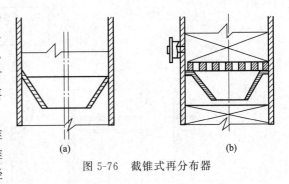

(a)　　　　　　　　(b)

图 5-76　截锥式再分布器

0.8m 以下的塔，安排再分布器时，应注意其自由截面积不得小于填料层的自由截面积，以免当气速增大时首先在此处发生液泛。

（4）除沫器

除沫装置安装在液体分布器的上方，用以除去出口气流中的液滴。常用的除沫装置有折流板除沫器、丝网除沫器（见图 5-77）及旋流板除沫器等。除此之外，填料层顶部常需设置填料压板或挡网，以避免操作中因气速波动而使填料被冲动及损坏。

（5）气体分布装置

填料塔的气体进口的构型，应考虑防止液体倒到罐外，更重要的是要有利于气体均匀地进入填料层，对于小塔最常见的方式是将进气管伸入塔截面中心位置，管端做成向下倾斜的切口或向下弯的喇叭口，如图 5-78 所示；对于大塔，应采取其他更有效的措施，例如管末端可做成类似图 5-78（b）、（c）型的多孔直管式或多孔盘管式。

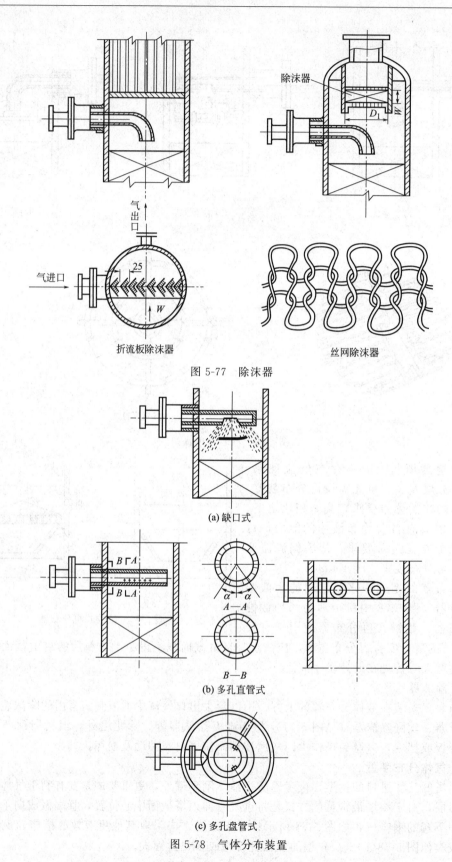

图 5-77 除沫器

(a) 缺口式

(b) 多孔直管式

(c) 多孔盘管式

图 5-78 气体分布装置

5.5.2.3　填料塔流体力学特性

(1) 填料层的持液量

持液量是指在一定的操作条件下，单位体积填料层中填料表面和填料的空隙中积存的液体体积，即液体（m^3）/每立方米填料层。持液量可分为静持液量 H_s、动持液量 H_o 和总持液量 H_t。总持液量 H_t 为静持液量与动持液量之和，即

$$H_t = H_s + H_o \tag{5-121}$$

其中，静持液量是指当填料被充分润湿后，停止气液两相进料后，并经适当时间的排液，直至无滴液时仍存留于填料层中的液体的体积。静持液量只取决于填料和流体的特性，与气液负荷无关；而动持液量是制指填料塔停止气液两相进料时流出的液量，它与填料、液体特性及气液负荷有关。

填料层的持液量可由实验测出，也可由经验公式计算。一般来说，适当的持液量对填料塔的操作稳定性和传质是有益的，但持液量过大，将减少填料层的空隙，使气相的压降增大，处理能力下降。

(2) 塔的压降与液泛气速

对于气液逆流接触的填料塔的操作，当液体的流量一定时，随着气速的提高，气体通过填料层的压力损失（体现为压降）也不断提高。压降是填料塔设计中的重要参数，气体通过填料层的压降的大小决定了塔的动力消耗。图 5-79 给出了每米压降（$\frac{\Delta p}{z}$）与空塔气速（u）及淋洒密度（L_w）的关系曲线。

如图 5-79 所示，当 $L=0$ 时，即无液体喷淋（又称干填料线）时，$\frac{\Delta p}{z}$ 与 u 成直线关系；当有液体喷淋时，曲线都有两个转折点：第一个折点——载点；

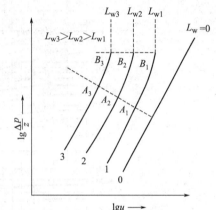

图 5-79　填料塔压降与
空塔气速的关系

第二个折点——泛点。载点和泛点将 $\frac{\Delta p}{z}$ 与 u 的关系曲线分成三段，即恒持液量区、载液区和液泛区。

① 恒持液量区　由于液体在填料空隙中流动，则液体占据一定的塔内空间，使气体的真实速度较通过干填料层时的真实速度为高，因而压强降也较大。此区域的 $\frac{\Delta p}{z}$-u 线在干填料线的左侧，且两线相互平行。

② 载液区　随着气速的增大，上升气流与下降液体间的摩擦力开始阻碍液体下流，使填料层的持液量随气速的增加而增加，此种现象称为拦液现象。开始发生拦液现象时的空塔气速称为载点气速。

③ 液泛区　如果气速继续增大，由于液体不能顺利下流，而使填料层内持液量不断增多，以致几乎充满了填料层中的空隙，此时压强降急剧升高，$\frac{\Delta p}{z}$-u 线的斜率可达 10 以上。压强降曲线近于垂直上升的转折点称为泛点。达到泛点时的空塔气速称为液泛气速或泛点气速。

在泛点气速下，持液量的增多使液相由分散相变为连续相，而气相则由连续相变为分散相，此时气体呈气泡形式通过液层，气流出现脉动，液体被大量地带到塔顶甚至出塔，塔的操作极不稳定，甚至被破坏，所以应控制正常的操作气速在泛点气速以下。

一般认为正常操作的空塔气速 u 应在载点气速之上，在泛点气速的 0.8 倍以下，但到达载点时的症状不明显，而到达泛点气速时，塔内气液的接触状况被破坏，现象十分明显，易于辨认。由于液泛是塔操作的极限，必须避免发生，故应计算出液泛气速作为操作气速的上限，再核算出合理的正常操作气速。

工程上常用 Eckert 通用关联图来确定填料塔内的气体压降和泛点气速。如图 5-80 所示，在最上方的弦栅、整砌拉西环线下，就是乱堆填料的泛点线，与泛点线相对应的纵坐标中的空塔气速应为空塔液泛气速 u_{max}；在泛点线下面的线群则为各种乱堆填料的压降线，若已知气、液两相流量比及各相的密度，可根据规定的压强降，求其相应的空塔气速，反之，根据选定的实际操作气速求压强降。

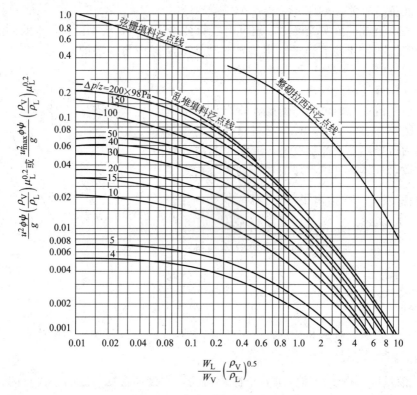

图 5-80　埃克特（Eckert）通用关联图

u_{max}—泛点气速，m/s；u—空塔气速，m/s；g—重力加速度，m/s^2；

ϕ—填料因子，1/m；ψ—液体密度校正系数，等于水的密度与液体密度之比，即 $\psi = \dfrac{\rho_{水}}{\rho_L}$；

ρ_L，ρ_V—分别为液体与气体的密度，kg/m^3；μ_L—液体的黏度，mPa·s；

W_L，W_V—分别为液相及气相的质量流量，kg/s

埃克特通用关联图适用于各种乱堆填料，如拉西环、鲍尔环、弧鞍、矩鞍等，但需确知填料的 ϕ 值。

（3）液体的喷淋密度与填料的润湿性能

填料塔中气液两相间的传质主要是在填料表面流动的液膜上进行的，因此，传质效率就与填料的润湿性能密切相关。为使填料能获得良好的润湿，应使塔内液体的喷淋量不低于最小喷淋密度。所谓液体的喷淋密度是指单位时间内单位塔截面上喷淋的液体体积，最小喷淋密度能维持填料的最小润湿速率，它们之间的关系为：

$$U_{\min} = L_{\min} \cdot \sigma \qquad (5\text{-}122)$$

式中　$U_{\min}$——最小喷淋密度，$m^3/(m^2 \cdot h)$；

　　　$L_{\min}$——最小润湿速率，$m^3/(m \cdot h)$。

润湿速率是指在塔的横截面上，单位长度的填料周边上液体的体积流量。对于直径不超过 75mm 的拉西环及其他填料，可取最小润湿速率为 $0.08m^3/(m \cdot h)$；对于直径大于 75mm 的环形填料，应取为 $0.012m^3/(m \cdot h)$。

实际操作时采用的喷淋密度应大于最小喷淋密度。若喷淋密度过小，可采用增大回流比或采用液体再循环的方法加大液体流量，以保证填料的润湿性能。也可采用减小塔径，或适当增加填料层高度予以补偿。

填料的润湿性能与填料的材质有关，例如常用的陶瓷、金属及塑料三种材料中，陶瓷填料的润湿性能最好，而塑料填料的润湿性能最差。则对于金属、陶瓷等材料的填料，可采用表面处理方法，改善其表面的润湿性能。

(4) 比表面、润湿表面、有效表面的含义

润湿表面主要取决于液体喷淋密度、物性及填料类型、尺寸、装填方法。液泛以前，填料表面难以被全部润湿，而被润湿的表面也并非都是有效传质表面，即有效表面＜润湿表面；其中有效表面主要受喷淋密度、填料种类、尺寸的影响。

(5) 返混

在填料塔内，由于各种不理想操作因素的影响，使气液两相逆流流动过程中存在着返混现象。造成返混现象的原因有多种，例如，气液两相在填料层中的沟流现象，气液的分布不均及塔内的气液湍流脉动使气液微团停留时间不一致等。填料塔内气液返混现象的发生，使得传质平均推动力下降，故应适当增加传质高度以保证理想的分离效果。

5.5.2.4　塔径 *D* 与填料尺寸

一般取塔径/填料外径≥8，比值过小时，壁流效应明显，液体分布不均匀。

$$D = \sqrt{\frac{4V_S}{\pi u}} \qquad (5\text{-}123)$$

为了塔内正常操作，操作气速必须低于液泛气速，但气速过低又容易使塔内的液体分布不均匀，从而影响气液传质，所以填料塔的适宜空塔气速一般取为液泛气速的 50%～85%，一般填料塔的操作气速大致为 0.2～1.0m/s。

根据上述方法算出的塔径，也应按压力容器公称直径标准进行圆整，如圆整为 400mm，500mm，600mm，…，1000mm，1200mm，1400mm 等。算出塔径后，还应检验塔内的喷淋密度是否大于最小喷淋密度。

5.5.2.5　填料层的有效高度

填料层的有效高度可采用如下两种方法计算。

(1) 传质单元法

填料层高度 Z = 传质单元高度 × 传质单元数

此法在吸收计算中已有介绍。通常，该法多用于吸收、脱吸、萃取等填料塔的设计计算。

(2) 等板高度法

$$Z = N_T \times HETP \qquad (5\text{-}124)$$

式中　N_T——理论板数；

　　$HETP$——等板高度，又称理论板当量高度，m。

等板高度（$HETP$）是与一层理论塔板的传质作用相当的填料层高度，也称理论板当量高度。显然，等板高度越小，说明填料层的传质效率高，则完成一定分离任务所需的填料层的总高度可降低。等板高度不仅取决于填料的类型与尺寸，而且受系统物性、操作条件及设备尺寸的影响。等板高度的计算，迄今尚无满意的方法，一般通过实验测定，或取生产设备的经验数据。当无实验数据可取时，只能参考有关资料中的经验公式，此时要注意所用公式的使用范围。

等板高度的数据或关联结果，一般来自小型试验，故往往不符合工业生产装置的情况。估算工业装置所需的填料层高度时，可参考工业设备的等板高度经验数据。譬如，直径为 25mm 的填料，等板高度接近 0.5m；直径为 50mm 的填料，等板高度接近 1m；直径在 0.6m 以下的填料塔，等板高度约与塔径相等；而当塔处于负压操作时，等板高度约等于塔径加上 0.1m。填料层用于吸收操作时的等板高度要大得多，一般可按 1.5～1.8m 估计。此外，不同填料类型的等板高度值不同。普通实体填料的等板高度大都在 0.4m 以上。如 25mm 拉西环的等板高度为 0.5m，25mm 鲍尔环的等板高度为 0.4～0.45m。网体填料具有很大的比表面积和空隙率，为高效填料，其等板高度在 0.1m 以下，如 CY 型波纹丝网、θ 网环填料等。

应指出，采用上述方法计算出填料层高度之后，还应留出一定的安全系数。

根据设计经验，填料层的设计高度一般为

$$Z' = (1.2～1.5)Z \tag{5-125}$$

式中　Z'——设计时的填料高度，m；

Z——工艺计算得到的填料层高度，m。

还应指出，液体沿填料层下流时，有逐渐向塔壁方向集中的趋势而形成壁流效应。壁流效应造成填料层气、液分布不均匀，使传质效率降低。因此，设计中，每隔一定的填料层高度，需要设计液体收集再分布装置，即将填料层分段。

① 散装填料的分段　对于散装填料，一般推荐的分段高度值见表 5-8。表中 h/D 为分段高度与塔径之比，h_{max} 为允许的最大填料层高度。

表 5-8　散装填料分段高度推荐值

填料类型	h/D	h_{max}	填料类型	h/D	h_{max}
拉西环	2.5	≤4m	阶梯环	8～15	≤6m
矩鞍	5～8	≤6m	环矩鞍	8～15	≤6m
鲍尔环	5～10	≤6m			

② 规整填料的分段　对于规整填料，填料层分段高度可按下式确定：

$$h = (15～20)HETP \tag{5-126}$$

式中　h——规整填料分段高度，m；

$HETP$——规整填料的等板高度，m。

亦可按表 5-9 推荐的分段高度值确定。

表 5-9　规整填料分段高度推荐值

填料类型	分段高度/m	填料类型	分段高度/m
250Y 板波纹填料	6.0	500(BX)丝网波纹填料	3.0
500Y 板波纹填料	5.0	700(CY)丝网波纹填料	1.5

5.5.2.6　填料塔与板式塔的比较

(1) 塔设备的共同要求

塔设备虽然型式繁多，但共同的要求是：

① 相际传质面积大，气液两相充分接触，以获得较高的传质效率；

② 生产能力（即气液相负荷）大，在较大的气速下不发生大量的雾沫夹带、拦液、液泛等不正常操作现象；

③ 操作稳定，操作弹性（最大负荷/最小负荷）大，传质效率要高（但往往与生产能力冲突）；

④ 流体通过塔设备的压力降小（尤其是对于真空精馏等操作），且气液接触传质后，两相易于分离；

⑤ 耐腐蚀，不堵塞，易检修；

⑥ 结构简单，易于加工、安装。

（2）塔设备的选型原则

板式塔和填料塔的选择无统一标准，很大程度上取决于设计者的知识与经验。一般来说，下列的情况优先选用板式塔：

① 液相负荷较小，使用填料则其表面不能充分润湿，难以保证分离效率；

② 易结垢，有结晶的物料，采用板式塔不易堵塞；

③ 需要设置塔内部换热元件或多个侧线进料、出料口时，板式塔较合适；

④ 板式塔内液体滞留量大，操作弹性大，易于稳定，对进料浓度的变化不甚敏感。

下列的情况应优先选用填料塔：

① 在分离程度要求高的情况下，采用新型填料可降低塔高；

② 新型填料压降低，有利于节能；

③ 新型填料具有较小的持液量，适合于热敏性物料的蒸馏分离；

④ 易发泡的物料宜采用填料塔，因为在填料塔内气相主要不是以气泡形式通过液相，可减小发泡的程度；

⑤ 对于腐蚀性物料，可用耐腐蚀材质的填料。

20 世纪 70 年代以前，板式塔的发展速度一直优先于填料塔，涌现出许多新型塔板。但是，自瑞士 Sulzer 公司开发出金属孔板波纹填料以来，填料塔的发展取得了突破性的进展，通过对规整填料的深入研究以及气液分布器的精心设计，目前已基本解决了大型填料塔的工业放大问题，彻底改变了填料塔不能在大直径塔上应用的传统认识，在过程工业中被广泛应用。在旧塔改造方面，由于塔径和塔高确定，如需增加产量或提高产品质量，只能将原有的板式塔部分或全部改成高效填料塔。对新建塔器，填料塔和板式塔在不同的场合下互相竞争，设计者应依据工艺条件和具体情况，以期达到技术上可靠、经济上合理的目的。

值得注意的是，用填料改造高压下的板式蒸馏塔时要特别慎重，这是因为加压蒸馏操作时，液体流量大，容易产生不均匀流动，且液膜厚度增加，同时加压下液体的黏度也增加，这些因素都会使填料塔的分离能力下降。

另外，因为层出不穷的新型塔板结构或高效填料各具特点，所以应根据不同的工艺及生产需要来选择塔板的型式或填料的类型。

5.5.3 萃取设备

根据两相接触方式的不同，萃取设备可分为逐级接触式和微分接触式两类。在逐级接触式设备中，每一级均进行两相的混合与分离，故两液相的组成在级间发生阶跃式变化。而在微分接触式设备中，两相逆流连续接触传质，两液相的组成则发生连续变化。

根据外界是否输入机械能，萃取设备又可分为有外加能量和无外加能量两类。若两相密度差较大，萃取时，仅依靠液体进入设备时的压力差及密度差即可使液体有较好的分散和流动，此时不需外加能量即能达到较好的萃取效果；反之，若两相密度差较小，界面张力较大，液滴易聚合不易分散，此时常采用从外界输入能量的方法来改善两相的相对运动及分散状况，如施加搅拌、振动、离心等。

目前，工业上使用的萃取设备种类很多，在此仅介绍一些典型设备。

5.5.3.1 混合澄清器

混合澄清器是使用最早，而且是目前仍广泛应用的一种萃取设备，它由混合器与澄清器组成，典型装置如图 5-81 所示。

在混合器中，大多应用机械搅拌，有时也可将压缩气体通入底部进行气流搅拌，还可以利用流动混合器或静态混合器。两相分散体系在混合器内停留一定时间后，流入澄清器，轻、重两相依靠密度差进行重力沉降（或升浮），并在界面张力的作用下凝聚分层，形成萃取相和萃余相。

混合澄清器可以单级使用，也可以组成多级逆流或错流串联流程，图 5-82 所示为水平排列的三级逆流混合-澄清萃取装置示意图，也可以将几个级上下重叠。

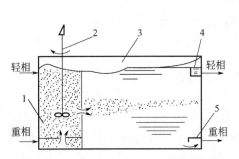

图 5-81 混合器与澄清器组合装置

1—混合器；2—搅拌器；3—澄清器；
4—轻相液出口；5—重相液出口

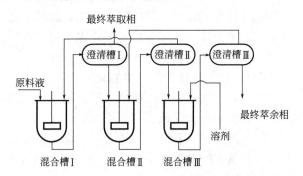

图 5-82 三级逆流混合-澄清萃取设备

混合澄清器具有处理量大，传质效率高，两液相流量比范围大，设备结构简单，操作方便，易实现多级连续操作等优点；但缺点是水平排列的设备占地面积大，每级内都设有搅拌装置，液体在级间流动需输送泵，设备费和操作费都较高。

5.5.3.2 萃取塔

通常将高径比较大的萃取装置统称为塔式萃取设备，简称萃取塔。根据两相混合和分散所采用的措施不同，萃取塔的结构型式也多种多样。下面简介几类工业上常用的萃取塔。

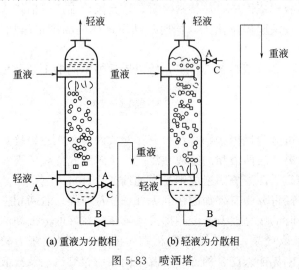

(a) 重液为分散相 (b) 轻液为分散相

图 5-83 喷洒塔

(1) 重力流动型萃取塔

两液相靠重力作逆流流动而不输入机械能的萃取塔，结构简单，适用于界面张力不大、要求的理论级数不多（如不超过 3～4 级）的场合，主要有以下一些类型。

① 喷洒塔 喷洒塔又称喷淋塔，是最简单的萃取塔，如图 5-83 所示，轻、重两相分别从塔底和塔顶进入。若以重相为分散相，则重相经塔顶的分布装置分散为液滴后进入轻相，与其逆流接触传质，重相液滴降至塔底分离段处聚合形成重相液层排出，而轻相上升至塔顶

并与重相分离后排出［见图 5-83(a)］；若以轻相为分散相，则轻相经塔底的分布装置分散为液滴后进入连续的重相，与重相进行逆流接触传质，轻相升至塔顶分离段处聚合形成轻液层排出。而重相流至塔底与轻相分离后排出［见图 5-83(b)］。

　　喷洒塔结构简单，塔体内除进出各流股物料的接管和分散装置外，无其他内部构件。缺点是轴向返混严重，传质效率较低，因而适用于仅需一两个理论级的场合，如水洗、中和或处理含有固体的物系。

　　② 填料萃取塔　填料萃取塔的结构与精馏和吸收填料塔基本相同，如图 5-84 所示。塔内装有适宜的填料，轻、重两相分别由塔底和塔顶进入，由塔顶和塔底排出。萃取时，连续相充满整个填料塔，分散相由分布器分散成液滴进入填料层中的连续相，在与连续相逆流接触中进行传质。

　　填料的作用是使液滴不断发生凝聚与再分散，以促进液滴的表面更新，填料也能起到减少轴向返混的作用。

　　填料萃取塔的优点是结构简单，操作方便，适合于处理腐蚀性料液；缺点是传质效率低，一般用于所需理论级数较少（如三个萃取理论级）的场合。

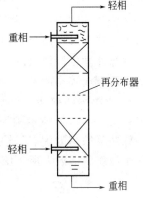

图 5-84　填料萃取塔

　　③ 筛板萃取塔　筛板萃取塔如图 5-85(a) 所示，塔内装有若干层筛板，筛板的孔径一般为 3～9mm。

　　筛板萃取塔是逐级接触式萃取设备，两相依靠密度差，在重力的作用下，进行分散和逆向流动。若以轻相为分散相，则其通过塔板上的筛孔而被分散成细小的液滴，与塔板上的连续相充分接触进行传质；若以重相为分散相，则重相穿过板上的筛孔，分散成液滴落入连续的轻相中进行传质，轻相则连续地从筛板下侧横向流过，从升液管进入上层塔板，如图 5-85(b) 所示。

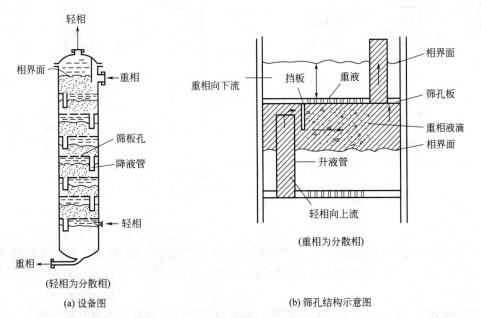

(a) 设备图　　　　　　　　　　(b) 筛孔结构示意图

图 5-85　筛板萃取塔

　　筛板萃取塔由于塔板的限制，减小了轴向返混，同时由于分散相的多次分散和聚集，液滴表面不断更新，使筛板萃取塔的效率比填料塔有所提高，加之筛板塔结构简单，造价低廉，可处理腐蚀性料液，因而应用较广。

（2）输入机械能量型萃取塔

① 往复筛板萃取塔 往复筛板萃取塔的结构如图 5-86 所示，将若干层筛板按一定间距固定在中心轴上，由塔顶的传动机构驱动而作上下往复运动。往复筛板的孔径要比脉动筛板的大些，一般为 7～16mm。为防止液体沿筛板与塔壁间的缝隙走短路，每隔若干块筛板，在塔内壁应设置一块环形挡板。

往复筛板萃取塔可较大幅度地增加相际接触面积和提高液体的湍动程度，传质效率高，流体阻力小，操作方便，生产能力大，在石油化工、食品、制药和湿法冶金工业中应用日益广泛。

② 脉冲筛板塔 脉冲筛板塔是指在外力作用下，液体在塔内产生脉冲运动的筛板塔，其结构与气 - 液传质过程中无降液管的筛板塔类似。在塔的下澄清段装有脉冲管，萃取操作时，由脉冲发生器提供的脉冲使塔内液体作上下往复运动，迫使液体经过筛板上的小孔，使分散相破碎成较小的液滴分散在连续相中，并形成强烈的湍动，从而促进传质过程的进行。图 5-87 所示为两种常见类型，图 5-87(a) 所示为直接将发生脉冲的往复泵连接在轻液入口管中，图 5-87(b) 所示则为使往复泵发生的脉冲通过隔膜输入塔底。

脉冲萃取塔的优点是结构简单，传质效率高，适用于有腐蚀性或含有悬浮固体的液体；但其生产能力一般有所下降，在化工生产中的应用受到一定限制。

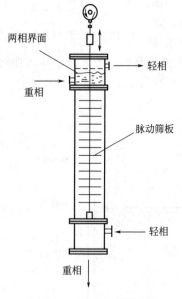

图 5-86 往复筛板萃取塔

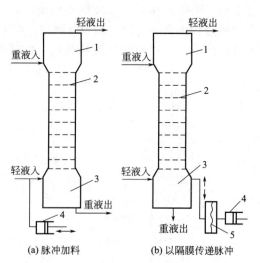

图 5-87 脉冲筛板塔
1—塔顶分层段；2—无溢流筛板；
3—塔底分层段；4—脉冲发生器；5—隔膜

③ 转盘萃取塔（RDC 塔） 转盘萃取塔的基本结构如图 5-88 所示，在塔体内壁面上按一定间距装有若干个环形挡板，称为固定环，两固定环之间均装一转盘，转盘固定在中心轴上，转轴由塔顶的电机驱动。

萃取操作时，转盘随中心轴高速旋转，其在液体中产生的剪应力将分散相破裂成许多细小的液滴，在液相中产生强烈的涡旋运动，从而增大了相际接触面积和传质系数。同时固定环的存在在一定程度上抑制了轴向返混，因而转盘萃取塔的传质效率较高。

转盘萃取塔结构简单，传质效率高，生产能力大，因而在石油化工中应用比较广泛。

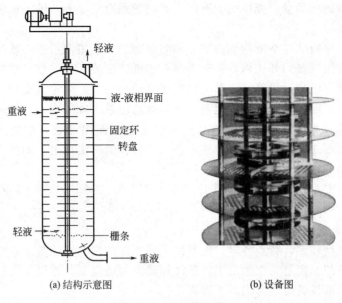

图 5-88　转盘萃取塔

(3) 离心萃取器

离心萃取器是利用离心力的作用使两相快速混合、分离的萃取装置。离心萃取器的类型较多，按两相的接触方式不同可分为逐级接触式和微分接触式两类。在逐级接触式萃取器中，两相的作用过程与混合澄清器类似；而在微分接触式萃取器中，两相接触方式则与连续逆流萃取塔类似。

① 转筒式离心萃取器　它是单级接触式离心萃取器，其结构如图 5-89 所示。重液和轻液由底部的三通流进入混合室，在搅拌桨的剧烈搅拌下，两相充分混合进行传质，然后共同进入高速旋转的转筒。在转筒中，混合液在离心力的作用下，重相被甩向转鼓外缘，而轻相则被挤向转鼓的中心。两相分别经轻、重相堰流至相应的收集室，并经各自的排出口排出。

转筒式离心萃取器结构简单，效率高，易于控制，运行可靠。

② 芦威式离心萃取器（Luwesta）　芦威式离心萃取器简称 LUWE 离心萃取器，它是立式逐级接触式离心萃取器的一种，图 5-90 所示为三级离心萃取器，其主体是固定在壳体上

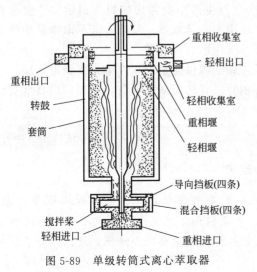

图 5-89　单级转筒式离心萃取器

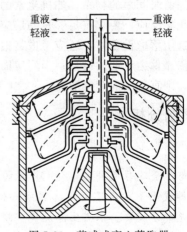

图 5-90　芦威式离心萃取器

并随之作高速旋转的环形盘。壳体中央有固定不动的垂直空心轴，轴上也装有圆形盘，盘上开有若干个喷出孔。

萃取操作时，原料液与萃取剂均由空心轴的顶部加入，重液沿空心轴的通道向下流至萃取器的底部而进入第三级的外壳内，轻液由空心轴的通道流入第一级。在空心轴内，轻液与来自下一级的重液相混合，再经空心轴上的喷嘴沿转盘与上方固定盘之间的通道被甩至外壳的四周。重液由外部沿转盘与下方固定盘之间的通道而进入轴的中心，并由顶部排出，其流向为由第三级经第二级再到第一级，然后进入空心轴的排出通道，如图 5-90 中实线所示；轻液则由第一级经第二级再到第三级，然后进入空心轴的排出通道，如图 5-90 中虚线所示。两相均由萃取器顶部排出。

该类萃取器主要用于制药工业，其处理能力为 $7\sim49m^3/h$，在一定条件下，级效率可接近 100%。

5.5.3.3 萃取设备的选择

萃取设备的类型较多，特点各异，物系性质对操作的影响错综复杂。对于具体的萃取过程，选择萃取设备的原则是：在满足工艺条件和要求的前提下，使设备费和操作费之和趋于最低，通常选择萃取设备时应考虑以下因素。

① 系统特性 对密度差较大、界面张力较小的物系，可选用无外加能量的设备；对密度差较小、界面张力较大的物系，宜选用有外加能量的设备；对密度差较小、界面张力小、易乳化的物系，应选用离心萃取器。

对有较强腐蚀性的物系，宜选用结构简单的填料塔或脉冲填料塔。对于放射性元素的提取，脉冲塔和混合澄清器用得较多。

物系中有固体悬浮物或在操作过程中产生沉淀物时，需定期清洗，此时一般选用混合澄清器或转盘塔。另外，往复筛板塔和脉冲筛板塔本身具有一定的自清洗能力，在某些场合也可考虑使用。

② 处理量 处理量较小时，可选用填料塔、脉冲塔；处理量较大时，可选用混合澄清器、筛板塔及转盘塔，离心萃取器的处理能力也相当大。

③ 理论级数 当需要的理论级数不超过 2～3 级时，各种萃取设备均可满足要求；当需要的理论级数较多（如超过 4～5 级）时，可选用筛板塔；当需要的理论级数再多（如 10～20 级）时，可选用有外加能量的设备，如混合澄清器、脉冲塔、往复筛板塔、转盘塔等。

④ 物系的稳定性和液体在设备内的停留时间 对生产中要考虑物料的稳定性、要求在设备内停留时间短的物系，如抗生素的生产，宜选用离心萃取器；反之，若萃取物系中伴有缓慢的化学反应，要求有足够长的反应时间，则宜选用混合澄清器。

在选用萃取设备时，还应考虑其他一些因素，如能源供应情况，在电力紧张地区应尽可能选用依靠重力流动的设备；当厂房面积受到限制时，宜选用塔式设备，而当厂房高度受到限制时，则宜选用混合澄清器。

工程案例分析

吸收塔的改造

目前，全球每年排放的 SO_2 大约为 3 亿吨，主要来源于化工、电力和冶炼等行业。SO_2 的排放严重污染了大气，影响人体的健康，产生酸雨，危及农作物。因此，治理 SO_2 排放问题十分重要。根据生态环境部规定，二氧化硫排放总量要逐渐降低，所以部分单位对二氧化硫排放超标的设备进行了改造。

　　某金属冶炼厂冶炼炉排放的含有 SO_2 1%（摩尔分数，下同）的混合气体用清水在装有陶瓷拉西环的填料塔逆流吸收，经过一段时间分析吸收塔尾气 SO_2 超标，工厂组织技术人员分析原因，并采取方便而又有效的措施进行改造（原来要求尾气排放 SO_2 不超过 0.1%，当时的排放组成是 0.5%，原设计液气比为 10，操作条件下平衡关系为 $Y^* = 8.0X$）。

　　首先分析 SO_2 超标的原因，从两方面入手。一种可能是操作条件不当，如管路等原因引起气量和液量的变化，使得吸收操作采用的液气比变小，也可能是矿石组成变化含硫量增加导致进塔组成提高，吸收剂温度高了，吸收压力低了；二是设备方面出了问题，传质系数下降，传质阻力增大。针对可能的原因进行检测确定，对进气量和清水量检测发现波动很小，分析矿石组成变化也不大，按设计时的富裕程度出口 SO_2 不可能超标。当时正值冬季，不可能是清水温度变化所致，吸收压力为常压没有变化。唯一可能是填料使用时间长，有破损，液体分布不均，填料性能下降，传质阻力增加。

　　采取什么措施控制 SO_2 超标，有人首先提出增加清水流量。这一措施看起来应该有效又方便，但也有人反对，理由是对于清水吸收 SO_2 的体系，溶解度适中，气、液两相的阻力都不能忽略，这样双膜控制的吸收过程，提高液体流量，传质系数能提高，但只有提高很大，总传质系数才能显著增加，何况在填料已经破碎的情况下，若采用较大的喷淋量很可能引起液泛，该措施不宜采取。

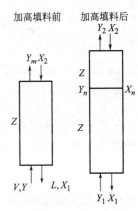

附图 1　填料层高度
计算示意

　　也有人提出加高一段填料，并采用新型填料，小试实验测得新型填料传质单元高度为 0.8m。那么增加填料层的高度为多少米才能使得 SO_2 达到排放标准呢？通过附图 1 设计计算如下。

原塔：
$$Z = H_{OG} N_{OG}$$

　　对于加高填料层高度后的原塔部分，其气量和传质系数没变化，故传质单元高度 H_{OG} 不变，塔高未变，所以传质单元数 N_{OG} 没变化。吸收温度可以认为近似不变，所以，解吸因数 S 不变。即

原塔段：
$$N_{OG} = \frac{1}{1-S}\ln\left[(1-S)\frac{Y_1}{Y_m} + S\right] \tag{I}$$

加高后的原塔段：
$$N'_{OG} = \frac{1}{1-S}\ln\left[(1-S)\frac{Y_1 - mX_n}{Y_n - mX_n} + S\right] \tag{II}$$

$$S = \frac{m}{\dfrac{L}{V}} = \frac{8}{10} = 0.8$$

由式（I）、（II）得到
$$\frac{Y_1}{Y_m} = \frac{Y_1 - mX_n}{Y_n - mX_n} \tag{III}$$

添加的塔高段：
$$N''_{OG} = \frac{1}{1-S}\ln\left[(1-S)\frac{Y_n}{Y_2} + S\right] \tag{IV}$$

对添加的塔高段作物料衡算：
$$(Y_n - Y_2)V = LX_n \tag{V}$$

$$\frac{(Y_n - Y_2)V}{L} = X_n \tag{VI}$$

将式（VI）代入式（III），整理得

$$Y_n = \frac{(Y_1 + SY_2) - \dfrac{SY_1Y_2}{Y_m}}{\dfrac{Y_1}{Y_m}(1-S) + S} = \frac{(0.01 + 0.8 \times 0.001) - \dfrac{0.8 \times 0.01 \times 0.001}{0.005}}{\dfrac{0.01}{0.005} \times (1 - 0.8) + 0.8}$$

$$=0.0077 \tag{VII}$$

将式（VII）代入式（IV），整理得：

$$N''_{OG}=\frac{1}{1-0.8}\ln\left[(1-0.8)\frac{0.0077}{0.001}+0.8\right]=4.24$$

即添加塔高：

$$Z'=N''_{OG}\cdot H'_{OG}=4.24\times0.8=3.4\text{m}$$

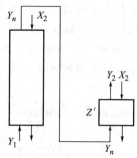

附图2　改造后的
工艺流程示意

即在原塔的基础上增加3.4m的塔段，但这一方案有人提出质疑，增加塔高会带来清水离心泵扬程不够的问题，要解决此问题还要在原离心泵的管路上串联一个离心泵或换一台扬程大的离心泵，若这样，不如在原吸收流程中增加一个小吸收塔，其塔直径与原塔的塔径相同，同时填料还用新型填料，增加一台离心泵，采用清水。流程如附图2所示，具体塔高设计如下：

$$N_{OG}=\frac{1}{1-S}\ln\left[(1-S)\frac{Y_n}{Y_2}+S\right]$$

$$N_{OG}=\frac{1}{1-0.8}\ln\left[(1-0.8)\times\frac{0.005}{0.001}+0.8\right]=2.9$$

串联塔的塔高$Z'=0.8\times2.9=2.3\text{m}$。对于当地低廉的水价来说，该方案较为经济，若水价高，要进行具体的经济核算。

最后技术改造方案确定串联一段2.3m装有新型填料的塔，经过实际运行，对吸收塔出口混合气体进行测试，发现SO_2排放浓度达到了原工艺要求。

习　题

1. 计算甲醇在30℃水中的扩散系数。　　　　　　　　　　　　　　　　　　　$(2.33\times10^{-5}\text{m}^2/\text{s})$

2. 正庚烷（A）和正辛烷（B）所组成的混合液，在388K时沸腾，外界压力为101.3kPa，根据实验测定，在该温度条件下的$p_A^0=160\text{kPa}$，$p_B^0=74.8\text{kPa}$，试求相平衡时气、液相中正庚烷的组成。

$[6.86\times10^{-4}\text{kmol}/(\text{m}^3\cdot\text{Pa}),\ 7.43\times10^4\text{Pa},\ 0.743;\ 5.46\times10^{-4}\text{kmol}/(\text{m}^3\cdot\text{Pa}),\ 9.33\times10^4\text{Pa},\ 0.933]$

3. 苯酚（A）和对甲苯酚（B）的饱和蒸气压数据如下：

温度$t/℃$	苯酚蒸气压 p_A^0/kPa	对甲苯酚蒸气压 p_B^0/kPa	温度$t/℃$	苯酚蒸气压 p_A^0/kPa	对甲苯酚蒸气压 p_B^0/kPa
113.7	10.0	7.70	117.8	11.99	9.06
114.6	10.4	7.94	118.6	12.43	9.39
115.4	10.8	8.20	119.4	12.85	9.70
116.3	11.19	8.50	120.0	13.26	10.0
117.0	11.58	8.76			

试按总压$P=75\text{mmHg}$（绝压）计算该物系的$t\text{-}x(y)$相平衡数据并画出相图，该物系为理想物系。

（吸收；$\Delta Y=0.0336$，$\Delta X=0.0133$）

4. 将含苯摩尔分数为0.5，甲苯摩尔分数为0.5的溶液加以气化，气化率为$\frac{1}{3}$，已知物系的相对挥发度为2.47，试计算：（1）作简单蒸馏时，气相与液相产物的组成；（2）作平衡蒸馏时，气相与液相产物的组成。　　　　　　　　　　　　　　　　　（0.369%，0.369%；0.185%，0.185%）

5. 每小时将15000kg含苯40%（质量分数，下同）和甲苯60%的溶液，在连续精馏塔中进行分离。操作压力为101.3kPa，要求馏出液能回收原料中的97.1%的苯，釜液含苯不高于2%。求馏出液和釜液的摩尔流率及摩尔组成。　　　　　　　　　　　　　　　　　　$[0.1584\text{kmol}/(\text{m}^2\cdot\text{h})]$

6. 在一连续精馏塔中分离某二元理想混合液。原料液流量为100kmol/h，浓度为0.4（摩尔分数，下同）。要求塔顶产品浓度为0.9，塔釜浓度为0.1。试求：（1）馏出液与釜残液的流量；（2）若每小时从塔顶采出 50kmol 馏出液，工艺要求应作何改变？

$$(0, 0.01, 0.0167, 0.00667; 0.025, 0.01, 0.0333, 0.00667)$$

7. 某液体混合物易挥发性组分含量为 0.6，在泡点状态下连续送入精馏塔，加料量为 100kmol/h，易挥发性组分的回收率为 99%，釜液易挥发性组分含量为 0.05，回流比为 3。（以上均为摩尔分数）试求：（1）塔顶产品与塔底产品的摩尔流率；（2）精馏段和提馏段内上升蒸气及下降液体的摩尔流率；（3）精馏段和提馏段的操作线方程。　　　　　　　　　　　(765.3kmol/h; 0.03; 4.72m, 4.73m)

8. 采用常压连续精馏塔分离苯-甲苯混合物。原料中含苯 0.44（摩尔分数，下同），进料为气液混合物，其中蒸气与液体量的摩尔比为 1∶2。已知操作条件下物系的平均相对挥发度为 2.5，操作回流比为最小回流比的 1.5 倍。塔顶采用全凝器冷凝，泡点回流，塔顶产品液中含苯 0.96。试求：（1）操作回流比；（2）精馏段操作线方程；（3）塔顶第二层理论塔板的气液相组成。　　　　　(1281.0kg/h; 0.2; 5.2m)

9. 用一精馏塔分离苯-甲苯溶液，进料为气液混合物，气相占 50%（摩尔分数），进料混合物中苯的摩尔分数为 0.60，苯与甲苯的相对挥发度为 2.5，现要求塔顶、塔底产品组成分别为 0.95 和 0.05（摩尔分数），回流比取最小回流比的 1.5 倍。塔顶分凝器所得的冷凝液全部回流，未冷凝的蒸气经过冷凝冷却后作为产品。试求：（1）塔顶、塔底产品分别为进料量的多少倍？（2）塔顶第一理论塔板上升的蒸气组成为多少？　　　　　　　　　　　　　　　　　(0.491; 0.311)

10. 如图所示，常压连续精馏塔具有一层实际塔板及一台蒸馏釜，原料预热到泡点由塔顶加入，进料组成 $x_F = 0.20$（易挥发性组分的摩尔分数，下同）。塔顶上升蒸气经全凝器全部冷凝后作为产品，已知塔顶馏出液的组成为 0.28，塔顶易挥发性组分的回收率为 80%。系统的相对挥发度为 2.5。试求釜液组成及塔板的默弗里板效率。　　（略）

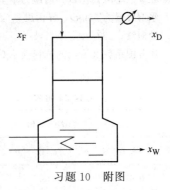

习题 10　附图

11. 将氨气通入水中，平衡后测得氨在 1kg 水中的溶解量为 10g 氨，当绝对压强为 100kPa、温度为 20℃ 时，液相上方氨的分压为 780Pa，当绝对压强为 100kPa、温度为 40℃ 时，液相上方氨的分压为 980Pa。试求两种条件下氨的溶解度系数 H、亨利系数 E、相平衡常数 m。　　(0.677, 0.412; 0.648, 0.426)

12. 理想气体混合物中溶质 A 的含量为 0.06（体积分数），与溶质 A 含量为 0.012（摩尔比）的水溶液相接触，此系统的平衡关系为 $Y^* = 2.52X$。试判断传质进行的方向并计算过程的传质推动力。

$$(79.9kmol/h, 0.9355; 94.9kmol/h, 0.0235)$$

13. 用填料塔进行吸收操作，在操作条件下 $k_G = 1.2 \times 10^{-2} kmol/(m^2 \cdot h \cdot kPa)$，$k_L = 1.2m/h$，已知液相吸收系数 $k_L \propto L^{0.67}$。若操作中气体流量不变，认为 k_G 也不变，而液体流量增加 1 倍。求当溶解度系数 $H = 1.00 \times 10^{-3} kmol/(m^3 \cdot Pa)$ 及 $H = 2.00 \times 10^{-3} kmol/(m^3 \cdot Pa)$ 时，K_G、K_L 分别各增加的百分数。　　　　　　　　　　(37.5kmol/h; 62.5kmol/h; $x_D < 0.8$)

14. 用清水在填料吸收塔内吸收混合于空气中的甲醇，操作温度为 27℃，压强为 101.3kPa。稳态操作下，塔内某截面上的气相甲醇分压为 5kPa，液相中甲醇的浓度为 2.11kmol/m³。已知吸收系数 $K_G = 1.22 \times 10^{-5} kmol/(m^2 \cdot s \cdot kPa)$，溶解度系数 $H = 1.955kmol/(m^3 \cdot kPa)$。试计算该截面上的吸收速率。　　(88kmol/h, 12kmol/h; 352kmol/h, 264kmol/h; 352kmol/h, 364kmol/h; $y = 0.75x + 0.169$, $y' = 1.034x' - 0.0017$)

15. 用清水在填料吸收塔内吸收混合气体中的溶质 A，已知操作条件下体系的相平衡常数 $m = 2.5$，进塔气体浓度为 0.05（摩尔比），当操作液气比为 5 时，试分别计算逆流操作与并流操作情况下气体出口的与液体出口的极限浓度。如果平衡常数为 5，而操作的液气比为 2.5，结果又会如何？

$$(2.466; y = 0.7115x + 0.2770; 0.9214, 0.8242)$$

16. 在填料吸收塔内用清水吸收混合气体中的组分 A，气体流量为 5000m³（标况）/h，已知混合气体中 A 的摩尔比为 0.12，系统平衡关系为 $Y^* = 2.5X$，清水的用量是最小用量的 1.6 倍，逆流操作，组分 A 的吸收率为 96%。试计算：（1）清水用量；（2）吸收液出塔浓度；（3）分别采用平均推动力法和脱吸因数法计算气相总体积传质系数为 0.15kmol/(m³ · s)，塔截面积为 0.5m² 时，所需填料层高度。

$$(0.611; 0.389; 0.908)$$

17. 用填料塔从一混合气体中吸收所含的苯。混合气体中含苯 5%（体积分数），其余为空气，要求苯的回收率为 90%，吸收塔为常压操作，温度为 25℃，入塔混合气体流量为 940m³（标况）/h，入塔吸收剂为纯煤油，煤油的耗用量为最小耗用量的 1.5 倍，已知该系统的平衡关系 $Y=0.14X$（其中 Y、X 为摩尔比），气相总体积吸收系数 $K_Ya=0.035\text{kmol}/(\text{m}^3 \cdot \text{s})$，纯煤油的平均相对分子质量为 $M_s=170$，塔径 $D=0.6\text{m}$。求：(1) 吸收剂使用量（单位为 kg/h）；(2) 吸收液出塔浓度；(3) 填料层高度。

(0.0932；$E_{MV}=0.667$；$E_{ML}=0.662$)

18. 在连续精馏塔中分离两组分理想溶液，原料液流量为 100km³/h，组成为 0.3（易挥发组分摩尔分数），其精馏段和提馏段操作线方程分别为

$$y=0.714x+0.257$$
$$y=1.686x-0.0343$$

试求：(1) 塔顶馏出液流量和精馏段下降液体流量（kmol/h）；

(2) 进料热状态参数 q。   （29.4kmol/h，73.5kmol/h；1）。

19. 在某连续精馏塔中分离平均相对挥发度为 2.0 的理想物系。若精馏段中某层塔板的液相默弗里板效率 E 为 50%，从其下一层板上升的气相组成为 0.38（易挥发组分摩尔分数，下同），从其上一层板下降的液相组成为 0.4，回流比为 1.0，试求离开该板的气液相组成。   （0.415，0.330）

20. 在单级萃取器中以异丙醚为萃取剂，从醋酸组成为 0.50（质量分数）的醋酸水溶液中萃取醋酸。醋酸水溶液量为 500kg，异丙醚量为 600kg，试作如下各项：(1) 在直角三角形相图上绘出溶解度曲线和辅助曲线；(2) 确定原料液与萃取剂混合后，混合液的坐标位置；(3) 求萃取相与萃余相间溶质（醋酸）的分配系数及溶剂的选择性系数。（参考数据列于习题 20 附表中。）

（分配系数：0.53，选择系数：5.5，其他略）

习题 20 附表   20℃时醋酸(A)-水(B)-异丙醚(S)的相平衡数据（质量分数）

水 相			有 机 相		
A	B	S	A	B	S
0.69	98.1	1.2	0.18	0.5	99.3
1.41	97.1	1.5	0.37	0.7	98.9
2.89	95.5	1.6	0.79	0.8	98.4
6.42	91.7	1.9	1.9	1.0	97.1
13.34	84.4	2.3	4.8	1.9	93.3
25.50	71.7	3.4	11.40	3.9	84.7
36.7	58.9	4.4	21.60	6.9	71.5
44.3	45.1	10.6	31.10	10.8	58.1
46.40	37.1	16.5	36.20	15.1	48.7

21. 某二元混合物含 A 40kg，B 60kg，现在加入溶剂 S 进行单级萃取，萃取相中 $\dfrac{y_A}{y_B}=3$（质量比），$k_A=6$，$k_B=0.5$，则脱除溶剂后可得萃取液量为多少？   （36.4kg）

22. 以水为溶剂从丙酮-乙酸乙酯中萃取丙酮，通过单级萃取，使丙酮含量由原料液中的 0.3 降至萃余液中的 0.15。若原料液量为 100kg，求 (1) 溶剂水的使用量；(2) 所得到的萃取相的量及组成；(3) 为得到含丙酮浓度最大的萃取液所需的溶剂用量。（参考数据列于习题 22 附表中。）

[203kg；234kg，(0.07，0.08，0.83)；11.3kg]

习题 22 附表　丙酮（A）-乙酸乙酯（B）-水（S）在 30℃下的相平衡数据（质量分数）

乙酸乙酯相			水　相		
A	B	S	A	B	S
0	96.5	3.50	0	7.40	92.6
4.80	91.0	4.20	3.20	8.30	88.5
9.40	85.6	5.00	6.00	8.00	86.0
13.50	80.5	6.00	9.50	8.30	82.2
16.6	77.2	6.20	12.8	9.20	78.0
20.0	73.0	7.00	14.8	9.80	75.4
22.4	70.0	7.60	17.5	10.2	72.3
26.0	65.0	9.00	19.8	12.2	68.0
27.8	62.0	10.2	21.2	11.8	67.0
32.6	51.0	13.4	26.4	15.0	58.6

思　考　题

1. 压力对气液相平衡关系有何影响？精馏塔的操作压力增大，其他条件不变，塔顶温度、塔底温度和浓度如何变化？
2. 精馏塔的进料量对塔板层数有无影响？为什么？
3. 比较精馏塔的不同塔顶冷凝方式（全凝器冷凝和分凝器）及塔底加热方式（直接蒸汽加热和间接蒸汽加热）各有何特点？
4. 影响精馏操作的主要因素有哪些？它们遵循哪些基本关系？
5. 比较温度、压力对亨利系数、溶解度系数及相平衡常数的影响。
6. 吸收剂进入吸收塔前先被冷却与直接进入吸收塔两种情况，吸收效果有何不同？
7. 什么是气膜控制及液膜控制，各有何特点？用水吸收混合气体中的 CO_2 属于什么控制过程？提高其吸收速率的有效措施是什么？
8. 确定适宜液气比的理论依据是什么？
9. 对于均相液体混合物的分离，根据哪些因素决定是采用蒸馏方法还是萃取方法进行分离？
10. 温度对于萃取分离效果有何影响？
11. 塔板上有哪些异常操作现象？它们对传质性能有何影响？
12. 填料塔的流体力学性能包括哪些？对塔的传质性能有何影响？

符　号　说　明

C——总浓度，$kmol/m^3$；

C_i——i 组分浓度，$kmol/m^3$；

D'——在液相中的分子扩散系数，m^2/s；

D——在气相中的分子扩散系数，m^2/s；

J——扩散通量，$kmol/(m^2 \cdot s)$；

N——总体流动通量，$kmol/(m^2 \cdot s)$；

N'——流动净通量，$kmol/(m^2 \cdot s)$；

N_A——A 组分的传质通量，$kmol/(m^2 \cdot s)$；

Z——扩散距离，m；

k_G——气膜吸收系数，$kmol/(m^2 \cdot s \cdot kPa)$；

k_L——液膜吸收系数，$kmol/(m^2 \cdot s \cdot kmol/m^3)$；

k_x——液膜吸收系数，$kmol/(m^2 \cdot s)$；

k_y——气膜吸收系数，$kmol/(m^2 \cdot s)$；

R——通用气体常数，$R=8.314kJ/(kmol \cdot K)$；

Re——雷诺数，无量纲；

Sc——施密特数，无量纲；

Sh——施伍德数，无量纲。

蒸馏部分

英文字母：

C——独立组分数；

C_P——定压比热容，$kJ/(kmol \cdot ℃)$；

D——塔顶产品（馏出液）流量，kmol/h；或表示塔径，m；

E——塔效率；

F——进料量，kmol/h；又指自由度数；

I——物质的焓，kJ/kg；

m——相平衡常数；

M——摩尔质量，kg/kmol；

N——理论塔板数；

p——组分分压，Pa；

P——系统总压，kPa；

q——进料热状况参数；

Q——热负荷，kJ/h；

R——回流比；

r——加热蒸汽冷凝热，kJ/kg；

t——温度，℃；

u——空塔气速，m/s；

v——组分挥发度，Pa；

V——上升蒸气流量，kmol/h；

L——下降液体流量，kmol/h；

W——塔底产品（釜残液）流量，kmol/h。

希腊字母：

α——相对挥发度；

ϕ——相数。

下标：

A——易挥发组分；

B——难挥发组分；又指再沸器；

c——冷却或冷凝；又指冷凝器；

D——馏出液；

F——进料；

h——加热；

i——组分序号；

W——釜残液；

n——精馏段塔板序号；

m——提馏段塔板序号；

0——直接蒸汽；

q——q 线与平衡线的交点；

T——理论的；

V——气相；

min——最小；

max——最大。

上标：

°——纯态；

*——平衡状态；

'——提馏段。

吸收部分

英文字母：

a——填料层的有效比表面积，m^2；

A——吸收因数，无量纲；

d——直径，m；

E——亨利系数，kPa；

V——惰性气体的摩尔流量，kmol/s；

L——纯吸收剂摩尔流量，kmol/s；

g——重力加速度，m/s^2；

H——溶解度系数，$kmol/(m^3 \cdot kPa)$；

Z——填料层高度，m；

H_{OG}——气相总传质单元高度，m；

H_{OL}——液相总传质单元高度，m；

K_G——气相总吸收系数，$kmol/(m^2 \cdot s \cdot kPa)$；

K_L——液相总吸收系数，$kmol/(m^2 \cdot s \cdot kmol/m^3)$ 或 m/s；

K_X——液相总吸收系数，$kmol/(m^2 \cdot s)$；

K_Y——气相总吸收系数，$kmol/(m^2 \cdot s)$；

m——相平衡常数，无量纲；

N_{OG}——气相总传质单元数，无量纲；

N_{OL}——液相总传质单元数，无量纲；

p——组分分压，kPa；

P——系统总压，kPa；

T——热力学温度，K；

x——组分在液相中的摩尔分数；

X——组分在液相中的摩尔比；

y——组分在气相中的摩尔分数；

Y——组分在气相中的摩尔比；

U_{min}——最小喷淋密度，$m^3/(m^2 \cdot h)$。

希腊字母：

σ——填料的比表面积，m^2/m^3；

ε——填料的空隙率，无量纲；

ϕ——填料因子，1/m；

η——回收率；

μ——黏度，$Pa \cdot s$；

ρ——密度，kg/m^3；

Ω——塔截面积，m^2。

下标：

A——组分 A；

B——组分 B；

m——平均；

i——组分 i；

2——指塔顶截面；

1——指塔底截面；

min——最小；

max——最大。

萃取部分

英文字母：

K——分配系数；

x——组分在萃余相中的质量分数；

y——组分在萃取相中的质量分数；

F——原料液流量，kg/h；

s——溶剂流量，kg/h；

M——原料液与溶剂的混合液流量，kg/h；

E——萃取液流量，kg/h；

R——萃余液流量，kg/h；

X——组分在萃余相中的质量比；

Y——组分在萃取相中的质量比；

Z——组分在进料中的质量比；

e——萃取率。

希腊字母：

β——溶剂的选择性系数。

下标：

A,B,S——分别代表组分 A、B、S；

M——指原料液与溶剂的混合液；

$1,2,\cdots,j,\cdots,n$——指级数。

第6章 固体干燥

为便于固体物料的储运和加工，生产中往往要求将固体物料中的湿分（水分或其他溶剂）除去，这类操作称为去湿操作。常用的方法有机械除湿法（如压榨、过滤、压滤等）、物理法（如加热或冷冻除湿）、吸附法（如用干燥剂除湿）等。

其中利用热能使湿物料中湿分气化并及时排出生成蒸汽，以获得湿分含量达到规定的成品过程，称为干燥操作。因为完全采用干燥操作除去湿分的方法能耗很大，所以如有可能，湿物料都应先采用机械分离方法去湿，然后再干燥。例如，硫酸铵结晶经离心分离后，约含水分3%，再经干燥后得到含水量约为0.1%的产品。

干燥操作按操作压力的不同，可分为常压干燥和真空干燥；按操作方式的不同，可分为连续式和间歇式干燥；按传热方式的不同，可分为对流式、传导式、辐射式及介电加热式干燥。

由于过程工业中广泛使用的是利用热空气与湿物料作相对运动的对流式干燥，所以本章重点介绍以空气为干燥介质除去物料中水分的对流式干燥操作。

6.1 干燥基本概念

6.1.1 干燥的传质传热基本原理

如图6-1所示的气流干燥器是常见的典型干燥设备，它的主体是气流干燥器4，湿物料由加料斗9加入螺旋桨式输送混合器1内，与一定量的干燥物料混合后进入粉碎机3。从燃

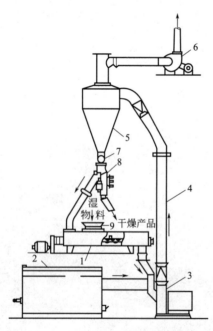

图6-1 装有粉碎机的气流干燥装置

1—螺旋桨式输送混合器；2—燃烧炉；3—粉碎机；4—气流干燥器；5—旋风分离器；
6—风机；7—星式加料器；8—流动固体物料的分配器；9—加料斗

烧炉 2 来的烟道气（也可以是热空气）也同时进入粉碎
机，将颗粒状的固体吹入气流干燥器中。由于热空气作
高速运动，使物料颗粒分散并悬浮于气流中。热空气与
物料间进行传质和传热，物料得以干燥，并随气流进入
旋风分离器 5 中，经分离后由底部排出，再借分配器 8
的作用，定时地排出作为产品或送入螺旋输送混合器 1
中供循环使用。这种气流干燥方法，适合于除去能在气
体中自由流动的颗粒物料中的水分。

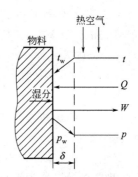

图 6-2 示意了上述气流干燥器 4 中，热空气与湿物
料间的传热和传质过程。当作为干燥介质的空气的温度
高于湿物料的温度，而物料表面水汽分压 p_w 又大于空
气中的水汽分压 p 时，热量由热空气传递到物料表面，
然后再传递到物料内部；而水分则由物料内部传递到物
料表面，然后再传递到空气流主体，且传质和传热过程
同时发生。显然，在干燥过程中，干燥介质既是载热
体，又是载湿体。

图 6-2　热空气与湿物料
间的传热和传质过程
t—空气主体温度；t_w—物料表面温度；
p—空气中的水汽分压；p_w—物料表面
的水汽分压；Q—由气体传给物料
的热流量；W—由物料汽化的水分质量流量

6.1.2　湿空气性质

含有湿分的空气称为湿空气，湿空气除去水分的能力与它的性质有关。从干燥操作的角
度考虑，湿空气包含绝干空气和水汽两部分。

6.1.2.1　湿空气中水汽含量的表示法

（1）湿度 H

湿空气中水汽的质量与湿空气中绝干气的质量之比，称为湿度 H（又称湿含量，绝对
湿度）。对于理想气体，湿度可表示为

$$H = \frac{m_v}{m_g} = \frac{M_v}{M_g} \frac{p_v}{P - p_v} = 0.622 \frac{p_v}{P - p_v} \tag{6-1}$$

式中　m_v，m_g——水汽和绝干气的质量，kg；

　　　M_v，M_g——水汽和绝干气的摩尔质量，kg/kmol；

　　　　p_v——水汽分压，Pa；

　　　　P——湿空气总压，Pa；

　　　　H——湿空气的湿度，kg（水）/kg（绝干气）。

当空气达到饱和状态时，$p_v = p_s$，式（6-1）变为

$$H_s = 0.622 \frac{p_s}{P - p_s} \tag{6-1a}$$

式中　p_s——空气温度下水汽的饱和蒸气压，Pa；

　　　H_s——湿空气的饱和湿度，kg（水）/kg（绝干气）。

（2）相对湿度 φ

湿空气中水汽分压与同温度下水的饱和蒸气压之比称为湿空气的相对湿度，即

$$\varphi = \frac{p_v}{p_s} \tag{6-2}$$

φ 值表示了湿空气偏离饱和空气的程度，φ 值越小，说明其吸湿能力越强，更适合作为
干燥介质，所以相对湿度的概念在各个领域中得到了广泛应用。其中当 $\varphi = 0$ 时，表示湿空

气中不含水汽，称为绝干空气。而 $\varphi=1$ 时，表示湿空气被水汽所饱和，不能作为干燥介质。由于 p_v 和 p_s 均随温度升高而增加，故当 p_v 一定时，φ 值随温度升高而减小。

将式(6-2)代入式(6-1)，可得 φ 与 H 之间的关系式为

$$H=\frac{0.622\varphi p_s}{P-\varphi p_s} \tag{6-3}$$

6.1.2.2 湿空气的比热容、比容和焓

(1) 湿比热容 C_H

以 1kg 绝干气为基准，对应 1kg 绝干气和 H kg 水汽温度升高（或降低）1℃所需吸收（或放出）的总热量，称为湿比热容，其单位为 kJ/[kg（绝干气）·℃]。在 0～200℃的温度范围内，可近似把绝干气的比热容 C_g 和水汽的比热容 C_v 看作常数，其值分别为 1.01kJ/[kg（绝干气）·℃] 和 1.88kJ/[kg（水）·℃]

$$C_H=1.01+1.88H \tag{6-4}$$

上式表明，湿空气的比热容只是湿度的函数。

(2) 湿比容 v_H

以 1kg 绝干气为基准，对应 1kg 绝干气和 H kg 水汽所占的总体积，称为湿比容，其单位为 m³/kg（绝干气）。若按理想气体处理，湿空气的比容可表示为

$$v_H=22.4\left(\frac{1}{M_g}+\frac{H}{M_v}\right)\frac{101.3}{P}\times\frac{273+t}{273}$$

$$=(0.772+1.244H)\frac{101.3}{P}\times\frac{273+t}{273} \tag{6-5}$$

式中　P——湿空气总压，kPa；

　　　t——湿空气温度，℃。

(3) 湿空气的焓 I

以 0℃时气体焓为基准，对应 1kg 绝干气的焓 I_g 和其中 H kg 水汽的焓 I_v 之和，称为湿空气的焓，其单位为 kJ/kg（绝干气）。

$$I=I_g+I_vH=c_gt+(c_vt+r_0)H=(c_g+c_vH)t+r_0H$$

$$=(1.01+1.88H)t+2490H \tag{6-6}$$

式中　r_0——0℃时水的汽化潜热，$r_0\approx2490$kJ/kg。

6.1.2.3 湿空气的几种温度表示法

(1) 干球温度与湿球温度

如图 6-3 所示的两支温度计，一支温度计的感温球暴露在空气中，称为干球温度计，其显示的是干球温度 t。干球温度指湿空气的真实温度，可用普通温度计测量。另一支温度计的感温球用纱布包裹，纱布下部浸于水中使之保持湿润，这就是湿球温度计。当空气至湿纱布的传热速率与水分汽化传向空气的传质速率恰好相等时，其显示的温度称为空气的湿球温度 t_w。t_w 不代表空气的真实温度，是表示空气状态或性质的一种参数。

下面推导干球温度与湿球温度的关系式。

气体与液滴接触时，其传热速率 q 和传质速率 N 可分别表示为

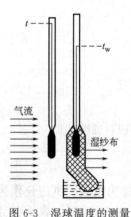

图 6-3　湿球温度的测量

$$q=\alpha(t-t_w) \tag{6-7}$$

$$N=k_H(H_{s,t_w}-H) \tag{6-8}$$

式中　q——由空气向湿纱布表面水分的热量传递速率，W/m^2；

　　　α——空气向湿纱布的对流传热系数，$W/(m^2 \cdot \text{℃})$；

　　　t——空气的干球温度，℃；

　　　t_w——空气的湿球温度，℃；

　　　N——水汽由湿纱布表面向空气中的扩散速率，$kg/(m^2 \cdot s)$；

　　　k_H——以湿度差为推动力的传质系数，$kg/(m^2 \cdot s \cdot \Delta H)$；

　　　H_{s,t_w}——湿球温度下空气的饱和湿度，$kg/[kg(\text{绝干气})]$。

稳态下，传热速率与传质速率之间的关系为

$$q = N \cdot r_{t_w} \tag{6-9}$$

式中　r_{t_w}——湿球温度下水汽的汽化潜热，kJ/kg。

则联立式(6-7)～式(6-9)，并整理得到

$$t_w = t - \frac{k_H r_{t_w}}{\alpha}(H_{s,t_w} - H) \tag{6-10}$$

实验表明，k_H 与 α 都与空气流速的 0.8 次方成正比。一般在气速为 $3.8\sim10.2m/s$ 的范围内，比值 α/k_H 近似为一常数。对水蒸气与空气的系统，$\alpha/k_H \approx 1.09$。另外，H_{s,t_w}、r_{t_w} 只取决于 t_w，于是当 α/k_H 为常数时，t_w 是 t 和 H 的函数。当 t 和 H 一定时，则 t_w 必为定值。反之，当测得了湿空气的 t 和 t_w 后，即可确定空气的 H。

（2）绝热饱和温度 t_{as}

如图 6-4 所示的绝热饱和冷却塔，含有水汽的不饱和空气（温度为 t，湿度为 H）连续地通过塔内填料与大量喷洒的水接触，水用泵循环。假定水温完全均匀，饱和冷却塔处于绝热状态，故水汽化所需要的潜热只能取自空气中的显热，使空气绝热增湿而降温，直至空气被水所饱和，则空气的温度不再下降而等于循环水的温度，此温度即为空气的绝热饱和温度 t_{as}，对应的饱和湿度为 H_{as}。因为该过程中空气经历等焓过程，所以

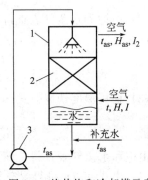

图 6-4　绝热饱和冷却塔示意图
1—塔身；2—填料；3—循环泵

$$(c_g + Hc_v)t + Hr_0 = (c_g + H_{as}c_v)t_{as} + H_{as}r_0$$

一般 H 及 H_{as} 值均很小，故可认为

$$c_g + Hc_v \approx c_g + H_{as}c_v = c_H$$

所以

$$t_{as} = t - \frac{r_0}{c_H}(H_{as} - H) \tag{6-11}$$

式中　H_{as}——与 t_{as} 相对应的绝热饱和湿度，$kg(\text{水})/kg(\text{绝干气})$。

由式(6-11)可以看出，t_{as} 是湿空气初始温度 t 和湿度 H 的函数，它是湿空气在绝热、冷却、增湿过程中达到的极限冷却温度。在一定的总压下，只要测出湿空气的初始温度 t 和绝热饱和温度 t_{as}，就可用式(6-11)算出湿空气的湿度 H。

前已指出，对于空气-水系统，$\alpha/k_H = 0.96 \sim 1.05$。当湿度 H 不大时（一般干燥过程 $H < 0.01$），$c_H = 1.01 + 1.88H = 1.01 \sim 1.03$。所以通过比较式(6-10)和式(6-11)可知，$t_w \approx t_{as}$。但对其他物系，$\alpha/k_H = 1.5 \sim 2$，与 c_H 相差很大，则湿球温度高于绝热饱和温度。

在绝热条件下，用湿空气干燥湿物料的过程中，气体温度的变化是趋向于绝热饱和温度 t_{as} 的。如果湿物料足够润湿，则其表面温度也就是湿空气的绝热饱和温度 t_{as}，即湿球温度 t_w，因此这两个温度在干燥器的计算中有着极其重要的实用意义。因为湿球温度容易测定，

这就给干燥过程的计算和控制带来了较大的方便。

（3）露点温度 t_d

不饱和湿空气在总压 P 和湿度 H 保持不变的情况下，使其冷却达到饱和状态时的温度称为露点温度 t_d。露点温度仅取决于湿度。

湿空气的四个温度参数，干球温度 t、湿球温度 t_w、绝热饱和温度 t_{as} 和露点温度 t_d 都可用来确定空气状态。而对于一定状态的不饱和湿空气，它们之间的关系是：$t > t_w \approx t_{as} > t_d$；而当空气被水所饱和时，有 $t = t_w = t_{as} = t_d$。

【例 6-1】 已知湿空气的温度为 50℃，总压力为 100kPa，湿球温度为 30℃。计算该湿空气的以下参数：湿度、相对湿度、露点、热焓、湿比容。

解：（1）由饱和水蒸气表查得，在 $t_w = 30℃$ 时，水的饱和蒸气压 $p_s = 4.247$kPa，汽化潜热 $r_{t_w} = 2424$kJ/kg。在湿球温度下，空气的饱和湿度为

$$H_s = 0.622 \frac{p_s}{P - p_s} = 0.622 \frac{4.247}{100 - 4.247} = 0.0276 \text{kg（水）/kg（绝干气）}$$

根据湿球温度计算式(6-10)，此时该空气的湿度为

$$H = H_s - \frac{1.09}{r_{t_w}}(t - t_w) = 0.0276 - \frac{1.09}{2424}(50 - 30) = 0.0186 \text{kg（水）/kg（绝干气）}$$

（2）由饱和水蒸气表查得，在干球温度 $t = 50℃$ 下，水的饱和蒸气压为 $p_s = 12.34$kPa。根据湿度计算公式(6-3)，可求得该空气的相对湿度为

$$\varphi = \frac{PH}{(H + 0.622)p_s} = \frac{100 \times 0.0186}{(0.0186 + 0.622) \times 12.34} = 23.5\%$$

（3）根据湿度计算公式(6-1)，可求得该空气中水蒸气分压为

$$p_v = \frac{PH}{0.622 + H} = \frac{100 \times 0.0186}{0.622 + 0.0186} = 2.904 \text{kPa}$$

由饱和水蒸气表查得，该分压对应的温度就是空气的露点温度 $t_d = 23℃$。

（4）由式(6-6)可得湿空气的焓为

$$I = (1.01 + 1.88H)t + 2490H = (1.01 + 1.88 \times 0.0186) \times 50 + 2490 \times 0.0186$$
$$= 98.6 \text{kJ/kg（绝干气）}$$

（5）在压力不太高时，湿空气可视为理想气体，由式(6-5)可得到其湿比容为

$$v_H = (0.772 + 1.244H)\frac{101.3}{P} \times \frac{273 + t}{273}$$

$$= (0.772 + 1.244 \times 0.0186)\frac{101.3}{100} \times \frac{273 + 50}{273}$$

$$= 0.953 \text{m}^3/\text{kg（绝干气）}$$

6.1.2.4　湿空气的 H-I 图及其应用

为简捷清晰地描述湿空气性质的各项参数（p，t，φ，H，I，t_w 等），可用算图的形式表示各性质间的关系，这里采用的是湿焓图（H-I 图），如图 6-5 所示。在常压下，以湿空气的焓为纵坐标，湿度为横坐标，两轴采用斜角坐标系，其间夹角 135°。

H-I 图上共有五类线或线群。

① 等湿（H）线群　等 H 线为一系列平行于纵轴的直线。

② 等焓（I）线群　等 I 线为一系列平行于横轴的直线。

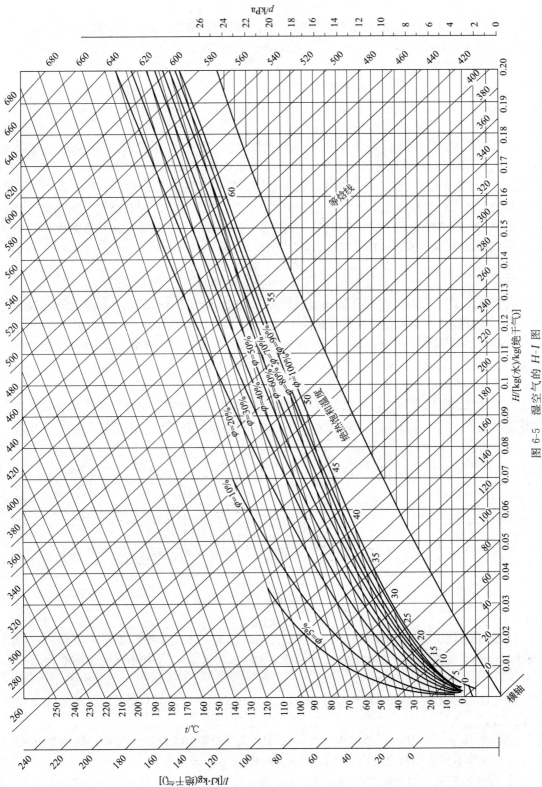

图 6-5　湿空气的 H-I 图

③ 等温（t）线群 将式(6-6) 改写为

$$I = 1.01t + (1.88t + 2490)H$$

可见，若 t 为定值，则 I 与 H 成直线关系。由于直线的斜率 $1.88t + 2490$ 随 t 而变，故一系列的等 t 线并不平行。

④ 等相对湿度（φ）线群 由式(6-3) 可知，在总压 P 一定时，对某一固定的 φ 值，有任一温度 t 可查到一个对应的饱和水蒸气压力 p_s，进而可算出对应的 H 值。将许多（t，H）点连接起来，即成为一条等 φ 线。图 6-5 中标绘了由 $\varphi = 5\%$ 至 $\varphi = 100\%$ 的一系列等 φ 线。

$\varphi = 100\%$ 的等 φ 线称为饱和空气线，此时空气完全被水汽所饱和。饱和线以上（$\varphi < 100\%$）为不饱和空气区域。显然，只有位于不饱和区域的湿空气才能作为干燥介质。由图 6-5 可知，当湿空气的 H 一定时，温度愈高，其相对湿度 φ 值愈低，即用作干燥介质其去湿能力愈强。所以，湿空气在进入干燥器之前必须先经预热以提高温度。预热空气除了可提高湿空气的焓值使其作为载热体外，同时也是为了降低其相对湿度而作为载湿体。

⑤ 蒸汽分压线 式(6-1) 可改写成

$$p_v = \frac{PH}{0.622 + H}$$

可见，当总压 P 一定时，水汽分压 p_v 仅随湿度而变。因 $H \ll 0.622$，故 p_v 与 H 近似成直线关系。此直线关系标绘在饱和空气线的下方。

在使用 H-I 图时，图上任何一点都代表一定的空气状态，只要规定其中两个互相独立的参数，湿空气的性质就被唯一地确定下来了。反之，利用表示湿空气性质的任意两个相对独立变量（即两个在图上有交点的参数），就可以在图上定出一个点，如图 6-6 所示。该点即表示湿空气所处的状态点，由此点可查出其他各项参数。通常给出以下条件来确定湿空气的状态点：（t，t_w）、（t，t_d）、（t，φ）、（t，p）、（t，H）和（t_w，p）等。

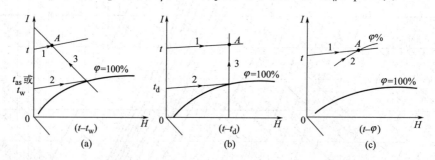

图 6-6 在 H-I 图中确定湿空气的状态点

【例 6-2】 常压下湿空气的温度为 $30℃$，湿度为 $0.02403\text{kg（水）}/\text{kg（绝干气）}$。试在 H-I 图上确定湿空气的状态点及该点处的水分压 p、露点温度 t_d 和绝热饱和温度 t_{as}。

解： 首先根据 $t = 30℃$，$H = 0.02403\text{kg（水）}/\text{kg（绝干气）}$，在本题附图上确定湿空气的状态点 A。

① 水分压 p：由 $H = 0.02403\text{kg（水）}/\text{kg（绝干气）}$ 的等湿线与 $p = f(H)$ 线的交点 B 向右作水平线与右侧纵轴相交，由交点读出 $p = 3800\text{Pa}$。

② 露点温度 t_d：$H = 0.02403\text{kg（水）}/\text{kg（绝干气）}$ 的等湿线与 $\varphi = 100\%$ 线交于点 C，过点 C 的等温线所示的温度即为露点温度，故 $t_d = 27℃$。

③ 绝热饱和温度 t_{as}：过点 A 的等 I 线与 $\varphi=100\%$ 线交于点 D，点 D 所示的温度为绝热饱和温度，即 $t_{as}=28℃$。

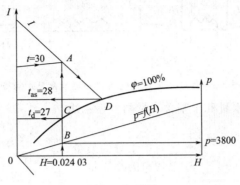

【例 6-2】附图

6.2　干燥工艺计算

将典型的干燥装置图 6-1 用框图 6-7 表示，可得到用热空气作为干燥介质的一般对流干燥流程。该流程主要由空气预热器对空气进行加热，提高其热焓值，并降低它的相对湿度，以便更适宜作为干燥介质。而干燥器则是对物料除湿的主要场所。

对干燥流程的设计中，通过物料衡算可计算出物料气化的水分量 W（或称为空气带走的水分量）和空气的消耗量（包括绝干气消耗量 L 和新鲜空气消耗量 L_0），而通过热量衡算计算干燥流程的热能耗用量及各项热量分配量（即预热器换热量 Q_P、干燥器供热量 Q_D 及干燥器热损失 Q_L）。

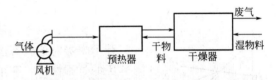

图 6-7　对流干燥流程示意图

图 6-8 所示为衡算示意图，其中：

H_0，H_1，H_2——分别为新鲜湿空气进入预热器、离开预热器（进入干燥器）和离开干燥器时的湿度，kg（水）/kg（绝干气）；

I_0，I_1，I_2——分别为新鲜湿空气进入预热器、离开预热器（进入干燥器）和离开干燥器时的焓，kJ/kg（绝干气）；

t_0，t_1，t_2——分别为新鲜湿空气进入预热器、离开预热器（进入干燥器）和离开干燥器时的温度，℃；

L——绝干空气的流量，kg（绝干气）/s；

Q_P——单位时间内预热器消耗的热量，kW；

Q_D——单位时间内向干燥器补充的热量，kW；

Q_L——干燥器的热损失速率，kW；

G_1，G_2——分别为湿物料进入和离开干燥器时的流量，kg（湿物料）/s；

X_1，X_2——分别为湿物料进入和离开干燥器时的干基含水量，kg（水）/kg（绝干料）；

θ_1，θ_2——分别为湿物料进入和离开干燥器时的温度，℃；

I'_1，I'_2——分别为湿物料进入和离开干燥器时的焓，kJ/kg（绝干料）。

湿物料含水量是物料衡算和热量衡算中的重要变量。湿物料分成水分和绝干物料两部

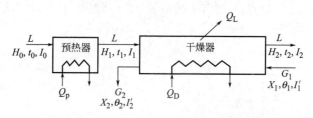

图 6-8　连续干燥过程的物料和热量衡算示意图

分，其中水含量有湿基含水量和干基含水量两种表示法。

① 湿基含水量 w

$$w = \frac{湿物料中水分的质量}{湿物料的总质量} \times 100\% \tag{6-12}$$

② 干基含水量 X

$$X = \frac{湿物料中水分的质量}{湿物料中绝干物料的质量} \times 100\% \tag{6-13}$$

③ w 与 X 的关系

$$w = \frac{X}{1+X} \tag{6-14}$$

或

$$X = \frac{w}{1-w} \tag{6-14a}$$

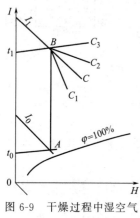

图 6-9　干燥过程中湿空气
的状态变化图

此外，对干燥系统进行物料和热量衡算时，必须知道空气离开干燥器时的状态参数，确定这些参数涉及空气在干燥器内所经历的过程性质。在干燥器内，空气与物料间既有质量传递也有热量传递，有时还要向干燥器补充热量，而且又有热量损失于周围环境中，情况比较复杂，故确定干燥器出口处空气状态较为复杂。为简化起见，一般根据空气在干燥器内焓的变化，将干燥过程分为等焓过程与非等焓过程两大类。

图 6-8 中，若 $I_2 = I_1$，则空气在干燥器内经历等焓干燥过程，又称理想干燥过程，如图 6-9 所示。过程沿等焓线 BC 进行，整个干燥过程由状态 $A \rightarrow B \rightarrow C$ 点。图 6-8 中，若 $I_2 \neq I_1$，则干燥为非等焓过程，过程沿图 6-9 中的 BC_1 或 BC_2 线变化。此过程中，若外界向干燥器补充的热量恰好等于水分蒸发所需热量，则干燥为等温增湿过程，沿图 6-9 中的等温线 BC_3 变化。

6.2.1　物料衡算

图 6-8 中，仅干燥器内有水分含量的变化，所以物料衡算只需围绕干燥器进行。

① 水分蒸发量 W

$$W = G(X_1 - X_2) = G_1 - G_2 = L(H_2 - H_1) \tag{6-15}$$

其中

$$G = G_1(1 - w_1) = G_2(1 - w_2) \tag{6-16}$$

② 空气消耗量 L

由式(6-15) 得：

$$L = \frac{G(X_1 - X_2)}{H_2 - H_1} = \frac{W}{H_2 - H_1} \tag{6-17}$$

定义

$$l = \frac{L}{W} = \frac{1}{H_2 - H_1} \tag{6-18}$$

其含义为每蒸发 1kg 水分所消耗的绝干空气量，称为单位空气消耗量，单位是 kg（绝干气）/kg（水分）。

新鲜空气用量

$$L_0 = L(1 + H_0) \tag{6-19}$$

利用风机向预热器入口输送新鲜空气时，则风机入口风量就是新鲜空气的体积流量 V_0 [单位为 m^3（新鲜空气)/s]，可根据式(6-5) 得到

$$V_0 = L \cdot v_H = L(0.772 + 1.244H)\frac{101.3}{P}\frac{t + 273}{273} \tag{6-20}$$

③ 干燥产品流量 G_2

因为

$$G_1(1 - w_1) = G_2(1 - w_2)$$

所以

$$G_2 = G_1 \frac{1 - w_1}{1 - w_2} \tag{6-21}$$

6.2.2　热量衡算

若忽略预热器的热损失，则对图 6-8 中的预热器进行热量衡算，得

$$Q_P = L(I_1 - I_0) \tag{6-22}$$

再对图 6-8 中的干燥器进行热量衡算，得

$$Q_D = L(I_2 - I_1) + G(I_2' - I_1') + Q_L \tag{6-23}$$

所以，干燥过程所需总热量为

$$Q = Q_P + Q_D = L(I_2 - I_0) + G(I_2' - I_1') + Q_L \tag{6-24}$$

假设新鲜空气中水汽的焓等于离开干燥器废气中水汽的焓，则

$$Q \approx L \times 1.01(t_2 - t_0) + W(2490 + 1.88t_2) + GC_m(\theta_2 - \theta_1) + Q_L \tag{6-25}$$

即

$Q =$ 加热空气所需热量＋物料中水分蒸发所需热量＋加热热湿物料所需热量＋热损失

式中　C_m——湿物料的平均比热容，kJ/[kg（绝干料）· ℃]。

干燥系统的热效率 η，定义为蒸发水分所需热量与向干燥系统输入的总热量之比，即

$$\eta = \frac{W(2490 + 1.88t_2)}{Q} \times 100\% \tag{6-26}$$

当空气出干燥器时，若温度 t_2 降低而湿度 H_2 增高，则 η 会提高。但 t_2 过低而 H_2 过高，会使物料返潮，所以应综合考虑。

【例 6-3】　用热空气干燥某湿物料，要求干燥产品量为 0.1kg/s。进干燥器时湿物料温度为 15℃，含水量为 13％（湿基），出干燥器的产品温度为 40℃，含水量为 1％（湿基）。新鲜空气的温度为 15℃，湿度为 0.0073kg（水)/kg（绝干气），在预热器中加热至 100℃后进入干燥器。出干燥器时的废气温度为 50℃，湿度为 0.0235kg（水)/kg（绝干气）。试求：当预热器中采用 200kPa（绝压）的饱和水蒸气作热源时，每小时需消耗的蒸汽量为多少（kg）？

解： 先将湿基含水量换算成干基含水量

$$X_1 = \frac{w_1}{1-w_1} = \frac{0.13}{1-0.13} = 0.149 \text{kg(水)/kg(绝干料)}$$

$$X_2 = \frac{w_2}{1-w_2} = \frac{0.01}{1-0.01} = 0.0101 \text{kg(水)/kg(绝干料)}$$

则干物料流量为

$$G = G_2(1-w_2) = 0.1 \times (1-0.01) = 0.099 \text{kg/s}$$

蒸发出去的水分量为

$$W = G(X_1-X_2) = 0.099 \times (0.149-0.0101) = 0.0137 \text{kg/s}$$

所需空气流量为

$$L = \frac{W}{H_2-H_0} = \frac{0.0137}{0.0235-0.0073} = 0.846 \text{kg/s}$$

空气经过预热器前后湿度不变，所以预热器所需热量为

$$\begin{aligned} Q_P &= L(I_1-I_0) = L(1.01+1.88H_0)(t_1-t_0) \\ &= 0.846 \times (1.01+1.88 \times 0.0073) \times (100-15) \\ &= 73.6 \text{kW} \end{aligned}$$

由附录 13 查得 200kPa 时饱和水蒸气的汽化焓 $r = 2205 \text{kJ/kg}$，则预热器中蒸汽消耗量为

$$D = \frac{Q_P}{r} = \frac{73.6}{2205} \times 3600 = 120.2 \text{kg/h}$$

6.3　干燥动力学

6.3.1　物料中水分分类

物料中水分可以按以下两种形式分类。

（1）平衡水分与自由水分

当物料与一定状态的湿空气充分接触后，物料中不能除去的水分称为平衡水分，用 X^* 表示；而物料中超过平衡水分的那部分水分称为自由水分，这种水分可用干燥操作除去。由于物料达到平衡水分时，干燥过程达到此操作条件下的平衡状态，所以 X^* 与物料性质、空气状态及两者接触状态有关。平衡水分 X^* 可用平衡曲线描述，如图6-10所示。由该图可知：当空气状态恒定时，不同物料的平衡水分相差很大；同一物料的平衡水分随空气状态而变化；当 $\varphi = 0$ 时，X^* 均为 0，说明湿物料只有与绝干空气相接触，才有可能得到绝干物料。

物料中平衡含水量随空气温度升高而略有减少，由实验测得。由于缺乏各种温度下平衡含水量的实验数据，因此只要温度变化范围不太大，一般可近似认为物料的平衡含水量与空气温度无关。

（2）结合水与非结合水

结合水是指那些与物料以化学力和物理化学力等强结合力相结合的水分，它们大多存在于如细胞壁、微孔中，不易除去；而结合力较弱、机械附着于固体表面的水分称为非结合水，这种水分容易由干燥操作除去。结合水与非结合水的关系示于图 6-11 中。由于直接测定物料的结合水与非结合水很困难，所以可利用平衡曲线外延至与 $\varphi = 100\%$ 线相交而得到的 X 为结合水量，高于它的部分为非结合水量。非结合水极易除去，而结合水中高于平衡

水分的部分也能被除去，但很困难。

（3）平衡曲线的应用

① 判断过程进行的方向。当干基含水量为 X 的湿物料与一定温度及相对湿度为 φ 的湿空气相接触时，可在干燥平衡曲线（见图 6-10、图 6-11）上找到与该湿空气相应的平衡水分 X^*，比较湿物料的含水量 X 与平衡含水量 X^* 的大小，可判断过程进行的方向。

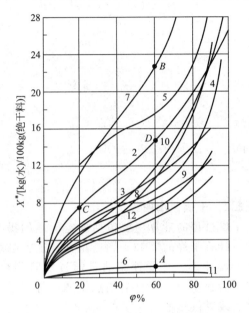

图 6-10　25℃时某些物料的平衡含水量
X^* 与空气相对湿度 φ 的关系

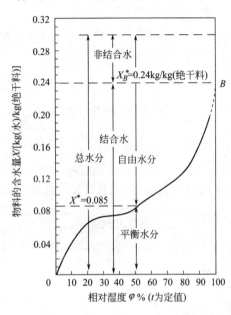

图 6-11　固体物料（丝）中所含水分的性质

若物料含水量 X 高于平衡含水量 X^*，则物料脱水而被干燥；若物料的含水量 X 低于平衡含水量 X^*，则物料将吸水而增湿。

② 确定过程进行的极限。平衡水分是物料在一定空气条件下被干燥的极限，利用平衡曲线，可确定一定含水量的物料与指定状态空气相接触时平衡水分与自由水分的大小。

图 6-11 所示为一定温度下某种物料（丝）的平衡曲线。当将干基含水量为 $X=0.30\text{kg}$（水）/kg（绝干料）的物料与相对湿度为 50％的空气相接触时，由平衡曲线可查得平衡水分为 $X^*=0.084\text{kg}$（水）/kg（绝干料），相应自由水分为 $X-X^*=0.216\text{kg}$（水）/kg（绝干料）。

③ 判断水分去除的难易程度。利用平衡曲线可确定结合水分与非结合水分的大小。图 6-11 中，平衡曲线与 $\varphi=100％$ 线相交于 S 点，查得结合水分为 0.24kg（水）/kg（绝干料），此部分水较难去除。相应非结合水分为 0.06kg（水）/kg（绝干料），此部分水较易去除。

应予指出，平衡水分与自由水分是依据物料在一定干燥条件下，其水分能否用干燥方法除去而划分的。既与物料的种类有关，也与空气的状态有关。而结合水分与非结合水分是依据物料与水分的结合方式（或物料中所含水分去除的难易）而划分的，仅与物料的性质有关，而与空气的状态无关。

6.3.2　恒定干燥条件下的干燥速率

恒定干燥条件是指，干燥介质的温度、湿度、流速及与物料的接触方式等，在整个干燥过程中均保持恒定。这是一种对问题的简化处理方式，可适用于大量空气干燥少量湿物料的情况，空气的定性温度取进、出口温度平均值。

6.3.2.1　干燥速率

干燥速率定义为单位时间单位干燥面积上汽化的水分量，即

$$U = \frac{dW'}{S\,d\tau} \tag{6-27}$$

式中　U——干燥速率，又称干燥通量，$kg/(m^2 \cdot s)$；

　　　S——干燥面积，m^2；

　　　W'——一批操作中汽化的水分量，kg；

　　　τ——干燥时间，s。

又因为

$$dW' = -G'\,dX$$

式中　G'——一批操作中绝干物料的质量，kg。

所以

$$U = \frac{-G\,dX}{S\,d\tau} \tag{6-28}$$

上式中的负号表示 X 随干燥时间的增加而减小。

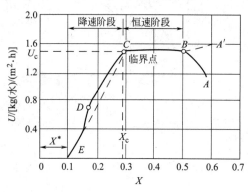

图 6-12　恒定干燥条件下干燥速率曲线

6.3.2.2　干燥速率曲线

干燥过程的计算主要包括确定干燥的操作条件，计算干燥时间和干燥器尺寸，这就必须求得干燥速率。干燥速率通常通过实验测得，即将实验数据计算处理后描点绘图，得到干燥速率曲线以供参考。

如图 6-12 所示为恒定干燥条件下一种典型的干燥速率曲线，AB 是预热段，很快进入恒速干燥阶段（BC 段），这是除去非结合水的阶段，所以速率大且不随 X 而变化；CD 和 DE 段是降速阶段，是除去结合力很强的结合水的过程，所以干燥速率随 X 减小而迅速下降，情况比较复杂；最后当 $U = 0$ 时，达到该操作条件下的平衡含水量。其中 C 点是临界点，X_c 称为临界含水量[kg(水分)/kg(绝干料)]，U_c 称为恒速段干燥速率 [$kg/(m^2 \cdot s)$]。若 X_c 增大，则恒速段变短，不利于干燥操作。

临界含水量随物料的性质、厚度及干燥速率不同而异。对同一种物料，如干燥速率增大，则其临界含水量值亦增大；对同一干燥速率，物料层愈厚，X_c 值也愈高。物料的临界含水量通常由实验测定，在缺乏实验数据的条件下，可按表 6-1 所列的 X_c 值估计。

表 6-1　不同物料的临界含水量范围

有机物料		无机物料		临界含水量（干基）/%
特征	实例	特征	实例	
很粗的纤维	未染过的羊毛	粗粒无孔的物料，大于 50 目	石英	3～5
		晶体的、粒状的、孔隙较少的物料，颗粒大小为 50～325 目	食盐、海砂、矿石	5～15
晶体的、粒状的、孔隙较小的物料	麸酸结晶	细晶体有孔物料	硝石、细砂、黏土料、细泥	15～25
粗纤维细粉	粗毛线、醋酸纤维、印刷纸、碳素颜料	细沉淀物、无定形和胶体状态的物料、无机颜料	碳酸钙、细陶土、普罗土蓝	25～50

续表

有机物料		无机物料		临界含水量(干基)/%
特征	实例	特征	实例	
细纤维、无定形的和均匀状态的压紧物料	淀粉、亚硫酸、纸浆、厚皮革	浆状,有机物的无机盐	碳酸钙、碳酸镁、二氧化钛、硬脂酸钙	50～100
分散的压紧物料、胶体状态和凝胶状态的物料	鞣制皮革、糊墙纸、动物胶	有机物的无机盐、媒触剂、吸附剂	硬脂酸锌、四氯化锡、硅胶、氢氧化铝	100～3000

经实验测定和理论分析可知,空气平行流过物料表面时,U_c 与 $(L')^{0.8}$ 成正比;空气垂直流过物料表面时,U_c 与 $(L')^{0.37}$ 成正比。式中,L' 指湿气质量流速,单位是 kg/(m²·h),$L' = u\rho$。

6.3.2.3　干燥速率的影响因素

在恒速阶段与降速阶段内,物料干燥的机理不同,从而影响因素也不同,分别讨论如下。

(1) 恒速干燥阶段

恒速干燥阶段中,当干燥条件恒定时,物料表面与空气之间的传热和传质情况与测定湿球温度时相同,如式(6-7) 和式(6-8) 所示。

在恒定干燥条件下,空气的温度、湿度、速度及气固两相的接触方式均应保持不变,故 α 和 k_H 亦应为定值。这阶段中,由于物料表面保持完全润湿,若不考虑热辐射对物料温度的影响,则湿物料表面达到的稳定温度即为空气的湿球温度 t_w,与 t_w 对应的 H_{s,t_w} 值也应恒定不变。所以,这种情况湿物料和空气间的传热速率和传质速率均保持不变。这样,湿物料以恒定的速率汽化水分,并向空气中扩散。

在恒速干燥阶段,空气传给湿物料的显热等于水分汽化所需的潜热,如式(6-9) 所示。所以

$$U = k_H(H_{s,t_w} - H) = \frac{\alpha}{r_w}(t - t_w) \tag{6-29}$$

显然,干燥速率可根据对流传热系数 α 确定。对于静止的物料层,α 的经验关联式如下:

① 当空气平行流过物料表面时

$$\alpha = 0.0204(\overline{L})^{0.8} \tag{6-30}$$

应用范围:空气的质量流速 $\overline{L} = 2450 \sim 29300 \text{kg}/(\text{m}^2 \cdot \text{h})$,空气的温度为 45～150℃。

② 单空气垂直流过物料层时

$$\alpha = 1.17(\overline{L})^{0.37} \tag{6-31}$$

应用范围:空气的质量流速 $\overline{L} = 3900 \sim 19500 \text{kg}/(\text{m}^2 \cdot \text{h})$。

③ 在气流干燥器中,固体颗粒呈悬浮态,气体与颗粒间的对流传热系数 α 由下式估算

$$Nu = 2 + 0.54 Re_p^{0.5} \tag{6-32}$$

$$\alpha = \frac{\lambda_g}{d_p}\left[2 + 0.54\left(\frac{d_p u_t}{\nu_g}\right)^{0.5}\right] \tag{6-32a}$$

式中　d_p——颗粒的平均直径,m;

　　　λ_g——空气的热导率,W/(m·℃);

　　　u_t——颗粒的沉降速度,m/s;

　　　ν_g——空气的运动黏度,m²/s。

④ 流化床干燥器的对流传热系数 α 由下式估算

$$Nu = 4 \times 10^{-3} Re^{1.5} \tag{6-33}$$

$$\alpha = 4 \times 10^{-3} \frac{\lambda_g}{d_p} \left(\frac{d_p w_g}{\nu_g} \right)^{0.5} \tag{6-33a}$$

式中 w_g——流化气速，m/s。

恒速干燥阶段属物料表面非结合水分汽化过程，与自由液面汽化水分情况相同。这个阶段的干燥速率取决于物料表面水分的汽化速率，亦即取决于物料外部的干燥条件，故又称为表面汽化控制阶段。

由式(6-29)可知，影响恒速干燥速率的因素有 α、k_H、$t - t_w$、$H_{s,t_w} - H$。提高空气流速能增大 α 和 k_H，而提高空气温度、降低空气湿度可增大传热和传质的推动力 $t - t_w$ 和 $H_{s,t_w} - H$。此外，水分从物料表面汽化的速率与空气同物料的接触方式有关。图 6-13 所示的 3 种接触方式中以 (c) 接触效果最佳，不仅 α 和 k_H 最大，而且单位质量物料的干燥面积也最大；(b) 次之；(a) 最差。应注意的是，干燥操作不仅要求有较大的汽化速率，而且还要考虑气流的阻力、物料的粉碎情况、粉尘的回收、物料耐温程度以及物料在高温、低湿气流中的变形或收缩等问题。所以，对于具体干燥物系，应根据物料特性及经济核算等来确定适宜的气流速度、温度和湿度等。

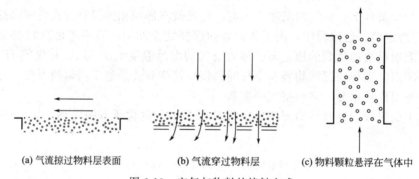

(a) 气流掠过物料层表面　　　(b) 气流穿过物料层　　　(c) 物料颗粒悬浮在气体中

图 6-13　空气与物料的接触方式

（2）降速干燥阶段

由图 6-12 所示，当物料的含水量降至临界含水量 X_c 以下时，物料的干燥速率随其含水量的减小而降低。此时，因水分自物料内部向表面迁移的速率低于物料表面水分的汽化速率，所以湿物料表面逐渐变干，汽化表面逐渐向内部移动，表面温度逐渐上升。随着物料内部水分含量的不断减少，物料内部水分迁移速率不断降低，直至物料的含水量降至平衡含水量 X^* 时，物料的干燥过程便会停止。

在降速干燥阶段中，干燥速率的大小主要取决于物料本身结构、形状和尺寸，与外界干燥条件关系不大，故降速干燥阶段又称为物料内部迁移控制阶段。

综上所述，恒速干燥阶段和降速干燥阶段速率的影响因素不同。因此，在强化干燥过程时，首先要确定在某一定干燥条件下物料的临界含水量 X_c，再区分干燥过程属于哪个阶段，然后采取相应措施以强化干燥操作。

6.3.2.4　干燥时间的计算

恒定干燥条件下，干燥时间等于恒速阶段干燥时间 τ_1 与降速阶段干燥时间 τ_2 之和，即

$$\tau_{总} = \tau_1 + \tau_2 \tag{6-34}$$

① τ_1 的计算

因为

$$U_c = \frac{-G' dX}{S d\tau} \Rightarrow \int_0^{\tau_1} d\tau = -\frac{G'}{U_c S} \int_{X_1}^{X_c} dX$$

所以

$$\tau_1 = \frac{G'}{U_c S}(X_1 - X_c) \qquad (6\text{-}35)$$

式中　X_1——物料的初始含水量，kg(水分)/kg(绝干料)；

$\dfrac{G'}{S}$——单位干燥面积上的绝干物料质量，kg(绝干料)/m²。

又因为

$$U_c = \frac{\alpha(t - t_w)}{r_{t_w}}$$

所以

$$\tau_1 = \frac{G \cdot r_{t_w}}{S\alpha} \frac{X_1 - X_2}{t - t_w} \qquad (6\text{-}36)$$

② τ_2 的计算

$$\tau_2 = \int_0^{\tau_2} d\tau = -\frac{G'}{S} \int_{X_c}^{X_2} \frac{dX}{U} \qquad (6\text{-}37)$$

式中　X_2——降速阶段终了时物料的含水量，kg(水分)/kg(绝干料)；

　　　U——降速阶段的瞬时干燥速率，kg/(m² · s)。

若 U 与 X 呈线性关系，即

$$U = K_x(X - X^*)$$

则

$$\tau_2 = \frac{G'}{S} \int_{x_2}^{x_c} \frac{dX}{K_x(X - X^*)} = \frac{G'}{S K_x} \ln \frac{X_c - X^*}{X_2 - X^*} \qquad (6\text{-}38)$$

又因为

$$U_c = K_x(X_c - X^*) \Rightarrow K_x = \frac{U_c}{X_c - X^*}$$

代入式(6-38)中得到

$$\tau_2 = \frac{G'(X_c - X^*)}{S U_c} \ln \frac{X_c - X^*}{X_2 - X^*} \qquad (6\text{-}39)$$

式中　K_x——降速阶段干燥速率线的斜率，kg(绝干料)/(m² · s)。

若 U 与 X 呈非线性关系，则可采用图解积分法求解。

【**例 6-4**】　某物料在恒定空气条件下干燥，降速阶段干燥速率曲线可近似作直线处理。已知物料初始含水量为 0.33kg(水)/kg(干物料)，干燥后物料含水量为 0.09kg(水)/kg(干物料)，干燥时间为 7h，平衡含水量为 0.05kg(水)/kg(干物料)，临界含水量为 0.10kg(水)/kg(干物料)。求同样情况下将该物料从 $X_1' = 0.37$kg(水)/kg(绝干料)干燥至 $X_2' = 0.07$kg(水)/kg(干物料)所需的时间。

解：根据条件 $\tau_1 + \tau_2 = 7 \times 3600 = 2.52 \times 10^4$ s 可知

$$\frac{G'(X_1 - X_c)}{S U_c} + \frac{G'(X_c - X^*)}{S U_c} \ln \frac{X_c - X^*}{X_2 - X^*} = 2.52 \times 10^4$$

$$\frac{G'(0.33 - 0.10)}{S U_c} + \frac{G'(0.10 - 0.05)}{S U_c} \ln \frac{0.10 - 0.05}{0.09 - 0.05} = 2.52 \times 10^4$$

所以

$$\frac{G'}{SU_c} = 1.04 \times 10^5$$

新工况下

$$X_1' \xrightarrow{\tau_1'} X_c \xrightarrow{\tau_2'} X_2'$$

因为干燥条件与旧工况相同，所以 $\dfrac{G'}{SU_c}$ 数值不变，故

$$\tau_1' = \frac{G'}{SU_c}(X_1' - X_c) = 1.01 \times 10^5 \times (0.37 - 0.10) = 2.73 \times 10^4\, s$$

$$\tau_2' = \frac{G'(X_c - X^*)}{SU_c} \ln\frac{X_c - X^*}{X_2' - X^*} = 1.01 \times 10^5 \times (0.10 - 0.05) \times \ln\frac{0.10 - 0.05}{0.07 - 0.05} = 4.63 \times 10^3\, s$$

则

$$\tau' = \tau_1' + \tau_2' = 3.19 \times 10^4\, s = 8.87h$$

6.4 干燥设备

6.4.1 干燥器的类型

工业上常用的干燥器类型多种多样，除了 6.1.1 节中介绍的气流干燥器外，还有以下几种主要类型。

(1) 厢式干燥器

厢式干燥器又称盘架式干燥器，如图 6-14 所示。其外形像一个箱子，外壁为绝热层，物料装在浅盘里，置于支架上，层叠放置。新鲜空气由风机引入，经预热器加热后沿挡板均匀进入各层挡板之间，吹过处于静止状态的物料而起干燥作用。部分废气经排除管排出，余下的循环使用以提高热效率。这种干燥器采用常压间歇式操作，可以干燥多种不同形态的物料，一般在下列情况下使用才合理：①小规模生产；②物料停留时间长时不影响产品质量；③同时干燥几种产品。

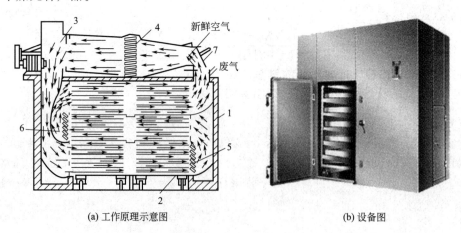

(a) 工作原理示意图　　　(b) 设备图

图 6-14　厢式干燥器

1—干燥室；2—小板车；3—送风机；4～6—空气预热器；7—调节门

(2) 洞道式干燥器

洞道式干燥器是一种连续操作的干燥设备，如图 6-15 所示。外形为狭长的隧道，两端

有门，底部有铁轨。待干燥的物料置于轨道的小车上，每隔一定时间用推车机推动小车前进，小车上的物料与热空气接触被干燥。这种干燥器容积大，常用来干燥陶瓷、木材、耐火制品等，缺点是干燥品种单纯，造价高。

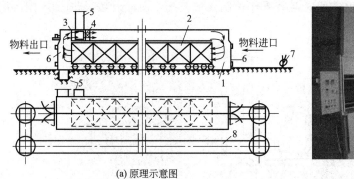
(a) 原理示意图

(b) 设备图

图 6-15　洞道式干燥器

1—洞道；2—运输车；3—送风机；4—空气预热器；5—废气出口；
6—封闭门；7—推送运输车的绞车；8—铁轨

（3）转筒干燥器

转筒干燥器的主体是与水平线稍成倾斜的可转动的圆筒，如图 6-16 所示。湿物料自转筒高的一端加入，自低的一端排出。转筒内壁安装有翻动物料的各式抄板，可使物料均匀分散，同时也使物料向低处流动。干燥介质常用热空气、烟道气等，被干燥的物料多为颗粒状或块状，操作方式可采用逆流或并流。这种干燥器对物料适应性强，生产能力大，操作控制方便，产品质量均匀；但设备复杂庞大，一次性投资大，占地面积大。

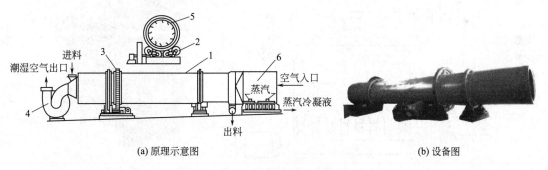
(a) 原理示意图　　　　　　　　　　　　　　　(b) 设备图

图 6-16　转筒干燥器

1—圆筒；2—支架；3—驱动齿轮；4—风机；5—抄板；6—蒸汽加热器

（4）喷雾干燥器

喷雾干燥器是连续式常压干燥器的一种，用于溶液、悬浮液或泥浆状物料的干燥，如图 6-17 所示。料液用泵送到喷雾器，在圆筒形的干燥室中喷成雾滴而分散于热气流中。物料与热气流以并流、逆流或混流的方式相互接触，使水分迅速汽化达到干燥的目的。干燥后可获得 $30\sim50\mu m$ 粒径的干燥产品。产品经器壁落到器底，由风机吸至旋风分离器中被回收，废气经风机排出。这种干燥器干燥时间短，产品质量高，便于自动化控制；但对流传热系数小，热利用低，能量消耗大。

（5）流化床干燥器

流化床干燥器（沸腾床干燥器）是流态化技术在干燥操作中的应用，如图 6-18 所示。干燥器内用垂直挡板分成 4~8 个隔室，挡板与多孔分布板之间留有一定间隙让粒状物料通过，以达到干燥的目的。湿物料出加料口进入第一室，然后依次流到最后一室，最后由出料口排出。热气体自下而上通过分布板和松散的粒状物料层，气流速度控制在流化床阶段。此时，颗粒在热气流中上下翻动，气固两相进行充分的传热和传质。流化床干燥器结构简单，造价低，活动部件少，操作维修方便；但其操作控制要求较严，而且因颗粒在床层中随机运动，可能引起物料的返混或短路。

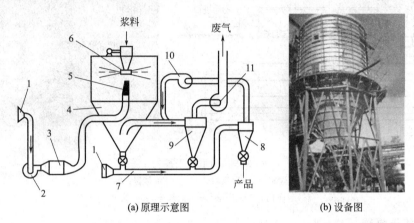

(a) 原理示意图   (b) 设备图

图 6-17   喷雾干燥器流程图

1—空气过滤器；2—送风机；3—预热器；4—干燥室；5—热空气分散器；6—雾化器；
7—产品输送及冷却管道；8—1 号分离器；9—2 号分离器；10—气流输送用的风机；11—抽风机

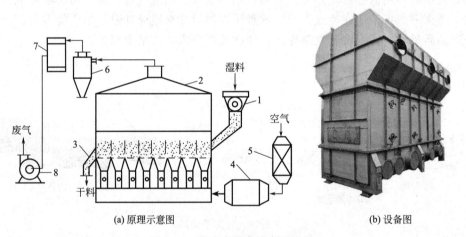

(a) 原理示意图   (b) 设备图

图 6-18   卧式多室沸腾床干燥器

1—摇摆式颗粒进料器；2—干燥器；3—卸料器；4—加热器；
5—空气过滤器；6—旋风分离器；7—袋滤器；8—风机

6.4.2   干燥器的选型

干燥操作是一种比较复杂的过程，很多问题还不能从理论上解决，需要借助于经验。干燥器的类型和种类也很多，主要由物料的性质决定其所适用的干燥器。间歇操作的干燥器生产能力低，设备笨重，物料层是静止的，不适合现代化大生产的要求，只适用于干燥小批量或多品种的产品。间歇操作的干燥器已逐渐被连续操作的干燥器所代替。连续操作的干燥器可以缩短干燥时间，提高产品质量，操作稳定，容易控制。

选择干燥器时，首先根据被干燥物料的性质和工艺要求选用几种可用的干燥器，然后通过对所选的干燥器的基建费和操作费进行经济核算，最终比较后选定一种最适用的干燥器。

表 6-2 可作为干燥器选型的参考。

表 6-2　干燥器选型参考

项　目		物　料							
		溶液	泥浆	膏糊状	粒径 100 目以下	粒径 100 目以上	特殊形状	薄膜状	片状
加热方式	干燥器	无机盐、牛奶、萃取液、橡胶乳液等	颜料、纯碱、洗涤剂、石灰、高岭土、黏土等	滤饼、沉淀物、淀粉、染料等	离心机滤饼、颜料、黏土、水泥等	合成纤维、结晶、矿砂、合成橡胶等	陶瓷、砖瓦、木材、填料等	塑料薄膜、玻璃纸、纸张、布匹等	薄板、泡沫塑料、照相材料、印刷材料、皮革、三夹板
对流加热	气流	5	3	3	4	1	5	5	5
	流化床	5	3	3	4	1	5	5	5
	喷雾	1	1	4	5	5	5	5	5
	转筒	5	5	3	4	1	5	5	5
	盘架	5	4	1	1	1	1	5	1
传导加热	耙式真空	4	1	1	1	1	5	5	5
	滚筒	1	1	4	4	5	5	多滚筒	5
	冷冻	2	2	2	2	2	5	5	5
辐射加热	红外线	2	2	2	2	2	1	1	1
介电加热	微波	2	2	2	2	2	1	2	2

注：1—适合；2—经费许可时才适合；3—特定条件下适合；4—适当条件时可应用；5—不适合。

6.4.3　干燥器的设计

干燥器的设计计算采用物料衡算、热量衡算、速率关系和平衡关系四类基本方程，但由于干燥过程的机理比较复杂，因此干燥器的设计仍借助经验或半经验的方法进行。各种干燥器的设计方法差别很大，但设计的基本原则是物料在干燥器内的停留时间必须等于或稍大于所需的干燥时间。下面通过实例简要介绍常用的气流干燥器（见图 6-1）的设计方法。

【例 6-5】　试设计一气流干燥器以干燥某种颗粒状物流，基本数如下。

（1）每小时干燥 180kg 湿物料。

（2）进干燥器的空气温度 $t_1 = 90℃$、湿度 $H_1 = 0.0075kg$（水）/kg（绝干气），离开干燥器的空气温度 $t_2 = 65℃$。

（3）物料的初始含水量 $X_1 = 0.2kg$（水）/kg（干物料），终了时的含水量 $X_2 = 0.002kg$（水）/kg（干物料）。物料进干燥器时温度 $\theta_1 = 15℃$，颗粒密度 $\rho_s = 1544kg/m^3$，绝干物料的比热容 $C_s = 1.26kJ/[kg$（绝干料）·℃]，临界含水量 $X_c = 0.01455kg$（水）/kg（绝干料），平衡含水量 $X^* = 0kg$（水）/kg（绝干料）。颗粒可视为表面光滑的球体，平均粒径 $d_{pm} = 0.23mm$。

在干燥器没有补充热量，且热损失可以忽略不计的情况下，试计算干燥管的直径和高度。

解：（1）首先计算物料离开干燥器时的温度 θ_2

物料在干燥器中的干燥过程如图 6-12 所示。物料出口温度 θ_2 与很多因素有关，但主要取决于物料的临界含水量 X_c 及降速阶段的传质系数。目前还没有计算 θ_2 的理论公式。对气流干燥器，若 $X_c < 0.05 \text{kg}(水)/\text{kg}(绝干料)$，则可按下式计算 θ_2

$$\frac{t_2-\theta_2}{t_2-t_{w2}}=\frac{r_{t_{w2}}(X_2-X^*)-c_s(t_2-t_{w2})\left(\dfrac{X_2-X^*}{X_c-X^*}\right)^{\frac{r_{t_{w2}}(X_c-X^*)}{c_s(t_2-t_{w2})}}}{r_{t_{w2}}(X_c-X^*)-c_s(t_2-t_{t_{w2}})} \tag{I}$$

应用上式计算 θ_2 要采用试差法。

绝干物料流量 $G=\dfrac{G_1}{1+X_1}=\dfrac{180}{1+0.2}=150\text{kg/h}=0.0417\text{kg/s}$

水分蒸发量 $W=G(X_1-X_2)=0.0417\times(0.2-0.002)=0.000826\text{kg/s}$

下面利用物料衡算及热量衡算方程求解空气离开干燥器时的湿度 H_2。围绕干燥器作物料衡算，得

$$L(H_2-H_1)=W=0.00826\text{kg/s}$$

$$L=\frac{0.00826}{H_2-0.0075} \tag{II}$$

空气的进、出口焓值为

$$\begin{aligned}
I_1&=(1.01+1.88H_1)t_1+2490H_1\\
&=(1.01+1.88\times0.0075)\times90+2490\times0.0075\\
&=110.8\text{kJ/kg}(绝干料)\\
I_2&=(1.01+1.88H_2)t_2+2490H_2\\
&=(1.01+1.88H_2)\times65+2490H_2\\
&=65.65+2612.2H_2
\end{aligned}$$

设 $\theta_2=49℃$，则湿物料的进、出口焓值为

$$I_1'=(c_s+c_wX_1)\theta_1=(1.26+4.187\times0.2)\times15=31.46\text{kJ/kg}(绝干料)$$
$$I_2'=(c_s+c_wX_2)\theta_2=(1.26+4.187\times0.002)\times49=62.15\text{kJ/kg}(绝干料)$$

围绕干燥器作热量衡算

$$LI_1+GI_1'=LI_2+GI_2'$$

并代入上面的焓值和流量值，得到

$$45.15L-2612.2H_2L=1.2798 \tag{III}$$

联立式（II）和（III）求解，得

$$H_2=0.01674\text{kg}(水汽)/\text{kg}(绝干气)$$
$$L=0.8939\text{kg}(绝干气)/\text{s}$$

根据 $t_2=65℃$、$H_2=0.01674\text{kg}$（水汽）$/\text{kg}$（绝干气），由 $H\text{-}I$ 图查得 $t_{w2}=31℃$，由附录 12（内插法）查得相应的 $r_{t_{w2}}=2421\text{kJ/kg}$。

将以上诸值代入式（I）以核算所假设的温度 θ_2，即

$$\frac{65-\theta_2}{65-31}=\frac{2421\times0.002-1.26\times(65-31)\times\left(\dfrac{0.002-0}{0.01455-0}\right)^{\frac{2421\times0.01455}{1.26\times(65-31)}}}{2421\times0.01455-1.26\times(65-31)}$$

解得
$$\theta_2=49.2℃$$

故假设 $\theta_2=49℃$ 是正确的。

（2）计算干燥管的直径 D

$$D=\sqrt{\frac{Lv_H}{\dfrac{\pi}{4}u_g}}$$

其中

$$v_H = (0.772 + 1.244 H_1) \times \frac{273 + t_1}{273} = (0.772 + 1.244 \times 0.0075) \times \frac{273 + 90}{273}$$

$$= 1.04 \, \text{m}^3 / \text{kg(绝干气)}$$

取空气进入干燥管的速度 $u_g = 10 \, \text{m/s}$，则

$$D = \sqrt{\frac{L v_H}{\frac{\pi}{4} u_g}} = \sqrt{\frac{0.8939 \times 1.04}{\frac{\pi}{4} \times 10}} = 0.344 \, \text{m}$$

（3）计算干燥管的高度 h

$$h = \tau (u_g - u_0)$$

式中　τ——颗粒在气流干燥器内的停留时间，即干燥时间，s；

u_0——颗粒沉降速度，m/s。

① 根据重力沉降中的沉降速度公式计算 u_0

假设颗粒处于过渡区，即 $Re_0 \approx 1 \sim 1000$，则阻力系数 $\xi = \dfrac{18.5}{Re_0^{0.6}}$，代入沉降速度公式并

整理为 u_0 的显式形式

$$u_0 = \left[\frac{4(\rho_s - \rho) g d_{pm}^{1.6}}{55.5 \rho v_g^{0.6}} \right]^{\frac{1}{1.4}}$$

空气的物性粗略地按绝干空气，且取进出干燥器的平均温度 t_m 求算，即

$$t_m = \frac{65 + 90}{2} = 77.5 \, ℃$$

在附录 9（内插法）中查得 77.5℃时绝干空气的物性为

$$\lambda = 3.03 \times 10^{-5} \, \text{kW/(m · ℃)} \qquad \rho = 1.007 \, \text{kg/m}^3$$

$$\mu = 2.1 \times 10^{-5} \, \text{Pa · s} \qquad v = \frac{\mu}{\rho} = \frac{2.1 \times 10^{-5}}{1.007} = 2.085 \times 10^{-5} \, \text{m}^2 / \text{s}$$

所以

$$u_0 = \left[\frac{4(1544 - 1.007) \times 9.81 \times (0.23 \times 10^{-3})^{1.6}}{55.5 \times 1.007 \times (2.085 \times 10^{-5})^{0.6}} \right]^{\frac{1}{1.4}} = 1.04 \, \text{m/s}$$

核算

$$Re_0 = \frac{d_{pm} u_0}{v} = \frac{0.23 \times 10^{-3} \times 1.04}{2.085 \times 10^{-5}} = 11.5$$

所以假设 Re_0 值在 $1 \sim 1000$ 范围内是正确的，相应的 $u_0 = 1.04 \, \text{m/s}$ 也是正确的。

② 计算 u_g

前面取空气进干燥器的速度为 10m/s，相应温度 $t_1 = 90℃$，现校核为平均温度 $t_m = 77.5℃$下的速度

$$u_g = \frac{10 \times (273 + 77.5)}{273 + 90} = 9.66 \, \text{m/s}$$

③ 计算 τ

$$\tau = \frac{Q}{\alpha S_p \Delta t_m}$$

其中　Q——传热速率，kW；

　　α——对流传热系数，kW/(m² · ℃)；

S_p——每秒钟内颗粒提供的干燥面积，m^2/s；

Δt_m——平均温度差，℃。

$$S_p = \frac{6G}{d_{pm}\rho_s} = \frac{6\times0.0417}{0.23\times10^{-3}\times1544} = 0.705 \, m^2/s$$

$$Q = Q_I + Q_{II}$$

$$Q_I = G[(X_1-X_c)r_{tw1} + (c_s+c_wX_1)(t_{w1}-\theta_1)]$$

根据 $t_1=90℃$、$H_1=0.0075kg（水）/kg（绝干气）$，由湿焓图可查出 $t_{w1}=32℃$，相应的水的汽化潜热 $r_{tw1}=2419.2kJ/kg$，故

$$Q_I = 0.0417\times[(0.2-0.01455)\times2419.2 + (1.26+4.187\times0.2)(32-15)] = 202.2kW$$

而

$$Q_{II} = G[(X_c-X_2)r_{tm} + (c_s+c_wX_2)(\theta_2-t_{w1})]$$

第二阶段物料平均温度 $t_m = \dfrac{49+32}{2} = 40.5℃$，相应水的汽化潜热 $r_{tm}=2400kJ/kg$，所以

$$Q_{II} = 0.0417\times[(0.01455-0.002)\times2400 + (1.26+4.187\times0.002)(49-32)] = 2.16kW$$

$$Q = 20.2 + 2.16 = 22.36kW$$

$$\Delta t_m = \frac{(t_1-\theta_1)-(t_2-\theta_2)}{\ln\dfrac{t_1-\theta_1}{t_2-\theta_2}} = \frac{(90-15)-(65-49)}{\ln\dfrac{90-15}{65-49}} = 38.2℃$$

空气与运动着的颗粒间的传热系数用下式计算：

$$\alpha = (2+0.54Re^{\frac{1}{8}})\frac{\lambda}{d_{pm}} = (2+0.54\times11.5^{\frac{1}{2}})\frac{3.03\times10^{-5}}{0.23\times10^{-3}} = 0.505kW/(m^2\cdot℃)$$

所以

$$\tau = \frac{22.36}{0.505\times0.705\times38.2} = 1.64s$$

$$Z = \tau(u_g-u_0) = 1.64\times(9.66-1.04) = 14.1m$$

工程案例分析

气流干燥器与流化干燥器的联用

在化工生产中，由于被干燥物料的形状和性质各不相同，用单一型式的干燥器来干燥物料，常常不能达到对物料湿分的要求。有时即使能满足物料湿分的要求，单一设备体积也过大，或消耗过多的能量。此时，可将两种或多种型式的干燥器组合起来构成组合式干燥器，各发挥其长处，从而达到节省能量、减少干燥器尺寸或满足干燥产品质量要求的目的。在聚氯乙烯（PVC）的生产工艺中，PVC 的干燥过程即采用气流干燥器与流化床干燥器联用的组合式干燥过程。

PVC 树脂是一种热敏性、黏性小且多孔性的粉末状物料，其干燥过程包括非结合水分与结合水分的干燥，即经历表面汽化及内部扩散的不同控制阶段。为此，在干燥过程中采用两级装置。第一级主要用于表面水分的汽化，采用气流干燥器，利用其快速干燥的特点，使物料在很短的停留时间内除去大部分表面水分。此时，干燥强度取决于引入的热量，通过加大风量和温度，使较高的湿含量能迅速地降至临界湿含量附近。第二级主要用于内部水分扩散，以降低风速和延长时间为宜，故采用流化床干燥器，使湿含量达到最终干燥的要求。

工业上 PVC 干燥的气流-流化组合操作中，第二级多采用卧式流化干燥器。某工厂经技

术改造，用旋风流化干燥器替代卧式流化干燥器，获得了较好的效果，其干燥系统工艺流程如附图 1 所示。含水量约为 15% 的 PVC 树脂湿料，经螺旋加料器送至第一级气流干燥器中干燥，离开气流干燥器的物料含水量为 3%。然后，物料再进入下一级旋风流化干燥器进一步干燥，离开物料的含水量降至 0.3% 以下。干燥后的物料颗粒经旋风分离器分离下来，经振动筛过筛，进行成品包装。少量细料再经过下一级旋风分离器分离下来，湿空气则由引风机出口排出。

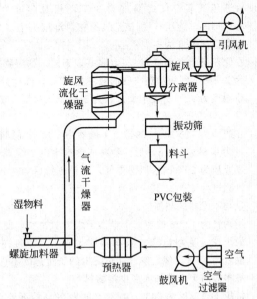

附图 1　PVC气流-旋风流化干燥系统

在气流干燥器中，物料以粉粒状分散于气流中，呈悬浮状态，被气流输送而向上运动。在此输送过程中，二者之间发生传热及传质过程，使物料干燥。由于气速很高，物料在气流干燥器中的停留时间极短（一般在 2～10s），除去的是物料表面的非结合水分。

在旋风流化干燥器中，气流夹带物料颗粒沿切线方向进入，在其中旋流上升。与气流干燥器相比，物料在旋风干燥器中的停留（干燥）时间延长。同时颗粒在热空气中处于流化状态，气、固接触面积大，故干燥强度很大，可将物料内部的结合水分除去，使干燥产品含水量更低、质量更均匀。

该新工艺具有如下特点。

① 旋风干燥器结构简单，操作容易，平稳，简化了干燥流程和操作控制。

② 降低了蒸汽消耗，一般节能 50% 左右。

③ 卧式流化干燥器结构复杂，易积存物料，导致 PVC 树脂黑黄点较高；而旋风干燥器无死角，不积存物料，使树脂合格率提高，提高了产品质量。

④ 原气流-卧式流化干燥工艺中，树脂出口温度高达 80℃，故干燥后的树脂需增加冷风输送工艺使其冷却；而在气流-旋风流化干燥工艺中，旋风干燥器内的空气温度降至 50℃左右，树脂出口温度为 45℃左右，不需要再进行冷却，也不存在树脂的热降解问题，既提高了产品质量，又降低了动力消耗。

习　题

1. 湿度为 0.018kg（水）/kg（绝干气）的湿空气在预热器中加热到 128℃后进入常压等焓干燥器中，离开干燥器时空气的温度为 49℃，求离开干燥器时空气的露点温度。　　　　　　　　　　　（41℃）

2. 对于总压为 100kPa 的湿空气，试用焓-湿图填充下表：　　　　　　　　　　　　　　　　（略）

干球温度/℃	湿球温度/℃	湿度/[kg(水)/kg(绝干气)]	相对湿度/%	热焓/[kJ/kg(绝干气)]	水汽分压/kPa	露点/℃
80	40					
60						29
40			43%			
		0.024		120		
50					3.0	

3. 湿空气在总压 101.3kPa、温度 120℃下，湿度为 0.15kg(水)/kg(干空气)，保持总压不变，将其冷却到 20℃。试计算每千克干空气所能析出的水分。　　　　　　　　　　　　（0.1353kg 水）

4. 在常压下某空气的温度为 30℃，相对湿度为 50%。试求：（1）若保持温度不变，将空气压缩至 0.15MPa（绝压），则该空气的相对湿度变为多少？（2）若保持温度不变，将空气压力减半，则空气的相对湿度又变为多少？

(75%；25%)

5. 在常压下将含水量为 5%（湿基，下同）的湿物料以 1.58kg/s 的速度送入干燥器中，干燥产品的含水率为 0.5%。所用加热空气的温度为 20℃，湿度为 0.007kg（水）/kg（绝干气）。预热温度为 127℃，废气出口温度为 82℃。设干燥过程为理想干燥过程。试求：（1）绝干空气的用量；（2）预热器的热负荷。

(4.16kg 绝干气/s；538kW)

6. 在压力为 101.3kPa 的逆流干燥器中干燥某湿物料，其平均比热容为 3.5kJ/(kg·℃)，湿物料的质量流量为 0.8kg/s。干燥后，物料的含水率由 30% 降低到 3%（湿基），物料的温度由 25℃ 升高到 60℃。干燥介质为 20℃ 的常压湿空气，经预热器后加热到 90℃，其中所含水汽分压为 0.98kPa；离开干燥器的废气温度为 45℃，其中所含水汽分压为 6.53kPa，已知干燥系统的热效率为 70%。试计算新鲜空气的消耗量与干燥器的热损失。

(6.08kg/s；24.94kW)

7. 用内径为 1.2m 的转筒干燥器干燥粒状物料，使其湿基含水率由 30% 降至 2%。所用空气进入干燥器时的干球温度为 110℃，湿球温度为 40℃，空气在干燥器内的变化为等焓过程，离开干燥器时空气的干球温度为 45℃。规定空气在转筒内的质量速度不得超过 0.833kg/(m²·s)，以免颗粒被吹出。试求每小时最多能向干燥器加入多少湿物料？

(309kg/h)

8. 常压下以温度为 20℃、相对湿度为 60% 的新鲜空气为介质，干燥某种湿物料。空气在预热器中被加热到 90℃ 后送入干燥器，离开干燥器时的温度为 45℃，湿度为 0.022kg（水）/kg（绝干气）。每小时有 1100kg 温度为 20℃、湿基含水率为 3% 的湿物料被送入干燥器，物料离开干燥器时温度升到 60℃，湿基含水率降到 0.2%。湿物料的平均比热容为 3.28kJ/[kg（绝干料）·℃]。忽略预热器向周围的热损失，并假设干燥器的热损失速率为 1.2kW。试求：（1）水分蒸发量；（2）新鲜空气消耗量；（3）若风机装在预热器的新鲜空气入口处，求风机的风量；（4）预热器消耗的热量；（5）干燥系统消耗的总热量；（6）干燥系统的热效率。

(30.84kg/h；2393kg 新鲜空气/h；1995m³ 新鲜湿空气/h；47.44kW；78.8kW；28%)

9. 在压力为 101.3kPa 的气流干燥器（可视为理想干燥器）内干燥一物料，空气的初始温度为 20℃，湿度为 0.008kg（水）/kg（干空气），经预热器后温度为 120℃，干燥器空气出口温度为 40℃。忽略湿物料水分带入的焓及热损失。试求干燥系统的热效率。如果气体离开干燥器后，因在管道及旋风分离器中散热，温度降低了 10℃，试判断能否发生物料返潮现象。

(会发生返潮现象)

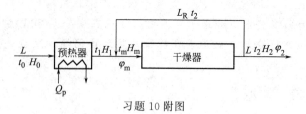

习题 10 附图

10. 如附图所示，某干燥器的操作压强为 80kPa（绝压），出口气体的温度 t_2 为 59℃，相对湿度 φ_2 为 72%。为保证干燥产品的质量，空气进入干燥器的温度不得高于 92℃，故将部分出口气体送回干燥器入口与新鲜空气混合，混合后气体相对湿度 φ_m 为 11%。已知新鲜空气的质量流量为 0.49kg/s，温度 t_0 为 18℃，湿度 H_0 为 0.005kg（水）/kg（绝干空气）。

试求：（1）空气的循环量 L_R；（2）新鲜空气预热后的温度 t_1；（3）预热器需提供的热量 Q_P。

(0.584kg 绝干空气/s；140.4℃；60.89kW)

11. 已知常压下 25℃ 时氧化锌物料在空气中的固相水分的平衡关系，其中当 $\varphi=100\%$ 时，$X^*=0.02$kg（水）/kg（绝干料）；当 $\varphi=40\%$ 时，$X^*=0.007$kg（水）/kg（绝干料）。设氧化锌物料含水量为 0.35kg（水）/kg（绝干料），若与温度为 25℃、相对湿度为 40% 的恒定空气长时间充分接触，问该物料的平衡含水量、结合水分及非结合水分的浓度分别为多少？

(0.007kg 水/kg 绝干料；0.02kg 水/kg 绝干料；0.33kg 水/kg 绝干料)

12. 某物料在稳态空气条件下作间歇干燥操作。已知恒速干燥阶段的干燥速率为 1.1kg/(m²·h)，每批物料的处理量为 1000kg（绝干料），干燥面积为 55m²。试估计将物料从 0.15kg（水）/kg（绝干料）干燥到 0.005kg（水）/kg（绝干料）所需的时间。物料的平衡含水率为零，临界含水量为 0.125kg（水）/kg（绝干

料）。作为粗略估计，可假设降速段的干燥速率与自由含水率成正比。　　　　　　　(7h)

13. 在一常压逆流转筒干燥器中，干燥某种晶状物料。温度为 25℃、相对湿度为 55% 的新鲜空气经过预热器升温至 85℃ 后送入干燥器中，离开干燥器时温度为 30℃。湿物料的初始温度为 24℃，湿基含水率为 3.7%，干燥完毕后温度升到 60℃，湿基含水率降至 0.2%。干燥产品流量为 1000kg/h，绝干物料的比热容为 1.507kJ/[kg(绝干料)・℃]。转筒干燥器的直径为 1.3m，长度为 7m。干燥器外壁向空气的对流-辐射系数为 35kJ/(m²・h・℃)。试求绝干空气流量和预热器中加热蒸汽消耗量。已知加热蒸汽的绝对压强为 180kPa。　　　　　　　　　　　　　　　　　　　　(3104kg 绝干气/h；86.6kg/h)

14. 在恒定干燥条件下进行干燥试验。已知干燥面积为 0.2m²，绝对干燥物料质量为 15kg，测得的实验数据列于下表中，试标绘出干燥速率曲线，并求临界含水率与平衡含水率。　　　　　(略)

时间/h	0	0.2	0.4	0.6	0.8	1.0	1.2	1.4
湿物料质量/kg	44.1	37.0	30.0	24.0	19.0	17.5	17.0	17.0

思　考　题

1. 指出下列基本概念之间的联系和区别：
   (1) 绝对湿度与相对湿度；(2) 露点温度与沸点温度；(3) 干球温度与湿球温度；(4) 绝热饱和温度与湿球温度。
2. 在 H-I 图上分析湿空气的 t、t_d 及 t_w（或 t_{as}）之间的大小顺序。在何种条件下三者相等？
3. 试说明湿空气 H-I 图上的等干球温度线、等相对湿度线、蒸汽分压线是如何标绘出来的。
4. 当湿空气总压变化时，湿空气 H-I 图上的各种曲线将如何变化？如保持 t、H 不变而将总压提高，这对干燥操作是否有利？为什么？
5. 如何区分结合水分与非结合水分？说明理由。
6. 对一定的水分蒸发量及空气的出口湿度，试问应按夏季还是按冬季的大气条件来选择干燥系统的风机？
7. 根据干燥器热效率 η 的定义式讨论提高 η 的途径。

符　号　说　明

英文字母：

C——比热容，kJ/(kg・℃)；

G——绝干物料的质量流量，kg/s；

G'——绝干物料的质量，kg；

H——空气的湿度，kg(水)/kg(绝干空气)；

I——空气的焓，kJ/kg；

I'——固体物料的焓，kJ/kg；

k_H——传质系数，kg/(m²・s・ΔH)；

l——单位空气消耗量，kg(绝干空气)/kg(水)；

L——绝干空气消耗量，kg/s；

m——质量，kg；

M——分子量，kg/kmol；

p——水汽分压，Pa；

P——湿空气总压，Pa；

Q——传热速率，J/s；

r——汽化潜热，kJ/kg；

S——干燥表面积，m²；

t——温度，℃；

U——干燥速率，kg/(m²・s)；

v——湿空气的比容，m³/kg(绝干气)；

V——空气的体积流量，m³/s；

w——物料的湿基含水量；

W——水分蒸发量，kg/h 或 kg/s；

W'——水分蒸发质量，kg；

X——物料的干基含水量，kg(水)/kg(绝干料)；

X^*——物料的干基平衡水分，kg(水)/kg(绝干料)。

希腊字母：

φ——相对湿度；

α——对流传热系数，W/(m²・℃)；

θ——固体物料的温度，℃；

η——热效率；

τ——干燥时间，s。

下标：

as——饱和；

d——露点；

D——干燥器；

g——绝干空气；

H——湿；

L——热损失；

m——平均；

p——预热器；

s——饱和状态；

υ——水汽；

w——湿球；

0——进预热器，或指标准状况下；

1，2——进、出干燥器。

上标：

*——平衡状态；

′——固体物料。

第 7 章　其他单元

除了前面几章介绍的典型三传单元设备以外，化工实践中还存在一些特定领域中广泛采用的单元操作。这些单元内部也存在着复杂的传质与传热，但又很难简单地归并到前面几类单元中，所以将在本章中集中进行介绍。但由于这些单元种类众多，结构复杂，所以本章仅就其中的结晶、吸附、混合和膜分离过程进行简要介绍，并着重说明各自的操作原理和设备形式，而复杂的设计计算过程则不予介绍。

7.1　膜分离

7.1.1　概述

膜分离利用天然或人工合成的、具有选择透过能力的薄膜，以外界能量或化学位差为推动力，对双组分或多组分体系进行分离、分级、提纯或富集。分离膜可以是固体或液体。反应膜除起到反应体系中物质分离作用外，还作为催化剂或催化剂的固载体，改变反应进程，提高反应效率。

膜分离技术已广泛用在各个工业领域，并使多种传统的生产工艺如海水淡化、烧碱生产、乳品加工等发生了根本性的变化。膜的分离作用是借助于在分离过程中的选择渗透作用，使混合物得到分离。因此，分离膜是膜分离过程的基础。据 1990 年统计，世界分离膜的年产值已达 22 亿美元，并以 13%～15% 的速度逐年递增。

物质通过膜的分离过程是复杂的，膜的传递模型可分为两类。第一类以假定的传递机理为基础，其中包含了被分离物的物化性质和传递特性，这类模型又可分为两种不同情况：一是通过多孔型膜的流动；另一是通过非多孔型膜的渗透。前者有孔模型，微孔扩散模型和优先吸附-毛细孔流动模型等。后者有溶解-扩散模型和不完全的溶解-扩散模型等。第二类以不可逆热力学为基础，称为不可逆热力学模型。它从不可逆热力学唯象理论出发，统一关联了压力差、浓度差、电位差等对渗透流率的关系。

7.1.2　膜分离过程分类

近几十年来膜分离技术的发展大致是：20 世纪 30 年代开发微孔过滤（MF），40 年代渗析（DL）、50 年代电渗析（ED）、60 年代反渗透（RO）、70 年代超滤（UF）、80 年代气体分离（GP）、90 年代渗透汽化（PV）相继投入实际应用。前六种技术已比较成熟，已经建立起相当规模的工业。渗透汽化目前也有两个工程已工业化：一是从乙醇脱水制无水乙醇；二是从水中脱除少量有机物。

（1）超滤

超滤属于以压力差为推动力的膜过程。一般来说超滤膜表面孔径范围大体在 5nm 到几百纳米之间，主要用于水溶液中大分子、胶体、蛋白质等的分离。超滤膜对溶质的截留作用是由于：

① 在膜表面及微孔内的吸附（一次吸附）；

② 在孔中的停留（阻塞）；

③ 在膜表面的机械截留（筛分）。

其中一次吸附或阻塞会发生到怎样程度，与膜及溶质之间的相互作用和溶质浓度、操作压力、过滤总量等因素有关。超滤最早出现于 20 世纪末，最初的超滤膜是纤维素衍生物膜，20 世纪 60 年代中以后开始有其他的高聚物商品超滤膜，近 10 年来无机膜成为受人重视的超滤膜新系列。超滤组件主要形式有管式、板框式、中空纤维式和螺旋卷式四种。中空纤维是目前应用最广泛的一种，近年来具有错流结构的卷式组件受到重视，管式和板框式水力学流动状态较好，适用于黏度大、高浓度或不是很干净的废料液。

超滤特别适用于热敏性和生物活性物质的分离和浓缩，其主要应用有以下几个方面：

① 食品加工，如乳制品工业是国外食品工业中应用膜技术最多的部门。1988 年世界上用于乳品加工的超滤膜已超过 $150000 m^2$，每年以 30% 的速度增长，还可用于饮料和酒类的加工和食醋、酱油的精制除菌；

② 生物工程上的酶的精制、生物活性物质的浓缩分离；

③ 环境工程中的处理工业废水已在纺织、造纸、金属加工、食品及电泳材料等部门推广应用；

④ 医疗卫生及超纯水制备等。

（2）微孔过滤

微孔过滤（微滤）、超滤和反渗透都是以压力差为推动力的液相膜分离过程，三者之间并无严格的界限，它们组成了一个可分离固态颗粒到离子的三级膜分离过程。一般认为，微孔过滤的有效过滤范围为直径 $0.1 \sim 10 \mu m$ 的颗粒，操作静压差为 $0.01 \sim 0.2 MPa$。微孔过滤的分离机理主要是筛分效应。因膜的结构不同，截留作用大体分为：机械截留、吸附截留、架桥作用及网络型膜的网络内部截留作用。微孔过滤是开发最早、应用最广泛的滤膜技术。1925 年在德国哥丁根成立了世界上第一个滤膜公司。目前世界上产品销售额达到 15 亿美元以上，年增长率约为 15%。微孔过滤膜的主要特点为孔径均一、空隙率高和滤材薄。长期以来，微孔过滤膜的材料是高分子材料，随着膜分离技术在工业领域应用的迅速扩展，近十几年来无机微孔过滤膜引起重视并取得了很大进步。

微孔过滤膜组件也由框式、圆管式、螺旋卷式和中空纤维式四种类组成。工业上应用的微孔过滤装置主要为板框式，它们大多仿照普通过滤器的形式设计。在微孔过滤中有死端过滤和错流过滤两种操作，错流过滤的原料液流动方向与过滤液的流动方向呈直角交叉状态，可使膜表面沉降物不断为原料液的横向液流冲跑，因而不易将膜表面覆盖，避免过滤速度下降。对于固含量高于 0.5%、易产生堵塞的原料应采用错流过滤。

我国的微滤技术起步较晚，直到 20 世纪 70 年代末还只有个别单位形成小批量生产能力，但近十年来我国微孔过滤膜及过滤器件的研究和开发取得了很大的进步。目前，我国已形成正式商品生产的微孔过滤膜仍以纤维素体系滤膜为主。聚酰胺、聚偏氟乙烯、聚砜、聚丙烯等微孔过滤膜，其中少数品种也已有商品出售。

微滤技术在我国纯水制造上已广泛应用，1985 年前，我国使用的微孔膜滤芯主要靠进口，近年来这一状况已基本改变。目前正处在以国产滤芯替代进口的阶段；用于高产值生物制品分离的微孔过滤膜主要仍从国外进口，在制造无菌液体和用于饮料、医药制品分离方面基本上还处于小规模试验阶段，少部分已用于生产线上。微孔过滤技术在我国国民经济中发挥更大作用有赖于国产微孔过滤膜和滤芯品种、规模、性能的进一步提高。

（3）气体膜分离

气体膜分离技术大规模工业化只是近 15 年的事。通常的气体分离膜可分成多孔质及非多孔质两种，它们分别由无机物膜材质和有机高分子膜材质组成。选择性高分子膜材质的性能对气体渗透的影响是十分明显的。气体分离用聚合物的选择通常是同时兼顾其渗透性与选择性。

以膜法分离气体的基本原理，主要是根据混合原料气中各组分在压力作用下，通过半透膜的相对传递速率不同而得以分离。与反渗透、超滤等液相膜分离过程雷同，气体分离膜在实际应用中也是以压差作为推动力的。一般需要把分离膜组装到一定形式的组件中操作，气体膜组件由板式、圆管式、螺旋卷式和中空纤维式四类组成，不过，工业上用得比较多的是后面两种，特别是中空纤维式。

气体膜分离技术在以下方面得到应用，如在从合成氨池放气中回收氢、合成气的比例调节、工业用锅炉及玻璃窑的富氧空气燃烧、油田气中分离回收 CO_2、从工业废气中回收有机蒸气及空气等气体的脱水等方面都做出了贡献。

（4）渗透蒸发

渗透蒸发是指液体混合物在膜两侧组分的蒸气分压差作用下，其中组分以不同速度透过膜并蒸发除去，从而达到分离目的的一种膜分离方法。正因为这一过程是由"渗透"和"蒸发"两个过程所组成，所以称为渗透蒸发。渗透蒸发技术是膜分离技术的一个新的分支，也是热驱动的蒸馏法与膜法相结合的分离过程。不过，它不同于反渗透等膜分离技术，因为它在渗透过程中将产生由液相到气相的相变。渗透蒸发的原理是在膜的上游连续输入经过加热的液体，而在膜的下游则以真空泵抽吸造成负压，从而使特定的液体组分不断透过分离膜变成蒸气，然后，再将此蒸气冷凝成液体而得以从原料液中分离除去。渗透蒸发与反渗透、超滤及气体分离等膜分离方法的最大区别在于，前者透过膜时，物料将产生相变。因此，在操作过程中，必须不断加入至少相当于透过物潜热的热量，才能维持一定的操作温度。

渗透蒸发过程有如下特点。

① 渗透蒸发的单级选择性好，这是它的最大特点。从理论上讲，渗透蒸发的分离程度无极限，适合分离沸点相近的物质，尤其适用于恒沸物的分离。对于回收含量少的溶剂也不失为一种好的方法。

② 由于渗透蒸发过程有相变发生，所以能耗较高。

③ 渗透蒸发过程操作简单，易于掌握。

④ 在操作过程中，进料侧原则上不需加压，所以不会导致膜的压密，因而其透过率不会随时间的增加而减少。而且，在操作过程中将形成活性层及所谓的"干区"，膜可自动转化为非对称膜，此特点对膜的透过率及寿命有益。

⑤ 渗透蒸发的通量较小。

基于上述特点，在一般情况下，渗透蒸发技术尚难与常规的分离技术相比，但由于它所特有的高选择性，在某些特定的场合，例如在混合液中分离少量难以分离的组分（例如对一些结构相似和沸点接近的有机溶剂）已解决和在常规分离手段无法解决或虽能解决但能耗太大的情况下，采用该技术则十分合适。

7.1.3　膜装置

各种膜分离装置主要包括膜分离器、泵、过滤器、阀、仪表及管路等。所谓膜分离器是以某种形式组装在一个基本单元设备内，在外界驱动力作用下能实现对混合物中指定各组分分离的设备，这类单元设备称为膜分离器或膜组件（module）。在膜分离的工业装置中，根据生产需要，通常可设置数个或是数百个膜组件。

目前，工业上常用的膜组件形式主要有：板框式、圆管式、螺旋卷式和中空纤维式四种类型。一种性能良好的膜组件应具备以下条件：

① 对膜能提供足够的机械支撑并可使高压原料液和低压透过液严格分开；

② 在能耗最小的条件下，使原料液在膜表面上的流动状态均匀合理，以减少浓差极化；

③ 具有尽可能高的装填密度（即单位体积的膜组件中填充较多的有效膜面积）并使膜的安装和更换方便；

④ 装置牢固、安全可靠、价格低廉和容易维护。

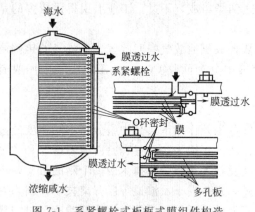

图 7-1　系紧螺栓式板框式膜组件构造

（1）板框式膜组件

板框式膜组件的最大特点是构造比较简单而且可以单独更换膜片。这不仅有利于降低设备投资和运行成本，而且还可作为试验机将各种膜样品同时安装在一起进行性能检验。此外，由于原料液流道的截面积可以适当增大，因此板框式压降较小，线速度可高达 1～5m/s，而且不易被纤维等异物堵塞。它具体包括系紧螺栓式（见图 7-1）和耐压容器式两类。对于要求处理量更大的板框式微滤装置，可采用多层板框式过滤机。它是从增加膜面积出发，将 Φ293mm 的微滤膜多层并联或串联组装构成的。

板框式膜分离装置用途十分广泛，除用于盐水脱盐外，又如针头过滤器，即装在注射针筒和针头之间的一种微型过滤器，以微孔滤膜为过滤介质，用来除去微粒和细菌，常作静脉注射液的无菌处理。操作时，以注射针筒推注进行过滤，不需外加推动力。此外还在电渗析、气体分离及渗透蒸发过程中广泛应用。

（2）圆管式膜组件

所谓圆管式膜，是指在圆筒状支撑体的内侧或外侧刮制上半透膜而得到的圆管形分离膜。其支撑体的构造或半透膜的刮制方法随处理原料液的输入法及透过液的取出法不同而异。管式膜组件的形式较多，按其连接方式一般可分为内压单管式和管束式；按其作用方式又可分为内压式和外压式。即包括内压型内压式、内压型管束式（见图 7-2）和外压型管式（见图 7-3）。管式组件中的接头和密封是一个关键的问题。单管式组件用 U 形管连接，采用喇叭口形，再用 O 形环进行密封。

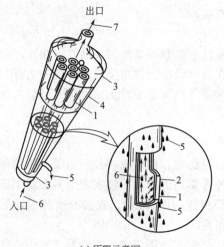

(a) 原理示意图

(b) 实物图

图 7-2　内压型管束式反渗透膜组件

1—玻璃纤维管；2—反渗透膜；3—末端配件；4—PVC 淡化水收集外套；5—淡化水；6—供给水；7—浓缩水

管式组件的优点是：流动状态好，流速易于控制，安装、拆卸、换膜和维修均较方便，而且能够处理含有悬浮固体的溶液；同时，机械清除杂质也较容易。此外，合适的流动状态还可以防止浓差极化和污染。管式组件的缺点是：与平板膜相比，管膜的制备条件较难控制。同时，采用普通的管径（1.27cm）时，单位体积内有效膜面积较小。此外，管口的密封也比较困难。

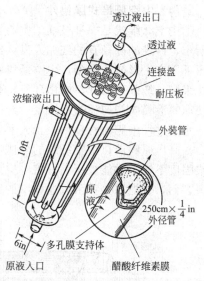

图 7-3　多管外压型管壳式膜组件
（1ft＝0.3048m，1in＝0.0254m）

（3）螺旋卷式膜组件

如图 7-4 所示，螺旋卷式（简称卷式）膜组件的主要部件是：中间为多孔支撑材料，两侧是膜。它的三边被密封成信封状膜袋，其另一个开放边与一根多孔的中心产品水收集管（集水管）密封连接，在膜袋外部的原水侧再垫一层网眼型间隔材料（隔网），把膜袋-原水侧隔网依次叠合，绕中心集水管紧密地卷起来，形成一个膜卷（或称膜元件），再装进圆柱形压力容器内，就构成一个螺旋卷式膜组件。在实际应用中，通常是把几个膜元件的中心管密封串联起来，再安装到压力容器中，组成一个单元。原料液沿着与中心管平行的方向在隔网中流动，浓缩后由压力容器的另一侧引出。透过液（产品水）则沿着螺旋方向在两层间（膜袋内）的多孔支撑体中流动，最后汇集到中心集水管中而被导出。为了增加膜的面积，可以增加膜袋的长度，但膜袋长度的增加，透过液流向中心集水管的路程就要加长，从而阻力就要增大。为了避免这个问题，在一个膜组件内可以安装几个膜袋，如此既能增加膜的面积，又不增大透过液的流动阻力。

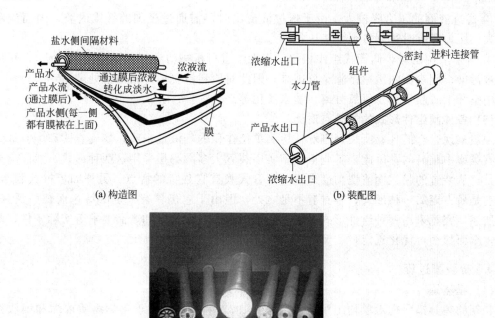

(a) 构造图　　　　　　　　　(b) 装配图

(c) 实物图

图 7-4　螺旋卷式膜组件的构造

（4）中空纤维式膜组件

中空纤维式是一种极细的空心膜管，无需支撑材料，本身即可耐很高的压力。如图 7-5 所示，纤维的外径有的细如人发，约为 $50\sim200\mu m$，内径为 $25\sim42\mu m$，其特点是具有在高压下不产生形变的强度。中空纤维膜组件的组装是把大量（多达几十万根或更多根）的中空纤维膜、纤维束的开口端用环氧树脂铸成管板。纤维束的中心轴处安装一根原料液分布管，使原料液径向均匀流过纤维束。纤维束外部包以网布使纤维束固定并促进原液的湍流流动。淡水透过纤维膜的管壁后，沿纤维的中空内腔经管板放出，浓缩原水则在容器的另一端排出。高压原料液在中空纤维的外侧流动的好处是：原料液在纤维的外侧流动时，如果一旦纤维强度不够，只能被压扁，将中空内腔堵死，但不会破裂，可避免透过液被原料液污染。另一方面，若把原料液引入这样细的纤维内腔，则很难避免膜面污染以致流道被堵塞。

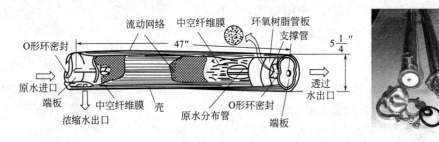

图 7-5　中空纤维式膜组件结构

中空纤维式膜组件的优缺点：

① 不需要支撑材料，由于中空纤维是一种自身支撑的分离膜，所以不需考虑支撑问题；

② 结构紧凑，单位组件体积中具有的有效膜面积（即装填密度）高，一般可达 $16\sim30m^2/m^3$，高于其他所有组件；

③ 透过液侧的压力降较大，由于透过液流出时，需通过极细的纤维内腔，因而流动阻力较大，压力降有时达到数个大气压；

④ 再生清洗困难，同管式组件相比，因无法进行机械清洗（如以清洗球清洗），所以一旦膜被污染，膜表面的污垢排除十分困难，因此对原料液要求严格的前处理。

中空纤维式膜常用于氮氧分离、盐水淡化等。

（5）各种膜组件形式的优缺点对比

一般来说，它们各有所长，当然从检测单位体积的产液量来看，螺旋卷式和中空纤维式是所有类型中最高的，因此，工业上大型实用装置大多数都是采用这两种形式。然而应当指出的是，从装置的膜表面清洗角度来说，圆管式膜有它独特的特点；另外如板框式膜组件，尽管它是最古老的一种形式，本身有不足之处，但由于它仍具有一定的特色而被广泛采用。综上所述，究竟采用哪种组件形式最好，尚须根据原料液情况和产品要求等实际条件，具体分析，全面权衡，优化选定。

7.1.4　新型膜过程

（1）膜蒸馏

初期的膜蒸馏研究对象均为稀盐水溶液，1985 年后开始用于化学物质浓缩和回收及处理发酵液的新方向，以有机物水溶液及恒沸混合物为对象的膜蒸馏研究工作已有报道。

膜蒸馏是一种以温度差引起的水蒸气压力差为传质推动力的膜分离过程。当两种不同温度的水溶液被疏水微孔膜分隔开后，由于膜的疏水性使两侧水溶液均不能透过膜孔进入另一侧，但暖侧溶液的水蒸气压力高于冷侧，所以暖侧溶液的水汽化，水蒸气不断透过膜孔进入冷侧而冷凝，这与常规蒸馏中的蒸发、传质、冷凝过程十分相似，所以称为膜蒸馏。

膜蒸馏过程的特征：膜为微孔膜，膜不能被所处理的溶液所润湿，在膜孔内没有毛细管冷凝现象发生，只有蒸气能通过膜孔传质，所用膜不能改变所处理液体中所有组分的气液平衡，膜至少有一面与所处理的液体接触，对于任何组分该膜过程的推动力是该组分在气相中的分压差。

膜蒸馏的优点和缺点：膜蒸馏的优点为过程在常压和较低温度（40℃上下）下进行，设备简单、操作方便，有可能利用太阳能、地热、温泉、工厂的余热和温热的工业废水等廉价能源，因为只有水蒸气能透过膜孔，所以蒸馏液十分纯净，可望成为大规模、低成本制备超纯水的有效手段，是目前唯一能从溶液中直接分离出结晶产物的膜过程，膜蒸馏组件很容易设计成潜热回收形式，并具有以高效的小型组件构成大规模生产体系的灵活性。膜蒸馏的缺点是：过程中有相变，热能的利用效率较低，考虑到潜热的回收，膜蒸馏在有廉价能源可利用的情况下才更有实际意义，膜蒸馏与制备纯水的其他膜过程相比通量较小，所以目前尚未实现在工业生产中的应用。

膜蒸馏的应用：

① 海水和苦盐水淡化，在可利用廉价能源的边缘地区，膜蒸馏脱盐装置是有意义的；

② 超纯水的制备，可望成为制备电子工业和半导体工业用超纯水的有效手段；

③ 化学物质的浓缩和回收，由于膜蒸馏可以处理高浓度的水溶液，在化学物质水溶液的浓缩方面具有很大潜力；

④ 挥发性溶质水溶液膜蒸馏的应用，利用水和溶质挥发性的差别，经膜蒸馏方法处理后可以改变原料液的组成。

（2）膜萃取

膜萃取是原来膜过程和液液萃取过程两者结合产生的一种新的膜过程，它可发挥液膜促进传递的优点，同时又弥补了液膜萃取的不足。其特点是：

① 由于没有相的分散和聚合过程，可以减少萃取剂在原料液中的夹带损失；

② 料液相和溶剂相各自在膜的两侧流动，并不形成直接接触的液液两相流动，因此在选择萃取剂时对其物性（如密度、黏度、界面张力等）的要求可以大大放宽，使一些高浓度的高效萃取剂可以使用；

③ 在膜萃取过程中，很少受"返混"的影响及"液泛"条件的限制；

④ 可以较好地发挥化工单元操作中的某些优势，提高过程的传质效率。

膜萃取技术是膜分离中的一项新进展，由于该过程具有良好的选择性并且操作方便，故可以根据不同的分离对象，依据一定的分离要求设计特定的膜材料，以期达到从复杂的混合物中分离出所需组分的目的，膜萃取技术的应用领域相当广泛，有如水溶液中金属离子、蛋白质、酶等的分离和提取等。

（3）膜反应过程

膜和化学反应或生物反应相结合构成了膜反应和膜生物反应过程。膜反应涉及众多的反应体系，膜反应器的种类也很繁杂，各种膜反应器的原理、目标，膜的分离机理都有所不同。因此，膜反应器难以按照一种单一的过程或成熟的单元操作加以阐述，这里简要介绍。

膜反应器是依靠膜的功能、特点，改变反应进程，提高反应效率的反应设备或系统，而用于生物反应体系的则称为膜生物反应器。在膜反应器中，膜不仅用于反应体系中物质的分离，也可作为催化剂或生物催化剂的固载体，在许多膜反应器中（主要是膜生物反应器中），膜只具备载体特性而无分离功能。在膜反应器中，膜还有其他功能和特点，但总体来看膜反应器的基本特征在于其中的膜表现为分离或载体的功能。

膜的分离功能：利用膜的分离功能可以实现产物在反应过程中的分离。这种特性可对反应过程作出如下两种主要安排。

① 可逆反应

$$A \longrightarrow B\downarrow$$

依靠膜将产物 B 从反应区中排出，降低了 B 在反应器中的浓度，促使平衡向生成 B 的方向移动，从而在同样反应条件下获得高于平衡转化的转化率。

② 串联反应

$$A \longrightarrow B \longrightarrow C$$

将产物 B 在反应中排出，即可降低副产物 C 的生成速率，从而提高产物 B 的反应生成选择性。

膜的分离功能还可用于构建许多新的过程。如利用膜的选择供应一种反应物将能调控反应的速率和进程，这里不再赘述。

7.2 吸附

7.2.1 概述

吸附过程是指多孔固体吸附剂与流体相（液体或气体）相接触，流体中的单一或多种溶剂向多孔固体颗粒表面选择性传递，积累于多孔固体吸附剂微孔表面的过程。类似的逆向操作过程称为解吸过程，它可以使已吸附于多孔固体吸附剂表面的各类溶质有选择性地脱出。通过吸附和解吸可以达到分离、精制的目的。吸附中，具有一定吸附能力的固体材料称为吸附剂，被吸附的物质称为吸附质。

吸附分离操作，多数情况下都是间歇式进行的。混合气体通过填充着吸附剂的固定床层，首先是易被吸收组分的大部分在床层入口附近就已被吸附，随着气体进入床层深处，该组分的其余部分也会被吸附掉。吸附剂的吸附容量（指的是滤料或离子交换剂吸附某种物质或离子的能力）达到饱和后，必须要将吸附质从吸附剂中除去。这时对吸附质是回收还是废弃，要根据它的浓度或纯度以及价值来确定。一般是采用置换吸附质或使之脱吸的方法来再生吸附剂，若当吸附质被牢固地吸附于吸附剂上，还可采用燃烧法使吸附剂再生。一般情况下，随温度上升或压力下降，吸附剂的吸附容量是减少的，所以再生吸附剂时，就可采用升温或减压的操作方法，而且利用水蒸气的升温操作是工业上最为便利的方法。

提高吸附过程的处理量需要反复进行吸附和解吸操作，增加循环操作的次数。通常采用的吸附及解吸再生循环操作的方法如下。

① 变温吸附　提高温度使吸附剂的吸附容量减少而解吸，利用温度的变化完成循环操作。小型的吸附设备常直接通入水蒸气加热床层，取其传热系数高、加热升温迅速，又可以清扫床层的优点。

② 变压吸附　降低压力或抽真空使吸附剂解吸，升高压力使之吸附，利用压力的变化完成循环操作。

③ 变浓度吸附　待分离溶质为热敏性物质时可利用溶剂冲洗或萃取剂抽提来完成解吸再生。

④ 色谱分离　可分为迎头分离操作、冲洗分离操作和置换分离操作等几种形式。混合气通入吸附柱后，不同组分按吸附能力的强弱顺序流出，称为迎头分离操作。在连续通入惰性溶剂的同时，脉冲送入混合溶液，各组分由于吸附能力大小不同，得到有一定间隔的谱

峰，称为冲洗分离操作。用吸附能力最强的溶质组分通入达到吸附饱和的床层，依次将吸附能力强弱不同的各组分置换下来，吸附能力最强的置换溶质组分则可采用加热或其他方法解吸，称为置换分离操作。工业上采用何种操作方式可根据处理量大小、产品和溶剂的价格等因素综合确定。

7.2.2　吸附剂

吸附过程设计中，吸附剂的选择是十分重要的。吸附剂的种类很多，可分成无机的和有机的，合成的和天然的。吸附剂可以根据需要加以改性修饰，使之对分离体系具有更高的选择性，以满足对结构类似或浓度很低的组分的分离回收的要求。吸附剂的吸附容量有限，在 1%～40%（质量分数）之间。

(1) 吸附剂的种类和应用

① 天然吸附剂　天然矿产如活性白土、蒙脱土、漂白土、黏土和硅藻土等，经适当加工处理，就可直接作为吸附剂使用。天然吸附剂虽价廉易得，但活性较低，一般使用一次失效后不再回收。天然高分子物质，如纤维素、木质素、甲壳素和淀粉等，经过反应交联或引进官能团，也可制成吸附树脂。

② 活性炭　活性炭是一种多孔结构的、具有吸附性能的碳基物质的总称。将煤、椰子壳、果壳、木材等进行炭化，再经过活化处理，可制成各种不同性能的活性炭，其比表面积可达 $1500 m^2/g$。活性炭的结构除石墨化晶态炭外，还有大量的过渡态碳。过渡态碳有三种基本结构单元，即乱层石墨、无定形和高度有规则的结构（见图 7-6）。活性炭性能稳定，耐酸耐碱耐腐蚀，可用于回收混

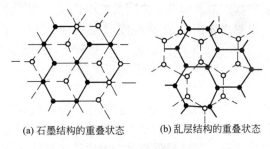

(a) 石墨结构的重叠状态　　(b) 乱层结构的重叠状态

图 7-6　活性炭结构

合气体中的溶剂蒸气、各种油品和糖液的脱色、水的净化、气体的脱臭和作为催化剂载体等。

③ 活性炭纤维　活性炭纤维可以编织成各种织物，使装置更为紧凑并减少流动阻力。它的吸附能力比一般的活性炭高出 1～10 倍，对有机物的吸附量较高，例如对恶臭物（如丁硫醇等）的吸附量比活性炭高出 40 倍以上。活性炭纤维适用于脱除气体中的恶臭和废水中的污染物以及制作防护用具和服装等。在脱附阶段，当温度较高时，活性炭纤维的脱附速度比颗粒活性炭的要快得多，且无拖尾现象。

④ 分子筛　分子筛是具有许多孔径大小均一微孔的物质，能够选择性吸附直径小于其孔径的分子，起到筛选分子的作用。这种固体吸附剂很多，如炭分子筛、沸石分子筛、微孔玻璃分子筛等。分子筛广泛用于气体和液体的干燥、脱水、净化、分离和回收等，应用后可以再生。此外，分子筛也可用作催化剂，如用于石油裂化等。

⑤ 硅胶　硅胶是一种坚硬、无定形链状和网状结构的硅酸聚合物，其分子式是 $SiO_2 \cdot nH_2O$。硅胶是一种亲水性的球形吸附剂，其比表面积可达 $600 m^2/g$，易于吸附极性物质（如水、甲醇等）。它吸附气体中的水分可达其本身质量的 50%（质量分数），即使在相对湿度为 60% 的空气流中，微孔硅胶的吸湿量也可达 24%（质量分数）。因此，硅胶常用于高湿含量气体的干燥。吸附脱水时，放出大量的吸附热，常易使其破碎。

⑥ 活性氧化铝　氧化铝水合物经不同温度的热处理，可得 8 种亚稳态的氧化铝，其中以 $\gamma\text{-}Al_2O_3$ 和 $\eta\text{-}Al_2O_3$ 的化学活性最高，习惯上称为活性氧化铝。活性氧化铝是一种极性

吸附剂，它一般不是纯粹的 Al_2O_3，而是部分水合无定形的多孔结构物质，其中不仅有无定形的凝胶，还有氢氧化物的晶体。活性氧化铝的孔径分布范围较宽，约为 $10\sim10000\text{Å}$[❶]，宜在 $177\sim316℃$ 下再生。活性氧化铝用作脱水和吸湿的干燥剂或作为催化剂的载体，它对水分的吸附容量大，常用于高湿度气体的脱湿和干燥。

（2）工业吸附对吸附剂的要求

① 吸附量要大。吸附量主要取决于内表面，内表面越大则比表面积越大，即吸附容量越大。

② 选择性要好。吸附剂对不同的吸附质具有选择性吸附作用，影响选择性的因素主要是吸附剂的种类、结构和吸附机理等。

③ 应具有一定的机械强度和物理特性要求（如颗粒大小等）。

④ 再生容易，具有良好的化学稳定性和热稳定性、价廉易得等。

7.2.3　吸附原理

根据吸附剂对吸附质之间吸附力的不同，吸附可被分为物理吸附和化学吸附。

对于物理吸附，吸附剂和吸附质之间通过分子间力相互吸引，形成吸附现象。吸附质分子和吸附剂表面分子之间的吸引机理，与气体的液化和蒸气的冷凝机理类似。因此，吸附质在吸附剂表面形成单层或多层分子吸附时，其吸附热比较低，接近其相变热，一般为 $41.868\sim62.802\text{kJ/kmol}$。一般来说，物理吸附过程是可逆的，几乎不需要活化能（即使需要也很小），吸附和解吸的速度都很快。

化学吸附时，被吸附的分子和吸附剂表面的原子发生化学作用，在吸附剂和吸附质之间发生了电子转移、原子重排或化学键的破坏与生成等现象。因而，化学吸附的吸附热接近于化学反应的反应热，比物理吸附大得多，一般都在几十千焦每摩以上。因为在吸附过程中形成化学键，所以吸附剂对吸附质的选择性比较强。化学吸附需要一定的活化能，在相同的条件下，化学吸附（或解吸）的速度都比物理吸附慢。

气体分离过程的绝大部分是物理吸附，只有较少数例子，如活性炭（或活性氧化铝）上载铜的吸附剂，具有较强选择性吸附 CO 或 C_2H_4 的特性，同时具有物理吸附及化学吸附性质。

吸附剂对吸附质的吸附，实际上包含吸附质分子碰撞到吸附剂表面被截留在吸附剂表面的过程（吸附），和吸附剂表面截留的吸附质分子脱离吸附剂表面的过程（解吸）。随着吸附质在吸附剂表面数量的增加，解吸速度逐渐加快。当吸附速度和解吸速度相当，宏观上看吸附量不再继续增加时，就达到了吸附平衡，此时吸附剂对吸附质的吸附量称为平衡吸附量。平衡吸附量的大小，与吸附剂的物化性能——比表面积、孔结构、粒度、化学成分等有关，也与吸附质的物化性能、压力（或浓度）、吸附温度等因素有关。在吸附剂和吸附质一定时，平衡吸附量 q_0 就是吸附质分压 p（和浓度 c）和温度 t 的函数，即 $q_0=f(p,t)$。

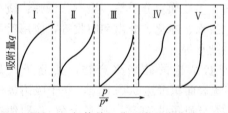

图 7-7　气体单组分吸附平衡曲线

（1）单分子层物理吸附

当温度保持一定时，吸附量与压力（浓度）的关系，可以绘制为吸附等温线。吸附等温线是描写吸附过程最常用的基础数据，大体上可分为图 7-7 所示的五种类型。

---

❶　$1\text{Å}=10^{-10}\text{m}=0.1\text{nm}$

　　假设吸附剂表面均匀，被吸附的分子间无作用，吸附质在吸附剂的表面只形成均匀的单分子层，则吸附量随吸附质分压的增加而缓慢接近平衡吸附量。常见气体在分子筛、活性氧化铝、硅胶等吸附剂上的吸附等温线基本上属于这种单分子层的物理吸附，即图 7-7 中的 I 型曲线，其数学关系可用 Langmuir 方程表示。根据吸附系统的不同，Langmuir 方程经过了多次修正和完善，有多种表现形式，但其基本理论是一样的。最基本的 Langmuir 方程为：

$$\theta = \frac{q}{q_m} = \frac{BP}{1+BP} \tag{7-1}$$

式中　θ——吸附剂表面吸附质的覆盖率；

　　　q——压力为 P 时对应的平衡吸附量；

　　q_m——吸附剂的最大吸附容量；

　　　B——Langmuir 常数；

　　　P——吸附压力。

(2) 多分子层吸附

　　假设吸附分子在吸附剂上按层次排列，已吸附的分子之间作用力忽略不计，吸附的分子可以重叠，而每一层的吸附服从 Langmuir 吸附机理，此吸附为多分子层吸附。该类吸附的等温线如图 7-7 中 II 所示，吸附等温方程用 B.E.T. 方程来描述，其表达式为

$$q = \frac{Cq_m \dfrac{p}{p^0}}{\left(1-\dfrac{p}{p^0}\right)\left(1-\dfrac{p}{p^0}+C\dfrac{p}{p^0}\right)} \tag{7-2}$$

式中　C——吸附特征常数；

　　p^0——吸附剂的饱和蒸气压，Pa；

　　　p——吸附质的分压，Pa。

　　式(7-2) 经整理得

$$\frac{p}{q\,(p^0-p)} = \frac{1}{q_m C} + \frac{C-1}{q_m C}\frac{p}{p^0} \tag{7-3}$$

在 $0.05<p<0.35$Pa 的范围内，$\dfrac{p}{q(p^0-p)}$ 与 $\dfrac{p}{p^0}$ 为直线关系，其斜率为 $\alpha=\dfrac{C-1}{q_m C}$，截距为 $\beta=\dfrac{1}{q_m C}$。所以，$q_m=\dfrac{1}{\alpha+\beta}$，再由 q_m 即可求出吸附剂的比表面积。

(3) 其他情况下的吸附等温曲线

　　气相单组分的吸附除单分子层吸附机理、多分子层吸附机理外，也有人认为吸附是因产生毛细管凝结现象等所致，其吸附等温线如图 7-7 中的 III、IV、V 所示。

7.2.4　吸附速率

　　吸附速率是设计吸附装置的重要依据。吸附速率是指当流体与吸附剂接触时，单位时间内的吸附量，单位为 kg/s。吸附速率与物系、操作条件及浓度有关，当物系及操作条件一定时，吸附过程包括以下三个步骤：

　　① 吸附质从流体主体以对流扩散的形式传递到固体吸附剂的外表面，此过程称为外扩散；

　　② 吸附质从吸附剂的外表面进入吸附剂的微孔内，然后扩散到固体的内表面，此过程为内扩散；

③ 吸附质在固体内表面上被吸附剂所吸附，称为表面吸附过程。

通常吸附为物理吸附，表面吸附速率很快，故总吸附速率主要取决于内外扩散速率的大小。当外扩散速率小于内扩散速率时，总吸附速率由外扩散速率决定，此吸附为外扩散控制的吸附。当内扩散速率小于外扩散速率时，此吸附为内扩散控制的吸附，总吸附速率由内扩散速率决定。

(1) 外扩散的传质速率方程

吸附质在流体主体和吸附剂颗粒表面有浓度差时，吸附质以分子扩散的形式穿过颗粒表面处流体的滞流膜，由流体主体传递到吸附剂颗粒的外表面，其外扩散的传质速率方程为

$$N_A = k_F a_p (c - c_i) \tag{7-4}$$

式中　N_A——外扩散的传质速率，kg（吸附质）/s；

　　　k_F——外扩散的传质系数，m/s；

　　　a_p——吸附剂颗粒的外表面积，m^2；

　　　c——吸附质在流体主体内的平均质量浓度，kg/m^3；

　　　c_i——吸附剂颗粒外表面处吸附质的质量浓度，kg/m^3。

外扩散的传质系数与流体的性质、两相接触状况、颗粒的几何形状及吸附操作条件（温度、压力等）有关。

(2) 内扩散的传质速率方程

因颗粒内孔道的孔径大小及表面不同，故吸附质在吸附剂颗粒微孔内的扩散机理也不同，且比外扩散要复杂得多。其内扩散共分 5 种情况。

① 当孔径远大于吸附质分子运动的平均自由程时，吸附质的扩散在分子间碰撞过程中进行，称为分子扩散。

② 当孔道直径很小时，扩散在以吸附质分子与孔道壁碰撞为主的过程中进行，此情况的扩散称为努森（Knudsen）扩散。

③ 当孔径分布较宽，有大孔径又有小孔径时，分子扩散与 Knudsen 扩散同时存在，此扩散为过渡扩散。

④ 颗粒表面凹凸不平，表面能也起伏变化，吸附质在分子扩散时沿表面碰撞弹跳，从而产生表面扩散。

⑤ 吸附质分子在颗粒晶体内的扩散称为晶体扩散。

将内扩散过程作简单处理，传质速率方程采用下述简单形式

$$N_A = k_s a_p (q_i - q) \tag{7-5}$$

式中　k_s——内扩散的传质系数，$kg/(m^2 \cdot s)$；

　　　q_i——与吸附剂外表面浓度成平衡的吸附量，kg（吸附质）/kg（吸附剂）；

　　　q——颗粒内部的平均吸附量，kg（吸附质）/kg（吸附剂）。

k_s 与吸附剂的孔结构、吸附质的性质等有关，通常靠实验测定。

(3) 吸附过程的总传质速率方程

吸附剂外表面处吸附质的 c_i、q_i 很难测得，因此吸附过程的总传质速率，常以与流体主体平均浓度相平衡的吸附量和颗粒内部平均吸附量之差为吸附推动力来表示

$$N_A = K_s a_p (q^* - q) = K_F a_p (c - c^*) \tag{7-6}$$

式中　K_F——以（$c - c^*$）为吸附推动力的总传质系数，m/s；

　　　K_s——以（$q^* - q$）为吸附推动力的总传质系数，$kg/(m^2 \cdot s)$。

7.2.5　吸附操作与设备

(1) 固定床吸附

间歇式固定床吸附分离设备，其设备简单，容易操作，是中等处理量以下最常用的设备，广泛应用于液体或气体混合物的分离与纯化。

图 7-8 所示为用固定床吸附操作回收工业废气中的苯蒸气，吸附剂选用活性炭。含苯的混合气进入固定床 1，苯被活性炭吸附，废气则放空。操作一段时间后，由于活性炭上所吸附的苯量增多，废气排放浓度达到限定数值，此时切换使用固定床 2。与此同时，水蒸气送入固定床 1 进行脱附操作。从活性炭上脱附下的苯随水蒸气一起进入冷凝器 3，冷凝液排放到静止分离器 4 使水与苯分离。脱附操作完成以后，还要将空气通入固定床 1 使活性炭干燥、冷却以备再用。

(2) 流化床吸附

流态化除了大量用于化学反应方面之外，还可用于流化吸附分离单元操作。用于吸附操作的流化床一般为双体流化床，即该系统由吸附单元与脱附单元组成（见图 7-9）。

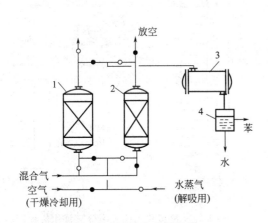
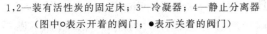
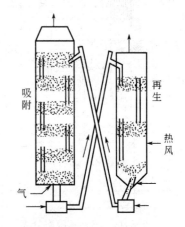

图 7-8　固定床吸附流程

1,2—装有活性炭的固定床；3—冷凝器；4—静止分离器

（图中○表示开着的阀门；●表示关着的阀门）

图 7-9　流化床吸附流程

含有吸附质的流体由吸附塔底进入，由下而上流动，使向下流动的吸附剂流态化。净化后的流体由吸附塔顶部排出，吸附了吸附质的吸附剂由吸附塔底部排出，进入脱附单元顶部。在脱附单元，用加热吸附剂或用其他方法使吸附质解吸，从而使脱附后的吸附剂再返回吸附单元顶部，继续进行吸附操作。

为了使颗粒处于流态化状态，流体的速度必须大于使吸附剂颗粒呈流态化所需的最低速度。所以它适用于处理大量流体的场合。

流化床吸附分离的优点是床内流体的流速高，传质系数大，床层浅，因而压力损失小。其缺点是吸附剂磨损比较大，操作弹性很窄，设备比较复杂，费高。

(3) 移动床和模拟移动床吸附

移动床连续吸附分离又称超吸附，如图 7-10 所示。移动床连续吸附是充分利用吸附剂的选择性能高的优点，同时考虑到固体颗粒难于连续化和吸附容量低的缺点而设计的。固体吸附剂在重力作用下，自上而下移动，通过吸附、精馏、脱附、冷却等单元过程，使吸附剂连续循环操作。移动床早期用于含烃类原料气（如焦炉气）中提取烯烃等组分，目前在液相（如糖液脱色或润滑油精制）吸附精制中仍有采用。移动床吸附分离一般在接近常压和室温下操作，对比深冷精馏法，对设备和钢材的要求不高，投资费用也较低。但对吸附剂的要求较高：除要求吸附性能良好外，还要强度高、耐磨性能好，才能发挥其优点。

液相模拟移动床吸附操作是大型吸附分离装置，如图 7-11 所示。它可分离各种异构体，如分离 C_8 芳烃中的对位二甲苯 PX、间位二甲苯 MX、邻位二甲苯 OX 及乙基苯 EB 等过程已实现工业化。模拟移动床综合各操作的优势，用脱附剂冲洗置换代替移动床使用的升温脱附，定期启闭切换各塔节进液料的阀门和脱附剂的进出口。在塔节足够多时，各液流进出口位置不断改变，相当于在吸附剂颗粒微孔内的液流和循环泵输送的循环液不断逆流接触。在各进出口未切换的时间内，各塔节是固定床；但对整条吸附塔在进出口不断切换时，却是连续操作的移动床。

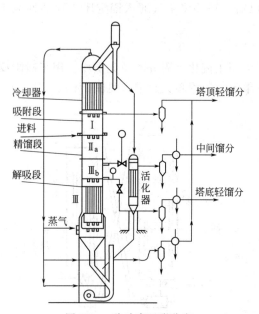

图 7-10　移动床吸附分离

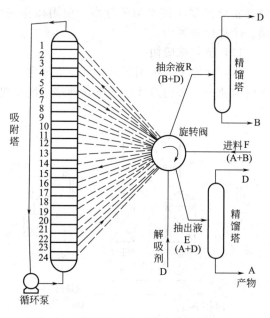

图 7-11　模拟移动床吸附分离操作流程图

（4）变压吸附（Pressure Swing Adsorption，PSA）

变压吸附分离过程是以压力为热力学参量，不断循环变换的过程，广泛用于气体混合物的分离精制（见图 7-12）。该过程在常温下进行，故又称为无热源吸附分离过程，可用于气体混合物的本体分离，或脱除不纯组分（如脱水干燥）精制气体，还可以将去除杂质（水分和 CO_2）作为预处理与本体吸附分离同时进行。

图 7-12　变压吸附流程

变压吸附是以压力变化为推动力的热力学参量泵吸附分离过程，在取得产品的纯度一定，回收率较高的情况下，要尽量降低能耗，以降低操作费用。为了回收床层和管道等死空间内气体的压力能量，除增加储罐外，增加了均压、升压等步骤。变压吸附工艺对氢气的回收和精制是特别成功的，这是由于氢气和其他组分（如 CH_4、CO、CO_2 等）在分子筛和活性炭吸附剂上的选择性系数相差很大。例如，原来的脱氢装置，多数是四床层系统，基本阶段是吸附、均压、并流清洗、下吹、清洗和升压。过程在室温下进行，典型压力为 $10\sim40kg/cm^2$，可获得 $99.999\%\sim99.9999\%$ 的高纯度氢，回收率在 $85\%\sim90\%$ 之间。而目前，吸附剂的利用效率（即每单位质量吸附剂回收氢）从 10% 增至 20%，单一装置的

容量有的已达 $2.8 \times 10^7 \mathrm{m^3}$（标况）氢气的规模，床层发展到 $7 \sim 10$ 个。

单个的吸附塔都是间歇式操作的，但如果把两个或两个以上的塔连接起来，使吸附再生交换进行，这样一来整个吸附系统就能够连续操作了。气体吸附和液体吸附都是这样的流程。例如，在工业上废水处理过程中，先用生物的手段除去废水中部分有机物，再通过絮凝沉降、砂滤等方法，除去水中悬浮物之后，这时就可用活性炭吸附来处理那些残留于水中的有机物。

另外，液体吸附和气体吸附，在操作上没有本质的区别，所以有关的分离原理可参考前面的内容。其中有较大差别的是对吸附剂的再生方法。如果是气体吸附，常使用蒸气加热或减压等方法，比较简单就可实现再生。而对于液体，由于吸附组分被牢固地吸附于吸附剂上，所以方法要复杂一些，主要是加热法、燃烧再生法和药物处理法（也称为提取置换法）、湿式氧化分解法、微生物分解法。

7.3　结晶

结晶是固体物质以晶体状态从蒸气、溶液或熔融物中析出的过程。与其他化工分离单元操作相比，结晶过程具有如下特点：

① 能从杂质含量相对较多的溶液或多组分的熔融混合物中产生纯净的晶体，对于许多使用其他方法难以分离的混合物系，例如同分异构体混合物、共沸物系、热敏性物系等，采用结晶分离往往更为有效；

② 能量消耗少，操作温度低，对设备材质要求不高，一般亦很少有"三废"排放，有利于环境保护；

③ 结晶产品包装、运输、存储或使用都很方便。

7.3.1　结晶过程分类

结晶过程可分为溶液结晶、熔融结晶、升华结晶和沉淀结晶四大类，其中溶液结晶和熔融结晶是化学工业中最常采用的结晶方法。

溶液结晶操作中，溶液在结晶器中结晶出来的晶体和剩余的溶液所构成的混悬物称为晶浆，去除悬浮于其中的晶体后剩下的溶液称为母液。工业上，通常对晶浆进行固液分离以后，再用适当的溶剂对固体进行洗涤，以尽量除去由于黏附和包藏母液所带来的杂质。在工业上的结晶过程中，不仅晶粒的产率和纯度是重要的，晶粒的形状和大小也是很重要的。通常，希望晶粒大小均匀一致，使包装中的结块现象减至最低限度，且便于倒出、洗涤和过滤。同时，在使用时其性能也能均匀一致。

熔融结晶是根据待分离物质之间的凝固点不同而实现物质结晶分离的过程。与溶液结晶过程比较，熔融结晶过程的特点见表 7-1。

表 7-1　熔融结晶与溶液结晶过程的比较

项目	溶液结晶过程	熔融结晶过程
原理	冷却或除去部分溶剂,使溶质从溶液中结晶出来	利用待分离组分凝固点的不同,使之结晶分离
操作温度	取决于物系的溶解度特性	在结晶组分的熔点附近
推动力	过饱和度,过冷度	过冷度
过程的主要控制因素	传质及结晶速率	传热、传质及结晶速率
目的	分离、纯化,产品晶粒化	分离、纯化
产品形式	呈一定分布的晶体颗粒	液体或固体
结晶器型式	釜式为主	釜式或塔式

熔融结晶过程主要应用于有机物的分离提纯，例如将萘与杂质（甲基萘等）分离可制得

纯度（质量分数）达 99.9％的精萃；而专门用于冶金材料精制或高分子材料加工的区域熔炼过程也属于熔融结晶。熔融结晶的产物外形，往往是液体或整体固相，而非颗粒。

7.3.2 晶体的几何形态

晶体可以定义为按一定的规则重复排列的原子、离子或分子所组成的固体（见图 7-13），它是一种有严格组织的物质形式。晶体是具有几个面和角的多面体。相同物质的不同晶体，其各个面和棱的相对尺寸可能有很大差别。然而，同一种物质的所有晶体，其对应面之间的夹角对相同。晶体正是根据这些面的夹角来分类的。这种晶体点阵或这些空间晶格的结构，在各个方向上是重复延续的。

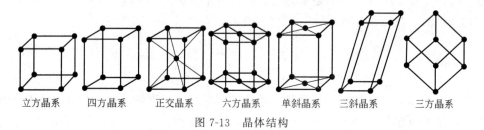

立方晶系　四方晶系　正交晶系　六方晶系　单斜晶系　三斜晶系　三方晶系

图 7-13　晶体结构

晶体按其与它们的夹角有关的晶轴的排列情况，分为七种类型（见图 7-13）：

① 立方晶系——三条相等的晶轴相互垂直；

② 四方晶系——三条晶轴相互垂直，其中一条晶轴比另外两条长；

③ 正交晶系——三条晶轴相互垂直，长度各不相等；

④ 六方晶系——三条相等的晶轴在一个平面上彼此成 60°夹角，第四条晶轴与该平面垂直，晶轴的长度与其他三条不一定相等；

⑤ 单斜晶系——三条晶轴各不相等，其中两条在一个平面内垂直相交，第三条与该平面成某个角度；

⑥ 三斜晶系——三条互不相等的晶轴彼此夹角互不相等，而且夹角不是 30°、60°或 90°；

⑦ 三方晶系——有三条相等并且等倾斜度的晶轴。

对于一给定溶质的结晶过程，晶体不同形式的面的成长可能是不同的。NaCl 从水溶液中结晶仅具有立方晶面。在另一种情况下，如果 NaCl 从含有少量某种杂质的水溶液中结晶，晶体将具有八个面。这两种晶型都属于立方晶系。但晶体结构并不相同。一般来说，结成片状晶还是针状晶，通常取决于晶体生长的工艺条件，而与晶体结构和晶系无关。

7.3.3 结晶中的平衡溶解度

固体与其溶液相达到固、液相平衡时，单位质量的溶剂所能溶解的固体的质量，称为固体在溶剂中的溶解度。工业上通常采用以每 100kg 的总容积（大多数情况为水）中，所含的无水溶质的质量分数来表示溶解度的大小。

在结晶中，当溶液或母液饱和时达到了平衡。这种平衡用溶解度曲线来表示，溶解度主要由温度决定，外力对溶解度的影响可以忽略不计。溶解度数据以曲线形式表示。在溶解度曲线中，溶解度以某种方便的单位表示成与温度的关系。很多化学手册中给出了溶解度数据表。图 7-14 表示出了一些典型的盐类在水中的溶解度。通常，大多数盐类的溶解度随温度的升高而增加。

根据溶解度随温度的变化特征，可将物质分为不同的类型。有些物质的溶解度随温度的升高显著地增加，如 KNO_3、$NaNO_3$ 等；有些物质的溶解度随温度的升高以中等速度增加，

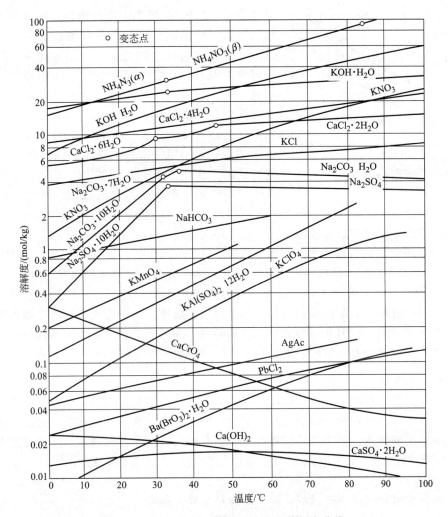

图 7-14　一些典型无机物在水中的溶解度曲线

如 KCl、(NH$_4$)$_2$SO$_4$ 等；还有一类物质，如 NaCl 等，其溶解度的特点是随温度的变化很小。上述物质在溶解过程中需要吸收热量，即具有正溶解度特性。另外有一些物质，如 Na$_2$SO$_4$ 等，其溶解度随温度的升高反而下降，它们在溶解过程中放出热量，即具有逆溶解特性。此外，从图中还可以看出，还有一些形成水合物的物质，在其溶解度曲线上有折点，物质在折点两侧含有的水分子数不等，故转折点又称为变态点。例如低于 32.4℃ 时，从 Na$_2$SO$_4$ 水溶液结晶出来的固体是 Na$_2$SO$_4$·10H$_2$O，而在这个温度以上结晶出来的固体是 Na$_2$SO$_4$。

　　物质的溶解度特性对于结晶方法的选择起决定性的作用。对于溶解度随温度变化敏感的物质，适合用变温结晶方法分离；对于溶解度随温度变化缓慢的物质，适合用蒸发结晶法分离等。另外，根据在不同温度下的溶解度数据还可计算出结晶过程的理论产量。

　　溶液的过饱和度是工业结晶的主要推动力。溶液浓度恰好等于溶质的溶解度，即达到液固相平衡状态时，称为饱和溶液。溶液含有超过饱和量的溶质，则称为过饱和溶液。Wilhelem Ostwald 第一个观察到过饱和现象。将一个完全纯净的溶液在不受任何扰动（无搅拌，无振荡）及无任何刺激（无超声波等作用）条件下，徐徐冷却，就可以得到过饱和溶液。但超过一定限度后，澄清的过饱和溶液就会开始析出晶核，Ostwald 称这种不稳定状态

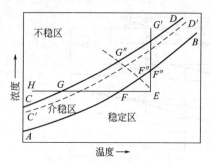

图 7-15　溶液的超溶解度曲线

区段为"不稳区"。标志溶液过饱和而欲自发地产生晶核的极限浓度曲线称为超溶解度曲线。溶解度平衡曲线与超溶解度曲线之间的区域为结晶的介稳区。在介稳区内溶液不会自发成核。在图 7-15 中划出了这几个区域。图 7-15 中的 AB 线段是溶解平衡曲线，超溶解度曲线应是一簇曲线 $C'D'$，其位置在 CD 线之下，而与 CD 的趋势大体一致。图中的 E 点代表一个欲结晶物系，可分别使用冷却法、真空绝热冷却法或蒸发法进行结晶，所经途径相应为 EFH、$EF''G''$ 及 $E'FG'$。

工业结晶过程要避免自发成核，才能保证得到平均粒度大的结晶产品。只有尽量控制在介稳区内结晶才能达到这个目的。所以只有按工业结晶过程条件来测定出超溶解度曲线，并给出介稳区才富有实用价值。

溶质从溶液中结晶出来，要经历两个步骤：

① 首先要产生被称为晶核的微小晶粒作为结晶的核心，这种过程称为成核；

② 然后晶核长大，成为宏观的晶体，这个过程称为晶体成长。

无论是成核过程还是晶体成长过程，都必须以溶液浓度与平衡溶解度之差即溶液的过饱和度作为推动力。溶液过饱和度的大小直接影响以上两过程的快慢，而这两过程的速度又影响着晶体产品的粒度分布。因此，过饱和度是结晶过程中一个极其重要的参数。

7.3.4　溶液结晶过程的计算

溶液结晶过程计算的基础是物料衡算和热量衡算。在结晶操作中，原料液中溶质的含量是已知的。对于大多数物系，结晶过程终了时母液与晶体达到了平衡状态，可由溶解度曲线查得母液中溶质的含量。对于结晶过程终了时仍有剩余过饱和度的物系，终了母液中溶质的含量需由实验测定。当原料液及母液中溶质的含量均为已知时，则可计算结晶过程的产品量。

对于不形成水合物的结晶过程，溶质的物料衡算方程为

$$WC_1 = G + (W - VW)C_2 \tag{7-7}$$

或

$$G = W[C_1 - (1-V)C_2] \tag{7-7a}$$

式中　W——原料液中溶剂的量，kg 或 kg/h；

G——结晶产品的量，kg 或 kg/h；

V——溶剂蒸发量，kg/kg（原料溶剂）；

C_1，C_2——原料液与母液中溶质的含量，kg（无溶剂溶质）/kg（溶剂）。

对于形成水合物的结晶过程，溶质水合物携带的溶剂不再存在于母液中，因此在作衡算时，这部分溶剂量应从母液溶剂中减去，即

$$WC_1 = \frac{G}{R} + W'C_2 \tag{7-8}$$

式中　R——溶质水合物摩尔质量与无溶剂溶质摩尔质量之比；

W'——母液中溶剂量，kg 或 kg/h。

式(7-8) 中左侧项表示原料液中的溶质量，右侧第一项 $\dfrac{G}{R}$ 表示溶质水合物中纯溶质的量，注意此式中的 G 表示溶质水合物的结晶量，而右侧第二项为母液中存在的溶质量。对溶剂作物料衡算，得

$$W = VW + G\left(1 - \frac{1}{R}\right) + W'$$

故

$$W' = (1-V)W - G\left(1 - \frac{1}{R}\right) \tag{7-9}$$

将式(7-9)代入式(7-8)中，得

$$WC_1 = \frac{G}{R} + \left[(1-V)W - G\left(1 - \frac{1}{R}\right)\right]C_2$$

解得

$$G = \frac{WR[C_1 - (1-V)C_2]}{1 - C_2(R-1)} \tag{7-10}$$

显然，若结晶时无水合作用，$R=1$，式(7-10)变为式(7-7a)。

对于不同的结晶过程，运用式(7-10)时情况各有不同，现分别介绍。

(1) 不移除溶剂的冷却结晶

此时 $V=0$，故式(7-10)变为

$$G = \frac{WR(C_1 - C_2)}{1 - C_2(R-1)} \tag{7-11}$$

(2) 移除部分溶剂的结晶

此时又可分为以下两种情况。

① 蒸发结晶　在蒸发结晶器中，移出的溶剂量 W 若已预先规定，则可由式(7-10)求出 G。反之，则可根据已知的结晶量 G 求出 W。

② 真空冷却结晶　此时溶剂蒸发量 V 为未知量，需通过热量衡算求出。由于真空冷却蒸发是溶液在绝热情况下的闪蒸，故蒸发量取决于溶剂蒸发时需要的汽化潜热、溶质结晶时放出的结晶热以及溶液绝热冷却时放出的显热。列热量衡算式，得

$$VWr_s = C_P(t_1 - t_2)(W + WC_1) + r_{cr}G \tag{7-12}$$

将式(7-12)与式(7-10)联立求解，得

$$V = \frac{r_{cr}R(C_1 - C_2) + C_P(t_1 - t_2)(1 + C_1)[1 - C_2(R-1)]}{r_s[1 - C_2(R-1)] - r_{cr}RC_2} \tag{7-13}$$

式中　r_{cr}——结晶热，J/kg；

$\quad\quad r_s$——溶剂汽化热，J/kg；

$\quad\quad t_1$，t_2——溶液的初始及最终温度，℃；

$\quad\quad C_P$——溶液的比热容，J/(kg·℃)。

【例 7-1】 采用真空结晶器将 80℃的醋酸钠水溶液结晶制得 $NaC_2H_3O_2 \cdot 3H_2O$。已知原料液中醋酸钠的质量分数为 40%，进料量为 1000kg/h，结晶器内操作压力为 2.06kPa（绝对压力），溶液的沸点升高可取为 11.5℃。试计算结晶产量。已知结晶热 $r_{cr}=144$kJ/kg（水合物），溶液比热容 $C_P=3.50$kJ/(kg·℃)。

解： 由附录 13（内插法）查得 2.06kPa 下水的汽化潜热 $r_s=2451.5$kJ/kg，水的沸点为 17.5℃。溶液的平衡温度 $t_2 = 17.5 + 11.5 = 29$℃，溶液中溶质的初始含量 $C_1 = \dfrac{40}{60} = 0.667$kg/kg（水）。由有关手册查出母液在 29℃时的溶质含量 $C_2 = 0.54$kg/kg（水）。

所以，原料液中的水量 $W = 0.6 \times 1000 = 600$kg/h，摩尔质量之比 $R = \dfrac{136}{82} = 1.66$。将以

上数据代入式（7-13），得溶剂蒸发量

$$V=\frac{144\times1.66\times(0.667-0.54)+3.5\times(80-29)(1+0.667)[1-0.54\times(1.66-1)]}{2451.8\times[1-0.54\times(1.66-1)]-144\times1.66\times0.54}$$

$$=0.153kg/kg（原料中的水）$$

再将 V 值代入式(7-10)，则得 $NaC_2H_3O_2\cdot3H_2O$ 结晶产量

$$G=\frac{600\times1.66\times[0.667-0.54\times(1-0.153)]}{1-0.54\times(1.66-1)}=324.4kg/h$$

7.3.5　溶液结晶设备

工业上的结晶操作可分为冷却法、蒸发法、真空冷却法及加压法四类。

最简单的冷却结晶过程是将热的结晶溶液置于无搅拌的甚至是敞口的结晶釜中，靠自然冷却作用降温结晶。所得产品纯度较低，粒度分布不均，容易发生结块现象。设备所占空间大，容积产生能力较低。但由于该种设备造价低，安装使用条件不高，所以至今仍在使用。

蒸发结晶是去除一部分溶剂的结晶过程，主要是使溶液在常压或减压下蒸发浓缩而变成过饱和。此法适用于溶解度随温度降低而变化不大或具有逆溶解度特性的物系。利用太阳能晒盐就是最古老而简单的蒸发结晶操作。蒸发结晶器与一般的溶液浓缩蒸发器在原理、设备结构及操作上并无不同。但一般的蒸发器用于蒸发结晶操作时，对晶体的粒度不能有效地加以控制。

真空冷却结晶是使溶剂在真空下闪急蒸发而使溶液绝热冷却的结晶法。此法适用于具有正溶解度特性而溶解度随温度的变化率中等的物系。真空冷却结晶器的操作原理是：把热浓溶液送入绝热保温的密闭结晶器中，器内维持较高的真空度，由于对应的溶液沸点低于原料液温度，溶液势必闪急蒸发而绝热冷却到与器内压强相对应的平衡温度。实质上溶液通过蒸发浓缩及冷却两种效应来产生过饱和度。真空冷却结晶过程的特点是主体设备结构相对简单，无换热面，操作比较稳定，不存在内表面严重结垢现象。

加压结晶是靠加大压力改变相平衡曲线进行结晶的方法。该方法已受工业界重视，装置如图 7-16 所示。

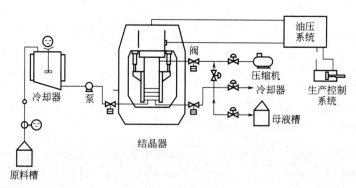

图 7-16　加压结晶装置

几种主要的通用结晶器如下。

（1）强迫外循环型结晶器

如图 7-17 所示为一台连续操作的强迫外循环型结晶器。部分晶浆由结晶室的锥形底排出后，经循环管与原料液一起通过换热器加热，沿切线方向重新返回结晶室。这种结晶器可用于间接冷却法、蒸发法及真空冷却法结晶过程。它的特点是生产能力很大。但由于外循环管路较长，所需的压头较高，另一方面它的循环量较低，结晶室内的晶浆混合得不很均匀，存在局部过浓现象，因此，所得产品平均粒度较小，分布不均。

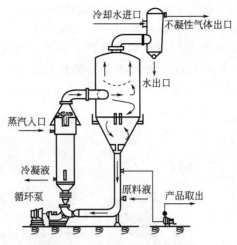

图 7-17　强迫外循环型结晶器

（2）流化床型结晶器

图 7-18 所示为流化床型蒸发结晶器及冷却结晶器的示意图。因结晶室的上部比底部截面积大，所以流体向上的流速逐渐降低，其中悬浮晶体的粒度越往上越小，因此结晶室成为粒度分级的流化床。在结晶室的顶部，基本上已不含有晶粒，作为澄清的母液进入循环管路，与热浓料液混合后，或在换热器中加热并送入气化室蒸发浓缩（对蒸发结晶器），或在冷却器中冷却（对冷却结晶器）而产生过饱和度。过饱和的溶液通过中央降液管流至结晶室底部，与富集于底层的粒度较大的晶体接触，晶体长得更大。溶液在向上穿过晶体流化床时，逐步解除其过饱和度。

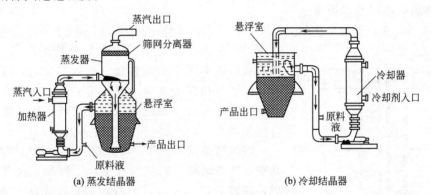

(a) 蒸发结晶器　　　　　　　　　　(b) 冷却结晶器

图 7-18　流化床型结晶器

流化床型结晶器的特点是将过饱和度产生的区域与晶体成长区分别设置在结晶器的两处，由于采用母液循环式，循环液中基本上不含有晶粒，从而避免了发生叶轮与晶体间的接触成核现象，再加上结晶室的粒度分级作用，使这种结晶器所产生的晶体大而均匀。特别适合于生产在过饱和溶液中沉降速度大于 0.02m/s 的晶粒。其缺点在于生产能力受到限制。

（3）DTB 型结晶器

如图 7-19 所示，它是导流筒及挡板的结晶器的简称。器下部接有淘析柱，器内设有导流筒和筒形挡板，操作时热饱和料液连续加到循环管下部，与循环管内夹带有小晶体的母液混合后泵送至加热器。加热后的溶液在导流筒底部附近流入结晶器，并由缓慢转动的螺旋桨沿导流筒送至液面。溶液在液面蒸发冷却，达过饱和状态，其中部分溶质在悬浮的颗粒表面沉积，使晶体长大。在环形挡板外围还有一个沉降区。在沉降区内大颗粒沉降，而小颗粒则随母液入循环管并受热溶解。晶体于结晶器底部入淘析柱。为使结晶产品的粒度尽量均匀，将沉降区来的部分母液加到淘析柱底部，利用水力分级的作用，使小颗粒随液流返回结晶器，而结晶产品从淘析柱下部卸出。DTB 型结晶器可用于真空冷却法、蒸发法、直接接触冷冻法及反应结晶法等多种结晶操作。DTB 型结晶器性能优良，生产强度高，能产生粒度达 $600\sim1200\,\mu m$ 的大粒结晶产品，器内不易结晶疤，已成为连续结晶器最主要的形式之一。

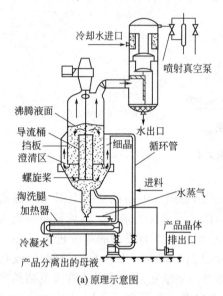

(a) 原理示意图

(b) 设备图

图 7-19　DTB 型真空结晶器

7.3.6　熔融结晶过程及设备

熔融结晶是在接近析出物熔点温度下，从熔融液体中析出组成不同于原混合物的晶体的操作。其过程原理与精馏中因部分冷凝（或部分气化）而形成组成不同于原混合物的过程类似。熔融结晶过程中，固液两相需经多级（或连续逆流）接触后才能获得高纯度的分离。与溶液结晶过程比较，熔融结晶过程的特点见表 7-1。

熔融结晶设备主要有塔式结晶器和通用结晶器两类。其中，塔式结晶器的结构和操作原理源于对精馏塔的联想，如图 7-20 所示。这种技术的主要优点，是能在单一的设备内达到相当于若干个分离级的分离效果，有较高的生产速率。如图所示，料液由塔的中部加入，晶粒在塔底被加热熔化，部分作为高熔点产物流出，部分作为液相回流向上流动。部分液相在塔顶作为低熔点产物采

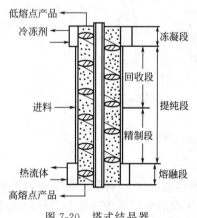

图 7-20　塔式结晶器

出，部分被冷却析出结晶向下运动。这种液固两相连续接触传质的方式又称分步结晶。

而通用结晶器有苏尔寿 MWB 结晶器（见图 7-21）、布朗迪提纯器（见图 7-22）等。

此外，其他结晶方法还包括：反应沉淀、盐析及升华结晶等。

反应沉淀是液相中因化学反应生成的产物以结晶或无定形物析出的过程。例如，硫酸吸收焦炉气中的氨生成硫酸铵并以结晶析出，经进一步固液分离、干燥后获得产品。沉淀过程首先是反应形成过饱和度，然后成核、晶体成长。与此同时，还往往包含了微小晶粒的成簇及熟化现象。显然，沉淀必须以反应产物在液相中的浓度超过溶解度为条件，此时的过饱和

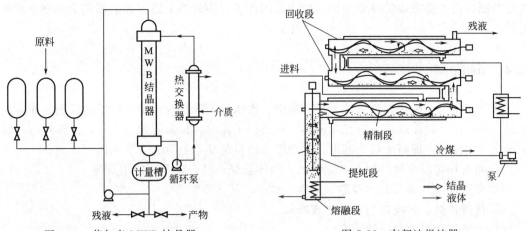

图 7-21　苏尔寿 MWB 结晶器　　　　　　　图 7-22　布朗迪提纯器

度取决于反应速率。因此，反应条件（包括反应物浓度、温度、pH 值及混合方式等）对最终产物晶粒的粒度和晶形有很大影响。

盐析是一种在混合液中加入盐类或其他物质以降低溶质的溶解度，从而析出溶质的方法。例如，向氯化铵母液中加盐（氯化钠），母液中的氯化铵因溶解度降低而结晶析出。盐析剂也可以是液体。例如，向有机混合液中加水，使其中不溶于水的有机溶质析出，这种盐析方法又称为水析。盐析的优点是直接改变固液相平衡，降低溶解度，从而提高溶质的回收率。此外，还可以避免加热浓缩对热敏物的破坏。

升华结晶通常指蒸气经骤冷而直接凝结成固态晶体，如含水的湿空气骤冷形成雪。升华结晶常用来从气体中回收有用组分。例如，用流化床将萘蒸气氧化生成邻苯二甲酸酐，混合气经冷却后析出固体成品。

7.3.7　结晶过程的强化与展望

结晶过程及其强化的研究可以从结晶相平衡、结晶过程的传热传质（包括反应）、设备及过程的控制等方面分别加以讨论。

① 溶液的相平衡曲线　即溶解度曲线，尤其是其介稳区的测定十分重要，因为它是实现工业结晶获得产品的依据，对指导结晶优化操作具有重要意义。

② 强化结晶过程的传热传质　结晶过程的传热与传质通常采用机械搅拌、气流喷射、外循环加热等方法来实现。但是应该注意控制速率，否则晶粒易被破碎，过大的速率也不利于晶体成长。

③ 改良结晶器结构　在结晶器内采用导流筒或挡筒是改良结晶器最常用的也是十分有效的方法，它们既有利于溶液在导流筒中的传热传质（及反应），又有利于导流筒（或挡筒）外晶体的成长。

④ 引入添加剂、杂质或其他能量　最近，有文献报道，外加磁场、声场对结晶过程能产生显著的影响。

⑤ 结晶过程控制　为了得到粒度分布特性好、纯度高的结晶产品，对于连续结晶过程，控制好结晶器内溶液的温度、压力、液面、进料及晶浆出料速率等十分重要。对于间歇结晶过程来讲，计量加入晶种并采用程序控制以及控制冷却速率等，均是实现获得高纯度产品、控制产品粒度的重要手段。目前，工业上已应用计算机对结晶过程实现监控。

由上可以看出，结晶过程的强化不仅涉及流体力学、粒子力学、表面化学、热力学、结晶动力学、形态学等方面的机理研究和技术支持，同时还涉及新型设备与材料、计算机过程优化与测控技术等方面的综合知识与技术。因此进一步开展上述方面的研究是十分重要和必要的。

7.4　混合

混合在化工、医药、食品、采矿、造纸、废水处理等行业中都有广泛的应用。如蒸发溶液时，需要搅拌以促进蒸发；在对固体颗粒进行干燥时，也需要混合操作，使颗粒与新鲜的干燥空气相接触，提高干燥的速度。混合操作的目的基本上可分为下列四个方面。

① 制备均匀混合物：如调和、乳化、固体悬浮、捏合以及团粒混合等。

② 促进传质：如萃取、浸取、溶解、结晶、气体吸收等。

③ 促进传热：如搅拌槽内加热或冷却。

④ 上述三种目的之间的组合。

混合操作依照所处理的物质性质，大致可分成三种，即液体与液体的混合、固体与固体的混合、液体与固体的混合。但是在工业操作中，通常习惯性地仅将固体与固体间的操作称为混合，而将液体与液体或少量固体间的混合称为搅拌，将固体与少量液体或黏稠液体的混合称为捏合。上述的分类并没有十分严格的界限，如极稠的两种液体的混合属于捏合，而在捏合操作中如果液体量较多，或受加热的影响导致黏度降低，则反而是搅拌的成分偏多。

混合是一种很常规的单元操作，特别是一些快速反应对混合、传质、传热都有较高的要求，混合的好坏往往成为过程的控制因素。但由于混合其流动过程的复杂性，理论方面的研究还很不够，对混合装置的设计和操作至今仍带有很大的经验性。

7.4.1　混合机理

液体的均匀混合是搅拌的目的。把不同的气体混合在一起，由于气体分子之间的距离较液体大，气体分子扩散速率很快，不需要施加外力就能形成一个不同分子均匀的混合物。但液体分子的扩散速率较小，单靠分子扩散而达到两种或多种液体的均匀混合物是不现实的。一般是在搅拌槽中，通过叶轮的旋转把机械能传递给液体物料，使液体在强制对流下扩散，以达到均匀混合的目的。

在搅拌釜内，叶轮搅动着流体将能量传给了液体。当液体获得能量后，便产生一股高速液流，后者推动周围的液体，使全部液体在槽内循环流动。这样，便形成了液体的总体流动，这种总体流动促使了宏观的混合。与此同时，叶轮旋转所产生的高速液流在静止或速度较低的液体中通过时，由于有速度梯度的存在，因而处于两种液流分界面上的液体便受到强烈的剪切作用，产生大量的旋涡，并迅速向周围扩散，形成局部范围内快速而紊乱的对流运动。同时，这种运动又把更多的液体夹带到总体流动中去。因此，总体流动中充满了许多大小不等的旋涡，但总体流动中各处的湍流程度不同。通常，搅拌器出口处湍动最剧烈，产生极大的剪应力，液体在这种剪应力的作用下被分成小的微团。由于旋涡的大小不等，产生微团的尺寸也不一样。液体涡轮运动造成的混合速度比总体对流运动所造成的混合速度快得多。湍动程度越高，混合速度越大。

由上可知，总体对流运动只能把物料分散成较大的液团并带至釜内各处，而涡流运动才能把大的液团分散为微团。这些微团也是大量分子的集合，比分子大得多。因此，总体流动与涡流运动都不能达到分子尺度的完全均匀混合。对于互溶液体，微团最终的消失、变小只能依靠分子扩散才能达到。搅拌可以增加分子扩散表面积，并减小扩散距离，从而可以提高分子扩散的速度。

　　搅拌不互溶液体时，分散相液滴的变形和破碎依靠湍流涡流和剪切力。另外，液滴的界面张力反抗着自身的变形和破碎。液滴越小，单位体积分散相具有的表面能越大。因此，液滴在运动过程中不断地碰撞，从而使部分液滴凝成大液滴，又被总体流动带至高剪切区重新破碎。这样，在搅拌过程中，液滴的破碎和凝聚可以同时进行，并形成液滴大小不等的某种分布，这种尺寸的分布取决于破碎速率与凝聚速率的相对大小。若在混合液中加入少量保护胶和表面活性剂，使液滴难以凝聚，则搅拌将会使液滴尺寸趋于一致。

7.4.2　影响混合作用的各种物理性质

　　对混合作用能产生影响的主要物理性质有：混合物的黏度、密度、润湿性、粒子的大小等。下面依次说明各物理性质与混合作用的关系。

　　(1) 黏度

　　黏度对混合作用的关系甚大，其基本原因是物质的剪应力直接与黏度有关，所以也影响了混合作用。黏度小的，容易剪断，所以混合效果显著。反之，黏度大的，混合作用比较困难，消耗的动力也多。

　　混合作用所处理一部分物质，如水、甘油等纯液体和其他的稀悬浊液，在外力的作用下直接产生相当的流速，被称为牛顿流体。除此之外，还有假塑性流体、涨塑性流体和宾汉塑性流体三类流体，被称为非牛顿流体，如图7-23所示。假塑性流体的应力与剪切速率的关系为一向下

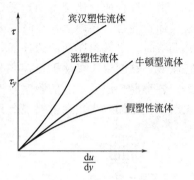

图 7-23　流体的流动特性

弯的曲线，其斜率随剪切速率的增大而减小，很多流体都属于这一类，如高聚物熔体和溶液、油脂、淀粉溶液、油漆、浓牛奶、血液、番茄酱、果酱等。涨塑性流体与假塑性流体相反，这种流体的应力与剪切速率的关系曲线为一向上弯的曲线，其斜率随剪切速率的增大而加大。少数浓悬浮体，如含细粉浓度很高的水浆、许多蜂蜜等是涨塑性流体。宾汉塑性流体的应力与剪切速率的关系曲线为一条直线，它的斜率固定但不通过原点。这种形式的关系表示施加的应力超过屈服应力之后，该流体就显示出与牛顿流体同样的性质。属于此类的物质有纸浆、牙膏、化妆品、肥皂、浓矿砂浆、干酪、巧克力浆等。还有倒转可塑性流体，它与可塑性流体具有相反的趋向，即在外力小时流速增加很快，外力逐渐增加时，阻力也增加，流速反而增加得慢了。浓淀粉悬浊液就属于这一类。

　　正是由于流体的种类不同，所以在选择混合机械之前，必须将要处理物质的黏度性质给予充分的分析。例如倒转可塑性流体用螺旋桨式及涡轮式搅拌器是不合适的，因为这些搅拌器只有在高速下才能发挥效用，而倒转可塑性流体的黏度在高速时太大。所以对于这种流体，采用低速的刮板式或腕式搅拌器更为合适。

　　(2) 密度

　　混合物的密度对混合器的功率有影响。在黏度不变的情况下，需要的功率与平均密度成正比。

　　混合物各成分的密度差较大时，混合物很难得到均匀的混合。例如制造水与碳酸钙或碳酸镁的悬浊液比较容易，而要将密度较大的硫化铁制成均匀的悬浊液就困难得多。在固体之间、液体之间、气体之间，或其他各相物质之间的混合作用，也有同样的情况。

　　(3) 润湿性

　　由粉末制成糊状物或可塑性流体的混合物时，粉末是否容易润湿对于混合效果有着极大的影响。例如混合水与黏土较混合润湿性较小的硬脂酸锌容易得多。

在化学结构上相似的固体和液体物质，性质越相似其相互的润湿性越人。颗粒的形状对润湿性也有显著的影响。例如表面凹凸不平的炭黑，因为在其空隙中储存了很多的气体，表面形成了气体层，所以润湿性特别小。所以，它只有在除去气体层以后才能制成与水的混合物。

（4）粒子的大小

固体间或固体与液体间的混合，粒子越小越容易得到均匀的混合，这是很自然的现象。以溶解固体于液体为目的的混合，也是小颗粒的溶解速度大。但若颗粒大小不均，在混合的时候粗粒就容易沉淀，所以要尽量使粒子一样大小。

（5）成分比例及混合顺序

由于混合成分比例不同，混合物的物理性质也不同，特别是黏度的变化很大。例如将水与煤油相混合，在单独存在时二者的黏度都非常小；在按照1份水和4份煤油的比例混合成乳浊液时，水就包在油滴的外面，黏度非常高；但按照1份煤油和4份水的比例混合而成的乳浊液，黏度仅比煤油单独存在时略高一点。

各种混合成分加入的顺序对混合作用也有影响。例如，如用水与泥土和成泥浆时，假如先放黏土再加入水，在搅拌混合到终了时都是黏度很大的泥浆混合物，需要消耗的动力特别多。所以可以先多加水，随着搅拌作用再逐渐增加黏土，以节省动力消耗。

7.4.3　搅拌装置的结构

搅拌装置一般由筒体、桨叶与挡板等内构件以及驱动机构所组成，如图7-24所示。

（1）筒体

搅拌装置的筒体通常为圆筒形，长径比为1～6。筒底常为平底、椭圆底、锥形底等，有时亦可用方底。根据工艺的传热要求，筒体外可加夹套，并通以蒸汽、冷却水等介质。

（2）桨叶与旋转轴

桨叶是搅拌装置的核心部件，根据旋转桨叶在搅拌槽内产生的流型，可将桨叶分为

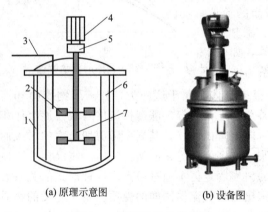

(a) 原理示意图　　(b) 设备图

图7-24　搅拌装置的结构

1—搅拌槽；2—搅拌器；3—加料管；4—电机；5—减速器；6—挡板；7—轴

轴向流桨叶和径向流桨叶。推进式桨叶、新型翼型桨叶等属于轴向流桨叶，而各种直叶、弯叶涡轮桨叶则属于径向流桨叶。

旋转轴通常自搅拌槽顶部中心垂直插入槽内，有时也采用侧面插入和底部插入的方式。

（3）挡板

为了消除搅拌槽内液体的打旋现象，使被搅拌的液体上下翻腾，通常需加入挡板。壁挡板［见图7-25(a)］在筒壁上均匀地安装4块，宽度为槽直径的(1/12)～(1/10)，可满足全挡板条件，再增加挡板数与挡板宽度，功率消耗不再增加。有时，仅装2块或1块挡板就足够了，甚至可以不装挡板。在固体悬浮操作时，还可在槽底上安装底挡板［见图7-25(b)］，促进固体的悬浮。搅拌槽中的传热盘管可以部分以至全部代替挡板，装有垂直换热管后，一般可不再使用挡板。

（4）导流筒

导流筒（见图7-26）置于搅拌槽内，是上下开口的圆筒，在搅拌混合中起导流作用。通常导流筒的上端都低于静液面，并在筒身上开有槽或孔，当生产中液面降落时仍可从槽或

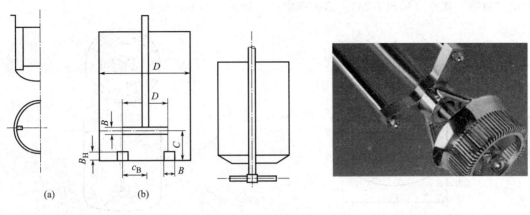

图 7-25　挡板　　　　　　　　　图 7-26　导流筒

孔进入。推进式搅拌桨可位于导流筒内或略低于导流筒的下端；涡轮式或桨式搅拌桨常置于导流筒的下端。当搅拌桨置于导流筒之下，且筒直径又较大时，筒的下端直径应缩小，使下部开口小于搅拌桨直径。

（5）驱动机构

工业搅拌装置的驱动机构通常由交流电机与齿轮减速机或皮带轮减速装置构或，使搅拌桨达到规定的转速。在实验室中，搅拌装置的驱动机构通常为直流电机或调频电机，可以连续地改变搅拌转速。现在大生产中也有的采用变频调速电机，以满足生产过程的需要。

（6）标准搅拌装置构型

搅拌装置的几何特性对液体流型和搅拌效果有相当重要的影响，在某种搅拌装置中得到的结果通常并不适用于几何结构不同的其他搅拌装置。因此，有一种人为规定的搅拌装置的构型，称为标志构型，作为对搅拌操作进行研究及设计的基点。这种构型能满足多数化工工艺过程中液体搅拌的要求。筒体直径为 D 的标准搅拌装置的几何尺寸，如图 7-27 所示，比例如下：

① 叶轮是具有 6 个平片的涡轮，叶片安装在一个中心圆盘上，叶轮直径 $d = \dfrac{D}{3}$；

② 叶轮距槽底的高度 $H_i = 1.0d$；

③ 叶轮的叶片宽度 $W = \dfrac{d}{5}$；

④ 叶轮叶片的长度 $L = \dfrac{d}{4}$；

⑤ 液体的深度 $H = 1.0D$；

⑥ 挡板数目为 4，垂直安装在槽壁上并从槽底延伸到液面之上，挡板宽度 $W_b = \dfrac{D}{10}$。

7.4.4　打旋现象

叶轮旋转时，推动一股液体使它流动。要能达到良好的搅拌效果，离开叶轮的液体速度必须够大，能推进到搅拌槽中最远之处。而且，这股液体要具有一定量的动能，当其在其余液体中流过时，其动能由于液体间的相互摩擦（剪切力摩擦）而耗掉，变为热能，可使被搅拌的液体温度升高。

如果搅拌槽是平底圆形槽，槽壁光滑并没有安装任何障碍物，液体黏度不大，而且叶轮放在槽的中心线上，则液体将随着叶轮旋转的方向循着槽壁滑动，则这种旋转运动会产生所称的"打旋"现象（见图 7-28）。这种现象可以造成下列不良后果。

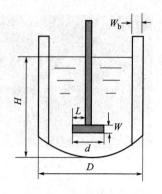

图 7-27　标准搅拌装置

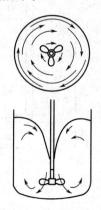

图 7-28　"打旋"现象

① 液体只是随着叶轮团团转而不产生横向或垂直的上下运动，没有产生混合的机会。

② 叶轮轴周围的液体下降，形成一个旋涡。旋转速度愈大，则旋涡中心向下凹的程度愈深，最后可凹到与叶轮接触。此时外面的空气可进入叶轮而被吸到液体中，叶轮所接触的是密度较小的气液混合物，所需的搅拌功率反而下降。这表明打旋现象还限制了施加于液体的搅拌功率，并限制了叶轮的搅拌效力。

③ 打旋时功率的波动会引起异常的作用力，易使转轴受损，加剧搅拌器的振动，甚至使它无法继续操作。

避免打旋的方法如下。

① 在搅拌槽壁上安装垂直挡板，挡板数要适宜。这种装有适宜数目挡板的槽子称为"完全挡板化"的槽。实践证明，安装四块宽度为槽径 1/10 的均布挡板，可以完全消除打旋现象，这种达到"完全挡板化"的条件称为"标准挡板条件"。挡板除可以消除"打旋"现象外，还可增大被搅动液体的湍动程度，从而改善搅拌效果。

安装挡板时，挡板顶端应露出液面，下端应通到槽底，如图 7-29 所示。

② 对于小容器，可在偏心或偏心且与垂直轴倾斜一定角度的位置上安装叶轮；对于大容器，则可在容器下部偏心水平位置上安装搅拌器，借以破坏循环回路的对称性，如图7-30所示。

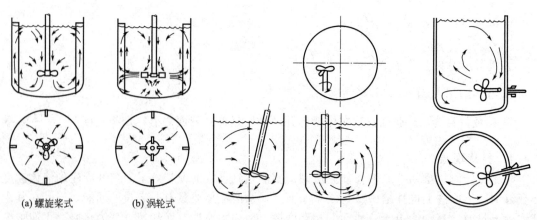

　　(a)螺旋桨式　　　　(b)涡轮式

图 7-29　装有挡板的流动情况　　　　　图 7-30　破坏循环回路对称性

7.4.5　叶轮类型

叶轮可以分成两大类型：轴流式叶轮和径向流叶轮。轴流式叶轮产生的流体流动基本轨迹是沿着搅拌轴方向（平行于搅拌轴），径向流叶轮则使流体沿叶轮半径方向排出。

（1）轴流式叶轮

轴流式叶轮主要包括螺旋桨，它的设计通常是基于螺旋理论，要求整个叶片表面的螺距为常数。这就意味着叶片角从叶端至轮毂处是连续增大的，如图 7-31 所示。

螺距与叶轮直径之比（或简称为螺径比），等于以桨叶直径为单位量出的、当叶轮在流体中旋转一周时，叶片将流体向前推进的距离。大多数轴流式叶轮的螺径比都在 0.5～1.5 的范围内。这类叶轮产生的排液速度和剪切速率是沿叶轮直径变化的，但它便于采用装配式结构，制造和维修费用较低，尤其是用于大尺寸的设备更为经济。

在叶轮直径和转速相同的条件下，螺旋桨的功率消耗小于大多数其他叶轮的功率消耗。因此，与其他叶轮相比，在给定功率消耗和泵送流量的条件下，螺旋桨必须要有较高的转速。这就使得螺旋桨在相同的功率消耗水平时只需要较低的扭矩，从而得到一种很经济的搅拌器系列，称为"便携式"搅拌器。这样命名是因为小尺寸的这种搅拌器移动方便。当然，较大尺寸的螺旋桨搅拌器仍然需要用机械方法装卸和移动。

在需要较大搅拌功率时，便携式搅拌器就须用带有齿轮箱（减速器）的固定安装式搅拌器来代替。与便携式相比，这类搅拌器通常是在低得多的转速下运转，并有较高的功率转速比（在给定功率下有较高的扭矩）。这也意味着在给定功率下要求有较大的轴流式叶轮。尽管如此，这种搅拌器仍然具有良好的过程效率和优良的机械性能及操作性能。

（2）径向流叶轮

径向流叶轮或有一个圆盘〔见图 7-32(a)〕，或是开式的〔见图 7-32(b)〕，并且可以装有直叶片或弯曲叶片。没有圆盘的开式叶轮由于在叶轮两侧存在压力差，通常并不真正是在径向发生泵送作用。尽管这类叶轮是从径向排出液体，但是有把液体向上或向下泵送的趋势。

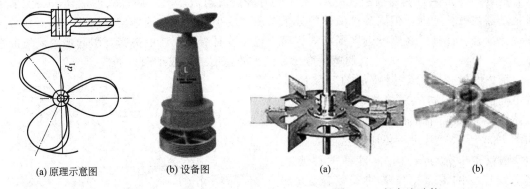

(a) 原理示意图	(b) 设备图	(a)	(b)

图 7-31 螺旋桨　　　　　　　　　　　　　图 7-32 径向流叶轮

盘形径向流叶轮有利于更好地径向排出流体，但在叶轮靠近槽底或接近液层表面以及几个盘形叶轮靠得很近的情况下，它们的径向泵送能力也有改变。因为盘式叶轮具有较均匀的径向流型，所以往往会比开式叶轮消耗更多的搅拌功率，这就影响到其应用的经济性。盘形叶轮还有防止气泡通过轮毂周围低剪切区的特性。它们主要用于气-液混合过程。典型的大直径径向流叶轮是两叶平桨，如图 7-33 所示。它是用于固体悬浮和混匀操作中的典型桨型。这些操作要求高的流量和低的剪切速率。工艺条件通常都要求这种叶轮在低转速下操作，因为与四叶至八叶的叶轮相比，两叶片叶轮的机械稳定性较差。

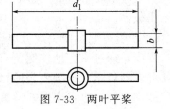

图 7-33 两叶平桨

图 7-34　静态混合器

(3) 其他混合设备

① 静态混合器　静态混合器的特点是没有运动部件，维修方便，在化工、石油化工、日用化工等行业中被广泛使用。在混合、乳化、分散、反应等过程中，特别是在易燃易爆的场合更有优势。图 7-34 给出了几种常用的静态混合器的结构图。从图中可以清楚地看到静态混合器的构成，是在一段直管内设置若干混合元件，为了使流体发生流向的变化，将混合元件旋转一定的角度串联放置。当流体依次流过每个元件时，将被分割成薄片，其数量将按元件数的幂次方增加。当薄片小到一定程度时，分子扩散的作用愈来愈强，最后达到混合均匀。

　　静态混合器主要用于混合高黏度液体、黏度差大的液体和糊状物料以及不互溶液体的分散，还可以用于各种物系的混合、分散、传质、传热、化学反应、pH 值控制及粉体混合等操作。由于流体在混合器中扰动强烈，因此即使是在层流域，其壁面传热系数也很大。径向混合剧烈，因此温度分布均匀，混合元件的存在使轴向返混减小到最低限度，流动接近于完全活塞流。国外已有将静态混合器多管并联，制作成列管换热器的形式，用于高分子本体聚合。其所提供的巨大的换热面，解决了搅拌槽高黏物料传热困难的难题。

　　② 射流混合　射流是在流体经过一小孔、喷嘴或管道，流入较大的容器时产生的。射流由喷嘴射出，一方面在紧靠喷嘴的一个相当短的区域内造成很大的速度梯度，形成涡流；另一方面射流直径随离开出口的距离增加而增大，并在扩展的过程中使周围的流体被夹带进来而产生混合。射流可以是层流，也可以是湍流，这取决于雷诺准数的大小。当喷嘴或孔出口处的 $Re < 300$ 时，为层流射流；$Re > 2100$ 时为湍流射流。对于黏性大的液体，层流射流可推动器内液体运动，但因黏性液体中分子扩散速度小，喷出的液体与器内液体不会在分子规模上混合。此外，在喷嘴近区形成的旋涡，也导致对周围流体的夹带，引起槽内流体的总体流动，导致 30~1000m/s 级的速度变化，巨大的速度差促成了激烈的混合。

　　槽内的射流混合，因喷嘴的安装位置不同而产生不同的总体流动，被夹带液体的流量随喷嘴的距离增加而加大，如图 7-35 所示。因此，必须有足够的空间使射流得以充分发展，才能使两种流体得到较好的混合。喷嘴的安装位置，取决于槽内流体的性质和槽体的大小。

　　在石油工业中，采用射流搅拌的方法将四乙基铅混入汽油中。与循环泵系统和螺旋桨搅拌系统相比，射流混合的

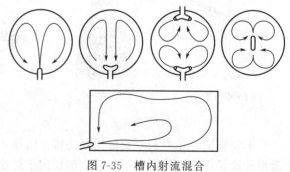

图 7-35　槽内射流混合

投资成本低，效率高，混合时间短，功率消耗低。射流混合对泵的流量要求低，但对压头的要求较高。

　　③ 管道混合器　管道混合是使待混合的物料，通过在管道内流动而混合均匀。在混合过程中，通过平行地控制所有组分的流量，确定混合物的组成，并使它保持在预定值上。该类混合器可达到连续混合的目的，可用于气-液、液-液、固-液等非均相体系的分散、混合、溶解和传质，也可用于互溶液体的混匀中。图 7-36 给出了几种管道混合器的结构图。从图

中可以看出它们可分为两大类：一类是机械转动部件驱动的，如图 7-36 中的（a）、（b）所示，故此类又称管式搅拌混合器；另一类是没有机械转动部件的，如图 7-36 中的（c）内装混合孔板，（d）为内装混合喷嘴。

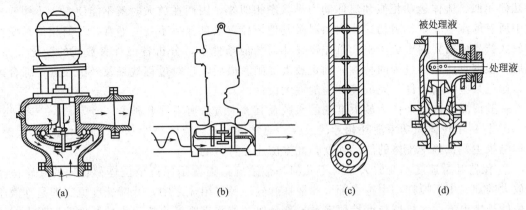

图 7-36　管道混合器

④ 气流搅拌　气流搅拌是以空气或蒸汽通入液体介质，借鼓泡作用进行搅拌。因此，此项设备常称鼓泡器，如图 7-37 所示。气流搅拌为搅拌方法中较为简单的一种，若液体还需要加热，则蒸汽搅拌更为恰当。

为了搅拌均匀，位于容器底部的气管装置，应严格保持水平。而管上气孔应小些为宜，且沿管长呈螺旋分布。但气孔又不宜太小，否则易发生阻塞，小孔直径一般在 3～6mm 之间。有时为了避免鼓泡器阻塞，可在容器底装设具有齿形边缘的泡罩以代替气管，使空气或蒸汽由齿缝间鼓

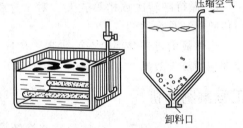

图 7-37　气流搅拌

泡而出。送入的空气或蒸汽，其压强必须足以造成气速的速度压头，并超过容器内液体的静压头及摩擦阻力。至于空气的消耗量，以每分钟每平方米容器中液面所需空气的体积表示，可取如下经验数值：

微弱搅拌　0.4m³；
中强搅拌　0.8m³；
剧烈搅拌　1.0m³。

气流搅拌的设备简单，特别适用于化学腐蚀性强的液体，但送入的空气可能会将液体中有用的挥发物带走，造成损失，同时空气亦可在液体中产生氧化作用。气流搅拌的能量消耗一般多于机械搅拌。

7.4.6　搅拌槽的放大

对于流体的混合技术，虽然已有许多理论研究和实验研究，但系统的混合理论及有关的设计计算方法仍不完善。因此，对于工业规模搅拌槽的设计计算仍然具有相当程度的经验性质。

一些制造厂家根据搅拌的难易程度和需要的过程结果，将不同过程的搅拌程度分别规定成搅拌强度不同的若干等级。对于不同的容积以及不同的搅拌等级，都有依据经验编制好的搅拌转速及搅拌型式以供选用。

在开发新产品时，往往需要首先建立小规模的试验装置，然后建立中试装置并优化其操

作参数、搅拌体系尺寸参数，最后再根据实验结果采用放大技术进行工业规模搅拌装置的设计。有时也需要从小规模的搅拌槽直接放大到生产装置规模。

搅拌槽放大时，三维流场的复杂性使得大、小两搅拌槽在搅拌同种流体时也不能同时保持几何相似、流体运动相似和流体动力学状态相似等，因而在放大时就不能使大、小槽两系统中所有的流量关系、剪切速率关系以及其他搅拌参数都保持不变。通常，几何相似是搅拌槽放大技术所需要的重要步骤。首先，在几何相似条件下，分析各搅拌参数间的变化关系。然后，根据具体搅拌过程的特性，确定放大准则。最后，再对过程效果及经济性进行综合评价，修正某些几何条件，完成搅拌槽的放大设计。

一般情况下被用来作为放大准则的参数及其放大方法有下面几种。

① 保持单位体积功率消耗相等的放大　通常情况下当流体物性不变，放大比不太大时，过程结果主要依赖于流体的湍动强度，此方法还是可行的。

② 保持叶端速度不变放大　对于几何相似系统，也就是保持单位体积功耗的叶轮恒扭矩放大准则。由于搅拌功率绝大部分弥散在叶轮区及排出流之中，叶端速度恒定即是弥散于单位体积排出流中的机械能保持恒定。这部分机械能在克服微小旋涡中的黏性剪切阻力时被消耗，其大小也等价于剪切作用的度量。对于需要较高的 H/Q（H 为泵送压头；Q 为排液量）的操作，这一准则较为合适。

③ 保持翻转次数相等放大　对于过程结果主要依赖于流体循环速度的搅拌操作（如槽内传热等）是合适的。

当然放大过程是一复杂的过程，依据具体的过程要求，选定合适的放大准则，才能得到较理想的放大效果。

工程案例分析

水冷结晶罐搅拌器的改造

某冶炼厂电解车间净液工段的 $\Phi2000mm \times 2500mm$ 水冷结晶罐，是生产 $CuSO_4 \cdot 5H_2O$ 的主要设备之一。但该水冷结晶罐搅拌器的搅拌效果一直不好，作业时罐内所形成的轴向环流、圆周向环流均偏弱，使许多 $CuSO_4 \cdot 5H_2O$ 结晶颗粒沉积在罐底。罐内物料密度由下向上呈现由大变小的状态，固液比不确定，无法在罐内形成均匀的悬浮液，罐底物料常年难以排出，能排出的物料经常出现排出不畅现象。这样，一方面减少了结晶罐的有效容积；另一方面使进入离心设备的物料不连续而造成分布在转鼓上的硫酸铜厚度不均匀，进而导致设备不规则地震动，使设备故障增多、设备维修费用增高、生产成本上升。

原来使用的离心设备为 LLC/G350G 立式螺旋卸料离心机，其分离物料的能力偏小，效率偏低，维护困难。为提高硫酸铜的产量，决定用分离能力大、效率高且耐用的 WH2800 卧式离心机取代上述立式离心机，但该离心机要求物料均匀悬浮且有能满足离心机要求的固液比。为使 WH2800 卧式离心机能正常投入使用，需增大水冷结晶罐的有效容积以满足实际生产需要，必须对原有搅拌器进行改造。

1. 改造前的情况及分析

改造前的水冷结晶罐及搅拌器结构如附图所示，是由 Y132M-4 型 7.5kW 的电动机经 XLD6 型、数比（输入转数/输出转数）为 1：29 的涡杆涡轮减速机驱动。电动机额定电流为 7A，减速机最高使用温度为 60℃。搅拌器为非标准设计的桨式搅拌器，其上叶轮直径为 1100mm，叶片宽度为 110mm，下叶轮直径为 987mm，叶片宽度为 110mm，下叶轮离罐底的距离为 716mm。由于该搅拌器下叶轮直径偏小，离罐底的距离偏高，叶片宽度偏窄，所以罐底物料受到的搅拌力偏小，沉积在罐底的结晶颗粒料难以被充分地搅拌起来。上叶轮直径虽然较大，但因叶片宽度较小，所以无法使罐内形成较强的轴向环流及圆周向环流。另外，硫酸铜溶液结晶搅拌器操作属固体悬浮类搅拌操作，这类操作宜选用 4 叶折叶涡轮式搅拌叶轮，且应于罐底设置底挡板。但原搅拌器选用了两叶桨式搅拌叶轮，显然该搅拌器搅拌叶轮选型不当。

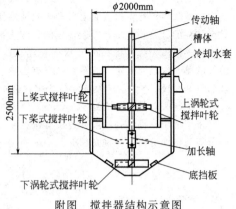

附图　搅拌器结构示意图

2. 改造方案及实施

针对原设备中存在的问题，采取了如下改造方法。

① 测定原搅拌器工作时驱动电动机的工作电流为 3.64A，比额定电流小 3.36A。减速机最高工作温度为 38℃，比最高使用温度低 22℃。可见，搅拌器驱动装置可利用的功率仍有较大富余。因此，可以在不改变驱动装置的情况下，对搅拌器实施技术改造以增大其搅拌强度。

② 为增大搅拌器下叶轮对罐底物料的搅拌强度，把原搅拌器的传动轴向下方加长，使下叶轮离罐底的距离由 716mm 变为 500mm。同时，把下叶轮的直径由 987mm 改为 1000mm，叶片宽度由 110mm 加至 200mm。

③ 考虑到下搅拌叶轮改造后功率消耗将有所增大，为确保驱动装置的功率有富余，故把下搅拌叶轮叶片加宽的同时，把上叶轮的直径由 1100mm 减为 800mm。

④ 把桨式搅拌叶轮改为 4 叶折叶涡轮式搅拌叶轮。

⑤ 在罐底的确定位置设置底挡板。

3. 改造效果

从设备角度看，改造后经测定，搅拌器驱动电动机的工作电流为 5.57A，比改造前增大了 1.93A，比额定电流小 1.43A。减速机最高工作温度为 39.5℃，比改造前高 1.5℃，比许用温度低 20.5℃。可见，驱动装置能正常、有效地驱动改造后的搅拌器，且功率有所富余。实践证明，改造后的搅拌器使用正常，搅拌效果较好，卧式离心机能正常、高效地分离物料。

从物料固液比角度看，改造前因罐内无法形成均匀悬浮液，所以罐内物料无确定的固液比。改造后，在生产工艺参数不变的条件下，结晶罐内物料的固液比可达 1∶1.2，满足了卧式离心机的要求。

从每罐硫酸铜产量来看，改造前罐底沉积较多结晶颗粒料难以排出，每罐物料经离心机分离后可产 1.8～1.9t 硫酸铜。改造后，罐底无结晶颗粒沉积，每罐物料经离心机分离后可产硫酸铜 2.3～2.4t。

从操作过程来看，原来结晶颗粒沉积在罐底，由下向上物料密度由大变小的现象完全消失，罐内物料呈现均匀悬浮状态。

由此可见，搅拌器的改造已完全达到了预想的目的，取得了良好的效果。

思　考　题

1. 某单效蒸发操作，因真空泵损坏而使冷凝器压强由某真空度升至常压，此时有效传热温差有何变化？若真空泵损坏后料液流量及状态不变，但仍要求保证完成液浓度不变，可采取什么办法？

2. 一单效蒸发器，原来在加热蒸汽压力为 2kgf/m² 、蒸发室压力为 0.2kgf/m² 的条件下连续操作。现发现完成液的浓度变稀，当即检查加料情况，得知加料流量下组成和温度均未改变。试问可能是哪些原因引起完成液浓度变稀？这些原因所产生的结果使蒸发器内溶液沸点是升高还是降低？为什么？

3. 并流加料的蒸发装置中，一般各效的总传热系数逐效减小，而蒸发量却逐效略有增加，试分析原因。

4. 欲设计多效蒸发装置将 NaOH 水溶液自 10% 浓缩到 60%，宜采用何种加料方式？（料液温度为 30℃。）

5. 溶液的哪些性质对确定多效蒸发效数有影响？并进行简单分析。

6. 烧碱（NaOH）溶液的蒸发浓缩过程中，会析出一定的 NaCl 晶体，采用何种设备将其分离出来？

7. 分析吸附与吸收的相似之处。

8. 列举出生活中常见的一些混合过程实例。

9. 膜分离与精馏分离的区别是什么？

符 号 说 明

英文字母：

C_P——定压比热容，kJ/(kg·℃)；

C——溶质含量，kg(溶质)/kg(溶剂)；

D——热蒸汽消耗量，kg/h；

e——单位蒸汽消耗量，kg/kg；

F——进料量，kg/h；

G——结晶产品量，kg/h；

h——液体的焓，kJ/kg；

H——蒸汽的焓，kJ/kg；

K——总传热系数，W/(m²·℃)；

n——第 n 效；

Q——传热速率，W；

r——汽化潜热，kJ/kg；

R——溶质水合物摩尔质量与无溶剂溶质摩尔质量之比；

S——传热面积，m²；

t——溶液的温度，℃；

T——蒸汽的温度，℃；

V——溶剂蒸发量，kg/kg（溶剂）；

W——蒸发量或溶剂量，kg/h；

x——溶液的质量分数。

希腊字母：

Δ——温度差损失（℃）或有限差值。

下标：

i——第 i 效；

n——第 n 效；

o——外侧；

w——水；

1,2,3——效数的序号；

0——进料。

上标：

'——二次蒸汽或母液。

附　　录

1. 常用法定计量单位

（1）常用单位

基本单位			具有专门名称的导出单位				允许并用的其他单位			
物理量	单位名称	单位符号	物理量	单位名称	单位符号	与基本单位关系式	物理量	单位名称	单位符号	与基本单位关系式
长度	米	m	力	牛[顿]	N	$1N=1kg \cdot m/s^2$	时间	分	min	$1min=60s$
质量	千克(公斤)	kg	压强、应力	帕[斯卡]	Pa	$1Pa=1N/m^2$		时	h	$1h=3600s$
时间	秒	s	能、功、热量	焦[耳]	J	$1J=1N \cdot m$		日	d	$1d=86400s$
热力学温度	开[尔文]	K	功率	瓦[特]	W	$1W=1J/s$	体积	升	L(l)	$1L=10^{-3}m^3$
物质的量	摩[尔]	mol					质量	吨	t	$1t=10^3kg$

（2）常用十进倍数单位及分数单位的词头

词头符号	M	k	d	c	m	μ
词头名称	兆	千	分	厘	毫	微
表示因数	10^6	10^3	10^{-3}	10^{-2}	10^{-3}	10^{-6}

2. 单位换算表

说明：下列表格中，各单位名称上的数字标志代表所属的单位制度：①cgs 制，②SI，③工程制。没有标志的是制外单位。有 * 号的是英制单位。

（1）长度

①cm 厘米	②m 米	* ft 英尺	* in 英寸
1	10^{-2}	0.03281	0.3937
100	1	3.281	39.37
30.48	0.3048	1	12
2.54	0.0254	0.08333	1

（2）面积

①cm² 平方厘米	②m² 平方米	* ft² 平方英尺	* in² 平方英寸
1	10^{-2}	0.001076	0.1550
10^4	1	10.76	1550
929.0	0.0929	1	144.0
6.452	0.0006452	0.006944	1

（3）体积

①cm³ 立方厘米	②m³ 立方米	1公升	* ft³ 立方英尺	* Imperial gal 英加仑	* U. S. gal 美加仑
1	10^{-6}	10^{-3}	3.531×10^{-5}	0.0002200	0.0002642
10^6	1	10^3	35.31	220.0	264.2
10^3	10^{-3}	1	0.03531	0.2200	0.2642
28320	0.02832	28.32	1	6.228	7.481
4546	0.004546	4.546	0.1605	1	1.201
3785	0.003785	3.785	0.1337	0.8327	1

（4）质量

①g 克	②kg 千克	③kgf · s²/m 千克(力)·秒²/米	ton 吨	* lb 磅
1	10^{-3}	1.020×10^{-4}	10^{-6}	0.002205
1000	1	0.1020	10^{-3}	2.205
9807	9.807	1		
453.6	0.4536		4.536×10^{-4}	1

（5）重量或力

①dyn 达因	②N 牛顿	③kgf 千克(力)	* lbf 磅(力)
1	10^{-5}	1.020×10^{-6}	2.248×10^{-6}
10^5	1	0.1020	0.2248
9.807×10^5	9.807	1	2.205
4.448×10^5	4.448	0.4536	1

（6）密度

①g/cm³ 克/立方厘米	②kg/m³ 千克/立方米	③kgf·s²/m⁴ 千克(力)·秒²/米⁴	* lb/ft³ 磅/立方英尺
1	1000	102.0	62.43
10^{-3}	1	0.1020	0.06243
0.009807	9.807	1	
0.01602	16.02		1

（7）压力

①bar 巴=10^6 dyn/cm²	②Pa=N/m² 帕斯卡=牛顿/平方米	③ kgf/m²=mmH₂O 千克(力)/平方米	atm 物理大气压	kgf/cm² 工程大气压	mmHg(0℃) 毫米汞柱	* lbf/in² 磅/平方英寸
1	10^5	10200	0.9869	1.020	750.0	14.5
10^{-5}	1	0.1020	9.869×10^{-6}	1.020×10^{-5}	0.007500	1.45×10^{-4}
9.807×10^{-5}	9.807	1	9.678×10^{-5}	10^{-4}	0.07355	0.001422
1.013	1.013×10^5	10330	1	1.033	760.0	14.70
0.9807	9.807×10^4	10000	0.9678	1	735.5	14.22
0.001333	133.3	13.60	0.001316	0.00136	1	0.0193
0.06895	6895	703.1	0.06804	0.07031	51.72	1

（8）能量，功，热

①erg=dyn·cm 尔格	②J=N·m 焦耳	③kgf·m 千克(力)·米	④kcal=1000cal 千卡	kW·h 千瓦时	* ft·lbf 英尺磅(力)	* B.t.u. 英热单位
1	10^{-7}					
10^7	1	0.1020	2.39×10^{-4}	2.778×10^{-7}	0.7376	9.486×10^{-4}
	9.807	1	2.344×10^{-3}	2.724×10^{-6}	7.233	0.009296
	4187	426.8	1	1.162×10^{-3}	3088	3.968
	3.6×10^6	3.671×10^5	860.0	1	2.655×10^6	3413
	1.356	0.1383	3.239×10^{-4}	3.766×10^{-7}	1	0.001285
	1055	107.6	0.2520	2.928×10^{-4}	778.1	1

（9）功率，传热速率

①erg/s 尔格/秒	②kW=1000J/s 千瓦	③kgf·m/s 千克(力)·米/秒	④kcal/s=1000cal/s 千卡/秒	* ft·lbf/s 英尺磅(力)/秒	* B.t.u./s 英热单位/秒
1	10^{-10}				
10^{10}	1	102	0.2389	737.6	0.9486
	0.009807	1	0.002344	7.233	0.009296
	4.187	426.8	1	3088	3.963
	0.001356	0.1383	3.293×10^{-4}	1	0.001285
	1.055	107.6	0.2520	778.1	1

（10）黏度

①P=dyn·s/cm²=g/cm·s 泊	②N·s/m²=Pa·s 牛·秒/平方米	③kgf·s/m² 千克(力)·秒/平方米	cP 厘泊	* lb/ft·s 磅/英尺·秒
1	0.1	0.01020	100	0.06719
10	1	0.1020	1000	0.6719
98.07	9.807	1	9807	6.589
10^{-2}	10^{-3}	1.020×10^{-4}	1	6.719×10^{-4}
14.88	1.488	0.1517	1488	1

（11）运动黏度，扩散系数

①cm²/s 平方厘米/秒	②③ m²/s 平方米/秒	m²/h 平方米/时	* ft²/h 平方英尺/时
1	10^{-4}	0.36	3.875
10^4	1	3600	38750
2.778	2.778×10^{-4}	1	10.76
0.2581	2.581×10^{-5}	0.0929	1

（12）表面张力

①dyn/cm 达因/厘米	②N/m 牛顿/米	③kgf/m 千克（力）/米	* lbf/ft 磅（力）/英尺
1	0.001	1.020×10^{-4}	6.852×10^{-5}
1000	1	0.1020	0.06852
9807	9.807	1	0.672
14590	14.59	1.488	1

（13）热导率

①cal/(cm·s·℃) 卡/(厘米·秒·℃)	②W/(m·K) 瓦/(米·开)	③kcal/(m²·s·℃) 千卡/(米·秒·℃)	kcal/(m·h·℃) 千卡/(米·时·℃)	* B.t.u./(ft·h·℉) 英热单位 /(英尺·时·℉)
1	418.7	0.1	360	241.9
2.388×10^{-2}	1	2.388×10^{-4}	0.8598	0.5788
10	4187	1	3600	2419
2.778×10^{-3}	1.163	2.778×10^{-4}	1	0.6720
4.134×10^{-3}	1.731	4.139×10^{-4}	1.488	1

（14）焓，潜热

①cal/g 卡/克	②J/kg 焦耳/千克	③kcal/kgf 千卡/千克（力）	* B.t.u./lb 英热单位/磅
1	4187	(1)	1.8
2.389×10^{-4}	1	(2.389×10^{-4})	4.299×10^{-4}
0.5556	2326	(0.5556)	1

（15）比热，熵

① cal/(g·℃) 卡/(克·℃)	②J/(kg·K) 焦耳/(千克·开)	③kcal/(kgf·℃) 千卡/[公斤（力）·℃]	* B.t.u./(lb·℉) 英热单位/(磅·℉)
1	4187	(1)	1
2.389×10^{-4}	1	(2.389×10^{-4})	2.389×10^{-4}

（16）传热系数

①cal/(cm²·s·℃) 卡/(平方厘米·秒·℃)	②W/(m²·K) 瓦/(平方米·开)	③kcal/(m²·s·℃) 千卡/(平方米· 秒·℃)	kcal/(m²·h·℃) 千卡/(平方米· 时·℃)	* B.t.u./(ft²·h·℉) 英热单位/(平方 英尺·时·℉)
1	4.187×10^4	10	3.6×10^4	7376
2.388×10^{-5}	1	2.388×10^{-4}	8598	1761
0.1	4187	1	3600	737.6
2.778×10^{-5}	1.163	2.778×10^{-4}	1	2049
1.356×10^{-4}	5.678	1.356×10^{-3}	4.882	1

（17）标准重力加速度

$$g = 980.7\,\text{cm/s}^2 ①$$
$$= 9.807\,\text{m/s}^2 ②③$$
$$= 32.17\,\text{ft/s}^2 *$$

（18）通用气体常数

$$R = 1.987\,\text{cal/(mol·K)} ①$$
$$= 8.314\,\text{kJ/(kmol·K)} ②$$

$$=848\text{kgf} \cdot \text{m}/(\text{kmol} \cdot \text{K}) \text{③}$$

$$=82.06\text{atm} \cdot \text{cm}^3/(\text{mol} \cdot \text{K})$$

$$=0.08206\text{atm} \cdot \text{m}^3/(\text{kmol} \cdot \text{K})$$

$$=0.08206\text{atm} \cdot \text{L}/(\text{mol} \cdot \text{K})$$

$$=1.987\text{kcal}/(\text{kmol} \cdot \text{K})$$

$$=1.987\text{B.t.u.}/(\text{lbmol} \cdot \text{℉})^*$$

$$=1544\text{lbf} \cdot \text{ft}/(\text{lbmol} \cdot \text{℉})^*$$

（19）斯蒂芬-波尔兹曼常数

$$\sigma_0 = 5.71 \times 10^{-5}\text{erg}/(\text{s} \cdot \text{cm}^2 \cdot \text{K}^4)\text{①}$$

$$=5.67 \times 10^{-8}\text{W}/(\text{m}^2 \cdot \text{K}^4)\text{②}$$

$$=4.88 \times 10^{-8}\text{kcal}/(\text{h} \cdot \text{m}^2 \cdot \text{K})\text{③}$$

$$=1.73 \times 10^{-9}\text{B.t.u.}/(\text{h} \cdot \text{ft}^2 \cdot \text{℉})^*$$

（20）温度

$$℃ = (℉ - 32) \times \frac{5}{9}, \quad ℉ = ℃ \times \frac{9}{5} + 32, \quad K = 273.3 + ℃$$

3. 某些气体的重要物理性质（0℃，101.3kPa）

序号	名称	分子式	摩尔质量/(kg/kmol)	密度/(kg/m³)	定压比热容 /[kcal/(kg·℃)]	定压比热容 /[kJ/(kg·℃)]	$K=\dfrac{C_P}{C_V}$	黏度/10⁻³ cP 或 μPa·s	沸点(101.3kPa)/℃	汽化潜热(760mmHg)/(kJ/kg)	汽化潜热(760mmHg)/(kcal/kgf)	临界点 温度/℃	临界点 压力/atm	热导率/[W/(m·K)]	热导率/[kcal/(m·h·℃)]
1	空气	—	28.95	1.293	0.241	1.009	1.40	17.3	−195	197	47	−140.7	37.20	0.0244	0.021
2	氧	O₂	32	1.429	0.218	0.653	1.40	20.3	−132.98	213	50.92	−118.82	49.72	0.0240	0.0206
3	氮	N₂	28.02	1.251	0.250	0.745	1.40	17.0	−195.78	199.2	47.58	−147.13	33.49	0.0228	0.0196
4	氢	H₂	2.016	0.0899	3.408	10.130	1.407	8.42	−252.75	454.2	108.5	−239.9	12.80	0.163	0.140
5	氦	He	4.00	0.1785	1.260	3.180	1.66	18.8	−268.95	19.5	4.66	−267.96	2.26	0.144	0.124
6	氩	Ar	39.94	1.782	0.127	0.322	1.66	20.9	−185.87	163	38.9	−122.44	48.00	0.0173	0.0149
7	氯	Cl₂	70.91	3.217	0.115	0.355	1.36	12.9 (16℃)	−33.8	305	72.95	144.0	76.10	0.0072	0.0062
8	氨	NH₃	17.03	0.771	0.530	0.670	1.29	9.18	−33.4	1373	328	132.4	111.50	0.0215	0.0185
9	一氧化碳	CO	28.01	1.250	0.250	0.754	1.40	16.6	−191.48	211	50.5	−140.2	34.53	0.0226	0.0194
10	二氧化碳	CO₂	44.01	1.976	0.200	0.653	1.30	13.7	−78.2	574	137	31.1	72.90	0.0137	0.0118
11	二氧化硫	SO₂	64.07	2.927	0.151	0.502	1.25	11.7	−10.8	394	94	157.5	77.78	0.0077	0.0066
12	二氧化氮	NO₂	46.01	—	0.192	0.615	1.31	—	21.2	712	170	158.2	100.00	0.0400	0.0344
13	硫化氢	H₂S	34.08	1.539	0.253	0.804	1.30	11.66	−60.2	548	131	100.4	188.90	0.0131	0.0113
14	甲烷	CH₄	16.04	0.717	0.531	1.700	1.31	10.3	−161.58	511	122	−82.15	45.60	0.0300	0.0258
15	乙烷	C₂H₆	30.07	1.357	0.413	1.440	1.20	8.5	−88.50	486	116	32.1	48.85	0.0180	0.0155
16	丙烷	C₃H₈	44.1	2.020	0.445	1.650	1.13	7.95 (18℃)	−42.1	427	102	95.6	43.00	0.0148	0.0127
17	丁烷(正)	C₄H₁₀	58.12	2.673	0.458	1.730	1.108	8.1	−0.5	386	92.3	152	37.50	0.0135	0.0116
18	戊烷(正)	C₅H₁₂	72.15	—	0.410	1.570	1.09	8.74	−36.08	151	36	197.1	33.00	0.0128	0.0110
19	乙烯	C₂H₄	28.05	1.261	0.365	1.222	1.25	9.85	−103.7	481	115	9.7	50.70	0.0164	0.0141
20	丙烯	C₃H₆	42.08	1.914	0.390	1.436	1.17	8.35 (20℃)	−47.7	440	105	91.4	45.40	—	—
21	乙炔	C₂H₂	26.04	1.171	0.402	1.352	1.24	9.35	−83.66 (升华)	829	198	35.7	61.60	0.0184	0.0158
22	氯甲烷	CH₃Cl	50.49	2.308	0.177	0.582	1.28	9.89	−24.1	406	96.9	143	66.00	0.0085	0.0073
23	苯	C₆H₆	78.11	—	0.299	1.139	1.10	7.2	80.2	394	94	288.5	47.70	0.0088	0.0076

4. 某些液体的重要物理性质 (20℃, 101.3kPa)

名称	分子式	密度 ρ /(kg/m³)	沸点 T_b /℃	汽化焓 Δh_v /(kJ/kg)	比热容 C_P /[kJ/(kg·℃)]	黏度 μ /mPa·s	热导率 λ /[W/(m·℃)]	体积膨胀系数 β/(×10⁴/℃)	表面张力 σ/(×10³N/m)
水	H_2O	998	100	2258	4.183	1.005	0.599	1.82	72.8
氯化钠盐水(25%)	—	1186(25℃)	107	—	3.39	2.3	0.57(30℃)	4.4	—
氯化钙盐水(25%)	—	1228	107	—	3.39	2.5	0.57	(3.4)	—
硫酸	H_2SO_4	1831	340(分解)	—	1.47(98%)	23	0.38	5.7	—
硝酸	HNO_3	1513	86	481.1	—	1.17(10℃)	—	—	—
盐酸(30%)	HCl	1149	—	—	2.55	2(31.5%)	0.42	—	—
二硫化碳	CS_2	1262	46.3	352	1.005	0.38	0.16	12.1	32
戊烷	C_5H_{12}	626	36.07	357.4	2.24(15.6℃)	0.229	0.113	15.9	16.2
己烷	C_6H_{14}	659	68.74	335.1	2.31(15.6℃)	0.313	0.119	—	18.2
庚烷	C_7H_{16}	684	98.43	316.5	2.21(15.6℃)	0.411	0.123	—	20.1
辛烷	C_8H_{18}	703	125.67	306.4	2.19(15.6℃)	0.540	0.131	—	21.8
三氯甲烷	$CHCl_3$	1489	61.2	253.7	0.992	0.58	0.138(30℃)	12.6	28.5(10℃)
四氯化碳	CCl_4	1594	76.8	195	0.850	1.0	0.12	—	26.8
1,2-二氯乙烷	$C_2H_4Cl_2$	1253	83.6	324	1.260	0.83	0.14(50℃)	12.4	30.8
苯	C_6H_6	879	80.10	393.9	1.704	0.737	0.148	10.9	28.6
甲苯	C_7H_8	867	110.63	363	1.70	0.675	0.138	—	27.9
邻二甲苯	C_8H_{10}	880	144.42	347	1.74	0.811	0.142	—	30.2
间二甲苯	C_8H_{10}	864	139.10	343	1.70	0.611	0.167	—	29.0
对二甲苯	C_8H_{10}	861	138.35	340	1.704	0.643	0.129	0.1	28.0
苯乙烯	C_8H_8	911(15.6℃)	145.2	(352)	1.733	0.72	—	—	—
氯苯	C_6H_5Cl	1106	131.8	325	1.298	0.85	0.14(30℃)	—	32
硝基苯	$C_6H_5NO_2$	1203	210.9	396	1.47	2.1	0.15	—	41
苯胺	$C_6H_5NH_2$	1022	184.4	448	2.07	4.3	0.17	8.5	42.9
酚	C_6H_5OH	1050(50℃)	181.8(熔点 40.9℃)	511	—	3.4(50℃)	—	—	—
萘	$C_{10}H_8$	1145(固体)	217.9(熔点 80.2℃)	314	1.80(100℃)	0.59(100℃)	—	—	—
甲醇	CH_3OH	791	64.7	1101	2.48	0.6	0.212	12.2	22.6
乙醇	C_2H_5OH	789	78.3	846	2.39	1.15	0.172	11.6	22.8
乙醇(95%)	—	804	78.2	—	—	1.4	—	—	—
乙二醇	$C_2H_4(OH)_2$	1113	197.6	780	2.35	23	0.59	—	47.7
甘油	$C_3H_5(OH)_3$	1261	290(分解)	—	—	1499	0.140	5.3	63
乙醚	$(C_2H_5)_2O$	714	34.6	360	2.34	0.24	—	16.3	18
乙醛	CH_3CHO	783(18℃)	20.2	574	1.9	1.3(18℃)	—	—	21.2
糠醛	$C_5H_4O_2$	1168	161.7	452	1.6	1.15(50℃)	—	—	43.5
丙酮	CH_3COCH_3	792	56.2	523	2.35	0.32	0.17	—	23.7
甲酸	$HCOOH$	1220	100.7	494	2.17	1.9	0.26	—	27.8
乙酸	CH_3COOH	1049	118.1	406	1.99	1.3	0.17	10.7	23.9
乙酸乙酯	$CH_3COOC_2H_5$	901	77.1	368	1.92	0.48	0.14(10℃)	—	—
煤油	—	780~820	—	—	—	3	0.15	10.0	—
汽油	—	680~800	—	—	—	0.7~0.8	0.19(30℃)	12.5	—

5. 常用固体材料的密度和比热容

名　称	密度/(kg/m³)	比热容/[kJ/(kg·℃)]	名　称	密度/(kg/m³)	比热容/[kJ/(kg·℃)]
(1)金属			(3)建筑材料、绝热材料、耐酸材料及其他		
钢	7850	0.461	干砂	1500～1700	0.796
不锈钢	7900	0.502	黏土	1600～1800	0.754(−20℃～20℃)
铸铁	7220	0.502	锅炉炉渣	700～1100	—
铜	8800	0.406	黏土砖	1600～1900	0.921
青铜	8000	0.381	耐火砖	1840	0.963～1.005
黄铜	8600	0.379	绝热砖(多孔)	600～1400	—
铝	2670	0.921	混凝土	2000～2400	0.837
镍	9000	0.461	软木	100～300	0.963
铅	11400	0.1298	石棉板	770	0.816
(2)塑料			石棉水泥板	1600～1900	—
酚醛	1250～1300	1.26～1.67	玻璃	2500	0.67
脲醛	1400～1500	1.26～1.67	耐酸陶瓷制品	2200～2300	0.75～0.80
聚氯乙烯	1380～1400	1.84	耐酸砖和板	2100～2400	—
聚苯乙烯	1050～1070	1.34	耐酸搪瓷	2300～2700	0.837～1.26
低压聚乙烯	940	2.55	橡胶	1200	1.38
高压聚乙烯	920	2.22	冰	900	2.11
有机玻璃	1180～1190	—			

6. 固体材料的热导率

(1) 常用金属材料的热导率/[W/(m·K)]

温度/℃	0	100	200	300	400
铝	228	228	228	228	228
铜	384	379	372	367	363
铁	73.3	67.5	61.6	54.7	48.9
铅	35.1	33.4	31.4	29.8	—
镍	93.0	82.6	73.3	63.97	59.3
银	414	409	373	362	359
碳钢	52.3	48.9	44.2	41.9	34.9
不锈钢	16.3	17.5	17.5	18.5	—

(2) 常用非金属材料的热导率

名　称	温度/℃	热导率/[W/(m·℃)]	名　称	温度/℃	热导率/[W/(m·℃)]
棉绳	—	0.10～0.21	泡沫塑料	—	0.0465
石棉板	30	0.10～0.14	泡沫玻璃	−15	0.00489
软木	30	0.0430		−80	0.00349
玻璃棉	—	0.0349～0.0698	木材(横向)	—	0.14～0.175
保温灰	—	0.0698	（纵向）	—	0.384
锯屑	20	0.0465～0.0582	耐火砖	230	0.872
棉花	100	0.0698		1200	1.64
厚纸	20	0.14～0.349	混凝土	—	1.28
玻璃	30	1.09	绒毛毡	—	0.0465
	−20	0.76	85%氧化镁粉	0～100	0.0698
搪瓷	—	0.87～1.16	聚氯乙烯	—	0.116～0.174
云母	50	0.430	酚醛加玻璃纤维	—	0.259
泥土	20	0.698～0.930	酚醛加石棉纤维	—	0.294
冰	0	2.33	聚碳酸酯	—	0.191
膨胀珍珠岩散料	25	0.021～0.062	聚苯乙烯泡沫	25	0.0419
软橡胶	—	0.129～0.159		−150	0.00174
硬橡胶	0	0.150	聚乙烯	—	0.329
聚四氟乙烯	—	0.242	石墨	—	139

7. 某些固体材料的黑度

材料名称	温度/℃	黑度 ε
表面不磨光的铝	26	0.055
表面被磨光的铁	425～1020	0.144～0.377
用金刚砂冷加工后的铁	20	0.242
氧化后的铁	100	0.736
氧化后表面光滑的铁	125～525	0.78～0.82
未经加工处理的铸铁	925～1115	0.87～0.95
表面被磨光的铸铁件	770～1040	0.52～0.56
表面上有一层有光泽的氧化物的钢板	25	0.82
经过刮面加工的生铁	830～990	0.60～0.70
氧化铁	500～1200	0.85～0.95
无光泽的黄铜板	50～360	0.22
氧化铜	800～1100	0.66～0.84
铬	100～1000	0.08～0.26
有光泽的镀锌铁板	28	0.228
已经氧化的灰色镀锌铁板	24	0.276
石棉纸板	24	0.96
石棉纸	40～370	0.93～0.945
水	0～100	0.95～0.963
石膏	20	0.903
表面粗糙没有上过釉的硅砖	100	0.80
表面粗糙上过釉的硅砖	1100	0.85
上过釉的黏土耐火砖	1100	0.75
涂在铁板上的有光泽的黑漆	25	0.875
无光泽的黑漆	40～95	0.96～0.98
白漆	40～95	0.80～0.95
平整的玻璃	22	0.937
烟尘,发光的煤尘	95～270	0.952
上过釉的瓷器	22	0.924

8. 某些液体的热导率

液体	温度/℃	热导率/[W/(m·℃)]	液体	温度/℃	热导率/[W/(m·℃)]
石油	20	0.180	四氯化碳	0	0.185
汽油	30	0.135		68	0.163
煤油	20	0.149	二硫化碳	30	0.161
	75	0.140		75	0.152
正戊烷	30	0.135	乙苯	30	0.149
	75	0.128		60	0.142
正己烷	30	0.138	氯苯	10	0.144
	60	0.137	硝基苯	30	0.164
正庚烷	30	0.140		100	0.152
	60	0.137	硝基甲苯	30	0.216
正辛烷	60	0.140		60	0.208
丁醇,100%	20	0.182	橄榄油	100	0.164
丁醇,80%	20	0.237	松节油	15	0.128
正丙醇	30	0.171	氯化钙盐水,30%	30	0.550
	75	0.164	氯化钙盐水,15%	30	0.590
正戊醇	30	0.163	氯化钠盐水,25%	30	0.570
	100	0.154	氯化钠盐水,12.5%	30	0.590
异戊醇	30	0.152	硫酸,90%	30	0.360
	75	0.151	硫酸,60%	30	0.430
正己醇	30	0.163	硫酸,30%	30	0.520
	75	0.156	盐酸,12.5%	32	0.520
正庚醇	30	0.163	盐酸,25%	32	0.480
	75	0.157	盐酸,38%	32	0.440
丙烯醇	25～30	0.180	氢氧化钾,21%	32	0.580
乙醚	30	0.138	氢氧化钾,42%	32	0.550
	75	0.135	氨	25～30	0.180
乙酸乙酯	20	0.175	氯水溶液	20	0.450
氯甲烷	−15	0.192		60	0.500
	30	0.154	水银	28	0.360
三氯甲烷	30	0.138			

9. 干空气的重要物理性质（101.3kPa）

温度/℃	密度/(kg/m³)	比热容 /[kJ/(kg・℃)]	热导率 λ /[×10²W/(m・℃)]	黏度 μ /(×10⁵Pa・s)	普兰德数 Pr
−50	1.584	1.013	2.035	1.46	0.728
−40	1.515	1.013	2.117	2.52	0.728
−30	1.453	1.013	2.198	1.57	0.723
−20	1.395	1.009	2.279	1.62	0.716
−10	1.342	1.009	2.360	1.67	0.712
0	1.293	1.005	2.442	1.72	0.707
10	1.247	1.005	2.512	1.77	0.705
20	1.205	1.005	2.591	1.81	0.703
30	1.165	1.005	2.673	1.86	0.701
40	1.128	1.005	2.756	1.91	0.699
50	1.093	1.005	2.826	1.96	0.698
60	1.060	1.005	2.896	2.01	0.696
70	1.029	1.009	2.966	2.06	0.694
80	1.000	1.009	3.047	2.11	0.692
90	0.972	1.009	3.128	2.15	0.690
100	0.946	1.009	3.210	2.19	0.688
120	0.898	1.009	3.338	2.29	0.686
140	0.854	1.013	3.489	2.37	0.684
160	0.815	1.017	3.640	2.45	0.682
180	0.779	1.022	3.780	2.53	0.681
200	0.746	1.026	3.931	2.60	0.680
250	0.674	1.038	4.268	2.74	0.677
300	0.615	1.047	4.605	2.97	0.674
350	0.566	1.059	4.908	3.14	0.676
400	0.524	1.068	5.210	3.30	0.678
500	0.456	1.093	5.745	3.62	0.687
600	0.404	1.114	6.222	3.91	0.699
700	0.362	1.135	6.711	4.18	0.706
800	0.329	1.156	7.176	4.43	0.713
900	0.301	1.172	7.630	4.67	0.717
1000	0.277	1.185	8.071	4.90	0.719
1100	0.257	1.197	8.502	5.12	0.722
1200	0.239	1.206	9.153	5.35	0.724

10. 水的重要物理性质

温度 /℃	饱和蒸 气压/kPa	密度 /(kg/m³)	焓 /(kJ/kg)	比热容 λ/[kJ/(kg・℃)]	热导率 λ/[×10²W/(m・℃)]	黏度 μ /(×10⁵Pa・s)	体积膨胀系数 β/(×10⁴/℃)	表面张力 σ/(×10³N/m)	普兰德数 Pr
0	0.608	999.9	0	4.212	55.13	179.2	−0.63	75.6	13.67
10	1.226	999.7	42.04	4.191	57.45	130.77	0.70	74.1	9.52
20	2.335	998.2	83.90	4.183	59.89	100.5	1.82	72.6	7.02
30	4.247	995.7	125.7	4.174	61.76	80.07	3.21	71.2	5.42
40	7.377	992.2	167.5	4.174	63.38	65.60	3.87	69.6	4.31
50	12.31	988.1	209.3	4.174	64.78	54.94	4.49	67.7	3.54
60	19.92	983.2	251.1	4.178	65.94	46.88	5.11	66.2	2.98
70	31.16	977.8	293	4.178	66.76	40.61	5.70	64.3	2.55
80	47.38	971.8	334.9	4.195	67.45	35.65	6.32	62.6	2.21
90	70.14	965.3	377	4.208	68.04	31.65	6.95	60.7	1.95
100	101.3	958.4	419.1	4.220	68.27	28.38	7.52	58.8	1.75
110	143.3	951.0	461.3	4.238	68.50	25.89	8.08	56.9	1.60
120	198.6	943.1	503.7	4.250	68.62	23.73	8.64	54.8	1.47
130	270.3	934.8	546.4	4.266	68.62	21.77	9.19	52.8	1.36
140	361.5	926.1	589.1	4.287	68.50	20.10	9.72	50.7	1.26
150	476.2	917.0	632.2	4.312	68.38	18.63	10.3	48.6	1.17
160	618.3	907.4	675.3	4.346	68.27	17.36	10.7	46.6	1.10
170	792.6	897.3	719.3	4.379	67.92	16.28	11.3	45.3	1.05
180	1003.5	886.9	763.3	4.417	67.45	15.30	11.9	42.3	1.00
190	1225.6	876.0	807.6	4.460	66.99	14.42	12.6	40.8	0.96
200	1554.8	863.0	852.4	4.505	66.29	13.63	13.3	38.4	0.93
210	1917.7	852.8	897.7	4.555	65.48	13.04	14.1	36.1	0.91
220	2320.8	840.3	943.7	4.614	64.55	12.46	14.8	33.8	0.89
230	2798.6	827.3	990.2	4.681	63.73	11.97	15.9	31.6	0.88
240	3347.9	813.6	1037.5	4.756	62.80	11.47	16.8	29.1	0.87
250	3977.7	799.0	1085.6	4.844	61.76	10.98	18.1	26.7	0.86
260	4698.3	784.0	1135.0	4.949	60.43	10.59	19.7	24.2	0.87
270	5504.0	767.9	1185.3	5.070	59.96	10.20	21.6	21.9	0.88
280	6417.2	750.7	1236.3	5.229	57.45	9.81	23.7	19.5	0.90
290	7443.3	732.3	1289.9	5.485	55.82	9.42	26.2	17.2	0.93
300	8592.9	712.5	1344.8	5.736	53.96	9.12	29.2	14.7	0.97

11. 水在不同温度下的黏度

温度/℃	黏度/cP 或 mPa·s	温度/℃	黏度/cP 或 mPa·s	温度/℃	黏度/cP 或 mPa·s
0	1.7921	33	0.7523	67	0.4233
1	1.7313	34	0.7371	68	0.4174
2	1.6728	35	0.7225	69	0.4117
3	1.6191	36	0.7085	70	0.4061
4	1.5674	37	0.6947	71	0.4006
5	1.5188	38	0.6814	72	0.3952
6	1.4728	39	0.6685	73	0.3900
7	1.4284	40	0.6560	74	0.3849
8	1.3860	41	0.6439	75	0.3799
9	1.3462	42	0.6321	76	0.3750
10	1.3077	43	0.6207	77	0.3702
11	1.2713	44	0.6097	78	0.3655
12	1.2363	45	0.5988	79	0.3610
13	1.2028	46	0.5883	80	0.3565
14	1.1709	47	0.5782	81	0.3521
15	1.1404	48	0.5683	82	0.3478
16	1.1111	49	0.5588	83	0.3436
17	1.0828	50	0.5494	84	0.3395
18	1.0559	51	0.5404	85	0.3355
19	1.0299	52	0.5315	86	0.3315
20	1.0050	53	0.5229	87	0.3276
20.2	1.0000	54	0.5146	88	0.3239
21	0.9810	55	0.5064	89	0.3202
22	0.9579	56	0.4985	90	0.3165
23	0.9359	57	0.4907	91	0.3130
24	0.9142	58	0.4832	92	0.3095
25	0.8937	59	0.4759	93	0.3060
26	0.8737	60	0.4688	94	0.3027
27	0.8545	61	0.4618	95	0.2994
28	0.8360	62	0.4550	96	0.2962
29	0.8180	63	0.4483	97	0.2930
30	0.8007	64	0.4418	98	0.2899
31	0.7840	65	0.4355	99	0.2868
32	0.7679	66	0.4293	100	0.2838

12. 饱和水蒸气性质表 （一）（按温度排列）

温度/℃	绝对压强/kPa	蒸汽密度/(kg/m³)	焓/(kJ/kg)		汽化潜热/(kJ/kg)
			液体	蒸汽	
0	0.6082	0.00484	0	2491	2491
5	0.8730	0.00680	20.9	2500.8	2480
10	1.226	0.00940	41.9	2510.4	2469
15	1.707	0.01283	62.8	2520.5	2458
20	2.335	0.01719	83.7	2530.1	2446
25	3.168	0.02304	104.7	2539.7	2435
30	4.247	0.03036	125.6	2549.3	2424
35	5.621	0.03960	146.5	2559.0	2412
40	7.377	0.05114	167.5	2568.6	2401
45	9.584	0.06543	188.4	2577.8	2389
50	12.34	0.0830	209.3	2587.4	2378

温度/℃	绝对压强/kPa	蒸汽密度/(kg/m³)	焓/(kJ/kg)		汽化潜热/(kJ/kg)
			液体	蒸汽	
55	15.74	0.1043	230.3	2596.7	2366
60	19.92	0.1301	251.2	2606.3	2355
65	25.01	0.1611	272.1	2615.5	2343
70	31.16	0.1979	293.1	2624.3	2331
75	38.55	0.2416	314.0	2633.5	2320
80	47.38	0.2929	334.9	2642.3	2307
85	57.88	0.3531	355.9	2651.1	2295
90	70.14	0.4229	376.8	2659.9	2283
95	84.56	0.5039	397.8	2668.7	2271
100	101.33	0.5970	418.7	2677.0	2258
105	120.85	0.7036	440.0	2685.0	2245
110	143.31	0.8254	461.0	2693.4	2232
115	169.11	0.9635	482.3	2701.3	2219
120	198.64	1.1199	503.7	2708.9	2205
125	232.19	1.296	525.0	2716.4	2191
130	270.25	1.494	546.4	2723.9	2178
135	313.11	1.715	567.7	2731.0	2163
140	361.47	1.962	589.1	2737.7	2149
145	415.72	2.238	610.9	2744.4	2134
150	476.24	2.543	632.2	2750.7	2119
160	618.28	3.252	675.8	2762.9	2087
170	792.59	4.113	719.3	2773.3	2054
180	1003.5	5.145	763.3	2782.5	2019
190	1255.6	6.378	807.6	2790.1	1982
200	1554.8	7.840	852.0	2795.5	1944
210	1917.7	9.567	897.2	2799.3	1902
220	2320.9	11.60	942.4	2801.0	1859
230	2798.6	13.98	988.5	2800.1	1812
240	3347.9	16.76	1034.6	2796.8	1762
250	3977.7	20.01	1081.4	2790.1	1709
260	4693.8	23.82	1128.8	2780.9	1652
270	5504.0	28.27	1176.9	2768.3	1591
280	6417.2	33.47	1225.5	2752.0	1526
290	7443.3	39.60	1274.5	2732.3	1457
300	8592.9	46.93	1325.5	2708.0	1382

13. 饱和水蒸气性质表（二）（按压强排列）

绝对压强/kPa	温度/℃	蒸汽密度/(kg/m³)	焓/(kJ/kg)		汽化潜热/(kJ/kg)
			液体	蒸汽	
1.0	6.3	0.00773	26.5	2503.1	2477
1.5	12.5	0.01133	52.3	2515.3	2463
2.0	17.0	0.01486	71.2	2524.2	2453
2.5	20.9	0.01836	87.5	2531.8	2444
3.0	23.5	0.02179	98.4	2536.8	2438
3.5	26.1	0.02523	109.3	2541.8	2433
4.0	28.7	0.02867	120.2	2546.8	2427
4.5	30.8	0.03205	129.0	2550.9	2422

绝对压强 /kPa	温度/℃	蒸汽密度/(kg/m³)	焓/(kJ/kg)		汽化潜热/(kJ/kg)
			液体	蒸汽	
5.0	32.4	0.03537	135.7	2554.0	2418
6.0	35.6	0.04200	149.1	2560.1	2411
7.0	38.8	0.04864	162.4	2566.3	2404
8.0	41.3	0.05514	172.7	2571.0	2398
9.0	43.3	0.06156	181.2	2574.8	2394
10.0	45.3	0.06798	189.6	2578.5	2389
15.0	53.5	0.09956	224.0	2594.0	2370
20.0	60.1	0.1307	251.5	2606.4	2355
30.0	66.5	0.1909	288.8	2622.4	2334
40.0	75.0	0.2498	315.9	2634.1	2312
50.0	81.2	0.3080	339.8	2644.3	2304
60.0	85.6	0.3651	358.2	2652.1	2294
70.0	89.9	0.4223	376.6	2659.8	2283
80.0	93.2	0.4781	390.1	2665.3	2275
90.0	96.4	0.5338	403.5	2670.8	2267
100.0	99.6	0.5896	416.9	2676.3	2259
120.0	104.5	0.6987	437.5	2684.3	2247
140.0	109.2	0.8076	457.7	2692.1	2234
160.0	113.0	0.8298	473.9	2698.1	2224
180.0	116.6	1.021	489.3	2703.7	2214
200.0	120.2	1.127	493.7	2709.2	2205
250.0	127.2	1.390	534.4	2719.7	2185
300.0	133.3	1.650	560.4	2728.5	2168
350.0	138.8	1.907	583.8	2736.1	2152
400.0	143.4	2.162	603.6	2742.1	2138
450.0	147.7	2.415	622.4	2747.8	2125
500.0	151.7	2.667	639.6	2752.8	2113
600.0	158.7	3.169	676.2	2761.4	2091
700.0	164.7	3.666	696.3	2767.8	2072
800.0	170.4	4.161	721.0	2773.7	2053
900.0	175.1	4.652	741.8	2778.1	2036
1×10^3	179.9	5.143	762.7	2782.5	2020
1.1×10^3	180.2	5.633	780.3	2785.5	2005
1.2×10^3	187.8	6.124	797.9	2788.5	1991
1.3×10^3	191.5	6.614	814.2	2790.9	1977
1.4×10^3	194.8	7.103	829.1	2792.4	1964
1.5×10^3	198.2	7.594	843.9	2794.5	1951
1.6×10^3	201.3	8.081	857.8	2796.0	1938
1.7×10^3	204.1	8.567	870.6	2797.1	1926
1.8×10^3	206.9	9.053	883.4	2798.1	1915
1.9×10^3	209.8	9.539	896.2	2799.2	1903
2×10^3	212.2	10.03	907.3	2799.7	1892
3×10^3	233.7	15.01	1005.4	2798.9	1794
4×10^3	250.3	20.10	1082.9	2789.8	1707
5×10^3	263.8	25.37	1146.9	2776.2	1629
6×10^3	275.4	30.85	1203.2	2759.5	1556
7×10^3	285.7	36.57	1253.2	2740.8	1488
8×10^3	294.8	42.58	1299.2	2720.5	1404
9×10^3	303.2	48.89	1343.5	2699.1	1357

14. 液体黏度共线图

温度

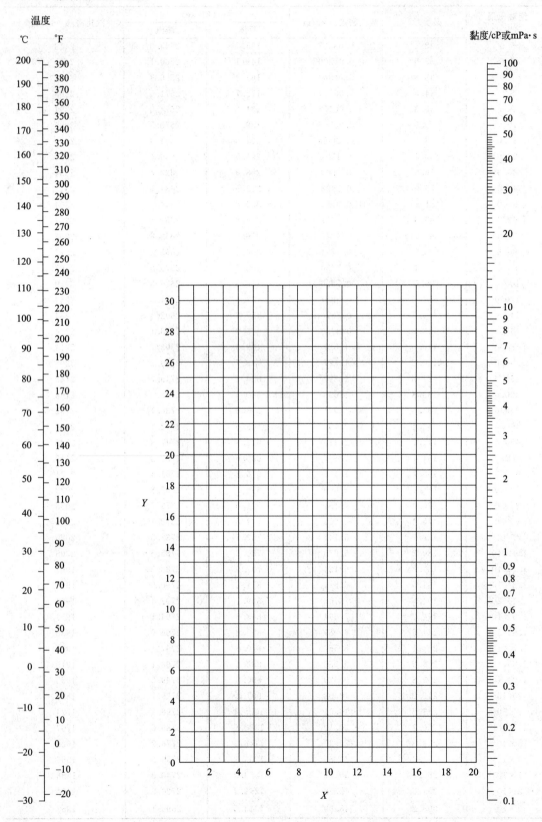

液体黏度共线图坐标值

用法举例：求苯在 50℃时的黏度，从本表序号 26 查的 $X=12.5$，$Y=10.9$。把这两个数值标在前页共线图的 Y-X 坐标上得一点，把这点与图中左方温度标尺上的 50℃点连成一直线，延长，与右方黏度标尺相交，由此交点定出 50℃苯的黏度为 0.44cP。

序号	名称	X	Y	序号	名称	X	Y
1	水	10.2	13.0	31	乙苯	13.2	11.5
2	盐水(25%NaCl)	10.2	16.6	32	氯苯	12.3	12.4
3	盐水(25%CaCl₂)	6.6	15.9	33	硝基苯	10.6	16.2
4	氨	12.6	2.0	34	苯胺	8.1	18.7
5	氨水(26%)	10.1	13.9	35	酚	6.9	20.8
6	二氧化碳	11.6	0.3	36	联苯	12.0	18.3
7	二氧化硫	15.2	7.1	37	萘	7.9	18.1
8	二硫化碳	16.1	7.5	38	甲醇(100%)	12.4	10.5
9	溴	14.2	13.2	39	甲醇(90%)	12.3	11.8
10	汞	18.4	16.4	40	甲醇(40%)	7.8	15.5
11	硫酸(110%)	7.2	27.4	41	乙醇(100%)	10.5	13.8
12	硫酸(100%)	8.0	25.1	42	乙醇(95%)	9.8	14.3
13	硫酸(98%)	7.0	24.8	43	乙醇(40%)	6.5	16.6
14	硫酸(60%)	10.2	21.3	44	乙二醇	6.0	23.6
15	硝酸(95%)	12.8	13.8	45	甘油(100%)	2.0	30.0
16	硝酸(60%)	10.8	17.0	46	甘油(50%)	6.9	19.6
17	盐酸(31.5%)	13.0	16.6	47	乙醚	14.5	5.3
18	氢氧化钠(50%)	3.2	25.8	48	乙醛	15.2	14.8
19	戊烷	14.9	5.2	49	丙酮	14.5	7.2
20	乙烷	14.7	7.0	50	甲酸	10.7	15.8
21	庚烷	14.1	8.4	51	乙酸(100%)	12.1	14.2
22	辛烷	13.7	10.0	52	乙酸(70%)	9.5	17.0
23	三氯甲烷	14.4	10.2	53	乙酸酐	12.7	12.8
24	四氯化碳	12.7	13.1	54	乙酸乙酯	13.7	9.1
25	二氯乙烷	13.2	12.2	55	乙酸戊酯	11.8	12.5
26	苯	12.5	10.9	56	氟利昂-11	14.4	9.0
27	甲苯	13.7	10.4	57	氟利昂-12	16.8	5.6
28	邻二甲苯	13.5	12.1	58	氟利昂-21	15.7	7.5
29	间二甲苯	13.9	10.6	59	氟利昂-22	17.2	4.7
30	对二甲苯	13.9	10.9	60	煤油	10.2	16.9

15. 气体黏度共线图（常压）

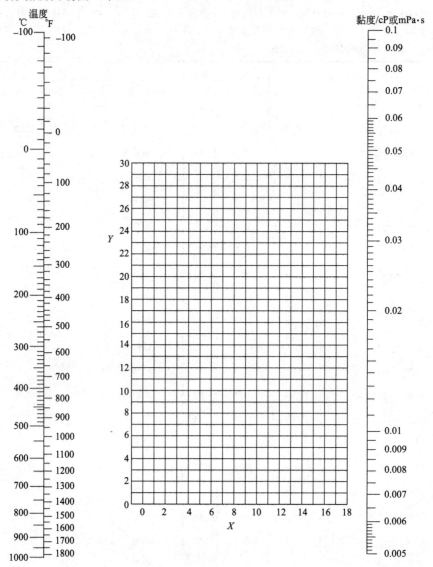

气体黏度共线图坐标值

序号	名称	X	Y	序号	名称	X	Y	序号	名称	X	Y
1	空气	11.0	20.0	15	氟	7.3	23.8	28	苯	8.5	13.2
2	氧	11.0	21.3	16	氯	9.0	18.4	29	甲苯	8.6	12.4
3	氮	10.6	20.0	17	氯化氢	8.8	18.7	30	甲醇	8.5	15.6
4	氢	11.2	12.4	18	甲烷	9.9	15.5	31	乙醇	9.2	14.2
5	$3H_2 + 1N_2$	11.2	17.2	19	乙烷	9.1	14.5	32	丙醇	8.4	13.4
6	水蒸气	8.0	16.0	20	乙烯	9.5	15.1	33	乙酸	7.7	14.3
7	二氧化碳	9.5	18.7	21	乙炔	9.8	14.9	34	丙酮	8.9	13.0
8	一氧化碳	11.0	20.0	22	丙烷	9.7	12.9	35	乙醚	8.9	13.0
9	氨	8.4	16.0	23	丙烯	9.0	13.8	36	乙酸乙酯	8.5	13.2
10	硫化氢	8.6	18.0	24	丁烯	9.2	13.7	37	氟利昂-11	10.6	15.1
11	二氧化硫	9.6	17.0	25	戊烷	7.0	12.8	38	氟利昂-12	11.1	16.0
12	二硫化碳	8.0	16.0	26	己烷	8.6	11.8	39	氟利昂-21	10.8	15.3
13	一氧化二氮	8.8	19.0	27	三氯甲烷	8.9	15.7	40	氟利昂-22	10.1	17.0
14	一氧化氮	10.9	20.5								

16. 液体比热容共线图

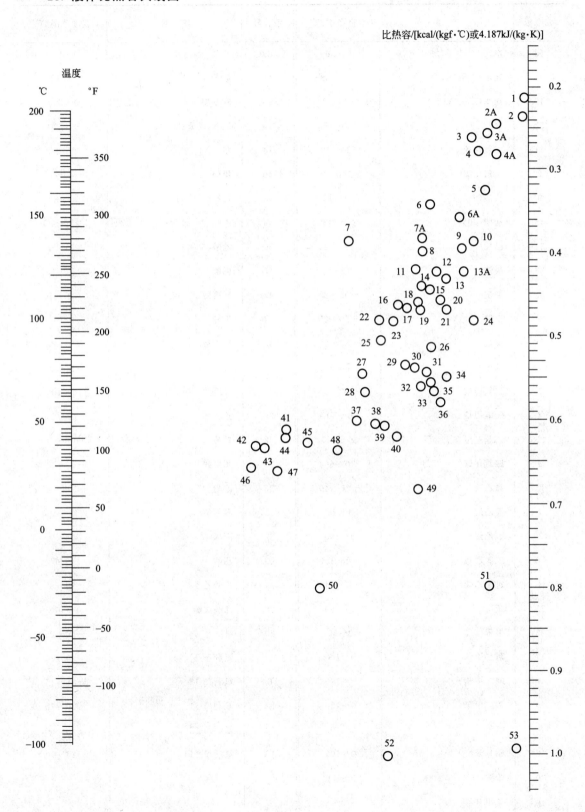

比热容/[kcal/(kgf·℃)或4.187kJ/(kg·K)]

液体比热容共线图中的编号

编号	名 称	温度范围/℃	编 号	名 称	温度范围/℃
53	水	10～200	25	乙苯	0～100
51	盐水（25％NaCl）	−40～20	15	联苯	80～120
49	盐水（25％CaCl$_2$）	−40～20	16	联苯醚	0～200
52	氨	−70～50	16	联苯-联苯醚	0～200
11	二氧化硫	−20～100	14	萘	90～200
2	二硫化碳	−100～25	40	甲醇	−40～20
9	硫酸（98％）	10～45	42	乙醇（100％）	30～80
48	盐酸（30％）	20～100	46	乙醇（95％）	20～80
35	己烷	−80～20	50	乙醇（50％）	20～80
28	庚烷	0～60	45	丙醇	−20～100
33	辛烷	−50～25	47	异丙醇	−20～50
34	壬烷	−50～25	44	丁醇	0～100
21	癸烷	−80～25	43	异丁醇	0～100
13A	氯甲烷	−80～20	37	戊醇	−50～25
5	二氯甲烷	−40～50	41	异戊醇	10～100
4	三氯甲烷	0～50	39	乙二醇	−40～200
22	二苯基甲烷	30～100	38	甘油	−40～20
3	四氯化碳	10～60	27	苯甲醇	−20～30
13	氯乙烷	−30～40	36	乙醚	−100～25
1	溴乙烷	5～25	31	异丙醚	−80～200
7	碘乙烷	0～100	32	丙酮	20～50
6A	二氯乙烷	−30～60	29	乙酸	0～80
3	过氯乙烯	−30～40	24	乙酸乙酯	−50～25
23	苯	10～80	26	乙酸戊酯	0～100
23	甲苯	0～60	20	吡啶	−50～25
17	对二甲苯	0～100	2A	氟利昂-11	−20～70
18	间二甲苯	0～100	6	氟利昂-12	−40～15
19	邻二甲苯	0～100	4A	氟利昂-21	−20～70
8	氯苯	0～100	7A	氟利昂-22	−20～60
12	硝基苯	0～100	3A	氟利昂-113	−20～70
30	苯胺	0～130			
10	苯甲基氯	−20～30			

17. 气体比热容共线图（常压）

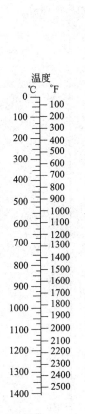
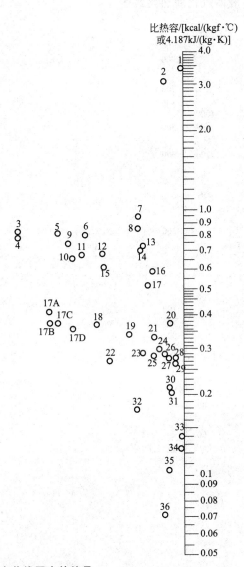

气体比热容共线图中的编号

编号	名称	温度范围/℃	编号	名称	温度范围/℃	编号	名称	温度范围/℃
27	空气	0～1400	24	二氧化碳	400～1400	9	乙烷	200～600
23	氧	0～500	22	二氧化硫	0～400	8	乙烷	600～1400
29	氧	500～1400	31	二氧化硫	400～1400	4	乙烯	0～200
26	氮	0～1400	17	水蒸气	0～1400	11	乙烯	200～600
1	氢	0～600	19	硫化氢	0～700	13	乙烯	600～1400
2	氢	600～1400	21	硫化氢	700～1400	10	乙炔	0～200
32	氯	0～200	20	氟化氢	0～1400	15	乙炔	200～400
34	氯	200～1400	30	氯化氢	0～1400	16	乙炔	400～1400
33	硫	300～1400	35	溴化氢	0～1400	17B	氟利昂-11	0～500
12	氨	0～600	36	碘化氢	0～1400	17C	氟利昂-21	0～500
14	氨	600～1400	5	甲烷	0～300	19A	氟利昂-22	0～500
25	一氧化氮	0～700	6	甲烷	300～700	17D	氟利昂-113	0～500
28	一氧化氮	700～1400	7	甲烷	700～1400			
18	二氧化碳	0～400	3	乙烷	0～200			

18. 液体汽化潜热共线图

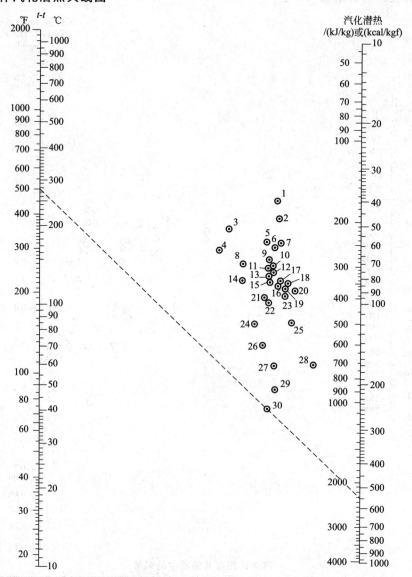

液体汽化潜热共线图中的编号

用法举例：求水在 $t=100℃$ 时的汽化潜热，从下表中查得水的编号为 30，又查得水的 $t_c=374℃$，故得 $t_c-t=374-100=274℃$，在前页共线图的 t_c-t 标尺上定出 274℃ 的点，与图中编号为 30 的圆圈中心点连一直线，延长到汽化潜热的标尺上，读出交点读数为 540kcal/kgf 或 2260kJ/kg。

编号	名称	$t_c/℃$	t_c-t 范围/℃	编号	名称	$t_c/℃$	t_c-t 范围/℃	编号	名称	$t_c/℃$	t_c-t 范围/℃
30	水	374	100～500	11	己烷	235	50～225	26	乙醇	243	20～140
29	氨	133	50～200	10	庚烷	267	20～300	24	丙醇	264	20～200
19	一氧化氮	36	25～150	9	辛烷	296	30～300	13	乙醚	194	10～400
21	二氧化碳	31	10～100	20	一氯甲烷	143	70～250	22	丙酮	235	120～210
4	二硫化碳	273	140～275	8	二氯甲烷	216	150～250	18	乙酸	321	100～225
14	二氧化硫	157	90～160	7	三氯甲烷	263	140～270	2	氟利昂-11	198	70～225
25	乙烷	32	25～150	2	四氯化碳	283	30～250	2	氟利昂-12	111	40～200
23	丙烷	96	40～200	17	氯乙烷	187	100～250	5	氟利昂-21	178	70～250
16	丁烷	153	90～200	13	苯	289	10～400	6	氟利昂-22	96	50～170
15	异丁烷	134	80～200	3	联苯	527	175～400	1	氟利昂-113	214	90～250
12	戊烷	197	20～200	27	甲醇	240	40～250				

19. 无机物水溶液在大气压下的沸点①

温度/℃	101	102	103	104	105	107	110	115	120	125	140	160	180	200	220	240	260	280	300	340
$CaCl_2$	5.66	10.31	14.16	17.36	20.00	24.24	29.33	35.68	40.83	54.80	57.89	68.94	75.85	64.91	68.73	72.64	75.76	78.95	81.63	86.18
KOH	4.49	8.51	11.96	14.82	17.01	20.88	25.65	31.97	36.51	40.23	48.05	54.89	60.41							
KCl	8.42	14.31	18.96	23.02	26.57	32.62	36.47		(近于108.5℃)②											
K_2CO_3	10.31	18.37	24.20	28.57	32.24	37.69	43.97	50.86	56.04	60.40	66.94	(近于133.5℃)								
KNO_3	13.19	23.66	32.23	39.20	45.10	54.65	65.34	79.53												
$MgCl_2$	4.67	8.42	11.66	14.31	16.59	20.23	24.41	29.48	33.07	36.02	38.61									
$MgSO_4$	14.31	22.78	28.31	32.23	35.32	42.86			(近于108℃)											
$NaOH$	4.12	7.40	10.15	12.51	14.53	18.32	23.08	26.21	33.77	37.58	48.32	60.13	69.97	77.53	84.03	88.89	93.02	95.92	98.47	(近于314℃)
$NaCl$	6.19	11.03	14.67	17.69	20.32	25.09	28.92	(近于108°)												
$NaNO_3$	8.26	15.61	21.87	17.53	32.45	40.47	49.87	60.94	68.94											
Na_2SO_4	15.26	24.81	30.73	31.83	(近于103.2℃)															
Na_2CO_3	9.42	17.22	23.72	29.18	33.66															
$CuSO_4$	26.95	39.98	40.83	44.47	45.12		(近于104.2℃)													
$ZnSO_2$	20.00	31.22	37.89	42.92	46.15															
NH_4NO_3	9.09	16.66	23.08	29.08	34.21	42.52	51.92	63.24	71.26	77.11	87.09	93.20	69.00	97.61	98.84	100				
NH_4Cl	6.10	11.35	15.96	19.80	22.89	28.37	35.98	46.94												
$(NH_4)_2SO_4$	13.34	23.41	30.65	36.71	41.79	49.73	49.77	53.55	(近于108.2℃)											

① 表中数据为溶液浓度/%（质量分数）;
② 括号内的数字指饱和溶液的沸点。

20. 某些气体溶于水的亨利系数

气体	温度/℃															
	0	5	10	15	20	25	30	35	40	45	50	60	70	80	90	100
	$E \times 10^{-6}/kPa$															
H_2	5.87	6.16	6.44	6.70	6.92	7.16	7.39	7.52	7.61	7.70	7.75	7.75	7.71	7.65	7.61	7.55
N_2	5.35	6.05	6.77	7.48	8.15	8.76	9.36	9.98	10.5	11.0	11.4	12.2	12.7	12.8	12.8	12.8
空气	4.38	4.94	5.56	6.15	6.73	7.30	7.81	8.34	8.82	9.23	9.59	10.2	10.6	10.8	10.9	10.8
CO	3.57	4.01	4.48	4.95	5.43	5.88	6.28	6.68	7.05	7.39	7.71	8.32	8.57	8.57	8.57	8.57
O_2	2.58	2.95	3.31	3.69	4.06	4.44	4.81	5.14	5.42	5.70	5.96	6.37	6.72	6.96	7.08	7.10
CH_4	2.27	2.62	3.01	3.41	3.81	4.18	4.55	4.92	5.27	5.58	5.85	6.34	6.67	6.91	7.01	7.10
NO	1.71	1.96	2.21	2.45	2.67	2.91	3.14	3.35	3.57	3.77	3.95	4.24	4.44	4.54	4.58	4.60
C_2H_6	1.28	1.57	1.92	2.90	2.66	3.06	3.47	3.88	4.29	4.69	5.07	5.72	6.31	6.70	6.96	7.01
	$E \times 10^{-5}/kPa$															
C_2H_4	5.59	6.62	7.78	9.07	10.3	11.6	12.9	—	—	—	—	—	—	—	—	—
N_2O	—	1.19	1.43	1.68	2.01	2.28	2.62	3.06	—	—	—	—	—	—	—	—
CO_2	0.738	0.888	1.05	1.24	1.44	1.66	1.88	2.12	2.36	2.60	2.87	3.46	—	—	—	—
C_2H_2	0.73	0.85	0.97	1.09	1.23	1.35	1.48	—	—	—	—	—	—	—	—	—
Cl_2	0.272	0.334	0.399	0.461	0.537	0.604	0.669	0.74	0.80	0.86	0.90	0.97	0.99	0.97	0.96	—
H_2S	0.272	0.319	0.372	0.418	0.489	0.552	0.617	0.686	0.755	0.825	0.689	1.04	1.21	1.37	1.46	1.50
	$E \times 10^{-5}/kPa$															
SO_2	0.167	0.203	0.245	0.294	0.355	0.413	0.485	0.567	0.661	0.763	0.871	1.11	1.39	1.70	2.01	—

21. 某些二元物系的气液平衡组成

(1) 乙醇-水 (101.3kPa)

乙醇(摩尔分数)/%		温度/℃	乙醇(摩尔分数)/%		温度/℃
液相中	气相中		液相中	气相中	
0.00	0.00	100	32.73	58.26	81.5
1.90	17.00	95.5	39.65	61.22	80.7
7.21	38.91	89.0	50.79	65.64	79.8
9.66	43.75	86.7	51.98	65.99	79.7
12.38	47.04	85.3	57.32	68.41	79.3
16.61	50.89	84.1	67.63	73.85	78.74
23.37	54.45	82.7	74.72	78.15	78.41
26.08	55.80	82.3	89.43	89.43	78.15

(2) 苯-甲苯 (101.3kPa)

苯(摩尔分数)/%		温度/℃	苯(摩尔分数)/%		温度/℃
液相中	气相中		液相中	气相中	
0.0	0.0	110.6	59.2	78.9	89.4
8.8	21.2	106.1	70.0	85.3	86.8
20.0	37.0	102.2	80.3	91.4	84.4
30.0	50.0	98.6	90.3	95.7	82.3
39.7	61.8	95.2	95.0	97.9	81.2
48.9	71.0	92.1	100.0	100.0	80.2

(3) 氯仿-苯 (101.3kPa)

氯仿(质量分数)/%		温度/℃	氯仿(质量分数)/%		温度/℃
液相中	气相中		液相中	气相中	
10	13.6	79.9	60	75.0	74.6
20	27.2	79.0	70	83.0	72.8
30	40.6	78.1	80	90.0	70.5
40	53.0	77.2	90	96.1	67.0
50	65.0	76.0			

（4）水-醋酸（101.3kPa）

水（摩尔分数）/%		温度/℃	水（摩尔分数）/%		温度/℃
液相中	气相中		液相中	气相中	
0.0	0.0	118.2	83.3	88.6	101.3
27.0	39.4	108.2	88.6	91.9	100.9
45.5	56.5	105.3	93.0	95.0	100.5
58.8	70.7	103.8	96.8	97.7	100.2
69.0	79.0	102.8	100.0	100.0	100.0
76.9	84.5	101.9			

（5）甲醇-水（101.3kPa）

甲醇（摩尔分数）/%		温度/℃	甲醇（摩尔分数）/%		温度/℃
液相中	气相中		液相中	气相中	
5.31	28.34	92.9	29.09	68.01	77.8
7.67	40.01	90.3	33.33	69.18	76.7
9.26	43.53	88.9	35.13	73.47	76.2
12.57	48.31	86.6	46.20	77.56	73.8
13.15	54.55	85.0	52.92	79.71	72.7
16.74	55.85	83.2	59.37	81.83	71.3
18.18	57.75	82.3	68.49	84.92	70.0
20.83	62.73	81.6	77.01	89.62	68.0
23.19	64.85	80.2	87.41	91.94	66.9
28.18	67.75	78.0			

22. 管子规格

（1）水煤气输送钢管（摘自 YB234—63）

公称口径		外径/mm	普通管壁厚/mm	加厚管壁厚/mm	公称口径		外径/mm	普通管壁厚/mm	加厚管壁厚/mm
mm	in				mm	in			
6	$\frac{1}{8}''$	10	2	2.5	40	$1\frac{1}{2}''$	48	3.5	4.25
8	$\frac{1}{4}''$	13.5	2.25	2.75	50	$2''①$	60	3.5	4.5
10	$\frac{3}{8}''$	17	2.25	2.75	70	$2\frac{1}{2}''$	75.5	3.75	4.5
15	$\frac{1}{2}''①$	21.25	2.75	3.25	80	$3''①$	88.5	4	4.75
20	$\frac{3}{4}''①$	26.75	2.75	3.5	100	$4''①$	114	4	5
25	$1''①$	33.5	3.25	4	125	$5''$	140	4.5	5.5
32	$1\frac{1}{4}''①$	42.25	3.25	4	150	$6''$	165	4.5	5.5

① 表示常用规格。

（2）无缝钢管规格简表

冷拔无缝钢管（摘自 YB231—64）

外径/mm	壁厚/mm		外径/mm	壁厚/mm	
	从	到		从	到
6	1.0	2.0	24	1.0	7.0
8	1.0	2.5	25	1.0	7.0
10	1.0	3.5	27	1.0	7.0
12	1.0	4.0	28	1.0	7.0
14	1.0	4.0	32	1.0	8.0
15	1.0	5.0	34	1.0	8.0
16	1.0	5.0	35	1.0	8.0
17	1.0	5.0	36	1.0	8.0
18	1.0	5.0	38	1.0	8.0
19	1.0	6.0	48	1.0	8.0
22	1.0	6.0	51	1.0	8.0

注：壁厚有 1.0mm、1.2mm、1.5mm、2.0mm、2.5mm、3.0mm、3.5mm、4.0mm、4.5mm、5.0mm、5.5mm、6.0mm、7.0mm、8.0mm。

热轧无缝钢管（摘自 YB231—64）

外径/mm	壁厚/mm 从	到	外径/mm	壁厚/mm 从	到
32	2.5	8	127	4.0	32
38	2.5	8	133	4.0	32
45	2.5	10	140	4.5	35
57	3.0	13	152	4.5	35
60	3.0	14	159	4.5	35
68	3.0	16	168	5.0	35
70	3.0	16	180	5.0	35
73	3.0	19	194	5.0	35
76	3.0	19	219	6.0	35
83	3.5	24	245	7.0	35
89	3.5	24	273	7.0	35
102	3.5	28	325	8.0	35
108	4.0	28	377	9.0	35
114	4.0	28	426	9.0	35
121	4.0	32			

23. IS 型离心泵性能表

泵型号	流量/(m³/h)	扬程/m	转速/(r/min)	汽蚀余量/m	泵效率/%	功率/kW 轴功率	配带功率	泵重/kg	参考价格/元	泵外形尺寸(长×宽×高)/mm	泵口径/mm 吸入	排出
IS50-32-125	7.5		2900				2.2					
	12.5	20	2900	2.0	60	1.13	2.2					
	15		2900				2.2	570		465×190×252	50	32
	3.75		1450				0.55					
	6.3	5	1450	2.0	54	0.16	0.55					
	7.5		1450				0.55					
IS50-32-160	7.5		2900				3					
	12.5	32	2900	2.0	54	2.02	3					
	15		2900				3	610		465×240×292	50	32
	3.75		1450				0.55					
	6.3	8	1450	2.0	48	0.28	0.55					
	7.5		1450				0.55					
IS50-32-200	7.5	525	2900	2.0	35	2.62	5.5					
	12.5	50	2900	2.0	48	3.54	5.5					
	15	48	2900	2.5	51	3.84	5.5	690		465×240×340	50	32
	3.75	13.1	1450	2.0	33	0.41	0.75					
	6.3	12.5	1450	2.0	42	0.51	0.75					
	7.5	12	1450	2.5	44	0.56	0.75					

泵型号	流量/(m³/h)	扬程/m	转速/(r/min)	汽蚀余量/m	泵效率/%	功率/kW 轴功率	功率/kW 配带功率	泵重/kg	参考价格/元	泵外形尺寸（长×宽×高）/mm	泵口径/mm 吸入	泵口径/mm 排出
IS50-32-250	7.5	82	2900	2.0	28.5	5.67	11		850	600×320×405	50	32
	12.5	80	2900	2.0	38	7.16	11					
	15	78.5	2900	2.5	41	7.83	11					
	3.75	20.5	1450	2.0	23	0.91	15					
	6.3	20	1450	2.0	32	1.07	15					
	7.5	20	1450	2.5	35	1.14	15					
IS65-50-125	15		2900				3			465×210×252	65	50
	25	20	2900	2.0	69	1.97	3					
	30		2900				3					
	7.5		1450				0.55					
	12.5	5	1450	2.0	64	0.27	0.55					
	15		1450				0.55					
IS65-50-160	15	35	2900	2.0	54	2.65	5.5		670	465×240×292	65	50
	25	32	2900	2.0	65	3.35	5.5					
	30	30	2900	2.5	66	3.71	5.5					
	7.5	8.8	1450	2.0	50	0.36	0.75					
	12.5	8.0	1450	2.0	60	0.45	0.75					
	15	7.2	1450	2.5	60	0.49	0.75					
IS65-40-200	15	53	2900	2.0	49	4.42	0.75		730	485×265×340	65	40
	25	50	2900	2.0	60	5.67	0.75					
	30	47	2900	2.5	61	6.29	0.75					
	7.5	13.2	1450	2.0	43	0.63	1.1					
	12.5	12.5	1450	2.0	55	0.77	1.1					
	15	11.8	1450	2.5	57	0.85	1.1					
IS65-40-250	15		2900				15		760	600×320×405	65	40
	25	80	2900	2.0	53	10.3	15					
	30		2900				15					
	7.5		1450				2.2					
	12.5	20	1450	2.0	48	1.42	2.2					
	15		1450									
IS65-40-315	15	127	2900	2.5	28	18.5	30		1060	625×345×450	65	40
	25	125	2900	2.5	40	21.3	30					
	30	123	2900	3.0	44	22.8	30					
	7.5	32.0	1450	2.5	25	2.63	4					
	12.5	32.0	1450	2.5	37	2.94	4					
	15	31.7	1450	3.0	41	3.16	4					

泵型号	流量 /(m³/h)	扬程 /m	转速 /(r/min)	汽蚀余量 /m	泵效率 /%	功率/kW 轴功率	功率/kW 配带功率	泵重 /kg	参考价格 /元	泵外形尺寸（长×宽×高）/mm	泵口径/mm 吸入	泵口径/mm 排出
IS80-65-125	30	22.5	2900	3.0	64	2.87	5.5					
	50	20	2900	3.0	75	3.63	5.5					
	60	18	2900	3.5	74	3.93	5.5			485×240×292	80	65
	15	5.6	1450	2.5	55	0.42	0.75					
	25	5	1450	2.5	71	0.48	0.75					
	30	4.5	1450	3.0	72	0.51	0.75					
IS80-65-160	30	36	25900	2.5	61	4.82	7.5					
	50	32	2900	2.5	73	5.97	7.5					
	60	29	2900	3.0	72	6.59	7.5		740	485×265×340	80	65
	15	9	1450	2.5	55	0.67	1.5					
	25	8	1450	2.5	69	0.75	1.5					
	30	7.2	1450	3.0	68	0.86	1.5					
IS80-50-200	30	53	2900	2.5	55	7.87	15					
	50	50	2900	2.5	69	9.87	15					
	60	47	2900	3.0	71	10.8	15		820	485×265×360	80	50
	15	13.2	1450	2.5	51	1.06	2.2					
	25	12.5	1450	2.5	65	1.31	2.2					
	30	11.8	1450	3.0	67	1.44	2.2					
IS80-50-160	30	84	2900	2.5	52	13.2	22					
	50	80	2900	2.5	63	17.3		358	2750	1370×540×565	80	50
	60	75	2900	3.0	64	19.2						
IS80-50-250	30	84	2900	2.5	52	13.2	22					
	50	80	2900	2.5	63	17.3	22					
	60	75	2900	3.0	64	19.2	22			625×320×405	80	50
	15	21	1450	2.5	49	1.75	3					
	25	20	1450	2.5	60	2.27	3					
	30	18.8	1450	3.0	61	2.52	3					
IS80-50-315	30	128	2900	2.5	41	25.5	37					
	50	125	2900	2.5	54	31.5	37					
	60	123	2900	3.0	57	35.3	37			625×345×505	80	50
	15	32.5	1450	2.5	39	3.4	5.5					
	25	32	1450	2.5	52	4.19	5.5					
	30	31.5	1450	3.0	56	4.6	5.5					

泵型号	流量 /(m³/h)	扬程 /m	转速 /(r/min)	汽蚀余量 /m	泵效率 /%	功率/kW		泵重 /kg	参考价格 /元	泵外形尺寸（长×宽×高）/mm	泵口径/mm	
						轴功率	配带功率				吸入	排出
IS100-80-125	60	24	2900	4.0	67	5.86	11			485×280×340	100	80
	100	20	2900	4.5	78	7.00	11					
	120	16.5	2900	5.0	74	7.28	11					
	30	6	1450	2.5	64	0.77	1.5					
	50	5	1450	2.5	75	0.91	1.5					
	60	4	1450	3.0	71	0.92	1.5					
IS100-80-160	60	36	2900	3.5	70	8.42	15		940	600×280×360	100	80
	100	32	2900	4.0	78	11.2	15					
	120	28	2900	5.0	75	12.2	15					
	30	9.2	1450	2.0	67	1.12	2.2					
	50	8.0	1450	2.5	75	1.45	2.2					
	60	6.8	1450	3.5	71	1.57	2.2					
IS100-65-200	60	54	2900	3.0	65	13.6	22		1020	600×320×405	102	65
	100	50	2900	3.6	76	17.9	22					
	120	47	2900	4.8	77	19.9	22					
	30	13.5	1450	2.0	60	1.84	4					
	50	12.5	1450	2.0	73	2.33	4					
	60	11.8	1450	2.5	74	2.61	4					
IS100-65-250	60	87	2900	3.5	61	23.4	37		1120	625×360×450	100	65
	100	80	2900	3.8	72	30.3	37					
	120	74.5	2900	4.8	73	33.3	37					
	30	21.3	1450	2.0	55	3.16	5.5					
	50	20	1450	2.0	68	4.00	5.5					
	60	19	1450	2.5	70	4.44	5.5					
IS100-65-315	60	133	2900	3.0	55	39.6	75		1280	655×400×505	100	65
	100	125	2900	3.6	66	51.6	75					
	120	118	2900	4.2	67	57.5	75					
	30	34	1450	2.0	51	5.44	11					
	50	32	1450	2.0	63	6.92	11					
	60	30	1450	2.5	64	7.67	11					

泵型号	流量/(m³/h)	扬程/m	转速/(r/min)	汽蚀余量/m	泵效率/%	功率/kW 轴功率	功率/kW 配带功率	泵重/kg	参考价格/元	泵外形尺寸（长×宽×高）/mm	泵口径/mm 吸入	泵口径/mm 排出
IS125-100-200	120	57.5	2900	4.5	67	28.0	45		1150	625×360×480	125	100
	200	50	2900	4.5	81	33.6	45					
	240	44.5	2900	5.0	80	36.4	45					
	60	14.5	1450	2.5	62	38.3	7.5					
	100	12.5	1450	2.5	76	4.48	7.5					
	120	11.0	1450	3.0	75	4.79	7.5					
IS125-100-250	120	87	2900	3.8	66	43.0	75		1380	670×400×505	125	100
	200	80	2900	4.2	78	55.9	75					
	240	72	2900	5.0	75	62.8	75					
	60	21.5	1450	2.5	63	5.59	11					
	100	20	1450	2.5	76	7.17	11					
	120	18.5	1450	3.0	77	7.84	11					
IS125-100-315	120	132.5	2900	4.0	60	72.1	11		1420	670×400×565	125	100
	200	125	290	4.5	75	90.8	11					
	240	120	2900	5.0	77	101.9	11					
	60	33.5	1450	2.5	56	9.4	15					
	100	32	1450	2.5	73	11.9	15					
	120	30.5	1450	3.0	74	13.5	15					
IS125-100-400	60	52		2.5	53	16.1		30	1570	670×500×635	125	100
	100	50	1450	2.5	65	21.0						
	200	48.5		3.0	67	23.6						
IS150-125-250	120	22.5		3.0	71	10.4		18.5	1440	670×400×605	150	125
	200	20	1450	3.0	81	13.5						
	240	17.5		3.5	78	14.7						
IS150-125-315	120							30	1700	670×500×630	150	125
	200	32	1450		78							
	240											
IS150-125-400	120	53		2.0	62	27.9		45	1800	670×500×715	150	125
	200	50	1450	2.6	75	36.3						
	240	46		3.5	74	40.6						

泵型号	流量/(m³/h)	扬程/m	转速/(r/min)	汽蚀余量/m	泵效率/%	功率/kW 轴功率	功率/kW 配带功率	泵重/kg	参考价格/元	泵外形尺寸(长×宽×高)/mm	泵口径/mm 吸入	泵口径/mm 排出
IS200-150-250	240											
	400	20	1450		82	26.6	37		1960	690×500×655	200	150
	460											
IS200-150-315	240	37		3.0	70	34.6						
	400	32	1450	3.5	82	42.5		55	2050	830×550×715	200	150
	460	28.5		4.0	80	44.6						
IS200-150-400	240	55		3.0	74	48.6						
	400	50	1450	3.8	81	67.2		90	2140	830×550×765	200	150
	460	45		4.5	76	74.2						

24. Y型离心油泵（摘录）

泵型号	流量/(m³/h)	扬程/m	转速/(r/min)	允许汽蚀余量/m	泵效率/%	功率/kW 轴功率	功率/kW 电机功率
50Y60	13.0	67	2950	2.9	38	6.24	7.5
50Y60A	11.2	53	2950	3.0	35	4.68	7.5
50Y60B	9.9	39	2950	2.8	33	3.18	4
50Y60×2	12.5	120	2950	2.4	34.5	11.8	15
50Y60×2A	12	105	2950	2.3	35	9.8	15
50Y60×2B	11	89	2950	2.25	32	8.35	11
65Y60	25	60	2950	3.05	50	8.18	11
65Y60A	22.5	49	2950	3.0	49	6.13	7.5
65Y60B	20	37.5	2950	2.7	47	4.35	5.5
65Y100	25	110	2950	3.2	40	18.8	22
65Y100A	23	92	2950	3.1	39	14.75	18.5
65Y100B	21	73	2950	3.05	40	10.45	15
65Y100×2	25	200	2950	2.85	42	35.8	45
65Y100×2A	23	175	2950	2.8	41	26.7	37
65Y100×2B	22	150	2950	2.75	42	21.4	30
80Y60	50	58	2950	3.2	56	14.1	18.5
80Y100	50	100	2950	3.1	51	26.6	37
80Y100A	45	85	2950	3.1	52.5	19.9	30
80Y100×2	50	200	2950	3.6	53.5	51	75
80Y100×2A	47	175	2950	3.5	50	44.8	55
80Y100×2B	43	153	2950	3.35	51	35.2	45
80Y100×2C	40	125	2950	3.3	49	27.8	37

25. F 型耐腐蚀泵

泵型号	流量 /(m³/h)	扬程 /m	转速 /(r/min)	汽蚀余量 /m	泵效率 /%	功率/kW	
						轴功率	电机功率
25F-16	3.60	16.00	2960	4.30	30.00	0.523	0.75
25F-16A	3.27	12.50	2960	4.30	29.00	0.39	0.55
40F-26	7.20	25.50	2960	4.30	44.00	1.14	1.50
40F-26A	6.55	20.00	2960	4.30	42.00	0.87	1.1
50F-40	14.4	40	2900	4	44.00	3.57	7.5
50F-40A	13.1	32.5	2900	4	44.00	2.64	7.5
50F-16	14.4	15.7	2900		62.00	0.99	1.5
50F-16A	13.1	12	2900			0.69	1.1
65F-16	28.8	15.7	2900			0.69	
65F-16A	26.2	12	2900			1.65	2.2
100F-92	94.3	92	2900	6	64.00	39.5	55.0
100F-92A	88.6	80				32.1	40.0
100F-92B	100.8	70.5				26.6	40.0
150F-56	190.8	55.5	2900	6	67.00	43.0	55.0
150F-56A	170.2	170.2				34.8	45.0
150F-56B	167.8	167.8				29.0	40.0
150F-22	190.8	190.8	2900	6	75.00	15.3	30.0
150F-22A	173.5	173.5				11.3	17.0

注：电机功率应根据液体的密度确定，表中数据仅供参考。

26. 4-72-11 型离心泵通风规格（摘录）

机号	转速 /(r/min)	全压 /Pa	流量 /(m³/h)	效率 /%	所需功率 /kW
6C	2240	2432.1	15800	91	14.1
	2000	1941.8	14100	91	10.0
	1800	1569.1	12700	91	7.3
	1250	755.1	8800	91	2.53
	1000	480.5	7030	91	1.39
	800	294.2	5610	91	0.73
8C	1800	2795.0	29900	91	30.8
	1250	1343.6	20800	91	10.3
	1000	863.0	16600	91	5.52
	630	343.2	10480	91	1.51
10C	1250	2226.2	41300	94.3	32.7
	1000	1422.0	32700	94.3	16.5
	800	912.1	26130	94.3	8.5
	500	353.1	16390	94.3	2.3
6D	1450	1961.4	20130	89.5	14.2
	960	441.3	6720	91	1.32
8D	1450	1961.4	20130	89.5	14.2
	730	490.4	10150	89.5	2.06
16B	900	2942.1	121000	94.3	127
20B	710	2844.0	186300	94.3	190

注：传动方式；B，C—皮带轮传动；D—联轴器传动。

27. 管壳式热交换器系列标准（摘录）

外壳直径/mm	159			273			400			600		800		
公称压力/(kgf/cm²)	25			25			16、25			10、16、25		6、10、16、25		
公称面积/m²	1	2	3	4	5	7	10	20	40	60	120	100	200	230
管子排列方法①	△	△	△	△	△	△	△	△	△	△	△	△	△	△
管长/m	1.5	2	1.5	1.5	2	3	1.5	3	6	3	6	3	6	6
管子外径/mm	25	25	25	25	25	25	25	25	25	25	25	25	25	25
管子总数	13	13	13	32	38	32	102	86	86	269	254	444	444	501
管程数	1	1	1	2	1	2	2	4	4	1	2	6	6	1
壳程数	1	1	1	1	1	1	1	1	1	1	1	1	1	1
管程通道截面积/m²	0.00408	0.00408	0.00408	0.00503	0.01196	0.00503	0.01605	0.00692	0.00692	0.0845	0.0399	0.02325	0.02325	0.1574
壳程通道截面积/m² 折流板间距150mm a型	0.01024	0.01295	0.0156	0.01435	0.0144	0.01705	0.0196	0.0208	0.0231	0.0377	0.0378	0.0806	0.0724	0.0594
b型	0.01325	0.015	0.0165	0.0161	0.0176	0.0181	0.0137	0.0276	0.0296	0.053	0.0534	0.0977	0.0898	0.0836
折流板间距300mm a型	—	—	0.0273	0.0232	0.0266	0.0197	0.036	0.0363	0.0332	0.0504	0.0553	0.0875	0.094	0.0774
b型	—	—	0.029	0.0282	0.0323	0.0316	0.05	0.0466	0.0427	0.0707	0.0782	0.0344	0.14	0.1092
折流板间距600mm a型	—	—	—	—	—	—	—	—	—	—	—	—	—	—
b型	—	—	—	—	—	—	—	—	—	—	—	—	—	—
折流板切去弓形缺口高度/mm a型	50.5	50.5	85.5	85.0	80.5	85.5	104.5	104.5	104.5	132.5	138.5	188	188	177
b型	46.5	46.5	71.5	71.5	71.5	71.5	86.5	86.5	86.5	122.5	122.5	152	152	158

① △表示管子为正三角形排列，a型折流板缺口上下排列，b型折流板缺口左右排列。

参 考 文 献

[1] 谭天恩，窦梅，周明华. 化工原理（上、下册）. 4 版. 北京：化学工业出版社，2018.

[2] 夏清，陈常贵，姚玉英. 化工原理（上、下册）. 2 版. 天津：天津大学出版社，2012.

[3] 陈敏恒，丛德滋，方图南，等. 化工原理（上、下册）. 4 版. 北京：化学工业出版社，2015.

[4] 丁惠华. 化工原理的教学与实践. 北京：化学工业出版社，1992.

[5] 时均. 化学工程手册. 北京：化学工业出版社，2002.

[6] 余国琮. 化学工程辞典. 2 版. 北京：化学工业出版社，2003.

[7] 范文元. 化工单元操作节能技术. 合肥：安徽科学技术出版社，2000.

[8] 林爱光，阴金香. 化学工程基础. 北京：清华大学出版社，2008.

[9] 王志魁. 化工原理. 5 版. 北京：化学工业出版社，2018.

[10] 大矢睛彦. 分离的科学与技术. 张瑾，译. 北京：中国轻工业出版社，1999.

[11] 博德 R B，斯图沃特 W E，莱特富特 E N. 传递现象. 戴干策，戎顺熙，石炎福，译. 北京：化学工业出版社，2004.

[12] Warren L McCabe，Julian C Smith，Peter Harriott 著. 伍钦，钟理，夏清，等改编. 化学工程单元操作. 北京：化学工业出版社，2008.